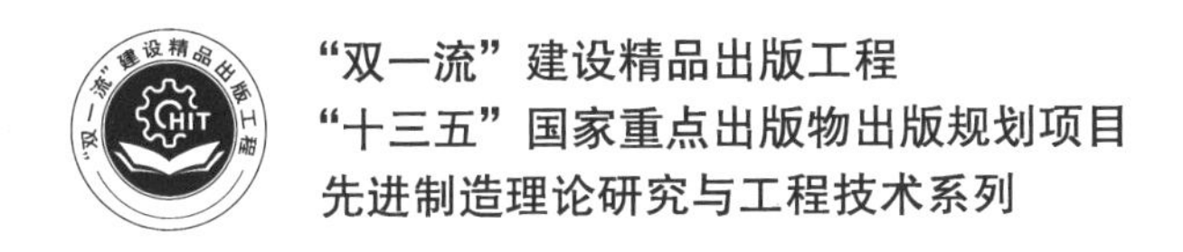

机器人学：基础理论与应用实践

ROBOTICS: THEORY AND APPLICATION

徐文福　编著

内 容 简 介

本书结合作者长期从事机器人前沿技术研究和教学的经历，由浅入深地论述机器人学的基础理论、基本方法及其应用，包括机器人位置级正逆运动学、速度级正逆运动学、奇异分析与性能评价、轨迹规划、静力学与动力学建模、控制方法、典型机器人研制等，重点阐述各部分知识之间的逻辑性，突出机器人学知识体系的完整性和实用性。

本书可作为机器人工程、智能制造工程及相近专业本科生、研究生的教材，也可供从事机器人技术开发及应用的科研人员和技术人员参考。

图书在版编目(CIP)数据

机器人学：基础理论与应用实践/徐文福编著. —哈尔滨：哈尔滨工业大学出版社，2020.5(2025.1 重印)

ISBN 978-7-5603-8736-9

Ⅰ.①机… Ⅱ.①徐… Ⅲ.①机器人学 Ⅳ.①TP24

中国版本图书馆 CIP 数据核字(2020)第 051103 号

策划编辑 王桂芝
责任编辑 李长波 谢晓彤
出版发行 哈尔滨工业大学出版社
社　　址 哈尔滨市南岗区复华四道街 10 号 邮编 150006
传　　真 0451-86414749
网　　址 http://hitpress.hit.edu.cn
印　　刷 哈尔滨圣铂印刷有限公司
开　　本 787mm×1092mm 1/16 印张 25 字数 615 千字
版　　次 2020 年 5 月第 1 版 2025 年 1 月第 3 次印刷
书　　号 ISBN 978-7-5603-8736-9
定　　价 58.00 元

前　言

机器人被誉为“制造业皇冠顶端的明珠”，其研发、制造、应用是衡量一个国家能力和高端制造业水平的重要标志，也是我国实施制造强国战略拟重点突破的十大领域之一。自1962年美国研制出世界上第一台实用的工业机器人 Unimate 起，经过几十年的发展，机器人已经涵盖了人类生产和生活的各个方面。工业机器人大大提高了工厂的生产效率，服务机器人提升了人类生活的品质，特种机器人为战场侦察、装备运输、灾害救援、环境探测等提供了新的手段和应用模式。

为应对劳动力成本上升和制造业转型升级等新形势，各国制定了机器人产业发展的国家规划。德国于2012年推出“工业4.0”计划，总体目标是实现“绿色的”智能化生产，依此计划，通过智能人机交互传感器，人类可借助物联网对工业机器人进行远程管理。美国国家科学技术委员会也于2012年发布了《先进制造业国家战略计划》，将促进先进制造业发展提高到了国家战略层面，并于2016年10月发布了新的《美国机器人发展路线图》，介绍了美国政府为保持机器人产业领先地位所做的努力。日本于2015年发布了《机器人新战略》，拟实施五年行动计划和六大重要举措，达成三大战略目标，使日本实现机器人革命，推动日本在机器人应用与出口方面达到世界领先水平。韩国也于2015年出台了一系列扶持机器人产业发展的政策措施，包括《机器人未来战略2022》，拟实现机器人遍及社会各角落（All－Robot 时代）的愿景。

我国于2015年正式提出了《中国制造2025》，作为实施制造强国战略第一个十年的行动纲领，以应对新技术革命的洗礼、推动传统制造业转型升级、实现高端制造业跨越式发展，促进由工业大国向工业强国的蜕变。在《中国制造2025》规划中，机器人被列入了政府大力推动实现突破发展的十大重点领域。2016年3月，工业和信息化部、发展改革委、财政部联合发布《机器人产业发展规划（2016—2020年）》，明确到2020年，中国机器人产业将形成3～5家具有国际竞争实力的龙头企业，8～10家配套产业集群。2019年2月18日，中共中央、国务院发布的《粤港澳大湾区发展规划纲要》也提出，要推动制造业智能化发展，以机器人及其关键零部件、高速高精加工装备和智能成套装备为重点，大力发展智能制造装备和产品，培育一批具有系统集成能力、智能装备开发能力和关键部件研发生产能力的智能制造骨干企业。在国家政策的支持下，我国机器人产业进入高速增长期，工业机器人连续五年成为全球第一大应用市场，服务机器人需求潜力巨大，核心零部件国产化进程不断加快，创新型企业大量涌现，部分技术已可形成规模化产品，并在某些领域具有明显优势。未来，机器人会渗透到各行各业和生活的方方面面，万物都将有智能机器人的身影。为顺应这一发展潮流，积极服务国家重大战略，需要培养更多的、掌握先进机器人技术的人才。中华人民共和国教育部于2016年批准“机器人工程”成为本科新专业,列入招生计划;教育部公布的2018年度普通高等学校本科专业备案和审批结果表明,已有包括北京大学、浙江大学、哈尔滨工业大学等101所高校新增机器人工程专业。

随着智能时代的到来,机器人与人工智能的融合将为机器人技术的发展提供新的动力,真正实现机器人智能化。然而,要使机器人像人一样学习、思考和决策,在短期内很难实现。因而在未来一段时间内,发展满足“智能制造”需求的机器人技术将是相关学者和工程师的主要任务。机器人是机械、电气、控制、传感、计算机、人工智能等多个学科交叉融合的产物。随着相关学科的发展、相关理论的完善、应用实践的丰富,机器人学的知识体系也需要不断更新,以适应新的发展形势。

为应对机器人技术发展的新形势,满足机器人工程专业及相近专业本科生、研究生的培养需求,以及广大科研人员、工程技术人员对于机器人知识学习的需求,作者结合长期从事机器人技术开发的经历,从基础理论与应用实践两方面展开论述,既体现机器人运动学、动力学、轨迹规划、控制方法等基础知识,也结合最新的技术状态来阐述机器人设计、制造、集成、测试与应用中面临的实际工程问题,为读者提供系统、全面的参考。

本书共包含12章内容。

第1章为绪论,主要介绍机器人的发展历程、基本概念、结构组成,以及机器人学的知识体系等。

第2章为刚体位姿描述与空间变换,主要介绍刚体位置、姿态的表示方法,以及不同表示参数之间的变换关系。

第3章为刚体速度描述与微分运动学,主要介绍刚体线速度、角速度的表示方法,以及不同表示参数之间的微分关系。

第4章为机器人位置级正运动学,主要介绍机器人系统状态的描述、运动学基本问题、基于D－H的运动学建模方法,以及典型机器人系统的运动学方程。

第5章为非冗余机器人位置级逆运动学,主要介绍解析逆运动学存在的条件及典型构型机器人系统的封闭逆运动学的求解过程。

第6章为冗余机器人位置级逆运动学,主要介绍机器人冗余性的参数化表示方法及典型构型冗余机器人参数化解析逆运动学的求解过程。

第7章为微分运动学与雅可比矩阵,主要介绍关节速度与末端速度之间的映射关系,并重点介绍建立两者关系的速度雅可比矩阵的求解方法。

第8章为运动学奇异分析与性能评价,主要介绍机器人运动学奇异的概念、性质,发生奇异的条件,以及对机器人操作能力评价的方法。

第9章为机器人轨迹规划,主要介绍轨迹规划的概念、不同状态空间下机器人轨迹规划的方法。

第10章为机器人静力学与动力学,主要介绍机器人静力学与动力学的基本概念,静力学方程、动力学方程的推导方法及应用。

第11章为机器人控制,主要介绍机器人控制的概念、分类,主要的运动控制方法,柔顺控制方法和视觉伺服控制方法。

第12章为机器人研制与应用，主要介绍机器人的主要性能指标定义、单臂协作机器人系统研制、双臂协作机器人系统研制、应用系统集成及实验等。

本书在编写过程中得到了清华大学梁斌教授、哈尔滨工业大学李兵教授的大力支持和帮助，两位教授在章节内容安排、前沿技术阐述和学术用语等方面进行了实际指导，在具体内容撰写上也提出了很多建设性的意见。本书也得到了哈尔滨工业大学袁晗老师的帮助，袁老师在公式的推导和校核，以及例题和习题的设计上开展了大量工作。课题组博士生韩亮、闫磊、胡忠华、康鹏、彭键清、牟宗高、潘尔振、刘天亮、杨太玮等也进行了大量的文字编写、图表设计和校核等工作。本书还得到了哈尔滨工业大学深圳校区各级领导的大力支持。在此一并感谢。

限于作者的经验与水平，书中存在的疏漏之处，敬请读者批评指正。

作　者
2020年2月

目　　录

第1章　绪　论

机器人自诞生以来，越来越广泛地应用于工业、服务以及特种领域中。在工业领域，焊接机器人、分拣机器人、喷涂机器人、打磨机器人、冲压机器人等不知疲倦地完成一道道工序，降低人力成本的同时提高了生产效率。在服务领域，养老助残机器人、餐饮机器人、教育机器人、清洁机器人等逐步进入人们的生活，为人类提供优质的服务。除此之外，在灾害救援、反恐防暴、战场侦察与作战等特定场合中，机器人也发挥着越来越重要的作用。机器人学已发展成为综合了机械学、电子学、计算机科学、自动控制工程、人工智能、仿生学等多个学科的综合性科学，代表了机电一体化的最高成就，是当今世界科学技术发展最活跃的领域之一。随着科学技术的飞速发展，机器人的功能越来越强、性能越来越优、智能水平越来越高。为梳理机器人发展的脉络、阐明机器人未来应用等问题，本章将主要介绍机器人的起源与发展、定义与分类、结构与组成、机器人学的知识体系等。

1.1　机器人的起源及伦理问题

1.1.1　机器人的出现及早期发展

1920年，捷克作家卡雷尔·查培克在其剧本《罗萨姆的万能机器人》(Rossum's Universal Robots，RUR)中最早使用机器人一词。剧中的人造劳动者取名为Robota(捷克文，意为“劳役、苦工”)，英语的Robot一词即由此而来。

实际上，早在机器人一词出现之前，古代劳动者和能工巧匠们就制造出了一些具有机器人雏形的机器。西周时期，我国的能工巧匠偃师就研制出了能歌善舞的伶人，这是我国最早记载的具有机器人概念的文字资料。春秋后期，我国著名的木匠鲁班曾制造过一只木鸟，能在空中飞行三日而不下，体现了我国劳动人民的聪明才智。东汉时代，著名科学家张衡不仅发明了地动仪、计里鼓车，还发明了指南车，这些发明都是具有机器人构想的装置。计里鼓车每行1里(1里＝500 m)，车上的木人击鼓一下，每行10里，敲打铃铛一下。指南车具有复杂的轮系装置，若车上木人的运动起始方向指向南方，则该车无论左转、右转、上坡、下坡，指向始终不变，可谓精巧绝伦。

在国外，很早就有一些发明家或能工巧匠制作出了机器人的雏形。公元前3世纪，古希腊发明家戴达罗斯用青铜为克里特岛国王迈诺斯铸造了一个守卫宝岛的青铜卫士塔罗斯。公元前2世纪，曾有书籍描写过一个有类似机器人角色的机械化剧院，这些角色能够在宫廷仪式上进行舞蹈和列队表演。古希腊人发明了一种用水、空气和蒸汽压力作为动力的机器人，能够做动作，会自己开门，还可以借助蒸汽唱歌。1662年，日本的竹田近江利用钟表技术发明了自动机器玩偶，并在大阪道顿崛演出。1738年，法国天才技师杰克·戴·瓦克逊发明了一只机器鸭，它能够像鸭子一样叫，会游泳和喝水，还会进食和排泄。1768～1774年，瑞士钟表匠德罗斯父子三人合作制造出三个真人一样大小的机器人：写字偶人、绘图偶人和弹风琴偶人。它们是靠弹簧驱动、由凸轮控制的自动机器,至今还作为国宝保存在瑞士纳切尔市艺术和历史博物馆内。1770年,美国科学家发明了一种报时鸟,一到整点,这种鸟的翅膀、头和喙便开始运动,同时发出叫声。它使用弹簧驱动齿轮转动,活塞压缩空气发出叫声,同时齿轮转动时带动凸轮转动,从而驱动翅膀和头运动。1893年,加拿大摩尔设计的能行走的机器人安德罗丁开始使用蒸汽为动力。这些标志着机器人在从梦想到现实的道路上前进了一大步。

1.1.2 现代机器人的发展

真正实用的工业机器人是在20世纪50年代后问世的。1954年,美国戴沃尔最早提出了工业机器人的概念,并申请了专利。作为机器人产品最早的实用机型是1962年美国AMF公司推出的Verstran和Unimation公司推出的Unimate。

随着技术的发展和作业需求的不断增长,人们开始研制具有传感器的机器人。

1961年,美国麻省理工学院(MIT)林肯实验室把一个配有接触传感器的遥控操纵器的从动部分与一台计算机连接起来,这样的机器人可凭触觉感知物体的状态。

1965年,MIT的Roborts演示了第一个具有视觉传感器的、能识别与定位简单积木的机器人系统。

1968年,美国斯坦福人工智能实验室的J. McCarthy等人研制了带有手、眼、耳的计算机系统。从那时起,智能机器人的形象逐渐丰满起来。

1969年,美国原子能委员会和国家航天局共同成功研制了装有人工臂、电视摄像机和拾音器等装置的,既有"视觉",又有"感觉"的机器人。

1970年,在美国召开了第一届国际工业机器人学术会议。随后,机器人的研究得到迅速、广泛的普及。

1973年,辛辛那提·米拉克隆公司的理查德·豪恩制造了第一台由小型计算机控制的工业机器人,它是由液压驱动的,能提升的有效负载达45 kg。

1979年,Unimation公司推出了PUMA系列工业机器人,它是全电动驱动、关节式结构和多CPU二级微机控制的机器人。PUMA机器人采用VAL专用语言,可配置视觉和触觉感受器。图1.1所示为PUMA工业机器人。

图1.1 PUMA工业机器人

同年,日本山梨大学的牧野洋研制出具有平面关节的SCARA机器人。

1980年，工业机器人才真正在日本普及，故称该年为日本“机器人元年”。随后，工业机器人在日本得到了巨大发展，日本也因此赢得了“机器人王国”的美称。

目前，对全球机器人技术发展最有影响的国家是美国和日本。美国在机器人技术的综合研究水平上仍处于领先地位，而日本生产的机器人在数量、种类方面则居世界首位。国际工业机器人领域的四大标杆企业分别是瑞典ABB、德国Kuka、日本Fanuc和日本安川电机，它们的工业机器人本体销量占据了全球市场的半壁江山。

我国的机器人技术虽然起步较晚，但在国家的重视和持续支持下，也取得了巨大的进步。哈尔滨工业大学(简称哈工大)早在20世纪80年代研制了我国第一台弧焊机器人、第一台点焊机器人，以及第一条全自动称重、包装、码垛生产线。如今，在包括工业机器人、医疗机器人、航空航天机器人等方面都取得了具有国际先进水平的研究成果，依托于哈工大强大的机器人技术实力组建的哈工大机器人集团(HGR)在智慧工厂、工业机器人、服务机器人、特种机器人等领域也提供了各种先进的机器人产品。中国科学院沈阳自动化研究所也是我国机器人领域的“国家队”之一，在水下机器人、工业机器人、工业自动化技术、信息技术方面取得多项有显示度的创新成果，其中“CR－01”6 000 m无缆自治水下机器人被评为1997年中国十大科技进展之一，并获得国家科技进步一等奖。沈阳自动化研究所研制了极地机器人、飞行机器人、纳米操作机器人、仿生结构智能微小机器人、反恐防暴机器人等多种特种机器人，在国内外形成技术领先优势。其孵化的新松机器人自动化股份有限公司是一家以机器人技术为核心的高科技上市公司，是中国机器人领军企业及国家机器人产业化基地，面向智能工厂、智能装备、智能物流、半导体装备、智能交通等产业方向，研制了具有自主知识产权的百余种产品，累计出口30多个国家和地区，为全球3 000余家国际企业提供产业升级服务。

1.1.3　机器人伦理性纲领

进入20世纪20年代后，机器人成为很多科幻电影、科幻小说的主人公。这些机器人往往是具有人的情感的高度智能体。科幻小说和电影对智能机器人的描述推动了智能机器人的研究和发展。机器人与人之间的定位与关系成为人们思考的焦点。为了防止机器人伤害人类，1950年美国科幻作家艾萨克·阿西莫夫(Isaac Asimov)在《我，机器人》(I，Robot)中给机器人赋予了伦理性纲领，提出了著名的“机器人三定律”(或“机器人三原则”)，为机器人研发人员、制造厂商及用户提供了指导方针。这三条定律如下。

(1) 第一定律，即机器人不得伤害人类个体或者目睹人类个体即将受到伤害而袖手旁观。

(2) 第二定律，即机器人必须服从人类个体给予它的一切命令，除非该命令与第一定律产生了矛盾或冲突。

(3) 第三定律，即机器人在不违反第一、第二定律的情况下，要尽可能保护自己。

这三条定律主要确定了机器人与人类个体之间的关系，但当人类个体与人类整体利益发生冲突时，将会发生可怕的事情。基于此，阿西莫夫在最后一本机器人系列科幻小说《机器人与帝国》(Robots and Empire)中提出了“机器人第零定律”。

第零定律，即机器人必须保护人类的整体利益不受伤害，其他三条定律都是在这一前提下才能成立。

这四条定律是按照优先级排列的，即第零定律(人类整体利益)＞第一定律(人类个体利益）＞第二定律（服从命令）＞第三定律（保护自身安全）。也就是说对于机器人而言，人类整体利益高于人类个体利益，在不违背这两条的基础上服从命令，然后保护自己不受伤害。

近年来，国内法律界人士也关注到了未来无法回避的机器人道德伦理和法律问题。他们认为机器人伦理是制定机器人法律制度的前提与基础，本质上服务于人类利益。当针对具有“独立意志”的智能机器人制定法律制度时，应体现机器人伦理的基本内容，秉持承认与限制的基本原则。

1.2 机器人的定义及分类

1.2.1 机器人的定义

机器人问世已有几十年，在世界范围内也得到了广泛的应用，但对于机器人的定义仍然是仁者见仁，智者见智，没有一个统一的意见。原因之一是机器人正处于快速发展阶段，新的机型不断涌现，功能也越来越多；而根本原因在于机器人涉及了人的概念，其定位、作用、与人的关系等成为难以回答的哲学问题。下面给出了几种常见的关于机器人的定义。

(1) 美国国家标准局(NBS)关于“机器人”的定义。机器人是一种能够进行编程并在自动控制下执行某些操作和移动作业任务的机械装置。

(2) 美国机器人协会(RIA)关于“机器人”的定义。机器人是一种用于移动各种材料、零件、工具或专用装置的，通过可编程序动作来执行种种任务的，并具有编程能力的多功能机械手。

(3) 日本工业机器人协会(JIRA)关于“机器人”的定义。工业机器人是一种装备有记忆装置和末端执行器的，能够转动并通过自动完成各种移动来代替人类劳动的通用机器。

(4) 国际机器人联合会(IFR)关于“机器人”的定义。机器人是一种半自主或全自主工作的机器，它能完成有益于人类的工作，应用于生产过程中的称为工业机器人，应用于家庭或直接服务人的称为服务机器人，应用于特殊环境的称为专用机器人（或特种机器人）。

(5) 国际标准化组织(ISO)关于“机器人”的定义。机器人是具有一定程度自主能力、可在其环境内运动以执行预期任务的可编程执行机构，一般把机器人分为工业机器人和服务机器人（2015 年在德国斯图加特举行的 ISO 年度大会上给出的定义）。其中，工业机器人定义为(ISO 8373:2012)自动控制的、可重复编程的、多用途的操作机，可对三个或三个以上的轴进行编程，可以是固定式或移动式，在工业自动化中使用。服务机器人定义为(ISO 8373:2012)除工业自动化应用外，能为人类或设备完成有用任务的机器人。服务机器人可进一步划分为特种机器人、公共服务机器人、个人/家用服务机器人三类。特种机器人是指由具有专业知识的人士操控的、面向国家或特种任务的服务机器人，包括国防/军事机器人、救援机器人、医疗手术机器人、水下作业机器人、空间探测机器人、农场作业机器人等。公共服务机器人是指面向公众或商业任务的服务机器人，包括迎宾机器人、餐厅服务机器人、酒店服务机器人、银行服务机器人、场馆服务机器人等。个人/家用服务机器人是指在家庭以及类似环境中由非专业人士使用的服务机器人，包括家政、教育、娱乐、养老助残、个人运输、安防监控等类型的机器人。

(6) 我国国家标准对机器人的定义(GB/T 12643—2013《机器人与机器人装备词汇》)。

机器人是具有两个或两个以上可编程的轴，具有一定程度的自主能力，可在其环境内运动以执行预期任务的执行机构。工业机器人指自动控制的、可重复编程的、多用途的操作机，可对三个或三个以上的轴进行编程，可以是固定式或移动式，在工业自动化中使用。服务机器人指除工业自动化应用外，能为人类或设备完成有用任务的机器人。个人／家用服务机器人指在家居环境或类似环境下使用的，以满足使用者生活需求为目的的机器人。公共服务机器人指在住宿、餐饮、金融、清洁、物流、教育、文化和娱乐等领域的公共场合为人类提供一般服务的商用机器人。特种机器人指应用于专业领域，一般由经过专门培训的人员操作或使用的，辅助和／或替代人执行任务的机器人，也称为专业服务机器人。

由此可见，我国的国家标准实际上是继承了国际标准化组织(ISO)的定义，本书即采用我国国家标准的相关定义。

1.2.2　机器人的分类

可以从应用领域、结构形式、运动方式、作业空间等角度对机器人进行分类。

(1) 按机器人的应用领域分类。

机器人根据应用领域，主要分为工业机器人和服务机器人两大类，其中服务机器人又可进一步分为特种机器人(或专业服务机器人)、公共服务机器人和个人／家用服务机器人三小类，如图1.2所示。

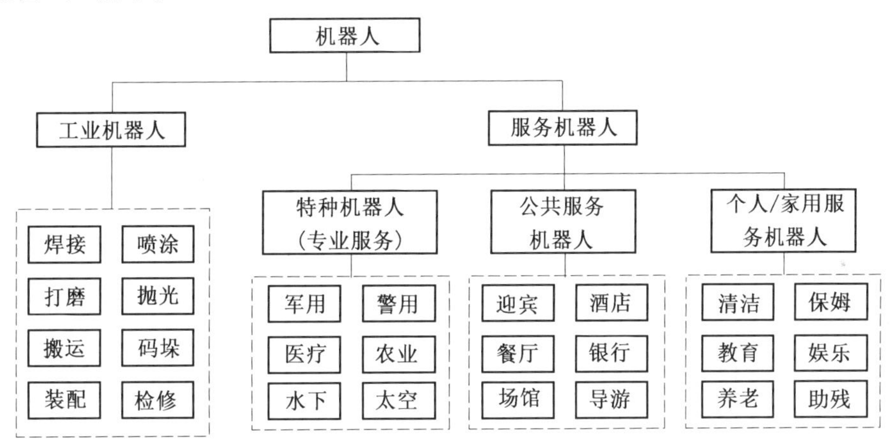

图1.2　机器人分类(根据应用领域)

根据国际机器人联合会(IFR)于2019年9月发布的数据(参见《全球机器人2019(World Robotics 2019)》)，2018年，全球工业机器人年销售额再创新高，达到165亿美元，装机量为42.2万台，比上年增长6%；专用服务机器人销量达27.1万台，比上年增长61%；个人／家用服务机器人销量约1 630万台，比上年增长59%。

2018年，中国依旧是全球最大的工业机器人市场，已连续六年稳坐“龙头”，工业机器人装机量为15.4万台，超过欧洲和美洲，占全球工业机器人总销量的36%。其他关于中国机器人产业的相关数据参见《中国机器人产业发展报告(2019)》，该报告为工业和信息化部2019～2021年财政专项《我国机器人产业发展水平评估体系构建与智能机器人产业链增长点研究》的阶段性研究成果，于2019年世界机器人大会闭幕式上正式发布。

① 工业机器人。

工业机器人主要用于工业中，替代工人开展具体的作业任务。依据实际应用目的的不同，工业机器人又常常以其主要用途命名，包括焊接机器人、喷涂机器人、打磨机器人、抛光机器人、搬运机器人、码垛机器人、装配机器人、检修机器人等。焊接机器人是目前为止应用最多的工业机器人，包括点焊机器人和弧焊机器人，用于实现自动化焊接作业；装配机器人比较多地用于电子部件或电器的装配；喷涂机器人可代替人进行各种喷涂作业；码垛机器人用于物体的卸装等。

德国的库卡(Kuka)、瑞士的 ABB、日本的发那科(Fanuc) 和安川电机(Yaskawa) 是全球主要的工业机器人供应商，被称为机器人四大家族，占据全球约 50% 的市场份额。四大家族在各个技术领域内各有所长，Kuka 的核心领域在于系统集成应用与本体制造，ABB 的核心领域在于控制系统，发那科的核心领域在于数控系统，安川的核心领域在于伺服电机与运动控制器领域。

工业机器人的特点为高稳定性、高可靠性、高安全性和高重复性，这种特性是由工业自动化的要求决定的。核心关键技术包括高性能工业机器人系统设计、运动控制、精确参数辨识补偿、协同作业与调度、示教 / 编程。典型的工业机器人如图 1.3 所示。

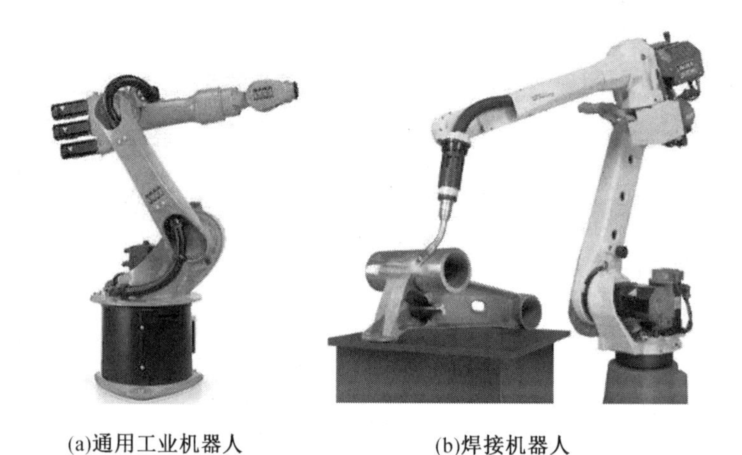

(a)通用工业机器人　　(b)焊接机器人

图1.3　典型的工业机器人

② 个人 / 家用服务机器人。

个人 / 家用服务机器人是直接面向个人或家庭提供日常服务的，用于改善人的生活品质。虽然个人和家用是两个单独的词，但在用途上，它们并没有过多区分。劳动力价格日趋上涨，而且人们越来越不愿意干自己不喜欢的工作，从事清洁、看护、保安等工作的人越来越少，简单劳动力将会越来越缺乏；人口老龄化带来大量的问题，导致陪伴、护理、健康监测等需求更加紧迫；另外，曾经的独生子女政策导致的“421 家庭”模式，加重了作为社会劳动力主体的年轻夫妻的负担，他们需要负担起 4 个老人的养老和至少 1 个孩子成长的家庭压力，对老人的照顾、孩子的教育等需求日益迫切；随着经济水平的上升，人们可支配的收入不断增加，具备了较好的经济基础，能够购买服务机器人来解放简单的重复劳动，获得更多的空闲时间。这些因素使得个人 / 家用服务机器人具有巨大的市场需求和发展空间。

到目前为止，相对成熟并获得广泛应用的主要有清洁机器人、割草机器人、玩具机器人、宠物机器人、教育和培训机器人等。相比之下，助老助残机器人属于更高科技的产品。如今许多国家都将研究项目集中在这一领域，他们相信未来这是一个巨大的机器人市场。由于直接处于人的生活环境，需要经常与人交互，并提供合适的服务、满足人的审美特点，因此，服务机器人在安全性、外观设计上都需要重点考虑服务对象的需求，其技术特点为安全性高、运动灵活、颜值高，最好还要能识别人的意图。相应地，服务机器人的关键技术包括创意设计与性能优化、环境感知与 SLAM(同时定位与地图构建)、智能与自主、人机协同与安全、标准化与个性化结合、信息技术融合等。典型的服务机器人如图 1.4 所示。

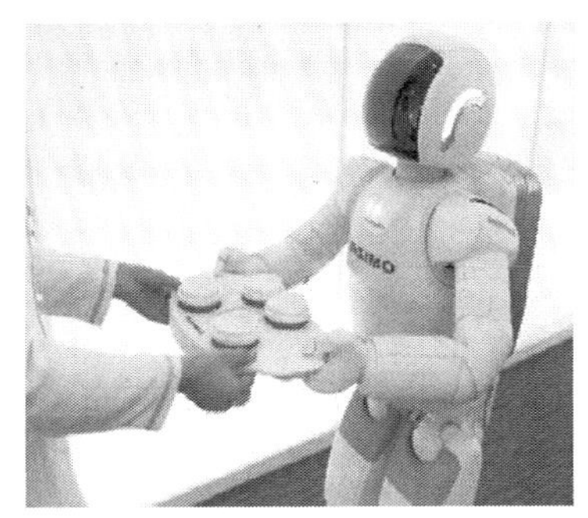

(a)Asimo服务机器人　　(b)iRobot扫地机器人

图1.4　典型的服务机器人

③ 公共服务机器人。

公共服务机器人应用范围广泛，只要能够为公众或公用设备提供服务的机器人都属于该类型，包括在展览会会场、办公大楼、旅游景点为客人提供信息咨询服务的迎宾机器人，在政府机关、博物馆、旅馆等各种公共场所进行接待的接待机器人，在旅游景点、展览馆进行导游导览的导游机器人，在商城、商场、房地产销售大厅的导购机器人，在加油站里的自动加油机器人等。随着机器人技术的进一步发展，不久的将来会有越来越多的公共服务机器人进入我们的日常生活。

图 1.5 所示为日本软银集团和法国 Aldebaran Robotics 研发的人形机器人 Pepper，它可综合考虑周围环境，并积极主动地做出反应。全球超过 2 000 家企业采用 Pepper，它服务于零售、金融、健康护理等众多行业。

图1.5　人形机器人 Pepper

④ 特种机器人(或专业服务机器人)。

特种机器人主要用于军用、警用、消防、应急救援等特殊场合以及核工业、深海、航天等极限环境，代替人在危险条件下执行任务。由于应用场景的特殊性及复杂性，该类型机器人具有技术门槛高、研发周期长、研发成本高等特点。为了保证完成作业任务，对该类型机器人的智能化水平、环境适应能力要求高。

典型的特种机器人如图 1.6 所示，分别为美国火星车机器人“机遇号”及美国波士顿动力公司研制的 Atlas 机器人。近年来,我国特种机器人的发展极其迅速,由中国科学院沈阳自动化研究所研制的水下机器人“蛟龙号”,其最大下潜深度为 7 000 m 级,是目前世界上下潜能力最强的作业型载人潜水器,可在占世界海洋面积 99.8% 的广阔海域中使用。哈尔滨工业大学研制的空间机械臂具有六维空间精确定位和手爪精细操作能力,可安装在航天器平台上,对故障卫星进行捕获及维修,是航天器在轨维护的核心装备,已成功完成了在轨演示验证;除了完成上述无人在轨服务任务外,2016 年,“天宫二号”航天员与哈尔滨工业大学研制的空间机械手进行了人机协同在轨维修科学试验,这是国际首次人机协同在轨维修技术试验。

(a)“机遇号”星球探测机器人

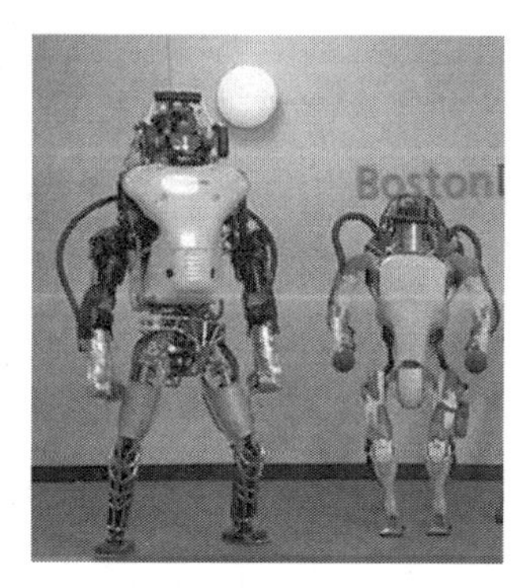

(b)波士顿Atlas机器人

图1.6　典型的特种机器人

(2) 按机器人的结构形式分类。

机器人根据结构形式,可以分为串联机器人、并联机器人及混联机器人。

① 串联机器人。

串联机器人(Serial Robot) 由一系列连杆通过铰链顺序连接而成,首尾不封闭,是开式运动链机器人。由于串式的结构特点,其末端运动由各关节的运动依次传递形成,串联机器人具有如下特点:工作空间大,正运动学求解简单而逆运动学求解复杂,驱动及控制简单,末端误差是各个关节误差的累积,因而精度较低;同时,整个运动链上除了与地面固定的部分外,其余部分都由电机带动,越靠近底座的电机需要承受的力矩越大,导致载荷能力较低(除自身外所能带动的有效负载),动力学响应速度较慢。

工业中常用的串联机器人有笛卡儿(直角坐标) 机器人、圆柱坐标机器人、球面坐标机器人和关节型机器人。

笛卡儿(直角坐标) 机器人实现三轴($x-y-z$) 平动,如图 1.7 所示。这一类机器人其手部空间位置的改变是通过沿三个互相垂直的轴线移动来实现的,即沿着 x 轴的纵向移动,沿着 y 轴的横向移动及沿着 z 轴的升降运动。笛卡儿(直角坐标) 机器人主要应用于加工机床、三坐标测量仪、3D 打印机、工业抓取等场合。其优点是响应速度快、稳定性好、容易生产、容易控制;缺点是体积庞大、工作空间与设备体积比小、灵活性较差。

圆柱坐标机器人通过两个移动关节和一个转动关节来实现末端三个自由度的运动,即 z 轴旋转、x 轴平动和 y 轴平动,如图 1.8 所示。圆柱坐标机器人的优点是结构简单、占用空间小、末端速度快,位置精度仅次于直角坐标机器人。

球面坐标机器人的运动由一个直线运动和两个转动组成,即沿手臂方向 x 轴的伸缩,绕 y 轴的俯仰和绕 z 轴的旋转,末端点轨迹在球面上,如图 1.9 所示。其优点是占地面积较小,

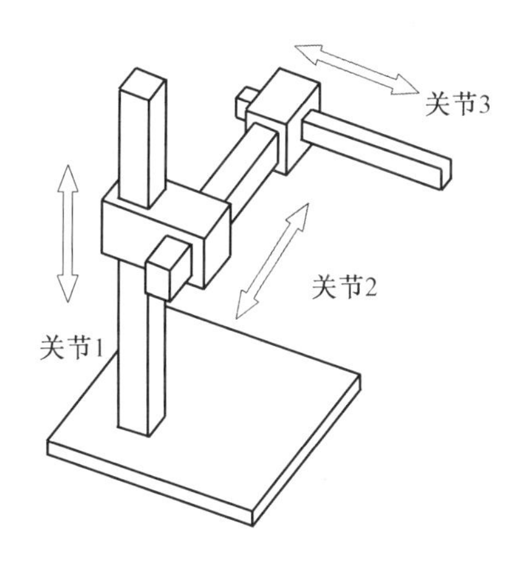

图1.7　直角坐标机器人

结构紧凑，位置精度尚可，但缺点是避障性能较差，存在平衡问题。

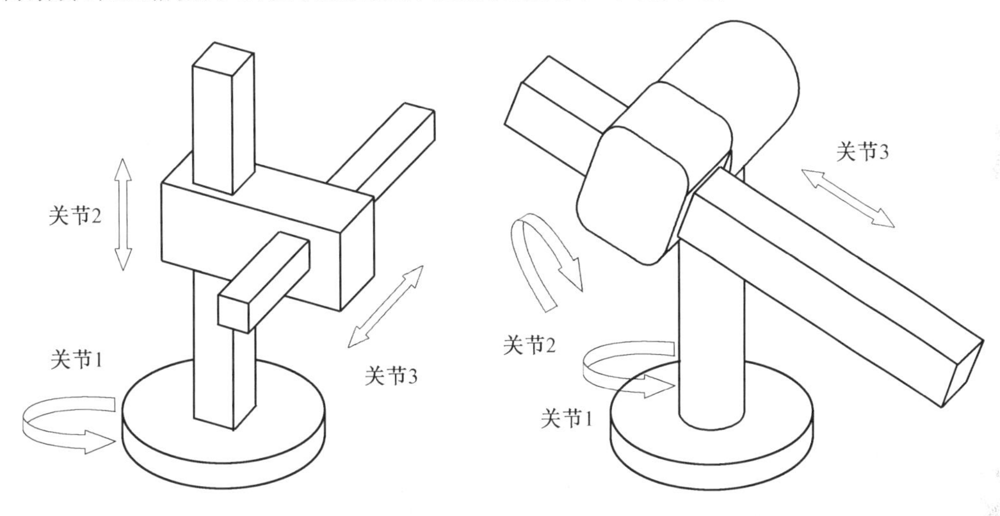

图1.8　圆柱坐标机器人　　图1.9　球面坐标机器人

SCARA(Selective Compliance Assembly Robot Arm) 机器人有 3～4 个自由度，2 个转动关节 ＋1 个平动关节(＋1 个转动关节)，是一种特殊的圆柱坐标机器人，可实现末端沿 x、y、z 轴的平动和绕 z 轴的旋转。SCARA 机械臂在 x、y 轴方向上具有顺从性，而在 z 轴方向上具有良好的刚度，适用于装配，特别是在 3C 行业。SCARA 机器人如图 1.10 所示。

关节型机器人主要由多个旋转关节连杆串联组成，运动轴数量以 4 轴和 6 轴居多，是目前工业上应用最广的机器人。PUMA 机器人是其典型代表，结构如图 1.11 所示。该机器人由立柱、前臂和后臂组成，末端的运动由前、后臂的俯仰及立柱的旋转构成，其结构最紧凑，灵活性大，工作空间大，但控制比较复杂，末端定位置较低。

② 并联机器人。

并联机器人／并联机构(Parallel Robot/Mechanism) 为上下两个平台(动平台和定平台) 通过至少两个独立的运动支链相连接，以并联的方式驱动的闭环机构。改变各个支链的运动状态可使整个机构具有多个自由度。并联机器人的特点是无累积误差，末端精度较高；驱动装置可置于定平台上或接近定平台的位置，运动部分质量轻，动态响应性好；整体结构紧凑，刚度高，承载能力大；完全对称的并联机构具有较好的各向同性；工作空间较小。根

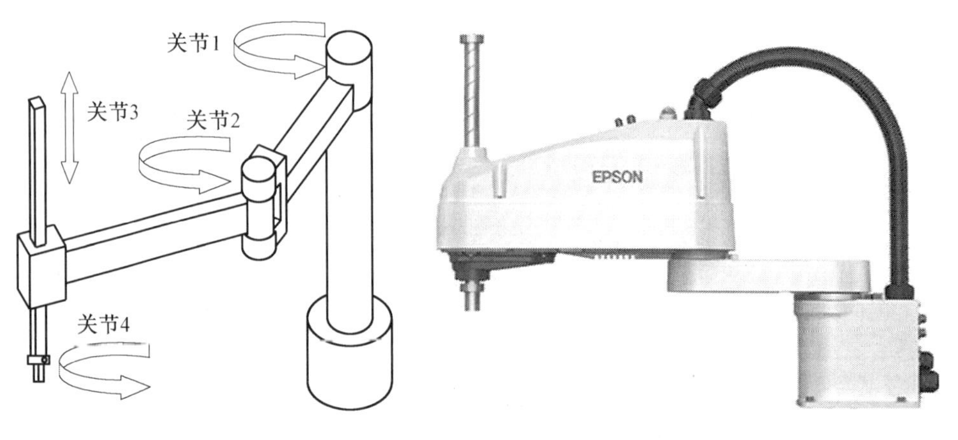

(a)SCARA机器人的结构形式 (b)Epson公司的SCARA机器人

图1.10 SCARA 机器人

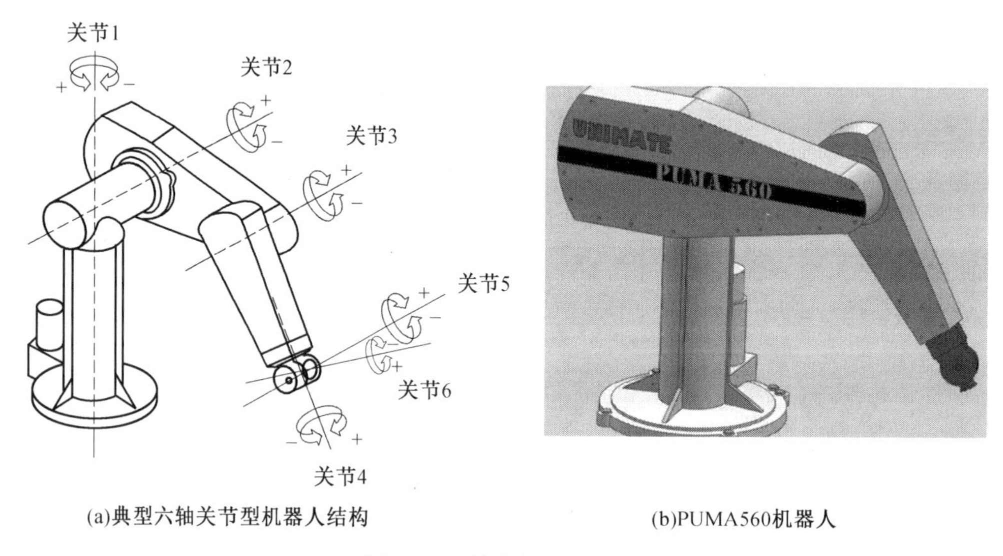

(a)典型六轴关节型机器人结构 (b)PUMA560机器人

图1.11 关节型机器人

据这些特点,在需要高刚度、高精度或者大载荷而无须很大工作空间的场合,并联机器人因具有独特的优势而获得了广泛应用。

德国学者 Stewart 于 1965 年发明了一种六自由度并联机构,如图 1.12(a) 所示,并将其作为飞行模拟器训练飞行员。该类机构被广泛地用作汽车运动模拟器、坦克运动模拟器、舰船运动模拟器、飞行模拟器等运动模拟平台,也被用作并联机床、定位装置等。图 1.12(b) 所示为美国 Adept 公司的并联机器人。

③ 混联机器人。

混联机器人(Hybrid Robot) 为串联机器人和并联机器人的组合,是串 — 并联混合构型,兼具串联机器人工作空间大和并联机器人刚度大的优点。目前为止,在串 — 并混联机构的应用中,最成功的是 Neumann 1985 年发明的 Tricept 机器人,如图 1.13 所示。该机器人由一个 3 自由度并联机构和一个 2 自由度串联手腕串接组成,具有工作空间大、刚度质量比高、可重构能力强等特点,获得了德国大众、美国波音等汽车、飞机厂商的青睐,已被广泛应用于汽车覆盖件和飞机结构件模具的高速加工、发动机缸体的多位姿压力装配,以及诸如

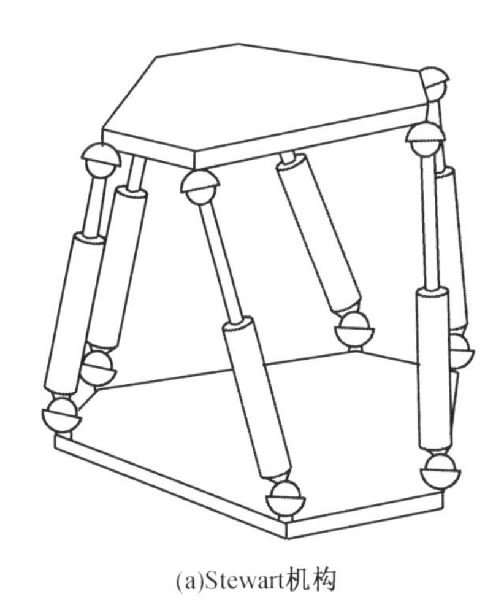

(a)Stewart机构

(b)Adept公司的并联机器人

图1.12　并联机构及机器人

激光和水射流等多种特种加工中。

(3) 按机器人是否可移动分类。

机器人根据工作时机座的可动性又可分为机座固定式机器人和机座移动式机器人两大类，分别简称为固定机器人和移动机器人。

① 固定机器人。

固定机器人的机座固定于作业现场，操作臂在有限工作空间中执行相应的作业任务，如焊接、喷涂、打磨、分拣等。

② 移动机器人。

移动机器人的机座可以移动，因而其工作空间理论上为无穷大。根据不同的移动方式有轮式机器人、履带式机器人、多足机器人等。图 1.14 所示为典型的三种移动机器人。工业应用中的仓储 AGV 小车也属于移动机器人。近年来出现了各种新型的复合式移动机器人，如轮腿复合式机器人、轮足复合式机器人等。

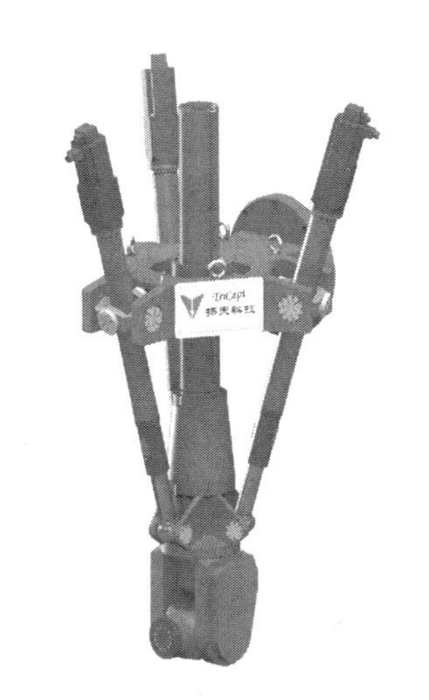

图1.13　混联机器人 Tricept

(a)轮式机器人

(b)履带式机器人

(c)多足机器人

图1.14　典型的三种移动机器人

1.3 机器人发展的重要阶段及分代情况

从前述机器人的概念、内涵及应用情况可知,在讨论机器人时离不开两个方面的问题 —— 机器人的智能化问题和机器人与人的关系问题(社会化)。前者涉及机器人作为一个个体时,其智慧及能力的水平;后者主要考虑机器人作为人造物体(当前主要还是由人设计、制造出来的,未来机器人自己造机器人的情况暂不考虑)为人服务、与人共处时的角色定位问题。下面将分别从这两方面阐述机器人的发展阶段和分代情况。

1.3.1 机器人智能化发展阶段

自机器人诞生之初起,关于机器人智能化问题的讨论就没有停止过,其中一种观点认为机器人应该具有像人一样的“大脑”,具有极强的学习和决策能力。事实上,人工智能有三个层次:计算智能、感知智能和认知智能。计算智能即快速计算和记忆存储能力,感知智能即视觉、听觉、触觉等感知能力,而认知智能通俗讲是就是“能理解,会思考”,分析、思考、理解、判断等都是认知智能的表现。这三个层次的人工智能也代表了人工智能的三个台阶。因而,从智能升华的角度来看,机器人的发展也经历了三代:第一代为示教再现型机器人(以计算智能为主),第二代为感觉型机器人(以感知智能为主),第三代为认知机器人(具备认知智能)。

(1) 第一代智能机器人 —— 示教再现型机器人。

示教再现型机器人以人工示教、机器人再现示教过程的方式执行作业任务,是最早的机器人的工作模式,几乎所有的工业机器人都配备了这种工作方式。传统的示教方法是操作示教器使机器人运动到一个或多个目标点,并设置相应的运动速度和 / 或运动时间、等待时间后,机器人控制系统运行轨迹插补程序生成密集的运动数据,由此完成了示教编程;机器人依照上述数据运动以完成作业任务,即所谓的再现。目前比较先进、方便的示教方式为末端拖动示教,即操作员手持机器人末端,将机器人末端拖曳到目标点,由此记录下相应的末端位姿,其余插补过程与前述相同。图 1.15(a) 和(b) 所示分别为基于示教盒的传统示教方式和先进的末端拖动示教方式。

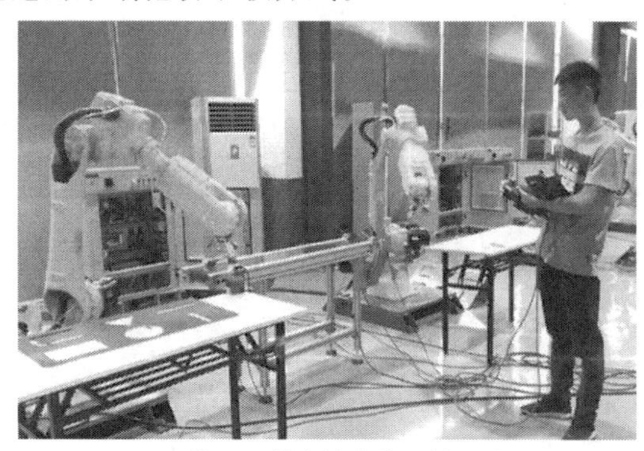

(a)基于示教盒的传统示教方式

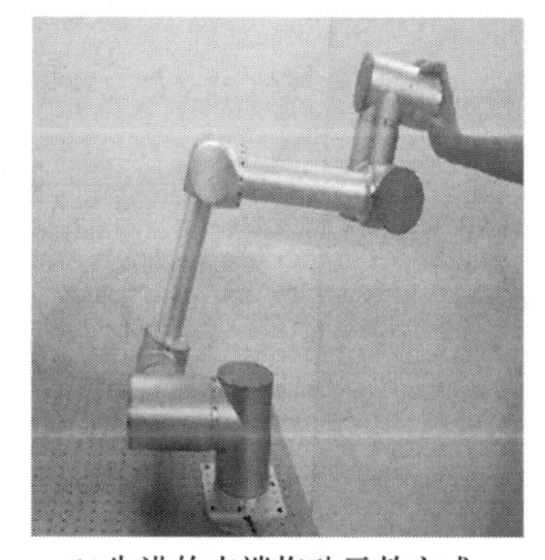

(b)先进的末端拖动示教方式

图1.15 工业机器人的示教器操作

(2) 第二代智能机器人 —— 感觉型机器人。

第二代智能机器人为感觉型机器人。当机器人需要执行较复杂、具有不确定性的作业任务时,如抓取形状未知、方位未知的物体或执行装配、研磨等对操作力有要求的任务时,单靠示教再现的工作方式无法满足要求,因而需要为机器人装配视觉、力觉等传感器,并开发先进的视觉伺服控制、力柔顺控制等算法,使得机器人具备目标识别、环境感知的能力,提高其执行不确定性任务的能力,这类机器人即为感觉型机器人。

(3) 第三代智能机器人——认知机器人(Cognitive Robot)。

第三代智能机器人为认知机器人,它不仅具有多种感知功能,还可以进行复杂的逻辑推理、判断及决策,具有理解、表达、推理和学习能力,是智能机器人的高级阶段,也是更接近于人的智能的机器人,其概念如图1.16所示。

图1.16　认知机器人概念图

随着人工智能技术的发展,机器人的智能化水平越来越高。感觉型机器人技术已相当成熟,是当前智能机器人的主体,而认知机器人的研究才刚起步,目前正处于感觉型机器人与认知机器人的临界。正如人的成长会经历从婴幼儿到成年人的各个阶段,认知机器人也有一个逐步提高的过程,终有一天,会出现具有完全认知能力的机器人。

1.3.2　机器人社会化发展阶段

从机器人与人的关系来看,机器人的发展大致经历如下几个阶段:人的工具(被动地作为人的操作对象)、人的助手(配合、辅助人完成任务)、人的同伴(同事、同仁、伙伴;平级关系)。上述关系从低到高的进化过程如图1.17所示。

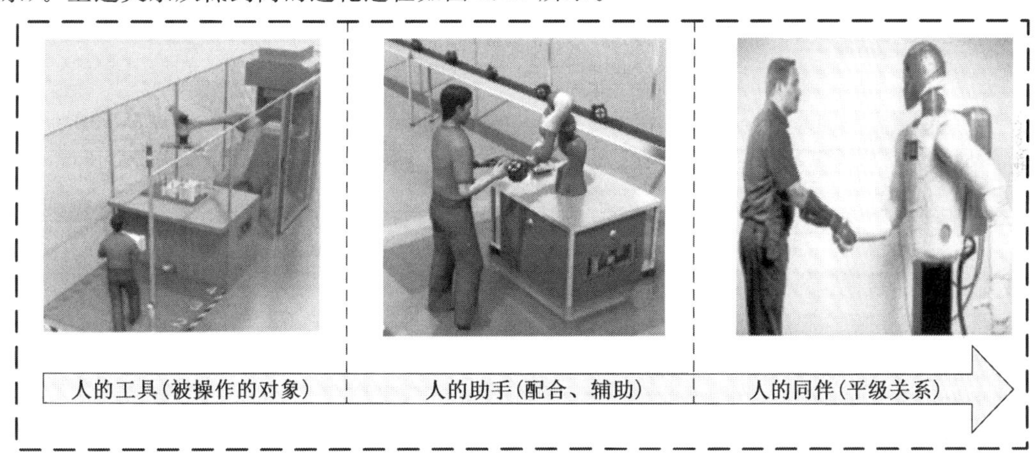

图1.17　机器人与人的关系进化示意图

(1) 作为人的工具的机器人。

在与人的关系中,这一类机器人的角色相当于人的高级工具,完全被动地执行人的操作命令,如图1.18所示。最早的工业机器人没有对环境的感知能力,仅仅根据操作员的手动操作完成相应的任务。

(2) 作为人的助手的机器人。

这类机器人的角色相当于人的助手。人与机器人协作完成一个共同的任务,各自负责不同的工作内容,但执行任务的工程中,人是主角,优先级最高,机器人是配角,服从人的分配和管理。这类机器人具有一定的智能，可以感知环境信息，通过理解传感器的反馈信息，校正操作中的误差。

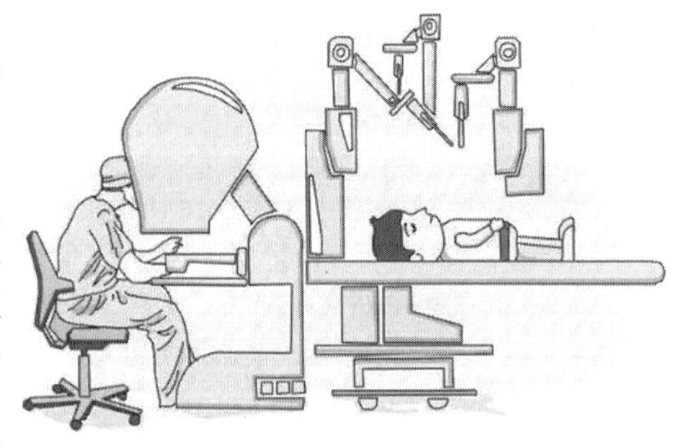
图1.18　作为人的工具的机器人

对于工业机器人、服务机器人而言，由于其工作性质不同，相应的角色定义上有较大差别：工业机器人需要与人协作，因而这类机器人为协作机器人；而服务机器人则应该以人为中心，成为贴心的服务者。

① 与人协作的工业机器人 —— 协作机器人（Collaborative Robot）。

协作机器人的出现具有其必然性。第一，从工业发展的角度来看，在纯手动生产线到全自动生产线的发展过程中必然有一个机器人和工人共存的阶段，在这一阶段，机器人与人在同一环境中工作，共同完成生产任务；第二，从技术发展的角度来看，机器人的功能和性能有一个逐步提高的过程，尚不能完全替代产业工人或需要花费昂贵代价才能完成对工人而言极其简单的任务，如物件的形状、大小或颜色的识别及分类，对人而言极其简单，而机器人则需要装配视觉传感器、需要开发复杂的算法；第三，从成本和技术能力的角度而言，并不是所有工厂都有实力做到完全采用机器人，因此，中小型企业更青睐于采用协作机器人与少量工人配合来完成生产任务。总而言之，在机器人与人的协作中，可以分别发挥人和机器人各自的天然优势，合理分配各自的任务和角色，可以实现成本、效率的综合优化：机器人适合完成繁重、枯燥、危险的作业内容，而人在任务分配和决策方面具有天然的优势，在现阶段机器人智能水平较低的情况下，充分发挥人的特长可以使任务执行效率达到最优。

主流的协作机器人有 Rethink Robotics 公司的 Baxter(2012)，ABB 公司的 YuMi(2014)、Kuka公司的轻型机械臂LBR iiwa(2014)等，如图1.19所示。令人惋惜的是，协作机器人的先驱Rethink Robotics公司却于2018年10月4日宣布倒闭，这跟产业定位失准、产品价格过高(成本问题)及资金链断裂等有关系，并不意味着协作机器人没有发展前景。事实上，工业机器人四大家族及其他新兴机器人企业都将协作机器人作为重要的发展方向。

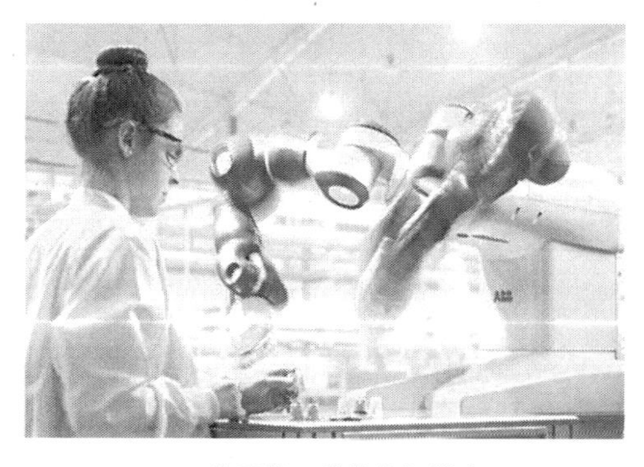
(a)ABB公司的双臂协作机器人YuMi

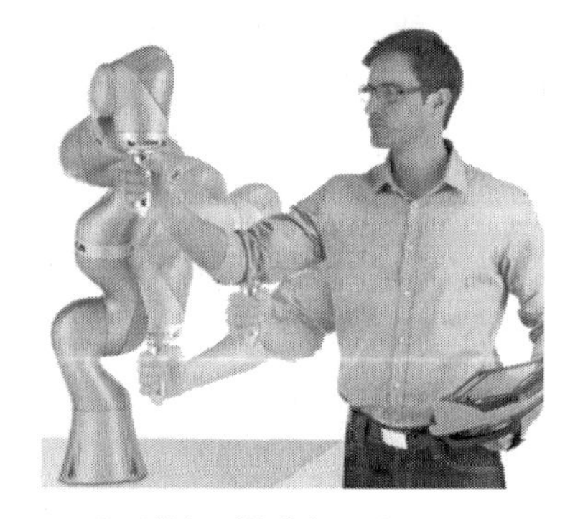
(b)Kuka公司的轻型协作机器人LBR iiwa

图1.19　作为人的助手的机器人

② 以人为中心的服务机器人（Human－centered Service Robot）。

服务机器人，特别是个人/家庭服务机器人、公共服务机器人直接对个人提供服务。由于不同的人对于服务的实际需求、服务过程的体验、服务质量的评价有着极大的不同，甚至对服务机器人的结构、外形、颜色等的喜好相差甚大，因此服务机器人的设计必须从人的角度出发，以人为中心，除了满足人的基本服务需求外，还要保证服务的质量及绝对的安全，具有惹人喜爱的外表，识别人的意图和实际感受，提供最贴心、最安全、最优质的服务。人类中心主义(Anthropocentrism)或人性化(Human－Friendly)的服务机器人系统越来越频繁地出现在饭店、医院和服务行业，具有这一性质的服务机器人称为以人为中心的服务机器人。

图1.20　科幻片《我，机器人》剧照

(3) 作为人的同伴的机器人。

随着科学技术的发展，机器人的智能性、自主性以及其他各方面的功能和性能都将极大地提高，进化为与人为伍的、社会化的机器人，机器人与人之间可以实现感知共享、智能分担、相互学习、相互适应，达到人机共融。虽然目前这还只存在于科幻世界中(图1.20)，但人类需要对可能出现的这种情况提前做好准备，并可能需要重新定义机器人的角色，与机器人携手共创美好的世界(图1.21)。

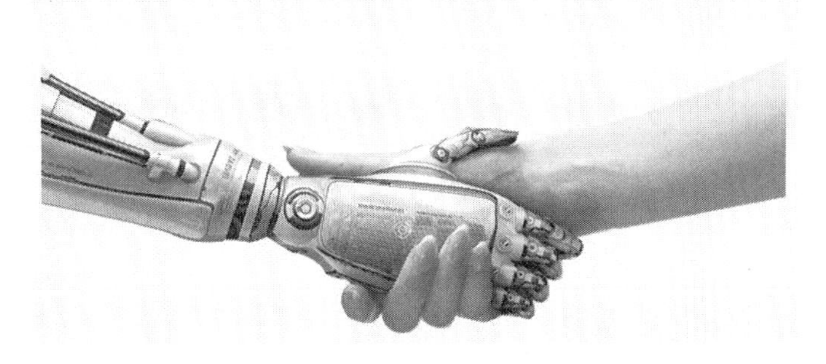

图1.21　作为人的同伴的机器人示意图

1.4　机器人及其作业系统的组成及功能

1.4.1　机器人系统组成

通用工业机器人系统的组成如图1.22所示，包括机器人本体、机器人控制柜、机器人示教盒和机器人软件四大部分，后面将分别进行介绍。

(1) 机器人本体。

机器人本体主要包括伺服电机、减速器、连接件、传感器(内传感器，检测机器人自身状态)等，如图1.23所示，其中内传感器包括编码器、关节力矩传感器、温度传感器等。传统工业机械臂的本体常选用交流伺服电机、RV减速器和旋转编码器，电缆线基本上是从关节外引出(非中空走线)，最后全部集成在一个线束中与控制柜连接，而协作机器人往往采用中空结构，电缆线从关节内引出(中空走线)，无须通过外部进行走线，选用的器件具有大的中心

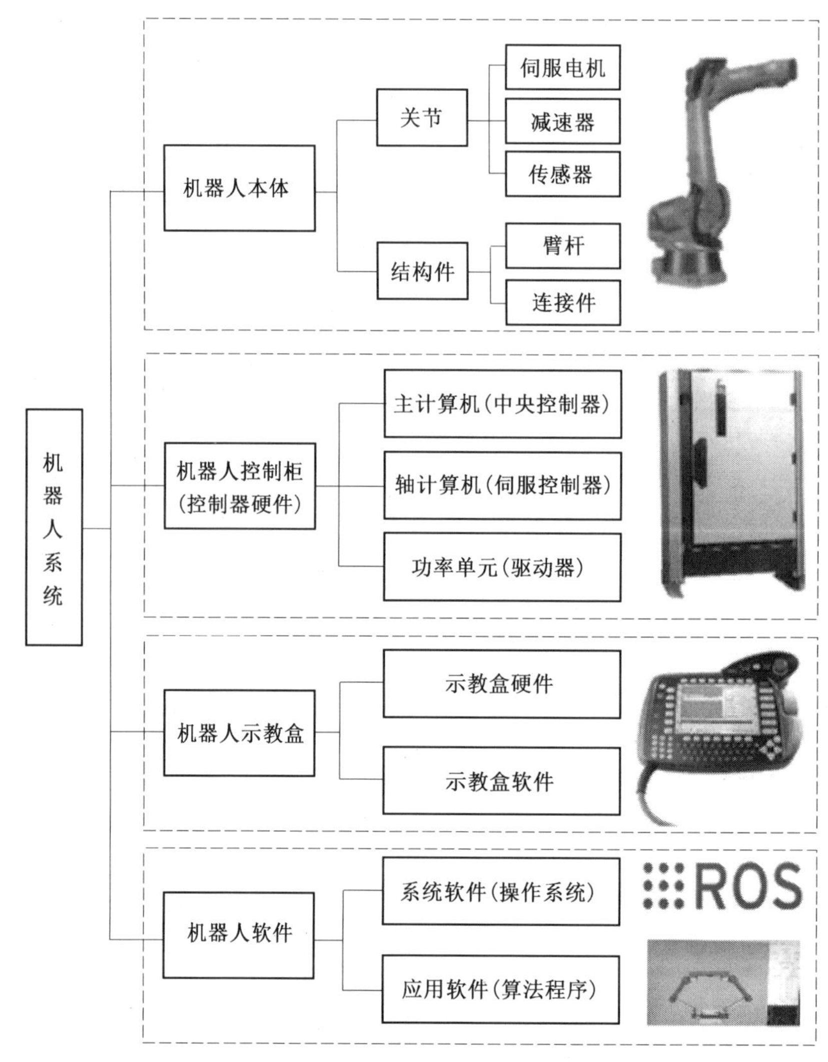

图1.22　通用工业机器人系统的组成

孔。

(2) 机器人控制柜。

工业机器人控制柜的硬件部分主要包括主计算机(中央控制器或运动控制器)、轴计算机(伺服控制器)、功率单元(驱动单元或驱动器)、电源、通信总线等。需要指出的是,不同于传统工业机器人,协作机器人的伺服控制器和驱动器一般直接集成在关节内部。

以ABB公司的IRC5控制器为例,其组成如图1.24所示,其中的主计算机、轴计算机板、驱动单元三个主要模块间只需要两根电缆线进行连接,一根为安全信号传输电缆,另一根为以太网连接电缆。采用上述标准配置的控制器可控制一台6轴工业机器人。该控制器具有扩展功能,最多可实现四台工业机器人在MultiMove模式下同时作业,当需要增加机器人的数量时,只需为每台机器人增装一个驱动单元。

典型工业机器人控制系统硬件模块及信息流如图1.25所示,是典型的集中－分布式控制结构。主计算机属于系统级控制器,主要执行机器人任务规划、运动学解算、多关节联动轨迹规划、动力学计算(并非所有机器人控制器都具有此项功能)等功能,控制周期(运动控制周期)T一般为毫秒级,输出每个关节的期望位置、速度、加速度、力/力矩等数据(现有大

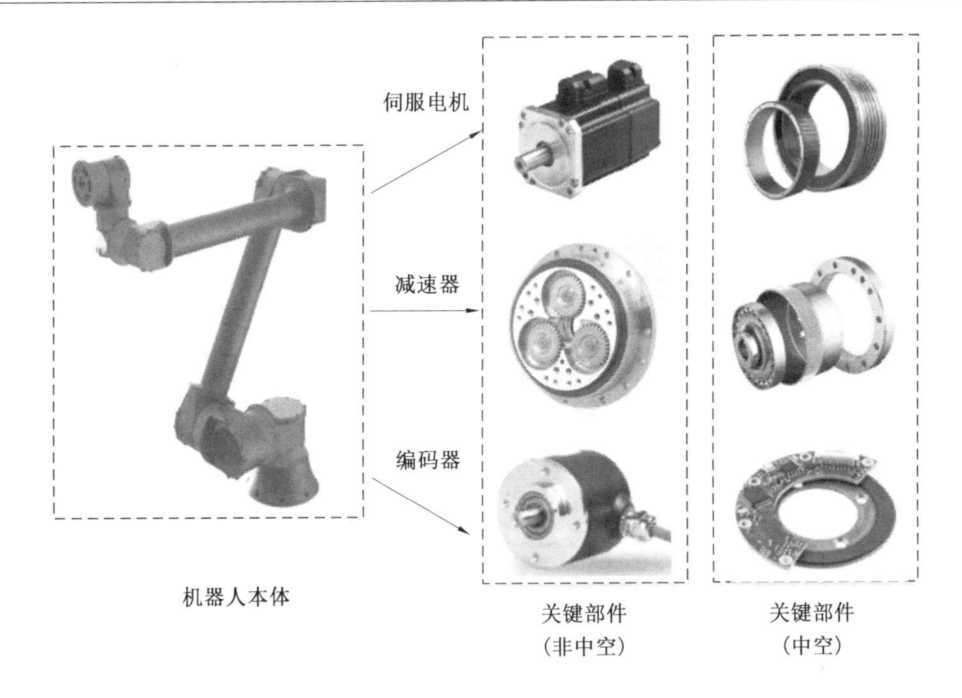

图1.23　机器人本体组成

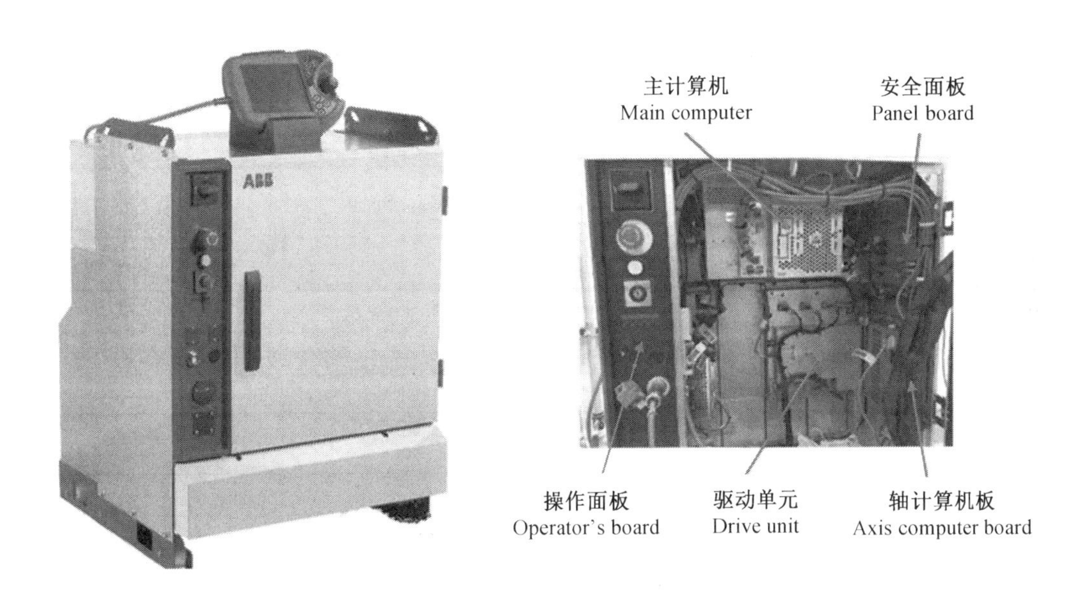

图1.24　ABB IRC5 控制柜组成

部分控制器只输出位置和/或速度);轴计算机为子系统级控制器,每个关节(轴)对应一套,主要完成各个关节的伺服控制功能,即根据主计算机输出的期望值、内传感器提供的实际值产生电机控制指令(对应于电机力矩的电流值,一般为 PWM 信号),其控制周期(伺服周期)τ 一般为微秒级;功率单元实际为功率放大环节,对轴计算机输出的 PWM 信号进行功率放大,驱动相应电机运动,并最终实现每个关节按规划的轨迹运动,完成期望的作业任务。需要指出的是,因为运动控制周期 T 远大于伺服周期 τ,因而,伺服控制器一般需先对运动控制器生产的数据(时间间隔为 T)进行插补,使得期望数据的时间间隔与伺服控制周期一致,再执行伺服控制算法。主计算机与轴计算机之间采用总线进行通信,常用的有工业以太网 EtherCAT、CANopen 等。

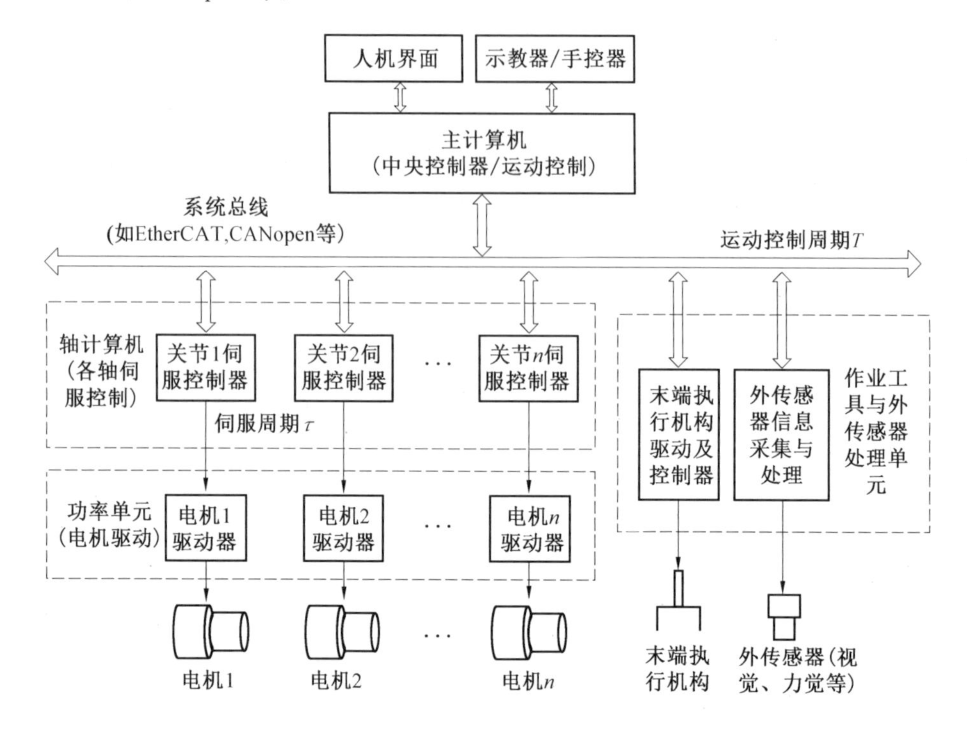

图1.25 典型工业机器人控制系统硬件模块及信息流

机器人本体与控制器之间的连接电缆主要有电机动力电缆(驱动器输出)、转数计数器电缆(编码器输入)和用户电缆(根据具体应用需求扩展,如焊接作业)。机器人本体的电源线、通信线、传感器线等全部集成在一个线包内,方便保护。ABB 机器人系统控制柜与机械臂的连接如图 1.26 所示。安川机器人焊接系统控制柜、机器人与周边设备的连接关系如图 1.27 所示。

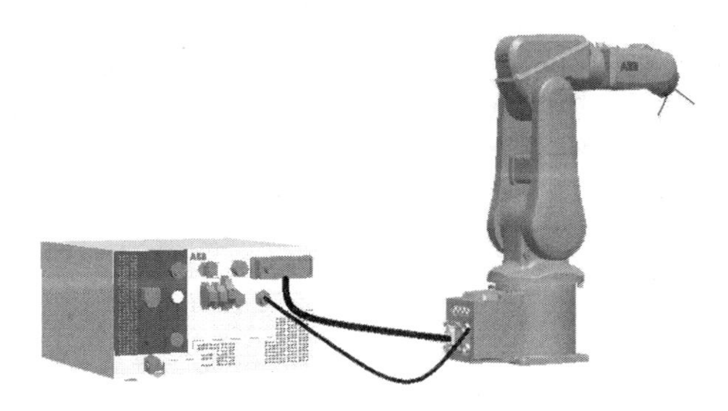

图1.26 ABB 机器人控制柜与机械臂的连接

(3) 机器人示教盒。

机器人示教盒是进行机器人手动操纵、程序编写、参数配置以及监控的手持装置,可以简单理解为机器人的一种在线编程工具,是操作员与机器人交互的重要设备。示教盒已成为工业机器人的标配部件,操作员通过示教盒进行手动示教,控制机器人运动到期望的点位,并记录下来,然后利用机器人语言进行在线编程,生成关节运动数据并作为期望值发送

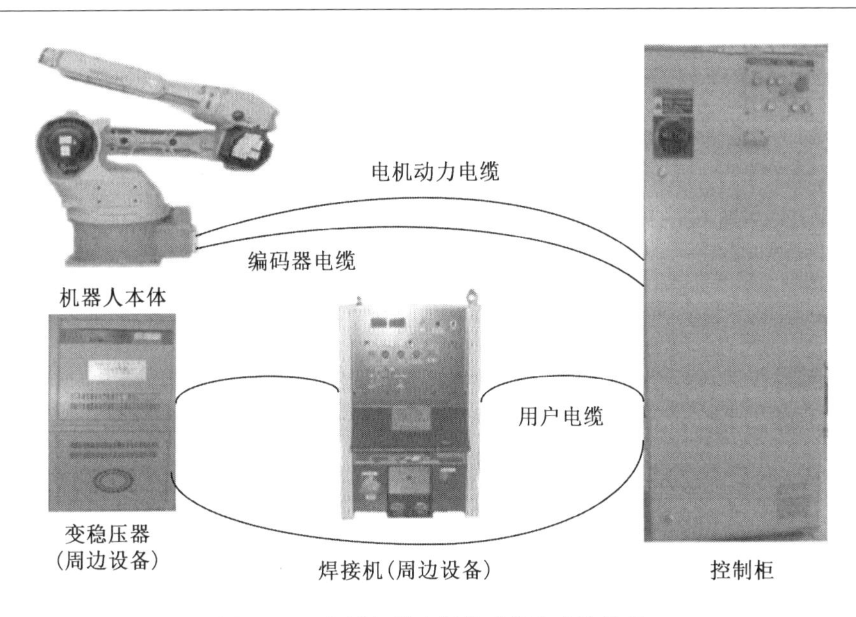

图1.27　安川机器人焊接系统的连接关系

给机器人伺服控制器,实现机器人执行期望的运动(运动回放)。手动示教的过程中,可以反复调整机器人的位姿,设定相应的运动参数,使用极其方便。

(4) 机器人软件。

老牌机器人公司如机器人四大家族大都具有各自的机器人控制系统,包括硬件和软件,对用户所开放的功能极其有限,且不同公司之间产品的兼容性较差,用户只能在极其有限的范围内使用,不利于二次开发。采用通用的机器人操作系统能为用户带来极大便利,目前最常用的是机器人操作系统 ROS(Robot Operating System),是一个开源的次级操作系统(后操作系统),提供类似于操作系统的服务,包括硬件抽象描述、底层驱动程序管理、共用功能的执行、程序间消息的传递、程序发行包的管理,也提供一些工具和库用于获取、建立、编写和执行多机融合的程序。

ROS 的前身是斯坦福人工智能实验室 2007 年开发的编程框架,2008 年后由 Willow Garage 公司推动了 ROS 的进一步发展,2012 年后 ROS 团队从 Willow Garage 公司独立出来,成为非营利组织 the Open Source Robotics Foundation(OSRF),负责维护和更新 ROS,并为机器人社区提供相应的支持和开源工具。随着机器人产业链的深入发展,基于 ROS 的控制系统获得了广泛的应用,在科研和工业界都十分流行。

1.4.2　机器人作业系统

基于通用的机器人系统,结合具体的作业任务可组建机器人作业系统,典型的组成如图 1.28 所示。除了机器人本体外,还额外增加了机器人操作工具(夹具 / 抓手)、外传感器(如视觉、力觉),以及其他外围设备。

(1) 机器人末端执行器。

末端执行器是安装在机器人末端,用于执行具体作业任务的工具,如喷漆枪、焊枪、钳子、磨头等,也可以是用于抓取的两指或手指灵巧手。

(2) 机器人外传感器。

为了检测被操作对象、作业环境的状态,以及机器人与操作对象、作业环境之间相互作

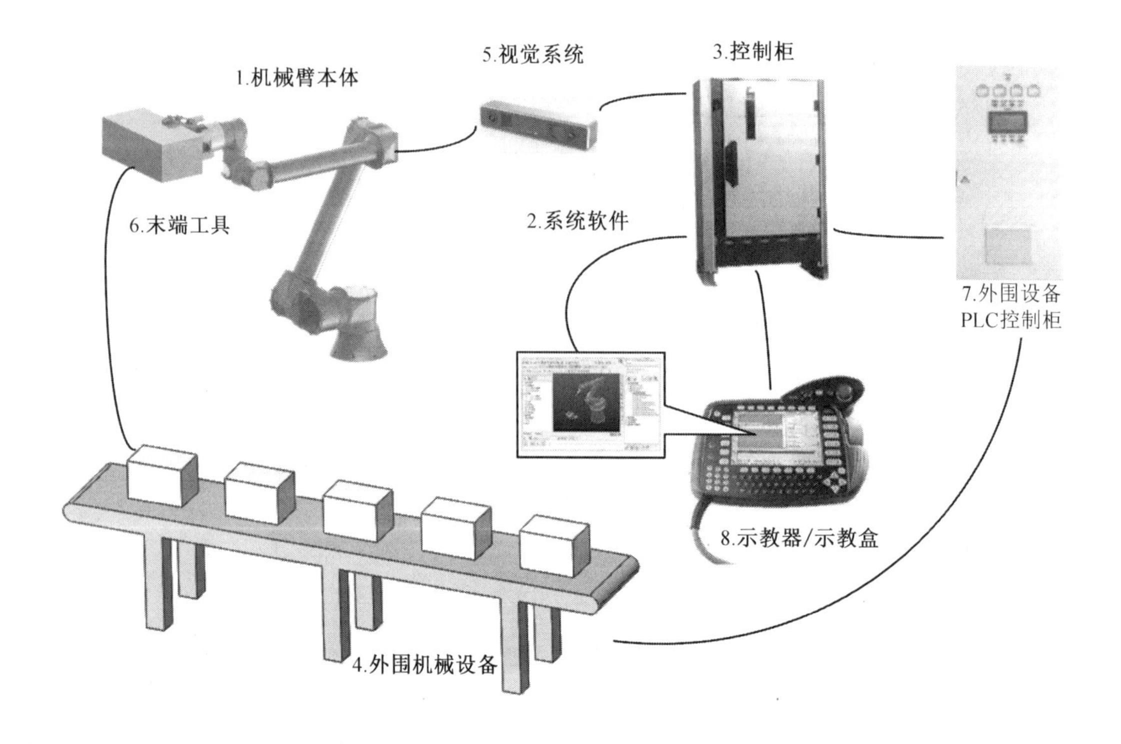

图1.28 机器人作业系统组成

用的信息,机器人需要安装相应的传感器,这些用于检测机器人自身之外的信息的传感器称为外传感器。常用的外传感器有视觉(如可见光相机)、力觉(如六位力 / 力矩传感器)、接近觉等传感器。基于外部传感器信息,机器人可实现高级的轨迹规划及控制算法。

(3) 其他外围设备。

其他外围设备主要是指完成机器人作业任务所需要的其他外围设备,如操作台、夹具、工具箱等。

1.5 机器人学涉及的基本理论及方法

1.5.1 机器人闭环控制系统的组成

机器人学的知识体系是指围绕如何控制好机器人完成期望任务这一目标所涉及的相关理论和方法。为了对此进行清晰的阐述,首先介绍机器人的闭环控制系统。结合前面章节的介绍可知,机器人闭环控制系统如图 1.29 所示,包括如下几个部分。

(1) 规划器(Planner,一般指算法)。规划器主要运行轨迹规划算法,产生期望的运动数据,一般不需要独立的处理器,可以在中央控制器中运行。

(2) 控制器(Controller)。控制器分为中央控制器和关节伺服控制器,前者执行机器人分解运动控制或动力学控制算法,后者执行各关节伺服控制算法。

(3) 传感器(Sensor)。传感器分为内传感器和外传感器,前者检测机器人自身的状态,后者检测机器人外部物体(如工件) 的状态或与环境的交互作用信息。

(4) 执行器(Actuator,也称为执行机构)。机器人的执行器即为关节(电机 + 减速器),

是接收电气信号、产生机械运动的机电一体化部件，是实现电能到机械能转换的关键部件。

(5) 被控对象(Plant)。机器人，执行作业任务的主体。

从控制理论的角度看，机器人的闭环控制框图可以简化为如图 1.30 所示的结构。其中，控制器、传感器、执行机构是机器人闭环控制系统的三大硬件，规划(Planning)、控制(Control)、感知(Sensing) 是其中的三大算法。对于移动机器人还有移动平台(区别于操作臂) 的导航算法，即基于各种感知信息确定移动平台相对于环境的信息、自主规划合适的运动路径。

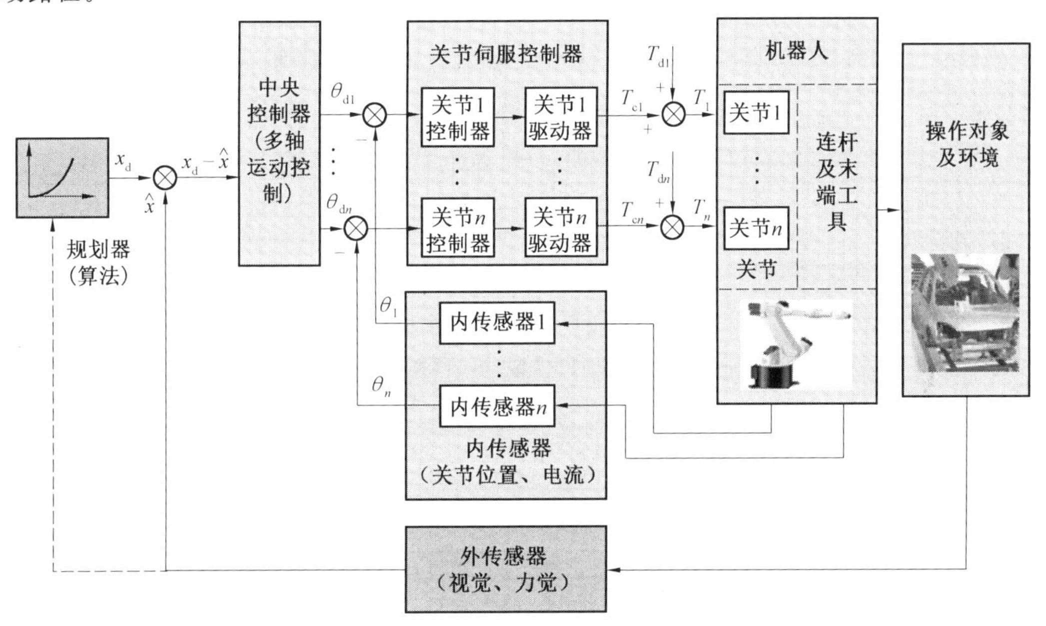

图1.29 机器人闭环控制系统

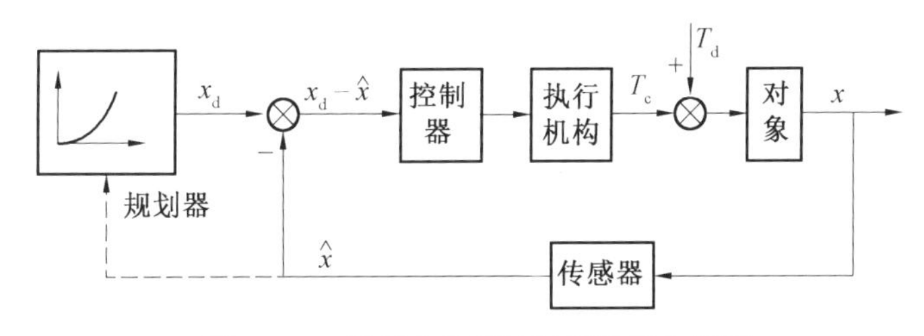

图1.30 机器人闭环控制系统简化框图

1.5.2 机器人学基本理论及方法

作为控制对象的机器人，可以是物理对象(实物)，也可以是数学模型。相应地，提供对象的方式也有两种，即机器人设计与研制(提供实物) 和机器人运动学与动力学建模(提供数学模型)。驱使机器人执行期望任务的途径包括轨迹规划(给定期望状态)、状态检测(即感知) 及控制(使机器人改变状态以完成作业任务)。将规划、感知、控制等模块与被控对象结合起来，即可构成闭环控制系统，进而可以对相应的方法进行验证。当采用虚拟对象进行闭环控制时，整个验证过程称为仿真，主要用来对关节算法进行原理性验证；当采用实物对象进行闭环控制时，整个验证过程称为实验，实验成功后的方法即可应用在实际中。因而，机器人学需要解决的问题如图 1.31 所示。

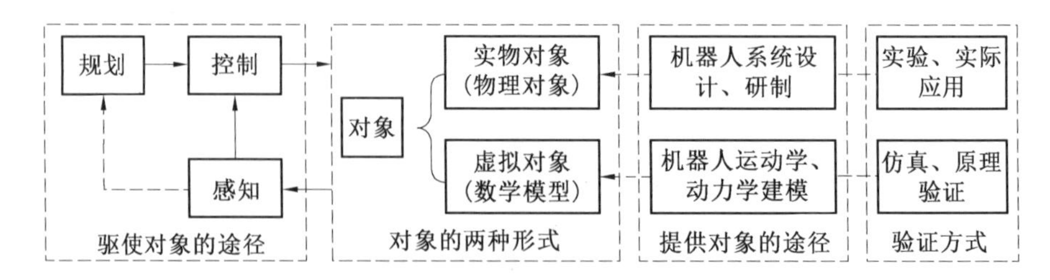

图1.31　机器人学需要解决的问题

相应地，机器人学的知识体系如图 1.32 所示，主要包括如下内容。

（1）机器人学基础理论。机器人学基础理论包括机器人运动学和机器人动力学，主要是基于力学原理，采用数学的方法，对机器人的运动规律、激励特性进行描述，建立相应的数学方程。这是机器人知识体系中最基本的部分，是相应方法的支撑条件。

（2）机器人学基本方法 Ⅰ。机器人学基本方法 Ⅰ 包括机器人轨迹规划、控制及感知等方法，主要涉及如何根据作业任务生成机器人的运动轨迹、如何感知机器人和/或环境的状态、如何控制机器人执行期望的运动。

（3）机器人学基本方法 Ⅱ。机器人学基本方法 Ⅱ 包括机器人系统设计与集成、机器人测试与实验方法（相对于实物对象而言）以及机器人建模方法、仿真方法（相对于数学模型而言）等。

上述基础理论和基本方法构成了机器人学的知识体系，相关的基本概念见附录 1。

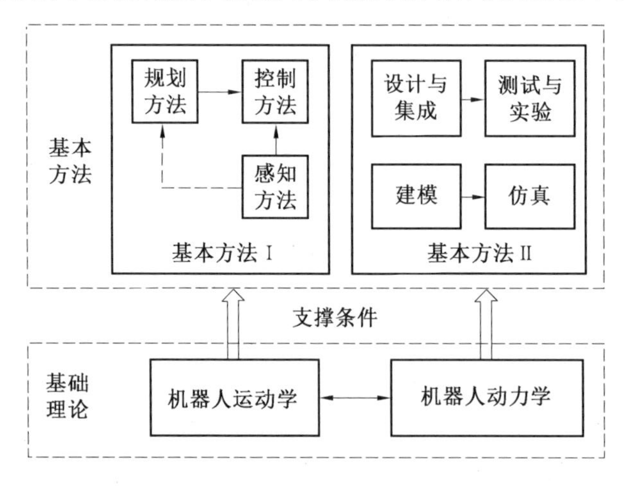

图1.32　机器人学涉及的基础理论及基本方法

本章习题

习题 1.1　给出国际标准组织关于机器人的定义。

习题 1.2　从应用领域的角度对机器人进行分类，并介绍相应分类的特点。

习题 1.3　从结构形式的角度对机器人进行分类，并介绍相应分类的特点。

习题 1.4　给出机器人智能化发展的主要阶段，并对各阶段机器人的特点进行说明。

习题 1.5　给出机器人社会化发展的主要阶段，并对各阶段机器人的特点进行说明。

习题 1.6　绘制机器人系统的组成图，并说明主要部分的功能或特点。

习题1.7　说明工业机器人作业系统的组成和功能。

习题1.8　调研世界工业机器人四大家族产品的特点，列出其核心技术指标。

习题1.9　调研我国机器人发展的现状，包括现有技术、公司和核心零部件（电机、减速器、传感器、控制器）的现状。

习题1.10　分析协作机器人公司 Rethink Robotics 破产的原因以及机器人新秀 UR（Universal Robotics）公司成功的原因。

习题1.11　画出机器人闭环控制系统的框图，并解释各组成部分的功能。

习题1.12　介绍机器人学涉及的基本理论及方法。

习题1.13　给出下列定义：运动学，动力学，规划，控制，传感，仿真，实验。

第2章　刚体位姿描述与空间变换

机器人是由多个杆件和关节构成的，各个杆件在三维空间的位置和姿态（简称位姿）决定了末端工具的位姿。机器人执行作业任务的过程，实际上是通过关节的运动改变机器人末端工具在三维空间中的位姿的过程。因而，机器人连杆（包括末端工具）位姿的描述以及在三维空间中不同坐标系中的转换关系极其重要，是机器人运动学和动力学的基础。本书不考虑关节及连杆发生柔性变形的情况，认为组成机器人的每个连杆都是刚体，因而本章主要论述刚体位姿的描述与空间变换方面的知识，包括刚体位置和姿态的定义、刚体位置的表示方法、刚体姿态的表示方法、点的齐次坐标、矢量的齐次变换、坐标系之间的位姿变换等知识。

2.1　刚体位置和姿态的定义

2.1.1　基本定义

刚体在3D空间的状态如图2.1所示，其完整的状态包括刚体质心（或刚体上某固定点）的位置和刚体在空间中的指向，为了描述上述状态，需要建立参考坐标系$\{O_A x_A y_A z_A\}$（也可记为$\{A\}$）以及与刚体固连的坐标系$\{O_B x_B y_B z_B\}$（称为体坐标系或体固系（刚体固连坐标系），也可记为$\{B\}$）。其中，参考坐标系的原点和指向根据描述的需要建立；体坐标系$\{O_B x_B y_B z_B\}$的原点为刚体上的某固定点（如刚体质心或几何中心），各轴指向根据关注的情况定义，该坐标系与刚体的关系保持不变。

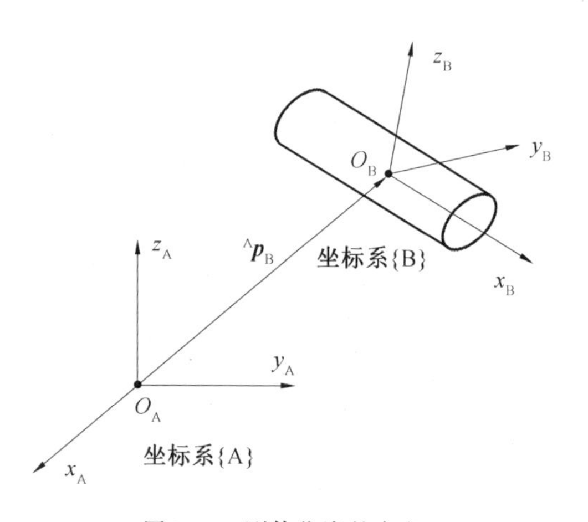

图2.1　刚体位姿的定义

在建立了参考坐标系和体坐标系后，可方便描述刚体在空间的状态，即刚体的位置和姿态，定义如下。

定义2.1　刚体的位置指刚体固连坐标系$\{B\}$的原点在参考坐标系$\{A\}$中的坐标，用位置矢量${}^A\boldsymbol{p}_B$表示。

定义2.2　刚体的姿态指刚体固连坐标系$\{B\}$各轴指向在参考坐标系$\{A\}$中的表示，其中，x、y、z轴的指向分别用单位矢量${}^A\boldsymbol{x}_B$、${}^A\boldsymbol{y}_B$、${}^A\boldsymbol{z}_B$（或${}^A\boldsymbol{n}_B$、${}^A\boldsymbol{o}_B$、${}^A\boldsymbol{a}_B$）表示。一般表述为"坐标系$\{B\}$相对于坐标系$\{A\}$的姿态"或"从坐标系$\{A\}$到坐标系$\{B\}$的旋转变换"。

定义2.3　刚体的位姿指刚体的位置和姿态的组合。

需要指出的是，在本书所使用的表示矢量、矩阵的符号中，左上标（如"A"）表示参考坐标系、右下标(如"B")表示目标坐标系(或对象坐标系),在不影响理解的情况下,可省去相应的上标或下标。

2.1.2　刚体的位置

刚体位置的描述比较简单,在此直接给出。以图2.1所示的刚体为例,位置矢量 ${}^{A}\boldsymbol{p}_{B}$ 表示为

$$
{}^{A}\boldsymbol{p}_{B}=\begin{bmatrix}p_x\\p_y\\p_z\end{bmatrix}=p_x\boldsymbol{i}+p_y\boldsymbol{j}+p_z\boldsymbol{k} \tag{2.1}
$$

式中,p_x、p_y、p_z 为刚体坐标系原点 O_B 在参考坐标系{A}中的三个坐标分量。

2.1.3　矢量的指向

假设矢量 $\boldsymbol{r}$ 与坐标系{A}的 x、y、z 轴的夹角分别为 φ_x、φ_y、φ_z,这些夹角称为矢量 $\boldsymbol{r}$ 的方向角,如图2.2所示,则 $\boldsymbol{r}$ 在{A}中的方向矢量为

$$
{}^{A}\boldsymbol{r}_{v}=[\cos\varphi_x,\cos\varphi_y,\cos\varphi_z]^{T} \tag{2.2}
$$

满足:

$$
\cos^2\varphi_x+\cos^2\varphi_y+\cos^2\varphi_z=1 \tag{2.3}
$$

矢量 $\boldsymbol{r}$ 的方向角对应的余弦 $\cos\varphi_x$、$\cos\varphi_y$ 和 $\cos\varphi_z$ 称为该矢量的方向余弦,相应的矢量 ${}^{A}\boldsymbol{r}_{v}$ 称为 $\boldsymbol{r}$ 在坐标系{A}中的方向余弦矢量。当 $\boldsymbol{r}$ 为单位矢量时,可直接写为 ${}^{A}\boldsymbol{r}$。

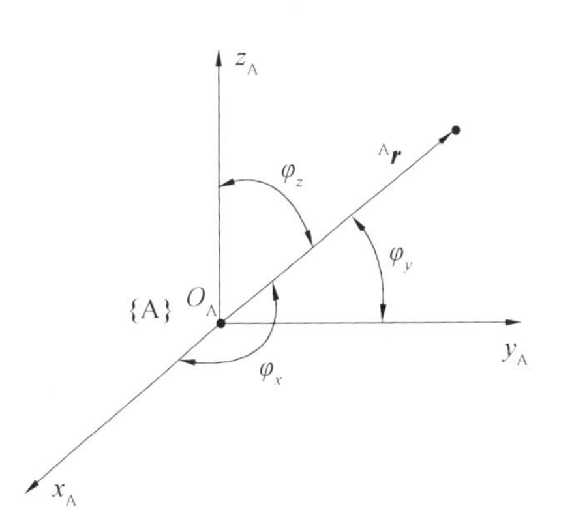

图2.2　矢量方向余弦的定义

2.2　刚体姿态的描述

由刚体姿态的定义可知,只要能确定刚体固连坐标系各轴指向的方法都可以用来描述其姿态。欧拉刚体有限转动定理是理论依据。常用的姿态表示法如下。

(1) 姿态矩阵表示法,包括旋转变换矩阵表示法和方向余弦矩阵表示法。

(2) 姿态角表示法,包括绕动坐标轴旋转的欧拉角表示法和绕定坐标轴旋转的欧拉角表示法。

(3) 轴-角表示法。

(4) 单位四元数表示法。

2.2.1　姿态矩阵表示法

1. 旋转变换矩阵表示法

如图2.3所示,以坐标系{A}为参考系,坐标系{B}的 x、y、z 三轴方向矢量在{A}中分别表示为单位向量 ${}^{A}\boldsymbol{n}_{B}$、${}^{A}\boldsymbol{o}_{B}$、${}^{A}\boldsymbol{a}_{B}$,即:

$$
{}^{A}\boldsymbol{n}_{B}=\begin{bmatrix}n_x\\n_y\\n_z\end{bmatrix},{}^{A}\boldsymbol{o}_{B}=\begin{bmatrix}o_x\\o_y\\o_z\end{bmatrix},{}^{A}\boldsymbol{a}_{B}=\begin{bmatrix}a_x\\a_y\\a_z\end{bmatrix} \tag{2.4}
$$

式中，n_x、n_y、n_z 为矢量${}^{A}\boldsymbol{n}_B$ 的三轴分量，即 x_B 轴在{A}中的方向余弦；o_x、o_y、o_z 为矢量${}^{A}\boldsymbol{o}_B$ 的三轴分量，即 y_B 轴在{A}中的方向余弦；a_x、a_y、a_z 为矢量${}^{A}\boldsymbol{a}_B$ 的三轴分量，即 z_B 轴在{A}中的方向余弦。

上述矢量满足右手定则：

$$\begin{cases} {}^{A}\boldsymbol{n}_B \times {}^{A}\boldsymbol{o}_B = {}^{A}\boldsymbol{a}_B \\ {}^{A}\boldsymbol{o}_B \times {}^{A}\boldsymbol{a}_B = {}^{A}\boldsymbol{n}_B \\ {}^{A}\boldsymbol{a}_B \times {}^{A}\boldsymbol{n}_B = {}^{A}\boldsymbol{o}_B \end{cases} \tag{2.5}$$

以及六个约束条件：

$$\begin{cases} \| {}^{A}\boldsymbol{n}_B \| = \| {}^{A}\boldsymbol{o}_B \| = \| {}^{A}\boldsymbol{a}_B \| = 1 \\ {}^{A}\boldsymbol{n}_B \cdot {}^{A}\boldsymbol{o}_B = {}^{A}\boldsymbol{o}_B \cdot {}^{A}\boldsymbol{a}_B = {}^{A}\boldsymbol{a}_B \cdot {}^{A}\boldsymbol{n}_B = 0 \end{cases} \tag{2.6}$$

式中，$\| \boldsymbol{r} \|$ 表示矢量 $\boldsymbol{r}$（其三轴分量为 r_x、r_x、r_z）的范数。当不做特别说明时，本书采用矢量的 2- 范数，即 $\| \boldsymbol{r} \| = \sqrt{r_x^2 + r_y^2 + r_z^2}$。

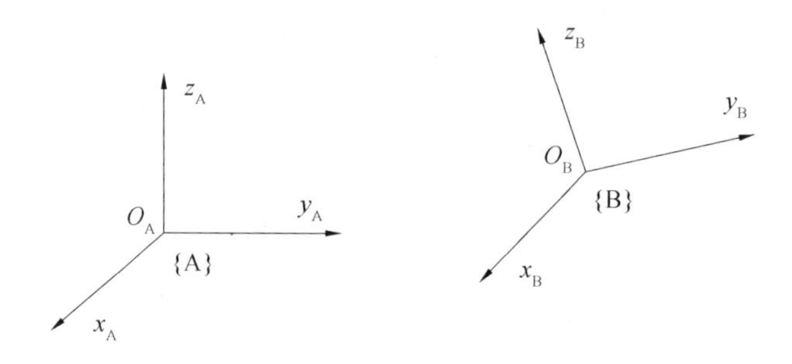

图2.3 两坐标系各轴矢量关系

将三轴方向矢量${}^{A}\boldsymbol{n}_B$、${}^{A}\boldsymbol{o}_B$、${}^{A}\boldsymbol{a}_B$ 分别作为三个列矢量构造一个 3 × 3 的矩阵，即：

$${}^{A}\boldsymbol{R}_B = [{}^{A}\boldsymbol{n}_B \quad {}^{A}\boldsymbol{o}_B \quad {}^{A}\boldsymbol{a}_B] = \begin{bmatrix} n_x & o_x & a_x \\ n_y & o_y & a_y \\ n_z & o_z & a_z \end{bmatrix} \tag{2.7}$$

上式中的${}^{A}\boldsymbol{R}_B$ 可完整描述坐标系{B}相对于坐标系{A}的姿态，称为坐标系{B}相对于坐标系{A}的旋转变换矩阵，该矩阵为 3 × 3 的单位正交矩阵，即满足：

$$({}^{A}\boldsymbol{R}_B)^{-1} = ({}^{A}\boldsymbol{R}_B)^{\mathrm{T}} = {}^{B}\boldsymbol{R}_A \tag{2.8}$$

式(2.8)表明，旋转变换矩阵的逆矩阵即为其转置。当坐标系{B}各轴与坐标系{A}各轴指向相同时，旋转变换矩阵${}^{A}\boldsymbol{R}_B$ 为 3 × 3 单位矩阵。

定义了该矩阵后，可方便表示同一矢量在不同坐标系中的表达式之间的关系，以及多个坐标系之间的相对姿态关系。

(1) 矢量的旋转变换。

定义了旋转变换矩阵后，可将在一个坐标系中表示的矢量转换到另一坐标系中表示（即坐标变换）。如图 2.4 所示，假设矢量 $\boldsymbol{r}$ 在{A}系中的表示为${}^{A}\boldsymbol{r}$，在{B}系中的表示为${}^{B}\boldsymbol{r}$，则有如下关系：

$${}^{A}\boldsymbol{r} = {}^{A}\boldsymbol{R}_B {}^{B}\boldsymbol{r} \tag{2.9}$$

式(2.9)即实现了将{B}系中表示的矢量转换为{A}系中表示的矢量。

(2) 有限转动的合成（多个坐标系之间的姿态变换）。

使用旋转变换矩阵后，还可方便计算多个坐标系之间的姿态。如图 2.5 所示，若坐标系

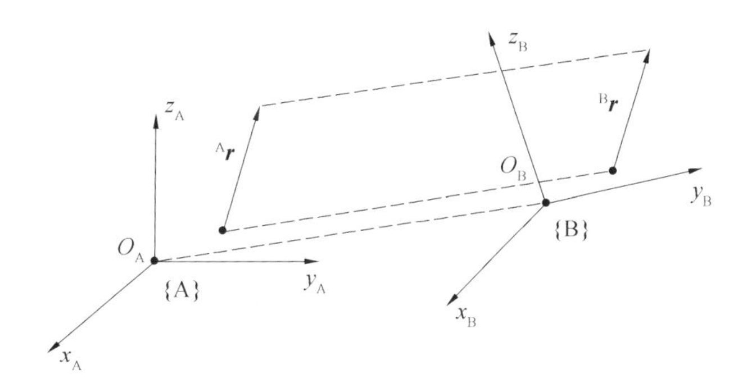

图2.4　同一矢量在不同坐标系中的表示(矢量的旋转变换)

{A} 到{B} 的旋转变换矩阵为$^A\boldsymbol{R}_B$、{B} 到{C} 的旋转变换矩阵为$^B\boldsymbol{R}_C$，则{A} 到{C} 的旋转变换矩阵$^A\boldsymbol{R}_C$ 可按下式计算得到("从左向右"乘)：

$$^A\boldsymbol{R}_C = {}^A\boldsymbol{R}_B {}^B\boldsymbol{R}_C \tag{2.10}$$

对于有 n 个坐标系的情况，若最终的变换关系 $\boldsymbol{R}$ 通过 $\boldsymbol{R}_1,\boldsymbol{R}_2,\cdots,\boldsymbol{R}_n$ 依次变换得到，则总的变换关系为("从左向右"乘)

$$\boldsymbol{R} = \boldsymbol{R}_1\boldsymbol{R}_2\cdots\boldsymbol{R}_n \tag{2.11}$$

使用旋转变换矩阵描述刚体姿态的优点是计算比较简单，例如，计算相继运动的旋转变换矩阵时，其运算过程为简单的矩阵加、乘运算，不涉及三角函数计算；缺点是需要处理六个约束方程条件下的九个参数求解问题，使用起来不太方便。

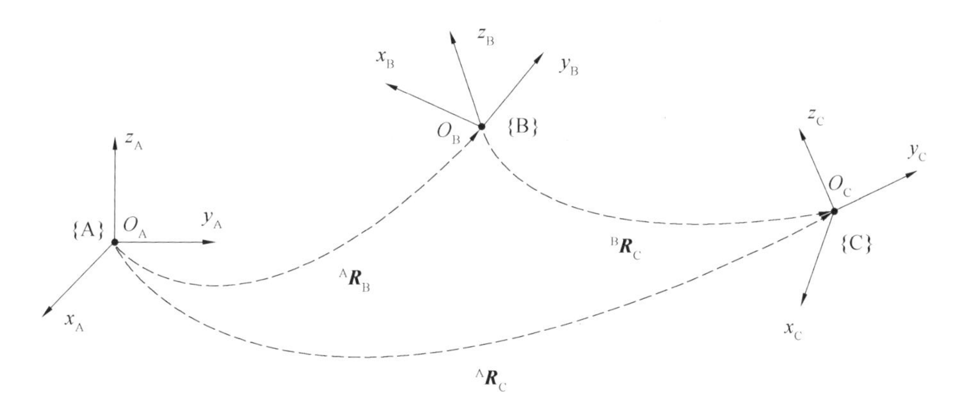

图2.5　多个坐标系之间的旋转变换关系

例 2.1　假设坐标系{A}、{B}、{C} 的相对关系如图 2.6 所示，各坐标轴所在直线与图中方位示意图的相应直线平行。已知点 P 在坐标系{C} 中的坐标为(2,1,0)，可确定两两坐标系之间的旋转变换矩阵及矢量 $\boldsymbol{O}_C\boldsymbol{P}$ 在各坐标系中的表示。

通过观察，可知坐标系{B} 各轴指向在{A} 中的表示分别为

$$^A\boldsymbol{x}_B = -{}^A\boldsymbol{x}_A = \begin{bmatrix} -1 \\ 0 \\ 0 \end{bmatrix}, {}^A\boldsymbol{y}_B = -{}^A\boldsymbol{z}_A = \begin{bmatrix} 0 \\ 0 \\ -1 \end{bmatrix}, {}^A\boldsymbol{z}_B = -{}^A\boldsymbol{y}_A = \begin{bmatrix} 0 \\ -1 \\ 0 \end{bmatrix} \tag{2.12}$$

$$^B\boldsymbol{x}_C = -{}^B\boldsymbol{z}_B = \begin{bmatrix} 0 \\ 0 \\ -1 \end{bmatrix}, {}^B\boldsymbol{y}_C = -{}^B\boldsymbol{y}_B = \begin{bmatrix} 0 \\ -1 \\ 0 \end{bmatrix}, {}^B\boldsymbol{z}_C = -{}^B\boldsymbol{x}_B = \begin{bmatrix} -1 \\ 0 \\ 0 \end{bmatrix} \tag{2.13}$$

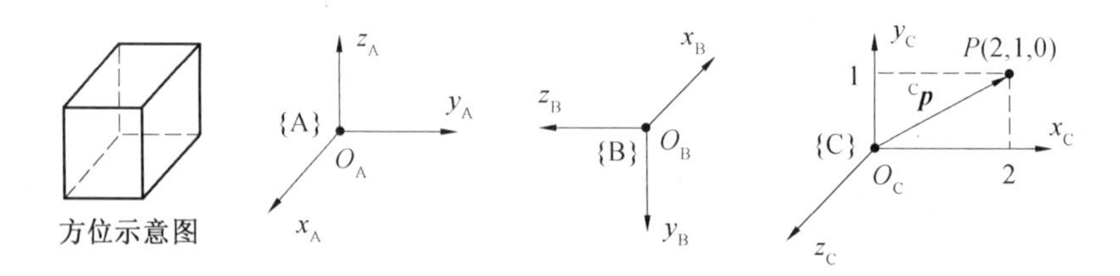

图2.6 例 2.1 各坐标系的相对关系

$$ {}^{A}\boldsymbol{x}_{C}={}^{A}\boldsymbol{y}_{A}=\begin{bmatrix}0\\1\\0\end{bmatrix},{}^{A}\boldsymbol{y}_{C}={}^{A}\boldsymbol{z}_{A}=\begin{bmatrix}0\\0\\1\end{bmatrix},{}^{A}\boldsymbol{z}_{C}={}^{A}\boldsymbol{x}_{A}=\begin{bmatrix}1\\0\\0\end{bmatrix} \tag{2.14} $$

根据式(2.12)～(2.14),可分别得到各坐标系之间的旋转变换矩阵:

$$ {}^{A}\boldsymbol{R}_{B}=[{}^{A}\boldsymbol{x}_{B}\quad {}^{A}\boldsymbol{y}_{B}\quad {}^{A}\boldsymbol{z}_{B}]=\begin{bmatrix}-1&0&0\\0&0&-1\\0&-1&0\end{bmatrix} \tag{2.15} $$

$$ {}^{B}\boldsymbol{R}_{C}=[{}^{B}\boldsymbol{x}_{C}\quad {}^{B}\boldsymbol{y}_{C}\quad {}^{B}\boldsymbol{z}_{C}]=\begin{bmatrix}0&0&-1\\0&-1&0\\-1&0&0\end{bmatrix} \tag{2.16} $$

$$ {}^{A}\boldsymbol{R}_{C}=[{}^{A}\boldsymbol{x}_{C}\quad {}^{A}\boldsymbol{y}_{C}\quad {}^{A}\boldsymbol{z}_{C}]=\begin{bmatrix}0&0&1\\1&0&0\\0&1&0\end{bmatrix} \tag{2.17} $$

根据式(2.15)～(2.17),可验证满足如下关系:

$$ {}^{A}\boldsymbol{R}_{C}={}^{A}\boldsymbol{R}_{B}{}^{B}\boldsymbol{R}_{C} \tag{2.18} $$

对于矢量 $\boldsymbol{O}_{C}\boldsymbol{P}$,可受限得到其在坐标系{C} 中的表示为

$$ {}^{C}\boldsymbol{p}=\begin{bmatrix}2\\1\\0\end{bmatrix} \tag{2.19} $$

根据式(2.9),可求出其在坐标系{A} 和{B} 中的表示分别为

$$ {}^{A}\boldsymbol{p}={}^{A}\boldsymbol{R}_{C}\cdot{}^{C}\boldsymbol{p}=\begin{bmatrix}0&0&1\\1&0&0\\0&1&0\end{bmatrix}\begin{bmatrix}2\\1\\0\end{bmatrix}=\begin{bmatrix}0\\2\\1\end{bmatrix} \tag{2.20} $$

$$ {}^{B}\boldsymbol{p}={}^{B}\boldsymbol{R}_{C}\cdot{}^{C}\boldsymbol{p}=\begin{bmatrix}0&0&-1\\0&-1&0\\-1&0&0\end{bmatrix}\begin{bmatrix}2\\1\\0\end{bmatrix}=\begin{bmatrix}0\\-1\\-2\end{bmatrix} \tag{2.21} $$

根据实际观察,矢量 $\boldsymbol{O}_{C}\boldsymbol{P}$ 在坐标系{A} 和{B} 中的投影分别与式(2.20) 和式(2.21) 计算的结果一致。

2.方向余弦矩阵表示法

事实上,除了旋转变换矩阵的构造方式外,还有另一种构造 3×3 矩阵的方法,即把各轴方向矢量(方向余弦) 作为行矢量来构造矩阵,该矩阵称为方向余弦矩阵,表示为

$$ {}^{A}\boldsymbol{C}_{B}=\begin{bmatrix}[{}^{A}\boldsymbol{n}_{B}]^{T}\\[{}^{A}\boldsymbol{o}_{B}]^{T}\\[{}^{A}\boldsymbol{a}_{B}]^{T}\end{bmatrix}=\begin{bmatrix}n_x&n_y&n_z\\o_x&o_y&o_z\\a_x&a_y&a_z\end{bmatrix} \tag{2.22} $$

根据上面的推导可知，旋转变换矩阵与方向余弦矩阵两者互为转置，即${}^{A}\boldsymbol{R}_{B}=[{}^{A}\boldsymbol{C}_{B}]^{T}$。采用旋转变换矩阵后，矢量的坐标变换及多个坐标系之间的坐标变换关系有所不同，将在下面进行说明。

(1) 矢量的旋转变换。

与式(2.9)不同，采用方向余弦矩阵后，矢量${}^{A}\boldsymbol{r}$和${}^{B}\boldsymbol{r}$之间的坐标变换关系如下：

$$\begin{cases}{}^{A}\boldsymbol{r}=[{}^{A}\boldsymbol{C}_{B}]^{T}\cdot{}^{B}\boldsymbol{r}\\{}^{B}\boldsymbol{r}={}^{A}\boldsymbol{C}_{B}\cdot{}^{A}\boldsymbol{r}\end{cases}\tag{2.23}$$

(2) 有限转动的合成(多个坐标系之间的姿态变换)。

若坐标系{B}相对于{A}的方向余弦矩阵为${}^{A}\boldsymbol{C}_{B}$、坐标系{C}相对于{B}的方向余弦矩阵为${}^{B}\boldsymbol{C}_{C}$，则坐标系{C}相对于{A}的方向余弦矩阵${}^{A}\boldsymbol{C}_{C}$可按下式计算得到("从右向左"乘)：

$${}^{A}\boldsymbol{C}_{C}={}^{B}\boldsymbol{C}_{C}\,{}^{A}\boldsymbol{C}_{B}\tag{2.24}$$

对于有n个坐标系的情况，若最终的方向余弦矩阵$\boldsymbol{C}$通过$\boldsymbol{C}_1,\boldsymbol{C}_2,\cdots,\boldsymbol{C}_n$依次变换得到，则总的变换关系为("从右向左"乘)

$$\boldsymbol{C}=\boldsymbol{C}_n\cdots\boldsymbol{C}_2\boldsymbol{C}_1\tag{2.25}$$

在实际应用中，使用旋转变换矩阵$\boldsymbol{R}$还是方向余弦矩阵$\boldsymbol{C}$来表示刚体的姿态都可以，但具体使用哪种，取决于使用者的习惯，特别是相关领域早期学者(尤其是理论奠基者)的使用习惯，往往影响了后来的学者，这就形成了不同学科领域中的不同表示习惯。在机器人学及相近学科中，一般采用旋转变换矩阵$\boldsymbol{R}$来表示刚体的姿态(习惯把机器人末端坐标中的矢量映射到基坐标系中，即从{B}→{A}转换)；而在航天器及相近学科中，一般采用方向余弦矩阵$\boldsymbol{C}$来表示刚体的姿态(习惯把惯性系中的矢量表示映射到体坐标系中，即从{A}→{B}转换)；在同时包含机器人及航天器的交叉领域(如空间机器人)中，则需要根据具体交流对象进行选择，也可混合使用$\boldsymbol{R}$和$\boldsymbol{C}$。在阅读相关文献或与不同领域的学者交流时，要特别注意上述区别，如图2.7所示。

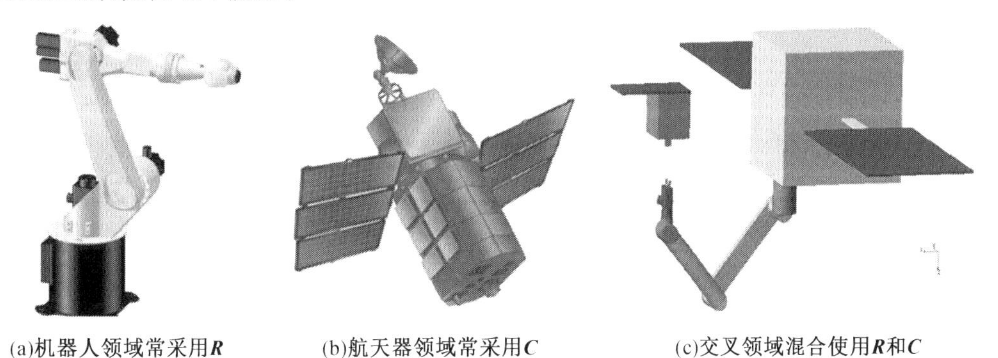

(a)机器人领域常采用$\boldsymbol{R}$　(b)航天器领域常采用$\boldsymbol{C}$　(c)交叉领域混合使用$\boldsymbol{R}$和$\boldsymbol{C}$

图2.7　不同领域的姿态表示习惯

2.2.2　姿态角表示法

1. 欧拉有限转动与欧拉角

根据欧拉有限转动定理(Euler's Finite Rotation Theorem)，刚体在三维空间中的有限转动可通过绕坐标轴依次旋转三次(最多三次，且相邻两次的旋转轴不一样；若一样，则同轴的多次连续旋转等效为一次旋转)来实现。

绕坐标轴旋转有限角度的运动称为基本旋转。假设坐标系{A}经过基本旋转后形成了坐标系{B},根据旋转变换矩阵的定义,可以推导出基本旋转所对应的旋转变换矩阵,称为基本旋转变换矩阵。图2.8(a)～(c)分别表示坐标系{A}绕其x轴、y轴、z轴旋转φ角后形成坐标系{B}的情况,根据x_B、y_B、z_B各轴在坐标系{A}中的投影,可得出相应的旋转变换矩阵,分别如下:

$$\boldsymbol{R}_x(\varphi)=\mathrm{Rot}(x,\varphi)=\begin{bmatrix}1 & 0 & 0\\ 0 & c_\varphi & -s_\varphi\\ 0 & s_\varphi & c_\varphi\end{bmatrix} \tag{2.26}$$

$$\boldsymbol{R}_y(\varphi)=\mathrm{Rot}(y,\varphi)=\begin{bmatrix}c_\varphi & 0 & s_\varphi\\ 0 & 1 & 0\\ -s_\varphi & 0 & c_\varphi\end{bmatrix} \tag{2.27}$$

$$\boldsymbol{R}_z(\varphi)=\mathrm{Rot}(z,\varphi)=\begin{bmatrix}c_\varphi & -s_\varphi & 0\\ s_\varphi & c_\varphi & 0\\ 0 & 0 & 1\end{bmatrix} \tag{2.28}$$

式中,$c_\varphi=\cos\varphi$;$s_\varphi=\sin\varphi$。

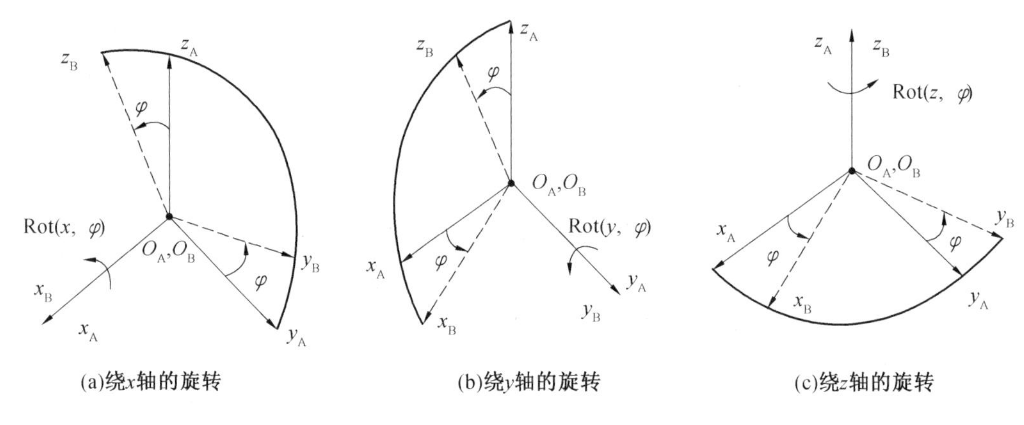

图2.8　基本旋转示意图

根据欧拉有限转动定理可知,任何两个坐标系之间的指向关系都可以通过三次基本旋转来实现,因而,可采用三次旋转的角度(若旋转次数不足三次,则相应角度为0)来描述刚体的姿态,这三个转角统称为欧拉角。由于只限制了相邻转动的旋转轴不同这一条件,欧拉角的转动顺序有12种,可以分为如下两种类型。

① 第Ⅰ类。a－b－c旋转顺序,即三次基本旋转均不同,有xyz、xzy、yxz、yzx、zxy、zyx 6种形式。

② 第Ⅱ类。a－b－a旋转顺序,即第1次和第3次的基本旋转相同而第2次基本旋转不同,有xyx、xzx、yxy、yzy、zxz、zyz 6种形式。

在实际应用中,可采用12种欧拉角中的任何一种来描述刚体的姿态,具体如何选择一般可遵循如下原则:第一,使各欧拉角有明显的物理或几何意义,如迎角、侧滑角、经度、纬度等;第二,使姿态角的测量或计算对于相应的敏感器和控制算法来说是方便的;第三,遵循相应领域的使用习惯。

本书中,在不做特别说明的情况下,三次旋转的角度依次记为α、β、γ(与具体坐标轴无关，仅与旋转顺序有关，即第 1 次旋转的角度记为 α，第 2 次旋转的角度记为 β，第 3 次旋转的角度记为 γ)，相应的基本旋转变换矩阵分别记为 $\boldsymbol{R}_1(\alpha)$、$\boldsymbol{R}_2(\beta)$、$\boldsymbol{R}_3(\gamma)$。三轴姿态角表示为

$$\boldsymbol{\Psi}=\begin{bmatrix}\alpha\\ \beta\\ \gamma\end{bmatrix} \tag{2.29}$$

不做特别说明时，本书涉及的角度范围为$(-\pi,\pi]$。根据三次旋转过程中旋转角对应的坐标轴是动态的还是固定的，又分为两种情况。

(1) 绕动坐标轴旋转的欧拉角及其等效旋转变换。

第 2、3 次基本旋转的坐标轴与前面基本旋转的坐标轴不属于同一个坐标系，而是上一次旋转后形成的新坐标系中的坐标轴。以图 2.9 所示的 xyz 旋转顺序为例，坐标系 $\{xyz\}$（称为原始坐标系）经过如下三次基本旋转后形成了坐标系 $\{x_{\mathrm{b}}y_{\mathrm{b}}z_{\mathrm{b}}\}$（称为目标坐标系）。

① 第 1 次旋转，坐标系 $\{xyz\}$ 绕原始坐标系的 x 轴旋转 α 角后形成新的坐标系 $\{x'y'z'\}$，其中，坐标轴 x' 与 x 重合，旋转变换矩阵 $\boldsymbol{R}_1(\alpha)=\mathrm{Rot}(x,\alpha)$。

② 第 2 次旋转，新坐标系 $\{x'y'z'\}$ 绕新坐标轴 y' 旋转 β 角后形成更新的坐标系 $\{x''y''z''\}$，其中，坐标轴 y'' 与 y' 重合，旋转变换矩阵 $\boldsymbol{R}_2(\beta)=\mathrm{Rot}(y',\beta)$。

③ 第 3 次旋转，更新的坐标系 $\{x''y''z''\}$ 绕其坐标轴 z'' 旋转 γ 角后形成了目标坐标系 $\{x_{\mathrm{b}}y_{\mathrm{b}}z_{\mathrm{b}}\}$，其中，坐标轴 z_{b} 与 z'' 重合，旋转变换矩阵 $\boldsymbol{R}_3(\gamma)=\mathrm{Rot}(z'',\gamma)$。

经过三次旋转后，从原始坐标系 $\{xyz\}$ 到目标坐标系 $\{x_{\mathrm{b}}y_{\mathrm{b}}z_{\mathrm{b}}\}$ 的等效变换矩阵为（即按矩阵"从左向右"乘的规则计算）

$$\boldsymbol{R}(\alpha,\beta,\gamma)=\boldsymbol{R}_1(\alpha)\boldsymbol{R}_2(\beta)\boldsymbol{R}_3(\gamma) \tag{2.30}$$

为方便起见，将"绕动坐标轴旋转的欧拉角"简称为"动轴欧拉角"，相应于 xyz 旋转顺序的动轴欧拉角称为"动轴 xyz 欧拉角"，其他类型的欧拉角类似。

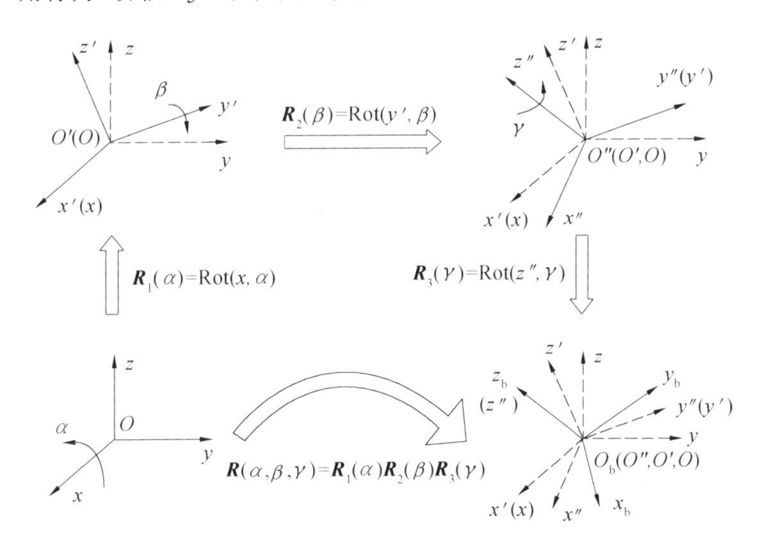

图2.9　绕动坐标轴旋转的欧拉角示意图

(2) 绕定坐标轴旋转的欧拉角及其等效旋转变换。

三次基本旋转的坐标轴都属于同一个坐标系。以图 2.10 所示的 xyz 旋转顺序为例，坐

标系$\{xyz\}$经过如下三次基本旋转后形成了坐标系$\{x_b y_b z_b\}$。

① 第1次旋转,坐标系$\{xyz\}$绕原始坐标系的x轴旋转α角后形成新的坐标系$\{x'y'z'\}$,其中,坐标轴x'与x重合,旋转变换矩阵$\boldsymbol{R}_1(\alpha)=\mathrm{Rot}(x,\alpha)$。

② 第2次旋转,新坐标系$\{x'y'z'\}$绕原始坐标系的y轴旋转β角后形成更新的坐标系$\{x''y''z''\}$,旋转变换矩阵$\boldsymbol{R}_2(\beta)=\mathrm{Rot}(y,\beta)$。

③ 第3次旋转,更新的坐标系$\{x''y''z''\}$绕原始坐标系的z轴旋转γ角后形成了目标坐标系$\{x_b y_b z_b\}$,旋转变换矩阵$\boldsymbol{R}_3(\gamma)=\mathrm{Rot}(z,\gamma)$。

经过三次旋转后,从原始坐标系$\{xyz\}$到目标坐标系$\{x_b y_b z_b\}$的等效变换矩阵为(即按矩阵"从右向左"乘的规则计算)

$$\boldsymbol{R}(\alpha,\beta,\gamma)=\boldsymbol{R}_3(\gamma)\boldsymbol{R}_2(\beta)\boldsymbol{R}_1(\alpha) \tag{2.31}$$

类似地,将"绕定坐标轴旋转的欧拉角"简称为"定轴欧拉角",相应于xyz旋转顺序的定轴欧拉角称为"定轴xyz欧拉角",其他类型的欧拉角类似。

比较式(2.30)和式(2.31)可知,采用不同的方式时,等效变换矩阵的计算方式有所不同,在实际中要特别注意说明。为方便理解,总结如下:

$$\begin{cases}\boldsymbol{R}(\alpha,\beta,\gamma)=\boldsymbol{R}_1(\alpha)\boldsymbol{R}_2(\beta)\boldsymbol{R}_3(\gamma),\text{绕动坐标轴旋转(“从左向右”乘)}\\ \boldsymbol{R}(\alpha,\beta,\gamma)=\boldsymbol{R}_3(\gamma)\boldsymbol{R}_2(\beta)\boldsymbol{R}_1(\alpha),\text{绕定坐标轴旋转(“从右向左”乘)}\end{cases} \tag{2.32}$$

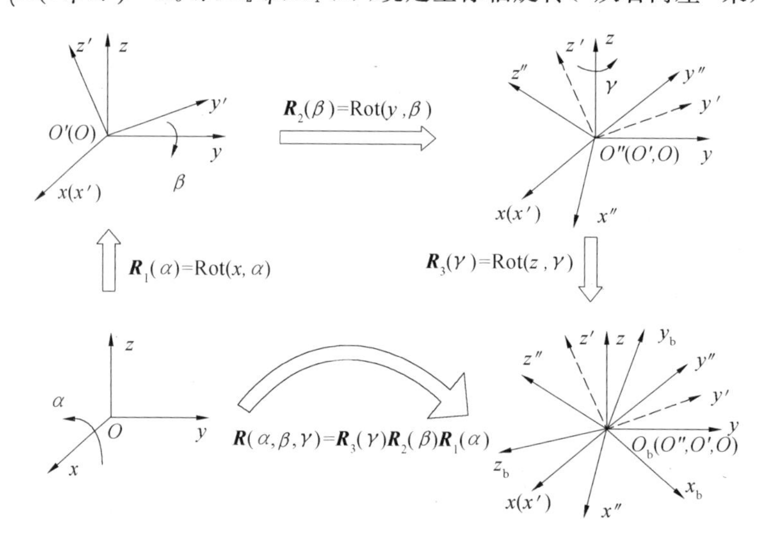

图2.10 绕定坐标轴旋转的欧拉角示意图

2. 动轴欧拉角与旋转变换矩阵的相互转换

由前所述,根据旋转顺序的不同,有两大类、12种欧拉角,欧拉角与旋转变换矩阵之间可以相互转换,下面将以几种典型的情况为例进行分析。

(1) 绕动坐标轴旋转的xyz欧拉角(动轴xyz欧拉角)。

绕动坐标轴旋转的xyz欧拉角$[\alpha,\beta,\gamma]^{\mathrm{T}}$的含义如下:原始坐标系$\{xyz\}$首先绕其$x$轴旋转$\alpha$角后形成坐标系$\{x'y'z'\}$;坐标系$\{x'y'z'\}$绕$y'$轴旋转$\beta$角后形成坐标系$\{x''y''z''\}$;坐标系$\{x''y''z''\}$绕$z''$轴旋转$\gamma$角后形成了目标坐标系$\{x_b y_b z_b\}$,详细过程如图2.9所示。

为方便描述,上述过程简化描述为:原始坐标系$\{xyz\}$依次经过$\mathrm{Rot}(x,\alpha)$、$\mathrm{Rot}(y',\beta)$、$\mathrm{Rot}(z'',\gamma)$三次基本变换后与目标坐标系$\{x_b y_b z_b\}$重合。后续部分将采用上述简化方式描述相应的旋转顺序。

下面推导动轴 xyz 欧拉角与旋转变换矩阵的相互转换关系。

① 欧拉角到旋转变换矩阵。

根据式(2.30)可进一步推导绕动坐标轴旋转的 xyz 欧拉角 $\boldsymbol{\Psi}=[\alpha,\beta,\gamma]^{\mathrm{T}}$ 与旋转变换矩阵的关系：

$$
\begin{aligned}
\boldsymbol{R}_{xy'z''}&=\boldsymbol{R}_x(\alpha)\boldsymbol{R}_{y'}(\beta)\boldsymbol{R}_{z''}(\gamma)=\mathrm{Rot}(x,\alpha)\,\mathrm{Rot}(y',\beta)\,\mathrm{Rot}(z'',\gamma)\\
&=\begin{bmatrix}1&0&0\\0&c_\alpha&-s_\alpha\\0&s_\alpha&c_\alpha\end{bmatrix}\begin{bmatrix}c_\beta&0&s_\beta\\0&1&0\\-s_\beta&0&c_\beta\end{bmatrix}\begin{bmatrix}c_\gamma&-s_\gamma&0\\s_\gamma&c_\gamma&0\\0&0&1\end{bmatrix}\\
&=\begin{bmatrix}c_\beta c_\gamma&-c_\beta s_\gamma&s_\beta\\s_\alpha s_\beta c_\gamma+c_\alpha s_\gamma&-s_\alpha s_\beta s_\gamma+c_\alpha c_\gamma&-s_\alpha c_\beta\\-c_\alpha s_\beta c_\gamma+s_\alpha s_\gamma&c_\alpha s_\beta s_\gamma+s_\alpha c_\gamma&c_\alpha c_\beta\end{bmatrix}
\end{aligned}
\tag{2.33}
$$

其中，

$$
\begin{cases}c_\alpha=\cos\alpha,c_\beta=\cos\beta,c_\gamma=\cos\gamma\\s_\alpha=\sin\alpha,s_\beta=\sin\beta,s_\gamma=\sin\gamma\end{cases}\tag{2.34}
$$

式(2.33)即为从 xyz 欧拉角$[\alpha,\beta,\gamma]^{\mathrm{T}}$ 到旋转变换矩阵 $\boldsymbol{R}$ 的计算公式。

② 旋转变换矩阵到欧拉角。

若已知旋转变换矩阵 $\boldsymbol{R}$ 可计算相应的 xyz 欧拉角。假设 $\boldsymbol{R}$ 矩阵如下：

$$
\boldsymbol{R}=\begin{bmatrix}a_{11}&a_{12}&a_{13}\\a_{21}&a_{22}&a_{23}\\a_{31}&a_{32}&a_{33}\end{bmatrix}\tag{2.35}
$$

令式(2.33)与式(2.35)相等，可得关于$[\alpha,\beta,\gamma]^{\mathrm{T}}$ 的方程组：

$$
\begin{bmatrix}c_\beta c_\gamma&-c_\beta s_\gamma&s_\beta\\s_\alpha s_\beta c_\gamma+c_\alpha s_\gamma&-s_\alpha s_\beta s_\gamma+c_\alpha c_\gamma&-s_\alpha c_\beta\\-c_\alpha s_\beta c_\gamma+s_\alpha s_\gamma&c_\alpha s_\beta s_\gamma+s_\alpha c_\gamma&c_\alpha c_\beta\end{bmatrix}=\begin{bmatrix}a_{11}&a_{12}&a_{13}\\a_{21}&a_{22}&a_{23}\\a_{31}&a_{32}&a_{33}\end{bmatrix}\tag{2.36}
$$

式(2.36)两边对应元素相等，可以解出未知数。通过观察，可以首先计算 β，采用下面两种方式之一：

$$
s_\beta=a_{13}\Rightarrow\beta=\arcsin a_{13}\text{或}\beta=\pi-\arcsin a_{13}\tag{2.37}
$$

$$
\begin{cases}s_\beta=a_{13}\\(c_\beta c_\gamma)^2+(-c_\beta s_\gamma)^2=a_{11}^2+a_{12}^2\Rightarrow c_\beta=\pm\sqrt{a_{11}^2+a_{12}^2}\end{cases}\Rightarrow\beta=\arctan 2\left(a_{13},\pm\sqrt{a_{11}^2+a_{12}^2}\right)\tag{2.38}
$$

式(2.37)和式(2.38)均表明，β 角有两组解，且理论上都是正确的。在实际中，式(2.38)用了较多的矩阵元素，其数值计算精度较高。另外，函数 $\arctan 2(y,x)$ 是反正切函数 $\arctan(y/x)$ 的扩展，可根据 y 和 x 的值判断象限，由此给出$(-\pi,\pi]$区间的准确值。

当 β 角解出后，s_β 和 c_β 即可作为已知值去求解另外角度。通过观察式(2.36)，若 $c_\beta\neq 0$（即 $\beta\neq\pm\dfrac{\pi}{2}$，$a_{13}\neq\pm 1$），可按下面两式确定 α 和 γ：

$$
\begin{cases}-s_\alpha c_\beta=a_{23}\\c_\alpha c_\beta=a_{33}\end{cases}\Rightarrow\begin{cases}s_\alpha=-a_{23}/c_\beta\\c_\alpha=a_{33}/c_\beta\end{cases}\Rightarrow\alpha=\arctan 2(-a_{23}/c_\beta,a_{33}/c_\beta)\tag{2.39}
$$

$$
\begin{cases}-c_\beta s_\gamma=a_{12}\\c_\beta c_\gamma=a_{11}\end{cases}\Rightarrow\begin{cases}s_\gamma=-a_{12}/c_\beta\\c_\gamma=a_{11}/c_\beta\end{cases}\Rightarrow\gamma=\arctan 2(-a_{12}/c_\beta,a_{11}/c_\beta)\tag{2.40}
$$

当 $a_{13}=1$，有 $\beta=\frac{\pi}{2}$，$c_\beta=0$，则：

$$\boldsymbol{R}=\begin{bmatrix}0 & 0 & 1\\ s_\alpha c_\gamma+c_\alpha s_\gamma & -s_\alpha s_\gamma+c_\alpha c_\gamma & 0\\ -c_\alpha c_\gamma+s_\alpha s_\gamma & c_\alpha s_\gamma+s_\alpha c_\gamma & 0\end{bmatrix}=\begin{bmatrix}0 & 0 & 1\\ \sin(\alpha+\gamma) & \cos(\alpha+\gamma) & 0\\ -\cos(\alpha+\gamma) & \sin(\alpha+\gamma) & 0\end{bmatrix} \tag{2.41}$$

当 $a_{13}=-1$，有 $\beta=-\frac{\pi}{2}$，$c_\beta=0$，则：

$$\boldsymbol{R}=\begin{bmatrix}0 & 0 & -1\\ -s_\alpha c_\gamma+c_\alpha s_\gamma & s_\alpha s_\gamma+c_\alpha c_\gamma & 0\\ c_\alpha c_\gamma+s_\alpha s_\gamma & -c_\alpha s_\gamma+s_\alpha c_\gamma & 0\end{bmatrix}=\begin{bmatrix}0 & 0 & -1\\ -\sin(\alpha-\gamma) & \cos(\alpha-\gamma) & 0\\ \cos(\alpha-\gamma) & \sin(\alpha-\gamma) & 0\end{bmatrix} \tag{2.42}$$

由式(2.41)和式(2.42)可知，$a_{13}=\pm1$ 时仅可以求出 $(\gamma+\alpha)$ 或 $(\gamma-\alpha)$：

$$\begin{cases}若\ a_{13}=1, \alpha+\gamma=\arctan 2(a_{21}, a_{22})\\ 若\ a_{13}=-1, \alpha-\gamma=\arctan 2(-a_{21}, a_{22})\end{cases} \tag{2.43}$$

最后，按如下表达式进行计算：

若 $a_{13}=\pm1$，

$$\begin{cases}\beta=\pm\dfrac{\pi}{2}\\ \alpha\pm\gamma=\arctan 2(\pm a_{21}, a_{22})\end{cases} \tag{2.44 a}$$

其他，

$$\begin{cases}\beta=\arcsin a_{13}\ 或\ \beta=\pi-\arcsin a_{13}\\ \alpha=\arctan 2(-a_{23}/c_\beta, a_{33}/c_\beta)\\ \gamma=\arctan 2(-a_{12}/c_\beta, a_{11}/c_\beta)\end{cases} \tag{2.44 b}$$

由式(2.44)还可知，对于一般的情况，当给定旋转变换矩阵 $\boldsymbol{R}$ 时，在 $(-\pi,\pi]$ 的范围内可以解出两组 xyz 欧拉角，即对于此种情况，可根据其他约束条件（如姿态角的范围）选择其中一种。当 $\beta=\pm\frac{\pi}{2}$ 时，无法求出单独的 α 和 γ，但可以求出 $(\alpha\pm\gamma)$ 的值，换句话说，此时对于给定的 $\boldsymbol{R}$，有无穷多组欧拉角与之对应，无法确定具体的值，这种现象称为姿态表示的奇异，简称姿态奇异。$\beta=\pm\frac{\pi}{2}$ 为采用 xyz 欧拉角时的姿态奇异条件。后面将进行解释。

③ 动轴 xyz 欧拉角表示姿态时的奇异现象解释。

以 $\beta=\frac{\pi}{2}$ 为例，其三次基本旋转过程如图 2.11 所示，可知经过第 2 次旋转后 z'' 轴与原始坐标系的 x 轴同轴同向（当 $\beta=-\frac{\pi}{2}$ 时，同轴反向），因而第 1、3 次的 2 次旋转运动等效为 1 次旋转运动，等效转角是两次旋转角的和（当 $\beta=-\frac{\pi}{2}$ 时，等效旋角是两次旋转角的差），因而只要保证等效转角 $(\alpha\pm\gamma)$ 一致，则第 1、3 次的旋转角 α、γ 可以有无穷多种组合，也就是说，当出现姿态奇异时，给定 $\boldsymbol{R}$ 无法确定具体的欧拉角（有无穷多种欧拉角对应一种姿态指向关系），但可以确定第 1、3 次基本旋转的等效转角和第 2 次基本旋转的转角。

事实上，也可以根据数学推导来进行说明。当欧拉角为 $\boldsymbol{\Psi}_{xy'z''}=[\alpha,\frac{\pi}{2},\gamma]^{\mathrm{T}}$ 时，其旋转变

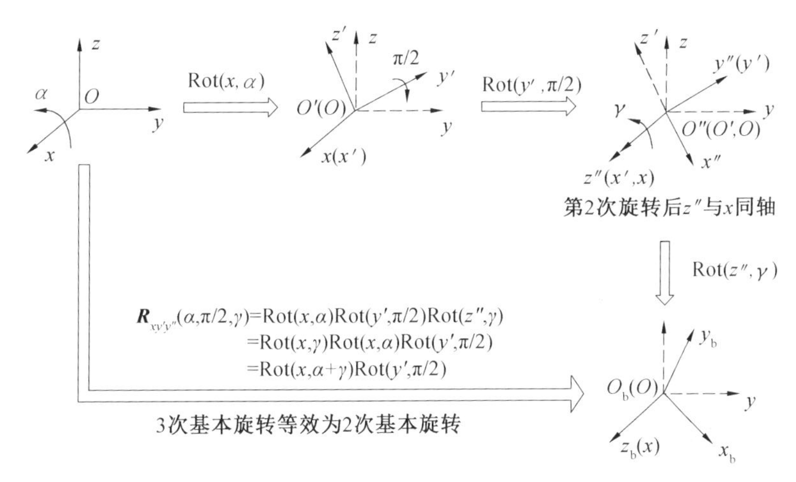

图2.11　采用 xyz 欧拉角表示姿态时的奇异情况

换矩阵可按下式进行推导：

$$
\begin{aligned}
\boldsymbol{R} &= \operatorname{Rot}(x,\alpha)\operatorname{Rot}\left(y',\frac{\pi}{2}\right)\operatorname{Rot}(z'',\gamma) \quad (\text{第 3 次旋转按动坐标轴 } z''\text{，为右乘}) \\
&= \operatorname{Rot}(x,\gamma)\operatorname{Rot}(x,\alpha)\operatorname{Rot}\left(y',\frac{\pi}{2}\right) \quad (\text{第 3 次旋转按定坐标轴 } x\text{，为左乘}) \\
&= \operatorname{Rot}(x,\alpha+\gamma)\operatorname{Rot}\left(y',\frac{\pi}{2}\right) \quad (3\text{ 次基本旋转等效为 2 次基本旋转}) \\
&= \begin{bmatrix} 1 & 0 & 0 \\ 0 & \cos(\alpha+\gamma) & -\sin(\alpha+\gamma) \\ 0 & \sin(\alpha+\gamma) & \cos(\alpha+\gamma) \end{bmatrix} \begin{bmatrix} 0 & 0 & 1 \\ 0 & 1 & 0 \\ -1 & 0 & 0 \end{bmatrix} \\
&= \begin{bmatrix} 0 & 0 & 1 \\ \sin(\alpha+\gamma) & \cos(\alpha+\gamma) & 0 \\ -\cos(\alpha+\gamma) & \sin(\alpha+\gamma) & 0 \end{bmatrix}
\end{aligned} \tag{2.45}
$$

比较式(2.41)和式(2.45)可知，两种推导方式得到的结果相同。对于 $\beta=-\frac{\pi}{2}$ 的情况，可以进行类似的分析。

进一步分析可知，对于第 Ⅰ 类动轴欧拉角(a－b－c 旋转顺序)，其姿态奇异条件均为 $\beta=\pm\frac{\pi}{2}$。

(2) 绕动坐标轴旋转的 zxz 欧拉角(动轴 zxz 欧拉角)。

绕动坐标轴旋转的 zxz 欧拉角 $[\alpha,\beta,\gamma]^{\mathrm{T}}$ 的含义如下：原始坐标系 $\{xyz\}$ 依次经过 $\operatorname{Rot}(z,\alpha)$、$\operatorname{Rot}(x',\beta)$、$\operatorname{Rot}(z'',\gamma)$ 三次基本变换后与目标坐标系 $\{x_b y_b z_b\}$ 重合。下面推导动轴 zxz 欧拉角与旋转变换矩阵的相互转换关系。

① 欧拉角到旋转变换矩阵。

根据式(2.30)，可进一步推导绕动坐标轴旋转的 zxz 欧拉角 $\boldsymbol{\Psi}=[\alpha,\beta,\gamma]^{\mathrm{T}}$ 与旋转变换矩阵的关系：

$$\begin{aligned}
\boldsymbol{R}_{zx'z''} &= \boldsymbol{R}_z(\alpha)\boldsymbol{R}_{x'}(\beta)\boldsymbol{R}_{z''}(\gamma) = \mathrm{Rot}(z,\alpha)\,\mathrm{Rot}(x',\beta)\,\mathrm{Rot}(z'',\gamma) \\
&= \begin{bmatrix} c_\alpha & -s_\alpha & 0 \\ s_\alpha & c_\alpha & 0 \\ 0 & 0 & 1 \end{bmatrix} \begin{bmatrix} 1 & 0 & 0 \\ 0 & c_\beta & -s_\beta \\ 0 & s_\beta & c_\beta \end{bmatrix} \begin{bmatrix} c_\gamma & -s_\gamma & 0 \\ s_\gamma & c_\gamma & 0 \\ 0 & 0 & 1 \end{bmatrix} \\
&= \begin{bmatrix} c_\alpha c_\gamma - s_\alpha c_\beta s_\gamma & -c_\alpha s_\gamma - s_\alpha c_\beta c_\gamma & s_\alpha s_\beta \\ s_\alpha c_\gamma + c_\alpha c_\beta s_\gamma & -s_\alpha s_\gamma + c_\alpha c_\beta c_\gamma & -c_\alpha s_\beta \\ s_\beta s_\gamma & s_\beta c_\gamma & c_\beta \end{bmatrix}
\end{aligned} \tag{2.46}$$

式(2.46) 即为从 zxz 欧拉角$[\alpha,\beta,\gamma]^{\mathrm{T}}$ 到旋转变换矩阵 $\boldsymbol{R}$ 的计算公式。

② 旋转变换矩阵到欧拉角。

类似地，若已知旋转变换矩阵 $\boldsymbol{R}$ 为式(2.46)，可通过求解下面的方程得到相应的欧拉角：

$$\begin{bmatrix} c_\alpha c_\gamma - s_\alpha c_\beta s_\gamma & -c_\alpha s_\gamma - s_\alpha c_\beta c_\gamma & s_\alpha s_\beta \\ s_\alpha c_\gamma + c_\alpha c_\beta s_\gamma & -s_\alpha s_\gamma + c_\alpha c_\beta c_\gamma & -c_\alpha s_\beta \\ s_\beta s_\gamma & s_\beta c_\gamma & c_\beta \end{bmatrix} = \begin{bmatrix} a_{11} & a_{12} & a_{13} \\ a_{21} & a_{22} & a_{23} \\ a_{31} & a_{32} & a_{33} \end{bmatrix} \tag{2.47}$$

首先求解 β 角，可采用下面两种方式之一：

$$c_\beta = a_{33} \Rightarrow \beta = \pm \arccos a_{33} \tag{2.48}$$

$$\begin{cases} c_\beta = a_{33} \\ (s_\beta s_\gamma)^2 + (s_\beta c_\gamma)^2 = a_{31}^2 + a_{32}^2 \Rightarrow s_\beta = \pm\sqrt{a_{31}^2 + a_{32}^2} \end{cases} \Rightarrow \beta = \arctan 2\left(\pm\sqrt{a_{31}^2 + a_{32}^2}, a_{33}\right) \tag{2.49}$$

当 β 角解出后，s_β 和 c_β 即可作为已知值去求解另外角度。观察式(2.47)，若 $s_\beta \neq 0$(即 $\beta \neq 0$ 且 $\beta \neq \pi$，$a_{33} \neq \pm 1$)，可按下面两式确定 α 和 γ：

$$\begin{cases} \alpha = \arctan 2(a_{13}/s_\beta, -a_{23}/s_\beta) \\ \gamma = \arctan 2(a_{31}/s_\beta, a_{32}/s_\beta) \end{cases} \tag{2.50}$$

当 $a_{33}=1$，$\beta=0$，$s_\beta=0$，则：

$$\boldsymbol{R} = \begin{bmatrix} c_\alpha c_\gamma - s_\alpha s_\gamma & -c_\alpha s_\gamma - s_\alpha c_\gamma & 0 \\ s_\alpha c_\gamma + c_\alpha s_\gamma & -s_\alpha s_\gamma + c_\alpha c_\gamma & 0 \\ 0 & 0 & 1 \end{bmatrix} = \begin{bmatrix} \cos(\alpha+\gamma) & -\sin(\alpha+\gamma) & 0 \\ \sin(\alpha+\gamma) & \cos(\alpha+\gamma) & 0 \\ 0 & 0 & 1 \end{bmatrix} \tag{2.51}$$

当 $a_{33}=-1$，$\beta=\pi$，$s_\beta=0$，则：

$$\boldsymbol{R} = \begin{bmatrix} c_\alpha c_\gamma + s_\alpha s_\gamma & -c_\alpha s_\gamma + s_\alpha c_\gamma & 0 \\ s_\alpha c_\gamma - c_\alpha s_\gamma & -s_\alpha s_\gamma - c_\alpha c_\gamma & 0 \\ 0 & 0 & -1 \end{bmatrix} = \begin{bmatrix} \cos(\alpha-\gamma) & \sin(\alpha-\gamma) & 0 \\ \sin(\alpha-\gamma) & -\cos(\alpha-\gamma) & 0 \\ 0 & 0 & -1 \end{bmatrix} \tag{2.52}$$

由式(2.51) 和式(2.52) 可知，$a_{33}=\pm 1$ 时，仅可以求出$(\alpha+\gamma)$ 或$(\alpha-\gamma)$：

$$\begin{cases} \text{若 } a_{33}=1, \alpha+\gamma = \arctan 2(a_{21}, a_{11}) \\ \text{若 } a_{31}=-1, \alpha-\gamma = \arctan 2(a_{21}, a_{11}) \end{cases} \tag{2.53}$$

最后，按如下表达式进行计算：

若 $a_{33}=\pm 1$，

$$\begin{cases} \beta = 0 \text{ 或 } \beta = \pi \\ \alpha \pm \gamma = \arctan 2(a_{21}, a_{11}) \end{cases} \tag{2.54 a}$$

其他，

$$\begin{cases}\beta=\arccos a_{33} \text{ 或 } \beta=-\arccos a_{33} \\ \alpha=\arctan 2(a_{13}/s_\beta, -a_{23}/s_\beta) \\ \gamma=\arctan 2(a_{31}/s_\beta, a_{32}/s_\beta)\end{cases} \tag{2.54 b}$$

由式(2.54)还可知，对于一般的情况，当给定旋转变换矩阵 $\boldsymbol{R}$ 时，在$(-\pi,\pi]$的范围内可以解出两组 zxz 欧拉角，即对于此种情况，可根据其他约束条件(如姿态角的范围)选择其中一种。当$\beta=0$或$\beta=\pi$时，仅能求出$(\alpha\pm\gamma)$，无法确定具体的α和β，即出现了姿态奇异，$\beta=0$ 或 $\beta=\pi$ 即为采用 zxz 欧拉角表示姿态时的奇异条件。

③ 动轴 zxz 欧拉角表示姿态时的奇异现象解释。

当$\beta=0$时，第 2 次基本旋转的角度为 0，相当于不存在第 2 次旋转，则 3 次旋转退化为 2 次旋转，且最后一次旋转的坐标轴 z'' 与第 1 次旋转的坐标轴 z 完全一致，退化后的 2 次旋转实际上又等效为 1 次基本旋转，等效转角是两次旋转角的和，即$(\alpha+\gamma)$，如图 2.12 所示。

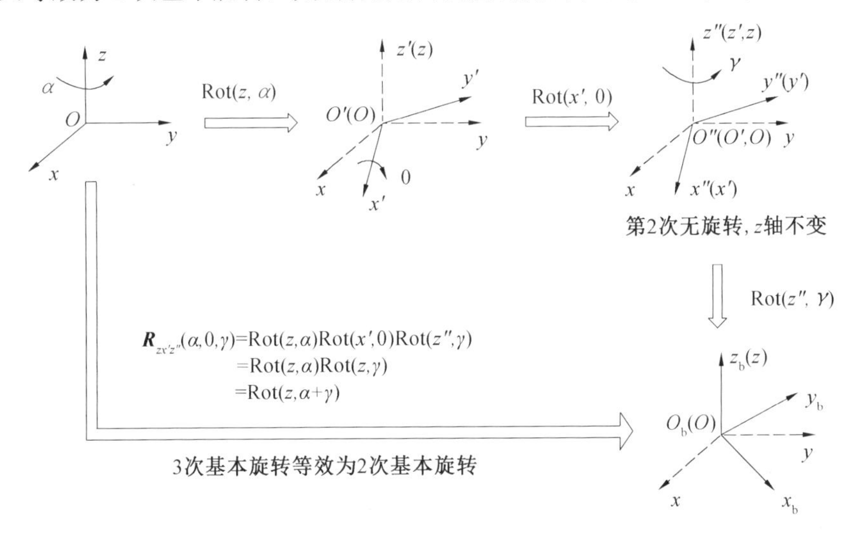

图2.12　采用 zxz 欧拉角表示姿态时的奇异情况

当$\beta=\pi$时，经过第 2 次基本旋转后，第 3 次旋转的轴 z'' 与第 1 次旋转的轴 z 同轴，但方向相反，则第 1 次与第 3 次的旋转运动相互抵消，因而第 1 次与第 3 次的等效转角为$(\alpha-\gamma)$。

事实上，当欧拉角为 $\boldsymbol{\Psi}_{zx'z''}=[\alpha,0,\gamma]^{\mathrm{T}}$ 时，其旋转变换矩阵为

$$\begin{aligned}\boldsymbol{R}&=\mathrm{Rot}(z,\alpha)\,\mathrm{Rot}(x',0)\,\mathrm{Rot}(z'',\gamma) \quad (\text{第 2 次旋转角为 0，相应矩阵为单位阵})\\ &=\mathrm{Rot}(z,\alpha)\,\mathrm{Rot}(z'',\gamma) \quad (\text{3 次基本旋转退化为 2 次基本旋转})\\ &=\mathrm{Rot}(z,\alpha+\gamma) \quad (\text{等效为 1 次基本旋转，转角叠加})\\ &=\begin{bmatrix}\cos(\alpha+\gamma) & -\sin(\alpha+\gamma) & 0\\ \sin(\alpha+\gamma) & \cos(\alpha+\gamma) & 0\\ 0 & 0 & 1\end{bmatrix}\end{aligned} \tag{2.55}$$

当欧拉角为 $\boldsymbol{\Psi}_{zx'z''}=[\alpha,\pi,\gamma]^{\mathrm{T}}$ 时，其旋转变换矩阵为

$$\begin{aligned}&\mathrm{Rot}(z,\alpha)\,\mathrm{Rot}(x',\pi)\,\mathrm{Rot}(z'',\gamma) \quad (\text{第 3 次旋转按动坐标轴 } z''\text{，为右乘})\\ &=\mathrm{Rot}(-z,\gamma)\,\mathrm{Rot}(z,\alpha)\,\mathrm{Rot}(x',\pi) \quad (\text{第 3 次旋转按定坐标轴 } -z\text{，为左乘})\\ &=\mathrm{Rot}(z,\alpha-\gamma)\,\mathrm{Rot}(x',\pi) \quad (\text{3 次基本旋转等效为 2 次基本旋转})\end{aligned} \tag{2.56}$$

$$=\begin{bmatrix}\cos(\alpha-\gamma) & -\sin(\alpha-\gamma) & 0\\ \sin(\alpha-\gamma) & \cos(\alpha-\gamma) & 0\\ 0 & 0 & 1\end{bmatrix}\begin{bmatrix}1 & 0 & 0\\ 0 & -1 & 0\\ 0 & 0 & -1\end{bmatrix}$$

$$=\begin{bmatrix}\cos(\alpha-\gamma) & \sin(\alpha-\gamma) & 0\\ \sin(\alpha-\gamma) & -\cos(\alpha-\gamma) & 0\\ 0 & 0 & -1\end{bmatrix}$$

分别比较式(2.51)与式(2.55)、式(2.52)与式(2.56)可知,不同推导方式得到的结果相同。

进一步分析可知,对于第Ⅱ类动轴欧拉角(a－b－a旋转顺序),其姿态奇异条件均为$\beta=0$或$\beta=\pi$。

例2.2 假设两坐标系之间的旋转变换矩阵$\boldsymbol{R}$见式(2.57),请分别计算相应的动轴xyz欧拉角和动轴zxz欧拉角。

$$\boldsymbol{R}=\begin{bmatrix}0.8138 & 0.4698 & 0.3420\\ -0.5438 & 0.8232 & 0.1632\\ -0.2049 & -0.3188 & 0.9254\end{bmatrix} \tag{2.57}$$

根据式(2.44),计算得到xyz欧拉角的两组值为

$$\boldsymbol{\Psi}_1=\begin{bmatrix}-10^\circ\\ 20^\circ\\ -30^\circ\end{bmatrix},\boldsymbol{\Psi}_2=\begin{bmatrix}170^\circ\\ 160^\circ\\ 150^\circ\end{bmatrix} \tag{2.58}$$

解出后可将两组欧拉角$\boldsymbol{\Psi}_1$和$\boldsymbol{\Psi}_2$分别代入式(2.33)进行验算,结果表明上述两组值对应的旋转变换矩阵确实与式(2.57)给出的结果相同,说明所解出的两组欧拉角都是正确的。在实际应用中,可以通过限制β的范围来选择其中的一组值。对于诸如xyz的第Ⅰ类欧拉角(a－b－c旋转顺序),可限制$\beta\in\left[-\frac{\pi}{2},\frac{\pi}{2}\right]$,则在上述两解中取$\boldsymbol{\Psi}_1$作为姿态角。

类似地,根据式(2.54)可以计算zxz欧拉角,结果如下:

$$\boldsymbol{\Psi}_1=\begin{bmatrix}115.51^\circ\\ 22.27^\circ\\ -147.27^\circ\end{bmatrix},\boldsymbol{\Psi}_2=\begin{bmatrix}-64.49^\circ\\ -22.27^\circ\\ 32.73^\circ\end{bmatrix} \tag{2.59}$$

解出后也分别将上述两组值代入式(2.46)进行验算,计算得到的$\boldsymbol{R}$与式(2.57)给出的结果相同。对于诸如zxz的第Ⅱ类欧拉角(a－b－a旋转顺序),可通过限制$\beta\in[0,\pi]$的范围来确定其中一组欧拉角,如$\boldsymbol{\Psi}_1$。

3.定轴欧拉角与旋转变换矩阵的相互转换

(1)绕定坐标轴旋转的xyz欧拉角(定轴xyz欧拉角,即RPY角(Roll－Pitch－Yaw))。

绕定坐标轴旋转的xyz欧拉角$[\alpha,\beta,\gamma]^{\mathrm{T}}$的含义如下:原始坐标系$\{xyz\}$首先绕其$x$轴旋转$\alpha$角后形成坐标系$\{x'y'z'\}$;坐标系$\{x'y'z'\}$绕原始坐标系的$y$轴旋转$\beta$角后形成坐标系$\{x''y''z''\}$;坐标系$\{x''y''z''\}$绕原始坐标系的$z$轴旋转$\gamma$角后形成了目标坐标系$\{x_b y_b z_b\}$,详细过程如图2.10所示。

为方便描述,上述过程简化描述为原始坐标系$\{xyz\}$依次经过$\mathrm{Rot}(x,\alpha)$、$\mathrm{Rot}(y,\beta)$、$\mathrm{Rot}(z,\gamma)$三次基本变换后与目标坐标系$\{x_b y_b z_b\}$重合。

① 欧拉角到旋转变换矩阵。

根据式(2.31)，可进一步推导绕定坐标轴旋转的 xyz 欧拉角 $\boldsymbol{\Psi}=[\alpha,\beta,\gamma]^{\mathrm{T}}$ 与旋转变换矩阵的关系：

$$\begin{aligned}\boldsymbol{R}_{xyz} &= \boldsymbol{R}_z(\gamma)\boldsymbol{R}_y(\beta)\boldsymbol{R}_x(\alpha)=\mathrm{Rot}(z,\gamma)\,\mathrm{Rot}(y,\beta)\,\mathrm{Rot}(x,\alpha)\\ &=\begin{bmatrix} c_\gamma & -s_\gamma & 0\\ s_\gamma & c_\gamma & 0\\ 0 & 0 & 1\end{bmatrix}\begin{bmatrix} c_\beta & 0 & s_\beta\\ 0 & 1 & 0\\ -s_\beta & 0 & c_\beta\end{bmatrix}\begin{bmatrix} 1 & 0 & 0\\ 0 & c_\alpha & -s_\alpha\\ 0 & s_\alpha & c_\alpha\end{bmatrix}\\ &=\begin{bmatrix} c_\gamma c_\beta & c_\gamma s_\beta s_\alpha - s_\gamma c_\alpha & c_\gamma s_\beta c_\alpha + s_\gamma s_\alpha\\ s_\gamma c_\beta & s_\gamma s_\beta s_\alpha + c_\gamma c_\alpha & s_\gamma s_\beta c_\alpha - c_\gamma s_\alpha\\ -s_\beta & c_\beta s_\alpha & c_\beta c_\alpha\end{bmatrix}\end{aligned} \tag{2.60}$$

式(2.60) 即为定轴 xyz 欧拉角$[\alpha,\beta,\gamma]^{\mathrm{T}}$ 到旋转变换矩阵 $\boldsymbol{R}$ 的计算公式。

需要特别指出的是，在航空、航天、航海等领域中，一般关心飞行器(航行器) 相对于期望(目标)、主运动平面(如轨道面、水平面等) 的指向关系，为了形象地描述其姿态而不引起歧义，定义了具有明确指向意义的参考坐标系，以及相应的"滚动 — 俯仰 — 偏航" 角(Roll — Pitch — Yaw 姿态角，RPY 角)，即：

a. 参考系的定义。z 轴指向期望运动方向(航行方向)，称为接近矢量，用 $\boldsymbol{a}$ 表示；x 轴为运动平面(如海平面) 的法向量，称为法向矢量，用 $\boldsymbol{n}$ 表示；y 轴根据右手定则确定，称为方位矢量，用 $\boldsymbol{o}$ 表示。上述定义与机械臂末端工具坐标系定义的规则类似，如图 2.13 所示。

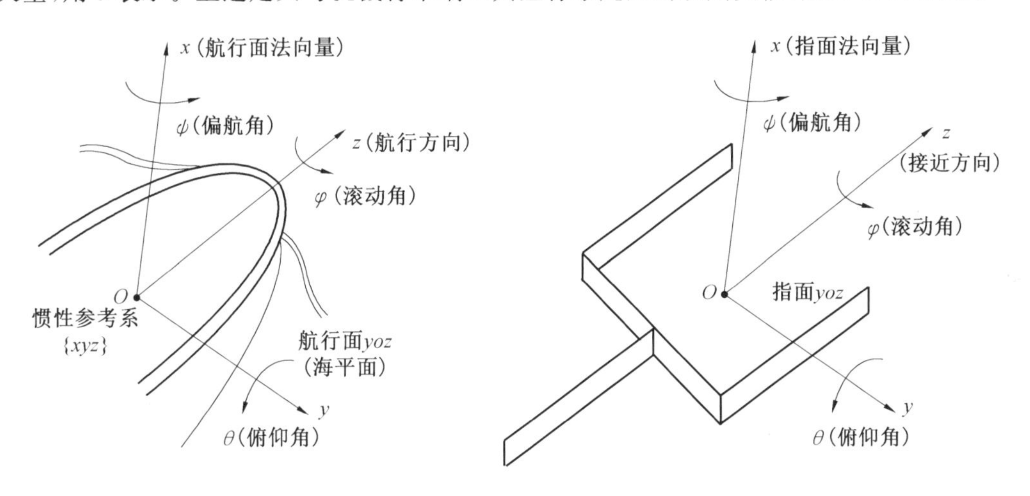

图2.13　定轴 xyz 欧拉角即 RPY 角的定义

b. RPY 角的定义。

(a) 绕 z 轴的转动称为滚动(或横滚，英文为 Roll)，相应的角度为滚动角(横滚角)，记为 φ。

(b) 绕 y 轴的转动称为俯仰(英文为 Pitch)，相应的角度为俯仰角，记为 θ。

(c) 绕 x 轴的转动称为偏航(或偏转，英文为 Yaw)，相应的角度为俯仰角，记为 ψ。

根据上述定义，RPY 角$[\psi,\theta,\varphi]^{\mathrm{T}}$ 与定轴 xyz 欧拉角$[\alpha,\beta,\gamma]^{\mathrm{T}}$ 之间有如下关系：

$$\alpha=\psi,\beta=\theta,\gamma=\varphi \tag{2.61}$$

将相应的角度代入：

$$\boldsymbol{R}_{\mathrm{RPY}}=\boldsymbol{R}_z(\varphi)\boldsymbol{R}_y(\theta)\boldsymbol{R}_x(\psi)=\begin{bmatrix} c_\varphi c_\theta & c_\varphi s_\theta s_\psi - s_\varphi c_\psi & c_\varphi s_\theta c_\psi + s_\varphi s_\psi \\ s_\varphi c_\theta & s_\varphi s_\theta s_\psi + c_\varphi c_\psi & s_\varphi s_\theta c_\psi - c_\varphi s_\psi \\ -s_\theta & c_\theta s_\psi & c_\theta c_\psi \end{bmatrix} \tag{2.62}$$

其中,

$$\begin{cases} c_\varphi=\cos\varphi, c_\theta=\cos\theta, c_\psi=\cos\psi \\ s_\varphi=\sin\varphi, s_\theta=\sin\theta, s_\psi=\sin\psi \end{cases} \tag{2.63}$$

② 旋转变换矩阵到欧拉角。

推导过程与前面章节的类似,不再赘述,在此直接给出结果:

若 $a_{13}=\pm 1$,

$$\begin{cases} \beta=\mp\dfrac{\pi}{2} \\ \alpha\mp\gamma=\arctan 2(\pm a_{12}, a_{22}) \end{cases} \tag{2.64 a}$$

其他,

$$\begin{cases} \beta=\arcsin(-a_{31})\ 或\ \beta=\pi-\arcsin(-a_{31}) \\ \alpha=\arctan 2(a_{32}/c_\beta, a_{33}/c_\beta) \\ \gamma=\arctan 2(a_{21}/c_\beta, a_{11}/c_\beta) \end{cases} \tag{2.64 b}$$

根据式(2.61)可以将式(2.64)表示为RPY角的形式。其奇异条件为 $\beta=\mp\dfrac{\pi}{2}$。实际上,第Ⅰ类定轴欧拉角(旋转顺序 a－b－c)的奇异条件与此相同。

(2) 绕定坐标轴旋转的 zxz 欧拉角(定轴 zxz 欧拉角)。

绕定坐标轴旋转的 zxz 欧拉角 $[\alpha,\beta,\gamma]^{\mathrm{T}}$ 的含义如下:原始坐标系 $\{xyz\}$ 依次经过 $\mathrm{Rot}(z,\alpha)$、$\mathrm{Rot}(x,\beta)$、$\mathrm{Rot}(z,\gamma)$ 三次基本变换后与目标坐标系 $\{x_b y_b z_b\}$ 重合。下面推导定轴 zxz 欧拉角与旋转变换矩阵的相互转换关系。

① 欧拉角到旋转变换矩阵。

根据式(2.31),可进一步推导绕定坐标轴旋转的 zxz 欧拉角 $\boldsymbol{\Psi}=[\alpha,\beta,\gamma]^{\mathrm{T}}$ 与旋转变换矩阵的关系:

$$\begin{aligned} \boldsymbol{R}_{zxz}&=\boldsymbol{R}_z(\gamma)\boldsymbol{R}_x(\beta)\boldsymbol{R}_z(\alpha)=\mathrm{Rot}(z,\gamma)\,\mathrm{Rot}(x,\beta)\,\mathrm{Rot}(z,\alpha) \\ &=\begin{bmatrix} c_\gamma & -s_\gamma & 0 \\ s_\gamma & c_\gamma & 0 \\ 0 & 0 & 1 \end{bmatrix}\begin{bmatrix} 1 & 0 & 0 \\ 0 & c_\beta & -s_\beta \\ 0 & s_\beta & c_\beta \end{bmatrix}\begin{bmatrix} c_\alpha & -s_\alpha & 0 \\ s_\alpha & c_\alpha & 0 \\ 0 & 0 & 1 \end{bmatrix} \\ &=\begin{bmatrix} c_\gamma c_\alpha - s_\gamma c_\beta s_\alpha & -c_\gamma s_\alpha - s_\gamma c_\beta c_\alpha & s_\gamma s_\beta \\ s_\gamma c_\alpha + c_\gamma c_\beta s_\alpha & -s_\gamma s_\alpha + c_\gamma c_\beta c_\alpha & -c_\gamma s_\beta \\ s_\beta s_\alpha & s_\beta c_\alpha & c_\beta \end{bmatrix} \end{aligned} \tag{2.65}$$

式(2.65)即为定轴 zxz 欧拉角 $[\alpha,\beta,\gamma]^{\mathrm{T}}$ 到旋转变换矩阵 $\boldsymbol{R}$ 的计算公式。

② 旋转变换矩阵到欧拉角。

推导过程与前面章节的类似,不再赘述,在此直接给出结果:

若 $a_{33}=\pm 1$,

$$\begin{cases} \beta=0\ 或\ \beta=\pi \\ \gamma\pm\alpha=\arctan 2(a_{21}, a_{11}) \end{cases} \tag{2.66 a}$$

其他,

$$\begin{cases}\beta = \arccos a_{33} \text{ 或 } \beta = -\arccos a_{33} \\ \alpha = \arctan 2(a_{31}/s_\beta, a_{32}/s_\beta) \\ \gamma = \arctan 2(a_{13}/s_\beta, -a_{23}/s_\beta)\end{cases} \tag{2.66 b}$$

其奇异条件为 $\beta=0$ 或 $\beta=\pi$。第 Ⅱ 类定轴欧拉角(旋转顺序 a－b－a) 的奇异条件与此相同。

2.2.3　轴－角表示法

欧拉有限转动定理还表明:刚体绕三维空间中固定点转动的任意角位移都可通过该刚体绕过该点的某条直线(转动轴) 转过一个角度来实现。转动轴和相应的转动角分别采用单位矢量 $\boldsymbol{k}$ 和标量 ϕ 表示,则组合$(\boldsymbol{k},\phi)$ 可以用于描述刚体的姿态,此种方法称为轴－角表示法。

旋转轴 $\boldsymbol{k}$ 在参考坐标系{A} 中的三个分量为 k_x、k_y、k_z,满足:

$${}^{A}\boldsymbol{k} = \begin{bmatrix} k_x \\ k_y \\ k_z \end{bmatrix}, k_x^2 + k_y^2 + k_z^2 = 1 \tag{2.67}$$

参考坐标系{A} 绕该矢量旋转 ϕ 角后与目标坐标系{B} 重合,如图 2.14 所示。轴－角参数$(\boldsymbol{k},\phi)$ 与旋转变换矩阵之间也可以相互转换。

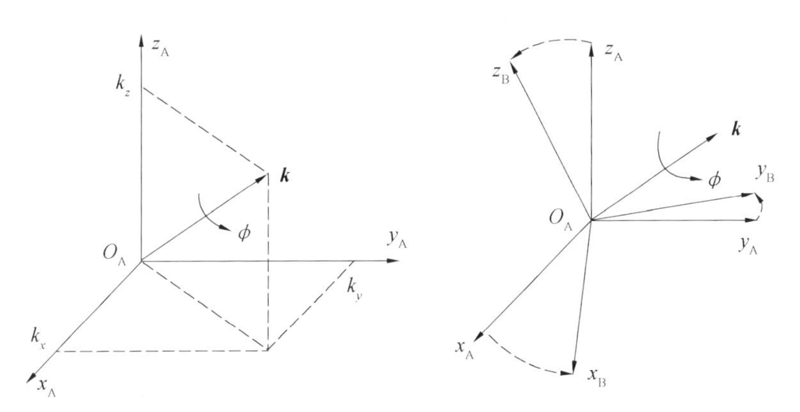

图2.14　轴－角表示法示意图

(1) 轴－角参数到旋转变换矩阵。

绕轴 $\boldsymbol{k} = k_x\boldsymbol{i} + k_y\boldsymbol{j} + k_z\boldsymbol{k}$ 旋转 ϕ 角对应的旋转变换矩阵为

$$\boldsymbol{R} = \mathrm{Rot}(\boldsymbol{k},\phi) = \begin{bmatrix} k_x^2(1-c_\phi)+c_\phi & k_yk_x(1-c_\phi)-k_zs_\phi & k_zk_x(1-c_\phi)+k_ys_\phi \\ k_xk_y(1-c_\phi)+k_zs_\phi & k_y^2(1-c_\phi)+c_\phi & k_zk_y(1-c_\phi)-k_xs_\phi \\ k_xk_z(1-c_\phi)-k_ys_\phi & k_yk_z(1-c_\phi)+k_xs_\phi & k_z^2(1-c_\phi)+c_\phi \end{bmatrix} \tag{2.68}$$

式中,$c_\phi = \cos\phi$;$s_\phi = \sin\phi$。

式(2.68) 旋转矩阵也可以表示为

$$\boldsymbol{R} = \begin{bmatrix} k_x^2(1-c_\phi)+c_\phi & k_yk_x(1-c_\phi)-k_zs_\phi & k_zk_x(1-c_\phi)+k_ys_\phi \\ k_xk_y(1-c_\phi)+k_zs_\phi & k_y^2(1-c_\phi)+c_\phi & k_zk_y(1-c_\phi)-k_xs_\phi \\ k_xk_z(1-c_\phi)-k_ys_\phi & k_yk_z(1-c_\phi)+k_xs_\phi & k_z^2(1-c_\phi)+c_\phi \end{bmatrix}$$

$$= \begin{bmatrix} c_\phi & 0 & 0 \\ 0 & c_\phi & 0 \\ 0 & 0 & c_\phi \end{bmatrix} + (1-c_\phi)\begin{bmatrix} k_x^2 & k_y k_x & k_z k_x \\ k_x k_y & k_y^2 & k_z k_y \\ k_x k_z & k_y k_z & k_z^2 \end{bmatrix} + s_\phi \begin{bmatrix} 0 & -k_z & k_y \\ k_z & 0 & -k_x \\ -k_y & k_x & 0 \end{bmatrix} \tag{2.69}$$

式(2.69)可进一步表示为

$$\boldsymbol{R} = \mathrm{Rot}(\boldsymbol{k},\phi) = c_\phi \boldsymbol{I} + (1-c_\phi)\boldsymbol{k}\boldsymbol{k}^{\mathrm{T}} + s_\phi \boldsymbol{k}^{\times} \tag{2.70}$$

式中，$\boldsymbol{I}$ 为 3×3 的单位矩阵；$\boldsymbol{k}^{\times}$ 为矢量 $\boldsymbol{k}$ 的反对称矩阵，即：

$$\boldsymbol{k}^{\times} = \begin{bmatrix} 0 & -k_z & k_y \\ k_z & 0 & -k_x \\ -k_y & k_x & 0 \end{bmatrix} \tag{2.71}$$

式(2.69)或式(2.70)也称为旋转变换通式。需要指出的是，定义了反对称矩阵后，可以将矢量叉乘转换为矩阵乘积，即：

$$\boldsymbol{k}_1 \times \boldsymbol{k}_2 = \boldsymbol{k}_1^{\times}\boldsymbol{k}_2 = \begin{bmatrix} 0 & -k_{z1} & k_{y1} \\ k_{z1} & 0 & -k_{x1} \\ -k_{y1} & k_{x1} & 0 \end{bmatrix}\begin{bmatrix} k_{x2} \\ k_{y2} \\ k_{z2} \end{bmatrix} \tag{2.72}$$

需要指出的是，部分文献还将式(2.70)写成如下形式：

$$\boldsymbol{R} = \mathrm{Rot}(\boldsymbol{k},\phi) = \boldsymbol{I} + \boldsymbol{k}^{\times} s_\phi + (\boldsymbol{k}^{\times})^2(1-c_\phi) \tag{2.73}$$

经过验算可知(注意满足关系 $k_x^2+k_y^2+k_z^2=1$)，式(2.70)与式(2.73)结果一样。

(2) 旋转变换矩阵到轴－角参数。

当给定矩阵 $\boldsymbol{R}$(式(2.35))时，可推导出相应的轴－角参数。根据式(2.35)和式(2.68)，可知

$$a_{11}+a_{22}+a_{33} = (k_x^2+k_y^2+k_z^2)(1-c_\phi)+3c_\phi = 1+2c_\phi \tag{2.74}$$

因此，

$$c_\phi = \frac{(a_{11}+a_{22}+a_{33})-1}{2} = \frac{\mathrm{tr}(\boldsymbol{R})-1}{2} \tag{2.75}$$

式中，$\mathrm{tr}(\boldsymbol{R})$ 为矩阵 $\boldsymbol{R}$ 的迹，即 $\mathrm{tr}(\boldsymbol{R}) = a_{11}+a_{22}+a_{33}$。

根据式(2.75)可求旋转角度 ϕ，即：

$$\phi = \pm\arccos\left(\frac{\mathrm{tr}(\boldsymbol{R})-1}{2}\right) \tag{2.76}$$

由式(2.76)可知，ϕ 有两个解。

求出 ϕ 角后可将其作为已知量去求解旋转轴的三个分量，分为下面三种情况。

① 当 $\mathrm{tr}(\boldsymbol{R}) \neq 3$ 且 $\mathrm{tr}(\boldsymbol{R}) \neq -1$ 时，$\cos\phi \neq \pm1$，$\sin\phi \neq 0$，则根据式(2.35)和式(2.68)可解出：

$$\begin{cases} k_x = \dfrac{a_{32}-a_{23}}{2s_\phi} \\ k_y = \dfrac{a_{13}-a_{31}}{2s_\phi} \\ k_z = \dfrac{a_{21}-a_{12}}{2s_\phi} \end{cases} \tag{2.77}$$

式(2.77)可写成下面的形式：

$$\boldsymbol{k}=\frac{1}{2s_{\phi}}\begin{bmatrix}a_{32}-a_{23}\\a_{13}-a_{31}\\a_{21}-a_{12}\end{bmatrix} \tag{2.78}$$

② 当 $\mathrm{tr}(\boldsymbol{R})=3$ 时，$\cos\phi=1,\sin\phi=0$，此时 $\phi=0$，相当于没有发生旋转，此时矩阵 $\boldsymbol{R}$ 为单位阵，旋转轴为任意轴(姿态奇异)。

③ 当 $\mathrm{tr}(\boldsymbol{R})=-1$ 时，$\cos\phi=-1,\sin\phi=0$，此时 $\phi=\pm\pi$。根据式(2.70) 可知，此时的矩阵 $\boldsymbol{R}$ 为

$$\boldsymbol{R}=-\boldsymbol{I}+2\boldsymbol{k}\boldsymbol{k}^{\mathrm{T}} \tag{2.79}$$

求解式(2.79) 可得

$$\boldsymbol{k}=\pm\begin{bmatrix}\sqrt{\dfrac{1+a_{11}}{2}}\\\sqrt{\dfrac{1+a_{22}}{2}}\\\sqrt{\dfrac{1+a_{33}}{2}}\end{bmatrix} \tag{2.80}$$

从上面的求解过程可知，根据旋转变换矩阵可求出两组轴 - 角参数($\boldsymbol{k},\phi$) 和($-\boldsymbol{k},-\phi$)。事实上，这两种旋转的结果是一样的。因此，一般限制 $0\leqslant\varphi\leqslant\pi$ 后，可得到唯一解。

2.2.4　单位四元数表示法

1. 单位四元数的定义

四元数(Quternions) 为复数的推广，由四个元素组成，定义如下：

$$\boldsymbol{Q}=\eta+\varepsilon_x\boldsymbol{i}+\varepsilon_y\boldsymbol{j}+\varepsilon_z\boldsymbol{k}=\{\eta,\boldsymbol{\varepsilon}\}=[\eta\quad\varepsilon_x\quad\varepsilon_y\quad\varepsilon_z]^{\mathrm{T}} \tag{2.81}$$

式中，η、ε_x、ε_y、ε_z 即为 $\boldsymbol{Q}$ 的四个组成元素，其中 η 为标量部分，$\boldsymbol{\varepsilon}=[\varepsilon_x,\varepsilon_y,\varepsilon_z]^{\mathrm{T}}$ 为矢量部分。

(1) 四元数的乘法。

四元数 $\boldsymbol{Q}_1=\{\eta_1,\boldsymbol{\varepsilon}_1\}$、$\boldsymbol{Q}_2=\{\eta_2,\boldsymbol{\varepsilon}_2\}$ 的乘法定义如下：

$$\boldsymbol{Q}=\boldsymbol{Q}_1\circ\boldsymbol{Q}_2=\{\eta_1\eta_2-\boldsymbol{\varepsilon}_1\cdot\boldsymbol{\varepsilon}_2,\eta_1\boldsymbol{\varepsilon}_2+\eta_2\boldsymbol{\varepsilon}_1+\boldsymbol{\varepsilon}_1\times\boldsymbol{\varepsilon}_2\} \tag{2.82}$$

式中，“$\circ$”表示四元数的乘积算子。

乘积 $\boldsymbol{Q}=\{\eta,\boldsymbol{\varepsilon}\}$，即：

$$\begin{cases}\eta=\eta_1\eta_2-\boldsymbol{\varepsilon}_1\cdot\boldsymbol{\varepsilon}_2\\\boldsymbol{\varepsilon}=\eta_1\boldsymbol{\varepsilon}_2+\eta_2\boldsymbol{\varepsilon}_1+\boldsymbol{\varepsilon}_1\times\boldsymbol{\varepsilon}_2\end{cases} \tag{2.83}$$

式(2.82) 可以表示为如下形式：

$$\begin{bmatrix}\eta\\\varepsilon_x\\\varepsilon_y\\\varepsilon_z\end{bmatrix}=\begin{bmatrix}\eta_1&-\varepsilon_{x1}&-\varepsilon_{y1}&-\varepsilon_{z1}\\\varepsilon_{x1}&\eta_1&-\varepsilon_{z1}&\varepsilon_{y1}\\\varepsilon_{y1}&\varepsilon_{z1}&\eta_1&-\varepsilon_{x1}\\\varepsilon_{z1}&-\varepsilon_{y1}&\varepsilon_{x1}&\eta_1\end{bmatrix}\begin{bmatrix}\eta_2\\\varepsilon_{x2}\\\varepsilon_{y2}\\\varepsilon_{z2}\end{bmatrix} \tag{2.84}$$

或

$$\begin{bmatrix}\eta\\ \varepsilon_x\\ \varepsilon_y\\ \varepsilon_z\end{bmatrix}=\begin{bmatrix}\eta_2 & -\varepsilon_{x2} & -\varepsilon_{y2} & -\varepsilon_{z2}\\ \varepsilon_{x2} & \eta_2 & \varepsilon_{z2} & -\varepsilon_{y2}\\ \varepsilon_{y2} & -\varepsilon_{z2} & \eta_2 & \varepsilon_{x2}\\ \varepsilon_{z2} & \varepsilon_{y2} & -\varepsilon_{x2} & \eta_2\end{bmatrix}\begin{bmatrix}\eta_1\\ \varepsilon_{x1}\\ \varepsilon_{y1}\\ \varepsilon_{z1}\end{bmatrix} \tag{2.85}$$

定义下面两个矩阵：

$$M(\boldsymbol{Q})=\begin{bmatrix}\eta & -\varepsilon_x & -\varepsilon_y & -\varepsilon_z\\ \varepsilon_x & \eta & -\varepsilon_z & \varepsilon_y\\ \varepsilon_y & \varepsilon_z & \eta & -\varepsilon_x\\ \varepsilon_z & -\varepsilon_y & \varepsilon_x & \eta\end{bmatrix},M(\boldsymbol{Q})^+=\begin{bmatrix}\eta & -\varepsilon_x & -\varepsilon_y & -\varepsilon_z\\ \varepsilon_x & \eta & \varepsilon_z & -\varepsilon_y\\ \varepsilon_y & -\varepsilon_z & \eta & \varepsilon_x\\ \varepsilon_z & \varepsilon_y & -\varepsilon_x & \eta\end{bmatrix} \tag{2.86}$$

式中，$M(\boldsymbol{Q})$ 称为四元数的分量矩阵；$M(\boldsymbol{Q})^+$ 为 $M(\boldsymbol{Q})$ 的蜕变矩阵。

则式(2.84) 和式(2.85) 可分别表示为

$$\boldsymbol{Q}=\boldsymbol{Q}_1\circ\boldsymbol{Q}_2=M(\boldsymbol{Q}_1)\boldsymbol{Q}_2 \tag{2.87}$$

$$\boldsymbol{Q}=\boldsymbol{Q}_1\circ\boldsymbol{Q}_2=M(\boldsymbol{Q}_2)^+\boldsymbol{Q}_1 \tag{2.88}$$

式(2.87) 和式(2.88) 表示四元数具有互易性，即 $\boldsymbol{Q}_1$ 和 $\boldsymbol{Q}_2$ 的顺序可以互换。

(2) 四元数的共轭。

四元数的共轭定义如下：

$$\boldsymbol{Q}=\{\eta,\boldsymbol{\varepsilon}\},\boldsymbol{Q}^*=\{\eta,-\boldsymbol{\varepsilon}\} \tag{2.89}$$

结合乘法的定义，可得

$$\boldsymbol{Q}\circ\boldsymbol{Q}^*=[\eta^2+\boldsymbol{\varepsilon}\cdot\boldsymbol{\varepsilon},0,0,0]^{\mathrm{T}}=[\eta^2+\varepsilon_x^2+\varepsilon_y^2+\varepsilon_z^2,0,0,0]^{\mathrm{T}} \tag{2.90}$$

(3) 四元数的模。

四元数的模定义为四元数与其共轭乘积的标量部分的开方，即：

$$\|\boldsymbol{Q}\|=\sqrt{\eta^2+\varepsilon_x^2+\varepsilon_y^2+\varepsilon_z^2} \tag{2.91}$$

进一步的推导可得

$$\begin{aligned}M(\boldsymbol{Q})M(\boldsymbol{Q}^*)&=M(\boldsymbol{Q}^*)M(\boldsymbol{Q})=M(\boldsymbol{Q})^+M(\boldsymbol{Q}^*)^+=M(\boldsymbol{Q}^*)^+M(\boldsymbol{Q})^+\\&=(\eta^2+\varepsilon_x^2+\varepsilon_y^2+\varepsilon_z^2)\begin{bmatrix}1&0&0&0\\0&1&0&0\\0&0&1&0\\0&0&0&1\end{bmatrix}=\|\boldsymbol{Q}\|^2\boldsymbol{I}\end{aligned} \tag{2.92}$$

式中，$\boldsymbol{I}$ 为 4×4 的单位阵。

(4) 四元数的倒数。

四元数的倒数定义如下：

$$\boldsymbol{Q}^{-1}=\frac{\boldsymbol{Q}^*}{\|\boldsymbol{Q}\|^2} \tag{2.93}$$

(5) 四元数的其他性质。

四元数还具有如下性质：

$$\boldsymbol{Q}_1+\boldsymbol{Q}_2=\boldsymbol{Q}_2+\boldsymbol{Q}_1 \tag{2.94}$$

$$\boldsymbol{Q}_1\circ\boldsymbol{Q}_2\neq\boldsymbol{Q}_2\circ\boldsymbol{Q}_1 \tag{2.95}$$

$$(\eta,\boldsymbol{\varepsilon})=(-\eta,-\boldsymbol{\varepsilon}) \tag{2.96}$$

(6) 单位四元数的特殊性质。

$$\|\boldsymbol{Q}\|=\eta^2+\varepsilon_x^2+\varepsilon_y^2+\varepsilon_z^2=1 \tag{2.97}$$

$$Q^{-1} = Q^{*} \tag{2.98}$$

$$M(Q)M(Q^{*}) = M(Q^{*})M(Q) = M(Q)^{+} M(Q^{*})^{+} = M(Q^{*})^{+} M(Q)^{+} = I \tag{2.99}$$

2. 单位四元数与轴－角的关系

单位四元数与轴－角参数之间满足如下关系：

$$Q = \{\eta, \boldsymbol{\varepsilon}\} = \left\{\cos\frac{\phi}{2}, \boldsymbol{k}\sin\frac{\phi}{2}\right\} \tag{2.100}$$

即：

$$\begin{cases} \eta = \cos\dfrac{\phi}{2} \\ \boldsymbol{\varepsilon} = \boldsymbol{k}\sin\dfrac{\phi}{2} \end{cases} \tag{2.101}$$

3. 单位四元数与旋转变换矩阵的关系

单位四元数对应的旋转变换矩阵为

$$\boldsymbol{R} = \begin{bmatrix} \eta^2 + \varepsilon_x^2 - \varepsilon_y^2 - \varepsilon_z^2 & 2(\varepsilon_x\varepsilon_y - \varepsilon_z\eta) & 2(\varepsilon_x\varepsilon_z + \varepsilon_y\eta) \\ 2(\varepsilon_x\varepsilon_y + \varepsilon_z\eta) & \eta^2 - \varepsilon_x^2 + \varepsilon_y^2 - \varepsilon_z^2 & 2(\varepsilon_y\varepsilon_z - \varepsilon_x\eta) \\ 2(\varepsilon_x\varepsilon_z - \varepsilon_y\eta) & 2(\varepsilon_y\varepsilon_z + \varepsilon_x\eta) & \eta^2 - \varepsilon_x^2 - \varepsilon_y^2 + \varepsilon_z^2 \end{bmatrix} \tag{2.102}$$

当姿态变换矩阵的各元素已知时(式(2.35))，可按下列四组方程的任意一组计算单位四元数：

$$当\ 1 + a_{11} + a_{22} + a_{33} \neq 0\ 时，\begin{cases} \eta = \pm\dfrac{1}{2}\sqrt{1 + a_{11} + a_{22} + a_{33}} \\ \varepsilon_x = \dfrac{1}{4\eta}(a_{32} - a_{23}) \\ \varepsilon_y = \dfrac{1}{4\eta}(a_{13} - a_{31}) \\ \varepsilon_z = \dfrac{1}{4\eta}(a_{21} - a_{12}) \end{cases} \tag{2.103}$$

$$当\ 1 + a_{11} - a_{22} - a_{33} \neq 0\ 时，\begin{cases} \varepsilon_x = \pm\dfrac{1}{2}\sqrt{1 + a_{11} - a_{22} - a_{33}} \\ \varepsilon_y = \dfrac{1}{4\varepsilon_x}(a_{12} + a_{21}) \\ \varepsilon_z = \dfrac{1}{4\varepsilon_x}(a_{13} + a_{31}) \\ \eta = \dfrac{1}{4\varepsilon_x}(a_{23} + a_{32}) \end{cases} \tag{2.104}$$

$$当\ 1 - a_{11} + a_{22} - a_{33} \neq 0\ 时，\begin{cases} \varepsilon_y = \pm\dfrac{1}{2}\sqrt{1 - a_{11} + a_{22} - a_{33}} \\ \varepsilon_x = \dfrac{1}{4\varepsilon_y}(a_{12} + a_{21}) \\ \varepsilon_z = \dfrac{1}{4\varepsilon_y}(a_{23} + a_{32}) \\ \eta = \dfrac{1}{4\varepsilon_y}(a_{13} - a_{31}) \end{cases} \tag{2.105}$$

$$当 1-a_{11}-a_{22}+a_{33}\neq 0 时，\begin{cases}\varepsilon_z=\pm\dfrac{1}{2}\sqrt{1-a_{11}-a_{22}+a_{33}}\\ \varepsilon_x=\dfrac{1}{4\varepsilon_z}(a_{13}+a_{31})\\ \varepsilon_y=\dfrac{1}{4\varepsilon_z}(a_{23}+a_{32})\\ \eta=\dfrac{1}{4\varepsilon_z}(a_{21}-a_{12})\end{cases} \tag{2.106}$$

在实际中，可首先根据 $\boldsymbol{R}$ 对角阵元素判断$(1+a_{11}+a_{22}+a_{33})$是否为0，若不为0，则采用式(2.103)进行计算；若为0，则再判断$(1+a_{11}-a_{22}-a_{33})$是否为0，以确定是否采用式(2.104)进行计算，……，由于满足条件式(2.97)，η、ε_x、ε_y、ε_z 不可能全为0，因此，式(2.103)～(2.106)中总有一个可用于求解，这就回避了奇异的问题，而且对大、小角度范围均适用。

从上面的计算公式可知，η 的正负号任取，取正号表示绕定轴旋转 ϕ，取负号表示旋转 $\phi+2\pi$。但通过限制 $-180°<\phi\leqslant 180°$、$\eta\geqslant 0$ 后，四元数唯一。根据性质，式(2.96)也可得出相同的结论。

4. 采用姿态四元数后的坐标变换关系

(1) 坐标系之间的逆变换。

根据式(2.103)～(2.106)的转换关系，进一步分析可得到如下结论：若根据 $\boldsymbol{R}$ 计算得到 $\boldsymbol{Q}=\{\eta,\boldsymbol{\varepsilon}\}$，则根据 $\boldsymbol{R}^{-1}$（即 $\boldsymbol{R}^{\mathrm{T}}$）计算得到 $\boldsymbol{Q}^{-1}=\{\eta,-\boldsymbol{\varepsilon}\}$（即 $\boldsymbol{Q}^{*}$），这也说明了采用 $\boldsymbol{Q}$ 来描述姿态可以方便地表示坐标系之间的逆变换。

(2) 矢量的旋转变换。

假设坐标系{A}与坐标系{B}之间的姿态表示为单位四元数为 ${}^{\mathrm{A}}\boldsymbol{Q}_{\mathrm{B}}$，若矢量 $\boldsymbol{r}$ 在{B}中的表示为 ${}^{\mathrm{B}}\boldsymbol{r}=[{}^{\mathrm{B}}r_x,{}^{\mathrm{B}}r_y,{}^{\mathrm{B}}r_z]^{\mathrm{T}}$，在{A}中的表示为 ${}^{\mathrm{A}}\boldsymbol{r}=[{}^{\mathrm{A}}r_x,{}^{\mathrm{A}}r_y,{}^{\mathrm{A}}r_z]^{\mathrm{T}}$，也可通过四元数建立该矢量在不同坐标系中变换的表达式。首先构造其 ${}^{\mathrm{A}}\boldsymbol{r}$ 和 ${}^{\mathrm{B}}\boldsymbol{r}$ 的纯四元数为

$${}^{\mathrm{B}}\boldsymbol{q}_{\mathrm{r}}=[0,{}^{\mathrm{B}}r_x,{}^{\mathrm{B}}r_y,{}^{\mathrm{B}}r_z]^{\mathrm{T}},\ {}^{\mathrm{A}}\boldsymbol{q}_{\mathrm{r}}=[0,{}^{\mathrm{A}}r_x,{}^{\mathrm{A}}r_y,{}^{\mathrm{A}}r_z]^{\mathrm{T}} \tag{2.107}$$

则满足如下关系（利用了四元数的互换性）：

$${}^{\mathrm{A}}\boldsymbol{q}_{\mathrm{r}}=Q\circ{}^{\mathrm{B}}\boldsymbol{q}_{\mathrm{r}}\circ\boldsymbol{Q}^{-1}=\boldsymbol{M}(\boldsymbol{Q})\boldsymbol{M}({}^{\mathrm{B}}\boldsymbol{q}_{\mathrm{r}})\boldsymbol{Q}^{-1}=\boldsymbol{M}(\boldsymbol{Q})\boldsymbol{M}(\boldsymbol{Q}^{-1})^{+}\,{}^{\mathrm{B}}\boldsymbol{q}_{\mathrm{r}}=\boldsymbol{W}(\boldsymbol{Q})\,{}^{\mathrm{B}}\boldsymbol{q}_{\mathrm{r}} \tag{2.108}$$

$$\begin{aligned}\boldsymbol{W}(\boldsymbol{Q})&=\boldsymbol{M}(\boldsymbol{Q})\boldsymbol{M}(\boldsymbol{Q}^{-1})^{+}=\boldsymbol{M}(\boldsymbol{Q}^{-1})^{+}\boldsymbol{M}(\boldsymbol{Q})\\&=\begin{bmatrix}1&0&0&0\\0&\eta^2+\varepsilon_x^2-\varepsilon_y^2-\varepsilon_z^2&2(\varepsilon_x\varepsilon_y-\varepsilon_z\eta)&2(\varepsilon_x\varepsilon_z+\varepsilon_y\eta)\\0&2(\varepsilon_x\varepsilon_y+\varepsilon_z\eta)&\eta^2-\varepsilon_x^2+\varepsilon_y^2-\varepsilon_z^2&2(\varepsilon_y\varepsilon_z-\varepsilon_x\eta)\\0&2(\varepsilon_x\varepsilon_z-\varepsilon_y\eta)&2(\varepsilon_y\varepsilon_z+\varepsilon_x\eta)&\eta^2-\varepsilon_x^2-\varepsilon_y^2+\varepsilon_z^2\end{bmatrix}\end{aligned} \tag{2.109}$$

根据式(2.102)可知，式(2.109)中右下角 3×3 的矩阵即为旋转变换矩阵 $\boldsymbol{R}$，即：

$$\boldsymbol{W}(\boldsymbol{Q})=\begin{bmatrix}1&0\\0&\boldsymbol{R}\end{bmatrix} \tag{2.110}$$

(3) 有限转动的合成（多个坐标系之间的姿态变换）。

若坐标系{B}相对于{A}的姿态四元数为 ${}^{\mathrm{A}}\boldsymbol{Q}_{\mathrm{B}}$、坐标系{C}相对于{B}的姿态四元数为 ${}^{\mathrm{B}}\boldsymbol{Q}_{\mathrm{C}}$，则坐标系{C}相对于{A}的姿态四元数 ${}^{\mathrm{A}}\boldsymbol{Q}_{\mathrm{C}}$ 可按下式计算得到（“从左向右”乘）：

$${}^{\mathrm{A}}\boldsymbol{Q}_{\mathrm{C}}={}^{\mathrm{A}}\boldsymbol{Q}_{\mathrm{B}}\circ{}^{\mathrm{B}}\boldsymbol{Q}_{\mathrm{C}} \tag{2.111}$$

对于有 n 个坐标系的情况，若最终的姿态四元数 $\boldsymbol{Q}$ 通过 $\boldsymbol{Q}_1,\boldsymbol{Q}_2,\cdots,\boldsymbol{Q}_n$ 依次变换得到，则

总的变换关系为("从左向右"乘)

$$Q = Q_1 \circ Q_2 \circ \cdots \circ Q_n \tag{2.112}$$

由此可见,采用姿态四元数后,有限转动的合成计算也挺方便。

根据上面的分析可知,用单位四元数来表示姿态具有较大的优势,因而在包括机器人、航空航天等领域获得了广泛的应用。

2.2.5　各种姿态表示法的比较

上述姿态表示法各有优缺点,总结如下。

(1) 姿态矩阵表示法(包括旋转变换矩阵表示法和方向余弦矩阵表示法)可以简化矢量空间变换及有限转动合成的计算,不存在姿态奇异问题;但姿态描述不直观,而且用到了 9 个非独立的参数,计算量大。

(2) 姿态角表示法(包括动轴欧拉角和定轴欧拉角)为最少参数表示法,只需要 3 个独立参数来描述姿态,且形象直观;但存在姿态奇异的情况,在进行矢量空间变换和有限转动合成时计算不方便,不适合姿态角变化范围大的场合(姿态会出现跳变)。

(3) 轴-角表示法需要 4 个非独立参数,该 4 个参数满足一个约束方程,形象直观;但也存在姿态奇异的情况,在进行矢量空间变换和有限转动合成时计算不方便,不适合姿态角变化范围大的场合(姿态会出现跳变)。

(4) 单位四元数表示法需要 4 个非独立参数,该 4 个参数满足一个约束方程,姿态表示范围大,不存在奇异问题,是全局非奇异姿态的最少参数表示法,且通过四元数表示的旋转运动,如角位移、速度、加速度等可以表示成简单的形式;缺点是姿态表示不直观。

在实际中,可根据不同的场合使用不同的表示法。如在进行矢量空间变换或有限转动合成计算时,采用姿态矩阵或单位四元数表示法;需要直观评价姿态大小时,采用姿态角或轴-角表示法;需要计算等效转动轴和转动角时,采用轴-角表示法;当姿态变化范围大或需要进行全局优化时,则采用单位四元数表示法。详细的比较见表 2.1。

表 2.1　各种典型姿态表示法的比较

序号	表示法		表示形式	参数个数	奇异条件	直观否	坐标变换方便否	适合的姿态范围
1	姿态矩阵	旋转变换矩阵	$\boldsymbol{R}=\begin{bmatrix} n_x & o_x & a_x \\ n_y & o_y & a_y \\ n_z & o_z & a_z \end{bmatrix}$	9 个非独立参数(满足 6 个约束)	无奇异	不直观	方便,线性计算:$^{A}\boldsymbol{r}={}^{A}\boldsymbol{R}_{B}\cdot{}^{B}\boldsymbol{r}$ $^{A}\boldsymbol{R}_{C}={}^{A}\boldsymbol{R}_{B}{}^{B}\boldsymbol{R}_{C}$	全局
		方向余弦矩阵	$\boldsymbol{C}=\begin{bmatrix} n_x & n_y & n_z \\ o_x & o_y & o_z \\ a_x & a_y & a_z \end{bmatrix}$	9 个非独立参数(满足 6 个约束)	无奇异	不直观	方便,类似旋转变换矩阵,$\boldsymbol{C}=\boldsymbol{R}^{\mathrm{T}}$	全局

续表2.1

序号	表示法		表示形式	参数个数	奇异条件	直观否	坐标变换方便否	适合的姿态范围
2	姿态角	动轴欧拉角（两类12种）	$\boldsymbol{\Psi}=\begin{bmatrix}\alpha\\ \beta\\ \gamma\end{bmatrix}$	3个独立参数	(1)Ⅰ类： $\beta=\pm\frac{\pi}{2}$ (2)Ⅱ类： $\beta=0$或$\beta=\pi$	直观	不方便，需要先转为姿态矩阵： $\boldsymbol{R}=\boldsymbol{R}_1(\alpha)\boldsymbol{R}_2(\beta)\boldsymbol{R}_3(\gamma)$	(1)Ⅰ类： $\left[-\frac{\pi}{2},\frac{\pi}{2}\right]$ (2)Ⅱ类： $[0,\pi]$
		定轴欧拉角（两类12种）	$\boldsymbol{\Psi}=\begin{bmatrix}\alpha\\ \beta\\ \gamma\end{bmatrix}$	3个独立参数	(1)Ⅰ类： $\beta=\pm\frac{\pi}{2}$ (2)Ⅱ类： $\beta=0$或$\beta=\pi$	直观	不方便，需要先转为姿态矩阵： $\boldsymbol{R}=\boldsymbol{R}_3(\gamma)\boldsymbol{R}_2(\beta)\boldsymbol{R}_1(\alpha)$	(1)Ⅰ类： $\left[-\frac{\pi}{2},\frac{\pi}{2}\right]$ (2)Ⅱ类： $[0,\pi]$
3	轴—角	轴矢量+角标量	$(\boldsymbol{k},\phi)$	4个参数（满足1个约束）	$\phi=0$或$\phi=\pi$	直观	不方便，需要先转为姿态矩阵	$[0,\pi]$
4	单位四元数	标量+矢量	$\boldsymbol{Q}=[\eta,\varepsilon_x,\varepsilon_y,\varepsilon_z]^{\mathrm{T}}$	4个参数（满足1个约束）	无奇异	不直观	方便，线性计算： ${}^{A}\boldsymbol{q}_r=W(\boldsymbol{Q}){}^{B}\boldsymbol{q}_r$ ${}^{A}\boldsymbol{Q}_C={}^{B}\boldsymbol{Q}_C\circ{}^{A}\boldsymbol{Q}_B$	全局

2.3 矢量的空间变换

2.3.1 直角坐标变换与矢量表示

在实际中，常常需要在不同坐标系中描述空间中任一点的位置，这就需要建立同一个点在不同坐标系中的坐标（位置矢量）之间的关系，即已知两个坐标系之间的相对位姿及点在其中一个坐标系中的坐标，则可计算该点在另一个坐标系中的坐标。

对于两个坐标系{A}和{B}，假设{B}相对于{A}的姿态为${}^{A}\boldsymbol{R}_{B}$（采用旋转变换矩阵表示法），坐标系{B}的原点O_B在{A}中的位置矢量为${}^{A}\boldsymbol{p}_{ab}$。对于三维空间中的点$P$，其在坐标系{B}中的位置矢量为${}^{B}\boldsymbol{p}_{b}$，则可计算其在坐标系{A}中的位置矢量${}^{A}\boldsymbol{p}_{a}$。根据两个坐标系之间是否同时存在相对位置和姿态，分下面三种情况来阐述。

(1) 坐标平移。

若坐标系{A}和坐标系{B}各轴指向对应相同，仅原点位置不同，即坐标系{A}和坐标系{B}之间只有平移关系，则点P在两个坐标系中的位置矢量满足如下关系：

$$
{}^{A}\boldsymbol{p}_{a}={}^{A}\boldsymbol{p}_{ab}+{}^{B}\boldsymbol{p}_{b} \tag{2.113}
$$

式(2.113)即坐标平移的公式，如图2.15所示。

(2) 坐标旋转。

若坐标系{A}和{B}的原点相同，各轴指向不同，即相当于{A}和{B}之间只有旋转关系，则点 P 在两个坐标系中的位置矢量满足如下关系：

$$^{\mathrm{A}}\boldsymbol{p}_{\mathrm{a}}={}^{\mathrm{A}}\boldsymbol{R}_{\mathrm{B}}{}^{\mathrm{B}}\boldsymbol{p}_{\mathrm{b}} \tag{2.114}$$

式(2.114) 即坐标旋转的公式，如图 2.16 所示。

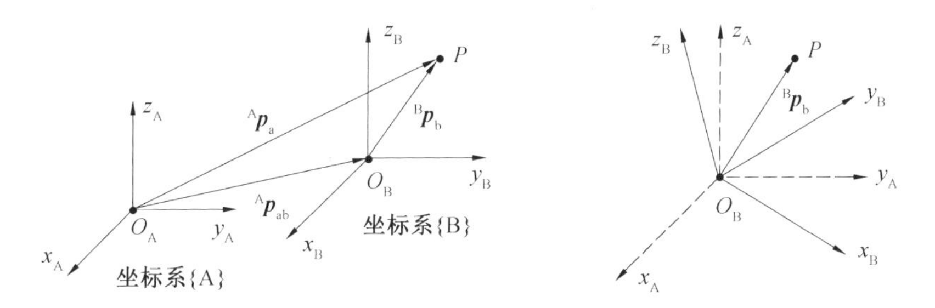

图2.15　坐标平移(矢量的平移变换)　　图2.16　坐标平移(矢量的旋转变换)

(3) 一般变换。

对于更一般的情况，两个坐标系之间不但原点位置不同，各轴指向也不相同，即同时存在平移和旋转变换，称为一般变换，如图 2.17 所示，则点 P 在两个坐标系中的位置矢量满足如下关系：

$$^{\mathrm{A}}\boldsymbol{p}_{\mathrm{a}}={}^{\mathrm{A}}\boldsymbol{p}_{\mathrm{ab}}+{}^{\mathrm{A}}\boldsymbol{p}_{\mathrm{b}}={}^{\mathrm{A}}\boldsymbol{p}_{\mathrm{ab}}+{}^{\mathrm{A}}\boldsymbol{R}_{\mathrm{B}}{}^{\mathrm{B}}\boldsymbol{p}_{\mathrm{b}} \tag{2.115}$$

式(2.115) 即为一般变换公式，更具有代表性，可以涵盖式(2.113) 和式(2.114)。因此，后续关于一般变换的论述同时适用于坐标平移和坐标旋转两种情况。

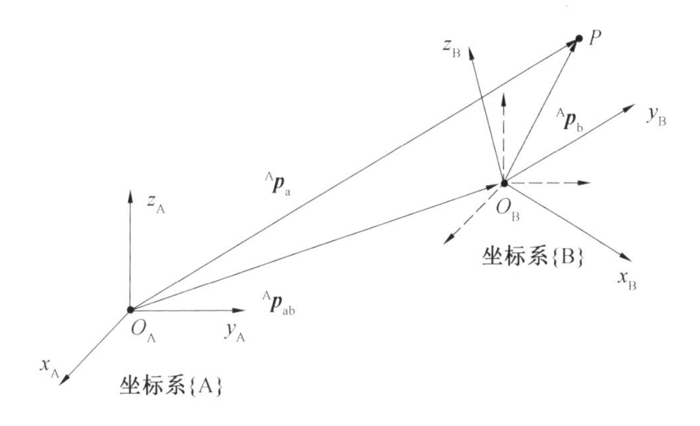

图2.17　一般刚体变换(矢量的一般变换)

2.3.2　齐次坐标与齐次变换

式(2.115) 建立了一般情况下点 P 在不同坐标系中的坐标变换关系，但不具有类似于式(2.9) 的简洁表达式，当存在多个坐标系且需要计算点 P 在不同坐标系中的坐标时会比较麻烦。仔细观察式(2.115)，通过增加一行后，可将式(2.115) 拓展为如下形式：

$$\begin{bmatrix} ^{\mathrm{A}}\boldsymbol{p}_{\mathrm{a}} \\ 1 \end{bmatrix}=\begin{bmatrix} ^{\mathrm{A}}\boldsymbol{R}_{\mathrm{B}} & ^{\mathrm{A}}\boldsymbol{p}_{\mathrm{ab}} \\ \boldsymbol{0} & 1 \end{bmatrix}\begin{bmatrix} ^{\mathrm{B}}\boldsymbol{p}_{\mathrm{b}} \\ 1 \end{bmatrix} \tag{2.116}$$

式中，**“0”** 为 1×3 的 0 矢量。

假设点 P 在某坐标系中的坐标为 $\boldsymbol{p}=[p_x,p_y,p_z]^{\mathrm{T}}$，则其扩展后的坐标 $\bar{\boldsymbol{p}}=[p_x,p_y,p_z,1]^{\mathrm{T}}$ 称为点 P 的齐次坐标，即：

$$\boldsymbol{p}=\begin{bmatrix}p_x\\p_y\\p_z\end{bmatrix},\bar{\boldsymbol{p}}=\begin{bmatrix}\boldsymbol{p}\\1\end{bmatrix}=\begin{bmatrix}p_x\\p_y\\p_z\\1\end{bmatrix}\tag{2.117}$$

因而，式(2.116)可写成如下的矩阵形式：

$${}^{\mathrm{A}}\bar{\boldsymbol{p}}_{\mathrm{a}}={}^{\mathrm{A}}\boldsymbol{T}_{\mathrm{B}}{}^{\mathrm{B}}\bar{\boldsymbol{p}}_{\mathrm{b}}\tag{2.118}$$

式(2.118)所建立的坐标变换关系称为齐次变换。矩阵${}^{\mathrm{A}}\boldsymbol{T}_{\mathrm{B}}$为$4\times4$的方阵，称为齐次变换矩阵，具有如下形式：

$${}^{\mathrm{A}}\boldsymbol{T}_{\mathrm{B}}=\begin{bmatrix}{}^{\mathrm{A}}\boldsymbol{R}_{\mathrm{B}} & {}^{\mathrm{A}}\boldsymbol{p}_{\mathrm{ab}}\\\boldsymbol{0} & 1\end{bmatrix}=\begin{bmatrix}\boldsymbol{n} & \boldsymbol{o} & \boldsymbol{a} & \boldsymbol{p}\\0 & 0 & 0 & 1\end{bmatrix}\tag{2.119}$$

式中，矢量$\boldsymbol{n}$、$\boldsymbol{o}$、$\boldsymbol{a}$分别为坐标系{B}的x、y、z轴的单位矢量在坐标系{A}中的表示；矢量$\boldsymbol{p}$为坐标系{B}的原点O_{B}在坐标系{A}中的位置矢量。

由此可见，齐次变换矩阵包含了两个坐标系之间的完整信息，即相对位置和姿态信息，因而，往往可采用齐次变换矩阵来描述刚体的位姿，并简称为齐次矩阵或位姿矩阵。当两坐标系的原点重合、各轴指向完全相同时，矩阵$\boldsymbol{T}$为4×4的单位阵。

2.3.3　齐次变换算子

基于齐次矩阵的定义，可定义齐次变换算子$\overline{\mathrm{Trans}}(\ )$和$\overline{\mathrm{Rot}}(\ )$，分别对应于平移和旋转变换。

当仅沿x、y、z轴平移时，基本齐次变换矩阵分别表示为

$$\boldsymbol{T}_{\mathrm{L}x}(p_x)=\overline{\mathrm{Trans}}(p_x,0,0)=\begin{bmatrix}1&0&0&p_x\\0&1&0&0\\0&0&1&0\\0&0&0&1\end{bmatrix}\tag{2.120}$$

$$\boldsymbol{T}_{\mathrm{L}y}(p_y)=\overline{\mathrm{Trans}}(0,p_y,0)=\begin{bmatrix}1&0&0&0\\0&1&0&p_y\\0&0&1&0\\0&0&0&1\end{bmatrix}\tag{2.121}$$

$$\boldsymbol{T}_{\mathrm{L}z}(p_z)=\overline{\mathrm{Trans}}(0,0,p_z)=\begin{bmatrix}1&0&0&0\\0&1&0&0\\0&0&1&p_z\\0&0&0&1\end{bmatrix}\tag{2.122}$$

当三轴均有平移(无转动的情况)且平移矢量为$\boldsymbol{p}=[p_x,p_y,p_z]^{\mathrm{T}}$时，平移变换为

$$\boldsymbol{T}_{\mathrm{L}}(\boldsymbol{p})=\overline{\mathrm{Trans}}(\boldsymbol{p})=\begin{bmatrix}\boldsymbol{I}&\boldsymbol{p}\\0&1\end{bmatrix}=\begin{bmatrix}1&0&0&p_x\\0&1&0&p_y\\0&0&1&p_z\\0&0&0&1\end{bmatrix}\tag{2.123}$$

对于分别绕x、y、z轴旋转φ的基本齐次变换矩阵为

$$\boldsymbol{T}_{\mathrm{R}x}(\varphi)=\overline{\mathrm{Rot}}(x,\varphi)=\begin{bmatrix}1&0&0&0\\0&c_\varphi&-s_\varphi&0\\0&s_\varphi&c_\varphi&0\\0&0&0&1\end{bmatrix}\tag{2.124}$$

$$\boldsymbol{T}_{\mathrm{R}y}(\varphi)=\overline{\mathrm{Rot}}(y,\varphi)=\begin{bmatrix}c_\varphi&0&s_\varphi&0\\0&1&0&0\\-s_\varphi&0&c_\varphi&0\\0&0&0&1\end{bmatrix}\tag{2.125}$$

$$\boldsymbol{T}_{\mathrm{R}z}(\varphi)=\overline{\mathrm{Rot}}(z,\varphi)=\begin{bmatrix}c_\varphi&-s_\varphi&0&0\\s_\varphi&c_\varphi&0&0\\0&0&1&0\\0&0&0&1\end{bmatrix}\tag{2.126}$$

当采用轴－角参数($\boldsymbol{k},\phi$) 表示时,相应的齐次变换表示为

$$\boldsymbol{T}_{\mathrm{R}}(\boldsymbol{k},\phi)=\overline{\mathrm{Rot}}(\boldsymbol{k},\phi)=\begin{bmatrix}\mathrm{Rot}(\boldsymbol{k},\phi)&0\\0&1\end{bmatrix}\tag{2.127}$$

2.3.4　齐次变换的逆与合成

齐次变换矩阵具有下列形式:

$$\boldsymbol{T}=\begin{bmatrix}\boldsymbol{R}&\boldsymbol{p}\\\boldsymbol{0}&1\end{bmatrix}\tag{2.128}$$

根据矩阵的性质,有

$$\boldsymbol{T}^{-1}=\begin{bmatrix}\boldsymbol{R}^{-1}&-\boldsymbol{R}^{-1}\boldsymbol{p}\\\boldsymbol{0}&1\end{bmatrix}=\begin{bmatrix}\boldsymbol{R}^{\mathrm{T}}&-\boldsymbol{R}^{\mathrm{T}}\boldsymbol{p}\\\boldsymbol{0}&1\end{bmatrix}\tag{2.129}$$

若考虑具体的坐标系关系,则${}^{\mathrm{A}}\boldsymbol{T}_{\mathrm{B}}$ 的逆矩阵为

$$\begin{aligned}{}^{\mathrm{B}}\boldsymbol{T}_{\mathrm{A}}=({}^{\mathrm{A}}\boldsymbol{T}_{\mathrm{B}})^{-1}&=\begin{bmatrix}({}^{\mathrm{A}}\boldsymbol{R}_{\mathrm{B}})^{-1}&-({}^{\mathrm{A}}\boldsymbol{R}_{\mathrm{B}})^{-1}\cdot{}^{\mathrm{A}}\boldsymbol{p}_{\mathrm{ab}}\\\boldsymbol{0}&1\end{bmatrix}\\&=\begin{bmatrix}({}^{\mathrm{A}}\boldsymbol{R}_{\mathrm{B}})^{\mathrm{T}}&-({}^{\mathrm{A}}\boldsymbol{R}_{\mathrm{B}})^{\mathrm{T}}\cdot{}^{\mathrm{A}}\boldsymbol{p}_{\mathrm{ab}}\\\boldsymbol{0}&1\end{bmatrix}=\begin{bmatrix}{}^{\mathrm{B}}\boldsymbol{R}_{\mathrm{A}}&-{}^{\mathrm{B}}\boldsymbol{R}_{\mathrm{A}}\cdot{}^{\mathrm{A}}\boldsymbol{p}_{\mathrm{ab}}\\\boldsymbol{0}&1\end{bmatrix}\end{aligned}\tag{2.130}$$

齐次变换矩阵的逆矩阵按式(2.130)计算,即姿态部分($\boldsymbol{T}$ 左上角 3×3 的部分,对应 $\boldsymbol{R}$ 矩阵)直接求转置,而位置部分($\boldsymbol{T}$ 第 4 列的前三个元素,对应 $\boldsymbol{p}$ 矢量)需要变负后再乘以姿态变换矩阵的转置。

当存在多个连续变换时,如{A}到{B}的齐次变换矩阵为${}^{\mathrm{A}}\boldsymbol{T}_{\mathrm{B}}$,{B}到{C}的齐次变换矩阵为${}^{\mathrm{B}}\boldsymbol{T}_{\mathrm{C}}$,则从{A}到{C}的齐次变换矩阵为

$${}^{\mathrm{A}}\boldsymbol{T}_{\mathrm{C}}={}^{\mathrm{A}}\boldsymbol{T}_{\mathrm{B}}{}^{\mathrm{B}}\boldsymbol{T}_{\mathrm{C}}\tag{2.131}$$

对于有 n 个坐标系的情况,若最终的变换关系 $\boldsymbol{T}$ 通过 $\boldsymbol{T}_1,\boldsymbol{T}_2,\cdots,\boldsymbol{T}_n$ 依次变换得到,则总的变换关系为("从左向右"乘)

$$\boldsymbol{T}=\boldsymbol{T}_1\boldsymbol{T}_2\cdots\boldsymbol{T}_n\tag{2.132}$$

由此可见,采用齐次变换后,矢量的一般变换、多个坐标系之间的相对位姿转换都极其方便。

例 2.3　刚体 B、C 的固连坐标系分别为{B}和{C}，以坐标系{A}为参考坐标系，其相对关系如图 2.18 所示，各坐标轴所在直线与图中方位示意图的相应直线平行。已知{B}、{C}的原点在{A}中的坐标分别为 $O_B(-10,20,12)$、$O_C(15,22,-13)$，点 P 在{C}中的坐标为 ${}^{C}\boldsymbol{P}_c=[8,16,9]^T$，分别计算点 P 在坐标系{A}和{B}中的位置。

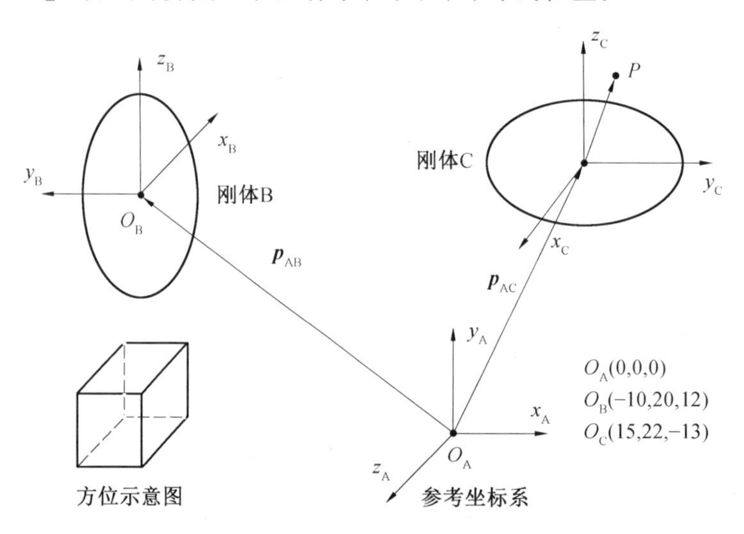

图2.18　齐次坐标与齐次变换举例

根据已知条件，首先得到下列齐次变换矩阵：

$$
{}^{A}\boldsymbol{T}_B=\begin{bmatrix}0&-1&0&-10\\0&0&1&20\\-1&0&0&12\\0&0&0&1\end{bmatrix},{}^{A}\boldsymbol{T}_C=\begin{bmatrix}0&1&0&15\\0&0&1&22\\1&0&0&-13\\0&0&0&1\end{bmatrix}\tag{2.133}
$$

已知点 P 在{C}中的直角坐标，可得其相应的齐次坐标为

$$
{}^{C}\boldsymbol{p}_C=\begin{bmatrix}8\\16\\9\end{bmatrix}\Rightarrow{}^{C}\overline{\boldsymbol{p}}_C=\begin{bmatrix}8\\16\\9\\1\end{bmatrix}\tag{2.134}
$$

则可得点 P 在坐标系{A}中的齐次坐标为

$$
{}^{A}\overline{\boldsymbol{p}}_C={}^{A}\boldsymbol{T}_C{}^{C}\overline{\boldsymbol{p}}_C\tag{2.135}
$$

为求点 P 在坐标系{B}中的齐次坐标，先求{B}到{C}的齐次变换矩阵，即：

$$
{}^{B}\boldsymbol{T}_C={}^{B}\boldsymbol{T}_A{}^{A}\boldsymbol{T}_C=({}^{A}\boldsymbol{T}_B)^{-1}{}^{A}\boldsymbol{T}_C\tag{2.136}
$$

因而：

$$
{}^{B}\overline{\boldsymbol{p}}_C={}^{B}\boldsymbol{T}_C{}^{C}\overline{\boldsymbol{p}}_C=({}^{A}\boldsymbol{T}_B)^{-1}{}^{A}\boldsymbol{T}_C{}^{C}\overline{\boldsymbol{p}}_C\tag{2.137}
$$

根据式(2.135)和式(2.137)计算得到的齐次坐标，可以得到相应的直角坐标。

本章习题

习题 2.1　坐标系{A}、{B}、{C}的指向如图 2.19 所示，各坐标轴所在直线与图中方位示意图的相应直线平行，根据观察，直接给出坐标系{C}相对于坐标系{A}和{B}的旋转变

换矩阵及方向余弦矩阵。另外，点 P 在坐标系{C}中的方向角为 $\phi_x=45°$、$\phi_y=60°$、$\phi_z=60°$，线段 O_CP 的长度为 2，计算矢量 $\boldsymbol{p}=\boldsymbol{O_CP}$ 分别在坐标系{A}、{B}和{C}中的三轴分量。

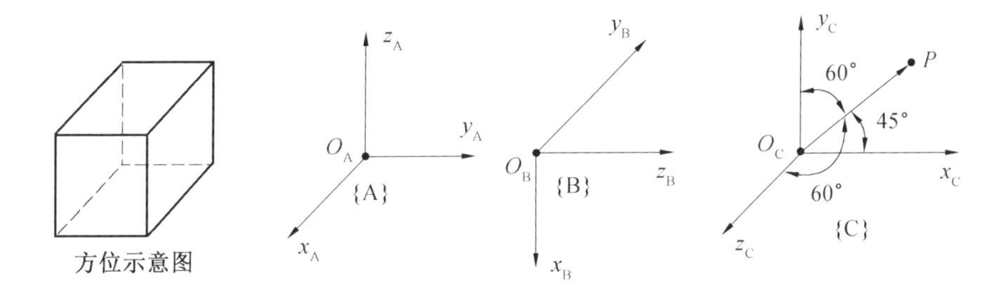

图 2.19　习题 2.1 图示

习题 2.2　给出关于动轴 zyx 欧拉角$[\alpha,\beta,\gamma]^T$ 旋转过程的描述，推导从欧拉角到旋转变换矩阵，以及从旋转变换矩阵到欧拉角的转换公式，并给出姿态奇异的条件。

习题 2.3　给出关于动轴 yxy 欧拉角$[\alpha,\beta,\gamma]^T$ 旋转过程的描述，推导从欧拉角到旋转变换矩阵，以及从旋转变换矩阵到欧拉角的转换公式，并给出姿态奇异的条件。

习题 2.4　给出关于定轴 zyx 欧拉角$[\alpha,\beta,\gamma]^T$ 旋转过程的描述，推导从欧拉角到旋转变换矩阵，以及从旋转变换矩阵到欧拉角的转换公式，并给出姿态奇异的条件。

习题 2.5　给出关于定轴 yxy 欧拉角$[\alpha,\beta,\gamma]^T$ 旋转过程的描述，推导从欧拉角到旋转变换矩阵，以及从旋转变换矩阵到欧拉角的转换公式，并给出姿态奇异的条件。

习题 2.6　假设两坐标系之间的旋转变换矩阵 $\boldsymbol{R}$ 见式(2.57)，请分别计算相应的动轴 zyx 欧拉角和动轴 yxy 欧拉角。

习题 2.7　假设两坐标系之间的旋转变换矩阵 $\boldsymbol{R}$ 见式(2.57)，请计算相应的轴角参数 $(\boldsymbol{k},\phi)$ 和单位四元数。

习题 2.8　分析姿态变换矩阵、姿态角、轴－角、单位四元数四种姿态表示法的优缺点。

习题 2.9　如图 2.20 所示，坐标系{a}为世界坐标系，{b}为某刚体的固连坐标系，其原点 O_b 在坐标系{a}中的坐标为(−100,400,150)，单位为 mm。坐标系{b}相对于坐标系{a}的姿态采用动轴 xyz 欧拉角表示，已知姿态角为$[20°,-30°,40°]^T$，刚体上的点 P 在坐标系{b}中的坐标为(−20,30,−30)，计算：

(1) 从坐标系{a}到坐标系{b}的齐次变换矩阵。

(2) 点 P 分别在坐标系{a}和{b}中的齐次坐标。

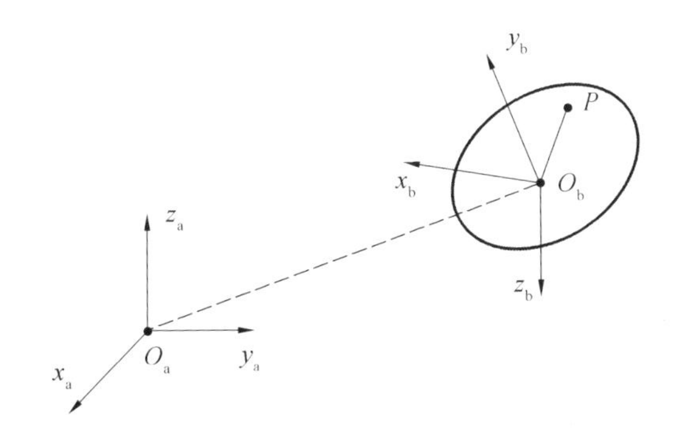

图 2.20　习题 2.9 图示

习题 2.10 如图 2.21 所示，已知坐标系{b}相对于坐标系{a}的动轴 zxy 欧拉角为[$-10°,25°,30°$]，坐标系{c}对于坐标系{b}的动轴 zxy 欧拉角为$[5°,15°,20°]^{T}$，请分别计算坐标系{c}相对于坐标系{a}的动轴 zxy 欧拉角和定轴 zxy 欧拉角。

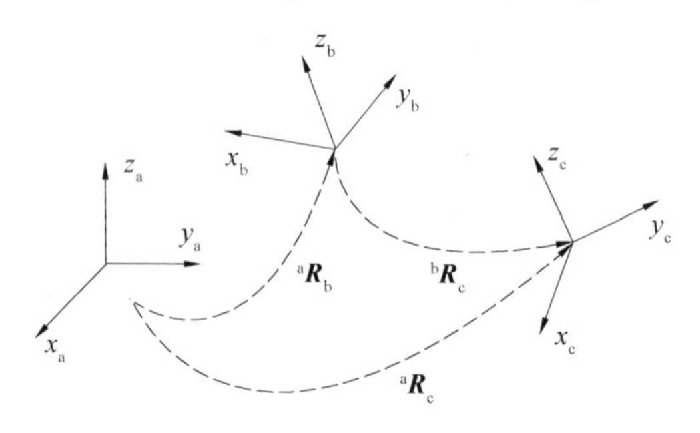

图 2.21 习题 2.10 图示

第3章　刚体速度描述与微分运动学

机器人由多个杆件组成,在执行任务的过程中,其末端工具的位置和姿态随着关节的运动而发生改变。前面章节已论述了三维空间中刚体位置和姿态的描述方法,属于静态问题。本章将阐述刚体位置、姿态变化规律的描述问题及相应的微分运动学问题,属于动态问题。基于此,需要考虑使刚体从当前状态(位姿)运动到期望状态(位姿)的控制问题,推导位置误差矢量和姿态误差矢量,进而设计相应的控制方程。

主要内容包括刚体一般运动的描述、不同姿态表示法下的刚体姿态运动学、小角度条件下的简化姿态运动学、采用齐次变换矩阵表示的刚体微分运动方程、刚体位姿误差的表示及控制律的设计等。

3.1　刚体的一般运动

根据理论力学可知,刚体的一般运动可以分解为刚体质心的平动及刚体绕质心的转动,或者说刚体的一般运动是刚体质心的平动及刚体绕质心的转动的合成。也就是说,刚体在3D空间有6个自由度:3个平动自由度和3个转动自由度。要完整描述刚体的一般运动,需要6个状态变量。为描述刚体的运动,也需要建立参考坐标系和刚体固连坐标系。

以图3.1为例进行说明,假设刚体B的质心为O_B,刚体固连坐标系为{B},则可在参考坐标系{A}中描述刚体的运动。刚体质心的平动用线速度$\boldsymbol{v}$来表示,绕质心的转动(旋转轴用矢量$\boldsymbol{\xi}$表示)用角速度$\boldsymbol{\omega}$来表示,上述矢量在参考坐标系{A}中表示为

$$^{A}\boldsymbol{v}={}^{A}\dot{\boldsymbol{p}}=[v_x,v_y,v_z]^{T} \tag{3.1}$$

$$^{A}\boldsymbol{\omega}=[\omega_x,\omega_y,\omega_z]^{T} \tag{3.2}$$

式中,$^{A}\boldsymbol{p}$为刚体质心在坐标系{A}中的位置矢量;v_x、v_y、v_z及ω_x、ω_y、ω_z分别为线速度$^{A}\boldsymbol{v}$和

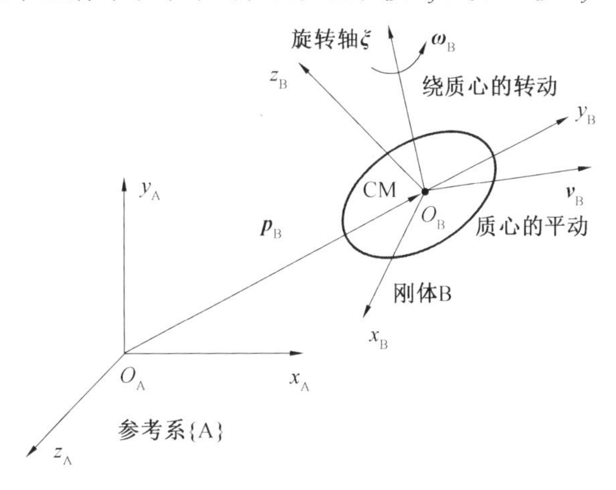

图3.1　刚体的一般运动

角速度${}^{A}\boldsymbol{\omega}$在坐标系{A}中的三轴分量，其中，线速度$\boldsymbol{v}$可以通过对位置矢量$\boldsymbol{p}$直接求导得到。

结合前面章节的内容可知，平动部分用质心的位置、质心的线速度描述；而转动部分用刚体的姿态、刚体绕质心的角速度来描述。刚体位姿和速度描述的类型见表3.1。

表3.1　刚体运动的类型

运动类型	位移描述	速度描述	特点
平移运动	位置矢量$\boldsymbol{p}$	线速度$\boldsymbol{v}=\dot{\boldsymbol{p}}$	三轴解耦（与平动顺序无关），速度可通过位移直接求导得到
旋转运动	姿态矩阵$\boldsymbol{R}$或$\boldsymbol{C}$	角速度$\boldsymbol{\omega}$	三轴耦合（与旋转顺序相关），速度与位移之间不是简单的导数关系
	姿态角$\boldsymbol{\Psi}$		
	轴－角$(\boldsymbol{k},\phi)$		
	单位四元数$\boldsymbol{Q}$		

根据式(3.1)，质心位置$\boldsymbol{p}$与线速度$\boldsymbol{v}$之间是直接的微分关系，原因在于三轴的平动运动是解耦的，合成的三轴平动与单轴平动的顺序无关，也就是说若刚体要实现$[p_x,p_y,p_z]^{\mathrm{T}}$的位移，可通过刚体分别沿$x$、$y$、$z$轴运动$p_x$、$p_y$、$p_z$，具体先沿哪个轴运动都无所谓，对平动顺序无特别要求。

不同于平动，刚体的姿态有多种表示形式——姿态矩阵、姿态角、轴－角、单位四元数表示法等，而旋转运动却仅有角速度一种形式，也就是说多种类型的姿态描述参数对应一种角速度；另一方面，三轴的旋转运动是耦合的，即刚体绕任何一个轴转动后，其余两个轴的指向也随之发生变化，因而姿态描述参数的定义与旋转顺序有关（如欧拉角），所以，姿态描述参数与刚体角速度之间不是简单的导数关系，后面将进行详细讨论。

3.2　刚体的姿态运动学

根据前面的内容可知，对于同样的刚体姿态，可以采用多种描述方式，每种方式的参数个数和约束条件不同，但都对应到同一个物理量——角速度$\boldsymbol{\omega}$。这就涉及下面这两类问题：当刚体以角速度$\boldsymbol{\omega}$旋转时，描述刚体姿态的参数（简称刚体姿态参数）会如何变化；或者，当刚体姿态参数以一定速率变化时，相应的角速度$\boldsymbol{\omega}$是多少？这些问题就是刚体姿态运动学需要解决的问题，即刚体的姿态运动学主要是关于刚体姿态参数的时间导数与旋转角速度之间关系的科学。

常用的姿态描述参数有旋转变换矩阵$\boldsymbol{R}$（方向余弦矩阵$\boldsymbol{C}$与$\boldsymbol{R}$类似，不再单独提）、姿态角$\boldsymbol{\Psi}$、轴－角$(\boldsymbol{k},\phi)$、单位四元数$\boldsymbol{Q}$等，相应姿态参数的时间导数分别为$\dot{\boldsymbol{R}}$、$\dot{\boldsymbol{\Psi}}$、$(\dot{\boldsymbol{k}},\dot{\phi})$、$\dot{\boldsymbol{Q}}$，因而，姿态运动学有下面两种类型。

(1) 姿态正运动学。

根据刚体角速度计算姿态参数的时间导数，即：

$$\boldsymbol{\omega}\Rightarrow\begin{pmatrix}\dot{\boldsymbol{R}}\\ \dot{\boldsymbol{\Psi}}\\ (\dot{\boldsymbol{k}},\dot{\phi})\\ \dot{\boldsymbol{Q}}\end{pmatrix}\tag{3.3}$$

(2) 姿态逆运动学。

根据姿态参数的时间导数计算刚体角速度，即：

$$\begin{pmatrix} \dot{\boldsymbol{R}} \\ \dot{\boldsymbol{\Psi}} \\ (\dot{\boldsymbol{k}},\dot{\phi}) \\ \dot{\boldsymbol{Q}} \end{pmatrix} \Rightarrow \boldsymbol{\omega} \tag{3.4}$$

下面将根据具体的姿态参数形式分别推导相应的姿态正运动学、逆运动学方程。在实际中，可根据应用场景，采用合适的参数描述姿态，进而建立合适的姿态运动学方程。

3.2.1　旋转变换矩阵表示下的姿态运动学

当刚体的姿态采用旋转变换矩阵表示时，可简写为

$$\boldsymbol{R} = [\boldsymbol{n},\quad \boldsymbol{o},\quad \boldsymbol{a}] = \begin{bmatrix} n_x & o_x & a_x \\ n_y & o_y & a_y \\ n_z & o_z & a_z \end{bmatrix} \tag{3.5}$$

对式(3.5) 中旋转变换矩阵各元素进行求导，有

$$\dot{\boldsymbol{R}} = [\dot{\boldsymbol{n}},\quad \dot{\boldsymbol{o}},\quad \dot{\boldsymbol{a}}] \tag{3.6}$$

根据理论力学的知识可知，当刚体以角速度 $\boldsymbol{\omega}$ 相对于参考系旋转时，刚体固连坐标系 {B} 各轴方向矢量的导数为

$$\begin{cases} \dot{\boldsymbol{n}} = \boldsymbol{\omega} \times \boldsymbol{n} = \boldsymbol{\omega}^{\times} \boldsymbol{n} \\ \dot{\boldsymbol{o}} = \boldsymbol{\omega} \times \boldsymbol{o} = \boldsymbol{\omega}^{\times} \boldsymbol{o} \\ \dot{\boldsymbol{a}} = \boldsymbol{\omega} \times \boldsymbol{a} = \boldsymbol{\omega}^{\times} \boldsymbol{a} \end{cases} \tag{3.7}$$

或者，

$$\begin{cases} \dot{\boldsymbol{n}} = -\boldsymbol{n} \times \boldsymbol{\omega} = -\boldsymbol{n}^{\times} \boldsymbol{\omega} \\ \dot{\boldsymbol{o}} = -\boldsymbol{o} \times \boldsymbol{\omega} = -\boldsymbol{o}^{\times} \boldsymbol{\omega} \\ \dot{\boldsymbol{a}} = -\boldsymbol{a} \times \boldsymbol{\omega} = -\boldsymbol{a}^{\times} \boldsymbol{\omega} \end{cases} \tag{3.8}$$

式中，“$^{\times}$”为矢量的叉乘操作数，即：

$$\text{若 } \boldsymbol{\omega} = \begin{bmatrix} \omega_x \\ \omega_y \\ \omega_z \end{bmatrix}, \text{则 } \boldsymbol{\omega}^{\times} = \begin{bmatrix} 0 & -\omega_z & \omega_y \\ \omega_z & 0 & -\omega_x \\ -\omega_y & \omega_x & 0 \end{bmatrix} \tag{3.9}$$

将式(3.7) 和式(3.8) 分别代入式(3.6)，可分别得

$$\dot{\boldsymbol{R}} = [\dot{\boldsymbol{n}},\quad \dot{\boldsymbol{o}},\quad \dot{\boldsymbol{a}}] = [\boldsymbol{\omega}^{\times}\boldsymbol{n},\quad \boldsymbol{\omega}^{\times}\boldsymbol{o},\quad \boldsymbol{\omega}^{\times}\boldsymbol{a}] = \boldsymbol{\omega}^{\times}\ [\boldsymbol{n},\quad \boldsymbol{o},\quad \boldsymbol{a}] = \boldsymbol{\omega}^{\times}\boldsymbol{R} \tag{3.10}$$

$$\dot{\boldsymbol{R}} = [\dot{\boldsymbol{n}},\quad \dot{\boldsymbol{o}},\quad \dot{\boldsymbol{a}}] = -\ [\boldsymbol{n}^{\times}\boldsymbol{\omega},\quad \boldsymbol{o}^{\times}\boldsymbol{\omega},\quad \boldsymbol{a}^{\times}\boldsymbol{\omega}] = -\boldsymbol{R}\boldsymbol{\omega}^{\times} \tag{3.11}$$

式(3.10) 和式(3.11) 都建立了刚体运动角速度 $\boldsymbol{\omega}$(相对于参考系的角速度，在参考系中表示的矢量) 与旋转变换矩阵时间微分 $\dot{\boldsymbol{R}}$ 之间的关系，结果是一样的。

另一方面，将式(3.10) 两边同时右乘 $\boldsymbol{R}^{\mathrm{T}}$，并利用 $\boldsymbol{R}$ 是单位正交矩阵的性质，即 $\boldsymbol{R}\boldsymbol{R}^{\mathrm{T}} = \boldsymbol{I}$，可得如下结果：

$$\boldsymbol{\omega}^{\times} = \dot{\boldsymbol{R}}\boldsymbol{R}^{\mathrm{T}} \tag{3.12}$$

式(3.11) 和式(3.12) 即分别为采用旋转变换矩阵表示姿态后的姿态正运动学和逆运动学方程。

例 3.1　刚体固连坐标系{B} 与参考坐标系{A} 的相对关系如图 3.2(a) 所示，即坐标

系{B}是通过坐标系{A}绕 x_A 轴旋转 φ 角得到的(即绕 x 轴的基本旋转)。当刚体以角速度 ω_x 绕 x_A 轴转动时,证明式(3.12) 成立。

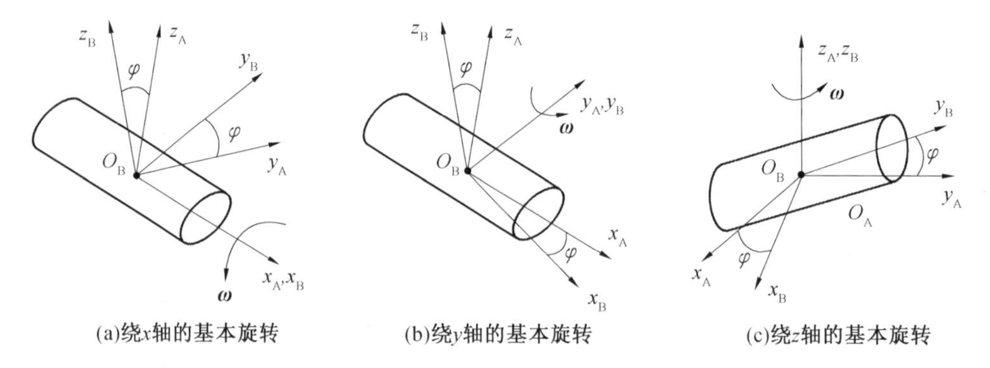

图3.2　刚体基本旋转姿态运动学分析

证明:

根据第 2 章的内容可知,上述基本旋转对应的旋转变换矩阵为

$$\boldsymbol{R}_x(\varphi)=\mathrm{Rot}(x,\varphi)=\begin{bmatrix}1 & 0 & 0\\ 0 & c_\varphi & -s_\varphi\\ 0 & s_\varphi & c_\varphi\end{bmatrix}\tag{3.13}$$

对式(3.13) 两边求导,有

$$\dot{\boldsymbol{R}}_x(\varphi)=\begin{bmatrix}0 & 0 & 0\\ 0 & -s_\varphi\dot{\varphi} & -c_\varphi\dot{\varphi}\\ 0 & c_\varphi\dot{\varphi} & -s_\varphi\dot{\varphi}\end{bmatrix}\tag{3.14}$$

根据式(3.13) 和式(3.14),可得

$$\dot{\boldsymbol{R}}\boldsymbol{R}^{\mathrm{T}}=\begin{bmatrix}0 & 0 & 0\\ 0 & -s_\varphi\dot{\varphi} & -c_\varphi\dot{\varphi}\\ 0 & c_\varphi\dot{\varphi} & -s_\varphi\dot{\varphi}\end{bmatrix}\begin{bmatrix}1 & 0 & 0\\ 0 & c_\varphi & s_\varphi\\ 0 & -s_\varphi & c_\varphi\end{bmatrix}=\begin{bmatrix}0 & 0 & 0\\ 0 & 0 & -\dot{\varphi}\\ 0 & \dot{\varphi} & 0\end{bmatrix}\tag{3.15}$$

另一方面,对于绕 x 轴的基本旋转运动,刚体的角速度仅有 x 分量,且大小为 $\dot{\varphi}$,即:

$$\boldsymbol{\omega}=\begin{bmatrix}\omega_x\\ \omega_y\\ \omega_z\end{bmatrix}=\begin{bmatrix}\dot{\varphi}\\ 0\\ 0\end{bmatrix}\tag{3.16}$$

根据式(3.16) 和式(3.9) 构造"$\boldsymbol{\omega}^{\times}$"的表达式,可得

$$\boldsymbol{\omega}^{\times}=\begin{bmatrix}0 & 0 & 0\\ 0 & 0 & -\dot{\varphi}\\ 0 & \dot{\varphi} & 0\end{bmatrix}\tag{3.17}$$

比较式(3.15) 和式(3.17),可得 $\boldsymbol{\omega}^{\times}=\dot{\boldsymbol{R}}\boldsymbol{R}^{\mathrm{T}}$,结论得证。

例 3.2　刚体固连坐标系{B}与参考坐标系{A}的相对关系如图 3.2(b) 所示,即坐标系{B}是通过坐标系{A}绕 y_A 轴旋转 φ 角得到的(即绕 y 轴的基本旋转)。当刚体以角速度 ω_y 绕 y_A 轴转动时,证明式(3.12) 成立。

证明:

根据第 2 章的内容可知,上述基本旋转对应的旋转变换矩阵为

$$\boldsymbol{R}_y(\varphi)=\begin{bmatrix} c_\varphi & 0 & s_\varphi \\ 0 & 1 & 0 \\ -s_\varphi & 0 & c_\varphi \end{bmatrix} \tag{3.18}$$

对式(3.18)两边求导,有

$$\dot{\boldsymbol{R}}_y(\varphi)=\begin{bmatrix} -s_\varphi\dot{\varphi} & 0 & c_\varphi\dot{\varphi} \\ 0 & 0 & 0 \\ -c_\varphi\dot{\varphi} & 0 & -s_\varphi\dot{\varphi} \end{bmatrix} \tag{3.19}$$

根据式(3.18)和式(3.19),可得

$$\dot{\boldsymbol{R}}\boldsymbol{R}^{\mathrm{T}}=\begin{bmatrix} -s_\varphi\dot{\varphi} & 0 & c_\varphi\dot{\varphi} \\ 0 & 0 & 0 \\ -c_\varphi\dot{\varphi} & 0 & -s_\varphi\dot{\varphi} \end{bmatrix}\begin{bmatrix} c_\varphi & 0 & -s_\varphi \\ 0 & 1 & 0 \\ s_\varphi & 0 & c_\varphi \end{bmatrix}=\begin{bmatrix} 0 & 0 & \dot{\varphi} \\ 0 & 0 & 0 \\ -\dot{\varphi} & 0 & 0 \end{bmatrix} \tag{3.20}$$

另一方面,对于绕 y 轴的基本旋转运动,刚体的角速度仅有 y 分量,且大小为 $\dot{\varphi}$,即:

$$\boldsymbol{\omega}=\begin{bmatrix} \omega_x \\ \omega_y \\ \omega_z \end{bmatrix}=\begin{bmatrix} 0 \\ \dot{\varphi} \\ 0 \end{bmatrix} \tag{3.21}$$

根据式(3.21)和式(3.9)构造"$\boldsymbol{\omega}^{\times}$"的表达式,可得

$$\boldsymbol{\omega}^{\times}=\begin{bmatrix} 0 & 0 & \dot{\varphi} \\ 0 & 0 & 0 \\ -\dot{\varphi} & 0 & 0 \end{bmatrix} \tag{3.22}$$

比较式(3.20)和式(3.22),可得 $\boldsymbol{\omega}^{\times}=\dot{\boldsymbol{R}}\boldsymbol{R}^{\mathrm{T}}$,结论得证。

例 3.3　刚体固连坐标系{B}与参考坐标系{A}的相对关系如图 3.2(c)所示,即坐标系{B}是通过坐标系{A}绕 z_{A} 轴旋转 φ 角得到的(即绕 z 轴的基本旋转)。当刚体以角速度 ω_z 绕 z_{A} 轴转动时,证明式(3.12)成立。

证明:

根据第 2 章的内容可知,上述基本旋转对应的旋转变换矩阵为

$$\boldsymbol{R}_z(\varphi)=\begin{bmatrix} c_\varphi & -s_\varphi & 0 \\ s_\varphi & c_\varphi & 0 \\ 0 & 0 & 1 \end{bmatrix} \tag{3.23}$$

对式(3.23)两边求导,有

$$\dot{\boldsymbol{R}}_z(\varphi)=\begin{bmatrix} -s_\varphi\dot{\varphi} & -c_\varphi\dot{\varphi} & 0 \\ c_\varphi\dot{\varphi} & -s_\varphi\dot{\varphi} & 0 \\ 0 & 0 & 0 \end{bmatrix} \tag{3.24}$$

根据式(3.23)和式(3.24),可得

$$\dot{\boldsymbol{R}}\boldsymbol{R}^{\mathrm{T}}=\begin{bmatrix} -s_\varphi\dot{\varphi} & -c_\varphi\dot{\varphi} & 0 \\ c_\varphi\dot{\varphi} & -s_\varphi\dot{\varphi} & 0 \\ 0 & 0 & 0 \end{bmatrix}\begin{bmatrix} c_\varphi & s_\varphi & 0 \\ -s_\varphi & c_\varphi & 0 \\ 0 & 0 & 1 \end{bmatrix}=\begin{bmatrix} 0 & -\dot{\varphi} & 0 \\ \dot{\varphi} & 0 & 0 \\ 0 & 0 & 0 \end{bmatrix} \tag{3.25}$$

另一方面,对于绕 z 轴的基本旋转运动,刚体的角速度仅有 z 分量,且大小为 $\dot{\varphi}$,即:

$$\boldsymbol{\omega}=\begin{bmatrix} \omega_x \\ \omega_y \\ \omega_z \end{bmatrix}=\begin{bmatrix} 0 \\ 0 \\ \dot{\varphi} \end{bmatrix} \tag{3.26}$$

根据式(3.26)和式(3.9)构造“$\boldsymbol{\omega}^{\times}$”的表达式,可得

$$\boldsymbol{\omega}^{\times}=\begin{bmatrix}0 & -\dot{\varphi} & 0\\ \dot{\varphi} & 0 & 0\\ 0 & 0 & 0\end{bmatrix} \tag{3.27}$$

比较式(3.25)和式(3.27),可得 $\boldsymbol{\omega}^{\times}=\dot{\boldsymbol{R}}\boldsymbol{R}^{\mathrm{T}}$,结论得证。

3.2.2 欧拉角表示下的姿态运动学

根据定义,欧拉角 $\boldsymbol{\Psi}=[\alpha,\beta,\gamma]^{\mathrm{T}}$ 表示坐标系{A}达到与坐标系{B}的指向相同时所经过的三次连续基本旋转对应的角度。在讨论之前,定义坐标系的基向量如下。

(1)x 轴的基向量:$\boldsymbol{e}_1=[1,0,0]^{\mathrm{T}}$

(2)y 轴的基向量:$\boldsymbol{e}_2=[0,1,0]^{\mathrm{T}}$

(3)z 轴的基向量:$\boldsymbol{e}_3=[0,0,1]^{\mathrm{T}}$

为方便讨论,将第1～3次旋转对应的坐标轴基向量分别表示为 $\boldsymbol{k}_{(1)}$、$\boldsymbol{k}_{(2)}$、$\boldsymbol{k}_{(3)}$。由于动轴欧拉角和定轴欧拉角的旋转过程不同,故下面将分别进行讨论。

1. 动轴欧拉角表示下的姿态运动学

动轴欧拉角的旋转过程如下。

① 第1次基本旋转。

坐标系{A}绕其坐标轴旋转,得坐标系{2},旋转变换矩阵为 $\boldsymbol{R}_1(\alpha)$。旋转轴对应的基向量记为 $\boldsymbol{k}_{(1)}$,旋转角速率为 $\dot{\alpha}$,则以坐标系{A}为参考系的角速度矢量表示为 ${}^{\mathrm{A}}\boldsymbol{\omega}_1={}^{\mathrm{A}}\boldsymbol{k}_1\dot{\alpha}$,其中,${}^{\mathrm{A}}\boldsymbol{k}_1$ 表示基向量 $\boldsymbol{k}_{(1)}$ 在{A}中的表示。

② 第2次基本旋转。

坐标系{2}绕其坐标轴旋转,得坐标系{3},旋转变换矩阵为 $\boldsymbol{R}_2(\beta)$。旋转轴对应的基向量记为 $\boldsymbol{k}_{(2)}$,旋转角速率为 $\dot{\beta}$,则以坐标系{A}为参考系的角速度矢量表示为 ${}^{\mathrm{A}}\boldsymbol{\omega}_2={}^{\mathrm{A}}\boldsymbol{k}_{(2)}\dot{\beta}$,其中,${}^{\mathrm{A}}\boldsymbol{k}_2$ 表示基向量 $\boldsymbol{k}_{(2)}$ 在{A}中的表示。

③ 第3次基本旋转。

坐标系{3}绕其坐标轴旋转,得坐标系{B},旋转变换矩阵为 $\boldsymbol{R}_3(\gamma)$。旋转轴对应的基向量记为 $\boldsymbol{k}_{(3)}$,旋转角速率为 $\dot{\gamma}$,则以坐标系{A}为参考系的角速度矢量表示为 ${}^{\mathrm{A}}\boldsymbol{\omega}_3={}^{\mathrm{A}}\boldsymbol{k}_{(3)}\dot{\gamma}$,其中,${}^{\mathrm{A}}\boldsymbol{k}_3$ 表示基向量 $\boldsymbol{k}_{(3)}$ 在{A}中的表示。

上述过程表示如下:

$$\{\mathrm{A}\}\xrightarrow[\boldsymbol{\omega}_1=\boldsymbol{k}_1\dot{\alpha}]{\boldsymbol{R}_1(\alpha)}\{2\}\xrightarrow[\boldsymbol{\omega}_2=\boldsymbol{k}_2\dot{\beta}]{\boldsymbol{R}_2(\beta)}\{3\}\xrightarrow[\boldsymbol{\omega}_3=\boldsymbol{k}_3\dot{\gamma}]{\boldsymbol{R}_3(\gamma)}\{\mathrm{B}\}$$

欧拉角 α、β、γ 分别对时间求导数产生的角速度 ${}^{\mathrm{A}}\boldsymbol{\omega}_1$、${}^{\mathrm{A}}\boldsymbol{\omega}_2$、${}^{\mathrm{A}}\boldsymbol{\omega}_3$ 表示为

$$\begin{cases}{}^{\mathrm{A}}\boldsymbol{\omega}_1=f_1(\dot{\alpha})={}^{\mathrm{A}}\boldsymbol{k}_1\dot{\alpha}=\boldsymbol{k}_{(1)}\dot{\alpha}\\ {}^{\mathrm{A}}\boldsymbol{\omega}_2=f_2(\dot{\beta})={}^{\mathrm{A}}\boldsymbol{k}_2\dot{\beta}=\boldsymbol{R}_1(\alpha)\boldsymbol{k}_{(2)}\dot{\beta}\\ {}^{\mathrm{A}}\boldsymbol{\omega}_3=f_3(\dot{\gamma})={}^{\mathrm{A}}\boldsymbol{k}_3\dot{\gamma}=\boldsymbol{R}_1(\alpha)\boldsymbol{R}_2(\beta)\boldsymbol{k}_{(3)}\dot{\gamma}\end{cases} \tag{3.28}$$

坐标系{B}相对于坐标系{A}的角速度即是上述三个分运动的合成,即:

$$
\begin{aligned}
{}^{A}\boldsymbol{\omega} &= {}^{A}\boldsymbol{\omega}_1 + {}^{A}\boldsymbol{\omega}_2 + {}^{A}\boldsymbol{\omega}_3 = {}^{A}\boldsymbol{k}_1\dot{\alpha} + {}^{A}\boldsymbol{k}_2\dot{\beta} + {}^{A}\boldsymbol{k}_3\dot{\gamma} \\
&= [{}^{A}\boldsymbol{k}_1,\quad {}^{A}\boldsymbol{k}_2,\quad {}^{A}\boldsymbol{k}_3]\begin{bmatrix}\dot{\alpha}\\ \dot{\beta}\\ \dot{\gamma}\end{bmatrix} \\
&= [\boldsymbol{k}_{(1)},\quad \boldsymbol{R}_1(\alpha)\boldsymbol{k}_{(2)},\quad \boldsymbol{R}_1(\alpha)\boldsymbol{R}_2(\beta)\boldsymbol{k}_{(3)}]\begin{bmatrix}\dot{\alpha}\\ \dot{\beta}\\ \dot{\gamma}\end{bmatrix}
\end{aligned}
\tag{3.29}
$$

式(3.29)即建立了欧拉角速度 $\dot{\boldsymbol{\Psi}}$ 与刚体角速度 $\boldsymbol{\omega}$ 之间的关系,推导具体表达式的关键是需要确定基本旋转轴在参考系中的矢量。

下面分别给出一种第 Ⅰ 类欧拉角和一种第 Ⅱ 类欧拉角表示下姿态运动学方程的推导过程,其他类型的欧拉角类似。

(1) 动轴 xyz 欧拉角表示下的姿态运动学。

对于动轴 xyz 欧拉角的情况,旋转过程如下。

(a) 第 1 次旋转为绕坐标系{A} 的 x 轴的基本旋转,旋转轴为 x_A 轴,即 $\boldsymbol{k}_{(1)}=\boldsymbol{e}_1$,则有

$$
{}^{A}\boldsymbol{k}_1 = {}^{A}\boldsymbol{x}_A = \boldsymbol{e}_1 = \begin{bmatrix}1\\0\\0\end{bmatrix} \tag{3.30}
$$

$$
{}^{A}\boldsymbol{\omega}_1 = {}^{A}\boldsymbol{k}_1\dot{\alpha} = \begin{bmatrix}1\\0\\0\end{bmatrix}\dot{\alpha} \tag{3.31}
$$

旋转后得到坐标系{2},可知{2} 相对于{A} 的旋转变换矩阵为

$$
{}^{A}\boldsymbol{R}_2 = \boldsymbol{R}_1(\alpha) = \boldsymbol{R}_x(\alpha) = \begin{bmatrix}1 & 0 & 0\\ 0 & c_\alpha & -s_\alpha\\ 0 & s_\alpha & c_\alpha\end{bmatrix} \tag{3.32}
$$

(b) 第 2 次旋转为绕坐标系{2} 的 y 轴的基本旋转,旋转轴为 y_2 轴,即 $\boldsymbol{k}_{(2)}=\boldsymbol{e}_2$,则有

$$
{}^{A}\boldsymbol{k}_2 = {}^{A}\boldsymbol{y}_2 = {}^{A}\boldsymbol{R}_2\boldsymbol{e}_2 = \begin{bmatrix}1 & 0 & 0\\ 0 & c_\alpha & -s_\alpha\\ 0 & s_\alpha & c_\alpha\end{bmatrix}\begin{bmatrix}0\\1\\0\end{bmatrix} = \begin{bmatrix}0\\c_\alpha\\s_\alpha\end{bmatrix} \tag{3.33}
$$

$$
{}^{A}\boldsymbol{\omega}_2 = {}^{A}\boldsymbol{k}_2\dot{\beta} = \begin{bmatrix}0\\c_\alpha\\s_\alpha\end{bmatrix}\dot{\beta} \tag{3.34}
$$

旋转后得到坐标系{3},可得{3} 相对于{A} 的旋转变换矩阵为

$$
\begin{aligned}
{}^{A}\boldsymbol{R}_3 &= \boldsymbol{R}_1(\alpha)\boldsymbol{R}_2(\beta) = \boldsymbol{R}_x(\alpha)\boldsymbol{R}_{y'}(\beta) \\
&= \begin{bmatrix}1 & 0 & 0\\ 0 & c_\alpha & -s_\alpha\\ 0 & s_\alpha & c_\alpha\end{bmatrix}\begin{bmatrix}c_\beta & 0 & s_\beta\\ 0 & 1 & 0\\ -s_\beta & 0 & c_\beta\end{bmatrix} = \begin{bmatrix}c_\beta & 0 & s_\beta\\ s_\alpha s_\beta & c_\alpha & -s_\alpha c_\beta\\ -c_\alpha s_\beta & s_\alpha & c_\alpha c_\beta\end{bmatrix}
\end{aligned}
\tag{3.35}
$$

(c) 第 3 次旋转为绕坐标系{3} 的 z 轴的基本旋转,旋转轴为 z_3 轴,即 $\boldsymbol{k}_{(3)}=\boldsymbol{e}_3$,则有

$$
{}^{A}\boldsymbol{k}_3 = {}^{A}\boldsymbol{z}_3 = {}^{A}\boldsymbol{R}_3\boldsymbol{e}_3 = \begin{bmatrix}c_\beta & 0 & s_\beta\\ s_\alpha s_\beta & c_\alpha & -s_\alpha c_\beta\\ -c_\alpha s_\beta & s_\alpha & c_\alpha c_\beta\end{bmatrix}\begin{bmatrix}0\\0\\1\end{bmatrix} = \begin{bmatrix}s_\beta\\ -s_\alpha c_\beta\\ c_\alpha c_\beta\end{bmatrix} \tag{3.36}
$$

$$
{}^{A}\boldsymbol{\omega}_3={}^{A}\boldsymbol{k}_3\dot{\gamma}=\begin{bmatrix}s_\beta\\-s_\alpha c_\beta\\c_\alpha c_\beta\end{bmatrix}\dot{\gamma} \tag{3.37}
$$

因此，根据式(3.29)，可得三次基本旋转后的等效角速度为

$$
{}^{A}\boldsymbol{\omega}=\begin{bmatrix}{}^{A}\boldsymbol{k}_1 & {}^{A}\boldsymbol{k}_2 & {}^{A}\boldsymbol{k}_3\end{bmatrix}\begin{bmatrix}\dot{\alpha}\\\dot{\beta}\\\dot{\gamma}\end{bmatrix}=\begin{bmatrix}1&0&s_\beta\\0&c_\alpha&-s_\alpha c_\beta\\0&s_\alpha&c_\alpha c_\beta\end{bmatrix}\begin{bmatrix}\dot{\alpha}\\\dot{\beta}\\\dot{\gamma}\end{bmatrix} \tag{3.38}
$$

式(3.38)可写成如下形式：

$$
\begin{bmatrix}\omega_x\\\omega_y\\\omega_z\end{bmatrix}=\begin{bmatrix}1&0&s_\beta\\0&c_\alpha&-s_\alpha c_\beta\\0&s_\alpha&c_\alpha c_\beta\end{bmatrix}\begin{bmatrix}\dot{\alpha}\\\dot{\beta}\\\dot{\gamma}\end{bmatrix} \tag{3.39}
$$

令

$$
\boldsymbol{J}_{\text{Euler}\_xyz}=\begin{bmatrix}1&0&s_\beta\\0&c_\alpha&-s_\alpha c_\beta\\0&s_\alpha&c_\alpha c_\beta\end{bmatrix} \tag{3.40}
$$

则式(3.39)可写为(在不特别指出参考系的情况下，左上标“A”可省去)

$$
\boldsymbol{\omega}=\boldsymbol{J}_{\text{Euler}\_xyz}\dot{\boldsymbol{\Psi}}_{xyz} \tag{3.41}
$$

若 $\boldsymbol{J}_{\text{Euler}\_xyz}$ 满秩，则根据式(3.41)可得欧拉角速度与姿态角速度之间的关系：

$$
\dot{\boldsymbol{\Psi}}_{xyz}=\boldsymbol{J}_{\text{Euler}\_xyz}^{-1}\boldsymbol{\omega} \tag{3.42}
$$

其中，

$$
\boldsymbol{J}_{\text{Euler}\_xyz}^{-1}=\begin{bmatrix}1&0&s_\beta\\0&c_\alpha&-s_\alpha c_\beta\\0&s_\alpha&c_\alpha c_\beta\end{bmatrix}^{-1}=\begin{bmatrix}1&\dfrac{s_\alpha s_\beta}{c_\beta}&\dfrac{-c_\alpha s_\beta}{c_\beta}\\0&c_\alpha&s_\alpha\\0&\dfrac{-s_\alpha}{c_\beta}&\dfrac{c_\alpha}{c_\beta}\end{bmatrix}=\frac{1}{c_\beta}\begin{bmatrix}c_\beta&s_\alpha s_\beta&-c_\alpha s_\beta\\0&c_\alpha c_\beta&s_\alpha c_\beta\\0&-s_\alpha&c_\alpha\end{bmatrix} \tag{3.43}
$$

将式(3.43)代入式(3.42)，可得

$$
\begin{cases}\dot{\alpha}=\omega_x+\dfrac{s_\alpha s_\beta}{c_\beta}\omega_y-\dfrac{c_\alpha s_\beta}{c_\beta}\omega_z\\\dot{\beta}=c_\alpha\omega_y+s_\alpha\omega_z\\\dot{\gamma}=-\dfrac{s_\alpha}{c_\beta}\omega_y+\dfrac{c_\alpha}{c_\beta}\omega_z\end{cases} \tag{3.44}
$$

由式(3.44)可知，当 $\beta=\pm\dfrac{\pi}{2}$ 时，$c_\beta=0$，则 $\boldsymbol{J}_{\text{Euler}\_xyz}^{-1}$ 奇异，根据式(3.42)或式(3.44)解算的欧拉角速度中，$\dot{\alpha}$、$\dot{\gamma}$ 均将为无穷大。此即为动轴 xyz 欧拉角的奇异条件。

(2) 动轴 zxz 欧拉角表示下的姿态运动学。

对于动轴 zxz 欧拉角的情况，过程如下。

(a) 第 1 次旋转为绕坐标系{A}的 z 轴的基本旋转，旋转轴为 z_A 轴，即 $\boldsymbol{k}_{(1)}=\boldsymbol{e}_3$，则有

$$
{}^{A}\boldsymbol{k}_1={}^{A}\boldsymbol{z}_A=\boldsymbol{e}_3=\begin{bmatrix}0\\0\\1\end{bmatrix} \tag{3.45}
$$

$$
{}^{A}\boldsymbol{\omega}_1 = {}^{A}\boldsymbol{k}_1\dot{\alpha} = \begin{bmatrix} 0 \\ 0 \\ 1 \end{bmatrix}\dot{\alpha} \tag{3.46}
$$

旋转后得到坐标系{2}，可知{2}相对于{A}的旋转变换矩阵为

$$
{}^{A}\boldsymbol{R}_2 = \boldsymbol{R}_z(\alpha) = \begin{bmatrix} c_\alpha & -s_\alpha & 0 \\ s_\alpha & c_\alpha & 0 \\ 0 & 0 & 1 \end{bmatrix} \tag{3.47}
$$

(b) 第 2 次旋转为绕坐标系{2}的 x 轴的基本旋转，旋转轴为 x_2 轴，即 $\boldsymbol{k}_{(2)} = \boldsymbol{e}_1$，则有

$$
{}^{A}\boldsymbol{k}_2 = {}^{A}\boldsymbol{x}_2 = {}^{A}\boldsymbol{R}_2\boldsymbol{e}_1 = \begin{bmatrix} c_\alpha & -s_\alpha & 0 \\ s_\alpha & c_\alpha & 0 \\ 0 & 0 & 1 \end{bmatrix}\begin{bmatrix} 1 \\ 0 \\ 0 \end{bmatrix} = \begin{bmatrix} c_\alpha \\ s_\alpha \\ 0 \end{bmatrix} \tag{3.48}
$$

$$
{}^{A}\boldsymbol{\omega}_2 = {}^{A}\boldsymbol{k}_2\dot{\beta} = \begin{bmatrix} c_\alpha \\ s_\alpha \\ 0 \end{bmatrix}\dot{\beta} \tag{3.49}
$$

旋转后得到坐标系{3}，可得{3}相对于{A}的旋转变换矩阵为

$$
{}^{A}\boldsymbol{R}_3 = \boldsymbol{R}_z(\alpha)\boldsymbol{R}_{x'}(\beta) = \begin{bmatrix} c_\alpha & -s_\alpha & 0 \\ s_\alpha & c_\alpha & 0 \\ 0 & 0 & 1 \end{bmatrix}\begin{bmatrix} 1 & 0 & 0 \\ 0 & c_\beta & -s_\beta \\ 0 & s_\beta & c_\beta \end{bmatrix} = \begin{bmatrix} c_\alpha & -s_\alpha c_\beta & s_\alpha s_\beta \\ s_\alpha & c_\alpha c_\beta & -c_\alpha s_\beta \\ 0 & s_\beta & c_\beta \end{bmatrix} \tag{3.50}
$$

(c) 第 3 次旋转为绕坐标系{3}的 z 轴的基本旋转，旋转轴为 z_3 轴，即 $\boldsymbol{k}_{(3)} = \boldsymbol{e}_3$，则有

$$
{}^{A}\boldsymbol{k}_3 = {}^{A}\boldsymbol{z}_3 = {}^{A}\boldsymbol{R}_3\boldsymbol{e}_3 = \begin{bmatrix} c_\alpha & -s_\alpha c_\beta & s_\alpha s_\beta \\ s_\alpha & c_\alpha c_\beta & -c_\alpha s_\beta \\ 0 & s_\beta & c_\beta \end{bmatrix}\begin{bmatrix} 0 \\ 0 \\ 1 \end{bmatrix} = \begin{bmatrix} s_\alpha s_\beta \\ -c_\alpha s_\beta \\ c_\beta \end{bmatrix} \tag{3.51}
$$

$$
{}^{A}\boldsymbol{\omega}_3 = {}^{A}\boldsymbol{k}_3\dot{\gamma} = \begin{bmatrix} s_\alpha s_\beta \\ -c_\alpha s_\beta \\ c_\beta \end{bmatrix}\dot{\gamma} \tag{3.52}
$$

因此，根据式(3.29)，可得三次基本旋转后的等效角速度为

$$
{}^{A}\boldsymbol{\omega} = [{}^{A}\boldsymbol{k}_1 \quad {}^{A}\boldsymbol{k}_2 \quad {}^{A}\boldsymbol{k}_3]\begin{bmatrix} \dot{\alpha} \\ \dot{\beta} \\ \dot{\gamma} \end{bmatrix} = \begin{bmatrix} 0 & c_\alpha & s_\alpha s_\beta \\ 0 & s_\alpha & -c_\alpha s_\beta \\ 1 & 0 & c_\beta \end{bmatrix}\begin{bmatrix} \dot{\alpha} \\ \dot{\beta} \\ \dot{\gamma} \end{bmatrix} \tag{3.53}
$$

式(3.53)可写成如下形式：

$$
\begin{bmatrix} \omega_x \\ \omega_y \\ \omega_z \end{bmatrix} = \begin{bmatrix} 0 & c_\alpha & s_\alpha s_\beta \\ 0 & s_\alpha & -c_\alpha s_\beta \\ 1 & 0 & c_\beta \end{bmatrix}\begin{bmatrix} \dot{\alpha} \\ \dot{\beta} \\ \dot{\gamma} \end{bmatrix} \tag{3.54}
$$

令

$$
\boldsymbol{J}_{\text{Euler\_}zxz} = \begin{bmatrix} 0 & c_\alpha & s_\alpha s_\beta \\ 0 & s_\alpha & -c_\alpha s_\beta \\ 1 & 0 & c_\beta \end{bmatrix} \tag{3.55}
$$

则式(3.54)可表示为如下形式：

$$
\boldsymbol{\omega} = \boldsymbol{J}_{\text{Euler\_}zxz}\dot{\boldsymbol{\Psi}}_{zxz} \tag{3.56}
$$

当矩阵 $\boldsymbol{J}_{\text{Euler\_zyx}}$ 非奇异时，根据式(3.56)可得，欧拉角速度与旋转角速度之间的关系为

$$\dot{\boldsymbol{\Psi}}_{zxz}=\boldsymbol{J}_{\text{Euler\_zxz}}^{-1}\cdot\boldsymbol{\omega} \tag{3.57}$$

其中，

$$\boldsymbol{J}_{\text{Euler\_zxz}}^{-1}=\begin{bmatrix}0 & c_\alpha & s_\alpha s_\beta\\0 & s_\alpha & -c_\alpha s_\beta\\1 & 0 & c_\beta\end{bmatrix}^{-1}=\begin{bmatrix}-\dfrac{s_\alpha c_\beta}{s_\beta} & \dfrac{c_\alpha c_\beta}{s_\beta} & 1\\c_\alpha & s_\alpha & 0\\\dfrac{s_\alpha}{s_\beta} & -\dfrac{c_\alpha}{s_\beta} & 0\end{bmatrix}=\frac{1}{s_\beta}\begin{bmatrix}-s_\alpha c_\beta & c_\alpha c_\beta & s_\beta\\c_\alpha s_\beta & s_\alpha s_\beta & 0\\s_\alpha & -c_\alpha & 0\end{bmatrix} \tag{3.58}$$

将式(3.58)代入式(3.57)，可得

$$\begin{cases}\dot{\alpha}=-\dfrac{s_\alpha c_\beta}{s_\beta}\omega_x+\dfrac{c_\alpha c_\beta}{s_\beta}\omega_y+\omega_z\\\dot{\beta}=c_\alpha\omega_x+s_\alpha\omega_y\\\dot{\gamma}=\dfrac{s_\alpha}{s_\beta}\omega_x-\dfrac{c_\alpha}{s_\beta}\omega_y\end{cases} \tag{3.59}$$

由式(3.59)可知，当 $\beta=0$ 或 $\beta=\pi$ 时，$s_\beta=0$，则 $\boldsymbol{J}_{\text{Euler\_zxz}}^{-1}$ 奇异，根据式(3.57)或式(3.59)解算的欧拉角速度中，$\dot{\alpha}$、$\dot{\gamma}$ 均将为无穷大。此为 zxz 欧拉角表示的奇异条件。

2. 定轴欧拉角表示下的姿态运动学

对于定轴欧拉角，三次基本旋转过程中各坐标系相对于参考系{A}的旋转变换矩阵分别为

$$\begin{cases}{}^{\text{A}}\boldsymbol{R}_2=\boldsymbol{R}_1(\alpha)\\{}^{\text{A}}\boldsymbol{R}_3=\boldsymbol{R}_2(\beta)\boldsymbol{R}_1(\alpha)\\{}^{\text{A}}\boldsymbol{R}_{\text{B}}=\boldsymbol{R}_3(\gamma)\boldsymbol{R}_2(\beta)\boldsymbol{R}_1(\alpha)\end{cases} \tag{3.60}$$

由于每次基本旋转都是相对于参考系{A}的，在后续旋转的过程中，前面基本旋转的角速度需要与刚体进行同样的基本旋转才能等效为最终的角速度矢量，具体过程如下。

① 第1次定轴基本旋转。

坐标系{A}绕坐标系{A}的坐标轴旋转，得坐标系{2}，旋转变换矩阵为 $\boldsymbol{R}_1(\alpha)$。旋转轴矢量记为 $\boldsymbol{k}_{(1)}$，旋转角速率为 $\dot{\alpha}$，则角速度矢量为 $\boldsymbol{\omega}_{1(1)}=\boldsymbol{k}_{(1)}\dot{\alpha}$，在后面的基本旋转中，该角速度矢量仍需要跟着旋转。

② 第2次基本旋转。

坐标系{2}绕坐标系{A}的轴旋转，得坐标系{3}，旋转变换矩阵为 $\boldsymbol{R}_2(\beta)$。旋转轴矢量记为 $\boldsymbol{k}_{(2)}$，旋转角速率为 $\dot{\beta}$，则角速度矢量为 $\boldsymbol{\omega}_{2(2)}=\boldsymbol{k}_{(2)}\dot{\beta}$，在后面的基本旋转中，该角速度矢量仍需要跟着旋转。

③ 第3次基本旋转。

坐标系{3}绕坐标系{A}的轴旋转，得坐标系{B}，旋转变换矩阵为 $\boldsymbol{R}_3(\gamma)$。旋转轴矢量记为 $\boldsymbol{k}_{(3)}$，旋转角速率为 $\dot{\gamma}$，则角速度矢量为 $\boldsymbol{\omega}_{3(3)}=\boldsymbol{k}_{(3)}\dot{\gamma}$。

上述旋转过程对应的角速度矢量变换如图3.3所示，从图中可知，$\boldsymbol{\omega}_{1(1)}$ 还需要依次进行第2和第3次定轴旋转，$\boldsymbol{\omega}_{2(2)}$ 还需要进行第3次定轴旋转后才能最终等效为{B}的角速度。

最终，刚体B的角速度为三次等效运动的合成，即：

$$\begin{aligned}{}^{\text{A}}\boldsymbol{\omega}&={}^{\text{A}}\boldsymbol{\omega}_{1(\text{B})}+{}^{\text{A}}\boldsymbol{\omega}_{2(\text{B})}+{}^{\text{A}}\boldsymbol{\omega}_{3(\text{B})}\\&=\boldsymbol{R}_3(\gamma)\boldsymbol{R}_2(\beta)\boldsymbol{\omega}_{1(1)}+\boldsymbol{R}_3(\gamma)\boldsymbol{\omega}_{2(2)}+\boldsymbol{\omega}_{3(3)}\\&=\boldsymbol{R}_3(\gamma)\boldsymbol{R}_2(\beta)\boldsymbol{k}_{(1)}\dot{\alpha}+\boldsymbol{R}_3(\gamma)\boldsymbol{k}_{(2)}\dot{\beta}+\boldsymbol{k}_{(3)}\dot{\gamma}\end{aligned} \tag{3.61}$$

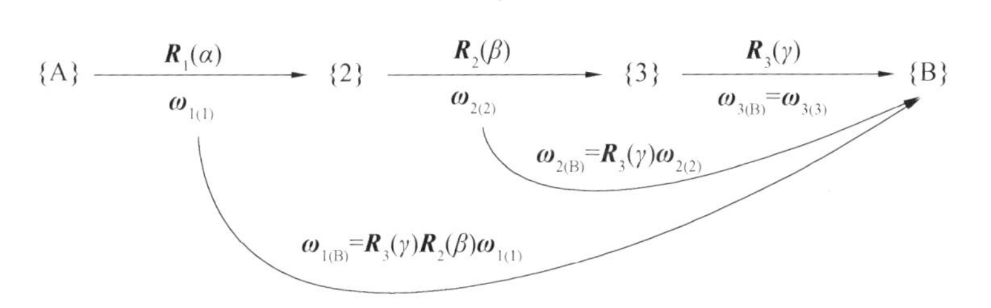

图3.3　定轴基本旋转姿态运动学

式(3.61)可写成如下形式：

$$^{A}\boldsymbol{\omega}=[\boldsymbol{R}_3(\gamma)\boldsymbol{R}_2(\beta)\boldsymbol{k}_{(1)},\quad \boldsymbol{R}_3(\gamma)\boldsymbol{k}_{(2)},\quad \boldsymbol{k}_{(3)}]\begin{bmatrix}\dot{\alpha}\\ \dot{\beta}\\ \dot{\gamma}\end{bmatrix} \tag{3.62}$$

式(3.62)即建立了定轴欧拉角速度 $\dot{\boldsymbol{\Psi}}$ 与刚体角速度 $\boldsymbol{\omega}$ 之间的关系。下面也将分别给出一种第 Ⅰ 类欧拉角和一种第 Ⅱ 类欧拉角表示下姿态运动学方程的推导过程。

(1) 定轴 xyz 欧拉角表示下的姿态运动学。

对于定轴 xyz 欧拉角的情况，过程如下。

(a) 第 1 次旋转为绕坐标系{A}的 x 轴的基本旋转，旋转轴为 x_A 轴，即 $\boldsymbol{k}_{(1)}=\boldsymbol{e}_1$，则有

$$\boldsymbol{\omega}_{1(1)}=\boldsymbol{k}_{(1)}\dot{\alpha}=\boldsymbol{e}_1\dot{\alpha}=\begin{bmatrix}1\\0\\0\end{bmatrix}\dot{\alpha} \tag{3.63}$$

(b) 第 2 次旋转为绕坐标系{A}的 y 轴的基本旋转，旋转轴为 y_A 轴，即 $\boldsymbol{k}_{(2)}=\boldsymbol{e}_2$，则有

$$\boldsymbol{\omega}_{2(2)}=\boldsymbol{k}_{(2)}\dot{\beta}=\boldsymbol{e}_2\dot{\beta}=\begin{bmatrix}0\\1\\0\end{bmatrix}\dot{\beta} \tag{3.64}$$

(c) 第 3 次旋转为绕坐标系{A}的 z 轴的基本旋转，旋转轴为 z_A 轴，即 $\boldsymbol{k}_{(3)}=\boldsymbol{e}_3$，则有

$$\boldsymbol{\omega}_{3(3)}=\boldsymbol{k}_{(3)}\dot{\gamma}=\boldsymbol{e}_3\dot{\gamma}=\begin{bmatrix}0\\0\\1\end{bmatrix}\dot{\gamma} \tag{3.65}$$

根据基本旋转的表达式可得

$$\boldsymbol{R}_3(\gamma)=\boldsymbol{R}_z(\gamma)=\begin{bmatrix}c_\gamma & -s_\gamma & 0\\ s_\gamma & c_\gamma & 0\\ 0 & 0 & 1\end{bmatrix} \tag{3.66}$$

$$\boldsymbol{R}_3(\gamma)\boldsymbol{R}_2(\beta)=\boldsymbol{R}_z(\gamma)\boldsymbol{R}_y(\beta)=\begin{bmatrix}c_\gamma & -s_\gamma & 0\\ s_\gamma & c_\gamma & 0\\ 0 & 0 & 1\end{bmatrix}\begin{bmatrix}c_\beta & 0 & s_\beta\\ 0 & 1 & 0\\ -s_\beta & 0 & c_\beta\end{bmatrix}=\begin{bmatrix}c_\gamma c_\beta & -s_\gamma & c_\gamma s_\beta\\ s_\gamma c_\beta & c_\gamma & s_\gamma s_\beta\\ -s_\beta & 0 & c_\beta\end{bmatrix} \tag{3.67}$$

结合式(3.62)，可得

$$
\begin{aligned}
{}^{A}\boldsymbol{\omega} &= \boldsymbol{R}_z(\gamma)\boldsymbol{R}_y(\beta)\boldsymbol{e}_1\dot{\alpha} + \boldsymbol{R}_z(\gamma)\boldsymbol{e}_2\dot{\beta} + \boldsymbol{e}_3\dot{\gamma} \\
&= \begin{bmatrix} c_\gamma c_\beta \\ s_\gamma c_\beta \\ -s_\beta \end{bmatrix}\dot{\alpha} + \begin{bmatrix} -s_\gamma \\ c_\gamma \\ 0 \end{bmatrix}\dot{\beta} + \begin{bmatrix} 0 \\ 0 \\ 1 \end{bmatrix}\dot{\gamma} \\
&= \begin{bmatrix} c_\gamma c_\beta & -s_\gamma & 0 \\ s_\gamma c_\beta & c_\gamma & 0 \\ -s_\beta & 0 & 1 \end{bmatrix}\begin{bmatrix} \dot{\alpha} \\ \dot{\beta} \\ \dot{\gamma} \end{bmatrix}
\end{aligned} \tag{3.68}
$$

式(3.68)即为定轴 xyz 欧拉角的姿态正运动学方程，类似地可以分析其姿态逆运动学方程，并分析相应的奇异条件，在此不再赘述。

(2) 定轴 zxz 欧拉角表示下的姿态运动学。

对于定轴 zxz 欧拉角的情况，过程如下。

(a) 第 1 次旋转为绕坐标系{A}的 z 轴的基本旋转，旋转轴为 z_A 轴，即 $\boldsymbol{k}_{(1)} = \boldsymbol{e}_3$，则有

$$
\boldsymbol{\omega}_{1(1)} = \boldsymbol{k}_{(1)}\dot{\alpha} = \boldsymbol{e}_3\dot{\alpha} = \begin{bmatrix} 0 \\ 0 \\ 1 \end{bmatrix}\dot{\alpha} \tag{3.69}
$$

(b) 第 2 次旋转为绕坐标系{A}的 x 轴的基本旋转，旋转轴为 x_A 轴，即 $\boldsymbol{k}_{(2)} = \boldsymbol{e}_1$，则有

$$
\boldsymbol{\omega}_{2(2)} = \boldsymbol{k}_{(2)}\dot{\beta} = \boldsymbol{e}_1\dot{\beta} = \begin{bmatrix} 1 \\ 0 \\ 0 \end{bmatrix}\dot{\beta} \tag{3.70}
$$

(c) 第 3 次旋转为绕坐标系{A}的 z 轴的基本旋转，旋转轴为 z_A 轴，即 $\boldsymbol{k}_{(3)} = \boldsymbol{e}_3$，则有

$$
\boldsymbol{\omega}_{3(3)} = \boldsymbol{k}_{(3)}\dot{\gamma} = \boldsymbol{e}_3\dot{\gamma} = \begin{bmatrix} 0 \\ 0 \\ 1 \end{bmatrix}\dot{\gamma} \tag{3.71}
$$

根据基本旋转的表达式可得

$$
\boldsymbol{R}_3(\gamma) = \boldsymbol{R}_z(\gamma) = \begin{bmatrix} c_\gamma & -s_\gamma & 0 \\ s_\gamma & c_\gamma & 0 \\ 0 & 0 & 1 \end{bmatrix} \tag{3.72}
$$

$$
\begin{aligned}
\boldsymbol{R}_3(\gamma)\boldsymbol{R}_2(\beta) &= \boldsymbol{R}_z(\gamma)\boldsymbol{R}_x(\beta) \\
&= \begin{bmatrix} c_\gamma & -s_\gamma & 0 \\ s_\gamma & c_\gamma & 0 \\ 0 & 0 & 1 \end{bmatrix}\begin{bmatrix} 1 & 0 & 0 \\ 0 & c_\beta & -s_\beta \\ 0 & s_\beta & c_\beta \end{bmatrix} = \begin{bmatrix} c_\gamma & -s_\gamma c_\beta & s_\gamma s_\beta \\ s_\gamma & c_\gamma c_\beta & -c_\gamma s_\beta \\ 0 & s_\beta & c_\beta \end{bmatrix}
\end{aligned} \tag{3.73}
$$

结合式(3.62)，可得

$$
\begin{aligned}
{}^{A}\boldsymbol{\omega} &= \boldsymbol{R}_3(\gamma)\boldsymbol{R}_2(\beta)\boldsymbol{e}_3\dot{\alpha} + \boldsymbol{R}_3(\gamma)\boldsymbol{e}_1\dot{\beta} + \boldsymbol{e}_3\dot{\gamma} \\
&= \begin{bmatrix} s_\gamma s_\beta \\ -c_\gamma s_\beta \\ c_\beta \end{bmatrix}\dot{\alpha} + \begin{bmatrix} c_\gamma \\ s_\gamma \\ 0 \end{bmatrix}\dot{\beta} + \begin{bmatrix} 0 \\ 0 \\ 1 \end{bmatrix}\dot{\gamma} \\
&= \begin{bmatrix} s_\gamma s_\beta & c_\gamma & 0 \\ -c_\gamma s_\beta & s_\gamma & 0 \\ c_\beta & 0 & 1 \end{bmatrix}\begin{bmatrix} \dot{\alpha} \\ \dot{\beta} \\ \dot{\gamma} \end{bmatrix}
\end{aligned} \tag{3.74}
$$

式(3.74) 即为定轴 zxz 欧拉角的姿态正运动学方程，类似地可以分析其姿态逆运动学方程，并分析相应的奇异条件，在此不再赘述。

3.欧拉角表示下姿态运动学一般表达式及运动奇异分析

将上述推导的欧拉角速度与旋转角速度关系统一表示为如下表达式：

$$\boldsymbol{\omega}=\boldsymbol{J}_{\text{Euler}}\dot{\boldsymbol{\Psi}} \tag{3.75}$$

$$\dot{\boldsymbol{\Psi}}=\boldsymbol{J}_{\text{Euler}}^{-1}\boldsymbol{\omega} \tag{3.76}$$

由式(3.75) 可知，不论对于哪种欧拉角表示，总能根据 $\dot{\boldsymbol{\Psi}}$ 计算 $\boldsymbol{\omega}$。而当给定 $\boldsymbol{\omega}$ 根据式(3.76) 计算 $\dot{\boldsymbol{\Psi}}$ 时，可能存在奇异问题，$\dot{\alpha}$、$\dot{\gamma}$ 将为无穷大，即出现姿态奇异问题。

结合第 2 章的讨论，当处于姿态奇异时，有如下特性。

(1) 给定旋转变换矩阵 $\boldsymbol{R}$，无法单独确定欧拉角中的 α 和 γ，但能确定($\alpha\pm\gamma$)，这说明第 1 次旋转和第 3 次旋转时的旋转轴共线(同向或反向)，损失了一个自由度(旋转运动自由度)。

(2) 给定刚体旋转角速度 $\boldsymbol{\omega}$，对应的欧拉角速度中，$\dot{\alpha}$ 和 $\dot{\gamma}$ 将为无穷大，仅 $\dot{\beta}$ 为有限值，在物理上是不可能的。这说明当姿态损失了一个自由度后，某些方向的旋转运动是可能实现的。

3.2.3　轴－角表示下的姿态运动学

根据第 2 章的内容可知，采用轴－角参数表示姿态时，姿态变换矩阵如下：

$$\boldsymbol{R}=c_{\phi}\boldsymbol{I}+(1-c_{\phi})\boldsymbol{k}\boldsymbol{k}^{\mathrm{T}}+s_{\phi}\boldsymbol{k}^{\times} \tag{3.77}$$

将式(3.77) 代入式(3.10)，可得刚体角速度为

$$\begin{aligned}\boldsymbol{\omega}^{\times}=\dot{\boldsymbol{R}}\boldsymbol{R}^{\mathrm{T}}&=\frac{\mathrm{d}[c_{\phi}I+(1-c_{\phi})\boldsymbol{k}\boldsymbol{k}^{\mathrm{T}}+s_{\phi}\boldsymbol{k}^{\times}]}{\mathrm{d}t}[c_{\phi}I+(1-c_{\phi})\boldsymbol{k}\boldsymbol{k}^{\mathrm{T}}+s_{\phi}\boldsymbol{k}^{\times}]^{\mathrm{T}}\\&=\dot{\phi}\boldsymbol{k}^{\times}-(1-c_{\phi})(\boldsymbol{k}^{\times}\dot{\boldsymbol{k}})^{\times}-s_{\phi}\dot{\boldsymbol{k}}^{\times}\end{aligned} \tag{3.78}$$

式(3.78) 的化简过程利用了下面的等式关系：

$$\begin{cases}\boldsymbol{k}^{\mathrm{T}}\boldsymbol{k}=1,\boldsymbol{k}^{\times}\boldsymbol{k}=0,\dot{\boldsymbol{k}}^{\times}\boldsymbol{k}=-\boldsymbol{k}^{\times}\dot{\boldsymbol{k}},\dot{\boldsymbol{k}}^{\times}\boldsymbol{k}^{\times}=\boldsymbol{k}\dot{\boldsymbol{k}}^{\mathrm{T}}\\\boldsymbol{k}\dot{\boldsymbol{k}}^{\mathrm{T}}\boldsymbol{k}^{\times}+\boldsymbol{e}^{\times}\boldsymbol{k}\dot{\boldsymbol{k}}^{\mathrm{T}}=-\dot{\boldsymbol{k}}^{\times},\dot{\boldsymbol{k}}\boldsymbol{k}^{\mathrm{T}}-\boldsymbol{k}\dot{\boldsymbol{k}}^{\mathrm{T}}=(\boldsymbol{k}^{\times}\dot{\boldsymbol{k}})^{\times}\end{cases} \tag{3.79}$$

式(3.78) 为矩阵表达式，还原为矢量形式后有

$$\boldsymbol{\omega}=\boldsymbol{k}\dot{\phi}-(1-c_{\phi})\boldsymbol{k}^{\times}\dot{\boldsymbol{k}}-s_{\phi}\dot{\boldsymbol{k}} \tag{3.80}$$

式(3.80) 即建立了轴－角时间变化率$(\dot{\boldsymbol{k}},\dot{\phi})$与刚体角速度 $\boldsymbol{\omega}$ 之间的关系。

另一方面，式(3.80) 两边左乘以 $\boldsymbol{k}^{\mathrm{T}}$ 并利用恒等式(3.79) 对其进行化简，得到：

$$\dot{\phi}=\boldsymbol{k}^{\mathrm{T}}\boldsymbol{\omega} \tag{3.81}$$

将式(3.80) 左乘以 $\boldsymbol{k}^{\times}$ 并利用恒等式(3.79) 对其进行化简，得到：

$$\dot{\boldsymbol{k}}=\frac{1}{2}\left(\boldsymbol{k}^{\times}-\cot\frac{\phi}{2}\boldsymbol{k}^{\times}\boldsymbol{k}^{\times}\right)\boldsymbol{\omega} \tag{3.82}$$

式(3.81)、式(3.82) 即为采用轴－角参数时的姿态正运动学方程；式(3.80) 为姿态逆运动学方程。

当绕固定轴旋转时，$\dot{\boldsymbol{k}}=0$，式(3.80) 还可化简为

$$\boldsymbol{\omega}=\boldsymbol{k}\dot{\phi} \tag{3.83}$$

则式(3.81) 和式(3.83) 分别为绕固定轴旋转时的姿态正运动学和逆运动学方程。

3.2.4 单位四元数表示下的姿态运动学

根据第 2 章的内容，单位四元数与轴－角参数有如下关系：

$$\begin{cases}\eta=\cos\dfrac{\phi}{2}\\ \boldsymbol{\varepsilon}=\boldsymbol{k}\sin\dfrac{\phi}{2}\end{cases} \tag{3.84}$$

对式(3.84)两边进行求导可得

$$\begin{cases}\dot{\eta}=-\dfrac{\dot{\phi}}{2}\sin\dfrac{\phi}{2}=-\dfrac{\boldsymbol{k}^{\mathrm{T}}\boldsymbol{\omega}}{2}\sin\dfrac{\phi}{2}=-\dfrac{1}{2}\boldsymbol{\varepsilon}^{\mathrm{T}}\boldsymbol{\omega}\\ \dot{\boldsymbol{\varepsilon}}=\dot{\boldsymbol{k}}\sin\dfrac{\phi}{2}+\boldsymbol{k}\dfrac{\dot{\phi}}{2}\cos\dfrac{\phi}{2}=\dfrac{1}{2}(\eta\boldsymbol{I}-\boldsymbol{\varepsilon}^{\times})\boldsymbol{\omega}\end{cases} \tag{3.85}$$

式(3.85)写成矩阵的形式有

$$\begin{bmatrix}\dot{\eta}\\ \dot{\boldsymbol{\varepsilon}}\end{bmatrix}=\frac{1}{2}\begin{bmatrix}-\boldsymbol{\varepsilon}^{\mathrm{T}}\\ \eta\boldsymbol{I}-\boldsymbol{\varepsilon}^{\times}\end{bmatrix}\boldsymbol{\omega} \tag{3.86}$$

上式可表示为

$$\dot{\boldsymbol{Q}}=\boldsymbol{J}_Q\boldsymbol{\omega} \tag{3.87}$$

其中，

$$\boldsymbol{J}_Q=\frac{1}{2}\begin{bmatrix}-\boldsymbol{\varepsilon}^{\mathrm{T}}\\ \eta\boldsymbol{I}-\boldsymbol{\varepsilon}^{\times}\end{bmatrix} \tag{3.88}$$

另外，式(3.86)可以写成四元数矩阵的形式，即：

$$\begin{bmatrix}\dot{\eta}\\ \dot{\varepsilon}_x\\ \dot{\varepsilon}_y\\ \dot{\varepsilon}_z\end{bmatrix}=\frac{1}{2}\begin{bmatrix}\eta & -\varepsilon_x & -\varepsilon_y & -\varepsilon_z\\ \varepsilon_x & \eta & \varepsilon_z & -\varepsilon_y\\ \varepsilon_y & -\varepsilon_z & \eta & \varepsilon_x\\ \varepsilon_z & \varepsilon_y & -\varepsilon_x & \eta\end{bmatrix}\begin{bmatrix}0\\ \omega_x\\ \omega_y\\ \omega_z\end{bmatrix}=\frac{1}{2}M(\boldsymbol{Q})^{+}\begin{bmatrix}0\\ \omega_x\\ \omega_y\\ \omega_z\end{bmatrix} \tag{3.89}$$

式(3.89)两边同时乘以 $M(\boldsymbol{Q}^{*})^{+}$，利用 $M(\boldsymbol{Q}^{*})^{+}M(\boldsymbol{Q})^{+}=\boldsymbol{I}$(单位矩阵)，可得

$$\begin{bmatrix}0\\ \omega_x\\ \omega_y\\ \omega_z\end{bmatrix}=2M(\boldsymbol{Q}^{*})^{+}\begin{bmatrix}\dot{\eta}\\ \dot{\varepsilon}_x\\ \dot{\varepsilon}_y\\ \dot{\varepsilon}_z\end{bmatrix}=2\begin{bmatrix}\eta & \varepsilon_x & \varepsilon_y & \varepsilon_z\\ -\varepsilon_x & \eta & -\varepsilon_z & \varepsilon_y\\ -\varepsilon_y & \varepsilon_z & \eta & -\varepsilon_x\\ -\varepsilon_z & -\varepsilon_y & \varepsilon_x & \eta\end{bmatrix}\begin{bmatrix}\dot{\eta}\\ \dot{\varepsilon}_x\\ \dot{\varepsilon}_y\\ \dot{\varepsilon}_z\end{bmatrix} \tag{3.90}$$

3.3 小角度条件下的简化姿态运动学

3.3.1 小角度下的姿态近似

当角度 φ 足够小时，其正弦及余弦值可以近似线性化，即(角度单位为弧度)：

$$\begin{cases}\cos\varphi\approx 1\\ \sin\varphi\approx\varphi\end{cases} \tag{3.91}$$

根据式(3.91)可知，小角度下的正弦值是小量，当多个小量相乘时，乘积近似为 0，即：

$$\begin{cases}\sin\varphi_i\sin\varphi_j\approx 0\\ \sin\varphi_i\sin\varphi_j\sin\varphi_k\approx 0\end{cases} \tag{3.92}$$

式(3.92) 中的 φ_i、φ_j、φ_k 可以是相同的角度,也可以是不同的角度。

在实际工程中,当 $|\varphi|\leqslant 0.0873$ 弧度(即 5°) 时,可认为满足上述条件。

(1) 欧拉角表示下的线性化近似。

当三个欧拉角均满足小角度条件时,将式(3.91) 和式(3.92) 所列的条件考虑进去,可对相应的姿态矩阵(以旋转变换矩阵为例) 进行线性化近似。

对于动轴 xyz 欧拉角 $\boldsymbol{\Psi}=[\alpha,\beta,\gamma]^{\mathrm{T}}$,旋转变换矩阵可近似为

$$\boldsymbol{R}_{xy'z''}=\begin{bmatrix} c_\beta c_\gamma & -c_\beta s_\gamma & s_\beta \\ s_\alpha s_\beta c_\gamma+c_\alpha s_\gamma & -s_\alpha s_\beta s_\gamma+c_\alpha c_\gamma & -s_\alpha c_\beta \\ -c_\alpha s_\beta c_\gamma+s_\alpha s_\gamma & c_\alpha s_\beta s_\gamma+s_\alpha c_\gamma & c_\alpha c_\beta \end{bmatrix}\approx\begin{bmatrix} 1 & -\gamma & \beta \\ \gamma & 1 & -\alpha \\ -\beta & \alpha & 1 \end{bmatrix} \tag{3.93}$$

对于动轴 zxz 欧拉角 $\boldsymbol{\Psi}=[\alpha,\beta,\gamma]^{\mathrm{T}}$,旋转变换矩阵可近似为

$$\boldsymbol{R}_{zx'z''}=\begin{bmatrix} c_\alpha c_\gamma-s_\alpha c_\beta s_\gamma & -c_\alpha s_\gamma-s_\alpha c_\beta c_\gamma & s_\alpha s_\beta \\ s_\alpha c_\gamma+c_\alpha c_\beta s_\gamma & -s_\alpha s_\gamma+c_\alpha c_\beta c_\gamma & -c_\alpha s_\beta \\ s_\beta s_\gamma & s_\beta c_\gamma & c_\beta \end{bmatrix}\approx\begin{bmatrix} 1 & -\gamma-\alpha & 0 \\ \gamma+\alpha & 1 & -\beta \\ 0 & \beta & 1 \end{bmatrix} \tag{3.94}$$

对于定轴 xyz 欧拉角 $\boldsymbol{\Psi}=[\alpha,\beta,\gamma]^{\mathrm{T}}$,旋转变换矩阵可近似为

$$\boldsymbol{R}_{xyz}=\begin{bmatrix} c_\gamma c_\beta & c_\gamma s_\beta s_\alpha-s_\gamma c_\alpha & c_\gamma s_\beta c_\alpha+s_\gamma s_\alpha \\ s_\gamma c_\beta & s_\gamma s_\beta s_\alpha+c_\gamma c_\alpha & s_\gamma s_\beta c_\alpha-c_\gamma s_\alpha \\ -s_\beta & c_\beta s_\alpha & c_\beta c_\alpha \end{bmatrix}\approx\begin{bmatrix} 1 & -\gamma & \beta \\ \gamma & 1 & -\alpha \\ -\beta & \alpha & 1 \end{bmatrix} \tag{3.95}$$

对于定轴 zxz 欧拉角 $\boldsymbol{\Psi}=[\alpha,\beta,\gamma]^{\mathrm{T}}$,旋转变换矩阵可近似为

$$\boldsymbol{R}_{zxz}=\begin{bmatrix} c_\gamma c_\alpha-s_\gamma c_\beta s_\alpha & -c_\gamma s_\alpha-s_\gamma c_\beta c_\alpha & s_\gamma s_\beta \\ s_\gamma c_\alpha+c_\gamma c_\beta s_\alpha & -s_\gamma s_\alpha+c_\gamma c_\beta c_\alpha & -c_\gamma s_\beta \\ s_\beta s_\alpha & s_\beta c_\alpha & c_\beta \end{bmatrix}\approx\begin{bmatrix} 1 & -\gamma-\alpha & 0 \\ \gamma+\alpha & 1 & -\beta \\ 0 & \beta & 1 \end{bmatrix} \tag{3.96}$$

分别比较式(3.93) 与式(3.95)、式(3.94) 与式(3.96) 可知,对于小角度情况,相同旋转顺序的动轴欧拉角和定轴欧拉角有相同的近似表达式。

实际上,对于所有第 Ⅰ 类 6 种欧拉角表示,其小角度条件下的旋转变换矩阵均与式(3.93) 类似;而对于所有第 Ⅱ 类 6 种欧拉角表示,其小角度条件下的旋转变换矩阵均与式(3.94) 类似。但要注意矩阵中相应元素的对应变量会有所不同。

特别是对于第 Ⅰ 类欧拉角(a－b－c 旋转顺序),小角度下的欧拉角还具有近似的三轴矢量含义。定义小角度下的角位移矢量及其反对称矩阵分别为

$$\boldsymbol{\rho}_\psi=\begin{bmatrix} \psi_x \\ \psi_y \\ \psi_z \end{bmatrix}^{\mathrm{T}},\boldsymbol{\rho}_\psi^\times=\begin{bmatrix} 0 & -\psi_z & \psi_y \\ \psi_z & 0 & -\psi_x \\ -\psi_y & \psi_x & 0 \end{bmatrix} \tag{3.97}$$

则

$$\boldsymbol{R}_{\mathrm{ab'c''}}\approx\boldsymbol{R}_{\mathrm{abc}}\approx\begin{bmatrix} 1 & -\psi_z & \psi_y \\ \psi_z & 1 & -\psi_x \\ -\psi_y & \psi_x & 1 \end{bmatrix}=\boldsymbol{I}+\boldsymbol{\rho}_\psi^\times \tag{3.98}$$

式中,ψ_x、ψ_y、ψ_z 分别为相应于 x、y、z 轴转动的角位移。

对于 xyz 欧拉角$[\alpha,\beta,\gamma]^{\mathrm{T}}$,$\psi_x=\alpha$,$\psi_y=\beta$,$\psi_z=\gamma$;对于 zxy 欧拉角$[\alpha,\beta,\gamma]^{\mathrm{T}}$,$\psi_z=\alpha$,$\psi_x=\beta$,$\psi_y=\gamma$。其他类似。

(2) 轴－角表示下的线性化近似。

对于轴－角$(\boldsymbol{k},\phi)$，当旋转角ϕ足够小时，将式(3.91)代入式(3.77)，可得小位移下的旋转变换矩阵为

$$\boldsymbol{R}=\mathrm{Rot}(\boldsymbol{k},\phi)=c_\phi\boldsymbol{I}+(1-c_\phi)\boldsymbol{k}\boldsymbol{k}^{\mathrm{T}}+s_\phi\boldsymbol{k}^{\times}\approx\boldsymbol{I}+\boldsymbol{k}^{\times}\phi=\begin{bmatrix}1 & -k_z\phi & k_y\phi\\ k_z\phi & 1 & -k_x\phi\\ -k_y\phi & k_x\phi & 1\end{bmatrix} \tag{3.99}$$

比较式(3.99)和式(3.98)，可知$\psi_x=k_x\phi$、$\psi_y=k_y\phi$、$\psi_z=k_z\phi$、$\boldsymbol{\rho}_\psi=\boldsymbol{k}\phi$。

(3) 单位四元数表示下的线性化近似。

对于小角度位移的情况，单位四元数$\boldsymbol{Q}=\{\eta,\boldsymbol{\varepsilon}\}$的标量$\eta$近似为1，矢量$\boldsymbol{\varepsilon}$各分量$\varepsilon_x$、$\varepsilon_y$和$\varepsilon_z$为小量，由于小量与小量的乘积可近似为0，则满足下列条件：

$$\begin{cases}\eta\approx 1\\ \varepsilon_x^2\approx\varepsilon_y^2\approx\varepsilon_z^2\approx 0\\ \varepsilon_x\varepsilon_y\approx\varepsilon_x\varepsilon_z\approx\varepsilon_y\varepsilon_z\approx 0\end{cases} \tag{3.100}$$

将式(3.100)代入相应的旋转变换矩阵，有

$$\begin{aligned}\boldsymbol{R}&=\begin{bmatrix}\eta^2+\varepsilon_x^2-\varepsilon_y^2-\varepsilon_z^2 & 2(\varepsilon_x\varepsilon_y-\varepsilon_z\eta) & 2(\varepsilon_x\varepsilon_z+\varepsilon_y\eta)\\ 2(\varepsilon_x\varepsilon_y+\varepsilon_z\eta) & \eta^2-\varepsilon_x^2+\varepsilon_y^2-\varepsilon_z^2 & 2(\varepsilon_y\varepsilon_z-\varepsilon_x\eta)\\ 2(\varepsilon_x\varepsilon_z-\varepsilon_y\eta) & 2(\varepsilon_y\varepsilon_z+\varepsilon_x\eta) & \eta^2-\varepsilon_x^2-\varepsilon_y^2+\varepsilon_z^2\end{bmatrix}\\ &\approx\begin{bmatrix}1 & -2\varepsilon_z & 2\varepsilon_y\\ 2\varepsilon_z & 1 & -2\varepsilon_x\\ -2\varepsilon_y & 2\varepsilon_x & 1\end{bmatrix}=\boldsymbol{I}+2\boldsymbol{\varepsilon}^{\times}\end{aligned} \tag{3.101}$$

比较式(3.98)和式(3.101)，可知：

$$\begin{cases}\psi_x\approx 2\varepsilon_x\\ \psi_y\approx 2\varepsilon_y\text{，或 }\boldsymbol{\rho}_\psi=2\boldsymbol{\varepsilon}\\ \psi_z\approx 2\varepsilon_z\end{cases} \tag{3.102}$$

3.3.2 小角度下的姿态运动分析

在分析小角度下的姿态运动学时，主要考虑欧拉角的情况，此时可进一步采用$\sin\varphi\approx\varphi\approx 0$的近似关系。结合第2章推导的刚体角速度$\boldsymbol{\omega}$与欧拉角速度$\dot{\boldsymbol{\Psi}}$转换关系，可得近似的姿态运动学方程。

(1) 对于动轴xyz欧拉角，有

$$\begin{bmatrix}\omega_x\\ \omega_y\\ \omega_z\end{bmatrix}=\begin{bmatrix}1 & 0 & s_\beta\\ 0 & c_\alpha & -s_\alpha c_\beta\\ 0 & s_\alpha & c_\alpha c_\beta\end{bmatrix}\begin{bmatrix}\dot\alpha\\ \dot\beta\\ \dot\gamma\end{bmatrix}\approx\begin{bmatrix}1 & 0 & \beta\\ 0 & 1 & -\alpha\\ 0 & \alpha & 1\end{bmatrix}\begin{bmatrix}\dot\alpha\\ \dot\beta\\ \dot\gamma\end{bmatrix}\approx\begin{bmatrix}1 & 0 & 0\\ 0 & 1 & 0\\ 0 & 0 & 1\end{bmatrix}\begin{bmatrix}\dot\alpha\\ \dot\beta\\ \dot\gamma\end{bmatrix} \tag{3.103}$$

即欧拉角速度近似为刚体角速度，即：

$$\begin{cases}\omega_x\approx\dot\alpha & \text{(第 1 次旋转，对应 } x \text{ 轴)}\\ \omega_y\approx\dot\beta & \text{(第 2 次旋转，对应 } y \text{ 轴)}\\ \omega_z\approx\dot\gamma & \text{(第 3 次旋转，对应 } z \text{ 轴)}\end{cases} \tag{3.104}$$

(2) 对于动轴zxz欧拉角，有

$$\begin{bmatrix}\omega_x\\ \omega_y\\ \omega_z\end{bmatrix}=\begin{bmatrix}0 & c_\alpha & s_\alpha s_\beta\\ 0 & s_\alpha & -c_\alpha s_\beta\\ 1 & 0 & c_\beta\end{bmatrix}\begin{bmatrix}\dot{\alpha}\\ \dot{\beta}\\ \dot{\gamma}\end{bmatrix}\approx\begin{bmatrix}0 & 1 & 0\\ 0 & \alpha & -\beta\\ 1 & 0 & 1\end{bmatrix}\begin{bmatrix}\dot{\alpha}\\ \dot{\beta}\\ \dot{\gamma}\end{bmatrix}\approx\begin{bmatrix}0 & 1 & 0\\ 0 & 0 & 0\\ 1 & 0 & 1\end{bmatrix}\begin{bmatrix}\dot{\alpha}\\ \dot{\beta}\\ \dot{\gamma}\end{bmatrix}\tag{3.105}$$

即有

$$\begin{cases}\omega_x\approx\dot{\beta} & (\text{第 2 次旋转,对应 } x \text{ 轴})\\ \omega_y\approx 0 & (\text{无法产生 } y \text{ 轴的角速度,奇异条件})\\ \omega_z\approx\dot{\alpha}+\dot{\gamma} & (\text{第 1、3 次旋转,共同对应 } z \text{ 轴})\end{cases}\tag{3.106}$$

(3) 第Ⅰ类及第Ⅱ类欧拉角表示下的姿态运动学近似。

对于a－b－c型欧拉角,小角度下的欧拉角速度可以映射到对应轴的姿态角速度:

$$xyz:\begin{cases}\omega_x\approx\dot{\alpha} & (\text{第 1 次对应 } x \text{ 轴})\\ \omega_y\approx\dot{\beta} & (\text{第 2 次对应 } y \text{ 轴})\\ \omega_z\approx\dot{\gamma} & (\text{第 3 次对应 } z \text{ 轴})\end{cases};\quad zyx:\begin{cases}\omega_x\approx\dot{\gamma} & (\text{第 3 次对应 } x \text{ 轴})\\ \omega_y\approx\dot{\beta} & (\text{第 2 次对应 } y \text{ 轴})\\ \omega_z\approx\dot{\alpha} & (\text{第 1 次对应 } z \text{ 轴})\end{cases}\tag{3.107}$$

对于a－b－a型欧拉角,小角度下即为奇异条件,无法产生其中一轴的角速度;而另一轴角速度为第1、3次角速度之和:

$$zxz:\begin{cases}\omega_x\approx\dot{\beta} & (\text{第 2 次旋转,对应 } x \text{ 轴})\\ \omega_y\approx 0 & (\text{无法产生 } y \text{ 轴的角速度,奇异条件})\\ \omega_z\approx\dot{\alpha}+\dot{\gamma} & (\text{第 1、3 次旋转,共同对应 } z \text{ 轴})\end{cases}\tag{3.108}$$

3.4　采用齐次变换矩阵表示的微分运动

假设t时刻刚体B(其固连坐标系表示为{B})相对于参考系{A}的位姿表示为齐次变换矩阵$\boldsymbol{T}(t)$,经过Δt时间后该刚体相对参考系的位姿变为$\boldsymbol{T}(t+\Delta t)$。在$t$、$(t+\Delta t)$时刻的刚体坐标系分别记为$\{\mathrm{B}(t)\}$和$\{\mathrm{B}(t+\Delta t)\}$,如图3.4所示。

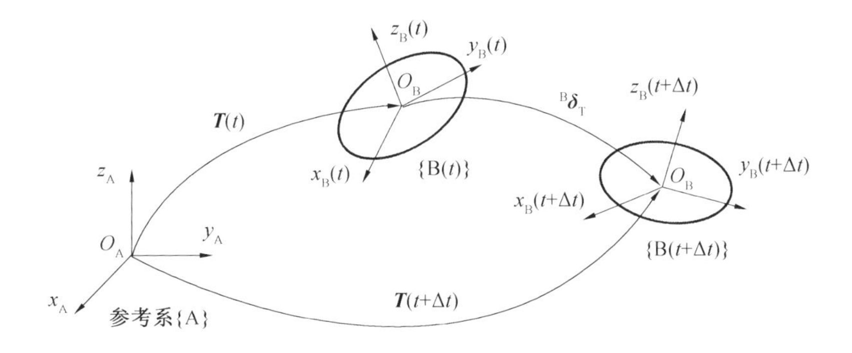

图3.4　齐次变换表示下的微分运动示意图

齐次变换矩阵$\boldsymbol{T}(t+\Delta t)$是刚体微分运动后的结果,可通过微分平移和微分旋转来实现。下面将分别根据是相对于参考系{A}(固定坐标系)还是相对于坐标系$\{\mathrm{B}(t)\}$(运动坐标系)两种情况进行讨论。

3.4.1　相对于固定坐标系的微分运动

相对于固定坐标系{A}的两个微分运动如下(先旋转、后平移)。

(1) 首先,{B(t)} 相对于{A} 进行微分转动$\overline{\mathrm{Rot}}(\boldsymbol{k},d_\phi)$,使坐标系{B($t$)} 与{B($t+\Delta t$)} 的三轴指向相同,其中 $\boldsymbol{k}$ 为旋转轴(参考系中表示的矢量)、d_ϕ 为旋转的微角度。该微分转动对应的齐次变换矩阵为

$$\overline{\mathrm{Rot}}(\boldsymbol{k},d_\phi)=\begin{bmatrix}1 & -k_z d_\phi & k_y d_\phi & 0\\ k_z d_\phi & 1 & -k_x d_\phi & 0\\ -k_y d_\phi & k_x d_\phi & 1 & 0\\ 0 & 0 & 0 & 1\end{bmatrix}=\begin{bmatrix}1 & -\delta_z & \delta_y & 0\\ \delta_z & 1 & -\delta_x & 0\\ -\delta_y & \delta_x & 1 & 0\\ 0 & 0 & 0 & 1\end{bmatrix} \tag{3.109}$$

式(3.109) 中的 $\delta_x=k_x d_\phi$、$\delta_y=k_y d_\phi$、$\delta_z=k_z d_\phi$ 分别为绕参考系 x、y、z 轴的微角度,相应地,定义微分转动矢量 $\boldsymbol{\delta}_\phi=[\delta_x,\delta_y,\delta_z]^{\mathrm{T}}=\boldsymbol{k}d_\phi$。

(2) 接着,微分转动后的坐标系相对于{A} 进行微分平移$\overline{\mathrm{Trans}}(d_x,d_y,d_z)$,使其坐标系原点与{B($t+\Delta t$)} 的原点重合。其中 d_x、d_y、d_z 为微分平移矢量 $\boldsymbol{d}_{\mathrm{p}}$ 的三轴分量(在参考系中表示),即 $\boldsymbol{d}_{\mathrm{p}}=[d_x,d_y,d_z]^{\mathrm{T}}$。该微分平移对应的齐次变换矩阵为

$$\overline{\mathrm{Trans}}(d_x,d_y,d_z)=\begin{bmatrix}1 & 0 & 0 & d_x\\ 0 & 1 & 0 & d_y\\ 0 & 0 & 1 & d_z\\ 0 & 0 & 0 & 1\end{bmatrix} \tag{3.110}$$

由于上述两次微分运动是相对于参考坐标系(定轴) 进行的,根据“从右向左”乘的规则,可得合成的微分运动满足如下关系:

$$\boldsymbol{T}(t+\Delta t)=\overline{\mathrm{Trans}}(d_x,d_y,d_z)\ \overline{\mathrm{Rot}}(\boldsymbol{k},d_\phi)\boldsymbol{T}(t)=\boldsymbol{\delta_T}\boldsymbol{T}(t) \tag{3.111}$$

其中,合成齐次变换矩阵 $\boldsymbol{\delta_T}$ 为

$$\boldsymbol{\delta_T}=\overline{\mathrm{Trans}}(d_x,d_y,d_z)\ \overline{\mathrm{Rot}}(\boldsymbol{k},d_\phi)=\begin{bmatrix}1 & -\delta_z & \delta_y & d_x\\ \delta_z & 1 & -\delta_x & d_y\\ -\delta_y & \delta_x & 1 & d_z\\ 0 & 0 & 0 & 1\end{bmatrix} \tag{3.112}$$

则齐次变换矩阵的微分为

$$\mathrm{d}\boldsymbol{T}=\boldsymbol{T}(t+\Delta t)-\boldsymbol{T}(t)=\boldsymbol{\delta_T}\boldsymbol{T}(t)-\boldsymbol{T}(t)=(\boldsymbol{\delta_T}-\boldsymbol{I})\boldsymbol{T}(t)=\Delta\boldsymbol{T}(t) \tag{3.113}$$

式中,Δ 为相对于固定坐标系进行微分运动的微分算子,表达式为

$$\Delta=\boldsymbol{\delta_T}-\boldsymbol{I}=\begin{bmatrix}0 & -\delta_z & \delta_y & d_x\\ \delta_z & 0 & -\delta_x & d_y\\ -\delta_y & \delta_x & 0 & d_z\\ 0 & 0 & 0 & 0\end{bmatrix} \tag{3.114}$$

3.4.2 相对于运动坐标系的微分运动

相对于运动坐标系{B(t)} 的两个微分运动如下(先平移、后旋转)。

(1) 首先,{B(t)} 相对于{B(t)} 进行微分平移$\overline{\mathrm{Trans}}({}^{\mathrm{B}}d_x,{}^{\mathrm{B}}d_y,{}^{\mathrm{B}}d_z)$,使其坐标系原点与{B($t+\Delta t$)} 的原点重合,微分平移矢量为${}^{\mathrm{B}}\boldsymbol{d}_{\mathrm{p}}=[{}^{\mathrm{B}}d_x,{}^{\mathrm{B}}d_y,{}^{\mathrm{B}}d_z]^{\mathrm{T}}$。

(2) 接着,微分平移后的坐标系绕其自身坐标系中的矢量${}^{\mathrm{B}}\boldsymbol{k}$(由于前次平移并未改变坐标轴指向,故此时的矢量表示与{B(t)} 中的表示相同) 进行微分转动$\overline{\mathrm{Rot}}({}^{\mathrm{B}}\boldsymbol{k},d_\phi)$,使其三轴指向与{B($t+\Delta t$)} 相同。

由于上述两次微分运动是相对于运动坐标系（动轴）进行的，根据“从左向右”乘的规则，可得合成的微分运动满足如下关系：

$$\boldsymbol{T}(t+\Delta t)=\boldsymbol{T}(t)\ \overline{\mathrm{Trans}}({}^{\mathrm{B}}d_x,{}^{\mathrm{B}}d_y,{}^{\mathrm{B}}d_z)\ \overline{\mathrm{Rot}}({}^{\mathrm{B}}\boldsymbol{k},d_\phi)=\boldsymbol{T}(t){}^{\mathrm{B}}\boldsymbol{\delta}_{\boldsymbol{T}} \tag{3.115}$$

其中，合成齐次变换矩阵${}^{\mathrm{B}}\boldsymbol{\delta}_{\boldsymbol{T}}$为

$${}^{\mathrm{B}}\boldsymbol{\delta}_{\boldsymbol{T}}=\overline{\mathrm{Trans}}({}^{\mathrm{B}}d_x,{}^{\mathrm{B}}d_y,{}^{\mathrm{B}}d_z)\ \overline{\mathrm{Rot}}({}^{\mathrm{B}}\boldsymbol{k},{}^{\mathrm{B}}d_\phi)=\begin{bmatrix}1 & -{}^{\mathrm{B}}\delta_z & {}^{\mathrm{B}}\delta_y & {}^{\mathrm{B}}d_x\\ {}^{\mathrm{B}}\delta_z & 1 & -{}^{\mathrm{B}}\delta_x & {}^{\mathrm{B}}d_y\\ -{}^{\mathrm{B}}\delta_y & {}^{\mathrm{B}}\delta_x & 1 & {}^{\mathrm{B}}d_z\\ 0 & 0 & 0 & 1\end{bmatrix} \tag{3.116}$$

则齐次变换矩阵的微分为

$$\mathrm{d}\boldsymbol{T}=\boldsymbol{T}(t+\Delta t)-\boldsymbol{T}(t)=\boldsymbol{T}(t){}^{\mathrm{B}}\boldsymbol{\delta}_{\boldsymbol{T}}-\boldsymbol{T}(t)=\boldsymbol{T}(t)({}^{\mathrm{B}}\boldsymbol{\delta}_{\boldsymbol{T}}-\boldsymbol{I})=\boldsymbol{T}(t){}^{\mathrm{B}}\Delta \tag{3.117}$$

式中，${}^{\mathrm{B}}\Delta$ 为相对于运动坐标系进行微分运动的微分算子，表达式为

$${}^{\mathrm{B}}\Delta={}^{\mathrm{B}}\boldsymbol{\delta}_{\boldsymbol{T}}-\boldsymbol{I}=\begin{bmatrix}0 & -{}^{\mathrm{B}}\delta_z & {}^{\mathrm{B}}\delta_y & {}^{\mathrm{B}}d_x\\ {}^{\mathrm{B}}\delta_z & 0 & -{}^{\mathrm{B}}\delta_x & {}^{\mathrm{B}}d_y\\ -{}^{\mathrm{B}}\delta_y & {}^{\mathrm{B}}\delta_x & 0 & {}^{\mathrm{B}}d_z\\ 0 & 0 & 0 & 0\end{bmatrix} \tag{3.118}$$

3.4.3　微分运动的等效

定义相对于固定坐标系和运动坐标系的六维微分运动矢量：

$$\boldsymbol{D}=\begin{bmatrix}\boldsymbol{d}_{\mathrm{p}}\\ \boldsymbol{\delta}_\phi\end{bmatrix}=\begin{bmatrix}d_x\\ d_y\\ d_z\\ \delta_x\\ \delta_y\\ \delta_z\end{bmatrix},\ {}^{\mathrm{B}}\boldsymbol{D}=\begin{bmatrix}{}^{\mathrm{B}}\boldsymbol{d}_{\mathrm{p}}\\ {}^{\mathrm{B}}\boldsymbol{\delta}_\phi\end{bmatrix}=\begin{bmatrix}{}^{\mathrm{B}}d_x\\ {}^{\mathrm{B}}d_y\\ {}^{\mathrm{B}}d_z\\ {}^{\mathrm{B}}\delta_x\\ {}^{\mathrm{B}}\delta_y\\ {}^{\mathrm{B}}\delta_z\end{bmatrix} \tag{3.119}$$

其与刚体线速度和角速度的关系分别为

$$\boldsymbol{D}=\begin{bmatrix}\boldsymbol{v}\\ \boldsymbol{\omega}\end{bmatrix}\mathrm{d}t,\ {}^{\mathrm{B}}\boldsymbol{D}=\begin{bmatrix}{}^{\mathrm{B}}\boldsymbol{v}\\ {}^{\mathrm{B}}\boldsymbol{\omega}\end{bmatrix}\mathrm{d}t \tag{3.120}$$

利用式(3.119)可构造相应的微分算子 Δ 和${}^{\mathrm{B}}\Delta$。根据式(3.117)和式(3.113)，可知，两种类型的微分算子满足如下关系：

$$\Delta\boldsymbol{T}=\boldsymbol{T}{}^{\mathrm{B}}\Delta \tag{3.121}$$

$$\Delta=\boldsymbol{T}{}^{\mathrm{B}}\Delta\boldsymbol{T}^{-1} \tag{3.122}$$

$${}^{\mathrm{B}}\Delta=\boldsymbol{T}^{-1}\Delta\boldsymbol{T} \tag{3.123}$$

齐次变换矩阵 $\boldsymbol{T}$ 及其逆矩阵分别见式(2.128)和式(2.129)，将其分别代入式(3.122)和式(3.123)，并进行进一步处理后可得如下等效的微分运动关系：

$$\begin{bmatrix}\boldsymbol{d}_{\mathrm{p}}\\ \boldsymbol{\delta}_\phi\end{bmatrix}=\begin{bmatrix}\boldsymbol{R} & \boldsymbol{p}^{\times}\\ 0 & \boldsymbol{R}\end{bmatrix}\begin{bmatrix}{}^{\mathrm{B}}\boldsymbol{d}_{\mathrm{p}}\\ {}^{\mathrm{B}}\boldsymbol{\delta}_\phi\end{bmatrix} \tag{3.124}$$

$$\begin{bmatrix}{}^{\mathrm{B}}\boldsymbol{d}_{\mathrm{p}}\\ {}^{\mathrm{B}}\boldsymbol{\delta}_\phi\end{bmatrix}=\begin{bmatrix}\boldsymbol{R}^{\mathrm{T}} & -\boldsymbol{R}^{\mathrm{T}}\boldsymbol{p}^{\times}\\ 0 & \boldsymbol{R}^{\mathrm{T}}\end{bmatrix}\begin{bmatrix}\boldsymbol{d}_{\mathrm{p}}\\ \boldsymbol{\delta}_\phi\end{bmatrix} \tag{3.125}$$

3.5 刚体位姿误差的表示与控制律设计

3.5.1 刚体的位置误差

在实际中,往往需要控制一个刚体从一个位置变化到另一个位置,或/和从一个姿态变化到另一个姿态,这就涉及刚体位置、姿态误差(或偏差)描述的问题。

如图3.5所示,刚体B固连坐标系的当前状态和期望状态分别表示为坐标系$\{x_c, y_c, z_c\}$和$\{x_d, y_d, z_d\}$。以坐标系$\{x_0, y_0, z_0\}$为参考系,上述两个坐标系原点的位置矢量分别代表了刚体的当前位置和期望位置,表示为$\boldsymbol{p}_c$和$\boldsymbol{p}_d$,则刚体的位置误差$\boldsymbol{e}_p$为

$$\boldsymbol{e}_p = \Delta \boldsymbol{p} = \boldsymbol{p}_d - \boldsymbol{p}_c \tag{3.126}$$

由于姿态的描述有多种方式,下面将分别讨论不同描述方式下姿态误差的表示。

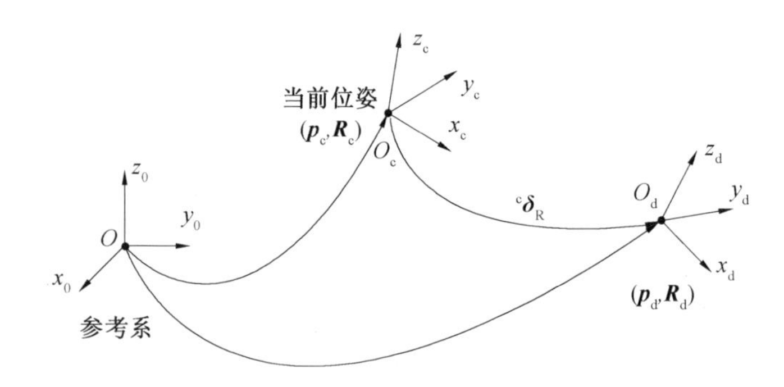

图3.5 刚体当前位置与期望位姿示意图

3.5.2 刚体的姿态误差

1.采用旋转变换矩阵表示时的姿态误差

采用旋转变换矩阵时,刚体的当前姿态和期望姿态分别用坐标系$\{x_c, y_c, z_c\}$、$\{x_d, y_d, z_d\}$相对于参考坐标系$\{x_0, y_0, z_0\}$的旋转变换矩阵表示,具有如下形式:

$$\boldsymbol{R}_c = [\boldsymbol{n}_c, \boldsymbol{o}_c, \boldsymbol{a}_c] = \begin{bmatrix} n_{cx} & o_{cx} & a_{cx} \\ n_{cy} & o_{cy} & a_{cy} \\ n_{cz} & o_{cz} & a_{cz} \end{bmatrix} \tag{3.127}$$

$$\boldsymbol{R}_d = [\boldsymbol{n}_d, \boldsymbol{o}_d, \boldsymbol{a}_d] = \begin{bmatrix} n_{dx} & o_{dx} & a_{dx} \\ n_{dy} & o_{dy} & a_{dy} \\ n_{dz} & o_{dz} & a_{dz} \end{bmatrix} \tag{3.128}$$

式中,$\boldsymbol{R}_c$、$\boldsymbol{R}_d$分别为刚体的当前姿态和期望姿态。

类似于3.4节的推导,从坐标系$\{x_c, y_c, z_c\}$转动到$\{x_d, y_d, z_d\}$也可以考虑相对于固定坐标系$\{x_0, y_0, z_0\}$和运动坐标系$\{x_c, y_c, z_c\}$两种情况,相应的旋转变换矩阵分别表示为$\boldsymbol{\delta}_R$和${}^c\boldsymbol{\delta}_R$,则有如下关系:

$$\boldsymbol{\delta}_R \boldsymbol{R}_c = \boldsymbol{R}_d \quad (\text{相对于参考系,按“从右向左”乘的原则}) \tag{3.129}$$

$$\boldsymbol{R}_c {}^c\boldsymbol{\delta}_R = \boldsymbol{R}_d \quad (\text{相对于刚体坐标系,按“从左向右”乘的原则}) \tag{3.130}$$

根据式(3.129)和式(3.130),可分别得

$$\boldsymbol{\delta}_{\boldsymbol{R}}=\boldsymbol{R}_{\mathrm{d}}\boldsymbol{R}_{\mathrm{c}}^{-1}=\boldsymbol{R}_{\mathrm{d}}\boldsymbol{R}_{\mathrm{c}}^{\mathrm{T}} \tag{3.131}$$

$$^{\mathrm{c}}\boldsymbol{\delta}_{\boldsymbol{R}}=\boldsymbol{R}_{\mathrm{c}}^{-1}\boldsymbol{R}_{\mathrm{d}}=\boldsymbol{R}_{\mathrm{c}}^{\mathrm{T}}\boldsymbol{R}_{\mathrm{d}} \tag{3.132}$$

称 $\boldsymbol{\delta}_{\boldsymbol{R}}$、$^{\mathrm{c}}\boldsymbol{\delta}_{\boldsymbol{R}}$ 分别为相对于参考系和刚体坐标系的姿态误差矩阵。以 $\boldsymbol{\delta}_{\boldsymbol{R}}$ 为例，进行进一步的推导。将姿态误差矩阵 $\boldsymbol{\delta}_{\boldsymbol{R}}$ 写成如下表达式：

$$\boldsymbol{\delta}_{\boldsymbol{R}}=\begin{bmatrix} a_{\mathrm{E11}} & a_{\mathrm{E12}} & a_{\mathrm{E13}} \\ a_{\mathrm{E21}} & a_{\mathrm{E22}} & a_{\mathrm{E23}} \\ a_{\mathrm{E31}} & a_{\mathrm{E32}} & a_{\mathrm{E33}} \end{bmatrix} \tag{3.133}$$

式中，$a_{\mathrm{E}ij}$ 为误差矩阵 $\boldsymbol{\delta}_{\boldsymbol{R}}$ 的第(i,j) 元素。

将式(3.127) 和式(3.128) 代入式(3.133)，可得

$$\begin{aligned}\boldsymbol{\delta}_{\boldsymbol{R}}=\boldsymbol{R}_{\mathrm{d}}\boldsymbol{R}_{\mathrm{c}}^{\mathrm{T}}&=\begin{bmatrix} n_{\mathrm{d}x} & o_{\mathrm{d}x} & a_{\mathrm{d}x} \\ n_{\mathrm{d}y} & o_{\mathrm{d}y} & a_{\mathrm{d}y} \\ n_{\mathrm{d}z} & o_{\mathrm{d}z} & a_{\mathrm{d}z} \end{bmatrix}\begin{bmatrix} n_{\mathrm{c}x} & n_{\mathrm{c}y} & n_{\mathrm{c}z} \\ o_{\mathrm{c}x} & o_{\mathrm{c}y} & o_{\mathrm{c}z} \\ a_{\mathrm{c}x} & a_{\mathrm{c}y} & a_{\mathrm{c}z} \end{bmatrix}\\ &=\begin{bmatrix} n_{\mathrm{c}x}n_{\mathrm{d}x}+o_{\mathrm{c}x}o_{\mathrm{d}x}+a_{\mathrm{c}x}a_{\mathrm{d}x} & n_{\mathrm{c}y}n_{\mathrm{d}x}+o_{\mathrm{c}y}o_{\mathrm{d}x}+a_{\mathrm{c}y}a_{\mathrm{d}x} & n_{\mathrm{c}z}n_{\mathrm{d}x}+o_{\mathrm{c}z}o_{\mathrm{d}x}+a_{\mathrm{c}z}a_{\mathrm{d}x} \\ n_{\mathrm{c}x}n_{\mathrm{d}y}+o_{\mathrm{c}x}o_{\mathrm{d}y}+a_{\mathrm{c}x}a_{\mathrm{d}y} & n_{\mathrm{c}y}n_{\mathrm{d}y}+o_{\mathrm{c}y}o_{\mathrm{d}y}+a_{\mathrm{c}y}a_{\mathrm{d}y} & n_{\mathrm{c}z}n_{\mathrm{d}y}+o_{\mathrm{c}z}o_{\mathrm{d}y}+a_{\mathrm{c}z}a_{\mathrm{d}y} \\ n_{\mathrm{c}x}n_{\mathrm{d}z}+o_{\mathrm{c}x}o_{\mathrm{d}z}+a_{\mathrm{c}x}a_{\mathrm{d}z} & n_{\mathrm{c}y}n_{\mathrm{d}z}+o_{\mathrm{c}y}o_{\mathrm{d}z}+a_{\mathrm{c}y}a_{\mathrm{d}z} & n_{\mathrm{c}z}n_{\mathrm{d}z}+o_{\mathrm{c}z}o_{\mathrm{d}z}+a_{\mathrm{c}z}a_{\mathrm{d}z} \end{bmatrix}\end{aligned} \tag{3.134}$$

另一方面，可认为 $\boldsymbol{\delta}_{\boldsymbol{R}}$ 是通过等效变换 $\mathrm{Rot}(\boldsymbol{k},d_{\phi})$ 得到，其中 $\boldsymbol{k}$ 为等效转轴、d_{ϕ} 为等效转角。根据欧拉角与轴 — 角的关系，即式(2.77)，可知：

$$\boldsymbol{k}=\frac{1}{2\sin d_{\phi}}\begin{bmatrix} a_{\mathrm{E32}}-a_{\mathrm{E23}} \\ a_{\mathrm{E13}}-a_{\mathrm{E31}} \\ a_{\mathrm{E21}}-a_{\mathrm{E12}} \end{bmatrix} \tag{3.135}$$

考虑小角度的条件，即 $\sin d_{\phi}\approx d_{\phi}$，则有

$$\boldsymbol{\delta}_{\phi}=\boldsymbol{k}d_{\phi}\approx\boldsymbol{k}\sin d_{\phi}=\frac{1}{2}\begin{bmatrix} a_{\mathrm{E32}}-a_{\mathrm{E23}} \\ a_{\mathrm{E13}}-a_{\mathrm{E31}} \\ a_{\mathrm{E21}}-a_{\mathrm{E12}} \end{bmatrix} \tag{3.136}$$

将式(3.134) 中的对应元素代入式(3.136)，可得在参考坐标系中表示的姿态误差矢量为(详细推导过程见附录 2)

$$\boldsymbol{e}_{\mathrm{o}}=\boldsymbol{\delta}_{\phi}\approx\frac{1}{2}\begin{bmatrix} a_{\mathrm{E32}}-a_{\mathrm{E23}} \\ a_{\mathrm{E13}}-a_{\mathrm{E31}} \\ a_{\mathrm{E21}}-a_{\mathrm{E12}} \end{bmatrix}=\frac{1}{2}(\boldsymbol{n}_{\mathrm{c}}\times\boldsymbol{n}_{\mathrm{d}}+\boldsymbol{o}_{\mathrm{c}}\times\boldsymbol{o}_{\mathrm{d}}+\boldsymbol{a}_{\mathrm{c}}\times\boldsymbol{a}_{\mathrm{d}}) \tag{3.137}$$

类似地，可推导出在刚体坐标系中表示的姿态误差矢量，表达式如下(详细推导过程见附录 2)：

$$^{\mathrm{c}}\boldsymbol{e}_{\mathrm{o}}={}^{\mathrm{c}}\boldsymbol{\delta}_{\phi}={}^{\mathrm{c}}\boldsymbol{k}d_{\phi}\approx\frac{1}{2}\begin{bmatrix} ^{\mathrm{c}}a_{\mathrm{E32}}-{}^{\mathrm{c}}a_{\mathrm{E23}} \\ ^{\mathrm{c}}a_{\mathrm{E13}}-{}^{\mathrm{c}}a_{\mathrm{E31}} \\ ^{\mathrm{c}}a_{\mathrm{E21}}-{}^{\mathrm{c}}a_{\mathrm{E12}} \end{bmatrix}=\frac{1}{2}\begin{bmatrix} \boldsymbol{a}_{\mathrm{c}}\cdot\boldsymbol{o}_{\mathrm{d}}-\boldsymbol{o}_{\mathrm{c}}\cdot\boldsymbol{a}_{\mathrm{d}} \\ \boldsymbol{n}_{\mathrm{c}}\cdot\boldsymbol{a}_{\mathrm{d}}-\boldsymbol{a}_{\mathrm{c}}\cdot\boldsymbol{n}_{\mathrm{d}} \\ \boldsymbol{o}_{\mathrm{c}}\cdot\boldsymbol{n}_{\mathrm{d}}-\boldsymbol{n}_{\mathrm{c}}\cdot\boldsymbol{o}_{\mathrm{d}} \end{bmatrix} \tag{3.138}$$

式中，$^{\mathrm{c}}a_{\mathrm{E}ij}$ 为误差矩阵 $^{\mathrm{c}}\boldsymbol{\delta}_{\boldsymbol{R}}$ 的第(i,j) 元素。

在实际中，可根据是在参考系中描述控制方程还是在刚体坐标系中描述控制方程，分别选择式(3.137) 和式(3.138)。虽然上述推导过程利用了轴 — 角表示法的性质，但在实际应用中并不需要求解相应的轴 — 角参数，而是直接利用旋转变换矩阵 $\boldsymbol{R}_{\mathrm{c}}$ 和 $\boldsymbol{R}_{\mathrm{d}}$ 的值。需要指

出的是，该方法考虑了小角度情况的情况，是一种近似表示。

2.采用轴－角表示时的姿态误差

实际中，也可不考虑小角度的问题，直接根据姿态误差矩阵求解等效转轴 $\boldsymbol{k}$ 和等效转角 d_ϕ，其中，

$$d_\phi = \arccos\frac{\operatorname{tr}(\boldsymbol{\delta}_{\boldsymbol{R}})-1}{2} \tag{3.139}$$

当计算出 d_ϕ 后，可根据式(3.135)计算等效旋转轴 $\boldsymbol{k}$，从而在参考系中表示的姿态误差矢量为(在刚体坐标系中表示的姿态误差可类似得到，不再赘述)

$$\boldsymbol{e}_{\mathrm{o}} = \boldsymbol{\delta}_\phi = \boldsymbol{k}d_\phi \tag{3.140}$$

3.采用姿态角表示时的姿态误差

若当前姿态对应的欧拉角为 $\boldsymbol{\Psi}_{\mathrm{c}}=[\alpha_{\mathrm{c}},\beta_{\mathrm{c}},\gamma_{\mathrm{c}}]^{\mathrm{T}}$、$\boldsymbol{\Psi}_{\mathrm{d}}=[\alpha_{\mathrm{d}},\beta_{\mathrm{d}},\gamma_{\mathrm{d}}]^{\mathrm{T}}$，则定义欧拉角误差为

$$\Delta\boldsymbol{\Psi} = \begin{bmatrix}\alpha_{\mathrm{d}}-\alpha_{\mathrm{c}}\\ \beta_{\mathrm{d}}-\beta_{\mathrm{c}}\\ \gamma_{\mathrm{d}}-\gamma_{\mathrm{c}}\end{bmatrix} = \begin{bmatrix}\Delta\alpha\\ \Delta\beta\\ \Delta\gamma\end{bmatrix} \tag{3.141}$$

实际中，也可将姿态误差矩阵 $\boldsymbol{\delta}_{\boldsymbol{R}}$ 转换为相应的欧拉角 $\Delta\boldsymbol{\Psi}$。

结合姿态运动学方程式(3.75)，可得微分转动的差分形式：

$$\boldsymbol{\delta}_\phi = \boldsymbol{\omega}\Delta t = \boldsymbol{J}_{\mathrm{Euler}}(\boldsymbol{\Psi}_{\mathrm{c}})\,\Delta\boldsymbol{\Psi} \tag{3.142}$$

可将 $\boldsymbol{\delta}_\phi$ 定义为相对于参考系的姿态误差矢量。以动轴 xyz 欧拉角为例，将具体的表达式代入后，有

$$\boldsymbol{e}_{\mathrm{o}} = \boldsymbol{\delta}_\phi = \boldsymbol{J}_{\mathrm{Euler\_}xyz}\,\Delta\boldsymbol{\Psi}_{xyz} = \begin{bmatrix}1 & 0 & s_{\beta_{\mathrm{c}}}\\ 0 & c_{\alpha_{\mathrm{c}}} & -s_{\alpha_{\mathrm{c}}}c_{\beta_{\mathrm{c}}}\\ 0 & s_{\alpha_{\mathrm{c}}} & c_{\alpha_{\mathrm{c}}}c_{\beta_{\mathrm{c}}}\end{bmatrix}\begin{bmatrix}\Delta\alpha\\ \Delta\beta\\ \Delta\gamma\end{bmatrix} \tag{3.143}$$

采用变换式(3.143)后，可将不具有矢量含义的 $\Delta\boldsymbol{\Psi}$ 转换为具有矢量含义的 $\boldsymbol{e}_{\mathrm{o}}$。

4.采用单位四元数表示时的姿态误差

若当前坐标系和期望坐标系的姿态四元数分别为 $\boldsymbol{Q}_{\mathrm{c}}=\{\eta_{\mathrm{c}},\boldsymbol{\varepsilon}_{\mathrm{c}}\}$、$\boldsymbol{Q}_{\mathrm{d}}=\{\eta_{\mathrm{d}},\boldsymbol{\varepsilon}_{\mathrm{d}}\}$，定义误差四元数为

$$\Delta\boldsymbol{Q} = \boldsymbol{Q}_{\mathrm{d}}\circ\boldsymbol{Q}_{\mathrm{c}}^{-1} = \boldsymbol{Q}_{\mathrm{d}}\circ\boldsymbol{Q}_{\mathrm{c}}^{*} = \boldsymbol{M}(\boldsymbol{Q}_{\mathrm{d}})\,\boldsymbol{Q}_{\mathrm{c}}^{*} = \begin{bmatrix}\delta\eta\\ \delta\boldsymbol{\varepsilon}\end{bmatrix} \tag{3.144}$$

其中，

$$\begin{cases}\delta\eta = \eta_{\mathrm{d}}\eta_{\mathrm{c}} + \boldsymbol{\varepsilon}_{\mathrm{c}}^{\mathrm{T}}\cdot\boldsymbol{\varepsilon}_{\mathrm{d}}\\ \delta\boldsymbol{\varepsilon} = -\eta_{\mathrm{d}}\boldsymbol{\varepsilon}_{\mathrm{c}} + \eta_{\mathrm{c}}\boldsymbol{\varepsilon}_{\mathrm{d}} - \boldsymbol{\varepsilon}_{\mathrm{d}}\times\boldsymbol{\varepsilon}_{\mathrm{c}}\end{cases} \tag{3.145}$$

当两坐标系指向一致时，$\Delta\boldsymbol{Q}=\{1,\boldsymbol{0}\}$，即 $\delta\eta=1$ 且 $\delta\boldsymbol{\varepsilon}=\boldsymbol{0}$。实际上，根据单位四元数的性质，$\delta\boldsymbol{\varepsilon}=\boldsymbol{0}$ 则意味着 $\delta\eta=1$。因而，可以得出如下结论：当且仅当 $\delta\boldsymbol{\varepsilon}=\boldsymbol{0}$ 时，两坐标系重合，即姿态误差为 $\boldsymbol{0}$。

由于姿态四元数与轴－角之间满足 $\delta\boldsymbol{\varepsilon}=\boldsymbol{k}\sin\frac{d_\phi}{2}$。考虑小角度条件，有

$$\delta\boldsymbol{\varepsilon} = \boldsymbol{k}\sin\frac{d_\phi}{2} \approx \frac{\boldsymbol{k}d_\phi}{2} \tag{3.146}$$

因而，可定义参考系中表示的姿态误差矢量：

$$\boldsymbol{e}_{\mathrm{o}} = \boldsymbol{\delta}_\phi = \boldsymbol{k}d_\phi \approx 2\delta_\varepsilon = 2(-\eta_{\mathrm{d}}\boldsymbol{\varepsilon}_{\mathrm{c}} + \eta_{\mathrm{c}}\boldsymbol{\varepsilon}_{\mathrm{d}} - \boldsymbol{\varepsilon}_{\mathrm{d}}\times\boldsymbol{\varepsilon}_{\mathrm{c}}) \tag{3.147}$$

3.5.3 采用齐次变换矩阵表示的位姿误差

若刚体 B 相对于参考系的当前位姿和期望位姿分别表示为 $\boldsymbol{T}_{\mathrm{c}}$ 和 $\boldsymbol{T}_{\mathrm{d}}$，分别有如下形式：

$$\boldsymbol{T}_{\mathrm{c}}=\begin{bmatrix}\boldsymbol{R}_{\mathrm{c}} & \boldsymbol{p}_{\mathrm{c}}\\ \boldsymbol{0} & 1\end{bmatrix} \tag{3.148}$$

$$\boldsymbol{T}_{\mathrm{d}}=\begin{bmatrix}\boldsymbol{R}_{\mathrm{d}} & \boldsymbol{p}_{\mathrm{d}}\\ \boldsymbol{0} & 1\end{bmatrix} \tag{3.149}$$

类似于 3.4 节的推导，从坐标系$\{x_{\mathrm{c}},y_{\mathrm{c}},z_{\mathrm{c}}\}$运动到$\{x_{\mathrm{d}},y_{\mathrm{d}},z_{\mathrm{d}}\}$也可以考虑相对于固定坐标系$\{x_0,y_0,z_0\}$和运动坐标系$\{x_{\mathrm{c}},y_{\mathrm{c}},z_{\mathrm{c}}\}$两种情况，相应的齐次变换矩阵分别表示为 $\boldsymbol{\delta}_{\boldsymbol{T}}$ 和 ${}^{\mathrm{c}}\boldsymbol{\delta}_{\boldsymbol{T}}$，则有如下关系：

$$\boldsymbol{\delta}_{\boldsymbol{T}}\boldsymbol{T}_{\mathrm{c}}=\boldsymbol{T}_{\mathrm{d}}\quad \text{(相对于参考坐标系，按“从右向左”乘的原则)} \tag{3.150}$$

$$\boldsymbol{T}_{\mathrm{c}}{}^{\mathrm{c}}\boldsymbol{\delta}_{\boldsymbol{T}}=\boldsymbol{T}_{\mathrm{d}}\quad \text{(相对于刚体坐标系，按“从左向右”乘的原则)} \tag{3.151}$$

根据式(3.129)和式(3.130)，可分别得

$$\boldsymbol{\delta}=\boldsymbol{T}_{\mathrm{d}}\boldsymbol{T}_{\mathrm{c}}^{-1}=\begin{bmatrix}a_{\mathrm{E11}} & a_{\mathrm{E12}} & a_{\mathrm{E13}} & a_{\mathrm{E14}}\\ a_{\mathrm{E21}} & a_{\mathrm{E22}} & a_{\mathrm{E23}} & a_{\mathrm{E24}}\\ a_{\mathrm{E31}} & a_{\mathrm{E32}} & a_{\mathrm{E33}} & a_{\mathrm{E34}}\\ 0 & 0 & 0 & 1\end{bmatrix} \tag{3.152}$$

$${}^{\mathrm{c}}\boldsymbol{\delta}_{\boldsymbol{T}}=\boldsymbol{T}_{\mathrm{c}}^{-1}\boldsymbol{T}_{\mathrm{d}}=\begin{bmatrix}{}^{\mathrm{c}}a_{\mathrm{E11}} & {}^{\mathrm{c}}a_{\mathrm{E12}} & {}^{\mathrm{c}}a_{\mathrm{E13}} & {}^{\mathrm{c}}a_{\mathrm{E14}}\\ {}^{\mathrm{c}}a_{\mathrm{E21}} & {}^{\mathrm{c}}a_{\mathrm{E22}} & {}^{\mathrm{c}}a_{\mathrm{E23}} & {}^{\mathrm{c}}a_{\mathrm{E24}}\\ {}^{\mathrm{c}}a_{\mathrm{E31}} & {}^{\mathrm{c}}a_{\mathrm{E32}} & {}^{\mathrm{c}}a_{\mathrm{E33}} & {}^{\mathrm{c}}a_{\mathrm{E34}}\\ 0 & 0 & 0 & 1\end{bmatrix} \tag{3.153}$$

式中，$\boldsymbol{\delta}_{\boldsymbol{T}}$、${}^{\mathrm{c}}\boldsymbol{\delta}_{\boldsymbol{T}}$ 分别为相对于参考坐标系和刚体坐标系的齐次变换误差矩阵。

结合式(3.112)和式(3.116)的结果，可按下面的式子定义位置误差矢量和姿态误差矢量：

$$\boldsymbol{e}_{\mathrm{p}}=\begin{bmatrix}a_{\mathrm{E14}}\\ a_{\mathrm{E24}}\\ a_{\mathrm{E34}}\end{bmatrix},\boldsymbol{e}_{\mathrm{o}}=\begin{bmatrix}a_{\mathrm{E32}}\\ a_{\mathrm{E13}}\\ a_{\mathrm{E21}}\end{bmatrix} \tag{3.154}$$

$${}^{\mathrm{c}}\boldsymbol{e}_{\mathrm{p}}=\begin{bmatrix}{}^{\mathrm{c}}a_{\mathrm{E14}}\\ {}^{\mathrm{c}}a_{\mathrm{E24}}\\ {}^{\mathrm{c}}a_{\mathrm{E34}}\end{bmatrix},{}^{\mathrm{c}}\boldsymbol{e}_{\mathrm{o}}=\begin{bmatrix}{}^{\mathrm{c}}a_{\mathrm{E32}}\\ {}^{\mathrm{c}}a_{\mathrm{E13}}\\ {}^{\mathrm{c}}a_{\mathrm{E21}}\end{bmatrix} \tag{3.155}$$

式中，$\boldsymbol{e}_{\mathrm{p}}$、$\boldsymbol{e}_{\mathrm{o}}$ 分别为参考坐标系中描述的位置误差矢量和姿态误差矢量；${}^{\mathrm{c}}\boldsymbol{e}_{\mathrm{p}}$、${}^{\mathrm{c}}\boldsymbol{e}_{\mathrm{o}}$ 分别为刚体固连坐标系中描述的位置误差矢量和姿态误差矢量。

3.5.4 刚体位姿控制律设计

在实际中，常常需要通过对刚体施加作用力和力矩，以实现刚体到达期望的位置和姿态，其中的关键即是设计合适的控制方程(或控制律)产生所需的作用力和力矩(称为控制变量)。

控制律的设计有很多种，在此以最常用的 PID 控制为例进行阐述。假设当前的和期望的状态变量分别为 x 和为 x_{d}，则 PID 控制律为

$$u_c = k_p(x_d - x) + k_i\int(x_d - x)\,dt + k_d(\dot{x}_d - \dot{x}) \tag{3.156}$$

式中,k_p、k_i、k_d 分别为比例(P)、积分(I)、微分(D) 控制参数;u_c 为按上述控制律产生的控制量。

式(3.156) 也可写成误差的形式,即:

$$u_c = k_p e + k_i\int e\,dt + k_d\dot{e} \tag{3.157}$$

可知,上述控制律是基于状态误差来产生控制量的。

对于刚体而言,在 3D 空间具有 6 个自由度,即 3 个平动自由度和 3 个转动自由度,相应的状态变量与控制变量见表 3.2。相应地,平动控制律和转动控制律分别为

$$\boldsymbol{f}_c = \boldsymbol{K}_{pp}\boldsymbol{e}_p + \boldsymbol{K}_{pi}\int\boldsymbol{e}_p\,dt + \boldsymbol{K}_{pd}\dot{\boldsymbol{e}}_p \tag{3.158}$$

$$\boldsymbol{\tau}_c = \boldsymbol{K}_{op}\boldsymbol{e}_o + \boldsymbol{K}_{oi}\int\boldsymbol{e}_o\,dt + \boldsymbol{K}_{od}\dot{\boldsymbol{e}}_o \tag{3.159}$$

其中,$\boldsymbol{f}_c$、$\boldsymbol{\tau}_c \in \Re^3$ 分别为三轴平动和转动的控制变量,即控制力和控制力矩;$\boldsymbol{e}_p$、$\boldsymbol{e}_o \in \Re^3$ 分别为三轴位置误差矢量和三轴姿态误差矢量;$\boldsymbol{K}_{pp} = \mathrm{diag}(k_{ppx}, k_{ppy}, k_{ppz})$、$\boldsymbol{K}_{pi} = \mathrm{diag}(k_{pix}, k_{piy}, k_{piz})$、$\boldsymbol{K}_{pd} = \mathrm{diag}(k_{pdx}, k_{pdy}, k_{pdz})$ 为对角阵,对应于沿 x、y、z 轴平动的 PID 参数;$\boldsymbol{K}_{op} = \mathrm{diag}(k_{opx}, k_{opy}, k_{opz})$、$\boldsymbol{K}_{oi} = \mathrm{diag}(k_{oix}, k_{oiy}, k_{oiz})$、$\boldsymbol{K}_{od} = \mathrm{diag}(k_{odx}, k_{ody}, k_{odz})$ 的相应元素对应于绕 x、y、z 轴转动的 PID 参数。

表 3.2　刚体状态变量与控制变量

运动类型	状态变量(位移)	速度变量	加速度变量	误差矢量	控制变量
平移运动	位置矢量 $\boldsymbol{p}$	线速度 $\boldsymbol{v}$	线加速度 $\dot{\boldsymbol{v}}$	$\boldsymbol{e}_p$	力 $\boldsymbol{f}_c \in \Re^3$
旋转运动	姿态矩阵 $\boldsymbol{R}$ 或 $\boldsymbol{C}$ 姿态角 $\boldsymbol{\Psi}$ 轴 — 角$(\boldsymbol{k}, \phi)$ 单位四元数 $\boldsymbol{Q}$	角速度 $\boldsymbol{\omega}$	角加速度 $\dot{\boldsymbol{\omega}}$	$\boldsymbol{e}_o$	力矩 $\boldsymbol{\tau}_c \in \Re^3$

将前面推导的各种表示形式下位置误差 $\boldsymbol{e}_p$、姿态误差 $\boldsymbol{e}_o$ 的表达式分别代入式(3.158) 和式(3.159) 中,即可得到相应的位置、姿态控制方程。需要指出的是,当刚体的当前速度(当前线速度 $\boldsymbol{v}_c$、角速度 $\boldsymbol{\omega}_c$) 和期望速度(期望线速度 $\boldsymbol{v}_d$、角速度 $\boldsymbol{\omega}_d$) 已知时,可直接用下面的式子代替误差矢量的微分:

$$\dot{\boldsymbol{e}}_p = \boldsymbol{v}_d - \boldsymbol{v}_c \tag{3.160}$$

$$\dot{\boldsymbol{e}}_o = \boldsymbol{\omega}_d - \boldsymbol{\omega}_c \tag{3.161}$$

从上面的分析可知,刚体的位置控制相对简单,而姿态控制却要复杂得多,选择不同的姿态运动学关系可以对姿态误差进行适当的简化。另外,在实际中,需要注意控制变量是相对于哪个参考系进行描述,相应的矢量都需要转换到同一个坐标系中。对于航天器、航空器、航海器等远距离航行的物体(图 3.6),其传感器、执行机构等均是安装于自身本体上,产生的三轴控制力、控制力矩也是在本体坐标系中进行描述,因而适合在本体坐标系中列控制方程。对于其他一些小范围的操作任务,如固定基座机器人作业任务(图 3.7),若传感器安装于与地面固连的物体上(如全局视觉),则适合采用相对于基座坐标系或世界坐标系描述

的控制方程;若传感器安装于机器人末端(如手眼视觉),则适合采用相对于末端坐标系的控制方程。

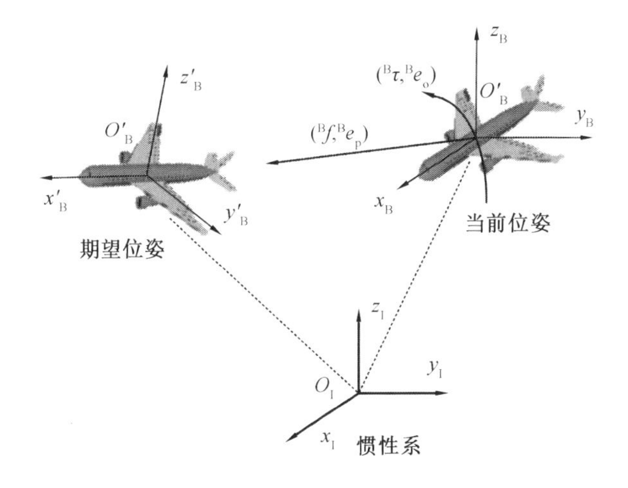

图3.6　飞行器六自由度运动示意图(适合在本体系中建立控制方程)

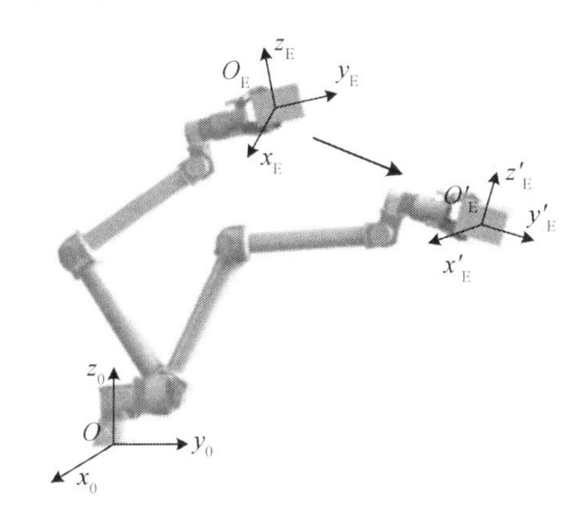

图3.7　机器人作业过程示意图(可根据情况在基座或末端坐标系中建立控制方程)

本章习题

习题 3.1　若刚体姿态采用动轴 zyx 欧拉角 $\boldsymbol{\Psi}=[\alpha,\beta,\gamma]^{\mathrm{T}}$ 表示,旋转角速度为 $\boldsymbol{\omega}$,请推导欧拉角速度 $\dot{\boldsymbol{\Psi}}$ 和旋转角速度 $\boldsymbol{\omega}$ 之间的正、逆运动学方程。

习题 3.2　若刚体姿态采用动轴 yxy 欧拉角 $\boldsymbol{\Psi}=[\alpha,\beta,\gamma]^{\mathrm{T}}$ 表示,旋转角速度为 $\boldsymbol{\omega}$,请推导欧拉角速度 $\dot{\boldsymbol{\Psi}}$ 和旋转角速度 $\boldsymbol{\omega}$ 之间的正、逆运动学方程。

习题 3.3　若刚体姿态采用定轴 zyx 欧拉角 $\boldsymbol{\Psi}=[\alpha,\beta,\gamma]^{\mathrm{T}}$ 表示,旋转角速度为 $\boldsymbol{\omega}$,请推导欧拉角速度 $\dot{\boldsymbol{\Psi}}$ 和旋转角速度 $\boldsymbol{\omega}$ 之间的正、逆运动学方程。

习题 3.4　若刚体姿态采用定轴 yxy 欧拉角 $\boldsymbol{\Psi}=[\alpha,\beta,\gamma]^{\mathrm{T}}$ 表示,旋转角速度为 $\boldsymbol{\omega}$,请推导欧拉角速度 $\dot{\boldsymbol{\Psi}}$ 和旋转角速度 $\boldsymbol{\omega}$ 之间的正、逆运动学方程。

习题 3.5　若刚体姿态采用动轴 xyz 欧拉角表示方式,某时刻的姿态角 $\boldsymbol{\Psi}=[20°,-10°,30°]^{\mathrm{T}}$,当刚体以角速度 $\boldsymbol{\omega}=[3(°)/\mathrm{s},-5(°)/\mathrm{s},8(°)/\mathrm{s}]^{\mathrm{T}}$ 旋转时,请计算相应的欧拉角速度 $\dot{\boldsymbol{\Psi}}$。

习题 3.6 假设两坐标系之间的姿态采用动轴 xyz 欧拉角表示,若 $\boldsymbol{\Psi}=[15°,20°,30°]^{\mathrm{T}}$,请计算相应的旋转变换矩阵 $\boldsymbol{R}$。当刚体以角速度 $\boldsymbol{\omega}=[6(°)/\mathrm{s},8(°)/\mathrm{s},10(°)/\mathrm{s}]^{\mathrm{T}}$ 旋转时,请计算相应旋转变换矩阵的变化率 $\dot{\boldsymbol{R}}$。

习题 3.7 推导小角度条件下,动轴 zyx 欧拉角和动轴 yxz 欧拉角旋转变换矩阵近似表达式。

习题 3.8 推导小角度条件下,定轴 zyx 欧拉角和定轴 yxz 欧拉角旋转变换矩阵近似表达式。

习题 3.9 某刚体相对于参考系$\{x_0,y_0,z_0\}$的位姿采用齐次变换矩阵表示,t 时刻位姿为

$$
{}^{0}\boldsymbol{T}_{\mathrm{B}}(t)=\begin{bmatrix} 0.8138 & -0.4698 & 0.3420 & 10 \\ 0.5596 & 0.7923 & -0.2432 & 20 \\ -0.1567 & 0.3893 & 0.9077 & -15 \\ 0 & 0 & 0 & 1 \end{bmatrix} \tag{3.162}
$$

当刚体以线速度 ${}^{0}\boldsymbol{v}=[2\ \mathrm{m/s},5\ \mathrm{m/s},6\ \mathrm{m/s}]^{\mathrm{T}}$ 和角速度 ${}^{0}\boldsymbol{\omega}=[4(°)/\mathrm{s},7(°)/\mathrm{s},9(°)/\mathrm{s}]^{\mathrm{T}}$ 运动,完成下面的问题:

(1) 计算该刚体在时间 $\mathrm{d}t=0.1$ s 内的微分运动量和微分运动算子。

(2) 计算该刚体 0.1 s 后的位姿(采用齐次变换矩阵表示)。

习题 3.10 某刚体相对于参考系$\{x_0,y_0,z_0\}$的位姿采用齐次变换矩阵表示,且 t 时刻的位姿用式(3.162)表示,若要刚体在 $\mathrm{d}t=0.1$ s 后的位姿如下:

$$
{}^{0}\boldsymbol{T}_{\mathrm{B}}(t+\mathrm{d}t)=\begin{bmatrix} 0.8078 & -0.4892 & 0.3289 & 9 \\ 0.5744 & 0.7787 & -0.2524 & 18 \\ -0.1326 & 0.3928 & 0.9100 & -13.5 \\ 0 & 0 & 0 & 1 \end{bmatrix} \tag{3.163}
$$

完成下面的问题:

(1) 分别计算刚体相对于参考坐标系和本体坐标系的微分运动量。

(2) 计算刚体相对于参考坐标系运动的线速度和角速度。

(3) 计算刚体相对于当前本体坐标系运动的线速度和角速度。

习题 3.11 采用动轴 zyx 欧拉角描述刚体 B(用本体坐标系$\{x_{\mathrm{B}},y_{\mathrm{B}},z_{\mathrm{B}}\}$代表)相对于参考系$\{x_0,y_0,z_0\}$的姿态。刚体当前姿态、期望姿态分别为 $\boldsymbol{\Psi}_{\mathrm{c}}=[\alpha_{\mathrm{c}},\beta_{\mathrm{c}},\gamma_{\mathrm{c}}]^{\mathrm{T}}$ 和 $\boldsymbol{\Psi}_{\mathrm{d}}=[\alpha_{\mathrm{d}},\beta_{\mathrm{d}},\gamma_{\mathrm{d}}]^{\mathrm{T}}$;当前旋转角速度和期望角速度分别为角速度 $\boldsymbol{\omega}_{\mathrm{c}}$ 和 $\boldsymbol{\omega}_{\mathrm{d}}$。完成下面的问题:

(1) 推导动轴 zyx 欧拉角表示下的刚体姿态误差矢量(在$\{x_0,y_0,z_0\}$中表示)。

(2) 列出参考系$\{x_0,y_0,z_0\}$中表示的三轴姿态控制方程(采用 PID)。

第 4 章　机器人位置级正运动学

如前所述，运动学从几何的角度研究物体的运动特性，即物体运动状态（如位置、速度、加速度）随时间变化的规律以及物体各状态之间的相互关系。机器人由连杆、关节和末端工具组成，通过关节的运动实现末端工具的运动，进而完成相应的作业任务，这就涉及关节运动状态、末端工具运动状态的变化规律以及不同运动状态之间相互关系的问题，机器人运动学即主要研究上述问题。由于运动状态包括位置、速度、加速度等不同级别，本章在阐述机器人运动链的组成、运动状态描述方法、运动学基本概念的基础上，重点论述位置级正运动学问题以及相应的建模方法，推导了典型构型机器人的解析运动学方程，并介绍了基于正运动学方程的工作空间分析方法。

4.1　机器人作业系统及其运动链

4.1.1　机器人作业系统及主要坐标系

简单而言，机器人作业系统包括机器人本体、末端效应器（End－Effector，也称末端执行器、末端工具）、被操作目标（被操作对象，如工件）几大部分，整个系统工作在同一个环境中（称为作业环境，如机器人车间）。在任务设计、轨迹规划和运动控制中，需要描述作业环境、机器人本体、末端效应器、被操作目标之间的相互关系。因此，建立相应的世界坐标系、基坐标系、末端坐标系和目标坐标系等坐标系，如图 4.1 所示。

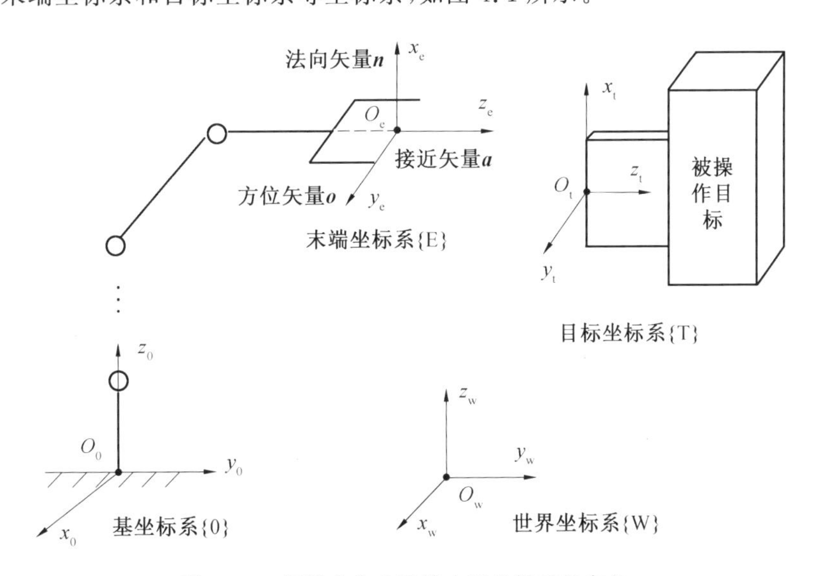

图 4.1　机器人作业系统主要坐标系的定义

各坐标系的定义如下。

(1) 世界坐标系(World Coordinate System)。

世界坐标系与作业环境(一般为地面)固连,代表作业环境,是机器人作业系统的全局参考系,其原点和各轴指向的定义主要考虑任务描述的便利性。该坐标系一般表示为$\{x_w y_w z_w\}$,可简写为{W}。

(2) 机器人基座坐标系(Base Coordinate System)。

机器人基座坐标系与基座固连(对于固定机器人而言,即与地面固连),用来代表机器人本体的基座,是机器人本体的安装基准,也是各杆件描述的基准,其原点和各轴指向的定义主要考虑安装描述的方便或其他规则(如后续将学习的D-H规则)。该坐标系一般简称为基坐标系,表示为$\{x_0 y_0 z_0\}$,可简写为{0}。

(3) 末端效应器(末端工具)坐标系(End-Effector Coordinate System)。

末端效应器坐标系与末端效应器固连,用于描述末端工具的位置和姿态。该坐标系一般简称为末端坐标系,表示为$\{x_e y_e z_e\}$,可简写为{E},原点及各轴指向按下列规则定义。

(a) 坐标系原点O_e。机器人末端工具中心点或其他参考点(根据用户的需求确定)。

(b)z_e轴。z_e轴指向机器人末端工具的前进方向,称为接近矢量(Approaching Direction),用$\boldsymbol{a}$表示。

(c)x_e轴。x_e轴为工具平面(如对于双指手而言的指面)的法向量,称为法向矢量(Normal Vector),用$\boldsymbol{n}$表示。

(d)y_e轴。y_e轴根据右手定则确定,称为方位矢量(Orientation Vector),用$\boldsymbol{o}$表示,满足$\boldsymbol{o}=\boldsymbol{a}\times\boldsymbol{n}$。

(4) 目标坐标系(Target Coordinate System)。

目标坐标系与被操作目标固连,用于描述目标的位置和姿态,表示为$\{x_t y_t z_t\}$,可简写为{T}。其原点和各轴指向的定义可考虑与机器人末端工具的匹配,即当末端工具对其操作时(如抓取),目标坐标系{T}与末端坐标系{E}重合。

4.1.2 运动链的组成

机器人可看成是由一系列杆件通过运动副(即关节)连接而成的运动链,从机构学的角度,可分为串联、并联及混联三种类型。目前发展最成熟、应用最广泛的为串联机器人,其各个连杆通过运动副依次相连(串行连接),一端固定在基座上,另一端安装工具以操作物体,完成各项作业。用于机器人的运动副通常为六种低副(低副是指两连接杆件之间相对运动时的接触为面接触)——转动副、移动副、螺旋副、圆柱副、球面副和平面副中的一种或多种。其中,转动副、移动副和螺旋副为单自由度运动副,圆柱副有两个自由度,而球面副和平面副均有三个自由度。实际中,大部分机器人由旋转关节和移动关节构成,每个关节具有1个自由度。描述关节运动大小和方向的变量称为关节变量,而由所有关节变量形成的组合称为机器人的臂型(Configuration)。末端工具随着关节的运动而运动,以一定的位置和姿态执行作业任务。由关节、连杆、末端工具组成的有机整体称为机器人的运动链。

以n自由度的串联机器人为例,其运动链由$(n+1)$个连杆、n个单自由度关节组成,按从基座到末端工具的顺序,依次将各杆件编号为连杆0(即基座)、连杆1、…、连杆n;而关节依次编号为关节1、…、关节n,其中关节1连接连杆0和连杆1,关节2连接连杆1和连杆2,依此类推。对于地面固定基座机器人而言,连杆0与地面固连;而对于自由漂浮空间机器人来说,其基座相对于惯性空间有6个运动自由度(本书不考虑此种情况)。为完整描述各个杆件的位姿，为每个连杆建立固连坐标系，称为连杆坐标系，并用 $\{x_i y_i z_i\}$ 或 $\{i\}$ 表示连杆 i 坐标系（$i=0,1,\cdots,n$）。操作工具与末端杆件固连，从运动链的角度而言，属于连杆 n 的一部分，但考虑到操作工具的位姿描述一般需要结合工具或任务的特点，故单独为末端工具建立一个坐标系，称为末端工具坐标系或末端坐标系，表示为 $\{x_e y_e z_e\}$ 或 $\{\mathrm{E}\}$，其与连杆 n 坐标系的相对位姿为常值。此外，为了描述整个作业系统（包括机器人、工作台、其他设备等），一般还需要建立一个全局参考坐标系，即世界坐标系，表示为 $\{x_w y_w z_w\}$ 或 $\{\mathrm{W}\}$。整个串联机器人运动链的组成如图 4.2 所示。

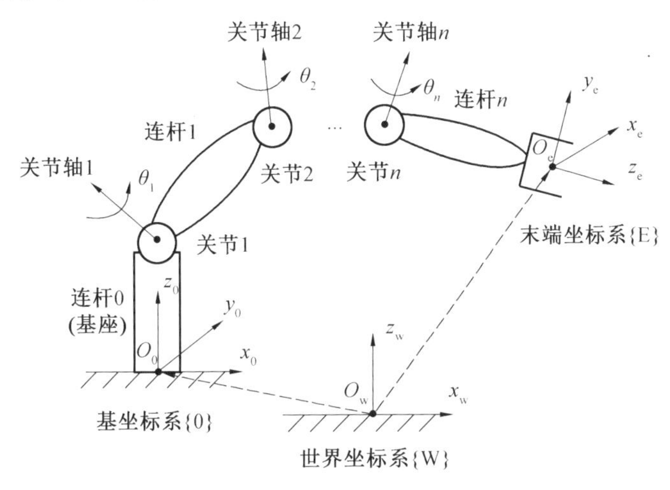

图 4.2　串联机器人运动链的组成

4.1.3　运动及力的传递过程

机器人的作业工具安装在末端，而运动的源头在关节，运动及力的传递过程如图 4.3 所示，即通过电机的运动带动连杆的运动，从而改变末端工具的位姿，对作业对象进行操作。整个过程中涉及位置、速度、加速度和力 / 力矩的传递，传递类型如下。

(1) 不同物体之间的状态传递。在关节、连杆、末端工具及操作对象之间传递。

(2) 不同维度状态变量的传递。有 n 个关节，相应的状态变量为 n 维，末端的位姿为 6 维，而 n 可能小于、等于或大于 6。

(3) 四类状态变量（四要素）的传递。涉及位置、速度、加速度、力 / 力矩四类状态，其中前三类状态（位置、速度、加速度）主要用于描述运动学问题，合称为运动状态；第四类状态（力 / 力矩）直接称为作用力。

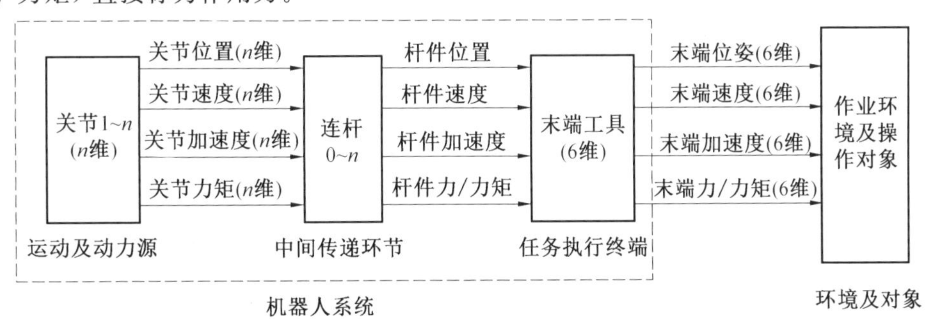

图 4.3　机器人作业过程中运动及力的传递过程

机器人研究的主要任务是探索不同维度的四类状态变量在不同物体之间传递及变化的规律（运动学、动力学基本知识），并根据作业任务规划、检测、跟踪、实现相应的状态变量（规划、感知、控制、执行）。

4.2 机器人状态的描述

4.2.1 关节状态的描述

实际中，机械臂常用的关节有旋转关节（Revolute Joint）和平移关节（Translational Joint）。对于旋转关节，用旋转角度 θ 作为关节的位置变量（或广义坐标），而对于平移关节，用平移量 d 作为其位置变量。为方便起见，统一用符号 q_i 来表示关节 i 的位置，即：

$$q_i=\begin{cases}\theta_i,\text{旋转关节}\\ d_i,\text{移动关节}\end{cases} \tag{4.1}$$

将所有关节的位置变量组成一个向量 $\boldsymbol{q}$，称为关节位置向量，即：

$$\boldsymbol{q}=[q_1,\quad q_2,\quad \cdots,\quad q_n]^{\mathrm{T}}\in \Re^n \tag{4.2}$$

若所有关节均为旋转关节，关节位置向量还可表示为 $\boldsymbol{\Theta}$，即：

$$\boldsymbol{\Theta}=[\theta_1,\quad \theta_2,\quad \cdots,\quad \theta_n]^{\mathrm{T}}\in \Re^n \tag{4.3}$$

对式(4.2)的关节位置向量进行求导，可得关节速度向量，即：

$$\dot{\boldsymbol{q}}=[\dot{q}_1,\quad \dot{q}_2,\quad \cdots,\quad \dot{q}_n]^{\mathrm{T}}\in \Re^n \tag{4.4}$$

进一步对式(4.4)求导，得关节加速度向量为

$$\ddot{\boldsymbol{q}}=[\ddot{q}_1,\quad \ddot{q}_2,\quad \cdots,\quad \ddot{q}_n]^{\mathrm{T}}\in \Re^n \tag{4.5}$$

由每个关节（此次考虑单自由度关节）的驱动力 / 力矩（对于平移关节为驱动力，对于旋转关节为驱动力矩）组成的向量表示为

$$\boldsymbol{\tau}=[\tau_1,\quad \tau_2,\quad \cdots,\quad \tau_n]^{\mathrm{T}}\in \Re^n \tag{4.6}$$

式中，τ_i 为关节 i 的驱动力 / 力矩。

式(4.2)、式(4.4)、式(4.5)、式(4.6)定义了关节的四要素状态，即 $\boldsymbol{q}$、$\dot{\boldsymbol{q}}$、$\ddot{\boldsymbol{q}}$ 和 $\boldsymbol{\tau}$。对于全为旋转关节的情况，还可用 $\boldsymbol{\Theta}$、$\dot{\boldsymbol{\Theta}}$ 和 $\ddot{\boldsymbol{\Theta}}$ 分别表示关节角度、角速度和角加速度向量。

4.2.2 末端状态的描述

机器人末端的位姿用其末端坐标系$\{x_e y_e z_e\}$相对于参考坐标系（可以是世界坐标系、基坐标系或其他坐标系）的位置和姿态来表示，如图 4.4 所示。

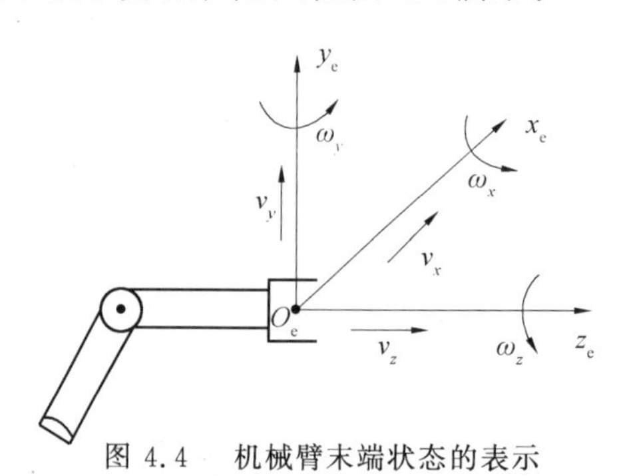

图 4.4 机械臂末端状态的表示

其中,末端位置表示为末端坐标系原点相对于参考坐标系的位置矢量 $\boldsymbol{p}_e$,末端姿态则可采用前述的各种姿态表示方法,在此考虑采用最小参数的情况,即末端姿态用欧拉角 $\boldsymbol{\Psi}_e$ 来表示,即:

$$\boldsymbol{p}_e = [x_e, \quad y_e, \quad z_e]^T \in \Re^3 \tag{4.7}$$

$$\boldsymbol{\Psi}_e = [\alpha_e, \quad \beta_e, \quad \gamma_e]^T \in \Re^3 \tag{4.8}$$

式中,x_e、y_e、z_e 为 $\boldsymbol{p}_e$ 的三轴分量;α_e、β_e、γ_e 为三个欧拉角(不做特别说明时,本书中的欧拉角均为动轴 xyz 欧拉角)。

将 $\boldsymbol{p}_e$ 和 $\boldsymbol{\Psi}_e$ 组合成一起,得到能完整描述机械臂末端 6 维位姿的状态变量 $\boldsymbol{X}_e$,即:

$$\boldsymbol{X}_e = [x_e, \quad y_e, \quad z_e, \quad \alpha_e, \quad \beta_e, \quad \gamma_e]^T \in \Re^6 \tag{4.9}$$

对式(4.7) 和式(4.8) 求导,可分别得末端线速度和欧拉角速度:

$$\boldsymbol{v}_e = \dot{\boldsymbol{p}}_e = [v_{ex}, \quad v_{ey}, \quad v_{ez}]^T \tag{4.10}$$

$$\dot{\boldsymbol{\Psi}}_e = [\dot{\alpha}_e, \quad \dot{\beta}_e, \quad \dot{\gamma}_e]^T \tag{4.11}$$

根据前面章节关于欧拉角速度和刚体角速度的关系,可得末端角速度为

$$\boldsymbol{\omega}_e = [\omega_{ex}, \quad \omega_{ey}, \quad \omega_{ez}]^T = \boldsymbol{J}_{\text{Euler}} \dot{\boldsymbol{\Psi}}_e \tag{4.12}$$

将 $\boldsymbol{v}_e$ 和 $\boldsymbol{\omega}_e$ 组合在一起,得末端广义速度,并用 $\dot{\boldsymbol{x}}_e$ 表示,即:

$$\dot{\boldsymbol{x}}_e = [\boldsymbol{v}_e^T, \boldsymbol{\omega}_e^T]^T = [v_{ex}, \quad v_{ey}, \quad v_{ez}, \quad \omega_{ex}, \quad \omega_{ey}, \quad \omega_{ez}]^T \in \Re^6 \tag{4.13}$$

需要指出的是,$\dot{\boldsymbol{x}}_e$ 与 $\boldsymbol{X}_e$ 的微分 $\dot{\boldsymbol{X}}_e$ 不同,因此,用大小写形式进行区分,即:

$$\dot{\boldsymbol{X}}_e = \begin{bmatrix} \dot{\boldsymbol{p}}_e \\ \dot{\boldsymbol{\Psi}}_e \end{bmatrix} \in \Re^6 \tag{4.14}$$

$$\dot{\boldsymbol{x}}_e = \begin{bmatrix} \boldsymbol{v}_e \\ \boldsymbol{\omega}_e \end{bmatrix} = \begin{bmatrix} \dot{\boldsymbol{p}}_e \\ \boldsymbol{J}_{\text{Euler}} \dot{\boldsymbol{\Psi}}_e \end{bmatrix} \in \Re^6 \tag{4.15}$$

对式(4.13) 进行求导,进一步可得机器人末端加速度(包括线加速度和角加速度),即:

$$\ddot{\boldsymbol{x}}_e = [\dot{\boldsymbol{v}}_e^T, \dot{\boldsymbol{\omega}}_e^T]^T = [\dot{v}_{ex}, \quad \dot{v}_{ey}, \quad \dot{v}_{ez}, \quad \dot{\omega}_{ex}, \quad \dot{\omega}_{ey}, \quad \dot{\omega}_{ez}]^T \in \Re^6 \tag{4.16}$$

另一方面,机器人末端对环境施加的广义作用力包括力 $\boldsymbol{f}_e \in \Re^3$ 和力矩 $\boldsymbol{m}_e \in \Re^3$,表示为

$$\boldsymbol{F}_e = [\boldsymbol{f}_e^T, \boldsymbol{m}_e^T]^T = [f_{ex}, \quad f_{ey}, \quad f_{ez}, \quad m_{ex}, \quad m_{ey}, \quad m_{ez}]^T \in \Re^6 \tag{4.17}$$

4.3　机器人运动学基本概念

4.3.1　关节空间与操作空间

由上面的论述可知,机器人的状态包括关节的状态和末端的状态,分别对应于 n 维和 6 维的空间,即关节空间和操作空间。

定义 4.1　关节空间(Joint Space):由机器人关节变量所有可能的值组成的集合称为机器人的关节空间,也称为位形空间或臂型空间(Configuration Space),具有 n 维独立变量,表示为

$$S_J = \{\boldsymbol{q} = [q_1, \cdots, q_n]^T : q_i \in [q_{i\_\min}, q_{i\_\max}], i = 1, \cdots, n\} \subset \Re^n \tag{4.18}$$

式中,n 为机器人的自由度数;$q_{i\_\min}$、$q_{i\_\max}$ 分别为关节变量 q_i 的最小值和最大值。

定义 4.2　操作空间(Operational Space):机器人所有臂型(关节位置变量的组合)对

应的末端执行器的所有位姿（包括位置和姿态）组成的集合，称为机器人的操作空间或任务空间（Task Space），具有6维独立变量，表示为

$$S_{\mathrm{T}} = \{\boldsymbol{X}_{\mathrm{e}} = f(\boldsymbol{q}) : \boldsymbol{q} \in S_{\mathrm{J}}\} \subset \Re^{6} \tag{4.19}$$

式中，$f(\boldsymbol{q})$ 表示从机器人臂型到末端位姿的映射。

由于上述变量是在笛卡儿坐标系中进行描述的，故也将操作空间称为笛卡儿空间。

在实际应用中，有时主要关心机器人末端工具所能达到的位置，故定义机器人的工作空间。

定义 4.3　机器人工作空间（Robot Workspace）：机器人所有臂型对应的末端执行器（主要体现为末端工具坐标系原点）所有位置组成的集合，称为机器人的工作空间，具有3维独立变量，表示为

$$S_{\mathrm{W}} = \{\boldsymbol{P}_{\mathrm{e}} = f_{\mathrm{p}}(\boldsymbol{q}) : \boldsymbol{q} \in S_{\mathrm{J}}\} \subset \Re^{3} \tag{4.20}$$

式中，$f_{\mathrm{p}}(\boldsymbol{q})$ 表示从机器人臂型到末端位置的映射。

一般又将工作空间分为可达工作空间（Reachable Workspace）和灵巧工作空间（Dexterous Workspace），前者不考虑末端的姿态，为末端位置的最大范围；后者则指末端以任意姿态均能达到的工作空间范围。

另外，有时需要用到作为驱动源的电机位置组成的向量，相应地定义驱动空间。

定义 4.4　驱动空间（Drive Space）：由作为驱动源的电机位置变量（未通过减速机构）组成的集合，称为驱动空间，具有 n 维独立变量。对于直驱机器人（即无减速器，电机直接驱动连杆运动），驱动空间即为关节空间。

根据上述分析，机器人系统状态的描述主要涉及两类空间（关节空间和操作空间）和四个要素（即位置、速度、加速度和力／力矩），相应的状态变量总结见表4.1。

表 4.1　机器人运动状态变量及驱动变量

状态类型	关节空间	操作空间
运动状态	关节位置 $\boldsymbol{q}$、速度 $\dot{\boldsymbol{q}}$、加速度 $\ddot{\boldsymbol{q}}$	末端位姿 $\boldsymbol{X}_{\mathrm{e}}$、速度 $\dot{\boldsymbol{x}}_{\mathrm{e}}$、加速度 $\ddot{\boldsymbol{x}}_{\mathrm{e}}$
作用力	关节力／力矩 $\boldsymbol{\tau} = [\tau_1, \ \tau_2, \ \cdots, \ \tau_n]^{\mathrm{T}}$	末端对环境的作用力／力矩 $(\boldsymbol{f}_{\mathrm{e}}, \boldsymbol{m}_{\mathrm{e}})$ 环境对末端的作用力／力矩 $(-\boldsymbol{f}_{\mathrm{e}}, -\boldsymbol{m}_{\mathrm{e}})$

关节空间与操作空间中四要素状态变量的对应关系如图4.5所示。进一步地，可将机器人学研究的运动学与动力学问题总结如下。

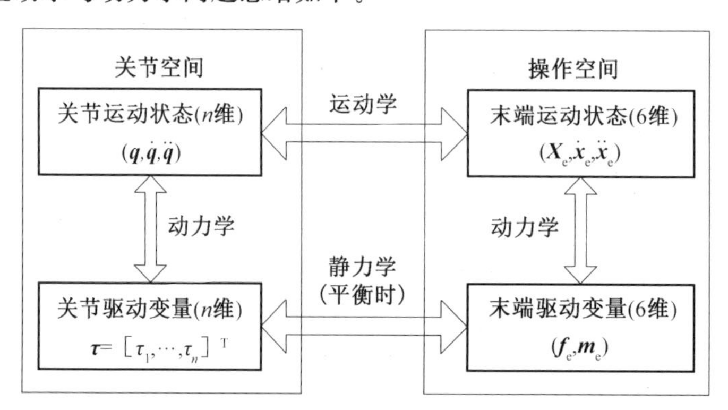

图 4.5　机器人关节空间与操作空间状态的对应关系

（1）机器人运动学。机器人运动学主要研究机器人关节运动状态与机器人末端运动状

态之间的映射关系。

(2) 机器人静力学。机器人静力学主要研究机器人处于平衡状态时，关节驱动变量与末端驱动变量之间的关系。

(3) 机器人动力学。机器人动力学主要研究机器人在驱动变量(包括关节驱动变量与末端驱动变量)的作用下运动状态的变化规律。

4.3.2　运动学正问题与逆问题

(1) 基本定义。

从上面的分析可知，机械臂的运动状态既可以用关节运动状态来描述，也可以用末端运动状态来描述，这两种不同的描述形式之间可以相互转换。确立它们之间映射关系的问题即所谓的运动学问题。由于描述物体运动状态的物理量有位置、速度、加速度三个不同的层次，相应地，机器人的运动学包括位置级($\boldsymbol{q} \Leftrightarrow \boldsymbol{X}_e$)、速度级($\dot{\boldsymbol{q}} \Leftrightarrow \dot{\boldsymbol{x}}_e$)和加速度级($\ddot{\boldsymbol{q}} \Leftrightarrow \ddot{\boldsymbol{x}}_e$)三个级别。根据是从关节空间映射到操作空间还是从操作空间映射到关节空间两种不同的情况将机器人的运动学问题分为运动学正问题和逆问题两种类型，如图4.6所示。

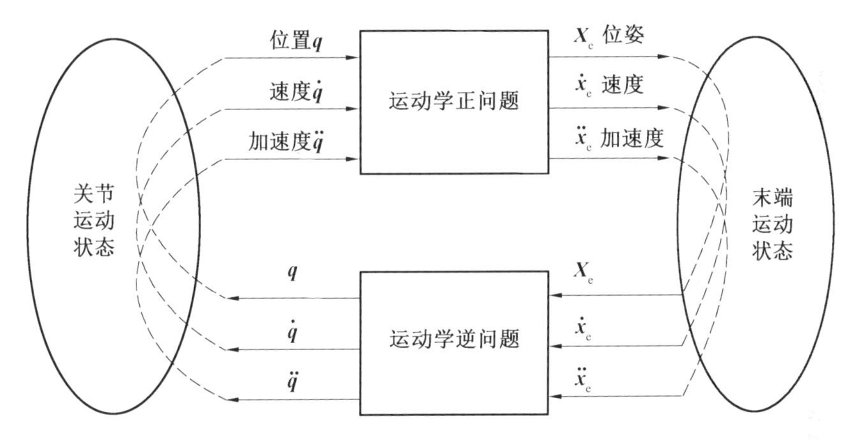

图4.6　位置、速度、加速度级运动学正问题和逆问题

定义4.5　运动学正问题：根据关节运动状态($\boldsymbol{q}, \dot{\boldsymbol{q}}, \ddot{\boldsymbol{q}}$)确定机械臂末端运动状态($\boldsymbol{X}_e$, $\dot{\boldsymbol{x}}_e, \ddot{\boldsymbol{x}}_e$)的问题，称为运动学正问题，包括位置级($\boldsymbol{q} \Rightarrow \boldsymbol{X}_e$)、速度级($\dot{\boldsymbol{q}} \Rightarrow \dot{\boldsymbol{x}}_e$)和加速度级($\ddot{\boldsymbol{q}} \Rightarrow \ddot{\boldsymbol{x}}_e$)三个级别。

定义4.6　运动学逆问题：根据机械臂末端运动状态($\boldsymbol{X}_e, \dot{\boldsymbol{x}}_e, \ddot{\boldsymbol{x}}_e$)确定关节运动状态($\boldsymbol{q}$, $\dot{\boldsymbol{q}}, \dot{\boldsymbol{q}}$)的问题，称为运动学逆问题，包括位置级($\boldsymbol{X}_e \Rightarrow \boldsymbol{q}$)、速度级($\dot{\boldsymbol{x}}_e \Rightarrow \dot{\boldsymbol{q}}$)和加速度级($\ddot{\boldsymbol{x}}_e \Rightarrow \ddot{\boldsymbol{q}}$)三个层次。

(2) 平面2R机械臂运动学举例。

以如图4.7所示的平面2R机械臂为例，该机器人有2个旋转关节，可实现其末端在平面内的2自由度平动。两个连杆的长度分别为l_1和l_2，关节角分别表示为θ_1和θ_2，末端坐标系{E}的原点在基坐标系{0}中的位置为$\boldsymbol{p}_e = [p_{ex}, p_{ey}]^T$。

(a) 平面2R机械臂位置级正运动学。

根据几何关系，可推导出机械臂末端位置与机械臂关节变量的关系：

$$p_{ex} = l_1 c_1 + l_2 c_{12} \tag{4.21}$$

$$p_{ey} = l_1 s_1 + l_2 s_{12} \tag{4.22}$$

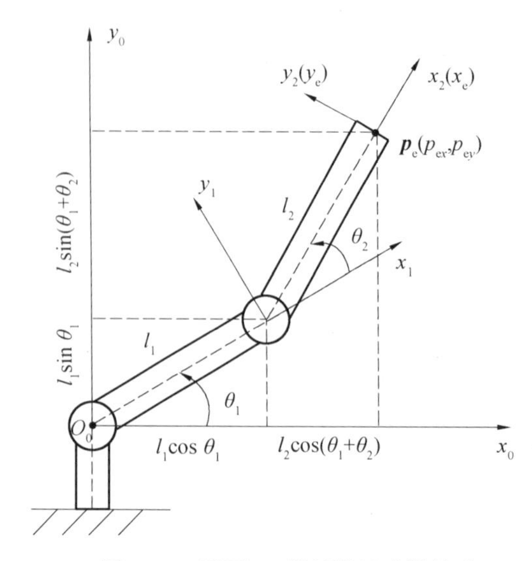

图 4.7 平面 2R 机械臂运动学关系

其中,

$$\begin{cases}s_1=\sin\theta_1,c_1=\cos\theta_1\\ s_{12}=\sin(\theta_1+\theta_2),c_{12}=\cos(\theta_1+\theta_2)\end{cases} \tag{4.23}$$

式(4.21)和式(4.22)可写成如下的向量形式:

$$\boldsymbol{p}_e=\begin{bmatrix}p_{ex}\\ p_{ey}\end{bmatrix}=\begin{bmatrix}l_1c_1+l_2c_{12}\\ l_1s_1+l_2s_{12}\end{bmatrix}=\begin{bmatrix}l_1\cos\theta_1+l_2\cos(\theta_1+\theta_2)\\ l_1\sin\theta_1+l_2\sin(\theta_1+\theta_2)\end{bmatrix} \tag{4.24}$$

式(4.24)建立了机械臂关节变量与末端位置变量的关系,此即平面 2R 机械臂的位置级正运动学方程。

将式(4.21)和式(4.22)两边的平方相加,有

$$p_e^2=l_1^2+l_2^2+2l_1l_2(c_1c_{12}+s_1s_{12}) \tag{4.25}$$

其中,$p_e^2=p_{ex}^2+p_{ey}^2$ 为基坐标系原点到末端坐标系原点的距离。

根据三角函数的性质,有

$$c_1c_{12}+s_1s_{12}=c_2 \tag{4.26}$$

将式(4.26)代入式(4.25),可化简为

$$p_e^2=l_1^2+l_2^2+2l_1l_2c_2 \tag{4.27}$$

根据式(4.27)可知,

$$\begin{cases}p_e^2\leqslant l_1^2+l_2^2+2l_1l_2=(l_1+l_2)^2\\ p_e^2\geqslant l_1^2+l_2^2-2l_1l_2=(l_1-l_2)^2\end{cases} \tag{4.28}$$

根据式(4.28)可进一步得到末端位置的范围为

$$|l_1-l_2|\leqslant p_e\leqslant l_1+l_2 \tag{4.29}$$

式(4.29)即表示了该 2R 机械臂的工作空间范围,其最小边沿和最大边沿分别对应于 $\theta_2=\pi$ 和 $\theta_2=0$ 的情况。

通过上述求解过程可知,一组关节角 $\boldsymbol{\Theta}([\theta_1,\theta_2]^{\mathrm{T}})$ 确定唯一一个末端位置 $\boldsymbol{p}_e$,这是串联机器人位置级正运动学的特点。

(b) 平面 2R 机械臂位置级逆运动学。

逆运动学求解问题可表述为给定末端位置 $\boldsymbol{p}_e$，求解关节角 θ_1 和 θ_2。

若给定的末端位置在机器人关节空间内，即 $\boldsymbol{p}_e$ 满足式(4.28) 或式(4.29)，进一步有

$$\left|\frac{p_e^2-l_1^2-l_2^2}{2l_1l_2}\right|\leqslant 1 \tag{4.30}$$

则根据式(4.27) 可得

$$\theta_2=\pm\arccos\frac{p_e^2-l_1^2-l_2^2}{2l_1l_2}=\pm\arccos\frac{x_e^2+y_e^2-l_1^2-l_2^2}{2l_1l_2} \tag{4.31}$$

关节角 θ_2 解出后，将其代入式(4.21) 和式(4.22) 组成的方程组，可进一步解出关节角 θ_1。首先根据三角函数的性质：

$$c_{12}=c_1c_2-s_1s_2 \tag{4.32}$$

$$s_{12}=s_1c_2+c_1s_2 \tag{4.33}$$

将式(4.32) 和式(4.33) 分别代入式(4.21) 和式(4.22)，有

$$\begin{cases}(l_1+l_2c_2)c_1-l_2s_2s_1=p_{ex}\\ l_2s_2c_1+(l_1+l_2c_2)s_1=p_{ey}\end{cases} \tag{4.34}$$

方程组(4.34) 可写成如下形式：

$$\begin{bmatrix}l_1+l_2c_2 & -l_2s_2\\ l_2s_2 & l_1+l_2c_2\end{bmatrix}\begin{bmatrix}c_1\\ s_1\end{bmatrix}=\begin{bmatrix}p_{ex}\\ p_{ey}\end{bmatrix} \tag{4.35}$$

方程组(4.35) 的系数矩阵 $\boldsymbol{A}$ 及其行列式分别为

$$\boldsymbol{A}=\begin{bmatrix}l_1+l_2c_2 & -l_2s_2\\ l_2s_2 & l_1+l_2c_2\end{bmatrix},\det(\boldsymbol{A})=l_1^2+l_2^2+2l_1l_2c_2 \tag{4.36}$$

若 $\det(\boldsymbol{A})\neq 0$，则矩阵 $\boldsymbol{A}$ 满秩，方程组(4.35) 有解，即：

$$\begin{bmatrix}c_1\\ s_1\end{bmatrix}=\begin{bmatrix}l_1+l_2c_2 & -l_2s_2\\ l_2s_2 & l_1+l_2c_2\end{bmatrix}^{-1}\begin{bmatrix}p_{ex}\\ p_{ey}\end{bmatrix}=\frac{1}{l_1^2+l_2^2+2l_1l_2c_2}\begin{bmatrix}(l_1+l_2c_2)p_{ex}+l_2s_2p_{ey}\\ -l_2s_2p_{ex}+(l_1+l_2c_2)p_{ey}\end{bmatrix} \tag{4.37}$$

θ_1 可由根据式(4.37) 同时解出的 s_1 和 c_1 求出，即：

$$\begin{aligned}\theta_1&=\arctan 2(s_1,c_1)=\arctan 2\left(\frac{-l_2s_2p_{ex}+(l_1+l_2c_2)p_{ey}}{l_1^2+l_2^2+2l_1l_2c_2},\frac{(l_1+l_2c_2)p_{ex}+l_2s_2p_{ey}}{l_1^2+l_2^2+2l_1l_2c_2}\right)\\ &=\arctan 2(-l_2s_2p_{ex}+(l_1+l_2c_2)p_{ey},(l_1+l_2c_2)p_{ex}+l_2s_2p_{ey})\end{aligned} \tag{4.38}$$

根据基本不等式及三级函数的性质，令 $\det(\boldsymbol{A})=0$，则必有 $l_1=l_2$ 且 $\theta_2=\pi$，即：

$$\det(\boldsymbol{A})=0\Rightarrow\begin{cases}l_1^2+l_2^2+2l_1l_2c_2=0\\ l_1^2+l_2^2\geqslant 2l_1l_2\\ |c_2|\leqslant 1\end{cases}\Rightarrow\begin{cases}l_1=l_2\\ \theta_2=\pi\end{cases} \tag{4.39}$$

除了式(4.39) 的条件之外，可按式(4.38) 求解 θ_1。

由上面的分析可知，基于式(4.31) 和式(4.38) 可以求出两组解，对应于机器人的两种臂型，分别称为高臂(肘) 和低臂(肘)，平面 2R 机械臂逆运动学多解情况分析如图 4.8 所示。也就是说，对于前述的 2R 机械臂，当给定末端点的一个位置 $\boldsymbol{p}_e$ 时，有两组关节角与之对应，即位置级逆运动学有多解，绝大多数串联机器人都如此。

(3) 机器人位置级运动学的一般表示。

根据前面的定义可知，机器人位置级正运动学建立从关节位置到末端位姿的映射关系，

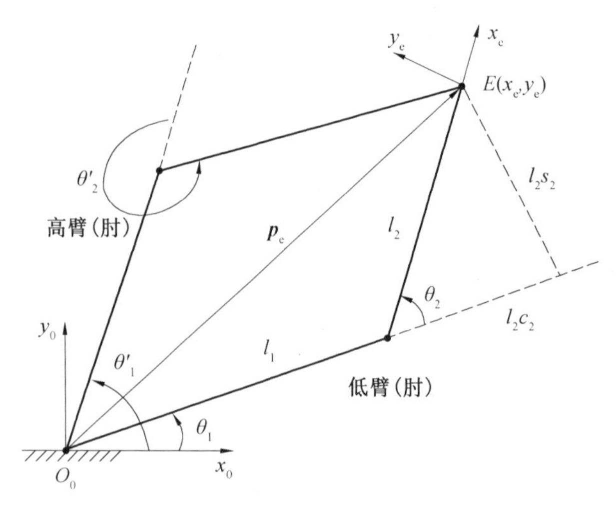

图 4.8　平面 2R 机械臂逆运动学多解情况分析

用如下方程表示：

$$\boldsymbol{X}_e = \text{fkine}(\boldsymbol{q}) \tag{4.40}$$

而位置级逆运动学则根据末端位姿求取相应的关节变量，用如下方程表示：

$$\boldsymbol{q} = \text{ikine}(\boldsymbol{X}_e) \tag{4.41}$$

式(4.40)和式(4.41)中的 fkine(　)和 ikine(　)分别为机器人正运动学(Forward Kinematics)和逆运动学(Inverse Kinematics)函数。

由于机器人末端的位姿也可采用齐次变换矩阵 $\boldsymbol{T}_e$ 来表示，此时的位置级正、逆运动学方程分别表示为

$$\boldsymbol{T}_e = \text{Fkine}(\boldsymbol{q}) \tag{4.42}$$

$$\boldsymbol{q} = \text{Ikine}(\boldsymbol{T}_e) \tag{4.43}$$

式中，Fkine(　)和 Ikine(　)分别代表采用齐次变换矩阵时的机器人正运动学和逆运动学函数。

4.3.3　机器人的自由度与冗余性

机器人自由度的定义包括如下几个方面。

(1) 结构方面。机器人由多个关节以一定的配置(关节类型、运动轴向、连接方式)关系组成，整个机器人的运动都是由关节来实现的。所有关节自由度的总和称为机器人关节自由度(或轴数)，用 n 表示。当所有关节都是单自由度时，关节数即为其自由度数。实际中常说的几自由度机器人或几轴机器人，就是从这个角度来谈的。根据上述分析可知，关节自由度数实际为关节空间的维数。

(2) 末端运动能力方面。机器人末端杆件作为一个刚体所具有的平动(定位)、转动(定姿)自由度的总和称为机器人末端自由度，实际为操作空间的维数，用 m 表示。对于 3D 空间中的自由刚体而言，一般具有 3 个平动和 3 个转动共 6 个自由度；对于平面中的刚体而言，一般具有 2 个平动和 1 个转动共 3 个自由度。

(3) 任务所需的末端运动能力方面。对于具体作业任务所需要的末端杆件的平动、转动自由度的总和，称为机器人的任务相关自由度，简称为任务自由度，用 r 表示，且满足 $r \leqslant m$。如对于3D空间中的插孔作业，由于对称性，末端只需要满足5个自由度即能完成。此时

任务自由度数 r 为 5，而末端自由度数 m 为 6。

从机器人运动链中运动传递的分析可知，关节运动是因、末端运动是果，因此关节的自由度越多，则运动越灵活，执行任务的能力越强。基于上述自由度的定义，可以评价机器人所具备的任务执行能力，相应地，把机器人分为如下几种类型。

(1) 少自由度机器人(或欠自由度机器人)。机器人关节自由度数小于任务自由度数，即 $n < r$，此时机器人的运动灵活性(灵巧性)不足，满足不了任务所需的末端定位定姿要求。

(2) 全自由度机器人。机器人关节自由度数等于任务自由度数，即 $n = r$，此时机器人的运动灵活性刚好满足任务所需的末端定位定姿要求(奇异臂型除外，奇异情况将在后续章节分析)，机器人以有限种臂型对应于末端的一组位姿。

(3) 冗余自由度机器人(简称冗余机器人)。机器人关节自由度数大于任务自由度数，即 $n > r$，此时机器人的运动灵活性超过了任务所需的末端定位定姿要求，机器人有无穷多种臂型对应于末端的一组位姿。

对于具体的任务，若只考虑末端的定位定姿需求，则采用全自由度或冗余自由度机器人；若除了末端定位定姿外，还需要回避障碍或优化其他性能指标时，则需要采用冗余自由度机器人；欠自由度机器人一般不用。在本书中，当不加定语而直接说“机器人”时则指全自由度机器人。

4.4　机器人运动学建模的 D－H 法

上节推导了平面 2R 机械臂的位置级运动学方程，其过程和结果都非常简单。对于在 3D 空间中作业的机器人，其运动链由多个关节和多个连杆组成。结合第 2 章的内容可知，一般情况下，每个连杆需要 6 个参数才能完全确定其位姿，而要确定整个运动链并最终确定末端杆件的位姿，其复杂程度可想而知。因而，通过制定一定的规则、建立合适的连杆坐标系以简化机器人运动学方程的推导，曾经是学者们追求的目标。经过多年的努力，形成了一种成熟的、通用的方法——D－H 法。

D－H 法由 Jaques Denavit(迪纳维特) 和 Richard S. Hartenberg(哈坦伯格) 于 1957 年提出，是一种非常实用的连杆坐标系建立与运动学建模方法，被称为 Denavit－Hartenberg 法(简称 D－H 法)。该方法可用于任何构型，具有很好的通用性，已成为标准方法，应用广泛。后续有学者对该方法所采用的具体规则进行了一些修改，形成了变种的方法。为了区分，将原始方法称为经典 D－H 法，修改后的方法称为改造后的 D－H 法(即 Modified D－H 法，简称 MDH 法)。上述两种方法在现有的教科书和学术论文中均有应用，读者在使用时要特别注意。

本书采用的是经典 D－H 法，下面将进行详细介绍。另外，为了方便读者正确理解和使用相关方法，特别在附录中补充介绍了 MDH 法，详见附录 3。

4.4.1　连杆的参数化表示

构成机器人系统的要素为连杆和关节，其中关节包括相互运动的两部分(定子和转子)，分别与前一个杆和后一个杆固连，从运动学的角度可将定子和转子归属到相连的杆件上，其运动轴则代表了相互运动关系。由此，机器人的运动链可以描述为连杆与运动轴(关节轴)

的相互关系，如图 4.9 所示，其中关节 i 的运动轴用符号 $\boldsymbol{\xi}_i$ 表示（$i=1,\cdots,n$）。

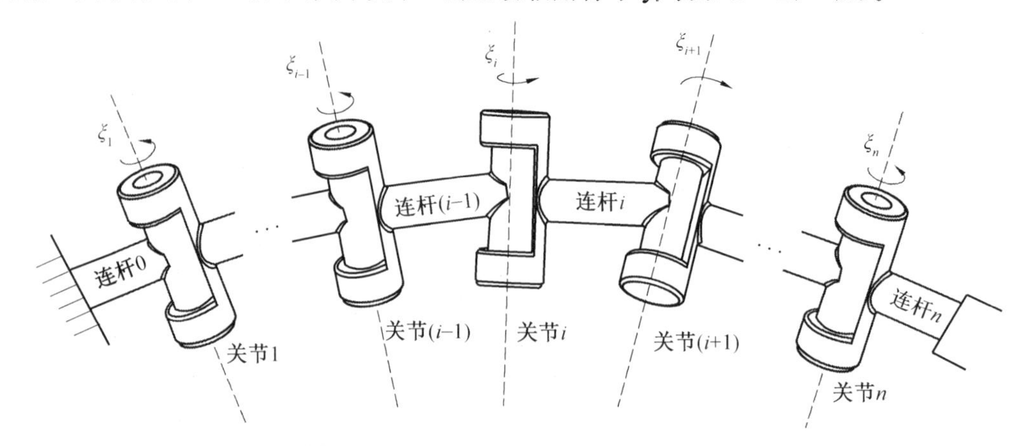

图 4.9　机器人运动链中的连杆与关节轴

基于上述分析，结合关节轴的配置对连杆自身以及相邻连杆之间的关系进行参数化表示，可得到整个运动链的参数化方程。

（1）连杆自身的参数。

除连杆 0 和连杆 n 以外（特殊杆件后面将会讨论），中间连杆即连杆 i（$i=1,\cdots,n-1$）与关节 i 和关节（$i+1$）相连，关节轴分别记为 $\boldsymbol{\xi}_i$ 和 $\boldsymbol{\xi}_{i+1}$，如图 4.10 所示。

在 3D 空间中，关节轴 $\boldsymbol{\xi}_i$ 和 $\boldsymbol{\xi}_{i+1}$ 可能异面，也可能平行或相交（共面）。以一般的异面情况为例（特殊情况后面将会讨论），称两关节轴的公垂线 C_iD_i（在关节轴 $\boldsymbol{\xi}_i$ 和 $\boldsymbol{\xi}_{i+1}$ 上的垂点分别记为 C_i 和 D_i）为连杆 i 的等效直杆（简称等效直杆 i），并记为 l_i。由刚体运动的特点可知，该杆件传递的运动由关节轴 $\boldsymbol{\xi}_i$、$\boldsymbol{\xi}_{i+1}$ 和等效直杆 l_i 确定，因此采用下面两个参数来描述连杆自身，即基于连杆 i 定义其参数。

① 连杆长度 a_i。等效直杆 l_i 的长度，即与连杆 i 相连的两个关节轴（即 $\boldsymbol{\xi}_i$ 和 $\boldsymbol{\xi}_{i+1}$）的公垂线 C_iD_i 的长度。

② 轴扭转角 α_i。与连杆 i 相连的两个关节轴（即 $\boldsymbol{\xi}_i$ 和 $\boldsymbol{\xi}_{i+1}$）之间的夹角。

连杆自身参数的定义如图 4.10 所示。

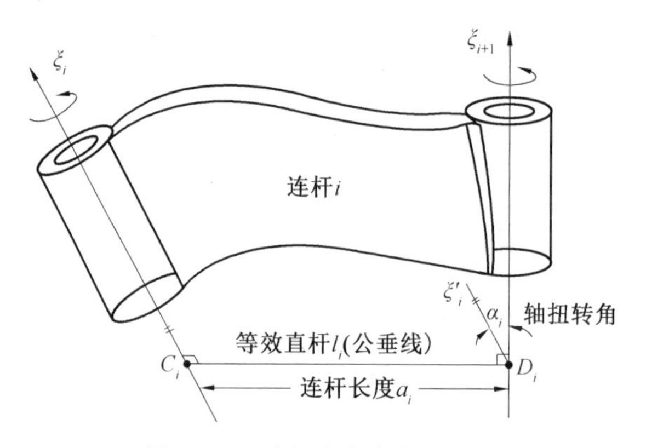

图 4.10　连杆自身参数的定义

（2）相邻连杆的参数。

相邻连杆通过关节进行连接，图 4.11 所示为相邻连杆之间关系的参数化表示，连杆（$i-$

1) 通过关节 i 与连杆 i ($i=1,\cdots,n$) 相连，因此，基于关节 i 来定义相邻连杆的参数，即采用下面两个参数描述连杆间的关系。

① 连杆间距 d_i。与关节 i 相连的等效直杆 l_{i-1} 和 l_i 之间的距离或关节 i 轴线上两相邻公垂线垂点之间的距离，即 $d_i = D_{i-1}C_i$。对于平移关节而言，d_i 代表了关节的移动量，即关节位移。

② 连杆夹角 θ_i。与关节 i 相连的等效直杆 l_{i-1} 和 l_i 之间的夹角。对于旋转关节而言，代表了关节的转动量，即关节转角。

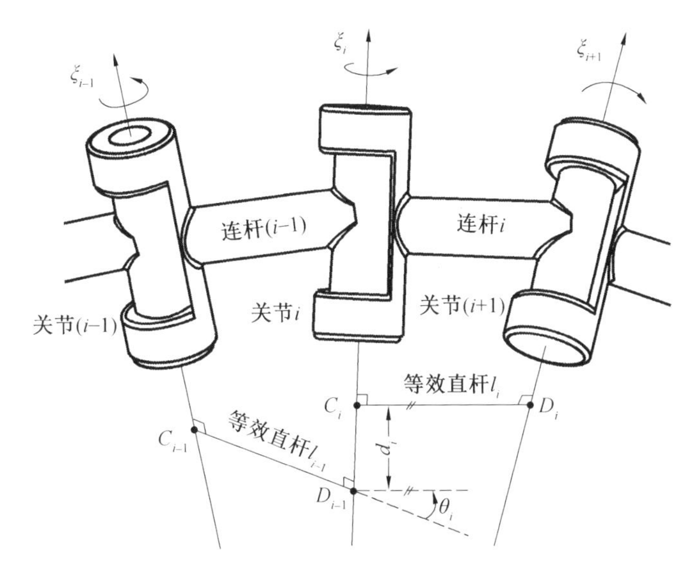

图 4.11　相邻连杆之间关系的参数化表示

连杆参数小结见表 4.2。

表 4.2　连杆参数小结

连杆自身的参数（基于连杆 i 定义）	连杆长度	a_i	连杆 i 等效直杆的长度或连杆 i 相邻两个关节轴公垂线 l_i 的长度
	轴扭转角	α_i	连杆 i 相邻两个关节轴（即 $\boldsymbol{\xi}_i$ 和 $\boldsymbol{\xi}_{i+1}$）之间的夹角
相邻连杆的参数（基于关节 i 定义）	连杆间距	d_i	与关节 i 相连的两相邻等效直杆（即 l_{i-1} 和 l_i）之间的距离
	连杆夹角	θ_i	与关节 i 相连的两相邻等效直杆（即 l_{i-1} 和 l_i）之间的夹角

通过上面的分析可知，从运动传递的效果而言，机器人系统可以等效为由“等效直杆（相邻关节轴的公垂线）”与“关节轴”组成的运动链，且通过四个参数可完整描述连杆自身及相连连杆的关系。D－H 法及其变种即是将这一特点考虑进去来建立连杆坐标系，进而大大简化机器人的运动学方程，下面将进行介绍。

4.4.2　连杆 D－H 坐标系的建立规则

由于中间连杆即连杆 i($i=1,\cdots,n-1$) 同时与两个关节（即关节 i 和关节 $(i+1)$）相连，而基座($i=0$)和末端($i=n$)连杆仅与一个关节轴相连,故其坐标系的定义有所不同,下面将分别进行介绍如何采用经典 D－H 法建立各连杆的坐标系。

(1) 中间连杆坐标系。

① 一般情况 —— 相邻关节轴不共面。

对于一般情况,即连杆 i 相连的两个关节轴不共面时,按如下规则建立连杆 $i(i=1,\cdots,n-1)$ 的坐标系$\{x_i y_i z_i\}$。

a. z_i 轴。z_i 轴与关节$(i+1)$ 的运动轴 $\boldsymbol{\xi}_{i+1}$ 共线,指向为关节运动的正方向。

b. x_i 轴。x_i 轴与等效直杆 l_i 共线,方向由关节 i 上的公垂点 C_i 指向关节$(i+1)$ 上的公垂点 D_i。

c. y_i 轴。y_i 轴根据右手定则确定。

d. 原点 O_i。等效直杆 l_i 与关节轴 $\boldsymbol{\xi}_{i+1}$ 的交点,即关节$(i+1)$ 上的公垂点 D_i。

上述连杆坐标系如图 4.12 所示,可简述为以关节轴 $\boldsymbol{\xi}_{i+1}$ 为 z_i 轴,以等效直杆 l_i 为 x_i 轴,以等效直杆 l_i 与关节轴 $\boldsymbol{\xi}_{i+1}$ 的交点为 O_i,再根据右手定则确定 y_i 轴。

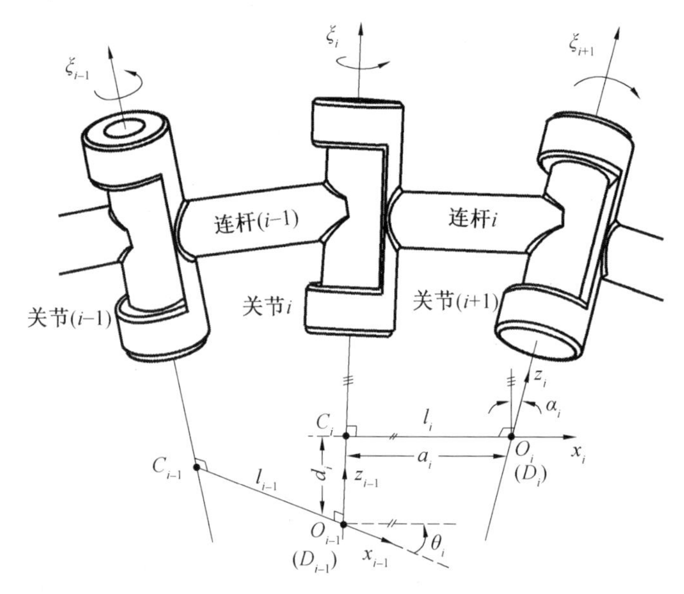

图 4.12 一般情况下的连杆坐标系(经典 D－H 法)

② 相邻两轴平行。

当两关节轴 $\boldsymbol{\xi}_i$ 与 $\boldsymbol{\xi}_{i+1}$ 平行时,有无数条公垂线,等效直杆 l_i 不唯一。此时,以关节轴 $\boldsymbol{\xi}_{i+1}$ 和其中一条等效直杆 l_i 可以分别确定 z_i 轴和 x_i 轴(类似于前述的情况)的方向,而原点 O_i 只要在关节轴 $\boldsymbol{\xi}_{i+1}$ 上就行。为简化坐标系之间的表示,可以将下一个连杆的等效直杆(即 l_{i+1})与关节轴 $\boldsymbol{\xi}_{i+1}$ 的交点 C_{i+1} 作为 O_i,此时 C_{i+1} 与 D_i 重合,连杆间距 $d_{i+1}=D_iC_{i+1}=0$,相邻关节轴 $\boldsymbol{\xi}_i$ 与 $\boldsymbol{\xi}_{i+1}$ 平行时连杆坐标系的建立如图 4.13 所示。

上述确定坐标系的过程总结如下。

a. z_i 轴。z_i 轴与关节$(i+1)$ 的轴 $\boldsymbol{\xi}_{i+1}$ 共线,指向为关节运动的正方向。

b. 原点 O_i。下一个杆件的等效直杆 l_{i+1} 与关节轴 $\boldsymbol{\xi}_{i+1}$ 的交点。

c. x_i 轴。x_i 轴与过 O_i 的等效直杆 l_i 共线,方向由关节 i 指向关节$(i+1)$。

d. y_i 轴。y_i 轴根据右手定则确定。

上述过程可以简述为以关节轴 $\boldsymbol{\xi}_{i+1}$ 为 z_i 轴，以等效直杆 l_{i+1} 与关节轴 $\boldsymbol{\xi}_{i+1}$ 的交点为 O_i，以过 O_i 的等效直杆 l_i 为 x_i 轴，再根据右手定则确定 y_i 轴。

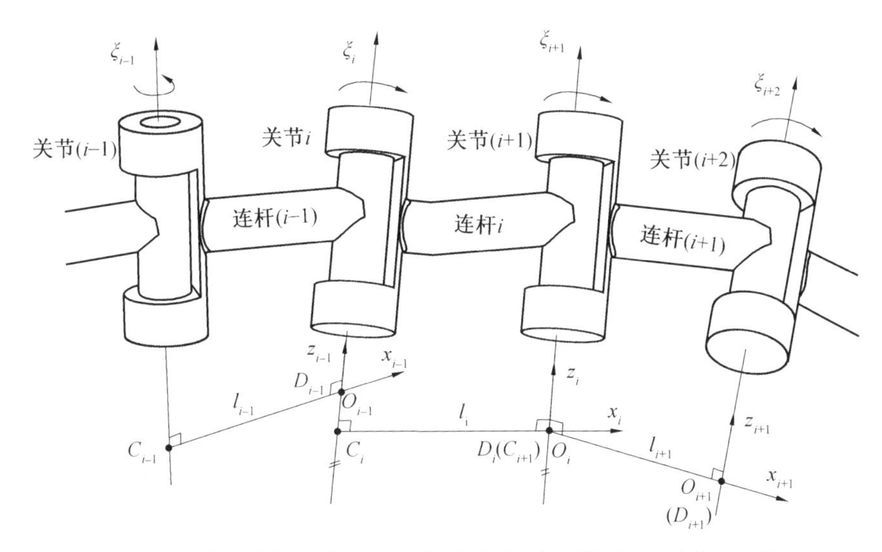

图 4.13　相邻关节轴 $\boldsymbol{\xi}_i$ 与 $\boldsymbol{\xi}_{i+1}$ 平行时连杆坐标系的建立(经典 D－H 法)

③ 相邻两轴相交。

当关节轴 $\boldsymbol{\xi}_i$ 与 $\boldsymbol{\xi}_{i+1}$ 相交时，可将交点作为坐标系的原点 O_i、关节轴 $\boldsymbol{\xi}_{i+1}$ 作为 z_i 轴，而由关节轴 $\boldsymbol{\xi}_i$ 与 $\boldsymbol{\xi}_{i+1}$ 所构成平面的法向量作为 x_i 轴，即：

a. z_i 轴。z_i 轴与关节$(i+1)$轴线 $\boldsymbol{\xi}_{i+1}$ 共线，指向为关节运动的正方向。

b. x_i 轴。x_i 轴为 z_i 轴与 z_{i-1} 轴构成的平面(即两相交轴构成的平面)的法向量，即 $x_i = \pm(z_{i-1} \times z_i)$。

c. y_i 轴。y_i 轴根据右手定则确定。

d. 原点 O_i。关节轴 $\boldsymbol{\xi}_i$ 与 $\boldsymbol{\xi}_{i+1}$ 的交点。

此种情况下，连杆坐标系的建立如图 4.14 所示。

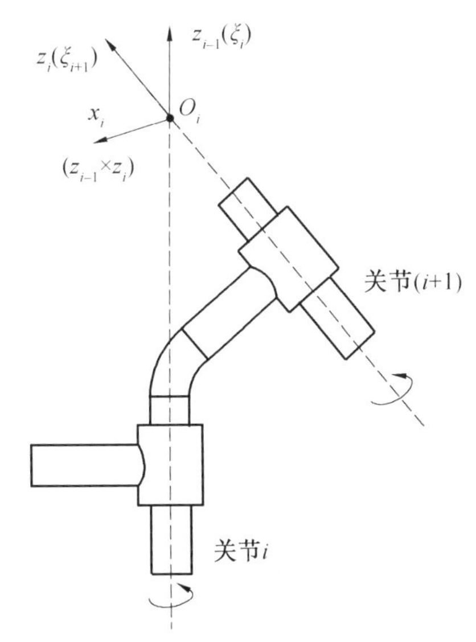

图 4.14　相邻关节轴 $\boldsymbol{\xi}_i$ 与 $\boldsymbol{\xi}_{i+1}$ 相交时连杆坐标系的建立(经典 D－H 法)

(2) 基座及末端连杆坐标系。

基座（连杆 0）仅与关节 1 相连，故按 D－H 规则只要求 z_0 轴与关节 1 的轴线重合即可，而对其原点和 x_0 轴没有特殊要求，可根据具体情况进行定义。

由于不存在关节$(n+1)$，连杆 n 仅与关节 n 相连，故末端坐标系的 z_n 轴没有特别限制，原点也可任意，但在定义$\{x_n y_n z_n\}$时需要保证 x_n 轴与 z_{n-1} 轴垂直。为方便起见，定义时可先使 z_{n-1} 轴与 z_n 轴平行，同时为了能体现末端杆件的长度，将原点放置在末端特定的位置（如末端法兰盘中心或者工具中心）上，然后按下面两种情况定义坐标系$\{x_n y_n z_n\}$。

① 若最后一个关节为 Roll 关节，此时 z_{n-1} 轴沿臂展方向（z_{n-1} 轴为 Roll 轴），可定义 x_n 轴垂直于臂展方向（Yaw 轴或 Pitch 轴），参数 d_n 体现了末端杆件长度，如图 4.15(a) 所示。

② 若最后一个关节为 Yaw 关节或 Pitch 关节，此时 z_{n-1} 轴垂直于臂展方向（z_{n-1} 轴为 Yaw 轴或 Pitch 轴），可定义 x_n 轴沿臂展方向（Roll 轴），参数 a_n 体现了末端杆件长度，如图 4.15(b) 所示。

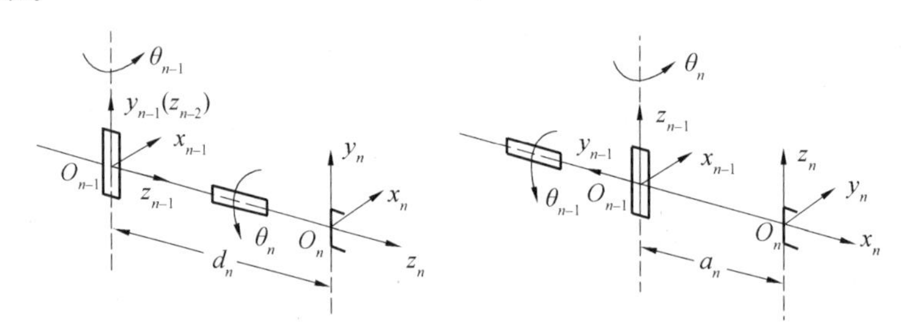

(a)当z_{n-1}轴沿臂展方向时，x_n轴垂直于臂展方向（最后一个关节为Roll关节）

(b)当z_{n-1}轴垂直于臂展方向时，x_n轴垂臂展方向（最后一个关节为Yaw关节或Pitch关节）

图 4.15　为体现末端位置偏移量的末端坐标系定义方法

4.4.3　连杆 D－H 坐标系建立的简化步骤

上面给出了建立连杆坐标系的规则，下面给出简洁的步骤，主要包括构建简化运动链和构建连杆坐标系两部分。

(1) 构建简化运动链。

将所有关节轴、关节轴之间的公垂线描述出来，得到由关节轴和等效直杆组成的简化运动链，如图 4.16 所示，其中等效直杆 l_i 为轴 $\boldsymbol{\xi}_i$ 与 $\boldsymbol{\xi}_{i+1}$ 的公垂线，相应的公垂点为 C_i 和 D_i $(i=1,\cdots,n-1)$。

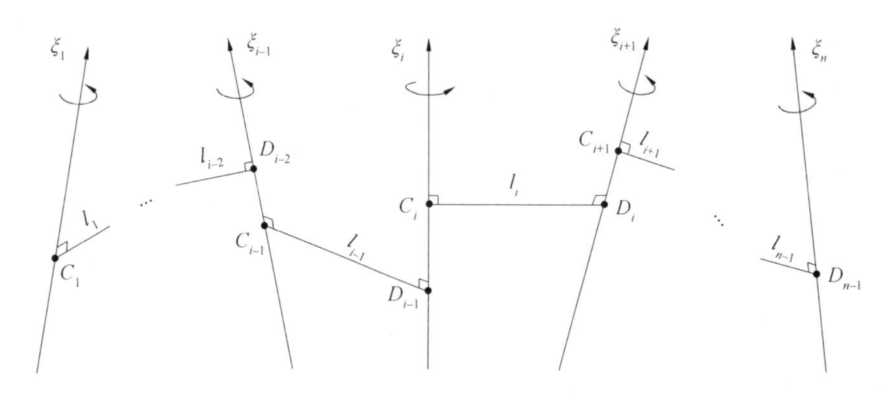

图 4.16　由关节轴和等效直杆组成的简化运动链

(2) 构建连杆坐标系。

连杆 D－H 坐标系建立的步骤如下。

① 建立基座坐标系$\{x_0y_0z_0\}$。以基座上感兴趣的位置为原点、关节1的运动轴$\boldsymbol{\xi}_1$正方向为z_0轴，x_0轴和y_0轴与z_0轴垂直，方向任选。

② 对中间杆件$i(i=1,\cdots,n-1)$，可根据等效直杆l_i、关节轴$\boldsymbol{\xi}_{i+1}$和公垂点D_i构建连杆坐标系$\{x_iy_iz_i\}$，即以公垂点D_i为原点O_i，关节轴$\boldsymbol{\xi}_{i+1}$为z_i轴、等效直杆l_i为x_i轴，基于简化运动链建立的连杆坐标系如图4.17所示，考虑到相邻杆件可能存在平行或相交的特殊情况，实际中可按下面的顺序建立。

a. z_i轴。以关节$(i+1)$的运动(转动或移动)轴$\boldsymbol{\xi}_{i+1}$正方向为z_i轴。

b. 原点O_i。若z_i轴和z_{i-1}轴相交，则以两轴交点为原点；若z_i轴和z_{i-1}轴异面或平行，则以两轴的公垂线与z_i轴的交点为原点，平行的情况可结合下一个坐标系的建立进行灵活处理(参见前面)。

c. x_i轴。对于异面或平行的情况，以等效直杆l_i为x_i轴；对于相交的情况，以$\pm(z_{i-1}\times z_i)$为方向建立x_i轴，以保证x_i轴同时与z_{i-1}轴及z_i轴垂直。

d. y_i轴。以x_i、z_i轴为基础，按右手定则建立y_i轴。

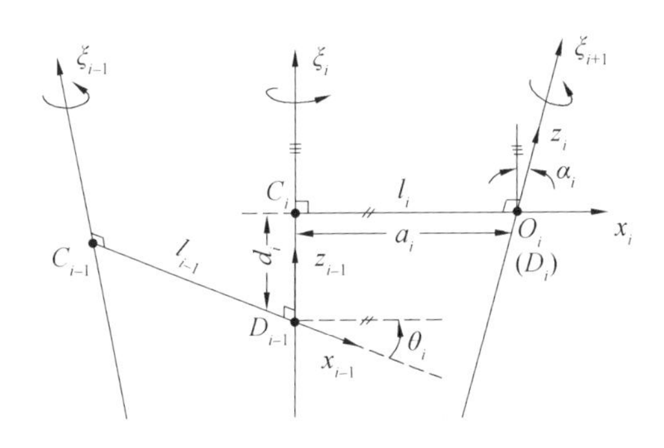

图4.17　基于简化运动链建立的连杆坐标系

③ 建立末端杆件坐标系$\{x_ny_nz_n\}$。以末端杆件上感兴趣的位置为原点、与z_{n-1}轴平行的方向为z_n轴，然后按如下两种情况确定x_n轴：若z_{n-1}轴沿臂展方向(Roll轴)，可定义x_n轴垂直于臂展方向(Yaw轴或Pitch轴)；若z_{n-1}轴垂直于臂展方向(Yaw轴或Pitch轴)，可定义x_n轴沿臂展方向(Roll轴)。最后，y_n轴由右手定则确定。

4.4.4　连杆 D－H 参数及机器人运动学方程

(1) 连杆的 D－H 参数。

将前面定义的连杆参数、相邻连杆间的参数与所建立的连杆坐标系结合起来，赋以明确的正负号含义，即为 D－H 参数，具体如下(图4.12或图4.17)。

①a_i：从z_{i-1}轴到z_i轴沿x_i轴测量的距离，即公垂点(即z_{i-1}轴和x_i轴的交点)C_i到原点O_i的距离，沿x_i轴方向为正。

②α_i：从z_{i-1}轴到z_i轴绕x_i轴旋转的角度，绕x_i轴正向旋转为正。

③d_i：从x_{i-1}轴到x_i轴沿z_{i-1}轴测量的距离，即原点O_{i-1}到公垂点C_i的距离，沿z_{i-1}轴方向为正。

④θ_i：从x_{i-1}轴到x_i轴绕z_{i-1}轴旋转的角度，绕z_{i-1}轴正向旋转为正。

上述四个参数中,对于平移关节,d_i 为变量(即关节变量),其余三个为常数;而对于旋转关节,θ_i 为变量(即关节变量),其余三个为常数。

(2) 相邻连杆坐标系间的关系。

按 D-H 规则建立了所有连杆的坐标系后,相邻连杆间的位姿关系可以通过坐标系之间的关系来表示。根据前面的定义,可知坐标系$\{x_{i-1}y_{i-1}z_{i-1}\}$通过下面的四次变换后与坐标系$\{x_iy_iz_i\}$重合。

① 坐标系$\{x_{i-1}y_{i-1}z_{i-1}\}$绕 z_{i-1} 轴旋转 θ_i,使 x_{i-1} 轴与 x_i 轴平行,相应的齐次变换矩阵为 $\boldsymbol{T}_{\mathrm{Rz}}(\theta_i)=\overline{\mathrm{Rot}}(z,\theta_i)$。

② 继续沿 z_{i-1} 轴平移 d_i 距离,使 x_{i-1} 轴与 x_i 轴共线,齐次变换矩阵为 $\boldsymbol{T}_{\mathrm{Lz}}(d_i)=\overline{\mathrm{Trans}}(0,0,d_i)$。

③ 继续沿 x_i 轴平移 a_i 的距离,使坐标系原点 O_{i-1} 与 O_i 重合,齐次变换矩阵为 $\boldsymbol{T}_{\mathrm{Lx}}(a_i)=\overline{\mathrm{Trans}}(a_i,0,0)$。

④ 继续绕 x_i 轴旋转 α_i,使 z_{i-1} 轴与 z_i 轴共线,齐次变换矩阵为 $\boldsymbol{T}_{\mathrm{Rx}}(\alpha_i)=\overline{\mathrm{Rot}}(x,\alpha_i)$,此时坐标系$\{x_{i-1}y_{i-1}z_{i-1}\}$与$\{x_iy_iz_i\}$完全重合。

根据上述旋转过程可知,坐标系$\{x_{i-1}y_{i-1}z_{i-1}\}$到坐标系$\{x_iy_iz_i\}$的齐次变换矩阵为(按动坐标系,"从左往右"乘)

$$
\begin{aligned}
{}^{i-1}\boldsymbol{T}_i &= \overline{\mathrm{Rot}}(z,\theta_i)\,\overline{\mathrm{Trans}}(0,0,d_i)\,\overline{\mathrm{Trans}}(a_i,0,0)\,\overline{\mathrm{Rot}}(x,\alpha_i)\\
&=\begin{bmatrix}\cos\theta_i & -\sin\theta_i & 0 & 0\\ \sin\theta_i & \cos\theta_i & 0 & 0\\ 0 & 0 & 1 & 0\\ 0 & 0 & 0 & 1\end{bmatrix}\begin{bmatrix}1 & 0 & 0 & 0\\ 0 & 1 & 0 & 0\\ 0 & 0 & 1 & d_i\\ 0 & 0 & 0 & 1\end{bmatrix}\begin{bmatrix}1 & 0 & 0 & a_i\\ 0 & 1 & 0 & 0\\ 0 & 0 & 1 & 0\\ 0 & 0 & 0 & 1\end{bmatrix}\begin{bmatrix}1 & 0 & 0 & 0\\ 0 & \cos\alpha_i & -\sin\alpha_i & 0\\ 0 & \sin\alpha_i & \cos\alpha_i & 0\\ 0 & 0 & 0 & 1\end{bmatrix}
\end{aligned}
\tag{4.44}
$$

式(4.44)中各项相乘后的结果为

$$
{}^{i-1}\boldsymbol{T}_i=\begin{bmatrix}\cos\theta_i & -\sin\theta_i\cos\alpha_i & \sin\theta_i\sin\alpha_i & a_i\cos\theta_i\\ \sin\theta_i & \cos\theta_i\cos\alpha_i & -\cos\theta_i\sin\alpha_i & a_i\sin\theta_i\\ 0 & \sin\alpha_i & \cos\alpha_i & d_i\\ 0 & 0 & 0 & 1\end{bmatrix}=\begin{bmatrix}c_i & -\lambda_i s_i & \mu_i s_i & a_i c_i\\ s_i & \lambda_i c_i & -\mu_i c_i & a_i s_i\\ 0 & \mu_i & \lambda_i & d_i\\ 0 & 0 & 0 & 1\end{bmatrix}
\tag{4.45}
$$

式中,$s_i=\sin\theta_i$;$c_i=\cos\theta_i$;$\mu_i=\sin\alpha_i$;$\lambda_i=\cos\alpha_i$。

式(4.45)表明,采用D-H规则后,相邻连杆坐标系间的位姿关系可通过四个D-H参数得到,其中,姿态(用姿态变换矩阵表示)和位置分别为

$$
{}^{i-1}\boldsymbol{R}_i=\begin{bmatrix}c_i & -\lambda_i s_i & \mu_i s_i\\ s_i & \lambda_i c_i & -\mu_i c_i\\ 0 & \mu_i & \lambda_i\end{bmatrix}
\tag{4.46}
$$

$$
{}^{i-1}\boldsymbol{p}_i=\begin{bmatrix}a_i c_i\\ a_i s_i\\ d_i\end{bmatrix}
\tag{4.47}
$$

需要指出的是,从坐标系$\{x_{i-1}y_{i-1}z_{i-1}\}$到坐标系$\{x_iy_iz_i\}$的变换过程并非唯一,读者可以自行设计其他变换过程,最终得到的${}^{i-1}\boldsymbol{T}_i$是一样的。

(3) 机器人位置级正运动学方程。

当相邻坐标系的关系确定后，机械臂末端坐标系$\{x_n y_n z_n\}$相对于基坐标系$\{x_0 y_0 z_0\}$的位姿矩阵可通过下面的式子得到：

$$ {}^{0}\boldsymbol{T}_n = {}^{0}\boldsymbol{T}_1 {}^{1}\boldsymbol{T}_2 \cdots {}^{n-1}\boldsymbol{T}_n = \mathrm{Fkine}(\boldsymbol{q}) \tag{4.48} $$

式(4.48)即为机器人系统的位置级正运动学方程。实际中，除了按 D－H 规则定义$\{0\}\sim\{n\}$坐标系外，还可能根据实际任务定义了世界坐标系$\{W\}$(或惯性坐标系$\{I\}$)、末端工具坐标系$\{E\}$，此时可以根据齐次坐标变换矩阵的传递关系，获得相应的位姿关系，如：

$$ {}^{W}\boldsymbol{T}_E = {}^{W}\boldsymbol{T}_0 {}^{0}\boldsymbol{T}_n {}^{n}\boldsymbol{T}_E \tag{4.49} $$

式中，${}^{W}\boldsymbol{T}_0$ 为基坐标系$\{0\}$相对于世界坐标系$\{W\}$的齐次变换矩阵，对于固定基座而言是常值；${}^{n}\boldsymbol{T}_E$ 为末端工具坐标系$\{E\}$相对于末端连杆坐标系$\{n\}$的齐次变换矩阵，也为常值。

当机器人系统安装好后，${}^{W}\boldsymbol{T}_0$ 和${}^{n}\boldsymbol{T}_E$ 可以标定出来，从而可以根据式(4.49)得到机器人末端工具坐标系$\{E\}$相对于世界坐标系$\{W\}$的齐次变换矩阵${}^{W}\boldsymbol{T}_E$。

4.5　典型构型机器人的位置级正运动学方程

4.5.1　空间 3R 肘机械臂

空间 3R 肘机械臂由 3 个旋转关节组成($n=3$)，关节的配置类似于人手臂的前三个关节(与肩部相连的部分)，适用于对末端工具进行定位。采用上述方法建立各连杆的坐标系，空间 3R 时机械臂 D－H 坐标系的定义如图 4.18 所示，相应的 D－H 参数见表 4.3。

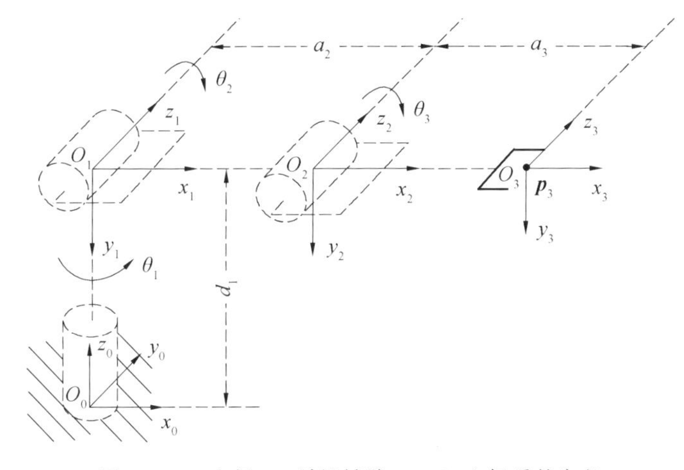

图 4.18　空间 3R 肘机械臂 D－H 坐标系的定义

表 4.3　空间 3R 肘机械臂的 D－H 参数表

连杆 i	$\theta_i/(°)$	$\alpha_i/(°)$	a_i/m	d_i/m
1	0	−90	0	d_1
2	0	0	a_2	0
3	0	0	a_3	0

将参数表中各行的参数分别代入式(4.45)后，可得到相邻连杆坐标系之间的齐次变换矩阵，即：

$$^{0}\boldsymbol{T}_1=\begin{bmatrix} c_1 & 0 & -s_1 & 0 \\ s_1 & 0 & c_1 & 0 \\ 0 & -1 & 0 & d_1 \\ 0 & 0 & 0 & 1 \end{bmatrix} \tag{4.50}$$

$$^{1}\boldsymbol{T}_2=\begin{bmatrix} c_2 & -s_2 & 0 & a_2c_2 \\ s_2 & c_2 & 0 & a_2s_2 \\ 0 & 0 & 1 & 0 \\ 0 & 0 & 0 & 1 \end{bmatrix} \tag{4.51}$$

$$^{2}\boldsymbol{T}_3=\begin{bmatrix} c_3 & -s_3 & 0 & a_3c_3 \\ s_3 & c_3 & 0 & a_3s_3 \\ 0 & 0 & 1 & 0 \\ 0 & 0 & 0 & 1 \end{bmatrix} \tag{4.52}$$

因此，位置级正运动学方程为

$$^{0}\boldsymbol{T}_3={}^{0}\boldsymbol{T}_1{}^{1}\boldsymbol{T}_2{}^{2}\boldsymbol{T}_3=\begin{bmatrix} c_1c_{23} & -c_1s_{23} & -s_1 & c_1(a_2c_2+a_3c_{23}) \\ s_1c_{23} & -s_1s_{23} & c_1 & s_1(a_2c_2+a_3c_{23}) \\ -s_{23} & -c_{23} & 0 & d_1-a_2s_2-a_3s_{23} \\ 0 & 0 & 0 & 1 \end{bmatrix}=\begin{bmatrix} ^{0}\boldsymbol{R}_3 & ^{0}\boldsymbol{p}_3 \\ \boldsymbol{0} & 1 \end{bmatrix} \tag{4.53}$$

式中，$s_{23}=\sin(\theta_2+\theta_3)$；$c_{23}=\cos(\theta_2+\theta_3)$。

姿态和位置部分还可以分别表示为

$$^{0}\boldsymbol{R}_3=\begin{bmatrix} c_1c_{23} & -c_1s_{23} & -s_1 \\ s_1c_{23} & -s_1s_{23} & c_1 \\ -s_{23} & -c_{23} & 0 \end{bmatrix} \tag{4.54}$$

$$^{0}\boldsymbol{p}_3=\begin{bmatrix} c_1(a_2c_2+a_3c_{23}) \\ s_1(a_2c_2+a_3c_{23}) \\ d_1-a_2s_2-a_3s_{23} \end{bmatrix} \tag{4.55}$$

由式(4.54)可知，末端姿态仅与θ_1和$(\theta_2+\theta_3)$相关，即实际只有两个自由度用于确定末端姿态，因为关节2和关节3的轴线平行，对末端指向的作用效果重叠(这就是表达式中出现“$\theta_2+\theta_3$”的原因)，相当于少了一个自由度，实现不了末端的任意姿态；而末端位置，即式(4.55)，与三个关节角都有关系，说明所有3个自由度都对末端位置有贡献(独立作用)，末端可以到达更多的位置(详细的工作空间分析见本章最后一节)。这就是为什么此种构型适用于定位而不适用于定姿了。

实际上，根据式(4.55)，末端位置的三轴分量满足(利用了关系$c_2c_{23}+s_2s_{23}=c_3$)：

$$\begin{aligned} p_{3x}^2+p_{3y}^2+(p_{3z}-d_1)^2 &= [c_1(a_2c_2+a_3c_{23})]^2+[s_1(a_2c_2+a_3c_{23})]^2+(a_2s_2+a_3s_{23})^2 \\ &= (a_2c_2+a_3c_{23})^2+(a_2s_2+a_3s_{23})^2 \\ &= a_2^2+a_3^2+2a_2a_3c_3 \end{aligned} \tag{4.56}$$

即：

$$p_{3x}^2 + p_{3y}^2 + (p_{3z} - d_1)^2 = a_2^2 + a_3^2 + 2a_2a_3c_3 \leqslant (a_2 + a_3)^2 \tag{4.57}$$

根据式(4.57)可知,空间 3R 肘机械臂的末端实际上位于以点$(0,0,d_1)$为球心、(a_2+a_3)为半径的球内(是球体,不只是球面)。详细的工作空间分析见本章最后一节。

4.5.2　空间 3R 球腕机械臂

空间 3R 球腕机械臂由三个相互垂直、相交的关节组成,关节配置和空间 3R 球腕机械臂的 D－H 坐标系如图 4.19 所示。由于三个关节交于一点(称为腕部中心点),在各个关节运动的过程中,其腕部中心的位置始终不变,类似于一个球关节,故称此种配置的机械臂为球腕机械臂,适用于确定末端工具的姿态(定姿),其 D－H 参数见表 4.4。

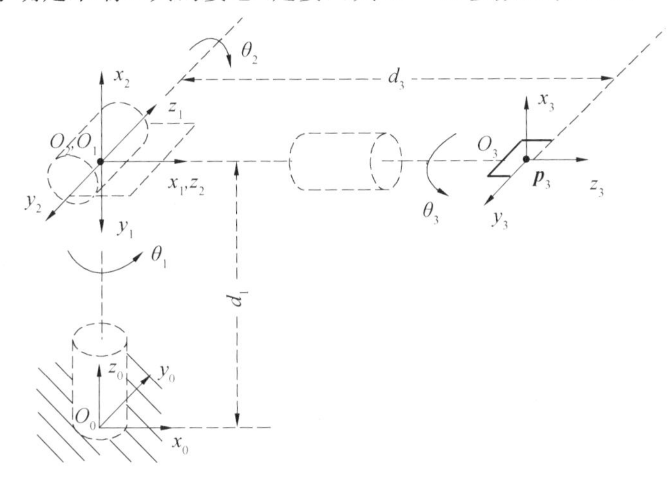

图 4.19　空间 3R 球腕机械臂的 D－H 坐标系

表 4.4　空间 3R 球腕机械臂的 D－H 参数表

连杆 i	$\theta_i/(°)$	$\alpha_i/(°)$	a_i/m	d_i/m
1	0	－90	0	d_1
2	－90	－90	0	0
3	0	0	0	d_3

将 D－H 参数代入式(4.45),可得相邻坐标系之间的齐次变换矩阵为

$$^0\boldsymbol{T}_1 = \begin{bmatrix} c_1 & 0 & -s_1 & 0 \\ s_1 & 0 & c_1 & 0 \\ 0 & -1 & 0 & d_1 \\ 0 & 0 & 0 & 1 \end{bmatrix} \tag{4.58}$$

$$^1\boldsymbol{T}_2 = \begin{bmatrix} c_2 & 0 & -s_2 & 0 \\ s_2 & 0 & c_2 & 0 \\ 0 & -1 & 0 & 0 \\ 0 & 0 & 0 & 1 \end{bmatrix} \tag{4.59}$$

$$
{}^{2}\boldsymbol{T}_3=\begin{bmatrix} c_3 & -s_3 & 0 & 0\\ s_3 & c_3 & 0 & 0\\ 0 & 0 & 1 & d_3\\ 0 & 0 & 0 & 1 \end{bmatrix} \tag{4.60}
$$

因此，位置级正运动学方程为

$$
{}^{0}\boldsymbol{T}_3={}^{0}\boldsymbol{T}_1{}^{1}\boldsymbol{T}_2{}^{2}\boldsymbol{T}_3=\begin{bmatrix} s_1s_3+c_1c_2c_3 & s_1c_3-c_1c_2s_3 & -c_1s_2 & -d_3c_1s_2\\ -c_1s_3+s_1c_2c_3 & -c_1c_3-s_1c_2s_3 & -s_1s_2 & -d_3s_1s_2\\ -s_2c_3 & s_2s_3 & -c_2 & d_1-d_3c_2\\ 0 & 0 & 0 & 1 \end{bmatrix} \tag{4.61}
$$

姿态和位置部分还可以分别表示为

$$
{}^{0}\boldsymbol{R}_3=\begin{bmatrix} s_1s_3+c_1c_2c_3 & s_1c_3-c_1c_2s_3 & -c_1s_2\\ -c_1s_3+s_1c_2c_3 & -c_1c_3-s_1c_2s_3 & -s_1s_2\\ -s_2c_3 & s_2s_3 & -c_2 \end{bmatrix} \tag{4.62}
$$

$$
{}^{0}\boldsymbol{p}_3=\begin{bmatrix} -d_3c_1s_2\\ -d_3s_1s_2\\ d_1-d_3c_2 \end{bmatrix} \tag{4.63}
$$

由式(4.62)可知，末端姿态与所有3个关节变量有关，即有3个自由度用于确定姿态，可以实现3D空间的任意指向(奇异状态除外)，进一步分析还发现，${}^{0}\boldsymbol{R}_3$ 相当于第Ⅱ类欧拉角对应的旋转变换矩阵，而三个关节角相当于欧拉角，因此其逆运动学求解(根据${}^{0}\boldsymbol{R}_3$ 求 $\theta_1\sim\theta_3$)可参照旋转变换矩阵到欧拉角转换的方法。而末端的位置，即式(4.63)仅与2个关节变量(θ_1 和 θ_2)相关，第3个关节变量不改变末端的位置，相当于仅有2个自由度用于末端定位，可到达的位置极其有限。实际上，根据式(4.63)，末端位置的三轴分量满足：

$$
p_{3x}^2+p_{3y}^2+(p_{3z}-d_1)^2=(-d_3c_1s_2)^2+(-d_3s_1s_2)^2+(-d_3c_2)^2 \tag{4.64}
$$

即：

$$
p_{3x}^2+p_{3y}^2+(p_{3z}-d_1)^2=d_3^2 \tag{4.65}
$$

根据(4.65)可知，末端实际上位于以点$(0,0,d_1)$为球心(即腕部中心)、d_3 为半径的球面上，这就是此种构型的机械臂称为3R球腕机械臂的原因，也容易看出此类构型适用于定姿而不适用于定位。详细的工作空间分析见本章最后一节。

4.5.3　空间6R腕部分离机械臂

前述的3R肘机械臂和3R球腕机械臂分别适用于对末端工具的进行定位(确定位置)和定姿(确定姿态)。在实际中，往往需要同时实现对末端工具的定位和定姿，此时可以将3R肘机械臂和3R球腕机械臂组合起来，其中前三个关节(3R肘机械臂)用于确定腕部中心的位置，而后三个关节(3R球腕机械臂)用于确定末端姿态，此种构型称为6R腕部分离机械臂(或球腕机械臂、位姿解耦型机械臂)。PUMA560机械臂和大多数6自由度工业机械臂均采用类似构型。

由空间3R肘机械臂与空间3R球腕机械臂组合得到6DOF腕部分离机械臂，其D－H坐标系和相应的D－H参数分别如图4.20和表4.5所示。

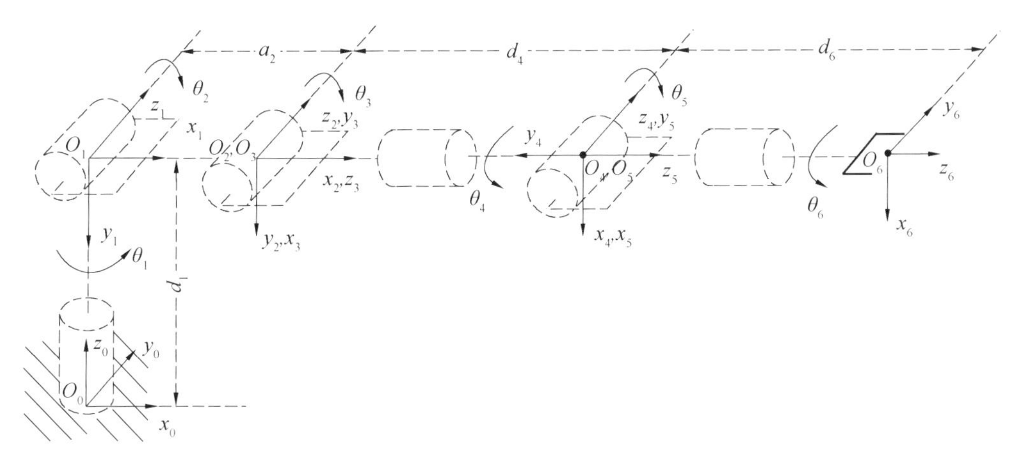

图 4.20　6DOF 腕部分离机械臂 D－H 坐标系的定义

表 4.5　6DOF 腕部分离机械臂的 D－H 参数

连杆 i	$\theta_i/(°)$	$\alpha_i/(°)$	a_i/mm	d_i/mm
1	0	－90	0	d_1
2	0	0	a_2	0
3	90	90	0	0
4	0	－90	0	d_4
5	0	90	0	0
6	0	0	0	d_6

将表 4.5 中的参数代入式(4.45)，可得各连杆坐标系之间的齐次变换矩阵为

$$
{}^0\boldsymbol{T}_1=\begin{bmatrix} c_1 & 0 & -s_1 & 0 \\ s_1 & 0 & c_1 & 0 \\ 0 & -1 & 0 & d_1 \\ 0 & 0 & 0 & 1 \end{bmatrix},\ {}^1\boldsymbol{T}_2=\begin{bmatrix} c_2 & -s_2 & 0 & a_2c_2 \\ s_2 & c_2 & 0 & a_2s_2 \\ 0 & 0 & 1 & 0 \\ 0 & 0 & 0 & 1 \end{bmatrix} \tag{4.66}
$$

$$
{}^2\boldsymbol{T}_3=\begin{bmatrix} c_3 & 0 & s_3 & 0 \\ s_3 & 0 & -c_3 & 0 \\ 0 & 1 & 0 & 0 \\ 0 & 0 & 0 & 1 \end{bmatrix},\ {}^3\boldsymbol{T}_4=\begin{bmatrix} c_4 & 0 & -s_4 & 0 \\ s_4 & 0 & c_4 & 0 \\ 0 & -1 & 0 & d_4 \\ 0 & 0 & 0 & 1 \end{bmatrix} \tag{4.67}
$$

$$
{}^4\boldsymbol{T}_5=\begin{bmatrix} c_5 & 0 & s_5 & 0 \\ s_5 & 0 & -c_5 & 0 \\ 0 & 1 & 0 & 0 \\ 0 & 0 & 0 & 1 \end{bmatrix},\ {}^5\boldsymbol{T}_6=\begin{bmatrix} c_6 & -s_6 & 0 & 0 \\ s_6 & c_6 & 0 & 0 \\ 0 & 0 & 1 & d_6 \\ 0 & 0 & 0 & 1 \end{bmatrix} \tag{4.68}
$$

因此，位置级正运动学方程为

$$^{0}\boldsymbol{T}_6 = {}^{0}\boldsymbol{T}_1{}^{1}\boldsymbol{T}_2\cdots{}^{5}\boldsymbol{T}_6 = \begin{bmatrix} n_x & o_x & a_x & p_x \\ n_y & o_y & a_y & p_y \\ n_z & o_z & a_z & p_z \\ 0 & 0 & 0 & 1 \end{bmatrix} \tag{4.69}$$

其中,

$$\begin{aligned}
n_x &= -[c_1 s_{23} s_5 + (s_1 s_4 - c_1 c_{23} c_4) c_5] c_6 - (s_1 c_4 + c_1 c_{23} s_4) s_6 \\
n_y &= -[s_1 s_{23} s_5 - (c_1 s_4 + s_1 c_{23} c_4) c_5] c_6 + (c_1 c_4 - s_1 c_{23} s_4) s_6 \\
n_z &= -(c_{23} s_5 + s_{23} c_4 c_5) c_6 + s_{23} s_4 s_6 \\
o_x &= [c_1 s_{23} s_5 + (s_1 s_4 - c_1 c_{23} c_4) c_5] s_6 - (s_1 c_4 + c_1 c_{23} s_4) c_6 \\
o_y &= [s_1 s_{23} s_5 - (c_1 s_4 + s_1 c_{23} c_4) c_5] s_6 + (c_1 c_4 - s_1 c_{23} s_4) c_6 \\
o_z &= (c_{23} s_5 + s_{23} c_4 c_5) s_6 + s_{23} s_4 c_6 \\
a_x &= c_1 s_{23} c_5 - (s_1 s_4 - c_1 c_{23} c_4) s_5 \\
a_y &= s_1 s_{23} c_5 + (c_1 s_4 + s_1 c_{23} c_4) s_5 \\
a_z &= c_{23} c_5 - s_{23} c_4 s_5 \\
p_x &= a_2 c_1 c_2 + d_4 c_1 s_{23} + d_6 [c_1 s_{23} c_5 - (s_1 s_4 - c_1 c_{23} c_4) s_5] \\
p_y &= a_2 s_1 c_2 + d_4 s_1 s_{23} + d_6 [s_1 s_{23} c_5 + (c_1 s_4 + s_1 c_{23} c_4) s_5] \\
p_z &= d_1 - a_2 s_2 + d_4 c_{23} + d_6 (c_{23} c_5 - s_{23} c_4 s_5)
\end{aligned}$$

式(4.69)即为6DOF腕部分离机械臂的正运动学方程。

4.6 基于位置级正运动学的工作空间计算

工作空间代表了机器人的工作范围。根据定义,机器人的工作空间是指机器人所有臂型对应的末端执行器所有位置组成的集合。在设计和应用中,工作空间的分析极其重要,常用的方法有几何法、代数法、解析法和数值法。其中,根据正运动学解析式直接分析工作空间(解析法)的实例见式(4.57)和式(4.65),不再赘述。在此介绍其他几种常用的方法。

4.6.1 几何法

几何法主要是从几何绘图的角度,分析每个关节运动时末端点扫出的图。以平面2连杆机械臂为例,其组成如图4.7所示,该机械臂有2个自由度,能实现末端的2自由度平动。用于描述该机械臂的关节变量和末端位置变量分别为

$$\boldsymbol{\Theta} = [\theta_1, \quad \theta_2]^{\mathrm{T}} \tag{4.70}$$

$$\boldsymbol{p}_{\mathrm{e}} = [x_{\mathrm{e}}, \quad y_{\mathrm{e}}]^{\mathrm{T}} \tag{4.71}$$

若机械臂各关节角的变化范围均为$(-\pi, \pi]$,则根据几何关系可得出平面2连杆机械臂的工作空间为如图4.21所示的圆环。

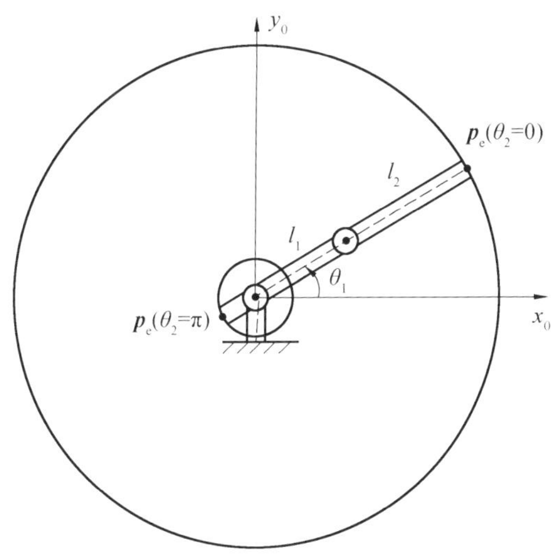

图 4.21　平面 2 连杆机械臂的工作空间

4.6.2　一般数值法

数值法是最通用的方法，对任意构型的机器人都适用。假设机器人各关节变量 q_i ($i=1,2,\cdots,n$) 的范围为$[q_{i_min},q_{i_max}]$，基于其正运动学方程采用多重循环求解关节空间内所有的末端位置，即可得到机器人的工作空间，程序如下(以 Matlab 代码为例)：

```
k = 0;                                    % —— 记录循环次数
for q1 = q1_min:dq1:q1_max                % —— 关节 1 取值
    for q2 = q2_min:dq2:q2_max            % —— 关节 2 取值
        ……                                ……
        for qn = qn_min:dqn:qn_max        % —— 关节 n 取值
            k = k + 1;                    % —— 循环次数加 1
            Te = Fkine(q1,q2,…,qn);       % —— 根据正运动学计算末端位姿
            Pe{k} = Te(1 : 3,4);          % —— 从位姿矩阵提取末端位置,并记录
        end
    end
        ……
end
```

上述算法中，dq_i 表示 q_i 的数值增量(q_i 从 q_{i_min} 逐步增加到 q_{i_max}，每步的增量为 dq_i)，值越小，则 q_i 的取值越密，计算精度就越高，但循环次数也要增加，消耗的机时会更多，在实际中根据情况设定合适的值。

4.6.3　蒙特卡洛法

上述一般数值法属于遍历式的，即对关节空间内所有的值进行遍历，每组关节值都计算一组末端位置，由此得出最后的结果，计算量非常大。因此，有学者提出了基于蒙特卡洛

(Monte Carlo) 方法的机器人工作空间计算算法。蒙特卡洛法又称为统计模拟法,它是借助数学中的随机抽样原理来解决实际问题的,当样本量足够大且每次抽样具有随机性时,事情的发生就会成为一种概率。这种方法省去了繁杂的数学推导过程,在计算机上易于实现,计算快,适用于多轴机器人工作空间的计算。

蒙特卡洛法属于数值法的一种,将其用于计算机器人工作空间的思路为对于每一个关节变量,在其规定的范围内,随机抽取 N 个值,即:

$$q_i = q_{i\_\min} + (q_{i\_\max} - q_{i\_\min}) \times \mathrm{RAND}(N,1)(i=1,\cdots,n) \tag{4.72}$$

上式中,RAND$(N,1)$ 为(0,1) 区间的 N 个随机数向量元素。

对于每一个关节都生成类似的随机数,将所有的关节变量进行组合,再循环调用正运动学方程(类似于前述的一般数值法过程),可以进一步分析机器人的工作空间。由此可见,蒙特卡洛法不必遍历关节空间的所有值,计算效率大大提高。下面给出采用该方法对 3R 肘机械臂和 3R 球腕机械臂进行工作空间分析的结果。

(1) 空间 3R 肘机械臂工作空间分析。

以前述的 3R 肘机械臂为例,其 D－H 坐标及 D－H 参数分别如图 4.18 和表 4.3 所示,设相应的参数值为 $d_1=0.5$,$a_2=0.4$,$a_3=0.6$。考虑如下几种取值范围。

(a)$\theta_i \in [-\pi,\pi]$ $(i=1,2,3)$

每个关节均可转动 360°,在各自的范围内各取 N 个值,采用蒙特卡洛法分析其工作空间,不同 N 值下的空间 3R 肘机械臂工作空间的分析如图 4.22 所示。从中可以看出,N 越大,点越密,工作空间越来越接近一个球体(是整个球,不只是球面),球心坐标和半径分别为

$$\boldsymbol{O}_{\mathrm{s}} = [0,0,d_1]^{\mathrm{T}} = [0,0,0.5]^{\mathrm{T}} \tag{4.73}$$

$$R_{\mathrm{s}} = a_2 + a_3 = 1 \tag{4.74}$$

与式(4.57) 分析的结果相同。

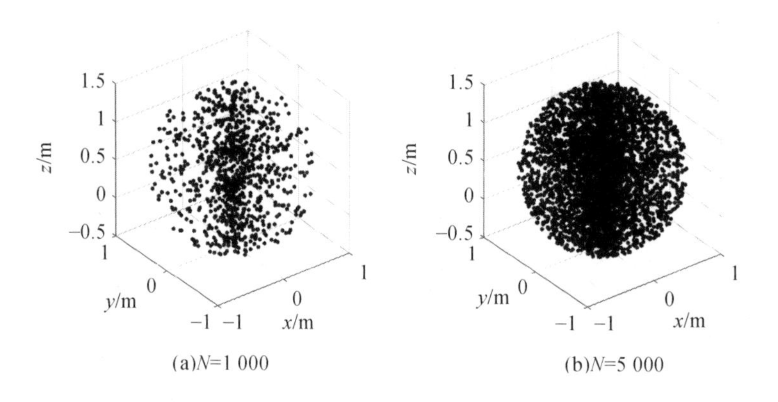

图 4.22 空间 3R 肘机械臂工作空间的分析(每个关节运动范围为 360°)

(b)$\theta_i \in [0,\pi]$ $(i=1,2,3)$

当每个关节限制在$[0,\pi]$的范围时,空间 3R 肘机械臂工作空间的分析如图 4.23 所示,为一个半球。

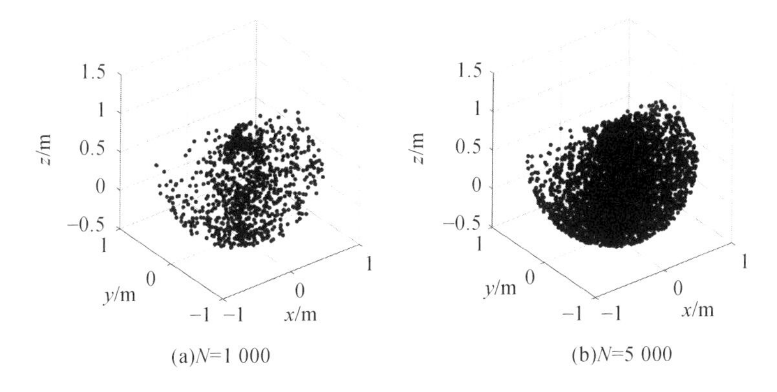

图 4.23　空间 3R 肘机械臂工作空间的分析(每个关节运动范围为[0°,180°])

(c)$\theta_i \in [-\pi/2,\pi/2]$　$(i=1,2,3)$

当每个关节限制在$[-\pi/2,\pi/2]$的范围时,空间 3R 肘机械臂工作空间的分析如图 4.24 所示,也为一个半球。其他范围下的工作空间情况可以类似分析。

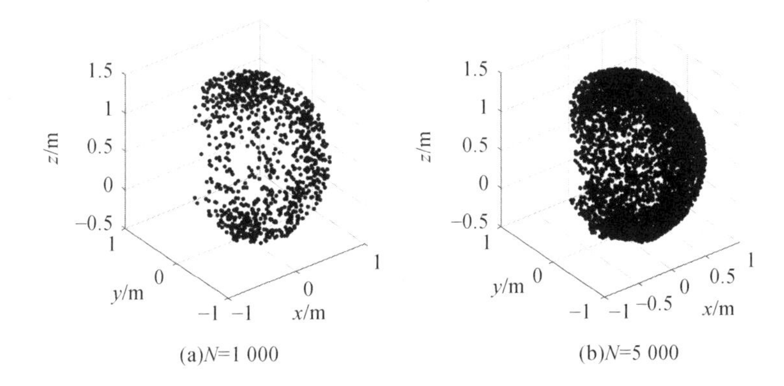

图 4.24　空间 3R 肘机械臂工作空间的分析(每个关节运动范围为[−90°,90°])

(2) 空间 3R 球腕机械臂工作空间分析。

对于前述的 3R 球腕机械臂为例,其 D−H 坐标及 D−H 参数分别如图 4.19 和表 4.4 所示,设相应的参数值为 $d_1=0.5$ m,$d_3=0.5$ m。仍然考虑如下几种取值范围。

(a)$\theta_i \in [-\pi,\pi]$　$(i=1,2,3)$

每个关节均可运动 360°,不同 N 值下的空间 3R 球腕机械臂工作空间的分析如图 4.25 所示,从中可以看出,工作空间为一个球面(注意是球面,不是球体),球心坐标和半径分别为

$$\boldsymbol{O}_s=[0,0,d_1]^{\mathrm{T}}=[0,0,0.5]^{\mathrm{T}} \tag{4.75}$$

$$R_s=d_3=0.5 \tag{4.76}$$

这一结果与前面分析的结果一致,详情参见式(4.65)及其所在小节的内容。

(b)$\theta_i \in [0,\pi]$　$(i=1,2,3)$

当每个关节限制在$[0,\pi]$的范围时,空间 3R 球腕机械臂工作空间的分析如图 4.26 所示,为一个半球面。

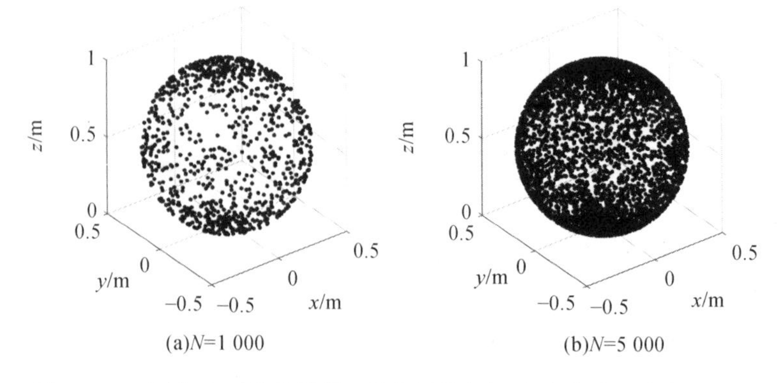

(a)N=1 000　　(b)N=5 000

图 4.25　空间 3R 球腕机械臂工作空间的分析(每个关节运动范围为 360°)

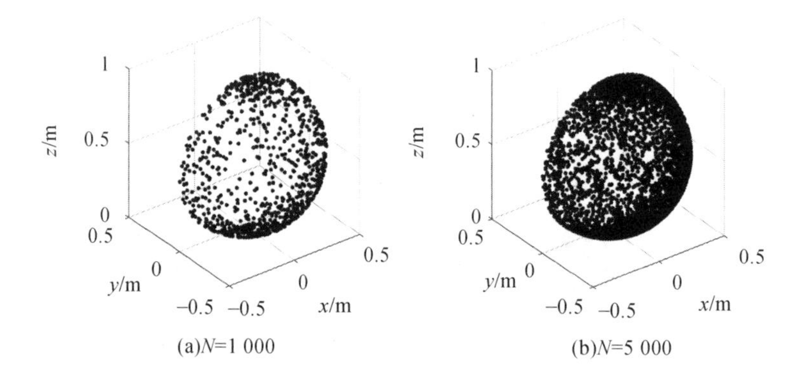

(a)N=1 000　　(b)N=5 000

图 4.26　空间 3R 球腕机械臂工作空间的分析(每个关节运动范围为[0°,180°])

(c)$\theta_i \in [-\pi/2,\pi/2]$　$(i=1,2,3)$

当每个关节限制在$[-\pi/2,\pi/2]$的范围时,空间 3R 球腕机械臂工作空间的分析如图 4.27 所示,也是一个半球面。

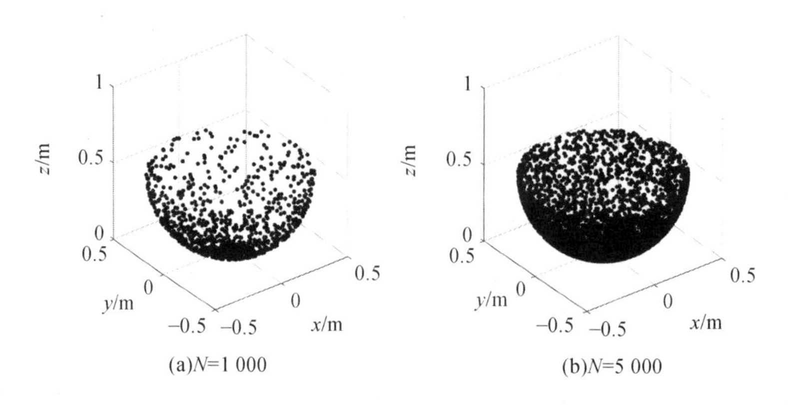

(a)N=1 000　　(b)N=5 000

图 4.27　空间 3R 球腕机械臂工作空间的分析(每个关节运动范围为[−90,90°])

本章习题

习题 4.1　某平面 3 自由度机械臂臂型如图 4.28 所示，该机器人由 3 个关节和 3 个连杆组成(除基座外)，连杆 1 ～ 连杆 3 的长度依次表示为 $l_1 \sim l_3$。
基坐标系和末端工具坐标系分别为$\{x_0y_0z_0\}$ 和$\{x_ey_ez_e\}$，机器人所有关节轴均与 z_0 轴平行。定义关节位置变量为$\boldsymbol{\Theta}=[\theta_1,\quad \theta_2,\quad \theta_3]^{\mathrm{T}}$，末端位姿变量为$\boldsymbol{x}_e=[p_{ex},\quad p_{ey},\quad \psi_e]^{\mathrm{T}}$，其中($p_{ex}$，$p_{ey}$) 为末端点在基坐标系中的坐标(即末端位置矢量 $\boldsymbol{p}_e=[p_{ex},p_{ey}]^{\mathrm{T}}$)，$\psi_e$ 为 x_0 轴绕 z_0 轴旋转后与 x_e 轴重合所需的转角。推导该机器人的位置级正运动学方程，建立从关节变量(θ_1，θ_2，θ_3) 到机器人末端位姿(p_{ex}，p_{ey}，ψ_e) 的函数关系。

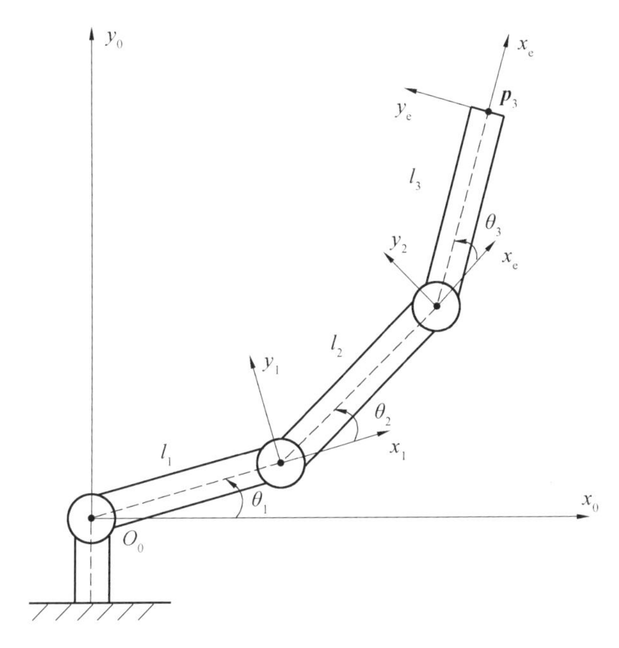

图4.28　平面 3DOF 机械臂臂型

习题 4.2　如图 4.29 所示为平面 2R－1P 机器人构型，关节构型为 RPR(即转动副－移动副－转动副)，关节 1 和关节 3 为转动副，关节 2 为移动副。连杆 1、连杆 2 和连杆 3 的长度分别为 l_1、l_2、l_3。坐标系{0} 为基坐标系，{E} 为末端工具坐标系，{1} ～ {3} 为连杆 1 ～ 连杆 3 的固连坐标系。

关节 1 和关节 3 的转动角分别表示为 θ_1 和 θ_3，关节 2 的移动位移表示为 d_2。末端点 P_e 在{0} 下的位置矢量为 $\boldsymbol{p}_e=[p_{ex},p_{ey}]^{\mathrm{T}}$，末端姿态 ψ_e 为 x_0 轴绕 z_0 轴转到 x_e 轴的夹角。完成下面的问题：

(1) 推导该机器人的位置级正运动学方程，建立从关节变量(θ_1，d_2，θ_3) 到机器人末端位姿(p_{ex}，p_{ey}，ψ_e) 的函数关系。

(2) 推导该机器人的位置级逆运动学方程，建立从末端位姿(p_{ex}，p_{ey}，ψ_e) 到关节变量(θ_1，d_2，θ_3) 的函数关系。

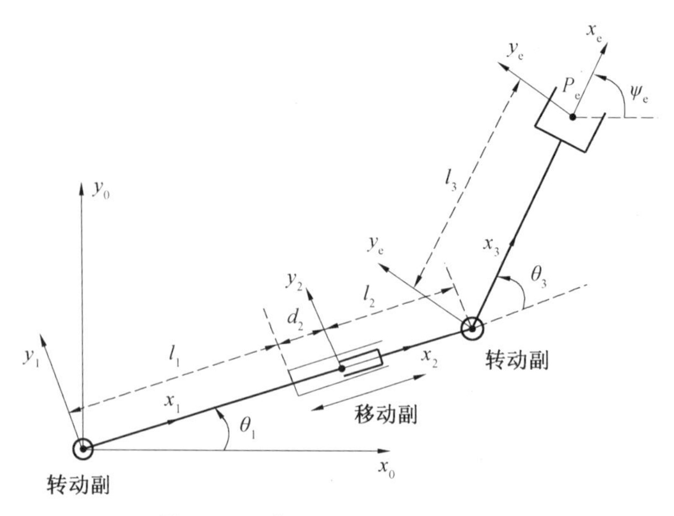

图4.29　平面 2R－1P 机器人构型

习题 4.3　如图 4.30 所示为偏置式空间 3R 机器人构型,图中(长度单位为 m) 标出了关节 1 ～ 关节 3 旋转轴的方向及杆件尺寸,完成下列问题:

(1) 采用经典 D－H 规则,建立该机器人的 D－H 坐标系,并给出 D－H 参数。

(2) 推导该机器人的位置级正运动学方程。

(3) 分析该机器人的工作空间,给出工作空间的边界。

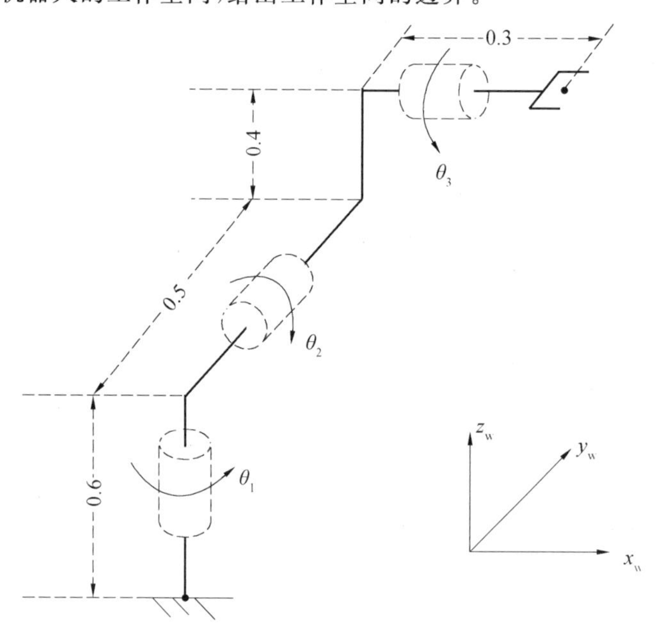

图4.30　偏置式空间 3R 机器人构型

习题 4.4　徕斯机器人公司(REIS ROBOTICS) 的 RH40 由 3DOF 柱机械臂和 3DOF 的球腕组成,关节配置如图 4.31 所示,请建立该机器人的 D－H 坐标系,并给出 D－H 参数表,推导机器人的位置级正运动学方程。

(a)RH40机器人3D图

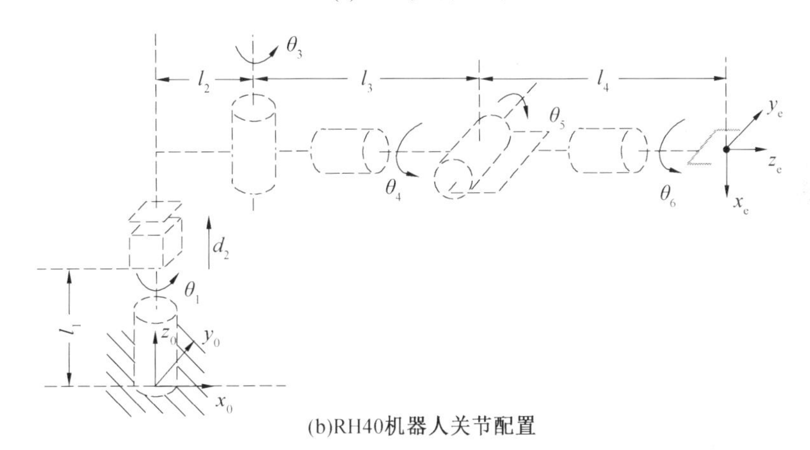

(b)RH40机器人关节配置

图4.31　徕斯机器人公司(REIS ROBOTICS) 的 RH40

习题 4.5　如图 4.32 所示为某无偏置 6R 机器人的 3D 模型及关节配置，各关节轴指向及几何参数如图 4.32(b) 所示(图中的长度单位为 m)，请完成如下问题：

(1) 建立该机器人的 D－H 坐标系并给出 D－H 参数表。

(2) 推导该机器人的位置级正运动学方程表达式。

(3) 当关节变量为[20°，30°，15°，－10°，50°，45°]时，计算末端位姿矩阵 ${}^{0}\boldsymbol{T}_6$ 以及末端工具坐标系{E} 相对于世界坐标系{W} 的位姿矩阵 ${}^{W}\boldsymbol{T}_E$，并给出位置矢量和姿态角(动轴 xyz 欧拉角)。

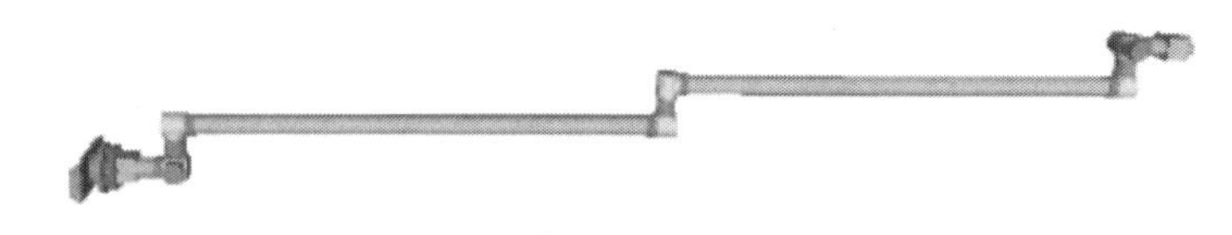

(a)某无偏置6R机器人的3D模型

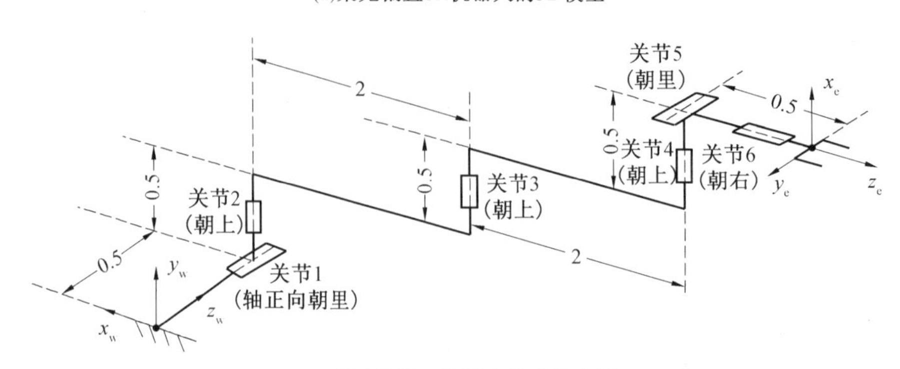

(b)某无偏置6R机器人的关节配置

图4.32　某无偏置的6R机器人的3D模型及关节配置

习题4.6　UR5e机器人有6个关节，其3D模型及关节配置如图4.33所示(图中的长度单位为mm)。请完成下面的作业：

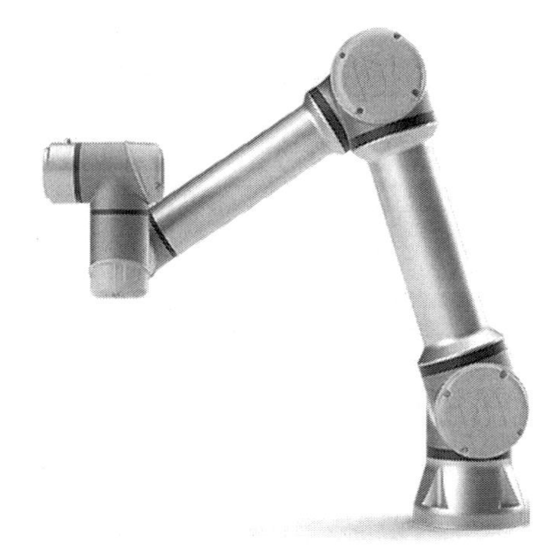

(a)UR5e机器人3D模型

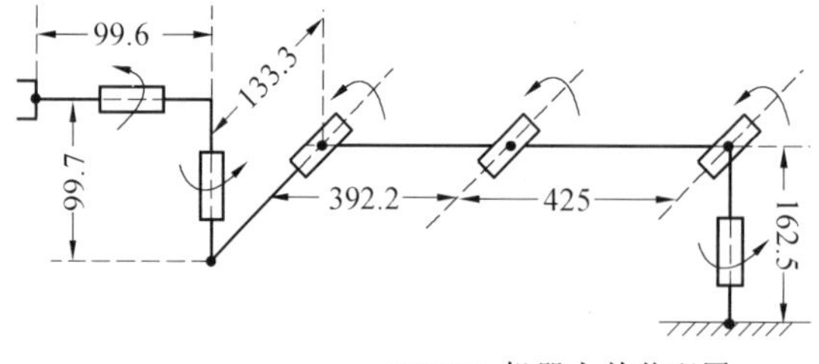

(b)UR5e机器人关节配置

图4.33　UR5e机器人3D模型及关节配置

(1) 建立该机器人的D－H坐标系并给出D－H参数表。

(2) 推导该机器人的位置级正运动学方程表达式。

(3) 当关节变量为[16°，－124°，63°，152°，88°，－166°]时，计算末端位姿矩阵${}^0\boldsymbol{T}_6$，并给

出位置矢量和姿态角(动轴 xyz 欧拉角)。

习题 4.7　国际空间站上用于装配、维修的机械臂 SSRMS 有 7 个关节,为冗余机械臂。其实物照片和运动链如图 4.34 所示(图中长度单位为 mm)。请完成下面的作业:

(1) 请采用经典 D－H 法建立其 D－H 坐标系,给出 D－H 参数表。

(2) 推导从坐标系{0} 到坐标系{n} 的位置级正运动学方程,给出解析表达式。

(3) 结合特例对位置级正运动学方程进行验算,给出验算过程。

(a)国际空间站上用的机械臂SSRMS实物照片

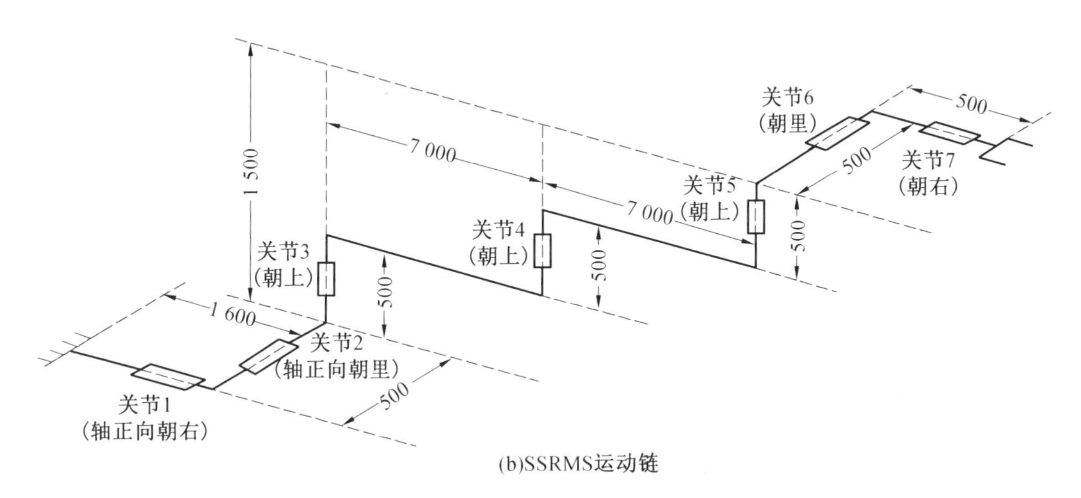

(b)SSRMS运动链

图4.34　国际空间站机械臂 SSRMS 的实物照片及运动链

第5章　非冗余机器人位置级逆运动学

上一章主要讲解了机器人的正运动学问题，即如何根据关节位置计算末端位姿，且一组关节位置可求解一个末端位姿，也就是说机器人的位置级正运动学不存在多解问题。而在实际中，往往需要给定末端位姿计算相应的关节位置，以此作为关节控制的依据，这就是机器人的位置级逆运动学问题。从定义可知，位置级逆运动学可以通过求解其正运动学方程得到。然而，不同构型的机器人，其逆运动学求解的过程、求解的结果有极大的不同。本章将论述非冗余机器人的位置级逆运动学求解问题，重点推导了典型构型机械臂的逆运动学求解方程，包括3D空间中用于定位的3R肘机械臂、用于定姿的3R球腕机械臂以及同时进行定位定姿的6R机械臂。其中，6R机械臂包括腕部可分离机械臂、相邻三轴平行机械臂这类具有解耦特性的简单结构，也包括非球腕机械臂以及一般结构机械臂这些复杂的结构。

5.1　位置级逆运动学概述

对于n自由度的机器人，已知其末端连杆坐标系$\{n\}$相对于基坐标系$\{0\}$的位姿为${}^0\boldsymbol{T}_n$（采用齐次变换矩阵的形式），为方便讨论，给出几种常用的描述形式：

$$ {}^0\boldsymbol{T}_n=\begin{bmatrix} n_x & o_x & a_x & p_x \\ n_y & o_y & a_y & p_y \\ n_z & o_z & a_z & p_z \\ 0 & 0 & 0 & 1 \end{bmatrix}=\begin{bmatrix} \boldsymbol{n} & \boldsymbol{o} & \boldsymbol{a} & \boldsymbol{p} \\ 0 & 0 & 0 & 1 \end{bmatrix}=\begin{bmatrix} {}^0\boldsymbol{R}_n & {}^0\boldsymbol{p}_n \\ \boldsymbol{0} & 1 \end{bmatrix} \tag{5.1} $$

式中，$\boldsymbol{n}$、$\boldsymbol{o}$、$\boldsymbol{a}$分别为末端坐标系$\{n\}$的x、y、z轴在$\{0\}$系中表示的单位矢量；$\boldsymbol{p}$为末端坐标系原点在$\{0\}$系中的位置矢量。

末端姿态和位置还可表示为如下的矩阵/矢量形式：

$$ {}^0\boldsymbol{R}_n=[\boldsymbol{n}\quad \boldsymbol{o}\quad \boldsymbol{a}]=\begin{bmatrix} n_x & o_x & a_x \\ n_y & o_y & a_y \\ n_z & o_z & a_z \end{bmatrix} \tag{5.2} $$

$$ {}^0\boldsymbol{p}_n=\begin{bmatrix} p_x \\ p_y \\ p_z \end{bmatrix} \tag{5.3} $$

根据已知的${}^0\boldsymbol{T}_n$（或${}^0\boldsymbol{R}_n$、${}^0\boldsymbol{p}_n$）求解相应的关节变量$\boldsymbol{q}$的问题，即为位置级逆运动学问题，表示为

$$ \boldsymbol{q}=\mathrm{Ikine}({}^0\boldsymbol{T}_n) \tag{5.4} $$

所求解出的$\boldsymbol{q}$称为逆运动学解，或简称逆解。下面将推导典型构型机器人的逆运动学方程。

5.2　空间 3R 机械臂逆运动学

5.2.1　空间 3R 肘机械臂逆运动学

空间 3R 肘机器人的 D－H 坐标系及 D－H 参数分别如图 4.18 和表 4.3 所示，其正运动学方程见式(4.55)。由于该构型的机械臂主要用于末端定位，故主要考虑根据末端位置来求解 3 个关节角的问题，而末端的姿态并不关心，因此，已知条件为

$$
{}^{0}\boldsymbol{T}_3=\begin{bmatrix} & p_x \\ * & p_y \\ & p_z \\ 0 & 1 \end{bmatrix},{}^{0}\boldsymbol{p}_3=\begin{bmatrix} p_x \\ p_y \\ p_z \end{bmatrix} \tag{5.5}
$$

(1) 逆运动学求解方程推导。

结合式(4.55) 和式(5.5)，可得

$$p_x=c_1(a_2c_2+a_3c_{23}) \tag{5.6}$$

$$p_y=s_1(a_2c_2+a_3c_{23}) \tag{5.7}$$

$$p_z=d_1-a_2s_2-a_3s_{23} \tag{5.8}$$

结合式(5.6) 和式(5.7)，可得

$$p_x^2+p_y^2=(a_2c_2+a_3c_{23})^2 \tag{5.9}$$

又由式(5.8) 可得

$$(p_z-d_1)^2=(a_2s_2+a_3s_{23})^2 \tag{5.10}$$

式(5.9) 与式(5.10) 相加，并化简，有(利用了关系 $c_3=c_2c_{23}+s_2s_{23}$)

$$p_x^2+p_y^2+(p_z-d_1)^2=(a_2c_2+a_3c_{23})^2+(a_2s_2+a_3s_{23})^2=a_2^2+a_3^2+2a_2a_3c_3 \tag{5.11}$$

由式(5.11) 可解得

$$c_3=\frac{p_x^2+p_y^2+(p_z-d_1)^2-a_2^2-a_3^2}{2a_2a_3} \tag{5.12}$$

若

$$\left|\frac{p_x^2+p_y^2+(p_z-d_1)^2-a_2^2-a_3^2}{2a_2a_3}\right|\leqslant 1 \tag{5.13}$$

则采用反余弦函数可以求得 θ_3，即：

$$\theta_3=\pm\arccos\frac{p_x^2+p_y^2+(p_z-d_1)^2-a_2^2-a_3^2}{2a_2a_3} \tag{5.14}$$

实际上，结合前一章工作空间的分析结果即式(4.57) 可知，当给定的末端位置在该机器人工作空间范围内时，则满足条件式(5.13)，可求解 θ_3；当超出工作空间时则无解，符合实际情况。

当 θ_3 解出后，代入式(5.8)，有(利用了关系 $s_{23}=s_2c_3+c_2s_3$)

$$(a_2+a_3c_3)s_2+(a_3s_3)c_2=d_1-p_z \tag{5.15}$$

根据式(5.15) 可解得

$$\theta_2=\arcsin\frac{C}{\sqrt{A^2+B^2}}-\phi \tag{5.16 a}$$

或

$$\theta_2 = \pi - \arcsin \frac{C}{\sqrt{A^2 + B^2}} - \phi \tag{5.16 b}$$

其中，

$$\begin{cases} A = a_2 + a_3 c_3 \\ B = a_3 s_3 \\ C = d_1 - p_z \\ \varphi = \arctan 2(B, A) \end{cases} \tag{5.17}$$

由式(5.16)和式(5.17)可知，对于 θ_3 的每一个取值，可以得到 θ_2 的两个值。当 θ_2、θ_3 解出后，代入式(5.6)和式(5.7)，有

$$c_1 = \frac{p_x}{a_2 c_2 + a_3 c_{23}} \tag{5.18}$$

$$s_1 = \frac{p_y}{a_2 c_2 + a_3 c_{23}} \tag{5.19}$$

因此，

$$\theta_1 = \arctan 2(s_1, c_1) = \arctan 2\left(\frac{p_y}{a_2 c_2 + a_3 c_{23}}, \frac{p_x}{a_2 c_2 + a_3 c_{23}}\right) \tag{5.20}$$

虽然 s_1、c_1 的表达式中同时包含分母 $a_2 c_2 + a_3 c_{23}$，但在求解过程中不能直接约去，因为无法预先确知其正负号，而该符号决定了象限的分布，进而影响了 arctan 2( ) 函数的取值。不过，为避免计算过程中由于 $a_2 c_2 + a_3 c_{23}$ 接近于 0 时产生的数值问题，可采用下式计算：

$$\theta_1 = \arctan 2(s_1, c_1) = \arctan 2(p_y(a_2 c_2 + a_3 c_{23}), p_x(a_2 c_2 + a_3 c_{23})) \tag{5.21}$$

式(5.21)的结果与式(5.20)的结果是一样的，但却有效处理了 $a_2 c_2 + a_3 c_{23}$ 接近于 0 时可能出现的问题。

空间 3R 肘机械臂逆运动学求解过程如图 5.1 所示。

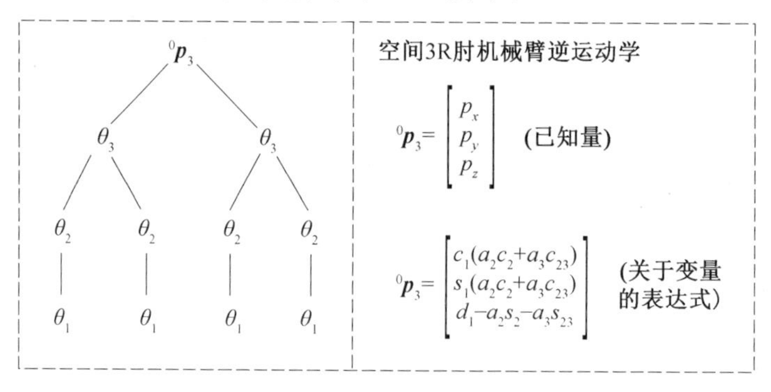

图 5.1 空间 3R 肘机械臂逆运动学求解过程

(2) 逆运动学求解实例。

作为实际的例子，取 $d_1 = 0.7$ m，$a_2 = a_3 = 1$ m，对应的空间 3R 肘机械臂模型如图 5.2 所示。给定末端位置为

$$\boldsymbol{p}_e = {}^0\boldsymbol{p}_3 = \begin{bmatrix} p_x \\ p_y \\ p_z \end{bmatrix} = \begin{bmatrix} 1.326\ 8 \\ 0.766\ 0 \\ 0.700\ 0 \end{bmatrix} \tag{5.22}$$

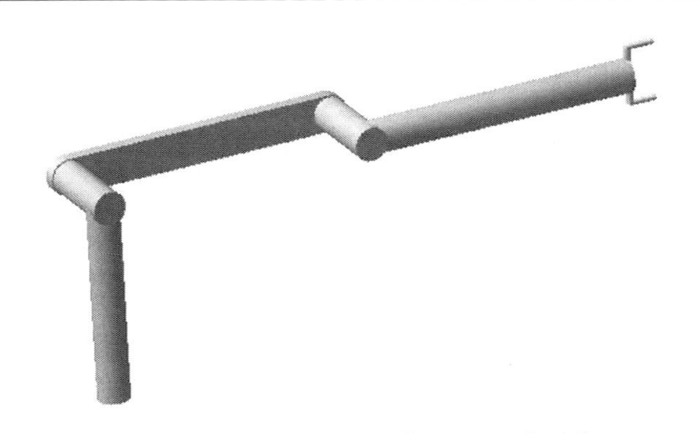

图 5.2　空间 3R 肘机械臂模型图(初始零位)

将其代入上述相关公式,可解出机械臂的 4 组关节角,见表 5.1,各组角所对应的臂型如图 5.3 所示。

表 5.1　空间 3R 肘机械臂的 4 组关节角

序号	$\theta_1/(°)$	$\theta_2/(°)$	$\theta_3/(°)$	臂型特征
1	30	−40	80	左-高臂
2	−150	−140	−80	右-高臂
3	30	40	−80	左-低臂
4	−150	140	80	右-低臂

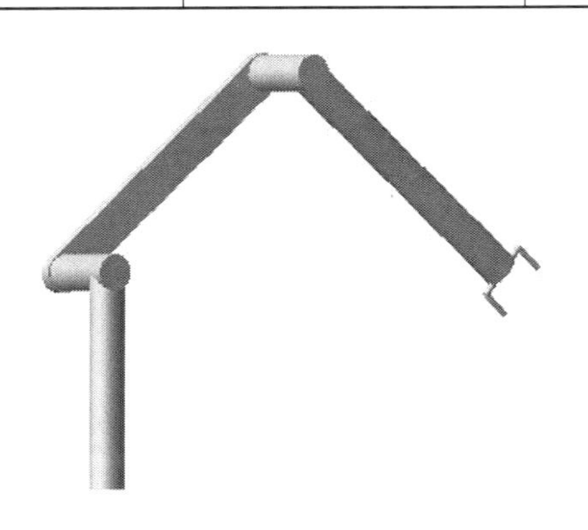

(a)左-高　臂(30°,-40°,80°)

(b)右-高　臂(-150°,-140°,-80°)

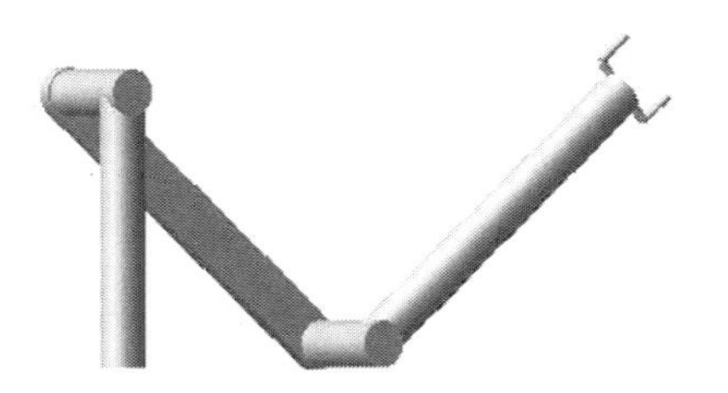

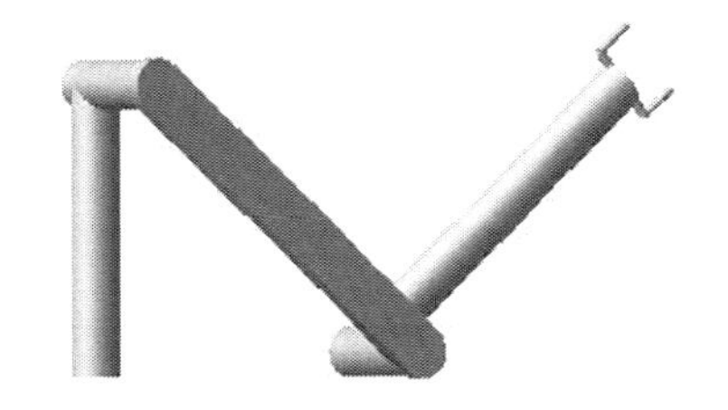

(c)左-低　臂(30°,40°,-80°)

(d)右-低　臂(-150°,140°,80°)

图 5.3　空间 3R 肘机械臂各组角对应的臂型

5.2.2 空间 3R 球腕机械臂逆运动学

空间 3R 球腕机械臂的 D－H 坐标系及 D－H 参数分别如图 4.19 和表 4.4 所示，其正运动学方程见式(4.62)。由于该构型的机械臂主要用于末端定姿，故主要考虑根据末端姿态来求解 3 个关节角的问题，对于末端的位置并不关心。已知条件为

$$
{}^{0}\boldsymbol{T}_3=\left[\begin{array}{ccc:c} n_x & o_x & a_x & \\ n_y & o_y & a_y & * \\ n_z & o_z & a_z & \\ \hdashline & \mathbf{0} & & 1 \end{array}\right],\ {}^{0}\boldsymbol{R}_3=\begin{bmatrix} n_x & o_x & a_x \\ n_y & o_y & a_y \\ n_z & o_z & a_z \end{bmatrix} \tag{5.23}
$$

(1) 逆运动学求解方程推导。

结合式(5.23) 和式(4.62)，可采用类似于从旋转变换矩阵求欧拉角的公式进行求解。首先令 $c_2=-a_z$，可得

$$
\theta_2=\arccos(-a_z) \text{ 或 } \theta_2=-\arccos(-a_z) \tag{5.24}
$$

若 $a_z\neq\pm1,\theta_2\neq0$ 且 $\theta_2\neq\pi,s_2\neq0$，则：

$$
\begin{cases} \theta_1=\arctan 2(-a_y/s_2,-a_x/s_2)=\arctan 2(-a_ys_2,-a_xs_2) \\ \theta_3=\arctan 2(o_z/s_2,-n_z/s_2)=\arctan 2(o_zs_2,-n_zs_2) \end{cases} \tag{5.25}
$$

当 $a_z=-1,\theta_2=0,s_2=0,c_2=1$，则：

$$
{}^{0}\boldsymbol{T}_3=\begin{bmatrix} \cos(\theta_1-\theta_3) & \sin(\theta_1-\theta_3) & 0 & 0 \\ \sin(\theta_1-\theta_3) & -\cos(\theta_1-\theta_3) & 0 & 0 \\ 0 & 0 & -1 & d_1-d_3 \\ 0 & 0 & 0 & 1 \end{bmatrix} \tag{5.26}
$$

当 $a_z=1,\theta_2=\pi,s_2=0,c_2=-1$，则：

$$
{}^{0}\boldsymbol{T}_3=\begin{bmatrix} -\cos(\theta_1+\theta_3) & \sin(\theta_1+\theta_3) & 0 & 0 \\ -\sin(\theta_1+\theta_3) & -\cos(\theta_1+\theta_3) & 0 & 0 \\ 0 & 0 & 1 & d_1+d_3 \\ 0 & 0 & 0 & 1 \end{bmatrix} \tag{5.27}
$$

由式(5.26) 和式(5.27) 可知，$a_z=\pm1$ 时仅可以求出$(\theta_1+\theta_3)$ 或$(\theta_1-\theta_3)$：

$$
\begin{cases} \text{若 } a_z=1,\quad (\theta_1+\theta_3)=\arctan 2(o_x,-o_y) \\ \text{若 } a_z=-1,\quad (\theta_1-\theta_3)=\arctan 2(o_x,-o_y) \end{cases} \tag{5.28}
$$

最后，按如下表达式进行计算：

若 $a_z=\pm1$，

$$
\begin{cases} \theta_2=0 \text{ 或 } \theta_2=\pi \\ \theta_1\pm\theta_3=\arctan 2(o_x,-o_y) \end{cases} \tag{5.29 a}
$$

其他，

$$
\begin{cases} \theta_2=\arccos(-a_z) \text{ 或 } \theta_2=-\arccos(-a_z) \\ \theta_1=\arctan 2(-a_ys_2,-a_xs_2) \\ \theta_3=\arctan 2(o_zs_2,-n_zs_2) \end{cases} \tag{5.29 b}
$$

上述求解方法与前面 zxz 欧拉角的求解过程类似，这也说明了球腕机械臂对末端的定姿原理。该构型的逆运动学有两组解，空间 3R 球腕机械臂逆运动学求解流程图如图 5.4 所

示。

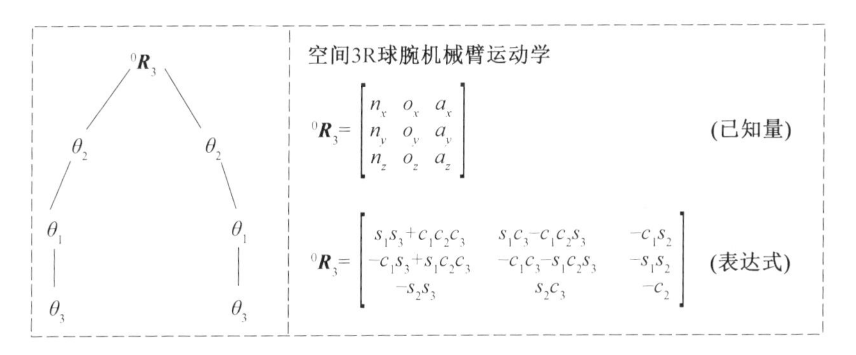

图 5.4　空间 3R 球腕机械臂逆运动学求解流程图

(2) 逆运动学求解实例。

作为实际的例子，取 $d_1=0.3$ m，$d_3=0.5$ m，对应的 3DOF 球腕机械臂模型图如图5.5所示。给定末端姿态矩阵为

$$
{}^0\boldsymbol{R}_3=\begin{bmatrix} n_x & o_x & a_x \\ n_y & o_y & a_y \\ n_z & o_z & a_z \end{bmatrix}=\begin{bmatrix} 0.6827 & 0.5399 & 0.4924 \\ -0.7185 & 0.3733 & 0.5868 \\ 0.1330 & -0.7544 & 0.6428 \end{bmatrix} \tag{5.30}
$$

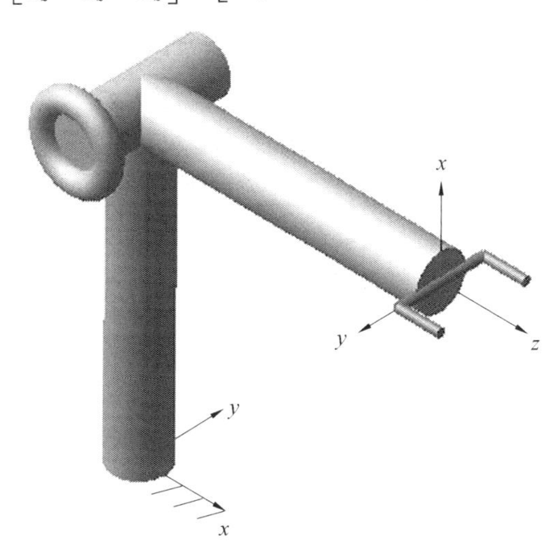

图 5.5　空间 3R 球腕机械臂模型图

将其代入上述相关公式，可解出机械臂的 2 组关节角见表 5.2，各组角对应的臂型如图 5.6 所示。

表 5.2　空间 3R 球腕机械臂的 2 组关节角

序号	θ_1/(°)	θ_2/(°)	θ_3/(°)	臂型特征
1	50	−130	80	无翻转腕
2	−130	130	−100	翻转腕

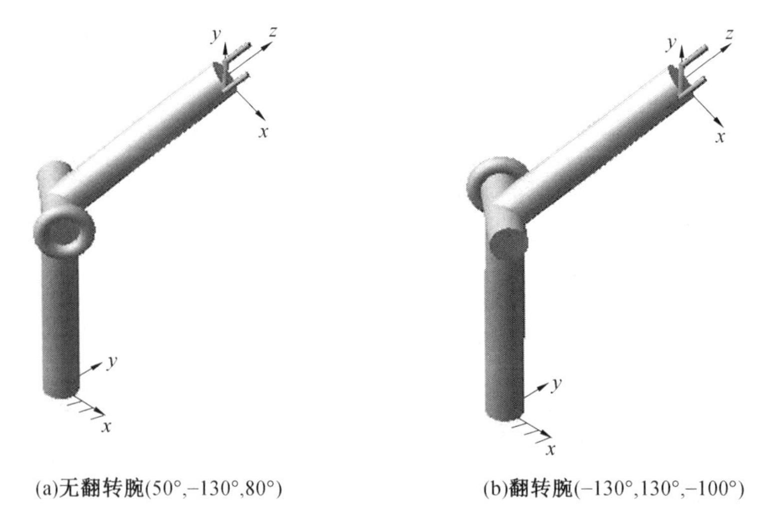

图 5.6 空间 3R 球腕机械臂各组角对应的臂型

5.3 空间 6R 腕部分离机械臂逆运动学

5.3.1 运动学特点分析

空间 6R 腕部分离机械臂的 D－H 坐标系及 D－H 参数分别如图 4.20 和表 4.5 所示，其正运动学方程见式(4.69)。该构型机械臂可同时用于对末端进行定位和定姿。已知条件为${}^{0}\boldsymbol{T}_6$,即：

$$
{}^{0}\boldsymbol{T}_6=\begin{bmatrix} n_x & o_x & a_x & p_x \\ n_y & o_y & a_y & p_y \\ n_z & o_z & a_z & p_z \\ 0 & 0 & 0 & 1 \end{bmatrix} \tag{5.31}
$$

其中,姿态和位置部分分别为

$$
{}^{0}\boldsymbol{R}_6=\begin{bmatrix} n_x & o_x & a_x \\ n_y & o_y & a_y \\ n_z & o_z & a_z \end{bmatrix},\ {}^{0}\boldsymbol{p}_6=\begin{bmatrix} p_x \\ p_y \\ p_z \end{bmatrix} \tag{5.32}
$$

该机器人可看成是由空间 3R 肘机械臂与空间 3R 球腕机械臂组合得到的,其中,前者主要用于确定腕部中心的位置(定位),后者主要用于确定末端的姿态(定姿)。结合这一特点,将其 6 自由度的逆运动学求解问题分解为两个 3 自由度的逆运动学求解问题:肘部关节角 $\theta_1 \sim \theta_3$ 的求解问题和腕部关节角 $\theta_4 \sim \theta_6$ 的求解问题。下面进行详细介绍。

5.3.2 逆运动学求解方程推导

(1) 肘部关节角的求解。

该机械臂腕部的位置和姿态是相互解耦的,而腕部中心的位置实际为坐标系{4}的原点,因此,首先推导坐标系{4}相对于基坐标系{0}的位姿矩阵,以获得其原点的位置矢量(以及腕部中心位置矢量${}^{0}\boldsymbol{p}_{\mathrm{w}}$)。根据 D－H 建模规则,可得

$$
{}^0\boldsymbol{T}_4 = {}^0\boldsymbol{T}_1 \cdots {}^3\boldsymbol{T}_4 = \begin{bmatrix} c_1c_{23}c_4 - s_1s_4 & -c_1s_{23} & -c_1c_{23}s_4 - s_1c_4 & a_2c_1c_2 + d_4c_1s_{23} \\ s_1c_{23}c_4 + c_1s_4 & -s_1s_{23} & -s_1c_{23}s_4 + c_1c_4 & a_2s_1c_2 + d_4s_1s_{23} \\ -s_{23}c_4 & -c_{23} & s_{23}s_4 & d_1 - a_2s_2 + d_4c_{23} \\ 0 & 0 & 0 & 1 \end{bmatrix} \tag{5.33}
$$

其中,位置矢量为

$$
{}^0\boldsymbol{p}_{\mathrm{w}} = {}^0\boldsymbol{p}_4 = \begin{bmatrix} a_2c_1c_2 + d_4c_1s_{23} \\ a_2s_1c_2 + d_4s_1s_{23} \\ d_1 - a_2s_2 + d_4c_{23} \end{bmatrix} = \begin{bmatrix} c_1(a_2c_2 + d_4s_{23}) \\ s_1(a_2c_2 + d_4s_{23}) \\ d_1 - a_2s_2 + d_4c_{23} \end{bmatrix} \tag{5.34}
$$

由式(5.34)可知,坐标系{4}原点在坐标系{0}中的位置仅与前三个关节角有关,其表达式与式(4.55)所示的3R肘机械臂末端位置类似,为变量 $\theta_1 \sim \theta_3$ 的表达式,给定 ${}^0\boldsymbol{p}_4$ 的确定值则可求解肘部关节角 $\theta_1 \sim \theta_3$。

另一方面,根据该机械臂的特点,腕部中心的位置 ${}^0\boldsymbol{p}_4$ 和末端的位置 ${}^0\boldsymbol{p}_6$ 满足如下关系:

$$
{}^0\boldsymbol{p}_6 = {}^0\boldsymbol{p}_{\mathrm{w}} + d_6\,{}^0\boldsymbol{z}_6 = {}^0\boldsymbol{p}_4 + d_6\,{}^0\boldsymbol{z}_6 \tag{5.35}
$$

式中,${}^0\boldsymbol{z}_6$ 为末端连杆坐标系{6}的 z 轴在坐标系{0}中的表示,即为式(5.31)中的第3列所确定的 $\boldsymbol{a}$ 矢量,即 ${}^0\boldsymbol{z}_6 = [a_x, a_y, a_z]^{\mathrm{T}}$,因而,当已知 ${}^0\boldsymbol{T}_6$ 时,根据式(5.35)可得

$$
{}^0\boldsymbol{p}_4 = {}^0\boldsymbol{p}_6 - d_6\,{}^0\boldsymbol{z}_6 = {}^0\boldsymbol{p}_6 - d_6\boldsymbol{a} = \begin{bmatrix} p_x - d_6a_x \\ p_y - d_6a_y \\ p_z - d_6a_z \end{bmatrix} \tag{5.36}
$$

式(5.36)即为已知量,令其与式(5.34)中的相应的参数表达式相等,即:

$$
\begin{cases} p_x - d_6a_x = a_2c_1c_2 + d_4c_1s_{23} = c_1(a_2c_2 + d_4s_{23}) \\ p_y - d_6a_y = a_2s_1c_2 + d_4s_1s_{23} = s_1(a_2c_2 + d_4s_{23}) \\ p_z - d_6a_z = d_1 - a_2s_2 + d_4c_{23} \end{cases} \tag{5.37}
$$

采用类似于前述3R肘机械臂的求解方法,即可求得肘部关节角 $\theta_1 \sim \theta_3$,在此省去详细推导过程,直接给出结果。首先得到(利用了关系 $s_3 = c_2s_{23} - s_2c_{23}$):

$$
s_3 = \frac{(p_x - d_6a_x)^2 + (p_y - d_6a_y)^2 + (p_z - d_6a_z - d_1)^2 - a_2^2 - d_4^2}{2a_2d_4} \tag{5.38}
$$

因此,

$$
\theta_3 = \arcsin\frac{(p_x - d_6a_x)^2 + (p_y - d_6a_y)^2 + (p_z - d_6a_z - d_1)^2 - a_2^2 - d_4^2}{2a_2d_4} \tag{5.39 a}
$$

或

$$
\theta_3 = \pi - \arcsin\frac{(p_x - d_6a_x)^2 + (p_y - d_6a_y)^2 + (p_z - d_6a_z - d_1)^2 - a_2^2 - d_4^2}{2a_2d_4} \tag{5.39 b}
$$

当 θ_3 解出后,代入式(5.37)中的第三个式子,有(利用了关系 $c_{23} = c_2c_3 - s_2s_3$)

$$
(a_2 + d_4s_3)s_2 - (d_4c_3)c_2 = -(p_z - d_6a_z - d_1) \tag{5.40}
$$

根据式(5.40)可解得

$$
\theta_2 = \arcsin\frac{C}{\sqrt{A^2 + B^2}} - \phi \tag{5.41 a}
$$

或

$$\theta_2 = \pi - \arcsin\frac{C}{\sqrt{A^2+B^2}} - \phi \tag{5.41 b}$$

其中,

$$\begin{cases} A = a_2 + d_4 s_3 \\ B = -d_4 c_3 \\ C = -(p_z - d_6 a_z - d_1) \\ \phi = \arctan 2(B, A) \end{cases} \tag{5.42}$$

由式(5.41)和式(5.42)可知,对于 θ_3 每一个取值,可以得到 θ_2 的两个值。当 θ_2、θ_3 解出后,代入式(5.37)中的前两个式子,有

$$c_1 = \frac{p_x - d_6 a_x}{a_2 c_2 + d_4 s_{23}} \tag{5.43}$$

$$s_1 = \frac{p_y - d_6 a_y}{a_2 c_2 + d_4 s_{23}} \tag{5.44}$$

因此,

$$\begin{aligned} \theta_1 &= \arctan 2(s_1, c_1) = \arctan 2\left(\frac{p_y - d_6 a_y}{a_2 c_2 + d_4 s_{23}}, \frac{p_x - d_6 a_x}{a_2 c_2 + d_4 s_{23}}\right) \\ &= \arctan 2((p_y - d_6 a_y)(a_2 c_2 + d_4 s_{23}), (p_x - d_6 a_x)(a_2 c_2 + d_4 s_{23})) \end{aligned} \tag{5.45}$$

(2) 腕部关节角的求解。

当肘部关节角 $\theta_1 \sim \theta_3$ 求出后,可代入相应的齐次变换矩阵求得 ${}^0\boldsymbol{T}_3$,即:

$${}^0\boldsymbol{T}_3 = {}^0\boldsymbol{T}_1\,{}^1\boldsymbol{T}_2\,{}^2\boldsymbol{T}_3 = \begin{bmatrix} {}^0\boldsymbol{R}_3 & {}^0\boldsymbol{p}_3 \\ \boldsymbol{0} & 1 \end{bmatrix} \tag{5.46}$$

式(5.46)相应地确定了 ${}^0\boldsymbol{R}_3$。结合式(5.31)给定的 ${}^0\boldsymbol{R}_6$,可得 ${}^3\boldsymbol{R}_6$,即:

$${}^3\boldsymbol{R}_6 = ({}^0\boldsymbol{R}_3)^{\mathrm{T}}\,{}^0\boldsymbol{R}_6 = \begin{bmatrix} {}^3_6 n_x & {}^3_6 o_x & {}^3_6 a_x \\ {}^3_6 n_y & {}^3_6 o_y & {}^3_6 a_y \\ {}^3_6 n_z & {}^3_6 o_z & {}^3_6 a_z \end{bmatrix} \tag{5.47}$$

式(5.47)为根据给定的末端位姿矩阵以及已求得的前 3 个关节角计算得到的坐标系{6}相对于坐标系{3}的旋转变换矩阵,为已知量。

另一方面,根据 D－H 建模法,可得

$$\begin{aligned} {}^3\boldsymbol{T}_6 &= {}^3\boldsymbol{T}_4\,{}^4\boldsymbol{T}_5\,{}^5\boldsymbol{T}_6 = \begin{bmatrix} c_4 & 0 & -s_4 & 0 \\ s_4 & 0 & c_4 & 0 \\ 0 & -1 & 0 & d_4 \\ 0 & 0 & 0 & 1 \end{bmatrix} \begin{bmatrix} c_5 & 0 & s_5 & 0 \\ s_5 & 0 & -c_5 & 0 \\ 0 & 1 & 0 & 0 \\ 0 & 0 & 0 & 1 \end{bmatrix} \begin{bmatrix} c_6 & -s_6 & 0 & 0 \\ s_6 & c_6 & 0 & 0 \\ 0 & 0 & 1 & d_6 \\ 0 & 0 & 0 & 1 \end{bmatrix} \\ &= \begin{bmatrix} c_4 c_5 & -s_4 & c_4 s_5 & 0 \\ s_4 c_5 & c_4 & s_4 s_5 & 0 \\ -s_5 & 0 & c_5 & d_4 \\ 0 & 0 & 0 & 1 \end{bmatrix} \begin{bmatrix} c_6 & -s_6 & 0 & 0 \\ s_6 & c_6 & 0 & 0 \\ 0 & 0 & 1 & d_6 \\ 0 & 0 & 0 & 1 \end{bmatrix} \\ &= \begin{bmatrix} c_4 c_5 c_6 - s_4 s_6 & -c_4 c_5 s_6 - s_4 c_6 & c_4 s_5 & d_6 c_4 s_5 \\ s_4 c_5 c_6 + c_4 s_6 & -s_4 c_5 s_6 + c_4 c_6 & s_4 s_5 & d_6 s_4 s_5 \\ -s_5 c_6 & s_5 s_6 & c_5 & d_4 + d_6 c_5 \\ 0 & 0 & 0 & 1 \end{bmatrix} \end{aligned} \tag{5.48}$$

根据式(5.48),可得坐标系{6}相对于坐标系{3}的旋转变换矩阵的表达式为(也可仅取姿态部分进行推导,即${}^3\boldsymbol{R}_6={}^3\boldsymbol{R}_4{}^4\boldsymbol{R}_5{}^5\boldsymbol{R}_6$)

$$
{}^3\boldsymbol{R}_6=\begin{bmatrix} c_4c_5c_6-s_4s_6 & -c_4c_5s_6-s_4c_6 & c_4s_5 \\ s_4c_5c_6+c_4s_6 & -s_4c_5s_6+c_4c_6 & s_4s_5 \\ -s_5c_6 & s_5s_6 & c_5 \end{bmatrix} \tag{5.49}
$$

式(5.49)即为关于腕部关节角$\theta_4\sim\theta_6$的表达式,令其与已知量式(5.47)的对应元素相等,采用类似于前述 3R 球腕机械臂逆运动学求解的方法,可解出$\theta_4\sim\theta_6$。首先解出θ_5,即$\theta_5=\pm\arccos\ ({}^3_6a_z)$,然后解出$\theta_4$和$\theta_6$。最后的结果总结如下:

若${}^3_6a_z=\pm1$,

$$
\begin{cases}\theta_5=0\ 或\ \theta_5=\pi \\ \theta_4\pm\theta_6=\arctan 2(-{}^3_6o_x,{}^3_6o_y)\end{cases} \tag{5.50 a}
$$

其他,

$$
\begin{cases}\theta_5=\arccos\ ({}^3_6a_z)\ 或\ \theta_5=-\arccos\ ({}^3_6a_z) \\ \theta_4=\arctan 2({}^3_6a_y/s_5,{}^3_6a_x/s_5)=\arctan 2({}^3_6a_ys_5,{}^3_6a_xs_5) \\ \theta_6=\arctan 2({}^3_6o_z/s_5,-{}^3_6n_z/s_5)=\arctan 2({}^3_6o_zs_5,-{}^3_6n_zs_5)\end{cases} \tag{5.50 b}
$$

由此,完全解出了 6R 腕部分离机械臂的所有关节角($\theta_1\sim\theta_6$),共有 8 组解(肘部关节有 4 组解,腕部关节有 2 组解,组合在一起后共 $2\times4=8$ 组解)。空间 6R 腕部分离机械臂逆运动学求解过程如图 5.7 所示。实际上,只要满足末端三轴垂直相交于一点的情况,均可采用上述方法进行求解。

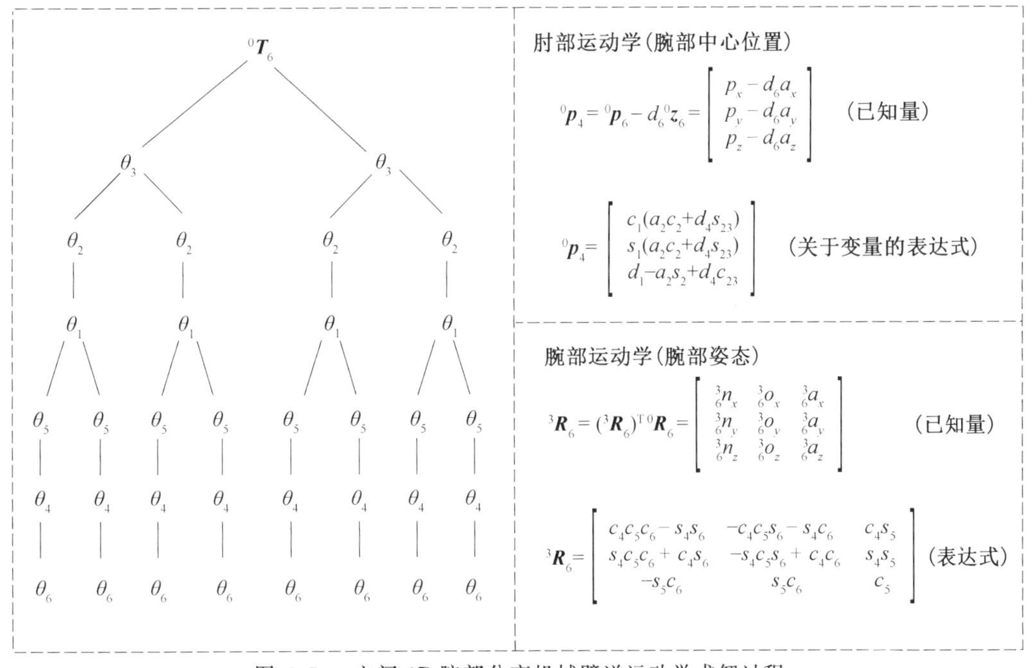

图 5.7　空间 6R 腕部分离机械臂逆运动学求解过程

5.3.3　逆运动学求解实例

作为实际的例子,取相应的参数如下:$a_2=0.5$ m,$d_1=0.7$ m,$d_4=0.6$ m,$d_6=0.4$ m,下面给出两个具体的算例。

(1) 算例 1。

给定末端位姿矩阵为

$$
{}^{0}\boldsymbol{T}_{6}=\begin{bmatrix} n_x & o_x & a_x & p_x \\ n_y & o_y & a_y & p_y \\ n_z & o_z & a_z & p_z \\ 0 & 0 & 0 & 1 \end{bmatrix}=\begin{bmatrix} -0.0574 & 0.8251 & -0.5620 & 0.6898 \\ 0.6160 & 0.4723 & 0.6304 & 0.4972 \\ 0.7856 & -0.3100 & -0.5355 & -0.0408 \\ 0 & 0 & 0 & 1 \end{bmatrix} \tag{5.51}
$$

将 ${}^{0}\boldsymbol{T}_{6}$ 代入上述相关公式,可解出机械臂的 8 组关节角见表 5.3。

表 5.3　空间 6R 腕部分离机械臂的 8 组关节角(算例 1)

序号	$\theta_1/(°)$	$\theta_2/(°)$	$\theta_3/(°)$	$\theta_4/(°)$	$\theta_5/(°)$	$\theta_6/(°)$	臂型特征
1	15.000 0	40.000 0	70.000 0	50.000 0	100.000 0	80.000 0	左低臂 — 翻转腕
2	15.000 0	40.000 0	70.000 0	−130.000 0	−100.000 0	−100.000 0	左低臂 — 无翻腕
3	−165.000 0	161.836 7	70.000 0	−130.992 0	88.147 1	66.177 1	右高臂 — 翻转腕
4	−165.000 0	161.836 7	70.000 0	49.008 0	−88.147 1	−113.822 9	右高臂 — 无翻腕
5	15.000 0	18.163 3	110.000 0	49.008 0	88.147 1	66.177 1	左高臂 — 翻转腕
6	15.000 0	18.163 3	110.000 0	−130.992 0	−88.147 1	−113.822 9	左高臂 — 无翻腕
7	−165.000 00	140.000 0	110.000 0	−130.000 0	100.000 0	80.000 0	右低臂 — 翻转腕
8	−165.000 0	140.000 0	110.000 0	50.000 0	−100.000 0	−100.000 0	右低臂 — 无翻腕

(2) 算例 2。

给定末端位姿矩阵为

$$
{}^{0}\boldsymbol{T}_{6}=\begin{bmatrix} n_x & o_x & a_x & p_x \\ n_y & o_y & a_y & p_y \\ n_z & o_z & a_z & p_z \\ 0 & 0 & 0 & 1 \end{bmatrix}=\begin{bmatrix} -0.5173 & -0.1592 & -0.8409 & -0.3390 \\ 0.8335 & 0.1290 & -0.5372 & -0.2153 \\ 0.1940 & -0.9788 & 0.0660 & 1.5074 \\ 0 & 0 & 0 & 1 \end{bmatrix} \tag{5.52}
$$

代入上述相关公式,可解出机械臂的 8 组关节角,见表 5.4,各组角对应的臂型如图 5.8(a) ~ (h) 所示。

表 5.4　空间 6R 腕部分离机械臂的 8 组关节角(算例 2)

序号	$\theta_1/(°)$	$\theta_2/(°)$	$\theta_3/(°)$	$\theta_4/(°)$	$\theta_5/(°)$	$\theta_6/(°)$	臂型特征
1	−170.000 0	−39.611 1	0.000 0	26.995 1	122.454 2	−84.350 2	左低臂 — 翻转腕
2	−170.000 0	−39.611 1	0.000 0	−153.004 9	−122.454 2	95.649 8	左低臂 — 无翻腕
3	10.000 0	−40.000 0	0.000 0	−150.000 0	50.000 0	−120.000 0	右高臂 — 翻转腕
4	10.000 0	−40.000 0	0.000 0	30.000 0	−50.000 0	60.000 0	右高臂 — 无翻腕
5	−170.000 0	−140.000 0	180.000 0	30.000 0	50.000 0	−120.000 0	左高臂 — 翻转腕
6	−170.000 0	−140.000 0	180.000 0	−150.000 0	−50.000 0	60.000 0	左高臂 — 无翻腕
7	10.000 0	−140.388 9	180.000 0	−153.004 9	122.454 2	−84.350 2	右低臂 — 翻转腕
8	10.000 0	−140.388 9	180.000 0	26.995 1	−122.454 2	95.649 8	右低臂 — 无翻腕

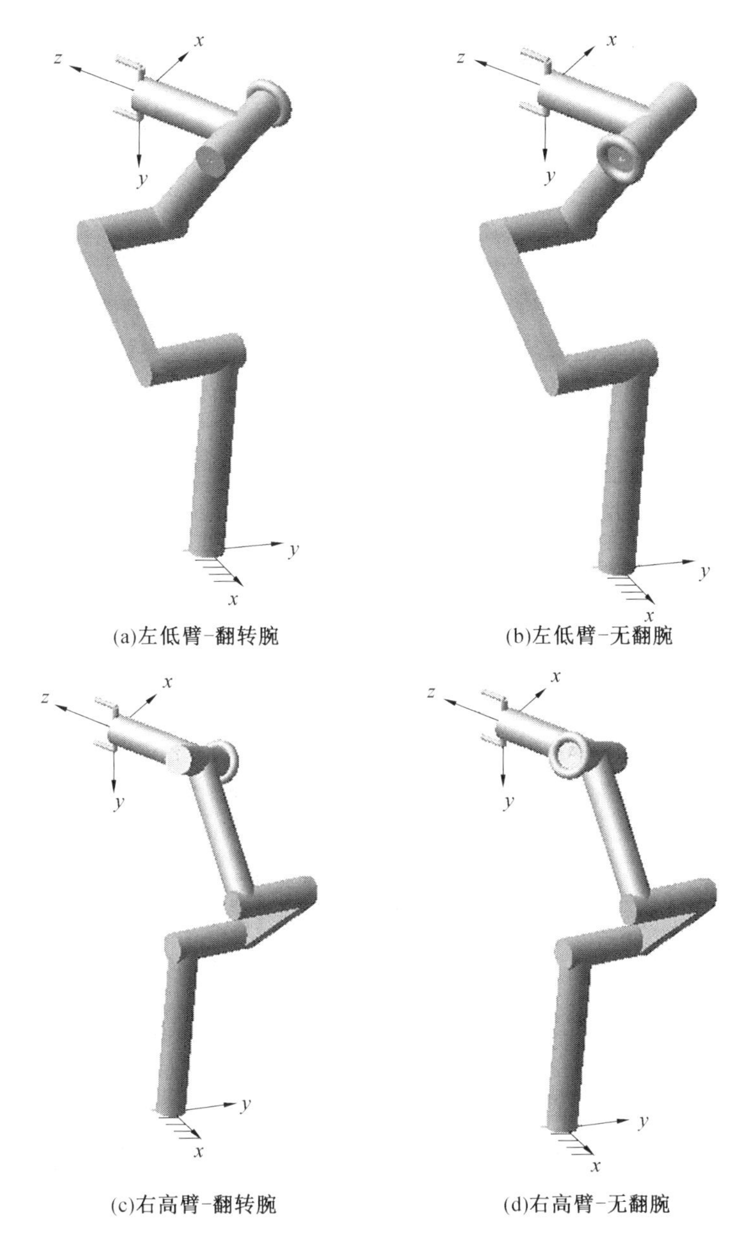

(a)左低臂-翻转腕　(b)左低臂-无翻腕

(c)右高臂-翻转腕　(d)右高臂-无翻腕

图 5.8　空间 6R 腕部分离机械臂各组角对应的臂型

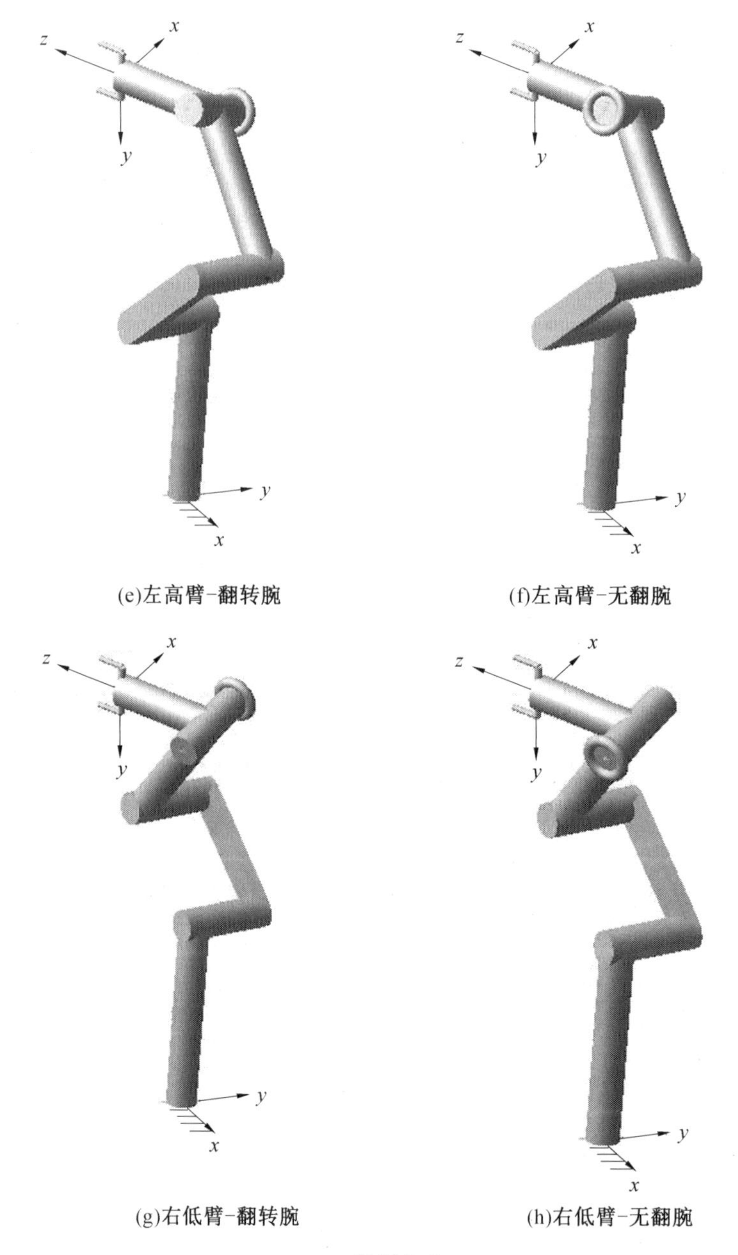

续图 5.8

5.4 相邻三轴平行 6R 机械臂逆运动学

某 6R 机械臂的关节配置如图 5.9 所示,相应的连杆长度表示为 g、h、l、p。从图中可知,该机械臂的后三个关节轴不交于一点,即腕部有偏置,但第 2、3、4 个关节的轴线相互平行。

采用第 4 章的方法建立该机械臂的 D－H 坐标系,并得到相应的 D－H 参数表,分别如图 5.10 和表 5.5 所示。

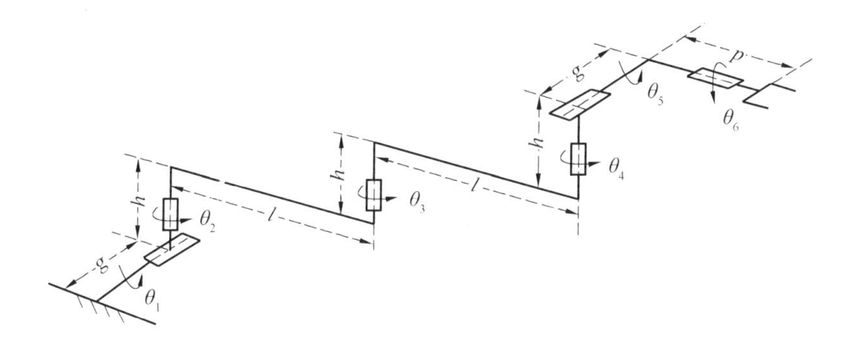

图5.9　连续三轴平行—腕部偏置6R机械臂的关节配置

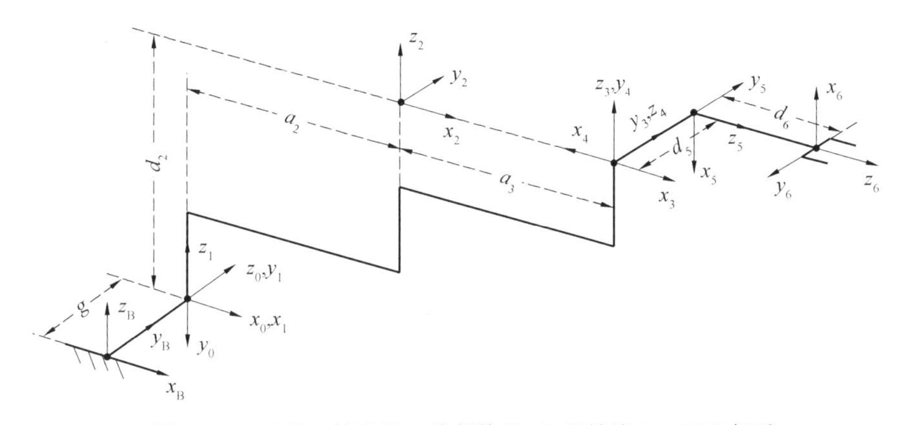

图5.10　连续三轴平行—腕部偏置6R机械臂D—H坐标系

表5.5　连续三轴平行—腕部偏置6R机械臂D—H参数表

连杆 i	$\theta_i/(°)$	$\alpha_i/(°)$	a_i/m	d_i/m
1	0	90	0	0
2	0	0	l	$3h$
3	0	0	l	0
4	180	90	0	0
5	−90	90	0	g
6	180	0	0	p

5.4.1　正运动学方程推导

将D—H参数代入连杆间的齐次变换矩阵公式，有

$$ {}^{0}\boldsymbol{T}_1=\begin{bmatrix} c_1 & 0 & s_1 & 0 \\ s_1 & 0 & -c_1 & 0 \\ 0 & 1 & 0 & 0 \\ 0 & 0 & 0 & 1 \end{bmatrix},\ {}^{1}\boldsymbol{T}_2=\begin{bmatrix} c_2 & -s_2 & 0 & a_2c_2 \\ s_2 & c_2 & 0 & a_2s_2 \\ 0 & 0 & 1 & d_2 \\ 0 & 0 & 0 & 1 \end{bmatrix} \tag{5.53}$$

$$
{}^{2}\boldsymbol{T}_{3}=\begin{bmatrix} c_3 & -s_3 & 0 & a_3c_3 \\ s_3 & c_3 & 0 & a_3s_3 \\ 0 & 0 & 1 & 0 \\ 0 & 0 & 0 & 1 \end{bmatrix},\ {}^{3}\boldsymbol{T}_{4}=\begin{bmatrix} c_4 & 0 & s_4 & 0 \\ s_4 & 0 & -c_4 & 0 \\ 0 & 1 & 0 & 0 \\ 0 & 0 & 0 & 1 \end{bmatrix} \tag{5.54}
$$

$$
{}^{4}\boldsymbol{T}_{5}=\begin{bmatrix} c_5 & 0 & s_5 & 0 \\ s_5 & 0 & -c_5 & 0 \\ 0 & 1 & 0 & d_5 \\ 0 & 0 & 0 & 1 \end{bmatrix},\ {}^{5}\boldsymbol{T}_{6}=\begin{bmatrix} c_6 & -s_6 & 0 & 0 \\ s_6 & c_6 & 0 & 0 \\ 0 & 0 & 1 & d_6 \\ 0 & 0 & 0 & 1 \end{bmatrix} \tag{5.55}
$$

由于第 2、3、4 三个关节轴相互平行,处于一个平面内,可将该三个关节角对应的齐次变换矩阵一起计算,得到如下关系:

$$
{}^{1}\boldsymbol{T}_{4}={}^{1}\boldsymbol{T}_{2}\,{}^{2}\boldsymbol{T}_{3}\,{}^{3}\boldsymbol{T}_{4}=\begin{bmatrix} c_{234} & 0 & s_{234} & a_2c_2+a_3c_{23} \\ s_{234} & 0 & -c_{234} & a_2s_2+a_3s_{23} \\ 0 & 1 & 0 & d_2 \\ 0 & 0 & 0 & 1 \end{bmatrix} \tag{5.56}
$$

式中,$s_{234}=\sin(\theta_2+\theta_3+\theta_4)$;$c_{234}=\cos(\theta_2+\theta_3+\theta_4)$;$s_{23}=\sin(\theta_2+\theta_3)$;$c_{23}=\cos(\theta_2+\theta_3)$。

而对于第 5、6 关节,有

$$
{}^{4}\boldsymbol{T}_{6}={}^{4}\boldsymbol{T}_{5}\,{}^{5}\boldsymbol{T}_{6}=\begin{bmatrix} c_5c_6 & -c_5s_6 & s_5 & d_6s_5 \\ s_5c_6 & -s_5s_6 & -c_5 & -d_6c_5 \\ s_6 & c_6 & 0 & d_5 \\ 0 & 0 & 0 & 1 \end{bmatrix} \tag{5.57}
$$

从而得到正运动学方程:

$$
{}^{0}\boldsymbol{T}_{6}={}^{0}\boldsymbol{T}_{1}\,{}^{1}\boldsymbol{T}_{4}\,{}^{4}\boldsymbol{T}_{6}=\begin{bmatrix} n_x & o_x & a_x & p_x \\ n_y & o_y & a_y & p_y \\ n_z & o_z & a_z & p_z \\ 0 & 0 & 0 & 1 \end{bmatrix} \tag{5.58}
$$

各项元素分别为

$$
\begin{aligned}
n_x &= (c_1c_{234}c_5+s_1s_5)c_6+c_1s_{234}s_6 \\
n_y &= (s_1c_{234}c_5-c_1s_5)c_6+s_1s_{234}s_6 \\
n_z &= s_{234}c_5c_6-c_{234}s_6 \\
o_x &= -(c_1c_{234}c_5+s_1s_5)s_6+c_1s_{234}c_6 \\
o_y &= -(s_1c_{234}c_5-c_1s_5)s_6+s_1s_{234}c_6 \\
o_z &= -s_{234}c_5s_6-c_{234}c_6 \\
a_x &= c_1c_{234}s_5-s_1c_5 \\
a_y &= s_1c_{234}s_5+c_1c_5 \\
a_z &= s_{234}s_5 \\
p_x &= c_1(a_2c_2+a_3c_{23}+s_{234}d_5)+s_1d_2+d_6(c_1c_{234}s_5-s_1c_5) \\
p_y &= s_1(a_2c_2+a_3c_{23}+s_{234}d_5)-c_1d_2+d_6(s_1c_{234}s_5+c_1c_5) \\
p_z &= a_2s_2+a_3s_{23}-c_{234}d_5+s_{234}s_5d_6
\end{aligned}
$$

5.4.2　逆运动学求解方程推导

通过分析该类型机械臂的特点，可将 $\theta_1 \sim \theta_6$ 这 6 个关节分为两组：θ_2、θ_3、θ_4 和 θ_1、θ_5、θ_6，分别称为共面关节组和非共面关节组。进而，可以将空间 6 自由度的位姿求解问题分解为面内位姿求解和面外位姿求解问题。

(1) 非共面关节组的求解。

由于非共面关节组 θ_1、θ_5、θ_6 的三个关节并不相邻，为了获得该组关节连续的位姿特性，可对式(5.58) 进行如下变换：

$$ {}^{0}\boldsymbol{T}_1^{-1}\,{}^{0}\boldsymbol{T}_6 = {}^{1}\boldsymbol{T}_4\,{}^{4}\boldsymbol{T}_6 \tag{5.59}$$

式(5.59) 中的 ${}^{0}\boldsymbol{T}_6$ 为给定的末端位姿矩阵；其余项则为含关节变量的齐次变换矩阵。

分别对式(5.59) 的左边和右边项进行推导。将含 θ_1 的 ${}^{0}\boldsymbol{T}_1$ 和给定的 ${}^{0}\boldsymbol{T}_6$ 代入式(5.59) 的左边，有

$$ {}^{1}\boldsymbol{T}_6 = {}^{0}\boldsymbol{T}_1^{-1}\,{}^{0}\boldsymbol{T}_6 = \begin{bmatrix} c_1 n_x + s_1 n_y & c_1 o_x + s_1 o_y & c_1 a_x + s_1 a_y & c_1 p_x + s_1 p_y \\ n_z & o_z & a_z & p_z \\ s_1 n_x - c_1 n_y & s_1 o_x - c_1 o_y & s_1 a_x - c_1 a_y & s_1 p_x - c_1 p_y \\ 0 & 0 & 0 & 1 \end{bmatrix} \tag{5.60}$$

另一方面，将式(5.56) 和式(5.57) 的代入式(5.59) 的右边，有

$$ {}^{1}\boldsymbol{T}_6 = {}^{1}\boldsymbol{T}_4\,{}^{4}\boldsymbol{T}_6 = \begin{bmatrix} c_{234}c_5c_6 + s_{234}s_6 & -c_{234}c_5s_6 + s_{234}c_6 & c_{234}s_5 & a_2c_2 + a_3c_{23} + d_5s_{234} + d_6c_{234}s_5 \\ s_{234}c_5c_6 - c_{234}s_6 & -s_{234}c_5s_6 - c_{234}c_6 & s_{234}s_5 & a_2s_2 + a_3s_{23} - d_5c_{234} + d_6s_{234}s_5 \\ s_5c_6 & -s_5s_6 & -c_5 & d_2 - d_6c_5 \\ 0 & 0 & 0 & 1 \end{bmatrix} \tag{5.61}$$

比较式(5.60) 和式(5.61) 的对应元素，即可求解出非共面关节组 θ_1、θ_5、θ_6。

首先，令式(5.60) 和式(5.61) 的第(3,3) 和(3,4) 元素分别对应相等，有

$$ s_1 a_x - c_1 a_y = -c_5 \tag{5.62}$$

$$ s_1 p_x - c_1 p_y = d_2 - d_6 c_5 \tag{5.63}$$

将式(5.62) 代入式(5.63)，

$$ (p_x - d_6 a_x)s_1 - (p_y - d_6 a_y)c_1 = d_2 \tag{5.64}$$

根据式(5.64) 即可求解 θ_1，即：

$$ \theta_1 = \arcsin \frac{d_2}{\sqrt{(p_x - d_6 a_x)^2 + (p_y - d_6 a_y)^2}} - \varphi \tag{5.65 a}$$

或

$$ \theta_1 = \pi - \arcsin \frac{d_2}{\sqrt{(p_x - d_6 a_x)^2 + (p_y - d_6 a_y)^2}} - \varphi \tag{5.65 b}$$

式中，$\varphi = \arctan 2(-(p_y - d_6 a_y), p_x - d_6 a_x)$。

解出 θ_1 后，根据式(5.62) 可以解出 θ_5，即：

$$ \theta_5 = \pm \arccos\ (c_1 a_y - s_1 a_x) \tag{5.66}$$

当 θ_1 和 θ_5 解出后，令式(5.60) 和式(5.61) 的(3,1) 和(3,2) 元素对应相等，可解出 θ_6，即：

$$\theta_6 = \arctan 2\left(\frac{o_y c_1 - o_x s_1}{s_5}, \frac{n_x s_1 - n_y c_1}{s_5}\right) = \arctan 2((o_y c_1 - o_x s_1)s_5, (n_x s_1 - n_y c_1)s_5) \tag{5.67}$$

由上面的求解过程可知，在求解非共面关节组 θ_1、θ_5、θ_6 的过程中，实际只用到了 ${}^1\boldsymbol{T}_6$ 矩阵第 3 行的四个元素，即(3,1)、(3,2)、(3,3) 和(3,4) 这四个元素代表了末端三轴姿态矢量、原点位置矢量的 z 分量(在坐标系{1} 中的描述)，其与共面关节组 θ_2、θ_3、θ_4 无关。

(2) 共面关节组的求解。

共面关节组 θ_2、θ_3、θ_4 对应的齐次变换矩阵为 ${}^1\boldsymbol{T}_4$，其表达式为式(5.56)。

另一方面，由于非共面关节组 θ_1、θ_5、θ_6 已解出，代入相应的表达式后可求得 ${}^0\boldsymbol{T}_1$、${}^4\boldsymbol{T}_6$，进而可以得到如下矩阵：

$${}^1\boldsymbol{T}_4 = {}^0\boldsymbol{T}_1^{-1}\,{}^0\boldsymbol{T}_6\,{}^4\boldsymbol{T}_6^{-1} = \begin{bmatrix} {}^1_4n_x & {}^1_4o_x & {}^1_4a_x & {}^1_4p_x \\ {}^1_4n_y & {}^1_4o_y & {}^1_4a_y & {}^1_4p_y \\ {}^1_4n_z & {}^1_4o_z & {}^1_4a_z & {}^1_4p_z \\ 0 & 0 & 0 & 1 \end{bmatrix} \tag{5.68}$$

式(5.68) 为已知矩阵，令其与式(5.56) 相等，即：

$$\begin{bmatrix} {}^1_4n_x & {}^1_4o_x & {}^1_4a_x & {}^1_4p_x \\ {}^1_4n_y & {}^1_4o_y & {}^1_4a_y & {}^1_4p_y \\ {}^1_4n_z & {}^1_4o_z & {}^1_4a_z & {}^1_4p_z \\ 0 & 0 & 0 & 1 \end{bmatrix} = \begin{bmatrix} c_{234} & 0 & s_{234} & a_2c_2 + a_3c_{23} \\ s_{234} & 0 & -c_{234} & a_2s_2 + a_3s_{23} \\ 0 & 1 & 0 & d_2 \\ 0 & 0 & 0 & 1 \end{bmatrix} \tag{5.69}$$

对照式(5.69) 两边的(1,4) 和(2,4) 元素对应相等，有

$${}^1_4p_x = a_2c_2 + a_3c_{23} \tag{5.70}$$

$${}^1_4p_y = a_2s_2 + a_3s_{23} \tag{5.71}$$

令式(5.70) 和式(5.71) 两边平方后相加，有(用到了三角函数的性质 $c_2c_{23} + s_2s_{23} = c_3$)

$$({}^1_4p_x)^2 + ({}^1_4p_y)^2 = (a_2c_2 + a_3c_{23})^2 + (a_2s_2 + a_3s_{23})^2 = a_2^2 + a_3^2 + 2a_2a_3c_3 \tag{5.72}$$

根据式(5.72) 可求得 c_3，进而得到 θ_3，即：

$$\theta_3 = \pm\arccos\frac{({}^1_4p_x)^2 + ({}^1_4p_y)^2 - a_2^2 - a_3^2}{2a_2a_3} \tag{5.73}$$

当 θ_3 求解出来后，将其代入式(5.70) 和式(5.71) 后并化简得到如下关于 s_2 和 c_2 的方程组(用到了三角函数的性质 $c_{23} = c_2c_3 - s_2s_3$、$s_{23} = s_2c_3 + c_2s_3$)：

$$\begin{cases} {}^1_4p_x = (a_2 + a_3c_3)c_2 - a_3s_3s_2 \\ {}^1_4p_y = (a_2 + a_3c_3)s_2 + a_3s_3c_2 \end{cases} \tag{5.74}$$

式(5.74) 写成矩阵的形式，有

$$\begin{bmatrix} -a_3s_3 & a_2 + a_3c_3 \\ a_2 + a_3c_3 & a_3s_3 \end{bmatrix}\begin{bmatrix} s_2 \\ c_2 \end{bmatrix} = \begin{bmatrix} {}^1_4p_x \\ {}^1_4p_y \end{bmatrix} \tag{5.75}$$

根据式(5.75) 可求得 s_2 和 c_2，即：

$$\begin{bmatrix} s_2 \\ c_2 \end{bmatrix} = \begin{bmatrix} -a_3s_3 & a_2 + a_3c_3 \\ a_2 + a_3c_3 & a_3s_3 \end{bmatrix}^{-1}\begin{bmatrix} {}^1_4p_x \\ {}^1_4p_y \end{bmatrix} = \frac{1}{a_3^2 + a_2^2 + 2a_2a_3c_3}\begin{bmatrix} -a_3s_3 & a_2 + a_3c_3 \\ a_2 + a_3c_3 & a_3s_3 \end{bmatrix}\begin{bmatrix} {}^1_4p_x \\ {}^1_4p_y \end{bmatrix} \tag{5.76}$$

结合式(5.72)，将式(5.76) 展开后可得

$$\begin{cases} s_2 = \dfrac{-a_3 s_3 ({}^1_4 p_x) + (a_2 + a_3 c_3)({}^1_4 p_y)}{a_3^2 + a_2^2 + 2a_2 a_3 c_3} = \dfrac{-a_3 s_3 ({}^1_4 p_x) + (a_2 + a_3 c_3)({}^1_4 p_y)}{({}^1_4 p_x)^2 + ({}^1_4 p_y)^2} \\ c_2 = \dfrac{(a_2 + a_3 c_3)({}^1_4 p_x) + a_3 s_3 ({}^1_4 p_y)}{a_3^2 + a_2^2 + 2a_2 a_3 c_3} = \dfrac{(a_2 + a_3 c_3)({}^1_4 p_x) + a_3 s_3 ({}^1_4 p_y)}{({}^1_4 p_x)^2 + ({}^1_4 p_y)^2} \end{cases} \tag{5.77}$$

因而，θ_2 可按下式计算得到：

$$\theta_2 = \arctan 2(-a_3 s_3 ({}^1_4 p_x) + (a_2 + a_3 c_3)({}^1_4 p_y), (a_2 + a_3 c_3)({}^1_4 p_x) + a_3 s_3 ({}^1_4 p_y)) \tag{5.78}$$

进一步地，根据式(5.69) 两边的(1,3)/(2,1) 和(1,1)/(2,3) 元素对应相等，有

$$\begin{cases} s_{234} = {}^1_4 a_x \\ c_{234} = -{}^1_4 a_y \end{cases} \tag{5.79}$$

因而可得

$$\theta_2 + \theta_3 + \theta_4 = \arctan 2({}^1_4 a_x, -{}^1_4 a_y) \tag{5.80}$$

$$\theta_4 = \arctan 2({}^1_4 a_x, -{}^1_4 a_y) - \theta_2 - \theta_3 \tag{5.81}$$

由此，求得了所有关节角，有 8 组解。

5.4.3　逆运动学求解过程总结

上述求解过程总结如下。

(1) 对于非共面关节组 θ_1、θ_5、θ_6，利用末端三轴指向、质心位置在坐标系{1} 中的 z 轴分量仅与 θ_1、θ_5、θ_6 有关，采用齐次变换矩阵的第三行的四个元素进行求解，即：

$$\boldsymbol{L}_3({}^1\boldsymbol{T}_6) = \boldsymbol{L}_3({}^0\boldsymbol{T}_1^{-1} \cdot {}^0\boldsymbol{T}_6) = [s_1 n_x - c_1 n_y, s_1 o_x - c_1 o_y, s_1 a_x - c_1 a_y, s_1 p_x - c_1 p_y] \tag{5.82}$$

$$\boldsymbol{L}_3({}^1\boldsymbol{T}_6) = \boldsymbol{L}_3({}^1\boldsymbol{T}_4{}^4\boldsymbol{T}_6) = [s_5 c_6, -s_5 s_6, -c_5, d_2 - d_6 c_5] \tag{5.83}$$

其中 $\boldsymbol{L}_3(\boldsymbol{T})$ 表示矩阵 $\boldsymbol{T}$ 的第三行。联立式(5.82) 和式(5.83) 可以解出 θ_1、θ_5、θ_6。

(2) 进一步地，由于共面关节组 θ_2、θ_3、θ_4 仅影响坐标系{1} 中的 x，y 轴的位置和绕 z 轴的姿态，因而，因而根据 ${}^1_4 p_x$、${}^1_4 p_y$、${}^1_4 a_x$、${}^1_4 a_y$ 即可求解 θ_2、θ_3、θ_4，即根据下面的关系进行求解：

$$\begin{cases} {}^1_4 p_x = a_2 c_2 + a_3 c_{23} \\ {}^1_4 p_y = a_2 s_2 + a_3 s_{23} \end{cases}, \begin{cases} s_{234} = {}^1_4 a_x \\ c_{234} = -{}^1_4 a_y \end{cases} \tag{5.84}$$

相邻三轴平行 6R 机械臂逆运动学求解过程如图 5.11 所示。

5.4.4　逆运动学求解举例

假设图 5.9 中的几何长度为 $g = 0.3$、$h = 0.4$、$l = 1.5$、$p = 0.5$，则相应的 D－H 参数为 $a_2 = a_3 = l = 1.5$、$d_2 = 3h = 1.2$、$d_5 = g = 0.3$、$d_6 = p = 0.5$(单位均为 m)。当给定末端位姿为

$${}^0\boldsymbol{T}_6 = \begin{bmatrix} -0.2213 & -0.1789 & -0.9586 & 1.8000 \\ -0.8710 & -0.4058 & 0.2768 & 0.2000 \\ -0.4386 & 0.8963 & -0.0660 & 1.3000 \\ 0 & 0 & 0 & 1 \end{bmatrix}$$

采用上述方法求得的 8 组逆解见表 5.6，将每组关节角代入正运动学方程后，可进一步验证结果的准确性。

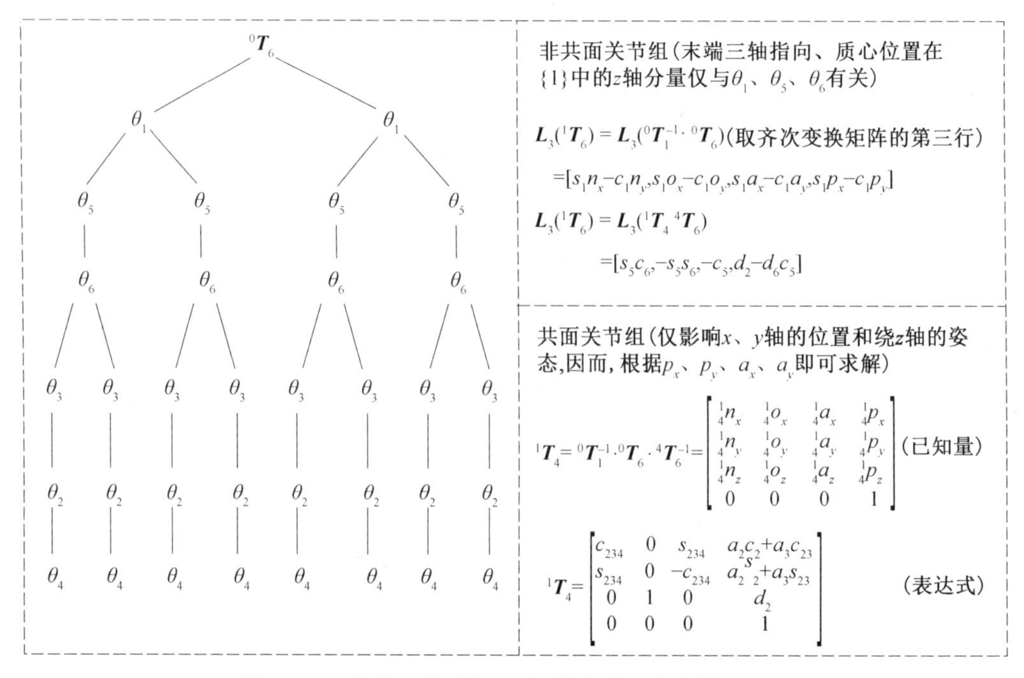

图 5.11 相邻三轴平行 6R 机械臂逆运动学求解过程

表 5.6 连续三轴平行—腕部偏置 6R 机器人逆解举例

序号	$\theta_1/(°)$	$\theta_2/(°)$	$\theta_3/(°)$	$\theta_4/(°)$	$\theta_5/(°)$	$\theta_6/(°)$
1	33.302 9	−14.428 3	84.288 2	115.944 1	40.740 1	−21.666 8
2	33.302 9	69.859 9	−84.288 2	−159.767 7	40.740 1	−21.666 8
3	33.302 9	7.342 3	66.367 1	−67.905 4	−40.740 1	158.333 2
4	33.302 9	73.709 4	−66.367 1	−1.538 3	−40.740 1	158.333 2
5	149.793 3	106.706 7	65.799 3	−176.407 3	75.931 8	152.976 8
6	149.793 3	172.506 0	−65.799 3	−110.608 0	75.931 8	152.976 8
7	149.793 3	109.779 3	84.809 6	−18.490 2	−75.931 8	−27.023 2
8	149.793 3	−165.411 1	−84.809 6	66.319 4	−75.931 8	−27.023 2

5.5 非球腕 6R 机械臂逆运动学

当6R机械臂的腕部三个关节不交于一点时(即腕部关节存在偏置),其逆运动学问题将更复杂,此时可通过改变偏置量,构造无偏置的球腕机械臂,分析改造前后两种构型机械臂运动学的关系,采用解析与迭代相结合的方法,可以求出与球腕机械臂各组解析解相对应的非球腕机械臂的逆解,此种方法称为偏置改变法(Offset Modification Method),简称 OM 法,下面介绍详细求解过程。

5.5.1 正运动学方程推导

某非球腕 6R 机械臂 D−H 坐标系和相应的 D−H 参数分别如图 5.12 和表 5.7 所示,

与前述 6R 腕部可分离机械臂（球腕机械臂）相比，其 D－H 参数表中的 d_5 不为 0，也即腕部多了一个偏置项。

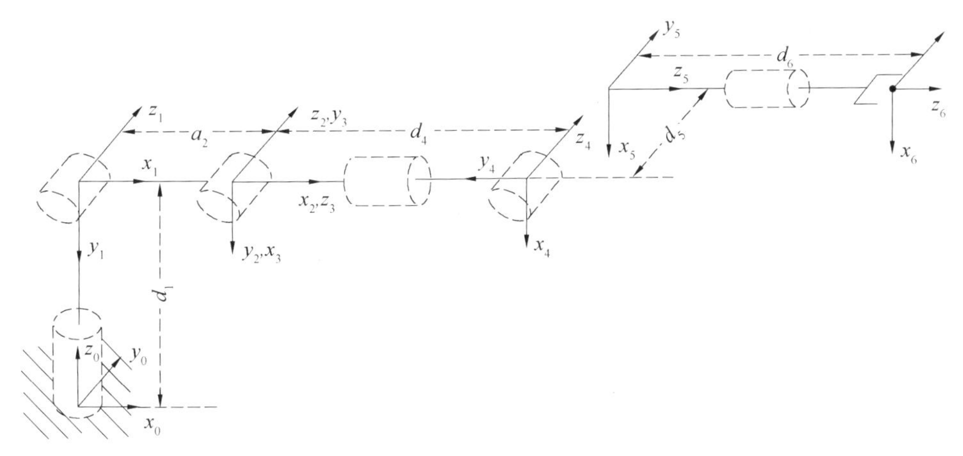

图 5.12　非球腕 6R 机械臂 D－H 坐标系

表 5.7　非球腕 6R 机械臂 D－H 参数

连杆 i	$\theta_i/(°)$	$\alpha_i/(°)$	a_i/m	d_i/m
1	0	－90	0	d_1
2	0	0	a_2	0
3	90	90	0	0
4	0	－90	0	d_4
5	0	90	0	d_5
6	0	0	0	d_6

将 D－H 参数代入相应的齐次变换矩阵后，可以推导其正运动学方程。由于该机械臂 D－H 参数表中第 1～4 行与球腕机械臂的相应参数（即表 4.5 的第 1～4 行）完全相同，故坐标系{0}到坐标系{4}的齐次变换矩阵 ${}^0\boldsymbol{T}_4$ 的表达式与式(5.33)相同，在此将其表示成如下形式：

$$
{}^0\boldsymbol{T}_4=\begin{bmatrix} c_1c_{23}c_4-s_1s_4 & -c_1s_{23} & -c_1c_{23}s_4-s_1c_4 & a_2c_1c_2+d_4c_1s_{23} \\ s_1c_{23}c_4+c_1s_4 & -s_1s_{23} & -s_1c_{23}s_4+c_1c_4 & a_2s_1c_2+d_4s_1s_{23} \\ -s_{23}c_4 & -c_{23} & s_{23}s_4 & d_1-a_2s_2+d_4c_{23} \\ 0 & 0 & 0 & 1 \end{bmatrix}=\begin{bmatrix} {}^0\boldsymbol{n}_4 & {}^0\boldsymbol{o}_4 & {}^0\boldsymbol{a}_4 & {}^0\boldsymbol{p}_4 \\ 0 & 0 & 0 & 1 \end{bmatrix}
\tag{5.85}
$$

其中，

$$
{}^0\boldsymbol{n}_4=\begin{bmatrix} c_1c_{23}c_4-s_1s_4 \\ s_1c_{23}c_4+c_1s_4 \\ -s_{23}c_4 \end{bmatrix},{}^0\boldsymbol{o}_4=\begin{bmatrix} -c_1s_{23} \\ -s_1s_{23} \\ -c_{23} \end{bmatrix},{}^0\boldsymbol{a}_4=\begin{bmatrix} -c_1c_{23}s_4-s_1c_4 \\ -s_1c_{23}s_4+c_1c_4 \\ s_{23}s_4 \end{bmatrix},{}^0\boldsymbol{p}_4=\begin{bmatrix} a_2c_1c_2+d_4c_1s_{23} \\ a_2s_1c_2+d_4s_1s_{23} \\ d_1-a_2s_2+d_4c_{23} \end{bmatrix}
\tag{5.86}
$$

另一方面，坐标系{4}到坐标系{6}的齐次变换矩阵为

$$^{4}\boldsymbol{T}_6={}^{4}\boldsymbol{T}_5{}^{5}\boldsymbol{T}_6=\begin{bmatrix}c_5c_6 & -c_5s_6 & s_5 & d_6s_5\\ s_5c_6 & -s_5s_6 & -c_5 & -d_6c_5\\ s_6 & c_6 & 0 & d_5\\ 0 & 0 & 0 & 1\end{bmatrix}=\begin{bmatrix}{}^{4}\boldsymbol{n}_6 & {}^{4}\boldsymbol{o}_6 & {}^{4}\boldsymbol{a}_6 & {}^{4}\boldsymbol{p}_6\\ 0 & 0 & 0 & 1\end{bmatrix}\tag{5.87}$$

其中，

$$^{4}\boldsymbol{n}_6=\begin{bmatrix}c_5c_6\\ s_5c_6\\ s_6\end{bmatrix},{}^{4}\boldsymbol{o}_6=\begin{bmatrix}-c_5s_6\\ -s_5s_6\\ c_6\end{bmatrix},{}^{4}\boldsymbol{a}_6=\begin{bmatrix}s_5\\ -c_5\\ 0\end{bmatrix},{}^{4}\boldsymbol{p}_6=\begin{bmatrix}d_6s_5\\ -d_6c_5\\ d_5\end{bmatrix}\tag{5.88}$$

根据式(5.85)和式(5.87)可以进一步得到

$$^{0}\boldsymbol{T}_6={}^{0}\boldsymbol{T}_4{}^{4}\boldsymbol{T}_6=\begin{bmatrix}{}^{0}\boldsymbol{R}_4 & {}^{0}\boldsymbol{p}_4\\ \boldsymbol{0} & 1\end{bmatrix}\begin{bmatrix}{}^{4}\boldsymbol{R}_6 & {}^{4}\boldsymbol{p}_6\\ \boldsymbol{0} & 1\end{bmatrix}=\begin{bmatrix}{}^{0}\boldsymbol{R}_4{}^{4}\boldsymbol{R}_6 & {}^{0}\boldsymbol{p}_4+{}^{0}\boldsymbol{R}_4{}^{4}\boldsymbol{p}_6\\ \boldsymbol{0} & 1\end{bmatrix}=\begin{bmatrix}{}^{0}\boldsymbol{R}_6 & {}^{0}\boldsymbol{p}_4+{}^{0}\boldsymbol{R}_4{}^{4}\boldsymbol{p}_6\\ \boldsymbol{0} & 1\end{bmatrix}\tag{5.89}$$

式中，${}^{0}\boldsymbol{R}_4=[{}^{0}\boldsymbol{n}_4\quad {}^{0}\boldsymbol{o}_4\quad {}^{0}\boldsymbol{a}_4]$；${}^{4}\boldsymbol{R}_6=[{}^{4}\boldsymbol{n}_6\quad {}^{4}\boldsymbol{o}_6\quad {}^{4}\boldsymbol{a}_6]$。

式(5.89)即为该机械臂的位置级正运动学方程，其姿态矩阵${}^{0}\boldsymbol{R}_6$的表达式与球腕机械臂的完全相同，而位置矢量${}^{0}\boldsymbol{p}_6$为

$$^{0}\boldsymbol{p}_6={}^{0}\boldsymbol{p}_4+{}^{0}\boldsymbol{R}_4{}^{4}\boldsymbol{p}_6={}^{0}\boldsymbol{p}_4+d_6(s_5{}^{0}\boldsymbol{n}_4-c_5{}^{0}\boldsymbol{o}_4)+d_5{}^{0}\boldsymbol{a}_4\tag{5.90}$$

5.5.2 球腕机械臂的构造

通过改变腕部偏置，即令$d_5=0$，可以构造具有解析逆运动学的球腕机械臂。为表示区别，其末端位姿矩阵表示为${}^{0}\tilde{\boldsymbol{T}}_6$，姿态部分表示为${}^{0}\tilde{\boldsymbol{R}}_6$，位置部分表示为${}^{0}\tilde{\boldsymbol{p}}_6$，具体表达式参见第4章。

对于相同的关节变量$\theta_1\sim\theta_6$，球腕机械臂的末端姿态${}^{0}\tilde{\boldsymbol{R}}_6$与非球腕机械臂的末端姿态${}^{0}\boldsymbol{R}_6$完全相同，而位置${}^{0}\tilde{\boldsymbol{p}}_6$与${}^{0}\boldsymbol{p}_6$有差异。根据式(5.90)可知，位置矢量的差异为

$$\Delta\boldsymbol{p}={}^{0}\boldsymbol{p}_6-{}^{0}\tilde{\boldsymbol{p}}_6=d_5{}^{0}\boldsymbol{a}_4=d_5\begin{bmatrix}-c_1c_{23}s_4-s_1c_4\\ -s_1c_{23}s_4+c_1c_4\\ s_{23}s_4\end{bmatrix}=f_{\Delta p}(\boldsymbol{\Theta})\tag{5.91}$$

根据式(5.91)可知，位置误差矢量$\Delta\boldsymbol{p}$是$\theta_1\sim\theta_4$的函数，表示为$\Delta\boldsymbol{p}=f_{\Delta p}(\theta_1,\theta_2,\theta_3,\theta_4)$。

另一方面，当给定机械臂末端位姿${}^{0}\tilde{\boldsymbol{T}}_6$时，球腕机械臂关节角可以通过解析方程求出，表示为

$$\boldsymbol{\Theta}=\mathrm{Ikine}({}^{0}\tilde{\boldsymbol{T}}_6,\mathrm{ConfigFlag})=\mathrm{Ikine}({}^{0}\boldsymbol{R}_6,{}^{0}\tilde{\boldsymbol{p}}_6,\mathrm{ConfigFlag})\tag{5.92}$$

式中，ConfigFlag为臂型标志，代表8组臂型中的一种。根据式(5.91)和式(5.92)可以构造如下关系：

$$^{0}\boldsymbol{p}_6-{}^{0}\tilde{\boldsymbol{p}}_6=f_{\Delta p}(\mathrm{Ikine}({}^{0}\boldsymbol{R}_6,{}^{0}\tilde{\boldsymbol{p}}_6,\mathrm{ConfigFlag}))\tag{5.93}$$

式(5.93)包含了${}^{0}\boldsymbol{T}_6$的完整信息(即${}^{0}\boldsymbol{R}_6$和${}^{0}\boldsymbol{p}_6$)，基于该方程可采用数值迭代法求解相应的关节角，算法参见下一节。

5.5.3 逆运动学求解算法

上述逆运动学问题可以表述为：已知期望的末端位姿${}^{0}\boldsymbol{T}_6$(相应的${}^{0}\boldsymbol{R}_6$和${}^{0}\boldsymbol{p}_6$已知)、位置

差函数 $f_{\Delta p}(\boldsymbol{\Theta})$、球腕机械臂的逆运动学解析表达式 $\boldsymbol{\Theta}=\text{Ikine}({}^0\widetilde{\boldsymbol{T}}_6,\text{ConfigFlag})$，对于每组臂型(臂型参数为 ConfigFlag)，求解相应的非球腕机械臂关节角 $\boldsymbol{\Theta}$。非球腕 6R 机械臂逆运动学算法流程如图 5.13 所示。

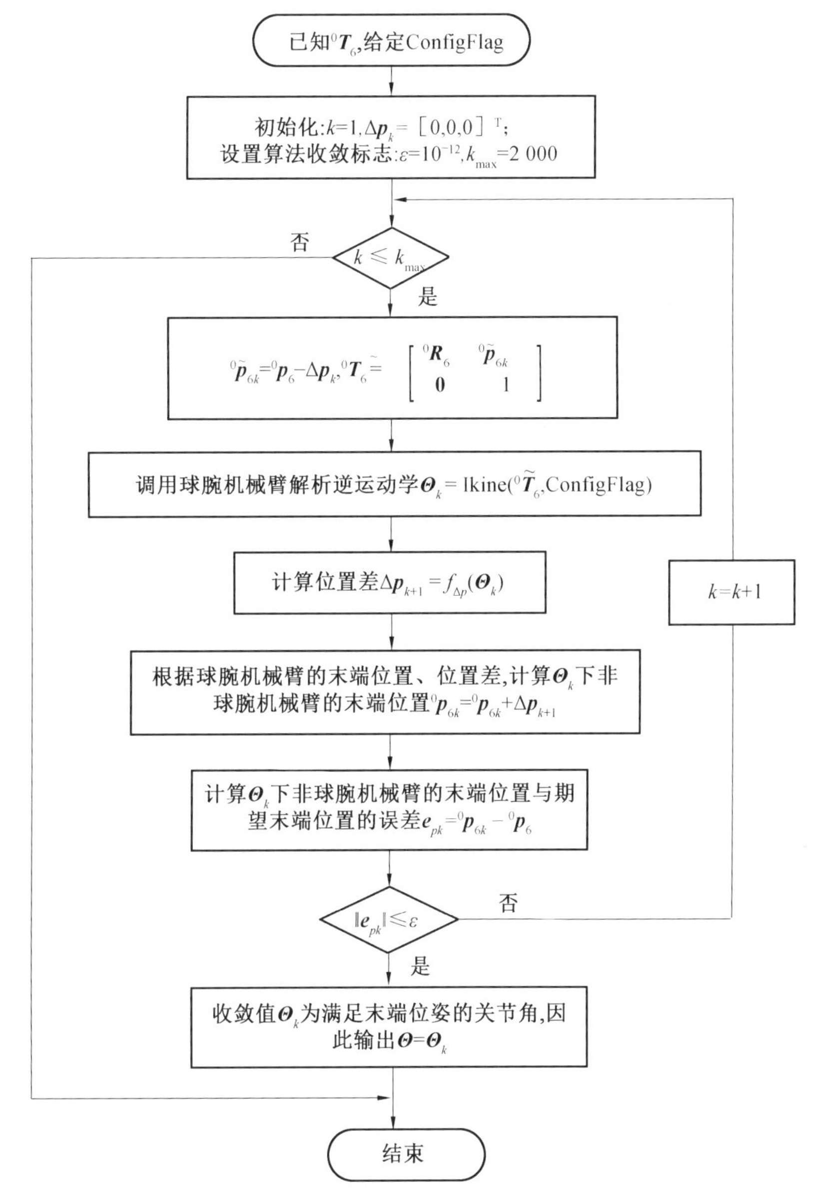

图 5.13　非球腕 6R 机械臂逆运动学算法流程

该算法的主要步骤如下。

(1) 初始化：$k=1$，$\varepsilon=10^{-12}$，$\Delta\boldsymbol{p}_k=[0,0,0]^{\text{T}}$，$k_{\max}=2\ 000$。

(2) 若 $k>k_{\max}$，说明在最大允许迭代次数内未收敛到合理解，算法结束，转第 9 步；否则，计算 ${}^0\widetilde{\boldsymbol{p}}_{6k}={}^0\boldsymbol{p}_6-\Delta\boldsymbol{p}_k$。

(3) 按式 ${}^0\widetilde{\boldsymbol{T}}_6=\begin{bmatrix}{}^0\boldsymbol{R}_6 & {}^0\widetilde{\boldsymbol{p}}_{6k}\\ \boldsymbol{0} & 1\end{bmatrix}$ 构造球腕机械臂末端位姿。

(4) 采用球腕机械臂解析逆运动学方程求解关节角，$\boldsymbol{\Theta}_k=\text{Ikine}({}^0\widetilde{\boldsymbol{T}}_6,\text{ConfigFlag})$。

(5) 将 $\boldsymbol{\Theta}_k$ 代入位置差函数求位置差 $\Delta \boldsymbol{p}_{k+1} = f_{\Delta p}(\boldsymbol{\Theta}_k)$。

(6) 更新 ${}^0\boldsymbol{p}_{6k} = {}^0\tilde{\boldsymbol{p}}_{6k} + \Delta \boldsymbol{p}_{k+1}$。

(7) 计算此刻的 ${}^0\boldsymbol{p}_{6k}$ 与期望值 ${}^0\boldsymbol{p}_6$ 之间的误差,即 $\boldsymbol{e}_{pk} = {}^0\boldsymbol{p}_{6k} - {}^0\boldsymbol{p}_6$。

(8) 若位置误差小于阈值,即 $\| \boldsymbol{e}_{pk} \| \leqslant \varepsilon$,则迭代结束,收敛值 $\boldsymbol{\Theta}_k$ 即为一组逆解,输出 $\boldsymbol{\Theta} = \boldsymbol{\Theta}_k$;否则,$k = k+1$,若 $k \leqslant k_{\max}$,转第(2)步,继续迭代。

(9) 算法结束。

5.5.4 逆运动学求解举例

作为实际的例子,取相应的参数如下:$a_2 = 0.5$ m,$d_1 = 0.7$ m,$d_4 = 0.6$ m,$d_5 = 0.2$ m,$d_6 = 0.4$ m。给定末端位姿矩阵为

$$
{}^0\boldsymbol{T}_6 = \begin{bmatrix} -0.5450 & 0.0102 & -0.8384 & -0.3141 \\ 0.8286 & 0.1589 & -0.5368 & -0.3919 \\ 0.1277 & 0.9872 & -0.0950 & 1.4576 \\ 0 & 0 & 0 & 1.0000 \end{bmatrix} \tag{5.94}
$$

将 ${}^0\boldsymbol{T}_6$ 代入上述相关公式,可解出该非球腕机械臂的 8 组关节角见表 5.8。

表 5.8 非球腕 6R 机械臂的 8 组关节角

序号	$\theta_1/(°)$	$\theta_2/(°)$	$\theta_3/(°)$	$\theta_4/(°)$	$\theta_5/(°)$	$\theta_6/(°)$	臂型特征
1	−170.000 0	−39.611 1	10.000 0	26.995 1	122.454 2	−84.350 2	左低臂—翻转腕
2	−69.938 2	−26.889 8	19.415 3	101.767 0	−97.030 5	75.279 2	左低臂—无翻腕
3	11.853 1	−41.431 8	−7.282 7	−152.747 2	50.454 6	−117.592 9	右高臂—翻转腕
4	108.544 1	−51.587 6	−16.809 3	−79.580 7	−79.032 4	149.348 8	右高臂—无翻腕
5	−168.146 9	−138.568 2	−172.717 3	27.252 8	50.454 6	−117.592 9	左高臂—翻转腕
6	−71.455 9	−128.412 4	−163.190 7	100.419 3	−79.032 4	149.348 8	左高臂—无翻腕
7	10.000 0	−140.388 9	170.000 0	−153.004 9	122.454 2	−84.350 2	右低臂—翻转腕
8	110.061 8	−153.110 2	160.584 7	−78.233 0	−97.030 5	75.279 2	右低臂—无翻腕

改变偏置的方法是一种解析与迭代混合的方法,它将非球腕 6R 机器人的逆运动学求解问题转化为球腕机械臂解析逆解与位置差数值迭代相结合的问题,可以得到 8 组解,实际中可以根据臂型参数选择合适的臂型。需要说明的是,对于非球腕 6R 机械臂,实际上不只有 8 组解(一般结构 6R 机械臂最多有 16 组解,参见下一节的分析),采用上述方法只是得到了部分解。

5.6 一般结构 6R 机械臂逆运动学

5.6.1 逆运动学可解性分析

前面推导了两种 6R 机械臂构型的位置级逆运动学方程,得到了解析解(Analytical Solution),即从末端位姿(自变量)到关节角(因变量)的表达式,当给定自变量(需要考虑合理性才能确保有解)时,即可根据具体的表达式算出相应的因变量。解析解是一个封闭形

式(Closed－Form)的函数,因此也被称为封闭解(Closed－Form Solution)。仔细分析可知,上述构型具有特殊性,即满足下列两个条件之一。

(1) 三个相邻关节轴交于一点。

(2) 三个相邻关节轴相互平行。

上述两条即6R机械臂具有封闭解的两个充分条件。最早由Pieper给出了满足第一个条件的机械臂解析逆运动学的表达式,故也将上述两个充分条件统一称为Pieper准则。为简化运动学求解以提高控制的实时性,在实际中使用的大多数机械臂都采用上述两种构型之一。PUMA机器人和Standford机器人满足第一个条件,而在空间应用上用到的航天飞机机械臂(SRMS,也称为Canadarm)、轨道快车(Orbital Express)机械臂、日本的ETS－VII机械臂等满足第二个条件。这些特殊构型的机械臂,不但具有封闭解,且解的数量为8。

对于一般结构6R机械臂(General 6R Manipulator),关节配置不满足Pieper准则,其逆运动学变得极其复杂,难以得到封闭解。如何获得一般结构6R机械臂完全的、封闭形式的逆解,曾经是二十世纪八九十年代机器人学者们致力解决的焦点问题,经过几十年的努力,目前已得到解决。在此介绍主要的方法和思路。

Tsai和Morgan应用多项式延拓(Polynomial Continuation)技术将一般结构6R机械臂的逆运动学求解问题简化为8个二次方程,并推测出最多有16组解的结论。其后,Primrose证明了一般机构6R机器人最多具有16组解的结论,Lee和Liang经过巧妙的变换,将逆运动学问题转换为关于关节变量半角正切的16阶单变量多项式等式求解问题,进而采用消元法进行求解。Raghavan和Roth提出了基于析配消元法(Dialytic Elimination)的求解方法,得到了比Lee和Liang更简洁的16阶单变量多项式,并进一步拓展到包含转动和移动关节的6DOF机械臂。Manocha和Canny对Raghavan和Roth的方法进行了改进,将多元方程组的求解问题转化为广义特征值问题,采用标准的数学方法获得16个有效的特征值,由于每个特征值对应于一组关节角,从而得到机器人运动学的所有16组解,该方法大大提高了逆运动学解算的效率、数值稳定性及精度。Jorge Angeles和Kourosh E. Zanganeh提出了一种半图解方法(Semigraphical Method),将逆运动学问题转换为以两个关节角为未知数的二元方程组的求解问题。Husty等提出了一种基于运动学映射的方法,将6R的运动链分解为两个3R的运动链,从而采用先进的几何思想求解所有16组可能的解。近年来,Qiao Shuguang等提出了基于双四元数的求解方法、Li Wei等提出了基于Euler－Rodrigues参数的数值法。

综上,对于一般结构6R机械臂,最多有16组解,这类机械臂的一个实际例子为TELEBOT(主要用于核工业或一些特殊环境中)。求解一般结构6R机械臂逆运动学的核心是构造单变量高阶方程或者双变量高阶方程组,后续很多方法是在此基础上进行改进的。下面介绍Raghavan和Roth提出的析配消元法。

5.6.2　一般结构6R逆运动学求解的析配消元法

(1) 基础方程的构建。

采用经典D－H规则,机器人的正运动学方程可表示为

$$ {}^{0}\boldsymbol{T}_1 {}^{1}\boldsymbol{T}_2 {}^{2}\boldsymbol{T}_3 {}^{3}\boldsymbol{T}_4 {}^{4}\boldsymbol{T}_5 {}^{5}\boldsymbol{T}_6 = {}^{0}\boldsymbol{T}_6 \tag{5.95} $$

为方便与原文献相对应,将式(5.95)写成如下形式:

$$\boldsymbol{A}_1\boldsymbol{A}_2\boldsymbol{A}_3\boldsymbol{A}_4\boldsymbol{A}_5\boldsymbol{A}_6=\boldsymbol{A}_{\text{hand}} \tag{5.96}$$

式中，$\boldsymbol{A}_i={}^{i-1}\boldsymbol{T}_i$，且将其分解为两个矩阵相乘的形式：

$$\boldsymbol{A}_i={}^{i-1}\boldsymbol{T}_i=\begin{bmatrix} c_i & -\lambda_i s_i & \mu_i s_i & a_i c_i \\ s_i & \lambda_i c_i & -\mu_i c_i & a_i s_i \\ 0 & \mu_i & \lambda_i & d_i \\ 0 & 0 & 0 & 1 \end{bmatrix}=\boldsymbol{A}_{iv}\boldsymbol{A}_{is} \tag{5.97}$$

$$\boldsymbol{A}_{iv}=\begin{bmatrix} c_i & -s_i & 0 & 0 \\ s_i & c_i & 0 & 0 \\ 0 & 0 & 1 & 0 \\ 0 & 0 & 0 & 1 \end{bmatrix},\boldsymbol{A}_{is}=\begin{bmatrix} 1 & 0 & 0 & a_i \\ 0 & \lambda_i & -\mu_i & 0 \\ 0 & \mu_i & \lambda_i & d_i \\ 0 & 0 & 0 & 1 \end{bmatrix} \tag{5.98}$$

式(5.98) 表明，$\boldsymbol{A}_{iv}$ 为包含关节变量的矩阵，而 $\boldsymbol{A}_{is}$ 为包含结构参数的常值矩阵，这一分解对于后续方程的推导极其重要。

另一方面，末端位姿矩阵写成如下形式：

$$\boldsymbol{A}_{\text{hand}}={}^{0}\boldsymbol{T}_6=\begin{bmatrix} l_x & m_x & n_x & \rho_x \\ l_y & m_y & n_y & \rho_y \\ l_z & m_z & n_z & \rho_z \\ 0 & 0 & 0 & 1 \end{bmatrix} \tag{5.99}$$

根据式(5.96) 可得下面的方程：

$$\boldsymbol{A}_3\boldsymbol{A}_4\boldsymbol{A}_5=\boldsymbol{A}_2^{-1}\boldsymbol{A}_1^{-1}\boldsymbol{A}_{\text{hand}}\boldsymbol{A}_6^{-1} \tag{5.100}$$

方程(5.100) 的两侧分别用齐次变换矩阵表示为 $\boldsymbol{A}_{\text{left}}$ 和 $\boldsymbol{A}_{\text{right}}$，将 D－H 参数代入相应的齐次变换矩阵后计算 $\boldsymbol{A}_{\text{left}}$ 和 $\boldsymbol{A}_{\text{right}}$，所得结果分别具有如下形式：

$$\boldsymbol{A}_{\text{left}}=\begin{bmatrix} (\theta_3,\theta_4,\theta_5) & (\theta_3,\theta_4,\theta_5) & (\theta_3,\theta_4,\theta_5) & (\theta_3,\theta_4,\theta_5) \\ (\theta_3,\theta_4,\theta_5) & (\theta_3,\theta_4,\theta_5) & (\theta_3,\theta_4,\theta_5) & (\theta_3,\theta_4,\theta_5) \\ (\theta_4,\theta_5) & (\theta_4,\theta_5) & (\theta_4,\theta_5) & (\theta_4,\theta_5) \\ 0 & 0 & 0 & 1 \end{bmatrix} \tag{5.101}$$

$$\boldsymbol{A}_{\text{right}}=\begin{bmatrix} (\theta_1,\theta_2,\theta_6) & (\theta_1,\theta_2,\theta_6) & (\theta_1,\theta_2) & (\theta_1,\theta_2) \\ (\theta_1,\theta_2,\theta_6) & (\theta_1,\theta_2,\theta_6) & (\theta_1,\theta_2) & (\theta_1,\theta_2) \\ (\theta_1,\theta_2,\theta_6) & (\theta_1,\theta_2,\theta_6) & (\theta_1,\theta_2) & (\theta_1,\theta_2) \\ 0 & 0 & 0 & 1 \end{bmatrix} \tag{5.102}$$

式(5.101) 和式(5.102) 中的$(\theta_i,\theta_j,\theta_k)$ 表示相应元素是 θ_i、θ_j、θ_k 的函数。根据观察可知，$\boldsymbol{A}_{\text{left}}$ 和 $\boldsymbol{A}_{\text{right}}$ 的第 3、4 列前三行共六个元素与 θ_6 无关，因而对于方程 $\boldsymbol{A}_{\text{left}}=\boldsymbol{A}_{\text{right}}$ 中，可得六个不含 θ_6 的方程，具体表达式如下：

$$\begin{cases} c_3 f_1+s_3 f_2=c_2 h_1+s_2 h_2-a_2 \\ s_3 f_1-c_3 f_2=-\lambda_2(s_2 h_1-c_2 h_2)+\mu_2(h_3-d_2) \\ f_3=\mu_2(s_2 h_1-c_2 h_2)+\lambda_2(h_3-d_2) \\ c_3 r_1+s_3 r_2=c_2 n_1+s_2 n_2 \\ s_3 r_1-c_3 r_2=-\lambda_2(s_2 n_1-c_2 n_2)+\mu_2 n_3 \\ r_3=\mu_2(s_2 n_1-c_2 n_2)+\lambda_2 n_3 \end{cases} \tag{5.103}$$

式(5.103) 中的相应符号具有如下表达式：

$$\begin{cases} f_1 = c_4 g_1 + s_4 g_2 + a_3 \\ f_2 = -\lambda_3(s_4 g_1 - c_4 g_2) + \mu_3 g_3 \\ f_3 = \mu_3(s_4 g_1 - c_4 g_2) + \lambda_3 g_3 + d_3 \end{cases} \tag{5.104}$$

$$\begin{cases} r_1 = c_4 m_1 + s_4 m_2 \\ r_2 = -\lambda_3(s_4 m_1 - c_4 m_2) + \mu_3 m_3 \\ r_3 = \mu_3(s_4 m_1 - c_4 m_2) + \lambda_3 m_3 \end{cases} \tag{5.105}$$

$$\begin{cases} g_1 = c_5 a_5 + a_4 \\ g_2 = -s_5 \lambda_4 a_5 + \mu_4 d_5 \\ g_3 = s_5 \mu_4 a_5 + \lambda_4 d_5 + d_4 \end{cases} \tag{5.106}$$

$$\begin{cases} m_1 = s_5 \mu_5 \\ m_2 = c_5 \lambda_4 \mu_5 + \mu_4 \lambda_5 \\ m_3 = -c_5 \mu_4 \mu_5 + \lambda_4 \lambda_5 \end{cases} \tag{5.107}$$

$$\begin{cases} h_1 = c_1 p + s_1 q - a_1 \\ h_2 = -\lambda_1(s_1 p - c_1 q) + \mu_1(r - d_1) \\ h_3 = \mu_1(s_1 p - c_1 q) + \lambda_1(r - d_1) \end{cases} \tag{5.108}$$

$$\begin{cases} n_1 = c_1 u + s_1 v \\ n_2 = -\lambda_1(s_1 u - c_1 v) + \mu_1 w \\ n_3 = \mu_1(s_1 u - c_1 v) + \lambda_1 w \end{cases} \tag{5.109}$$

$$\begin{cases} p = -l_x a_6 - (m_x \mu_6 + n_x \lambda_6) d_6 + \rho_x \\ q = -l_y a_6 - (m_y \mu_6 + n_y \lambda_6) d_6 + \rho_y \\ r = -l_z a_6 - (m_z \mu_6 + n_z \lambda_6) d_6 + \rho_z \end{cases} \tag{5.110}$$

$$\begin{cases} u = m_x \mu_6 + n_x \lambda_6 \\ v = m_y \mu_6 + n_y \lambda_6 \\ w = m_z \mu_6 + n_z \lambda_6 \end{cases} \tag{5.111}$$

进一步地，令

$$\boldsymbol{h} = \begin{bmatrix} h_1 \\ h_2 \\ h_3 \end{bmatrix}, \boldsymbol{f} = \begin{bmatrix} f_1 \\ f_2 \\ f_3 \end{bmatrix}, \boldsymbol{n} = \begin{bmatrix} n_1 \\ n_2 \\ n_3 \end{bmatrix}, \boldsymbol{r} = \begin{bmatrix} r_1 \\ r_2 \\ r_3 \end{bmatrix} \tag{5.112}$$

则式(5.103)中的六个方程可以重新组合成下面两个矩阵的形式：

$$\begin{bmatrix} c_2 & s_2 & 0 \\ s_2 & -c_2 & 0 \\ 0 & 0 & 1 \end{bmatrix} \boldsymbol{h} = \begin{bmatrix} 1 & 0 & 0 \\ 0 & -\lambda_2 & \mu_2 \\ 0 & \mu_2 & \lambda_2 \end{bmatrix} \begin{bmatrix} c_3 & s_3 & 0 \\ s_3 & -c_3 & 0 \\ 0 & 0 & 1 \end{bmatrix} \boldsymbol{f} + \begin{bmatrix} a_2 \\ 0 \\ d_2 \end{bmatrix} \tag{5.113}$$

$$\begin{bmatrix} c_2 & s_2 & 0 \\ s_2 & -c_2 & 0 \\ 0 & 0 & 1 \end{bmatrix} \boldsymbol{n} = \begin{bmatrix} 1 & 0 & 0 \\ 0 & -\lambda_2 & \mu_2 \\ 0 & \mu_2 & \lambda_2 \end{bmatrix} \begin{bmatrix} c_3 & s_3 & 0 \\ s_3 & -c_3 & 0 \\ 0 & 0 & 1 \end{bmatrix} \boldsymbol{r} \tag{5.114}$$

由式(5.104)、式(5.105)可知，f_1、f_2、f_3、r_1、r_2、r_3 是 $s_4 s_5$、$s_4 c_5$、$c_4 s_5$、$c_4 c_5$、s_4、c_4、s_5、c_5、1 的线性组合；又由式(5.108)、式(5.109)可知，h_1、h_2、h_3、n_1、n_2、n_3 是 s_1、c_1、1 的线性组合。因而，方程式(5.113)、式(5.114)可以写成如下形式：

$$(\boldsymbol{A})\begin{bmatrix} s_4 s_5 \\ s_4 c_5 \\ c_4 s_5 \\ c_4 c_5 \\ s_4 \\ c_4 \\ s_5 \\ c_5 \\ 1 \end{bmatrix}=(\boldsymbol{B})\begin{bmatrix} s_1 s_2 \\ s_1 c_2 \\ c_1 s_2 \\ c_1 c_2 \\ s_1 \\ c_1 \\ s_2 \\ c_2 \end{bmatrix} \tag{5.115}$$

式(5.115)中的矩阵($\boldsymbol{A}$)是6×9的矩阵，其元素是s_3、c_3、1的线性组合；($\boldsymbol{B}$)是6×8的矩阵，其元素均为常数。

分别令式(5.113)和式(5.114)为$\tilde{\boldsymbol{p}}$和$\tilde{\boldsymbol{l}}$，可以证明，下面的式子也具有与$\tilde{\boldsymbol{p}}$和$\tilde{\boldsymbol{l}}$相同的幂次式：

$$\tilde{\boldsymbol{p}}\cdot\tilde{\boldsymbol{p}},\quad \tilde{\boldsymbol{p}}\cdot\tilde{\boldsymbol{l}},\quad \tilde{\boldsymbol{p}}\times\tilde{\boldsymbol{l}},\quad (\tilde{\boldsymbol{p}}\cdot\tilde{\boldsymbol{p}})\tilde{\boldsymbol{l}}-2(\tilde{\boldsymbol{p}}\cdot\tilde{\boldsymbol{l}})\tilde{\boldsymbol{p}} \tag{5.116}$$

因而，由式(5.113)、式(5.114)和式(5.116)构成的方程数总共有14个(称为基础方程)，表达式及相应的方程数量统计见表5.9。

表5.9　表达式及相应的方程数量统计

表达式	方程数量
$\tilde{\boldsymbol{p}}$	3
$\tilde{\boldsymbol{l}}$	3
$\tilde{\boldsymbol{p}}\cdot\tilde{\boldsymbol{p}}$	1
$\tilde{\boldsymbol{p}}\cdot\tilde{\boldsymbol{l}}$	1
$\tilde{\boldsymbol{p}}\times\tilde{\boldsymbol{l}}$	3
$(\tilde{\boldsymbol{p}}\cdot\tilde{\boldsymbol{p}})\tilde{\boldsymbol{l}}-2(\tilde{\boldsymbol{p}}\cdot\tilde{\boldsymbol{l}})\tilde{\boldsymbol{p}}$	3

将所有14个基础方程组合成一个方程组，具有如下形式：

$$(\boldsymbol{P})\begin{bmatrix} s_4 s_5 \\ s_4 c_5 \\ c_4 s_5 \\ c_4 c_5 \\ s_4 \\ c_4 \\ s_5 \\ c_5 \\ 1 \end{bmatrix}=(\boldsymbol{Q})\begin{bmatrix} s_1 s_2 \\ s_1 c_2 \\ c_1 s_2 \\ c_1 c_2 \\ s_1 \\ c_1 \\ s_2 \\ c_2 \end{bmatrix} \tag{5.117}$$

其中，矩阵($\boldsymbol{P}$)是含s_3和c_3的14×9矩阵，($\boldsymbol{Q}$)则是14×8的常值矩阵且很多元素为零。

(2) 消元法消去θ_1和θ_2。

从式(5.117)的14个方程中挑出8个，可以将右边的θ_1和θ_2消去，表示为θ_3、θ_4、θ_5的表达式，将这些表达式代入其余6个方程中，则得到如下不含θ_1和θ_2，仅含θ_3、θ_4、θ_5的方程

组(即消元法消去了 θ_1 和 θ_2)：

$$(\boldsymbol{\Sigma})\begin{bmatrix} s_4 s_5 \\ s_4 c_5 \\ c_4 s_5 \\ c_4 c_5 \\ s_4 \\ c_4 \\ s_5 \\ c_5 \\ 1 \end{bmatrix}=0 \tag{5.118}$$

式(5.118)中的($\boldsymbol{\Sigma}$)为 6×9 矩阵，其元素是 s_3、c_3、1 的线性组合。

(3) 消元法消去 θ_4 和 θ_5。

对 $\theta_3 \sim \theta_5$ 的正弦、余弦采用万能公式替换，即：

$$s_i=\frac{2x_i}{1+x_i^2},c_i=\frac{1-x_i^2}{1+x_i^2}\quad (i=3,4,5) \tag{5.119}$$

式中，$x_i=\tan\dfrac{\theta_i}{2}\quad (i=3,4,5)$。

将式(5.119)代入式(5.118)，并将方程两边分别乘以 $(1+x_3^2)(1+x_4^2)(1+x_5^2)$ 后消去分母，得到如下形式的方程组：

$$(\boldsymbol{\Sigma}')\begin{bmatrix} x_4^2 x_5^2 \\ x_4^2 x_5 \\ x_4^2 \\ x_4 x_5^2 \\ x_4 x_5 \\ x_4 \\ x_5^2 \\ x_5 \\ 1 \end{bmatrix}=0 \tag{5.120}$$

上式中，$\boldsymbol{\Sigma}'$ 也是 6×9 的矩阵，其元素是关于 x_3 的多项式。上式两边乘上 x_4 后，得到如下形式的方程：

$$(\boldsymbol{\Sigma}')\begin{bmatrix} x_4^3 x_5^2 \\ x_4^3 x_5 \\ x_4^3 \\ x_4^2 x_5^2 \\ x_4^2 x_5 \\ x_4^2 \\ x_4 x_5^2 \\ x_4 x_5 \\ x_4 \end{bmatrix}=0 \tag{5.121}$$

将式(5.120)与式(5.121)重组后得到如下方程：

$$\begin{pmatrix}\boldsymbol{\Sigma}' & \mathbf{0}\\ \mathbf{0} & \boldsymbol{\Sigma}'\end{pmatrix}\begin{bmatrix}x_4^3x_5^2\\ x_4^3x_5\\ x_4^3\\ x_4^2x_5^2\\ x_4^2x_5\\ x_4^2\\ x_4x_5^2\\ x_4x_5\\ x_4\\ x_5^2\\ x_5\\ 1\end{bmatrix}=0 \tag{5.122}$$

式(5.122)是关于 $x_4^3x_5^2$、$x_4^3x_5$、x_4^3、$x_4^2x_5^2$、$x_4^2x_5$、x_4^2、$x_4x_5^2$、x_4x_5、x_4、x_5^2、x_5、1 的 12 个线性独立方程组成的方程组，显然是一个过约束的线性方程组，为获得有效解，则系数矩阵 $\begin{pmatrix}\boldsymbol{\Sigma}' & \mathbf{0}\\ \mathbf{0} & \boldsymbol{\Sigma}'\end{pmatrix}$ 必须奇异，即其行列式必须为 0，即令 $\boldsymbol{\Sigma}''=\begin{pmatrix}\boldsymbol{\Sigma}' & \mathbf{0}\\ \mathbf{0} & \boldsymbol{\Sigma}'\end{pmatrix}$，则必须满足：

$$\det(\boldsymbol{\Sigma}'')=0 \tag{5.123}$$

函数 $\det(\boldsymbol{A})$ 表示矩阵 $\boldsymbol{A}$ 的行列式；由于 $\boldsymbol{\Sigma}'$ 的元素是关于 x_3 的多项式，故方程式(5.123)只包含变量 x_3，至此，又消去了关节变量 θ_4 和 θ_5。

(4) 关节角求解。

将系数矩阵写成如下分块的形式：

$$\boldsymbol{\Sigma}''=\begin{pmatrix}\boldsymbol{\Sigma}' & \mathbf{0}\\ \mathbf{0} & \boldsymbol{\Sigma}'\end{pmatrix}=\begin{bmatrix}\boldsymbol{A}_{11} & \boldsymbol{A}_{12} & \boldsymbol{A}_{13} & \mathbf{0}\\ \boldsymbol{A}_{21} & \boldsymbol{A}_{22} & \boldsymbol{A}_{23} & \mathbf{0}\\ \mathbf{0} & \boldsymbol{A}_{11} & \boldsymbol{A}_{12} & \boldsymbol{A}_{13}\\ \mathbf{0} & \boldsymbol{A}_{21} & \boldsymbol{A}_{22} & \boldsymbol{A}_{23}\end{bmatrix} \tag{5.124}$$

式中，$\boldsymbol{\Sigma}''$ 为 12×12 的分块矩阵；$\boldsymbol{A}_{ij}$ $(i、j=1,2,3)$ 均为 3×3 的分块矩阵，矩阵的元素为关于 x_3^2 的多项式；$\mathbf{0}$ 为 3×3 的零矩阵分块矩阵。根据线性代数的知识可知，$\boldsymbol{\Sigma}''$ 的行列式为关于 x_3^2 的 12 阶多项式，即关于 x_3 的 24 阶多项式。进一步推导可知，该行列式包含了 $(1+x_3^2)^4$ 的因子，即具有如下形式：

$$\det(\boldsymbol{\Sigma}'')=(1+x_3^2)^4 f(x_3^{16},x_3^{15},\cdots,1) \tag{5.125}$$

式中，$f(x_3^{16},x_3^{15},\cdots,1)$ 表示 $\boldsymbol{\Sigma}''$ 的行列式提取因子 $(1+x_3^2)^4$ 后剩下的关于 x_3 的 16 阶多项式。

由于 $(1+x_3^2)^4\neq0$，结合式(5.123)和式(5.125)，可得

$$f(x_3^{16},x_3^{15},\cdots,1)=0 \tag{5.126}$$

根据式(5.126)即可求解 x_3，最多可解出 16 组解。进一步地，利用反正切函数 $\theta_3=2\arctan x_3$ 可得到 θ_3 的 16 组解。

解出 θ_3 后，根据式(5.122)可以求解 θ_4 和 θ_5；再根据式(5.115)，可以求解 θ_1 和 θ_2；最后根据式(5.100)可以求解 θ_6。由此即完成了所有关节角的求解。

5.6.3　其他方法讨论

对于一般结构 6R 机械臂的逆运动学求解，除了采用上述代数法外，还可以采用数值法、解析与迭代相结合的方法。

代数法最大的好处就是可以得出机器人所有可能的关节角(最多 16 种)，然而这一过程较烦琐，而且也可能存在数值问题，主要是对病态矩阵行列式的数值计算。

数值法主要有基于机械臂微分运动学方程(后续章节将进行介绍)的方法、基于优化理论的方法、基于神经网络的方法、遗传算法、PSO 算法等，这类方法通用性好，但对初始条件敏感、计算耗时，且一般也只能给出相应于初始关节角的一组解，不能用于多种臂形的选择与控制。

解析与迭代相结合的方法有基于拓扑分析的方法、偏置改变的方法等，是代数法和数值法的折中，收敛速度较数值法快，能满足实时运用的需求，但不能得到所有逆解。

在实际中，可根据具体的需求进行选择。

本章习题

习题 5.1　某平面 3 自由度机械臂臂型和相关参数、变量定义如前一章的习题 4.1，推导该机器人的位置级逆运动学方程，建立从末端位姿(p_{ex}，p_{ey}，φ_e)到关节变量(θ_1，θ_2，θ_3)的函数关系。

习题 5.2　某平面 2R－1P 机器人构型臂型和相关参数、变量定义如前一章的习题 4.2，推导该机器人的位置级逆运动学方程，建立从末端位姿(p_{ex}，p_{ey}，φ_e)到关节变量(θ_1，d_2，θ_3)的函数关系。

习题 5.3　SCARA 机器人有四个关节，其中关节 1、2、4 为转动关节，关节 3 为移动关节，关节配置及几何参数如图 5.14 所示，请采用 D－H 方法推导其位置级正、逆运动学方程。

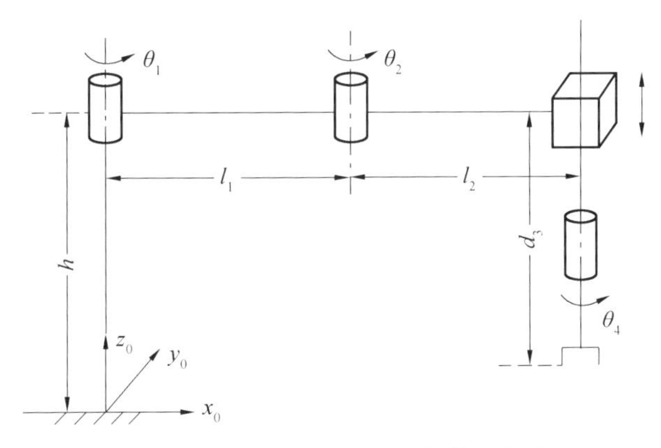

图 5.14　SCARA 机器人结构示意图

习题 5.4　徕斯机器人 RH40 如前一章的习题 4.4，基于 D－H 建模规则，推导该机器人的位置级逆运动学方程。

习题 5.5　某 6R 机械臂的构型如前一章的习题 4.5，基于 D－H 建模规则，推导该机器人的位置级逆运动学方程。

习题 5.6　斯坦福机器人为 6 自由度机器人，其关节配置如图 5.15 所示，关节 3 为移动关节,其余均为转动关节,请采用D-H建模方法推导其逆运动学方程。

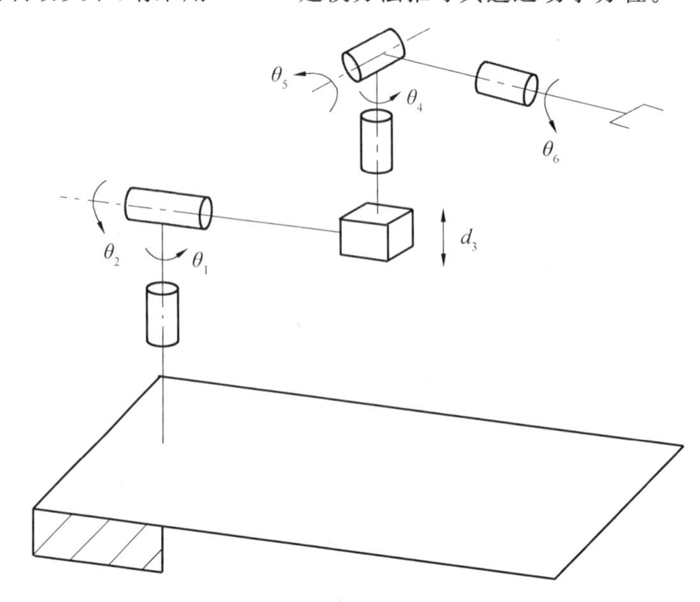

图 5.15 斯坦福机器人结构组成

习题5.7 UR5e机器人的结构和参数如前一章习题4.6所示,基于D-H建模规则,推导该机器人的位置级逆运动学方程。

第6章　冗余机器人位置级逆运动学

关节自由度数大于任务自由度数的机械臂为冗余机械臂,其关节空间的维数大于任务空间的维数,因而逆运动学方程有无穷多组解。以3D空间中的作业任务为例,一般对机械臂末端的位置、姿态都有要求(即需要同时对末端进行定位、定姿),任务自由度数为6,当机械臂有7个以上(含7个)关节时,机械臂为冗余机械臂,每一组末端位姿对应于无穷多组关节角。为了求解合适的关节角,必须增加额外的方程,可以是约束条件(几何约束、环境约束、运动范围约束等),也可以是待优化的目标函数(如优化驱动力矩、操作灵巧度、关节加速度等),因而冗余机械臂在避障、避奇异、性能指标优化等方面具有巨大优势,但其运动学、动力学及轨迹规划也更加复杂。获得解析的逆运动学方程一直是科研人员和工程师追求的目标。本章将论述冗余机械臂逆运动学求解的解析法,通过对冗余性进行参数化表示,将无穷多组解的计算问题转换为相对于冗余性参数的有限解问题,包括关节角参数化及臂型角参数化两种方法。

6.1　空间4R位置冗余机械臂逆运动学

6.1.1　构型分析及正运动学建模

某空间4R冗余机械臂构型如图6.1所示,由Roll、Pitch、Roll、Pitch四个关节组成,关节轴线两两垂直且前三个关节交于一点组成一个等效球关节。结合前面分析的3R肘机械臂、3R球腕机械臂的分析可知,该4R机械臂在下面两种情况下是冗余的。

(1) 位置冗余。该机械臂可认为在3R肘机械臂原有的两个Pitch关节间增加了一个Roll关节(即关节3),因此当4个关节全用于末端定位时是冗余的,称为位置冗余4R机械臂。

(2) 姿态冗余。该机械臂可认为在3R球腕机械臂的末端增加了一个Pitch关节(即关节4),因此当4个关节全用于末端定姿时是冗余的,称为姿态冗余4R机械臂。

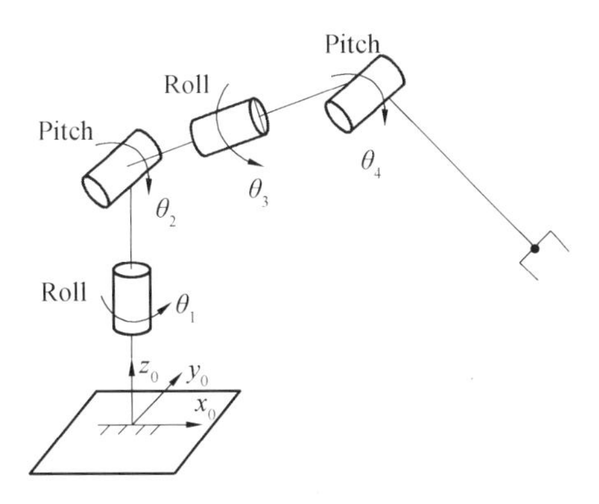

图6.1　空间4R冗余机械臂构型

该机械臂的 D－H 坐标系和 D－H 参数分别如图 6.2 和表 6.1 所示。

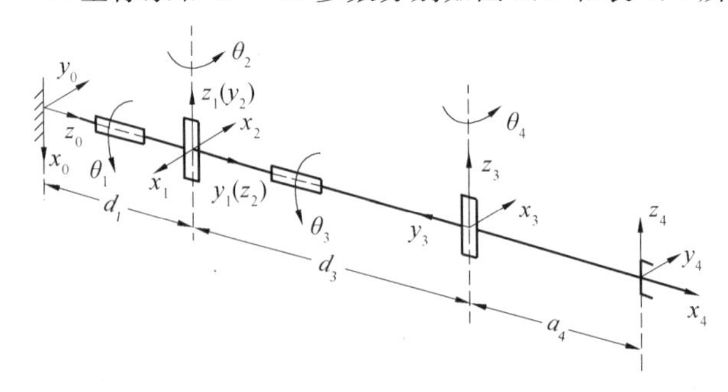

图 6.2 空间冗余 4R 机械臂 D－H 坐标系

表 6.1 空间冗余 4R 机械臂 D－H 参数表

连杆 i	$\theta_i/(^\circ)$	$\alpha_i/(^\circ)$	a_i/m	d_i/m
1	－90	90	0	d_1
2	180	90	0	0
3	0	－90	0	d_3
4	－90	0	a_4	0

根据 D－H 建模方法，可得相邻坐标系之间的齐次变换矩阵分别如下：

$$ {}^0\boldsymbol{T}_1=\begin{bmatrix} c_1 & 0 & s_1 & 0 \\ s_1 & 0 & -c_1 & 0 \\ 0 & 1 & 0 & d_1 \\ 0 & 0 & 0 & 1 \end{bmatrix},\ {}^1\boldsymbol{T}_2=\begin{bmatrix} c_2 & 0 & s_2 & 0 \\ s_2 & 0 & -c_2 & 0 \\ 0 & 1 & 0 & 0 \\ 0 & 0 & 0 & 1 \end{bmatrix} \tag{6.1} $$

$$ {}^2\boldsymbol{T}_3=\begin{bmatrix} c_3 & 0 & -s_3 & 0 \\ s_3 & 0 & c_3 & 0 \\ 0 & -1 & 0 & d_3 \\ 0 & 0 & 0 & 1 \end{bmatrix},\ {}^3\boldsymbol{T}_4=\begin{bmatrix} c_4 & -s_4 & 0 & a_4c_4 \\ s_4 & c_4 & 0 & a_4s_4 \\ 0 & 0 & 1 & 0 \\ 0 & 0 & 0 & 1 \end{bmatrix} \tag{6.2} $$

相应地，可推导其末端坐标系相对于基座坐标系的位姿为

$$ {}^0\boldsymbol{T}_4={}^0\boldsymbol{T}_1{}^1\boldsymbol{T}_2{}^2\boldsymbol{T}_3{}^3\boldsymbol{T}_4=\begin{bmatrix} {}^0\boldsymbol{R}_4 & {}^0\boldsymbol{p}_4 \\ \boldsymbol{0} & 1 \end{bmatrix} \tag{6.3} $$

其中，姿态和位置部分分别为

$$ {}^0\boldsymbol{R}_4=\begin{bmatrix} (c_1c_2c_3+s_1s_3)c_4-c_1s_2s_4 & -s_4(c_1c_2c_3+s_1s_3)-c_1s_2c_4 & -c_1c_2s_3+s_1c_3 \\ (s_1c_2c_3-c_1s_3)c_4-s_1s_2s_4 & -s_4(s_1c_2c_3-c_1s_3)-s_1s_2c_4 & -s_1c_2s_3-c_1c_3 \\ s_2c_3c_4+c_2s_4 & -s_2c_3s_4+c_2c_4 & -s_2s_3 \end{bmatrix} \tag{6.4} $$

$$ {}^0\boldsymbol{p}_4=\begin{bmatrix} c_1(a_4c_2c_3c_4-a_4s_2s_4+d_3s_2)+a_4s_1s_3c_4 \\ s_1(a_4c_2c_3c_4-a_4s_2s_4+d_3s_2)-a_4c_1s_3c_4 \\ d_1-d_3c_2+a_4c_2s_4+a_4s_2c_3c_4 \end{bmatrix} \tag{6.5} $$

观察式(6.4)和式(6.5)可知，末端相对于基座的姿态、位置均与四个关节角有关，因此对于仅考虑定姿或定位而言是冗余的，下面将针对位置冗余的情况进行逆运动学分析(姿态冗余的情况作为练习)，即已知末端坐标系相对于基坐标系的位置为

$$^{0}\boldsymbol{p}_4=\begin{bmatrix}p_x\\p_y\\p_z\end{bmatrix} \tag{6.6}$$

计算相应的关节变量，满足给定的末端位置$^{0}\boldsymbol{p}_4$。

6.1.2　基于几何法求解肘部关节角 $\boldsymbol{\theta}_4$

由于关节1～关节3形成等效球关节，相当于人手臂的肩部，关节4相当于人手臂的肘部，末端相当于人的腕部，故将肩部中心（即前3个关节轴的交点）记为S、肘部中心（即坐标系{3}的原点）记为E、腕部中心（即坐标系{4}的原点）记为W。前三个关节的运动不改变S点的位置，因而S、W之间的距离只与关节4有关，利用此关系可以求得θ_4。

空间冗余4R机械臂肘部关节角计算如图6.3所示，根据运动学关系可知，点S到点W的位置矢量$\boldsymbol{SW}$在{0}系下的表示为

$$^{0}\boldsymbol{SW}={}^{0}\boldsymbol{p}_4-[0\quad 0\quad d_1]^{\mathrm{T}}=\begin{bmatrix}p_x\\p_y\\p_z-d_1\end{bmatrix} \tag{6.7}$$

式中，$^{0}\boldsymbol{p}_4$为给定值；d_1为常数，故由式(6.7)所确定的$^{0}\boldsymbol{SW}$为已知量。

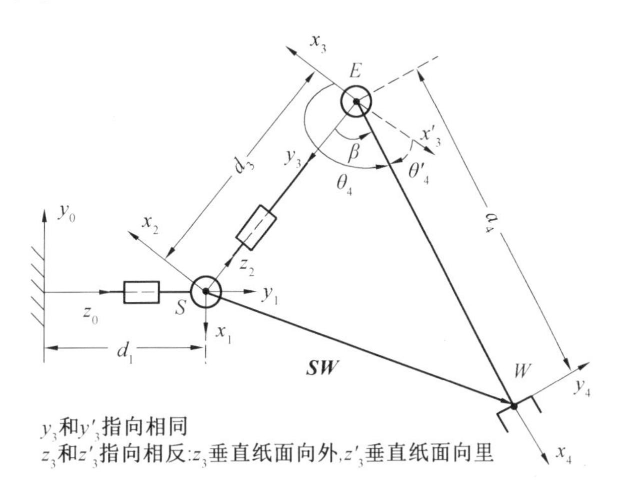

图6.3　空间冗余4R机械臂肘部关节角计算

另一方面，点S和点W分别与坐标系{2}和坐标系{4}的原点重合，故矢量$\boldsymbol{SW}$即为{2}系原点到{4}系原点的矢量，采用D－H建模法可以推导其表达式。将D－H参数代入相邻坐标系间的齐次变换矩阵公式后可得

$$^{2}\boldsymbol{T}_4={}^{2}\boldsymbol{T}_3{}^{3}\boldsymbol{T}_4=\begin{bmatrix}c_3&0&-s_3&0\\s_3&0&c_3&0\\0&-1&0&d_3\\0&0&0&1\end{bmatrix}\begin{bmatrix}c_4&-s_4&0&a_4c_4\\s_4&c_4&0&a_4s_4\\0&0&1&0\\0&0&0&1\end{bmatrix}=\begin{bmatrix}c_3c_4&-c_3s_4&-s_3&a_4c_3c_4\\s_3c_4&-s_3s_4&c_3&a_4s_3c_4\\-s_4&-c_4&0&d_3-a_4s_4\\0&0&0&1\end{bmatrix} \tag{6.8}$$

矩阵$^{2}\boldsymbol{T}_4$第4列前3行为{4}系原点在{2}系中的位置矢量，也为矢量$\boldsymbol{SW}$在{2}系中的表示，即：

$$^{2}\boldsymbol{SW}={}^{2}\boldsymbol{P}_4=\begin{bmatrix} a_4c_3c_4 \\ a_4s_3c_4 \\ d_3-a_4s_4 \end{bmatrix} \tag{6.9}$$

同一个矢量在不同坐标系中的表示虽然不同，但其长度相同，即：

$$\|{}^{2}\boldsymbol{SW}\|=\|{}^{0}\boldsymbol{SW}\| \tag{6.10}$$

分别将式(6.7)和式(6.9)代入式(6.10)，可得关于θ_4的方程：

$$d_3^2-2d_3a_4s_4+a_4^2=p_x^2+p_y^2+(p_z-d_1)^2 \tag{6.11}$$

根据式(6.11)可得

$$s_4=\frac{d_3^2+a_4^2-(p_x^2+p_y^2+(p_z-d_1)^2)}{2d_3a_4} \tag{6.12}$$

根据式(6.12)可求出θ_4的两组值：

$$\theta_4=\arcsin\frac{d_3^2+a_4^2-(p_x^2+p_y^2+(p_z-d_1)^2)}{2d_3a_4} \tag{6.13 a}$$

或

$$\theta_4=\pi-\arcsin\frac{d_3^2+a_4^2-(p_x^2+p_y^2+(p_z-d_1)^2)}{2d_3a_4} \tag{6.13 b}$$

该两组取值所对应的情况如图6.3所示，图中分别用θ_4和θ'_4表示两组值，相对于θ_4和θ'_4两种情况的坐标系{3}分别表示为$\{x_3y_3z_3\}$和$\{x'_3y'_3z'_3\}$，从中可以看出，y_3与y'_3同向，x_3与x'_3同向，z_3与z'_3反向。实际上，也可以在三角形SEW中采用余弦定理先计算夹角β，然后按$\theta_4=\frac{\pi}{2}\pm\beta$得到肘部关节的两组值，所得结果与前面一致。

由上面的求解过程可知，对于该构型的机械臂，关节角θ_4可以直接由末端位置求得，不具有冗余性特征，即只有有限解。

6.1.3　基于关节角参数化求解肩部关节角

当θ_4求解出来后，可作为已知量去求解其他关节角。令末端位置的表达式与已知的末端位置相等，即令式(6.5)与式(6.6)相等，得到如下方程：

$$c_1(a_4c_2c_3c_4-a_4s_2s_4+d_3s_2)+a_4s_1s_3c_4=p_x \tag{6.14}$$

$$s_1(a_4c_2c_3c_4-a_4s_2s_4+d_3s_2)-a_4c_1s_3c_4=p_y \tag{6.15}$$

$$d_1-d_3c_2+a_4c_2s_4+a_4s_2c_3c_4=p_z \tag{6.16}$$

由于θ_4已通过几何法解出，在后面的推导中作为已知量处理，方程式(6.14)～(6.16)中的未知数为$\theta_1\sim\theta_3$。

式(6.14)$\times s_1-$式(6.15)$\times c_1$后可得

$$a_4s_3c_4=s_1p_x-c_1p_y \tag{6.17}$$

式(6.14)$\times c_1+$式(6.15)$\times s_1$后可得

$$a_4c_2c_3c_4-a_4s_2s_4+d_3s_2=c_1p_x+s_1p_y \tag{6.18}$$

观察式(6.16)、式(6.17)和式(6.18)可知，前两个等式中的每一个都只与两个未知关节变量有关(θ_4已求出，此时为已知量)，因而给定其中一个未知关节变量作为冗余参数，则可求另一个关节角，进而利用这三个等式可求解出其他关节角。

(1) 以θ_1为冗余参数，求解θ_2和θ_3。

以θ_1为冗余参数时，根据式(6.17)可以首先求得θ_3。此时θ_1、θ_4为已知量，若$c_4\neq0$(暂

不考虑奇异情况)，有

$$\theta_3=\arcsin\frac{s_1p_x-c_1p_y}{a_4c_4} \tag{6.19 a}$$

或

$$\theta_3=\pi-\arcsin\frac{s_1p_x-c_1p_y}{a_4c_4} \tag{6.19 b}$$

进一步地，求解由式(6.16) 和式(6.18) 组成的方程组可以得到 θ_2(此时 θ_1、θ_3、θ_4 为已知量)，即：

$$\theta_2=\arctan 2\left(\frac{B_2C_2-A_2D_2}{A_2^2+B_2^2},\frac{A_2C_2+B_2D_2}{A_2^2+B_2^2}\right)=\arctan 2(B_2C_2-A_2D_2,A_2C_2+B_2D_2) \tag{6.20}$$

其中，$A_2=-d_3+a_4s_4$；$B_2=a_4c_3c_4$；$C_2=p_z-d_1$；$D_2=c_1p_x+s_1p_y$。

(2) 以 θ_2 为冗余参数，求解 θ_1 和 θ_3。

根据式(6.16) 可得

$$a_4s_2c_4c_3=p_z-d_1+d_3c_2-a_4c_2s_4 \tag{6.21}$$

因此，根据式(6.21) 可以求出 θ_3。此时 θ_2、θ_4 为已知量，当 $s_2c_4\neq 0$(暂不考虑奇异情况)，有

$$\theta_3=\pm\arccos\frac{p_z-d_1+d_3c_2-a_4c_2s_4}{a_4s_2c_4} \tag{6.22}$$

进一步求解式(6.17) 和式(6.18) 组成的方程组可得 θ_1(此时 θ_2、θ_3、θ_4 为已知量)

$$\theta_1=\arctan 2(A_1p_x+B_1p_y,B_1p_x-A_1p_y) \tag{6.23}$$

其中，$A_1=a_4s_3c_4$；$B_1=a_4c_2c_3c_4-a_4s_2s_4+d_3s_2$。

(3) 以 θ_3 为冗余参数，求解 θ_1 和 θ_2。

以 θ_3 为冗余参数时，根据式(6.17) 可求得 θ_1。此时 θ_3、θ_4 为已知量，有

$$\theta_1=\arcsin\frac{a_4s_3c_4}{\sqrt{p_x^2+p_y^2}}-\phi \tag{6.24 a}$$

或

$$\theta_1=\pi-\arcsin\left(\frac{a_4s_3c_4}{\sqrt{p_x^2+p_y^2}}\right)-\phi \tag{6.24 b}$$

其中，$\phi=\arctan 2(-p_y,p_x)$。

对于 θ_2，则可以采用式(6.20) 进行计算(此时 θ_1、θ_3、θ_4 为已知量)。

6.1.4　基于臂型角参数化求解肩部关节角

实际上，根据该构型的特点进行进一步的分析可知，关节 1 ～ 关节 3 运动的过程中，不会改变肩部中心 S 的位置，也不会改变 W 点的位置和三角形 SEW 的大小，但会使三角形 SEW 绕 SW 轴旋转(旋转范围为 360°)，因此可将 SEW 所在的面定义为该机械臂的臂型面(S、E、W 三点共线时机械臂处于奇异臂型，这种特殊情况在此不考虑)，若再选择过直线 SW 的一个面作为参考面，则臂型面与参考面之间的夹角(称为臂型角，记为 ψ) 可作为该机械臂冗余性的描述参数，对于给定的臂型角($0\leqslant\psi\leqslant 2\pi$)，三角形 SEW 唯一确定，相应地可求解关节 1 ～ 关节 3 的角度，此方法称为臂型角参数化逆运动学求解方法。位置冗余 4R 机械臂几何特性如图 6.4 所示，下面介绍具体的臂型角参数化求解方法。

(1) 参考面及臂型角。

由于两条相交或平行的直线可以确定一个面，故除了直线 SW 外，再选择一条与之相交或平行的直线即可确定参考面，实际中可以根据需要选择具有明确几何意义的参考面。为方便讨论，在此以 z_0 轴（表示为矢量 $\boldsymbol{SV}$）和矢量 $\boldsymbol{SW}$ 所在的平面为参考面。当臂型角为 0° 或 180° 时，肘部中心位于臂型面上，此时的肘部中心分别记为 E^0 和 E^π（图 6.5），连杆 3 的坐标系分别记为 $\{x_3^0 y_3^0 z_3^0\}$ 和 $\{x_3^\pi y_3^\pi z_3^\pi\}$。根据上述定义，当已知 $\{x_3^0 y_3^0 z_3^0\}$ 的姿态和臂型角后，即可确定此时 $\{x_3 y_3 z_3\}$ 的姿态，该姿态由前三个关节角确定，根据姿态矩阵与姿态角的关系，可求解 $\theta_1 \sim \theta_3$。

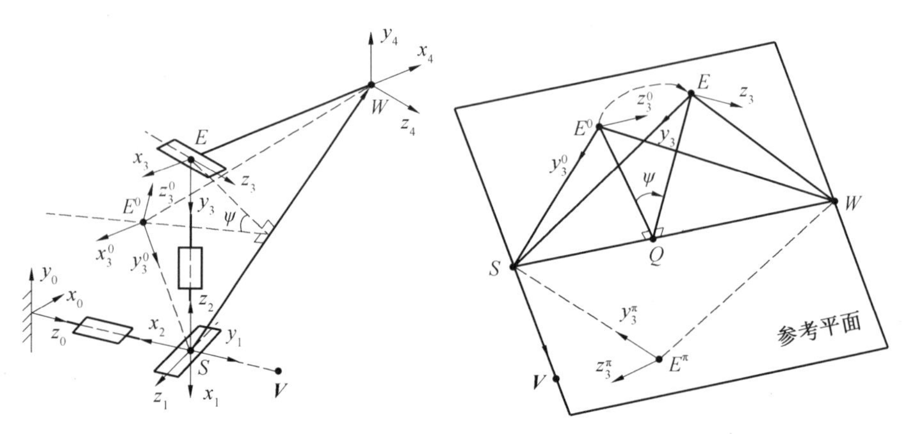

图 6.4 位置冗余 4R 机械臂几何特性　　图 6.5 位置冗余 4R 机械臂臂型角定义

为方便讨论，将坐标系 $\{x_3 y_3 z_3\}$ 的姿态称为肘部姿态；特别地，坐标系 $\{x_3^0 y_3^0 z_3^0\}$ 的姿态称为零臂型角下的肘部姿态。

(2) 零臂型角下肘部姿态的计算。

定义了参考面后，E^0 的位置即可确定，三角形 SE^0W 中各点、边成了已知量，再利用坐标系 $\{x_3^0 y_3^0 z_3^0\}$ 各轴与该平面的关系，可以确定每个坐标轴（实际上只需要确定两个轴，即可确定该坐标系）的单位矢量，进而得到该坐标系的姿态。

零臂型角下该机械臂的坐标系{3}及坐标系{4}的状态如图 6.6 所示，由于三角形 SE^0W 各边的长度已知（各边长度与三角形 SEW 相应边的长度一样），利用余弦定理可得

$$\cos\alpha = \frac{\|\boldsymbol{SW}\|^2 + (\|\boldsymbol{SE}^0\|)^2 - (\|\boldsymbol{E}^0\boldsymbol{W}\|)^2}{2\|\boldsymbol{SW}\| \cdot \|\boldsymbol{SE}^0\|} = \frac{SW^2 + d_3^2 - a_4^2}{2d_3 SW} \tag{6.25}$$

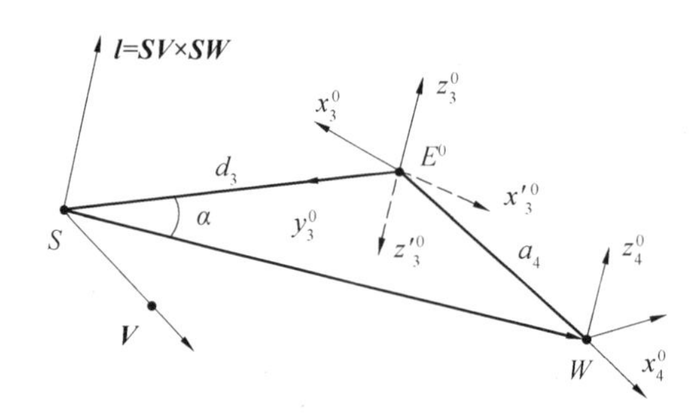

图 6.6 零臂型角下 4R 机械臂肘部姿态的计算

定义参考平面的法向量为 $\boldsymbol{l}$，则 $\boldsymbol{l} = \boldsymbol{SV} \times \boldsymbol{SW}$，其单位向量表示为 $\boldsymbol{u}_l$，即：

$$\boldsymbol{u}_l = \frac{\boldsymbol{l}}{\|\boldsymbol{l}\|} \tag{6.26}$$

从图中可知，矢量 $\boldsymbol{SE}^0$ 的方向向量可通过矢量 $\boldsymbol{SW}$ 的方向向量绕法向量 $\boldsymbol{l}$ 旋转 α 角后获得，因而有如下关系：

$$\boldsymbol{SE}^0 = d_3 \boldsymbol{R}(\boldsymbol{l},\alpha) \frac{\boldsymbol{SW}}{\|\boldsymbol{SW}\|} \tag{6.27}$$

其中，$\boldsymbol{R}(\boldsymbol{l},\alpha)$ 表示绕法向量 $\boldsymbol{l}$ 旋转 α 角所对应的旋转变换矩阵，根据轴角公式可知：

$$\boldsymbol{R}(\boldsymbol{l},\alpha) = \mathrm{Rot}(\boldsymbol{u}_l,\alpha) = I + [\boldsymbol{u}_l \times] \sin\alpha + [\boldsymbol{u}_l \times]^2 (1-\cos\alpha) \tag{6.28}$$

式中，$[\boldsymbol{u}_l \times]$ 为单位向量 $\boldsymbol{u}_l$ 的叉乘因子。

由于坐标轴 y_3^0 的方向与矢量 $\boldsymbol{SE}^0$ 的方向相反，因而可按下式确定 y_3^0 在{0}坐标系中表示的矢量：

$$^0\boldsymbol{y}_3^0 = -\frac{^0\boldsymbol{SE}^0}{\|^0\boldsymbol{SE}^0\|} = -\frac{^0\boldsymbol{SE}^0}{d_3} = -\boldsymbol{R}(^0\boldsymbol{l},\alpha)\frac{^0\boldsymbol{SW}}{\|^0\boldsymbol{SW}\|} \tag{6.29}$$

式(6.29)中，矢量的左上标“0”代表该矢量在{0}系中的表示。由于 $^0\boldsymbol{SW}$、$^0\boldsymbol{SV}$ 已知，故 $^0\boldsymbol{l}$ 可确定，由于 α 角可求出，因此，式(6.29)确定了 $^0\boldsymbol{y}_3^0$，只要再确定 $^0\boldsymbol{x}_3^0$ 或 $^0\boldsymbol{z}_3^0$，则可确定零臂型角下的肘部姿态。

由几何关系可知，$^0\boldsymbol{z}_3^0$ 与参考面的法向量 $\boldsymbol{u}_l$ 平行，相应于 θ_4 的两组取值，可能同向或反向。通过几何分析并进行数值验算可知，对于采用上述参考面定义规则的情况，当 θ_4 余弦值 $c_4 < 0$ 时，$^0\boldsymbol{z}_3^0$ 与 $\boldsymbol{u}_l$ 同向；而当 $c_4 > 0$ 时，$^0\boldsymbol{z}_3^0$ 与 $\boldsymbol{u}_l$ 反向。

$$^0\boldsymbol{z}_3^0 = -\mathrm{sgn}(c_4)\,^0\boldsymbol{u}_l \tag{6.30}$$

式中，sgn 为符号函数，用于提取参数的正负号。

进一步地，根据右手定则可求得 $^0\boldsymbol{x}_3^0$，即：

$$^0\boldsymbol{x}_3^0 = {}^0\boldsymbol{y}_3^0 \times {}^0\boldsymbol{z}_3^0 \tag{6.31}$$

式(6.29)、式(6.30)和式(6.31)已求得零臂型角下{3}系三个坐标轴的矢量，进而可以构造其相对于{0}系的姿态矩阵，得到零臂型角下的肘部姿态，即：

$$^0\boldsymbol{R}_3^0 = [\,^0\boldsymbol{x}_3^0, {}^0\boldsymbol{y}_3^0, {}^0\boldsymbol{z}_3^0\,] \tag{6.32}$$

根据上面的分析可知，当末端位置给定、参考面确定后，$^0\boldsymbol{R}_3^0$ 即可按式(6.32)求出，为已知量。

(3) 臂型角参数化下肩部关节的计算。

若当前臂型面对应的臂型角为 ψ，此时的坐标系$\{x_3 y_3 z_3\}$可看成由坐标系$\{x_3^0 y_3^0 z_3^0\}$绕矢量 $\boldsymbol{SW}$ 旋转 ψ 后得到，旋转运动对应的姿态变换矩阵可通过轴－角公式得到。当采用{0}系中的矢量为旋转轴时，该变换矩阵表示为 $^0\boldsymbol{R}_\psi$，且有

$$^0\boldsymbol{R}_\psi = \mathrm{Rot}(\boldsymbol{u}_{\mathrm{w}},\psi) = \boldsymbol{I}_3 + [\,^0\boldsymbol{u}_{\mathrm{w}} \times]\sin\psi + [\,^0\boldsymbol{u}_{\mathrm{w}} \times]^2(1-\cos\psi) \tag{6.33}$$

其中，$^0\boldsymbol{u}_{\mathrm{w}}$ 为矢量 $^0\boldsymbol{SW}$ 的单位向量，即：

$$^0\boldsymbol{u}_{\mathrm{w}} = \frac{^0\boldsymbol{SW}}{\|^0\boldsymbol{SW}\|} \tag{6.34}$$

因而，$\{x_3 y_3 z_3\}$ 相对于{0}系的姿态变换矩阵 $^0\boldsymbol{R}_3(\psi)$ 可由 $^0\boldsymbol{R}_3^0$ 与 $^0\boldsymbol{R}_\psi$ 相乘得到，由于采用的是固定坐标系的旋转规则，故按“从右向左”乘的顺序得到$\{x_3 y_3 z_3\}$相对于{0}系的姿态，即：

$$^0\boldsymbol{R}_3(\psi) = {}^0\boldsymbol{R}_\psi \cdot {}^0\boldsymbol{R}_3^0 \tag{6.35}$$

根据式(6.35)可知，当给定时，$^0\boldsymbol{R}_3(\psi)$ 即可确定，因而可作为已知量，表示为

$$ {}^{0}\boldsymbol{R}_3(\psi) = {}^{0}\boldsymbol{R}_{\psi} \cdot {}^{0}\boldsymbol{R}_3^0 = \begin{bmatrix} r_{11\psi} & r_{12\psi} & r_{13\psi} \\ r_{21\psi} & r_{22\psi} & r_{23\psi} \\ r_{31\psi} & r_{32\psi} & r_{33\psi} \end{bmatrix} \tag{6.36} $$

另一方面，根据 D－H 参数和运动学方程推导${}^{0}\boldsymbol{R}_3$，可求得关于 $\theta_1 \sim \theta_3$ 的表达式，即：

$$ {}^{0}\boldsymbol{R}_3 = {}^{0}\boldsymbol{R}_1 {}^{1}\boldsymbol{R}_2 {}^{2}\boldsymbol{R}_3 = \begin{bmatrix} s_1 s_3 + c_1 c_2 c_3 & -c_1 s_2 & s_1 c_3 - c_1 c_2 s_3 \\ -c_1 s_3 + s_1 c_2 c_3 & -s_1 s_2 & -c_1 c_3 - s_1 c_2 s_3 \\ s_2 c_3 & c_2 & -s_2 s_3 \end{bmatrix} \tag{6.37} $$

令式(6.37) 与式(6.36) 相等，即可求出 $\theta_1 \sim \theta_3$，结果如下：

$$ \begin{cases} \theta_2 = \pm \arccos r_{32\psi} \\ \theta_1 = \arctan 2(-r_{22\psi}/s_2, -r_{12\psi}/s_2) = \arctan 2(-r_{22\psi}s_2, -r_{12\psi}s_2) \\ \theta_3 = \arctan 2(-r_{33\psi}/s_2, r_{31\psi}/s_2) = \arctan 2(-r_{33\psi}s_2, r_{31\psi}s_2) \end{cases} \tag{6.38} $$

由此，即完成了所有关节角的求解，其中 θ_4 与冗余参数无关，直接根据末端位置求出，有两组值；进一步根据给定的冗余参数后，可以求得 $\theta_1 \sim \theta_3$，也有两组值。因此，给定末端位置和冗余参数后，该 4R 机械臂共有 4 组逆解。

6.1.5 算例分析

作为实际的例子，假设表 6.1 中 D－H 参数的值为 $d_1 = 0.3$ m、$d_3 = 0.7$ m、$a_4 = 0.5$ m。给定末端的期望位置为

$$ {}^{0}\boldsymbol{p}_4 = \begin{bmatrix} 0.4677 \\ -0.1120 \\ 0.0577 \end{bmatrix} \tag{6.39} $$

根据几何法可以首先求得 $\theta_4 = 140°$ 或 $\theta_4 = 40°$。下面分别给出采用关节角参数化和臂型角参数化两种方法计算其他关节角的结果。

(1) 关节角参数化下的计算结果。

采用上述方法可以首先得到 $\theta_4 = 140°$ 或 $\theta_4 = 40°$，进一步分别给定 $\theta_1 = 10°$、$\theta_2 = 20°$、$\theta_3 = 30°$ 的值后求得其他关节角，结果分别见表 6.2、表 6.3 和表 6.4。

表 6.2 给定 θ_1 为 10° 时的计算结果

序号	θ_1/(°)	θ_2/(°)	θ_3/(°)	θ_4/(°)	备注
1	10	20.000 0	30.000 0	40.000 0	以 θ_1 为冗余参数
2		102.444 9	150.000 0	40.000 0	
3		102.444 9	－30.000 0	140.000 0	
4		20.000 0	－150.000 0	140.000 0	

表 6.3 给定 θ_2 为 20° 时的计算结果

序号	θ_1/(°)	θ_2/(°)	θ_3/(°)	θ_4/(°)	备注
1	10.000 0	20.000 0	30.000 0	40.000 0	以 θ_2 为冗余参数
2	－36.928 9		－30.000 0	40.000 0	
3	－36.928 9		150.000 0	140.000 0	
4	10.000 0		－150.000 0	140.000 0	

表 6.4　给定 θ_3 为 30° 时的计算结果

序号	θ_1/(°)	θ_2/(°)	θ_3/(°)	θ_4/(°)	备注
1	10.000	20.000 0	30.000 0	40.000 0	以 θ_3 为冗余参数
2	143.071 1	−102.444 9		40.000 0	
3	−36.928 9	102.444 9		140.000 0	
4	−170.000 0	−20.000 0		140.000 0	

(2) 臂型角参数化下的计算结果。

根据上述推导，对于给定的末端位置 ${}^0\boldsymbol{p}_4$，可通过设定臂型角 ψ 进行求解，且有 4 组值。实际中，臂型角可在[0°,360°]内任意取值。限于篇幅，在此计算 $\psi=0°$、$\psi=30°$、$\psi=130°$、$\psi=220°$、$\psi=320°$ 五种情况（涵盖了各个象限的取值）下的逆运动学，结果分别见表 6.5 ～ 6.9。

表 6.5　臂型角 ψ = 0° 的计算结果

序号	θ_1/(°)	θ_2/(°)	θ_3/(°)	θ_4/(°)	给定 ψ/(°)
1	−13.464 5	17.927 7	0	40.000 0	0
2	166.535 5	−17.927 7	180.000 0	40.000 0	
3	−13.464 5	17.927 7	180.000 0	140.000 0	
4	166.535 5	−17.927 7	0	140.000 0	

表 6.6　臂型角 ψ = 30° 的计算结果

序号	θ_1/(°)	θ_2/(°)	θ_3/(°)	θ_4/(°)	给定 ψ/(°)
1	31.933 8	29.962 4	63.389 7	40.000 0	30
2	−148.066 2	−29.962 4	−116.610 3	40.000 0	
3	31.933 8	29.962 4	−116.610 3	140.000 0	
4	−148.066 2	−29.962 4	63.389 7	140.000 0	

表 6.7　臂型角 ψ = 130° 的计算结果

序号	θ_1/(°)	θ_2/(°)	θ_3/(°)	θ_4/(°)	给定 ψ/(°)
1	19.705 5	95.275 8	136.604 4	40.000 0	130
2	−160.294 5	−95.275 8	−43.395 6	40.000 0	
3	19.705 5	95.275 8	−43.395 6	140.000 0	
4	−160.294 5	−95.275 8	136.604 4	140.000 0	

表 6.8　臂型角 ψ = 220° 的计算结果

序号	θ_1/(°)	θ_2/(°)	θ_3/(°)	θ_4/(°)	给定 ψ/(°)
1	−41.104 7	99.801 4	−144.370 0	40.000 0	220
2	138.895 3	−99.801 4	35.630 0	40.000 0	
3	−41.104 7	99.801 4	35.630 0	140.000 0	
4	138.895 3	−99.801 4	−144.370 0	140.000 0	

表 6.9 臂型角 $\psi=320^\circ$ 的计算结果

序号	$\theta_1/(^\circ)$	$\theta_2/(^\circ)$	$\theta_3/(^\circ)$	$\theta_4/(^\circ)$	给定 $\psi/(^\circ)$
1	−63.531 5	36.596 7	−74.339 0	40.000 0	320
2	116.468 5	−36.596 7	105.661 0	40.000 0	
3	−63.531 5	36.596 7	105.661 0	140.000 0	
4	116.468 5	−36.596 7	−74.339 0	140.000 0	

6.2 空间 7R 冗余机械臂特点及逆运动学求解思路

6.2.1 空间 7R 冗余机械臂特点分析

在3D空间中,对于大部分常规任务,往往只需要6R机械臂即可完成,但使用7R机械臂又是非常必要的,主要体现在如下方面。

(1) 关节备份。从应用可靠性讲,6个关节就能实现3D空间的定位和定姿,但当其中一个关节出现故障后,机械臂的自由度将不能同时满足末端定位和定姿的要求,因此采用7个关节能实现单关节的冗余备份,确保在其中一个关节出现故障时机械臂仍具有6DOF的运动能力。

(2) 障碍回避。机械臂的工作空间内常常存在障碍物,非冗余的6R机械臂在只能通过有限臂型中选择一种进行避障,有时可能所有臂型均不满足要求。因此,机械臂与障碍物之间,以及自身各臂杆之间会发生碰撞。利用7R机械臂的冗余特性,可以在执行任务的同时回避障碍。

(3) 奇异回避。在笛卡儿轨迹规划过程中,不可避免会受到奇异臂型的影响,在奇异点处,机械臂损失一个或多个自由度,某些关节的运动速度将为无穷大,实际中不可能实现,意味着机械臂在奇异点处将损失笛卡儿轨迹跟踪的精度,对于某些对轨迹精度有严格要求的情况,笛卡儿轨迹精度的损失会大大影响任务的执行;若采用7R冗余机械臂,其奇异回避的能力将大大提高。

(4) 关节限位的回避。任何机械系统均存在机械上的不可达性,在设计机械臂关节的过程中,一般希望每个关节能运动360°,但实际上很难实现。使用7R冗余机械臂,非常容易克服此问题。

(5) 性能指标优化。在执行任务的过程中,除了必须要完成的主任务外,还可通过机械臂的冗余性去优化其他性能指标,如产生的干扰力矩最小、产生的振动响应最小、关节加速度最小等。

(6) 其他。对于处理临机任务而言,7R机械臂能提供全面支持,受常规条件的制约较少。

定性地,6R机械臂与7R机械臂性能比较见表6.10。

表 6.10　6R 机械臂与 7R 机械臂性能比较

项目	6R 机械臂	7R 机械臂	备注
算法复杂性、实时性	算法简单、实时性好	算法较复杂、实时性较差	目前的技术水平已能满足 7R 机械臂的需求
末端定姿跟踪能力	非奇异下能实现 6R 的末端轨迹跟踪	很容易实现 6R 的末端轨迹跟踪	7R 机械臂运动更灵活
关节备份	不具备，单关节故障下损失部分末端跟踪能力	具备，单关节故障下仍具有 6R 位姿跟踪能力	备份能力对于任务的可靠执行极其关键
障碍回避	仅有最多 8 种臂型可选，避障能力弱	有无穷多组臂型可选，避障能力强	避障是安全性的基本保证
奇异回避	只能牺牲末端轨迹精度	能通过冗余性克服大部分奇异对末端轨迹的影响	冗余机械臂本身也会有奇异问题，但奇异发生的概率比 6R 小很多，回避的策略也更丰富
关节限位的回避	大大减小了机械臂的可操作范围	利用冗余性可克服关节限位对机械臂操作范围的影响	由于在轨任务复杂多样，要求机械臂在轨操作范围尽可能大
子任务性能指标优化	当要求 6DOF 控制时，不能进行子任务性能指标的优化	除了完成 6DOF 控制的基本任务外，还能优化一个自由度的子任务性能指标	优化能力可提高运行的效率

6.2.2　空间 7R 冗余机械臂典型构型分析

类似于人手的结构，7R 机械臂一般按“肩部－肘部－腕部”进行配置，关节数量的分配为 3－1－3，即肩部 3 个关节、肘部 1 个关节、腕部 3 个关节，具体的实现方式有两种。

① 两两垂直型 SRS(Spherial － Roll － Spherial) 机械臂，完全模拟人手的理想构型 RPR－P－RPR，即“Roll－Pitch－Roll”－Pitch－“Roll－Pitch－Roll”，其中 Roll 代表横滚轴、Pitch 代表俯仰轴，该机械臂的特点是相邻关节轴两两垂直。为简化运动学方程，一般将肩部、腕部设计为等效球形关节，即肩部、腕部的三个关节轴分别交于一点，因此称为两两垂直型 SRS 机械臂。该机械臂的特点是结构紧凑，易于装配和维修，但单关节运动范围较小。在工业中大部分采用此构型。

② 连续三轴平行 7R 机械臂，关节的配置为 RYP－P－PYR，即“Roll－Yaw－Pitch”－Pitch－“Pitch－Yaw－Roll”，其中 Yaw 代表偏航轴，该机械臂的特点是中间三个关节轴(即关节 3、4、5) 相互平行，因此称为连续三轴平行 7R 机械臂，若肩部、腕部也设计为等效球形关节，则可进一步称为连续三轴平行 SRS 机械臂。该机械臂的特点是单关节运动范围大，适合远距离、大范围操作的情况。国际空间站上 ERA、Dextre、SSRMS 等机械臂均采用此构型。当采用偏置式配置时，可大大增加运动范围，如在国际空间站上承担着最主要装配任务的 SSRMS 机械臂其肩部、肘部、腕部均偏置安装，每个关节的运动范围均可达到 270°。

(1) 两两垂直型 SRS 机械臂。

该机械臂的构型可认为是在原"空间 6R 腕部分离机械臂"的肩部增加一个关节构成球形肩关节得到的,即在原 6R 机械臂的 2、3 关节之间增加 1 个旋转关节,该关节旋转轴与 2、3 关节旋转轴均垂直,成为新的第 3 关节,原 3 ~ 6 关节依次成为 4 ~ 7 关节。通过此种配置,所得 7R 冗余机械臂的 1 ~ 3 关节构成球形肩部关节,基于 6R 腕部分离机械臂构建的 7R 冗余机械臂如图 6.7 所示。

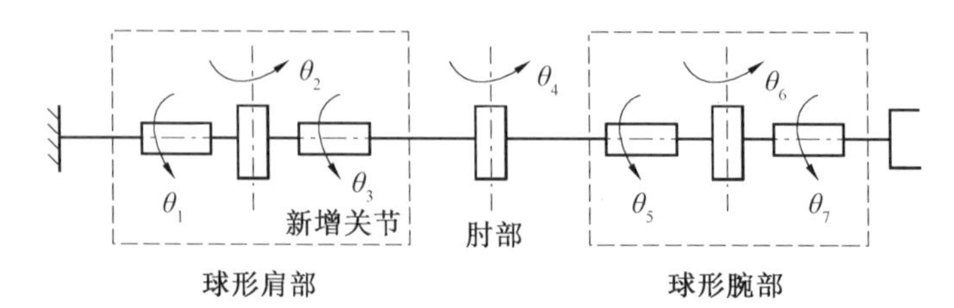

图 6.7 基于 6R 腕部分离机械臂构建的 7R 冗余机械臂

两两垂直型 SRS 冗余机械臂构型简图如图 6.8 所示,由肩部(θ_1 ~ θ_3)、肘部(θ_4)、腕部(θ_5 ~ θ_7)共 7 个旋转关节组成。肩部三个关节两两垂直且相交于一点,称为肩部中心,用 S(Shoulder 的首字母) 表示,此三个关节(简称为球肩关节) 的运动不改变肩部中心的位置;腕部三个关节也两两垂直且相交于一点,称为腕部中心,用 W(Wrist 的首字母) 表示,此三个关节(简称为球腕关节) 的运动不改变腕部中心的位置;肘部关节衔接了肩部和腕部,其中心位置记为 E(Elbow 的首字母)。

该机械臂的 D－H 坐标系和 D－H 参数表分别如图 6.9 和表 6.11 所示。

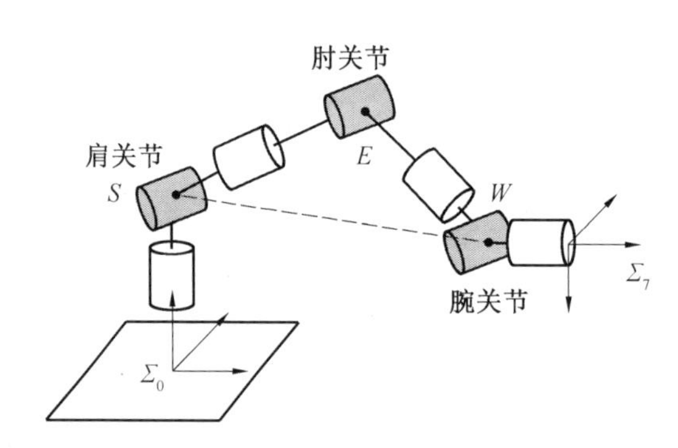

图 6.8 两两垂直型 SRS 冗余机械臂构型简图

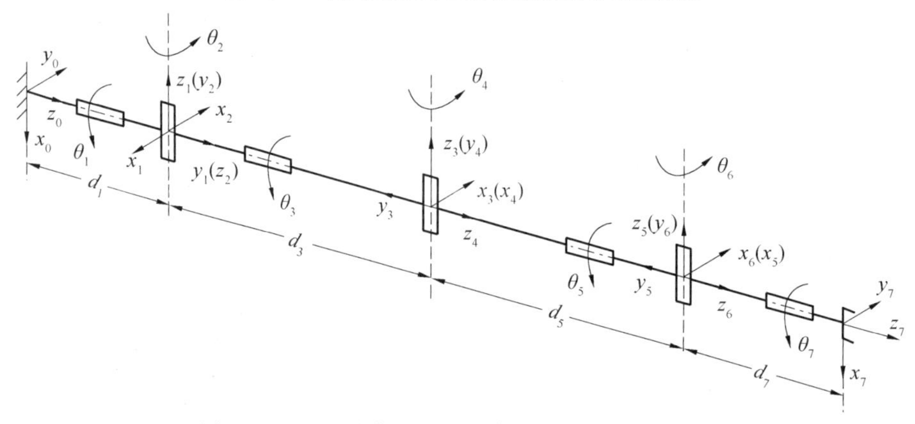

图 6.9 两两垂直型 SRS 冗余机械臂 D－H 坐标系

表6.11　两两垂直型SRS冗余机械臂D－H参数表

连杆 i	$\theta_i/(°)$	$\alpha_i/(°)$	a_i/m	d_i/m
1	－90	90	0	d_1
2	180	90	0	0
3	0	－90	0	d_3
4	0	90	0	0
5	0	－90	0	d_5
6	0	90	0	0
7	－90	0	0	d_7

(2) 连续三轴平行7R机械臂。

连续三轴平行7R机械臂在国际空间站上得到了普遍采用，包括空间站遥控机械臂SSRMS、特殊功能灵巧机械手SPDM(也称为Dexter)、欧洲机械臂ERA等，都具有7个旋转关节，且都采用“RYP－P－PYR”的关节配置，只是关节偏置情况不同，国际空间站上使用的ERA和SSRMS如图6.10所示。采用偏置安装方式可以增加关节的运动范围，但会增加机械臂的外形尺寸；不采用或少采用偏置安装，则可使机械臂整体结构更紧凑，但关节的运动范围也受到了影响，在实际中需要根据具体的应用情况进行设计。在空间站上应用的冗余机械臂中，ERA采用共线安装方式，每个关节沿直线配置(完全伸直时，整个机械臂呈一条直线)，整体尺寸降低了很多，但关节的运动范围较小，其中肘部关节仅能达到－176°～30°的运动范围，ERA的关节配置如图6.11所示；而SSRMS的偏置关节最多，关节的运动范围也最大，每个关节均可达到270°的运动范围，SSRMS的关节配置如图6.12所示。

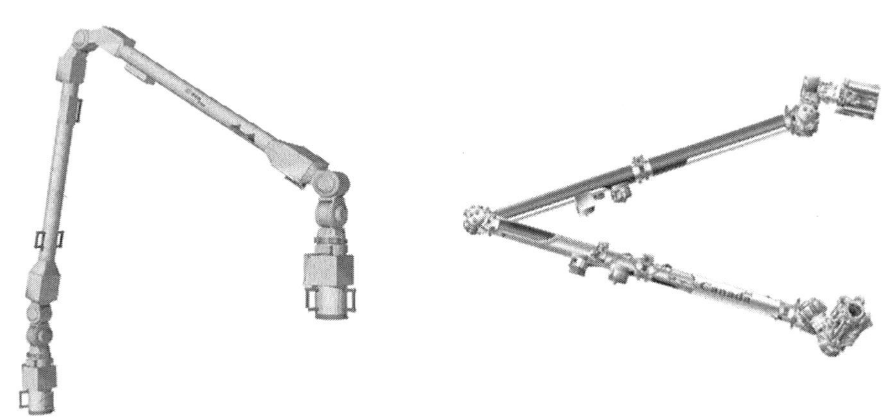

(a)欧机械臂ERA　　(b)空间站遥操作机械臂SSRMS

图6.10　国际空间站上使用的ERA和SSRMS

若考虑更一般的情况，即每个关节都按偏置方式安装，相当于在SSRMS构型的基础上，增加两个额外的偏置连杆，则可以构建出通用的非球腕冗余机械臂的构型，可用其来统一代表上述各种机械臂的构型，统一的D－H坐标系及D－H参数分别如图6.13和表6.12所示。

偏置关节最少的情况如图6.14所示，此时的连续三轴平行7R机械臂退化为连续三轴平行SRS机械臂的臂型。

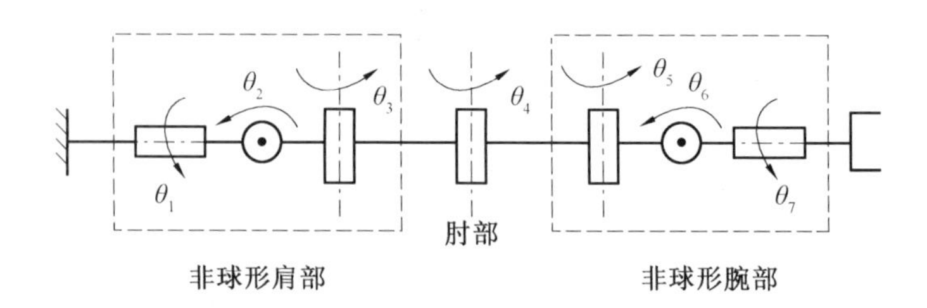

图 6.11　欧洲机械臂(ERA)的关节配置

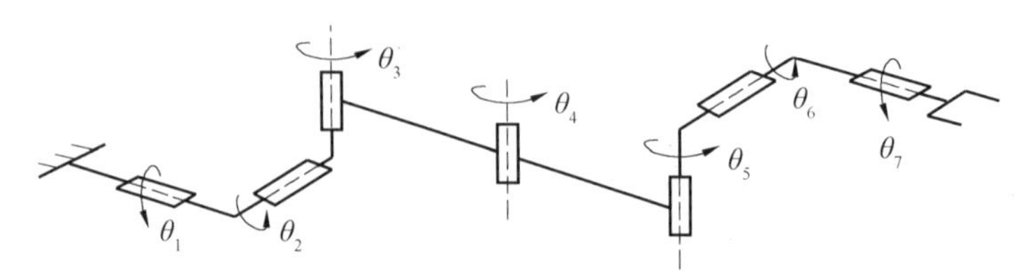

图 6.12　空间站遥操作机械臂(SSRMS)的关节配置

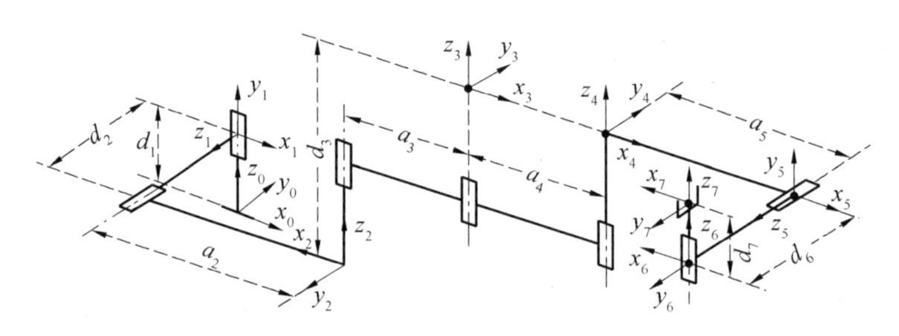

图 6.13　连续三轴平行 7R 机械臂 D－H 坐标系

表 6.12　连续三轴平行 7R 机械臂 D－H 参数表

连杆 i	θ_i/(°)	α_i/(°)	a_i/m	d_i/m	备注
1	0	90	0	d_1	—
2	180	90	a_2	d_2	对于 ERA:$d_2=0$ 对于 SSRMS:$a_2=0$ 对于 SRS:$d_2=a_2=0$
3	180	0	a_3	d_3	—
4	0	0	a_4	0	对于 ERA:$d_3=0$ 对于 SRS:$d_3=0$
5	0	90	a_5	0	对于 SSRMS:$a_5=0$ 对于 SRS:$a_5=0$
6	180	90	0	d_6	对于 ERA:$d_6=0$ 对于 SRS:$d_6=0$
7	0	0	0	d_7	—

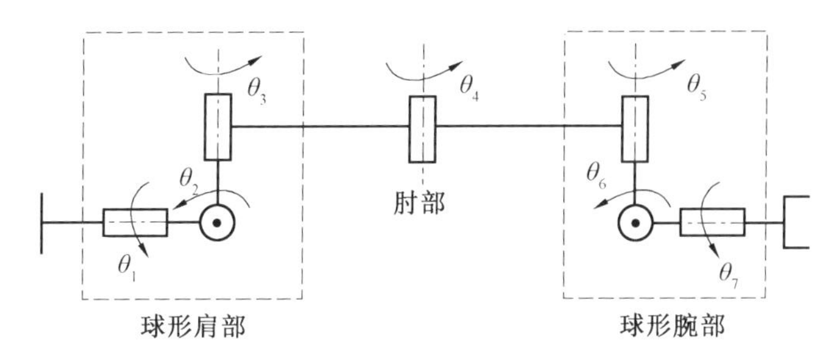

图 6.14　连续三轴平行 SRS 冗余机械臂关节配置

6.2.3　逆运动学求解思路

(1) 方法概述。

由上所述,给定一组末端位姿,冗余机械臂关节空间会有无数组解与之对应。因此,需要采用待定参数来代表其冗余性,并基于冗余性参数解出有限组有效解。如何进行冗余性参数化进而获得冗余机器人的封闭逆解,一直是学者们力求解决的热点问题。经过多年的努力,目前对上述特定结构已经有了成熟的解决方案。

当冗余机械臂具有 SRS 特征(即球肩、球腕)时,解析逆运动学相对简单。Lee 和 Bejczy 提出了一种关节角参数化方法,但如何选择合适的关节来作为冗余参数是一个问题;Zaplana 提出了结合工作空间分析来确定合适的关节进行参数化进而求解逆运动学的方法,较好地解决了这一问题。关节角参数化方法的本质是通过给定一个关节变量后将冗余机械臂的逆运动学求解问题转换为非冗余机械臂的求解问题,从而可以采用现有的针对 6R 机械臂的方法进行求解,但几何意义不明显。Kreutz－Delgado 提出了臂型角参数化的求解方法,具有形象直观的几何意义,但当腕部点落在参考向量所在的直线上时,臂型面退化成一条直线,出现算法奇异问题;为了解决臂型角参数化方法的算法奇异问题,Shimizu 假定关节 3 固定后对应的一种臂型下的臂型面作为参考面,但会存在参考面几何特性不明显的问题(因为关节 3 固定取值为多少以及固定后解出的多组臂型如何选择,都具有不确定性);本书作者提出了基于双臂型角参数化的求解方法,不但保留了原有臂型角参数化方法几何意义明显的优点,还有效解决了算法奇异的问题。Faria 等除了采用臂型角对肘部冗余性进行参数化外,还采用了用于描述全局臂型的参数,方便进行奇异回避和臂型控制。

当肩部和/或腕部存在偏置不满足 SRS 特征时,解析逆运动学就要复杂得多。Chao 等针对腕部有偏置的情况,提出了基于虚拟球关节的方法;Crane 等针对肩部、腕部均有偏置的 7R 机械臂,提出了基于空间多边形几何投影的逆运动学求解方法,以 θ_1、θ_2、θ_6、θ_7 中的其中一个为冗余参数,可求解其他 6 个关节角的各种可能解,但涉及复杂的空间几何投影理论,不方便用户理解和使用;Luo 等也针对肩部、腕部存在偏置的情况,采用关节参数化进行解析逆运动学求解。相比较之下,以臂型角作为待定参数,几何意义明显,但该方法最早是用于解决 SRS 类型机械臂的逆运动学求解上,本书作者进一步将其扩展用于不具备 SRS 特征的冗余机械臂上。

(2) 两种常用的参数化求解方法。

结合现有文献的分析结果,以及前面对 4R 位置冗余机械臂逆运动学的求解过程可知,对 7R 冗余机械臂的逆运动学求解也主要有关节角参数化和臂型角参数化两种方法。

① 关节角参数化是将其中一个关节变量作为给定参数来代表冗余性,而其他 6 个关节

变量作为待定参数来进行求解。此方法的核心思想是将 7R 机械臂的逆运动学求解问题转换为给定关节参数 6R 机械臂的逆运动学求解问题,求解思路如图 6.15 所示。

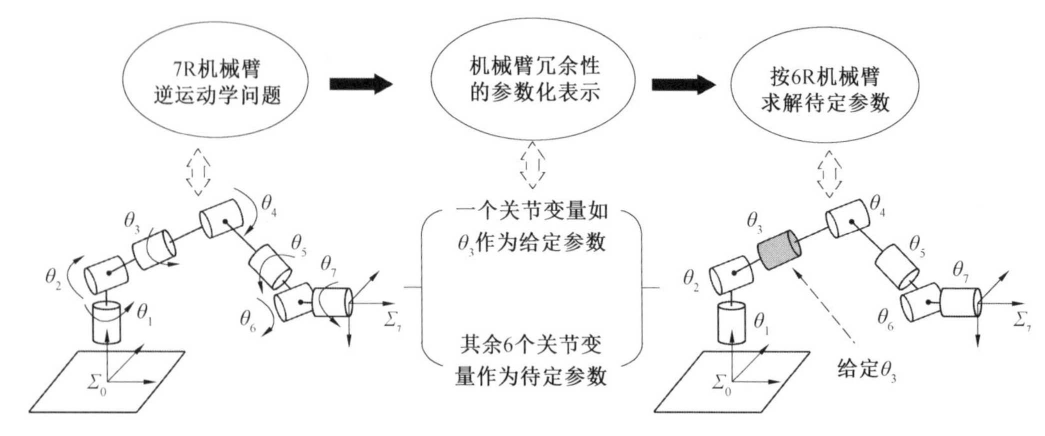

图 6.15 关节角参数化逆运动学求解思路

② 臂型角参数化是将机械臂的臂型面(取肩部、肘部、腕部各一点构成的面)与参考面(根据需要设定,如水平面)的夹角(称为臂型角)作为描述机械臂整体臂型的参数,求解给定臂型参数下的 7 个关节角。臂型角参数化方法具有简单、实用、几何意义明显、适用于臂型控制等优点,求解思路如图 6.16 所示。

下面以两两垂直型 SRS 机械臂为例,介绍具体的求解过程。

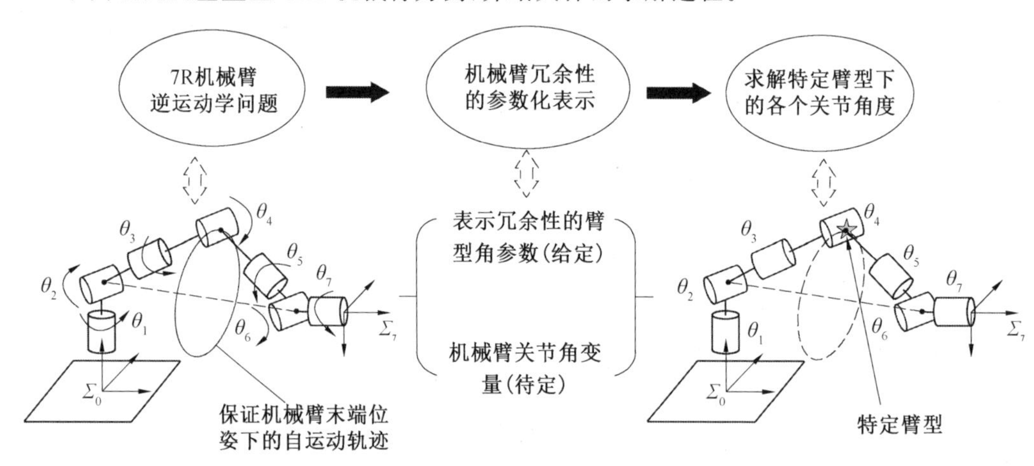

图 6.16 臂型角参数化逆运动学求解思路

6.3 两两垂直型 SRS 机械臂关节角参数化逆运动学

两两垂直型 SRS 机械臂的 D－H 坐标系和 D－H 参数分别如图 6.9 和表 6.11 所示。在逆运动学求解中,假定给定的末端位姿为

$$
{}^0\boldsymbol{T}_7=\begin{bmatrix} {}^0\boldsymbol{x}_7 & {}^0\boldsymbol{y}_7 & {}^0\boldsymbol{z}_7 & {}^0\boldsymbol{p}_7 \\ 0 & 0 & 0 & 1 \end{bmatrix}=\begin{bmatrix} n_x & o_x & a_x & p_x \\ n_y & o_y & a_y & p_y \\ n_z & o_z & a_z & p_z \\ 0 & 0 & 0 & 1 \end{bmatrix} \tag{6.40}
$$

其中,姿态和位置部分分别为

$$
{}^{0}\boldsymbol{R}_7=\begin{bmatrix} n_x & o_x & a_x \\ n_y & o_y & a_y \\ n_z & o_z & a_z \end{bmatrix},{}^{0}\boldsymbol{p}_7=\begin{bmatrix} p_x \\ p_y \\ p_z \end{bmatrix} \tag{6.41}
$$

通过分析该机械臂的构型特征可知：肩部、腕部所属三个关节均满足关节轴交于一点的条件，构成等效球关节，肩部 3 个关节的运动不改变肩部中心点（即肩部球关节中心）的位置，腕部 3 个关节的运动不改变腕部中心点（即腕部球关节中心）的位置，因而肩部中心到腕部中心的距离仅跟肘关节 θ_4 有关。因此，根据给定的${}^{0}\boldsymbol{T}_7$ 可直接解算 θ_4，该关节变量不能用来描述机械臂的冗余性；而当给定 $\theta_1\sim\theta_3$、$\theta_5\sim\theta_7$ 这 6 个关节中的任何一个变量时，其余关节所构成的 6R 机械臂包含等效球关节（球肩或球腕），满足解析解的条件，可采用类似于腕部分离机械臂的求解方法获得封闭解。下面介绍具体的求解过程。

6.3.1　肘部关节角计算

将肩部中心（前 3 个关节轴的交点，也为坐标系{1} 和{2} 的原点）、肘部中心（即坐标系{3} 和{4} 的原点）、腕部中心（后 3 个关节轴的交点，也为坐标系{5} 和{6} 的原点）分别记为 S、E、W 点，则类似于前面 4R 位置冗余机械臂的方法，根据 S、W 之间的距离可以求得 θ_4。

根据末端位置和姿态，可得肩部中心 S 到腕部中心 W 的位置矢量为（在{0} 系下的表示）

$$
{}^{0}\boldsymbol{SW}={}^{0}\boldsymbol{P}_7-[0\quad 0\quad d_1]^{\mathrm{T}}-{}^{0}\boldsymbol{R}_7[0\quad 0\quad d_7]^{\mathrm{T}}=\begin{bmatrix} p_x-d_7a_x \\ p_y-d_7a_y \\ p_z-d_1-d_7a_z \end{bmatrix} \tag{6.42}
$$

其中，${}^{0}\boldsymbol{p}_7$、${}^{0}\boldsymbol{R}_7$ 为给定值，d_1、d_7 为常数，故由式(6.42) 所确定的${}^{0}\boldsymbol{SW}$ 为已知量。

另一方面，由于点 S 和 W 分别与坐标系{2} 和{5} 的原点重合，故矢量 $\boldsymbol{SW}$ 即为{2} 系原点到{5} 系原点的矢量（注意 D－H 坐标系的定义与前面 4R 机械臂有区别，不能直接套用），采用 D－H 建模法可以推导其表达式。将 D－H 参数代入相邻坐标系间的齐次变换矩阵公式后可得

$$
{}^{2}\boldsymbol{T}_5={}^{2}\boldsymbol{T}_3{}^{3}\boldsymbol{T}_4{}^{4}\boldsymbol{T}_5=\begin{bmatrix} c_3 & 0 & -s_3 & 0 \\ s_3 & 0 & c_3 & 0 \\ 0 & -1 & 0 & d_3 \\ 0 & 0 & 0 & 1 \end{bmatrix}\begin{bmatrix} c_4 & 0 & s_4 & 0 \\ s_4 & 0 & -c_4 & 0 \\ 0 & 1 & 0 & 0 \\ 0 & 0 & 0 & 1 \end{bmatrix}\begin{bmatrix} c_5 & 0 & -s_5 & 0 \\ s_5 & 0 & c_5 & 0 \\ 0 & -1 & 0 & d_5 \\ 0 & 0 & 0 & 1 \end{bmatrix}
$$

$$
=\begin{bmatrix} c_3c_4c_5-s_3s_5 & -c_3s_4 & -c_3s_4s_5-s_3c_5 & d_5c_3s_4 \\ s_3c_4c_5+c_3s_5 & -s_3s_4 & -s_3s_4s_5+c_3c_5 & d_5s_3s_4 \\ -s_4c_5 & -c_4 & s_4s_5 & d_3+d_5c_4 \\ 0 & 0 & 0 & 1 \end{bmatrix} \tag{6.43}
$$

矩阵${}^{2}\boldsymbol{T}_5$ 第 4 列前 3 行为{5} 系原点在{2} 系中的位置矢量，也为矢量 $\boldsymbol{SW}$ 在{2} 系中的表示，即：

$$
{}^{2}\boldsymbol{SW}={}^{2}\boldsymbol{P}_5=\begin{bmatrix} d_5c_3s_4 \\ d_5s_3s_4 \\ d_3+d_5c_4 \end{bmatrix} \tag{6.44}
$$

根据 $\| {}^2\boldsymbol{SW} \| = \| {}^0\boldsymbol{SW} \|$,可得关于 θ_4 的方程:

$$d_3^2 + 2d_3d_5c_4 + d_5^2 = SW^2 \tag{6.45}$$

其中,SW 为肩部中心 S 到腕部中心 W 的距离,即:

$$SW = \sqrt{(p_x - d_7a_x)^2 + (p_y - d_7a_y)^2 + (p_z - d_1 - d_7a_z)^2} \tag{6.46}$$

根据式(6.45)可得

$$c_4 = \frac{SW^2 - (d_3^2 + d_5^2)}{2d_3d_5} \tag{6.47}$$

根据式(6.47)可以解出 θ_4,有两组值,即:

$$\theta_4 = \pm \arccos \frac{SW^2 - (d_3^2 + d_5^2)}{2d_3d_5} \tag{6.48}$$

根据上述求解过程进一步表明:对于 SRS 机械臂,肘部关节角 θ_4 可以直接由末端位姿矩阵求得,不具有冗余性特征(即只有有限解),不适合作为参数化来求解其他关节角。

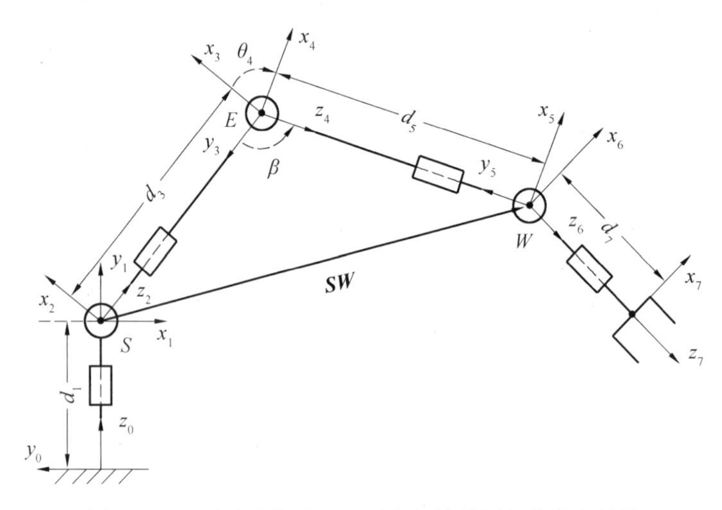

图 6.17 两两垂直型 SRS 冗余机械臂肘部关节角计算

6.3.2 肩关节参数化下的逆运动学求解

当给定球肩关节中的任何一个关节变量后,其余关节组成的 6R 机械臂相当于腕部分离机械臂臂型,采用前述的方法可以进行求解,不再赘述。

在此介绍当 θ_4 求解出来后,以坐标系{4}为分界(其原点代表了肘部位置),将机械臂分解成肩部、腕部两段进行求解的方法。将 D-H 参数代入齐次变换矩阵后,可得

$$
{}^0\boldsymbol{T}_4 = {}^0\boldsymbol{T}_1{}^1\boldsymbol{T}_2{}^2\boldsymbol{T}_3{}^3\boldsymbol{T}_4 = \begin{bmatrix} {}^0\boldsymbol{x}_4 & {}^0\boldsymbol{y}_4 & {}^0\boldsymbol{z}_4 & {}^0\boldsymbol{p}_4 \\ 0 & 0 & 0 & 1 \end{bmatrix}
$$

$$
= \begin{bmatrix} c_4(s_1s_3 + c_1c_2c_3) - s_4c_1s_2 & -c_1c_2s_3 + s_1c_3 & s_4(s_1s_3 + c_1c_2c_3) + c_4c_1s_2 & d_3c_1s_2 \\ -c_4(c_1s_3 - s_1c_2c_3) - s_4s_1s_2 & -s_1c_2s_3 - c_1c_3 & -s_4(c_1s_3 - s_1c_2c_3) + c_4s_1s_2 & d_3s_1s_2 \\ c_3c_4s_2 + c_2s_4 & -s_2s_3 & -c_4c_2 + s_4s_2c_3 & d_1 - d_3c_2 \\ 0 & 0 & 0 & 1 \end{bmatrix} \tag{6.49}
$$

对于球腕机械臂,因为其腕部的位置和姿态相互解耦,故以腕部中心 W 在{0}系的位置矢量为建立方程的基准。根据式(6.49)可以得到腕部中心点 W 在{0}系中的位置矢量:

$$
{}^{0}\boldsymbol{p}_{w} = {}^{0}\boldsymbol{p}_{4} + d_{5}{}^{0}\boldsymbol{z}_{4} = \begin{bmatrix} d_{3}c_{1}s_{2} + d_{5}[s_{4}(s_{1}s_{3} + c_{1}c_{2}c_{3}) + c_{4}c_{1}s_{2}] \\ d_{3}s_{1}s_{2} + d_{5}[-s_{4}(c_{1}s_{3} - s_{1}c_{2}c_{3}) + c_{4}s_{1}s_{2}] \\ d_{1} - d_{3}c_{2} + d_{5}(-c_{4}c_{2} + s_{4}s_{2}c_{3}) \end{bmatrix} \tag{6.50}
$$

另一方面，根据已知的${}^{0}\boldsymbol{T}_{7}$可得

$$
{}^{0}\boldsymbol{p}_{w} = {}^{0}\boldsymbol{p}_{7} - d_{7}{}^{0}\boldsymbol{z}_{7} = \begin{bmatrix} p_{x} - d_{7}a_{x} \\ p_{y} - d_{7}a_{y} \\ p_{z} - d_{7}a_{z} \end{bmatrix} \tag{6.51}
$$

联立式(6.50)和式(6.51)，可得如下方程：

$$
d_{3}c_{1}s_{2} + d_{5}(s_{4}(s_{1}s_{3} + c_{1}c_{2}c_{3}) + c_{4}c_{1}s_{2}) = p_{x} - d_{7}a_{x} \tag{6.52}
$$

$$
d_{3}s_{1}s_{2} + d_{5}(-s_{4}(c_{1}s_{3} - s_{1}c_{2}c_{3}) + c_{4}s_{1}s_{2}) = p_{y} - d_{7}a_{y} \tag{6.53}
$$

$$
d_{1} - d_{3}c_{2} + d_{5}(-c_{4}c_{2} + s_{4}s_{2}c_{3}) = p_{z} - d_{7}a_{z} \tag{6.54}
$$

式(6.52)$\times s_1-$式(6.53)$\times c_1$后可得

$$
d_{5}s_{4}s_{3} = s_{1}(p_{x} - d_{7}a_{x}) - c_{1}(p_{y} - d_{7}a_{y}) \tag{6.55}
$$

式(6.52)$\times c_1+$式(6.53)$\times s_1$后可得

$$
d_{3}s_{2} + d_{5}s_{4}c_{2}c_{3} + d_{5}c_{4}s_{2} = c_{1}(p_{x} - d_{7}a_{x}) + s_{1}(p_{y} - d_{7}a_{y}) \tag{6.56}
$$

观察式(6.54)、式(6.55)和式(6.56)可知，前两个等式中的每一个都只与两个未知关节变量有关(θ_4已求出，此时为已知量)，因而给定其中一个未知关节变量作为冗余参数，则可求另一个关节角，进而利用这三个等式可求解出其他关节角。

(1) 以θ_1为冗余参数，求解θ_2和θ_3。

以θ_1为冗余参数时，根据式(6.55)可以首先求得θ_3。此时θ_1、θ_4为已知量，若$s_4 \neq 0$(暂不考虑奇异情况)，有

$$
\theta_{3} = \arcsin\frac{s_{1}(p_{x} - d_{7}a_{x}) - c_{1}(p_{y} - d_{7}a_{y})}{d_{5}s_{4}} \tag{6.57 a}
$$

或

$$
\theta_{3} = \pi - \arcsin\frac{s_{1}(p_{x} - d_{7}a_{x}) - c_{1}(p_{y} - d_{7}a_{y})}{d_{5}s_{4}} \tag{6.57 b}
$$

进一步地，求解由式(6.54)和式(6.56)组成的方程组可以得到θ_2(此时θ_1、θ_3、θ_4为已知量)，即：

$$
\theta_{2} = \arctan 2(A_{2}C_{2} - B_{2}D_{2}, B_{2}C_{2} - A_{2}D_{2}) \tag{6.58}
$$

其中，$A_2 = d_3 + d_5c_4$；$B_2 = d_5s_4c_3$；$C_2 = c_1(p_x - d_7a_x) + s_1(p_y - d_7a_y)$；$D_2 = p_z - d_7a_z - d_1$。

(2) 以θ_2为冗余参数，求解θ_1和θ_3。

根据式(6.54)得

$$
d_{5}s_{4}s_{2}c_{3} = p_{z} - d_{7}a_{z} - d_{1} + d_{3}c_{2} + d_{5}c_{4}c_{2} \tag{6.59}
$$

因此，根据式(6.59)可以求出θ_3。此时θ_2、θ_4为已知量，若$s_2s_4 \neq 0$(暂不考虑奇异情况)，有

$$
\theta_{3} = \pm\arccos\frac{p_{z} - d_{7}a_{z} - d_{1} + d_{3}c_{2} + d_{5}c_{4}c_{2}}{d_{5}s_{2}s_{4}} \tag{6.60}
$$

进一步求解式(6.55)和式(6.56)组成的方程组可得θ_1(此时θ_2、θ_3、θ_4为已知量)：

$$
\theta_{1} = \arctan 2(A_{1}(p_{x} - d_{7}a_{x}) + B_{1}(p_{y} - d_{7}a_{y}), B_{1}(p_{x} - d_{7}a_{x}) - A_{1}(p_{y} - d_{7}a_{y})) \tag{6.61}
$$

其中,$A_1=d_5s_4s_3$;$B_1=d_3s_2+d_5s_4c_2c_3+d_5c_4s_2$。

(3) 以 θ_3 为冗余参数,求解 θ_1 和 θ_2。

以 θ_3 为冗余参数时,根据式(6.55) 可求得 θ_1,即(此时 θ_3、θ_4 为已知量):

$$\theta_1=\arcsin\frac{d_5s_4s_3}{\sqrt{(p_x-d_7a_x)^2+(p_y-d_7a_y)^2}}-\phi \tag{6.62 a}$$

或

$$\theta_1=\pi-\arcsin\frac{d_5s_4s_3}{\sqrt{(p_x-d_7a_x)^2+(p_y-d_7a_y)^2}}-\phi \tag{6.62 b}$$

其中,$\phi=\arctan 2(-(p_y-d_7a_y),p_x-d_7a_x)$。

对于 θ_2,则可以采用式(6.58) 进行计算(此时 θ_1、θ_3、θ_4 为已知量)。

(4) 腕部关节角(θ_5、θ_6、θ_7) 的计算。

当 θ_1、θ_2、θ_3、θ_4 已确定时,${}^0\boldsymbol{T}_4$ 即为已知量(相应地,${}^0\boldsymbol{R}_4$ 也为已知量),结合给定的 ${}^0\boldsymbol{R}_7$,可得坐标系{4} 到{7} 的旋转变换矩阵,即:

$${}^4\boldsymbol{R}_7=({}^0\boldsymbol{R}_4)^{\mathrm{T}}\,{}^0\boldsymbol{R}_7=\begin{bmatrix}{}^4_7n_x & {}^4_7o_x & {}^4_7a_x\\ {}^4_7n_y & {}^4_7o_y & {}^4_7a_y\\ {}^4_7n_z & {}^4_7o_z & {}^4_7a_z\end{bmatrix} \tag{6.63}$$

另一方面,根据 D-H 参数代入得到如下表达式:

$$\begin{aligned}{}^4\boldsymbol{T}_7&={}^4\boldsymbol{T}_5\,{}^5\boldsymbol{T}_6\,{}^6\boldsymbol{T}_7=\begin{bmatrix}{}^4\boldsymbol{x}_7 & {}^4\boldsymbol{y}_7 & {}^4\boldsymbol{z}_7 & {}^4\boldsymbol{p}_7\\ 0 & 0 & 0 & 1\end{bmatrix}\\ &=\begin{bmatrix}-s_5s_7+c_5c_6c_7 & -s_5c_7-c_5c_6s_7 & c_5s_6 & d_7c_5s_6\\ s_5c_6c_7+c_5s_7 & -s_5c_6s_7+c_5c_7 & s_5s_6 & d_7s_5s_6\\ -s_6c_7 & s_6s_7 & c_6 & d_5+d_7c_6\\ 0 & 0 & 0 & 1\end{bmatrix}\end{aligned} \tag{6.64}$$

其中的姿态变换矩阵为

$${}^4\boldsymbol{R}_7=\begin{bmatrix}-s_5s_7+c_5c_6c_7 & -s_5c_7-c_5c_6s_7 & c_5s_6\\ s_5c_6c_7+c_5s_7 & -s_5c_6s_7+c_5c_7 & s_5s_6\\ -s_6c_7 & s_6s_7 & c_6\end{bmatrix} \tag{6.65}$$

联立式(6.63) 和式(6.65),可求解出腕部的三个关节角,即:

$$\begin{cases}\theta_6=\pm\arccos\ ({}^4_7a_z)\\ \theta_5=\arctan 2({}^4_7a_y/s_6,{}^4_7a_x/s_6)=\arctan 2({}^4_7a_ys_6,{}^4_7a_xs_6)\\ \theta_7=\arctan 2({}^4_7o_z/s_6,-{}^4_7n_z/s_6)=\arctan 2({}^4_7o_zs_6,-{}^4_7n_zs_6)\end{cases} \tag{6.66}$$

由此完成了所有关节角的求解。以肩部各关节变量作为冗余参数时的求解流程如图 6.18、图 6.19 和图 6.20 所示。

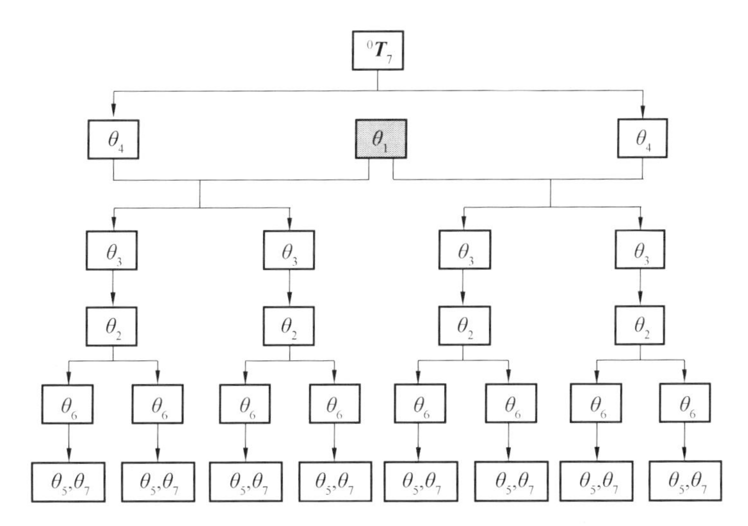

图 6.18　以 θ_1 为冗余参数时的求解流程

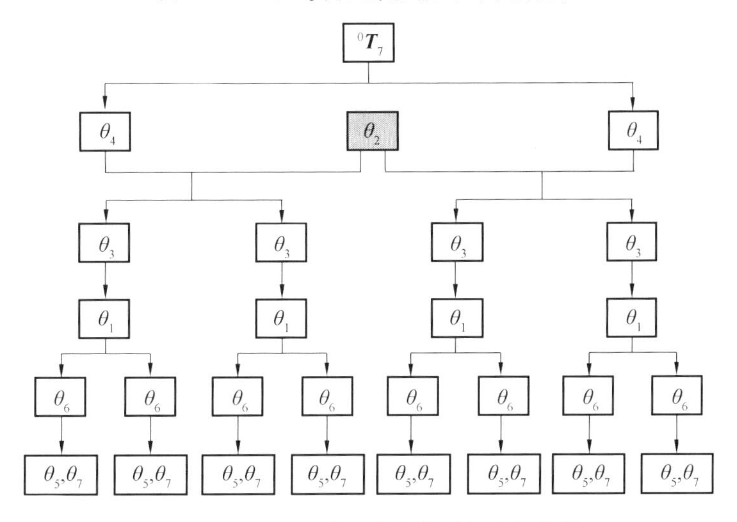

图 6.19　以 θ_2 为冗余参数时的求解流程

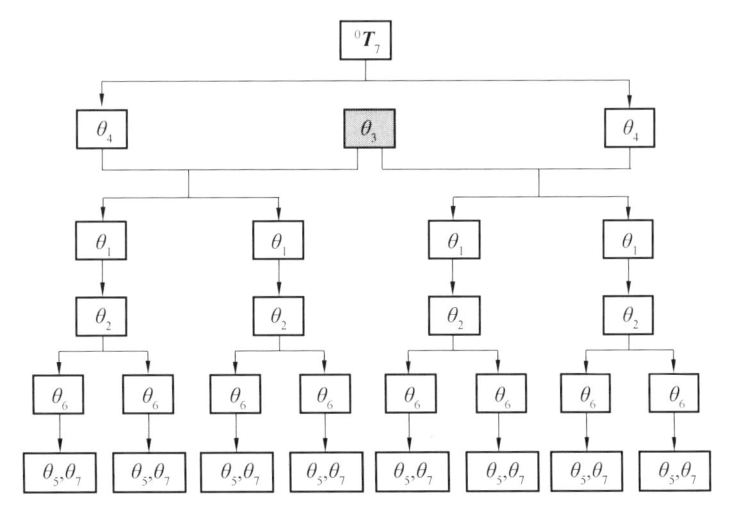

图 6.20　以 θ_3 为冗余参数时的求解流程

6.3.3　腕关节参数化下的逆运动学求解

由于 SRS 机械臂的关节配置具有对称性，故腕关节参数化下的逆运动学求解可以使用前面球肩关节参数化求解的思路，但机械臂的首、尾对调（相应地，“肩”和“腕”对调），从{7}系往{0}系方向推导，以球肩中心 S 为机械臂位姿解耦的参考点。

首先，将给定的${}^0\boldsymbol{T}_7$ 转为${}^7\boldsymbol{T}_0$，即：

$$
{}^7\boldsymbol{T}_0 = {}^0\boldsymbol{T}_7^{-1} = \begin{bmatrix} {}^7\boldsymbol{x}_0 & {}^7\boldsymbol{y}_0 & {}^7\boldsymbol{z}_0 & {}^7\boldsymbol{p}_0 \\ 0 & 0 & 0 & 1 \end{bmatrix} = \begin{bmatrix} n'_x & s'_x & a'_x & p'_x \\ n'_y & s'_y & a'_y & p'_y \\ n'_z & s'_z & a'_z & p'_z \\ 0 & 0 & 0 & 1 \end{bmatrix} \tag{6.67}
$$

根据矢量关系，可得球肩中心 S 在{7}中的位置矢量为（已知量）

$$
{}^7\boldsymbol{p}_s = {}^7\boldsymbol{p}_0 + d_1 {}^7\boldsymbol{z}_0 = \begin{bmatrix} p'_x + d_1 a'_x \\ p'_y + d_1 a'_y \\ p'_z + d_1 a'_z \end{bmatrix} \tag{6.68}
$$

另一方面，将 D－H 参数代入连杆齐次变换矩阵中，可以推导腕部中心在{7}系中的位置矢量表达式。首先得到坐标系{3}（其原点也代表了肘部位置）相对于{7}系的齐次变换矩阵表达式：

$$
{}^7\boldsymbol{T}_3 = ({}^3\boldsymbol{T}_4 {}^4\boldsymbol{T}_5 {}^5\boldsymbol{T}_6 {}^6\boldsymbol{T}_7)^{-1} = \begin{bmatrix} {}^7\boldsymbol{x}_3 & {}^7\boldsymbol{y}_3 & {}^7\boldsymbol{z}_3 & {}^7\boldsymbol{p}_3 \\ 0 & 0 & 0 & 1 \end{bmatrix} \tag{6.69}
$$

其中，

$$
{}^7\boldsymbol{x}_3 = \begin{bmatrix} -c_4 s_5 s_7 - s_4 s_6 c_7 + c_4 c_5 c_6 c_7 \\ -c_4 s_5 c_7 + s_4 s_6 s_7 - c_4 c_5 c_6 s_7 \\ c_4 c_5 s_6 + s_4 c_6 \end{bmatrix} \tag{6.70}
$$

$$
{}^7\boldsymbol{y}_3 = \begin{bmatrix} -s_4 s_5 s_7 + c_4 s_6 c_7 + s_4 c_5 c_6 c_7 \\ -s_4 s_5 c_7 - c_4 s_6 s_7 - s_4 c_5 c_6 s_7 \\ -c_4 c_6 + s_4 c_5 s_6 \end{bmatrix} \tag{6.71}
$$

$$
{}^7\boldsymbol{z}_3 = \begin{bmatrix} s_5 c_6 c_7 + c_5 s_7 \\ -s_5 c_6 s_7 + c_5 c_7 \\ s_5 s_6 \end{bmatrix} \tag{6.72}
$$

$$
{}^7\boldsymbol{p}_3 = \begin{bmatrix} d_5 s_6 c_7 \\ -d_5 s_6 s_7 \\ -d_5 c_6 - d_7 \end{bmatrix} \tag{6.73}
$$

则根据矢量关系，可以得到球肩中心 S 在{7}中的位置矢量为（表达式）

$$
\begin{aligned}
{}^7\boldsymbol{p}_s = {}^7\boldsymbol{p}_3 + d_3 {}^7\boldsymbol{y}_3 &= \begin{bmatrix} d_5 s_6 c_7 \\ -d_5 s_6 s_7 \\ -d_5 c_6 - d_7 \end{bmatrix} + d_3 \begin{bmatrix} -s_4 s_5 s_7 + c_4 s_6 c_7 + s_4 c_5 c_6 c_7 \\ -s_4 s_5 c_7 - c_4 s_6 s_7 - s_4 c_5 c_6 s_7 \\ -c_4 c_6 + s_4 c_5 s_6 \end{bmatrix} \\
&= \begin{bmatrix} d_5 s_6 c_7 + d_3(-s_4 s_5 s_7 + c_4 s_6 c_7 + s_4 c_5 c_6 c_7) \\ -d_5 s_6 s_7 + d_3(-s_4 s_5 c_7 - c_4 s_6 s_7 - s_4 c_5 c_6 s_7) \\ -d_5 c_6 - d_7 + d_3(-c_4 c_6 + s_4 c_5 s_6) \end{bmatrix}
\end{aligned} \tag{6.74}
$$

联立式(6.68)和式(6.74),可得如下方程:

$$d_5 s_6 c_7 + d_3(-s_4 s_5 s_7 + c_4 s_6 c_7 + s_4 c_5 c_6 c_7) = p'_x + d_1 a'_x \tag{6.75}$$

$$-d_5 s_6 s_7 + d_3(-s_4 s_5 c_7 - c_4 s_6 s_7 - s_4 c_5 c_6 s_7) = p'_y + d_1 a'_y \tag{6.76}$$

$$-d_5 c_6 - d_7 + d_3(-c_4 c_6 + s_4 c_5 s_6) = p'_z + d_1 a'_z \tag{6.77}$$

式(6.75)$\times s_7 +$式(6.76)$\times c_7$ 后可得

$$-d_3 s_4 s_5 = s_7(p'_x + d_1 a'_x) + c_7(p'_y + d_1 a'_y) \tag{6.78}$$

式(6.75)$\times c_7 -$式(6.76)$\times s_7$ 后可得

$$d_5 s_6 + d_3 c_4 s_6 + d_3 s_4 c_5 c_6 = c_7(p'_x + d_1 a'_x) - s_7(p'_y + d_1 a'_y) \tag{6.79}$$

观察式(6.77)、式(6.78)和式(6.79)可知,这三个等式中的每一个都只与两个未知关节变量有关(θ_4 已求出,此时为已知量),因而给定其中一个未知关节变量作为冗余参数,则可求另一个关节角,进而求解出其他关节角。求解过程与肩关节参数化下的求解类似,在此不再赘述。

(1) 以 θ_7 为冗余参数,求解 θ_5 和 θ_6。

以 θ_7 为冗余参数时,根据式(6.78)可以首先求得 θ_5,即(此时 θ_4、θ_7 为已知量):

$$\theta_5 = \arcsin \frac{s_7(p'_x + d_1 a'_x) + c_7(p'_y + d_1 a'_y)}{-d_3 s_4} \tag{6.80 a}$$

或

$$\theta_5 = \pi - \arcsin \frac{s_7(p'_x + d_1 a'_x) + c_7(p'_y + d_1 a'_y)}{-d_3 s_4} \tag{6.80 b}$$

进一步地,求解由式(6.77)和式(6.77)组成的方程组可以得到 θ_6(此时 θ_4、θ_5、θ_7 为已知量),即:

$$\theta_6 = \arctan 2(A_6 D_6 + B_6 C_6, B_6 D_6 - A_6 C_6) \tag{6.81}$$

其中,$A_6 = d_5 + d_3 c_4$;$B_6 = d_3 s_4 c_5$;$C_6 = p'_z + d_1 a'_z + d_7$;$D_6 = c_7(p'_x + d_1 a'_x) - s_7(p'_y + d_1 a'_y)$。

(2) 以 θ_6 为冗余参数,求解 θ_5 和 θ_7。

根据式(6.77)得

$$d_3 s_4 s_6 c_5 = p'_z + d_1 a'_z + d_5 c_6 + d_7 + d_3 c_4 c_6 \tag{6.82}$$

因此,根据式(6.82)可以求出 θ_5(此时 θ_4、θ_6 为已知量):

$$\theta_5 = \pm \arccos \frac{p'_z + d_1 a'_z + d_5 c_6 + d_7 + d_3 c_4 c_6}{d_3 s_4 s_6} \tag{6.83}$$

进一步求解式(6.78)和式(6.79)组成的方程组可得 θ_7(此时 θ_4、θ_5、θ_6 为已知量)

$$\theta_7 = \arctan 2(A_7(p'_x + d_1 a'_x) - B_7(p'_y + d_1 a'_y), A_7(p'_y + d_1 a'_y) + B_7(p'_x + d_1 a'_x)) \tag{6.84}$$

其中,$A_7 = -d_3 s_4 s_5$;$B_7 = d_5 s_6 + d_3 c_4 s_6 + d_3 s_4 c_5 c_6$。

(3) 以 θ_5 为冗余参数,求解 θ_6 和 θ_7。

以 θ_5 为冗余参数时,根据式(6.78)可求得 θ_7,即(此时 θ_4、θ_5 为已知量):

$$\theta_7 = \arcsin \frac{-d_3 s_4 s_5}{(p'_x + d_1 a'_x)^2 + (p'_y + d_1 a'_y)^2} - \phi \tag{6.85 a}$$

或

$$\theta_7 = \pi - \arcsin \frac{-d_3 s_4 s_5}{(p'_x + d_1 a'_x)^2 + (p'_y + d_1 a'_y)^2} - \phi \tag{6.85 b}$$

其中,$\phi=\arctan 2(p'_y+d_1a'_y, p'_x+d_1a'_x)$。

对于 θ_6,则可以采用式(6.81)进行计算(此时 θ_4、θ_5、θ_7 为已知量)。

(4) 肩部关节角(θ_1、θ_2、θ_3)的计算。

当 θ_4、θ_5、θ_6、θ_7 已确定时,${}^3\boldsymbol{T}_7$ 即为已知量(相应地,${}^3\boldsymbol{R}_7$ 也为已知量),结合给定的${}^0\boldsymbol{R}_7$,可得坐标系{0}到坐标系{3}的旋转变换矩阵,即:

$$
{}^0\boldsymbol{R}_3={}^0\boldsymbol{R}_7\ ({}^3\boldsymbol{R}_7)^{\mathrm{T}}=\begin{bmatrix} {}^0_3n_x & {}^0_3o_x & {}^0_3a_x \\ {}^0_3n_y & {}^0_3o_y & {}^0_3a_y \\ {}^0_3n_z & {}^0_3o_z & {}^0_3a_z \end{bmatrix} \tag{6.86}
$$

另一方面,根据 D－H 参数代入得到如下表达式:

$$
{}^0\boldsymbol{T}_3={}^0\boldsymbol{T}_1{}^1\boldsymbol{T}_2{}^2\boldsymbol{T}_3=\begin{bmatrix} s_1s_3+c_1c_2c_3 & -c_1s_2 & s_1c_3-c_1c_2s_3 & d_3c_1s_2 \\ -c_1s_3+s_1c_2c_3 & -s_1s_2 & -c_1c_3-s_1c_2s_3 & d_3s_1s_2 \\ s_2c_3 & c_2 & -s_2s_3 & d_1-d_3c_2 \\ 0 & 0 & 0 & 1 \end{bmatrix} \tag{6.87}
$$

其中的姿态变换矩阵为

$$
{}^0\boldsymbol{R}_3=\begin{bmatrix} s_1s_3+c_1c_2c_3 & -c_1s_2 & s_1c_3-c_1c_2s_3 \\ -c_1s_3+s_1c_2c_3 & -s_1s_2 & -c_1c_3-s_1c_2s_3 \\ s_2c_3 & c_2 & -s_2s_3 \end{bmatrix} \tag{6.88}
$$

根据式(6.86)和式(6.88),可求解出肩部的三个关节角,即:

$$
\begin{cases} \theta_2=\pm\arccos\ ({}^0_3o_z) \\ \theta_1=\arctan 2(-{}^0_3o_y/s_2, -{}^0_3o_x/s_2)=\arctan 2(-{}^0_3o_ys_2, -{}^0_3o_xs_2) \\ \theta_3=\arctan 2(-{}^0_3a_z/s_2, {}^0_3n_z/s_2)=\arctan 2(-{}^0_3a_zs_2, {}^0_3n_zs_2) \end{cases} \tag{6.89}
$$

由此完成了所有关节角的求解。以腕部各关节变量作为冗余参数时的求解流程如图6.21、图6.22和图6.23所示。

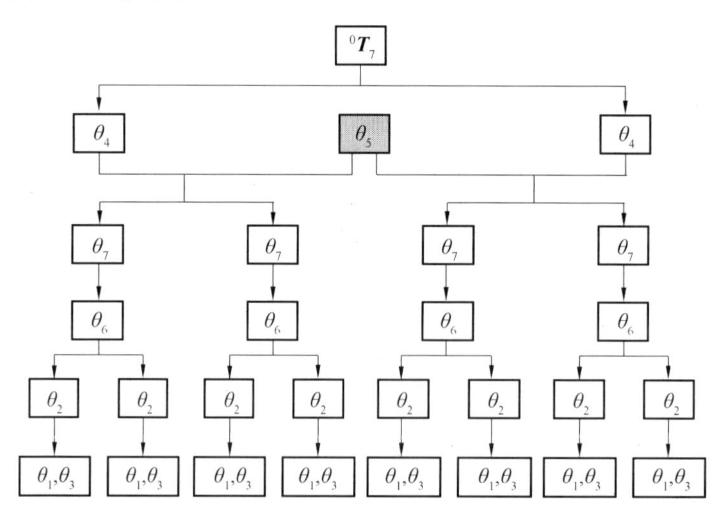

图 6.21　以 θ_5 为冗余参数时的求解流程

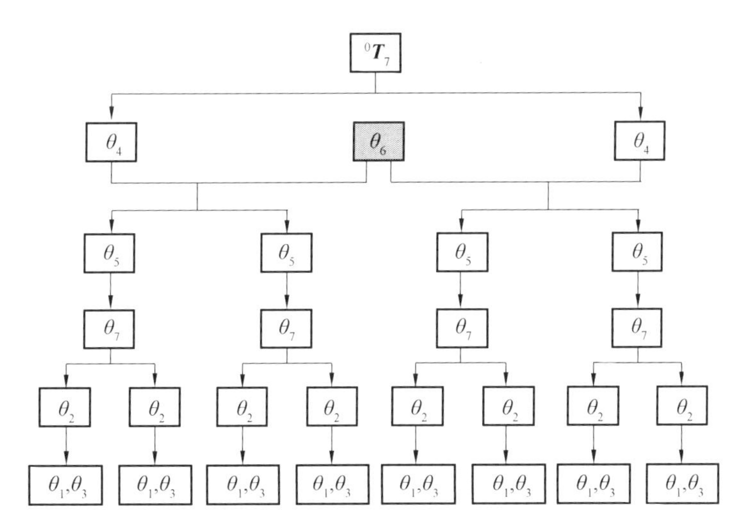

图 6.22　以 θ_6 为冗余参数时的求解流程

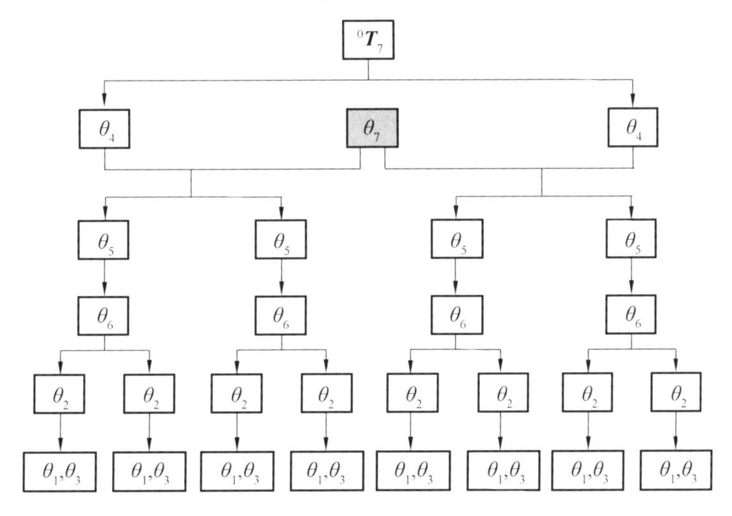

图 6.23　以 θ_7 为冗余参数时的求解流程

6.3.4　关节角参数化逆运动学求解算例

作为实际的例子，假设表 6.11 中 D－H 参数的值为 $d_1=0.3\ \text{m}$、$d_3=0.7\ \text{m}$、$d_5=0.7\ \text{m}$、$d_7=0.3\ \text{m}$。给定末端的期望位姿为

$$^0\boldsymbol{T}_7=\begin{bmatrix}0.3037 & 0.1832 & 0.9350 & 1.4871\\ 0.9243 & -0.2946 & -0.2425 & -0.1698\\ 0.2311 & 0.9379 & -0.2588 & 0.6027\\ 0 & 0 & 0 & 1.0000\end{bmatrix}\tag{6.90}$$

首先可以解出 $\theta_4=50^\circ$ 或 $\theta_4=-50^\circ$。进一步地，分别给定 $\theta_1=20^\circ$、$\theta_2=100^\circ$、$\theta_3=70^\circ$、$\theta_5=120^\circ$、$\theta_6=40^\circ$、$\theta_7=80^\circ$ 后求得其他关节角，结果见表 6.13 ～ 6.18。

表 6.13 给定 θ_1 为 20° 时的计算结果

序号	θ_1/(°)	θ_2/(°)	θ_3/(°)	θ_4/(°)	θ_5/(°)	θ_6/(°)	θ_7/(°)
1	20	100.000 0	70.000 0	50.000 0	120.000 0	40.000 0	80.000 0
2		100.000 0	70.000 0	50.000 0	−60.000 0	−40.000 0	−100.000 0
3		118.123 2	110.000 0	50.000 0	87.077 5	22.339 3	71.829 9
4		118.123 2	110.000 0	50.000 0	−92.922 5	−22.339 3	−108.170 1
5		100.000 0	−110.000 0	−50.000 0	−60.000 0	40.000 0	80.000 0
6		100.000 0	−110.000 0	−50.000 0	120.000 0	−40.000 0	−100.000 0
7		118.123 2	−70.000 0	−50.000 0	−92.922 5	22.339 3	71.829 9
8		118.123 2	−70.000 0	−50.000 0	87.077 5	−22.339 3	−108.170 1

表 6.14 给定 θ_2 为 100° 时的计算结果

序号	θ_1/(°)	θ_2/(°)	θ_3/(°)	θ_4/(°)	θ_5/(°)	θ_6/(°)	θ_7/(°)
1	−29.198 5	100	−70.000 0	50.000 0	−142.268 9	51.001 9	148.655 8
2	−29.198 5		−70.000 0	50.000 0	37.731 1	−51.001 9	−31.344 2
3	20.000 0		70.000 0	50.000 0	120.000 0	40.000 0	80.000 0
4	20.000 0		70.000 0	50.000 0	−60.000 0	−40.000 0	−100.000 0
5	−29.198 5		110.000 0	−50.000 0	37.731 1	51.001 9	148.655 8
6	−29.198 5		110.000 0	−50.000 0	−142.268 9	−51.001 9	−31.344 2
7	20.000 0		−110.000	−50.000 0	−60.000 0	40.000 0	80.000 0
8	20.000 0		−110.000	−50.000 0	120.000 0	−40.000 0	−100.000 0

表 6.15 给定 θ_3 为 70° 时的计算结果

序号	θ_1/(°)	θ_2/(°)	θ_3/(°)	θ_4/(°)	θ_5/(°)	θ_6/(°)	θ_7/(°)
1	20.000 0	100.000 0	70	50.000 0	120.000 0	40.000 0	80.000 0
2	20.000 0	100.000 0		50.000 0	−60.000 0	−40.000 0	−100.000 0
3	150.801 5	−118.123 2		50.000 0	−114.058 8	36.632 0	164.816 5
4	150.801 5	−118.123 2		50.000 0	65.941 2	−36.632 0	−15.183 5
5	−29.198 5	118.123 2		−50.000 0	65.941 2	36.632 0	164.816 5
6	−29.198 5	118.123 2		−50.000 0	−114.058 8	−36.632 0	−15.183 5
7	−160.000 0	−100.000 0		−50.000 0	−60.000 0	40.000 0	80.000 0
8	−160.000 0	−100.000 0		−50.000 0	120.000 0	−40.000 0	−100.000 0

表 6.16　给定 θ_5 为 120° 时的计算结果

序号	θ_1/(°)	θ_2/(°)	θ_3/(°)	θ_4/(°)	θ_5/(°)	θ_6/(°)	θ_7/(°)
1	20.000 0	100.000 0	70.000 0	50.000 0	120	40.000 0	80.000 0
2	−160.000 0	−100.000 0	−110.000 0	50.000 0		40.000 0	80.000 0
3	−7.034 6	132.354 7	−174.495 6	50.000 0		−13.751 5	−17.954 0
4	172.965 4	−132.354 7	5.504 4	50.000 0		−13.751 5	−17.954 0
5	−7.034 6	132.354 7	5.504 4	−50.000 0		13.751 5	162.046 0
6	172.965 4	−132.354 7	−174.495 6	−50.000 0		13.751 5	162.046 0
7	20.000 0	100.000 0	−110.000 0	−50.000 0		−40.000 0	−100.000 0
8	−160.000 0	−100.000 0	70.000 0	−50.000 0		−40.000 0	−100.000 0

表 6.17　给定 θ_6 为 40° 时的计算结果

序号	θ_1/(°)	θ_2/(°)	θ_3/(°)	θ_4/(°)	θ_5/(°)	θ_6/(°)	θ_7/(°)
1	−30.338 6	114.483 8	−101.378 5	50.000 0	−120.000 0	40	162.046 0
2	149.661 4	−114.483 8	78.621 5	50.000 0	−120.000 0		162.046 0
3	20.000 0	100.000 0	70.000 0	50.000 0	120.000 0		80.000 0
4	−160.000 0	−100.000 0	−110.000 0	50.000 0	120.000 0		80.000 0
5	−30.338 6	114.483 8	78.621 5	−50.000 0	60.000 0		162.046 0
6	149.661 4	−114.483 8	−101.378 5	−50.000 0	60.000 0		162.046 0
7	20.000 0	100.000 0	−110.000 0	−50.000 0	−60.000 0		80.000 0
8	−160.000 0	−100.000 0	70.000 0	−50.000 0	−60.000 0		80.000 0

表 6.18　给定 θ_7 为 80° 时的计算结果

序号	θ_1/(°)	θ_2/(°)	θ_3/(°)	θ_4/(°)	θ_5/(°)	θ_6/(°)	θ_7/(°)
1	20.000 0	100.000 0	70.000 0	50.000 0	120.000 0	40.000 0	80
2	−160.000 0	−100.000 0	−110.000 0	50.000 0	120.000 0	40.000 0	
3	14.568 0	125.779 8	132.168 8	50.000 0	60.000 0	13.751 5	
4	−165.432 0	−125.779 8	−47.831 2	50.000 0	60.000 0	13.751 5	
5	20.000 0	100.000 0	−110.000 0	−50.000 0	−60.000 0	40.000 0	
6	−160.000 0	−100.000 0	70.000 0	−50.000 0	−60.000 0	40.000 0	
7	14.568 0	125.779 8	−47.831 2	−50.000 0	−120.000 0	13.751 5	
8	−165.432 0	−125.779 8	132.168 8	−50.000 0	−120.000 0	13.751 5	

6.4 两两垂直型SRS机械臂臂型角参数化逆运动学

具有7个旋转关节的两两垂直型SRS机械臂逆运动学还可以分解为肘部位置冗余4R机械臂逆运动学和3R球腕机械臂姿态逆运动学两部分，前者可以采用类似于前面推导的4R位置冗余机械臂的方法进行求解，在此基础上则可以轻易求解球腕机械臂的逆运动学。

肘部关节角 θ_4 仍然采用式(6.48)进行求解，因此，在下面的推导中将其作为已知量对待。

6.4.1 零臂型角下肘部姿态的计算

参考面、臂型面的定义与前述4R机械臂的相同，零臂型角下SRS机械臂的坐标系{3}及{4}的状态如图6.24所示，与图6.6不同的是 $\boldsymbol{E}^0\boldsymbol{W}$ 的长度为 d_5，且坐标系{4}的 z 轴(即图中的 z_4^0 轴)与矢量 $\boldsymbol{E}^0\boldsymbol{W}$ 的指向相同。

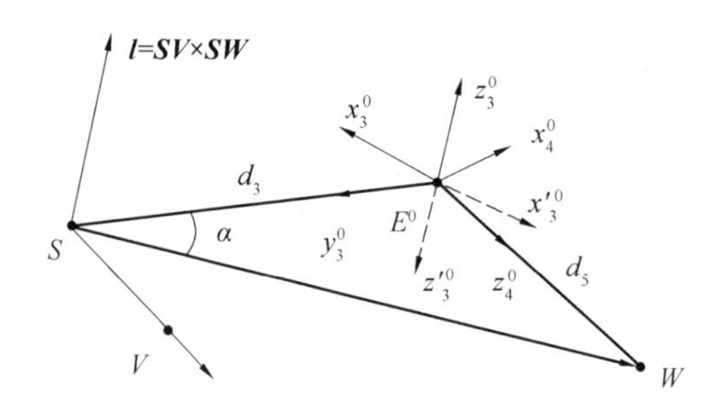

图 6.24 零臂型角下SRS机械臂肘部姿态的计算

对三角形 SE^0W，利用余弦定理可得

$$\cos\alpha=\frac{\|\boldsymbol{SW}\|^2+(\|\boldsymbol{SE}^0\|)^2-(\|\boldsymbol{E}^0\boldsymbol{W}\|)^2}{2\|\boldsymbol{SW}\|\cdot\|\boldsymbol{SE}^0\|}=\frac{SW^2+d_3^2-d_5^2}{2d_3SW}\tag{6.91}$$

按下式确定 y_3^0 轴在{0}坐标系中表示的矢量：

$${}^0\boldsymbol{y}_3^0=-\boldsymbol{R}({}^0\boldsymbol{l},\alpha)\frac{{}^0\boldsymbol{SW}}{\|{}^0\boldsymbol{SW}\|}=-\mathrm{Rot}({}^0\boldsymbol{u}_l,\alpha)\frac{{}^0\boldsymbol{SW}}{\|{}^0\boldsymbol{SW}\|}\tag{6.92}$$

由几何关系可知，矢量 ${}^0\boldsymbol{z}_3^0$ 与参考面的法向量 $\boldsymbol{u}_l$ 平行，相应于 θ_4 的两组取值，可能同向或反向。通过几何分析，并进行数值验算可知，对于采用上述参考面定义规则的情况，当 θ_4 正弦值 $s_4<0$ 时，矢量 ${}^0\boldsymbol{z}_3^0$ 与 $\boldsymbol{u}_l$ 同向；而当 $s_4>0$ 时，矢量 ${}^0\boldsymbol{z}_3^0$ 与 $\boldsymbol{u}_l$ 反向。

$${}^0\boldsymbol{z}_3^0=-\mathrm{sgn}(s_4){}^0\boldsymbol{u}_l\tag{6.93}$$

进一步地，${}^0\boldsymbol{x}_3^0={}^0\boldsymbol{y}_3^0\times{}^0\boldsymbol{z}_3^0$；${}^0\boldsymbol{R}_3^0=[{}^0\boldsymbol{x}_3^0,{}^0\boldsymbol{y}_3^0,{}^0\boldsymbol{z}_3^0]$。由此即确定了零臂型角下的肘部姿态。

6.4.2 肩部关节角计算

当给定时，根据式(6.35)可知，可以确定 ${}^0\boldsymbol{R}_3(\psi)$，其各项元素也表示为式(6.36)的形式。另一方面，根据D－H参数和运动学方程推导 ${}^0\boldsymbol{R}_3$，可求得关于 $\theta_1\sim\theta_3$ 的表达式。比较表6.11和表6.1可知，该机械臂D－H参数表的前3行与4R机械臂D－H参数表的前3行相同，故 ${}^0\boldsymbol{R}_3$ 的表达式与式(6.37)相同，因此，肩部三个关节(即 θ_1、θ_2、θ_3)的解析式也为式(6.38)。

6.4.3　腕部关节角计算

当 θ_1、θ_2、θ_3、θ_4 已求解出来后，${}^0\boldsymbol{R}_4$ 即可计算，并作为已知量，结合给定的 ${}^0\boldsymbol{R}_7$ 可得到已知量 ${}^4\boldsymbol{R}_7$，具有式(6.63) 的形式。

另一方面，根据 D－H 方法，推导得到包含 $\theta_5 \sim \theta_7$ 的表达式 ${}^4\boldsymbol{R}_7$，结果见式(6.63)。联立式(6.63) 和式(6.65)，得到如式(6.66) 的结果。

通过上面的分析可知，对于给定的末端期望位置及臂型角，可以得到 8 组逆解，臂型角参数化求解过程如图 6.25 所示。

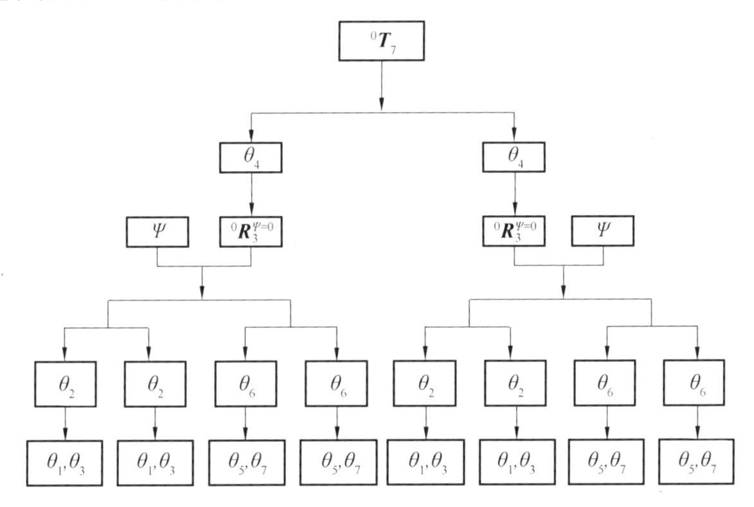

图 6.25　臂型角参数化求解过程

6.4.4　臂型角参数化逆运动学求解算例

采用与上一节相同的 D－H 参数，给定的末端位姿如式(6.90) 所示，求解 $\psi=0°$、$\psi=30°$、$\psi=130°$ 三种种情况下的逆运动学，结果分别见表 6.19、表 6.20 和表 6.21。

表 6.19　臂型角 $\psi=0°$ 的计算结果

序号	θ_1/(°)	θ_2/(°)	θ_3/(°)	θ_4/(°)	θ_5/(°)	θ_5/(°)	θ_7/(°)	给定 ψ/(°)
1	－4.599 3	82.441 2	0	50.000 0	168.678 2	58.166 3	112.466 1	0
2	－4.599 3	82.441 2	0	50.000 0	－11.321 8	－58.166 3	－67.533 9	
3	175.400 7	－82.441 2	180	50.000 0	168.678 2	58.166 3	112.466 1	
4	175.400 7	－82.441 2	180	50.000 0	－11.321 8	－58.166 3	－67.533 9	
5	－4.599 3	82.441 2	180	－50.000 0	－11.321 8	58.166 3	112.466 1	
6	－4.599 3	82.441 2	180	－50.000 0	168.678 2	－58.166 3	－67.533 9	
7	175.400 7	－82.441 2	0	－50.000 0	－11.321 8	58.166 3	112.466 1	
8	175.400 7	－82.441 2	0	－50.000 0	168.678 2	－58.166 3	－67.533 9	

表 6.20　臂型角 $\psi=30^{\circ}$ 的计算结果

序号	$\theta_1/(^{\circ})$	$\theta_2/(^{\circ})$	$\theta_3/(^{\circ})$	$\theta_4/(^{\circ})$	$\theta_5/(^{\circ})$	$\theta_5/(^{\circ})$	$\theta_7/(^{\circ})$	给定 $\psi/(^{\circ})$
1	7.637 2	85.553 6	28.584 4	50.000 0	149.355 2	53.642 2	98.297 7	30
2	7.637 2	85.553 6	28.584 4	50.000 0	−30.644 8	−53.642 2	−81.702 3	
3	−172.362 8	−85.553 6	−151.415 6	50.000 0	149.355 2	53.642 2	98.297 7	
4	−172.362 8	−85.553 6	−151.415 6	50.000 0	−30.644 8	−53.642 2	−81.702 3	
5	7.637 2	85.553 6	−151.415 6	−50.000 0	−30.644 8	53.642 2	98.297 7	
6	7.637 2	85.553 6	−151.415 6	−50.000 0	149.355 2	−53.642 2	−81.702 3	
7	−172.362 8	−85.553 6	28.584 4	−50.000 0	−30.644 8	53.642 2	98.297 7	
8	−172.362 8	−85.553 6	28.584 4	−50.000 0	149.355 2	−53.642 2	−81.702 3	

表 6.21　臂型角 $\psi=130^{\circ}$ 的计算结果

序号	$\theta_1/(^{\circ})$	$\theta_2/(^{\circ})$	$\theta_3/(^{\circ})$	$\theta_4/(^{\circ})$	$\theta_5/(^{\circ})$	$\theta_5/(^{\circ})$	$\theta_7/(^{\circ})$	给定 $\psi/(^{\circ})$
1	17.858 5	122.060 1	120.419 7	50.000 0	75.989 0	18.035 3	73.685 9	130
2	17.858 5	122.060 1	120.419 7	50.000 0	−104.011 0	−18.035 3	−106.314 1	
3	−162.141 5	−122.060 1	−59.580 3	50.000 0	75.989 0	18.035 3	73.685 9	
4	−162.141 5	−122.060 1	−59.580 3	50.000 0	−104.011 0	−18.035 3	−106.314 1	
5	17.858 5	122.060 1	−59.580 3	−50.000 0	−104.011 0	18.035 3	73.685 9	
6	17.858 5	122.060 1	−59.580 3	−50.000 0	75.989 0	−18.035 3	−106.314 1	
7	−162.141 5	−122.060 1	120.419 7	−50.000 0	−104.011 0	18.035 3	73.685 9	

本章习题

习题 6.1　空间 4R 姿态冗余机械臂的 D－H 坐标系和 D－H 参数分别如图 6.1 和表 6.1 所示,其中 D－H 参数 $d_1=0.3$ m、$d_3=0.7$ m、$a_4=0.5$ m。给定该机械臂的末端姿态 ${}^{0}\boldsymbol{R}_4$ 如下:

$$
{}^{0}\boldsymbol{R}_4=\begin{bmatrix} n_x & o_x & a_x \\ n_y & o_y & a_y \\ n_z & o_z & a_z \end{bmatrix}
$$

完成如下问题:

(1) 采用关节角参数化方法推导其解析逆运动学方程,即求解满足 ${}^{0}\boldsymbol{R}_4$ 的 4 个关节角。

(2) 当末端姿态矩阵取值如下:

$$
{}^{0}\boldsymbol{R}_4=\begin{bmatrix} 0.4639 & -0.8290 & -0.3123 \\ -0.3071 & 0.1802 & -0.9345 \\ 0.8309 & 0.5295 & -0.1710 \end{bmatrix}
$$

计算当 $\theta_1=10^{\circ}$ 时其余关节角的取值,以及 $\theta_4=30^{\circ}$ 时其余关节角的取值。

习题 6.2　空间 4R 位置冗余机械臂的 D－H 坐标系和 D－H 参数分别如图 6.1 和表 6.1 所示,其中 D－H 参数 $d_1=0.3$ m、$d_3=0.7$ m、$a_4=0.5$ m。

采用书中的臂型面、参考面的定义方式。计算关节角按下面两种情况取值时对应的臂型角。

(1) 当 $\boldsymbol{\Theta}=[35°,71°,109°,40°]$ 时的臂型角。

(2) 当 $\boldsymbol{\Theta}=[-145°,-71°,109°,140°]$ 时的臂型角。

(3) 当 $\boldsymbol{\Theta}=[38°,43°,83°,40°]$ 时的臂型角。

习题 6.3　连续三轴平行 SRS 冗余机械臂关节配置如图 6.26 所示(图中长度单位为 m),完成如下问题:

(1) 建立该机械臂的 D－H 坐标系,并给出 D－H 参数表。

(2) 推导该机械臂的位置级正运动学方程表达式。

(3) 采用关节参数化方法推导其逆运动学方程,并给出计算实例。

(4) 采用臂型角参数化方程推导其逆运动学方程,并给出计算实例。

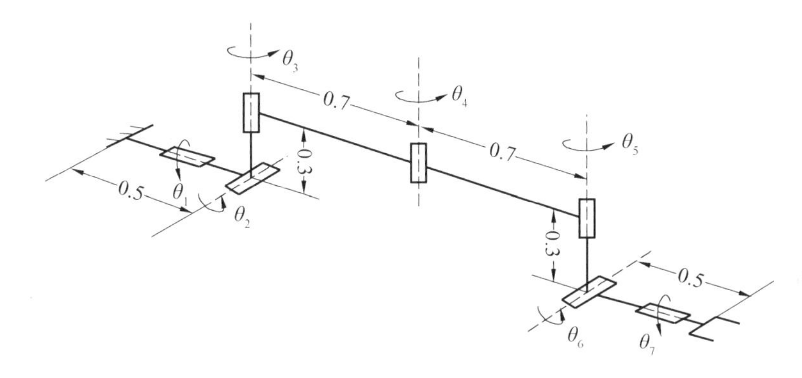

图 6.26　连续三轴平行 SRS 冗余机械臂关节配置

习题 6.4　若给两两垂直型 SRS 机械臂肘部增加偏置可大大增加其运动范围。某肘部偏置 SRS 机械臂 D－H 坐标系和 D－H 参数分别如图 6.27 和表 6.22 所示,采用关节角参数化方法推导其解析逆运动学方程。

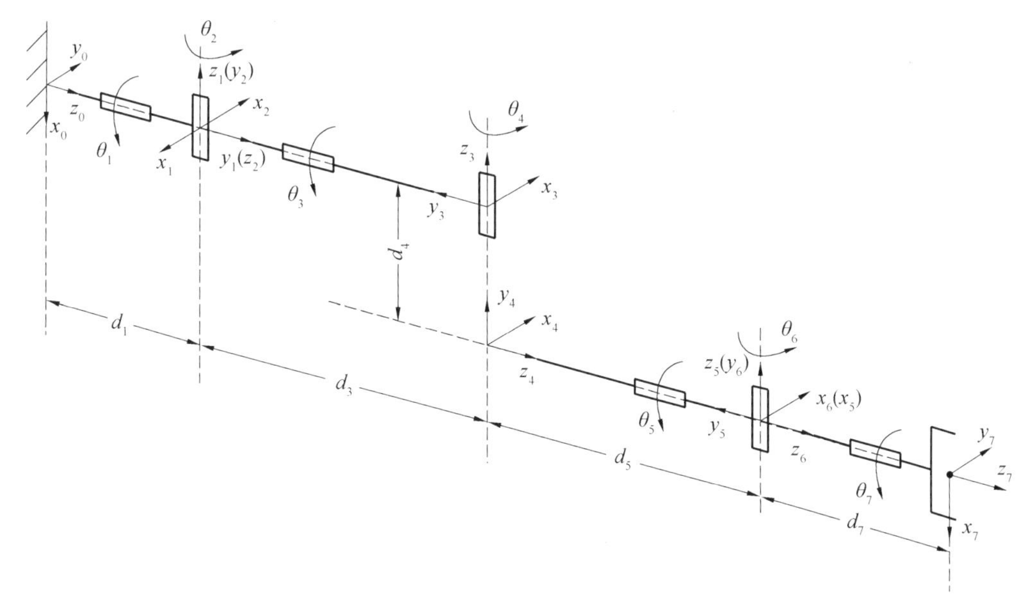

图 6.27　肘部偏置 SRS 冗余机械臂 D－H 坐标系

表 6.22　肘部偏置 SRS 冗余机械臂 D－H 参数表

连杆 i	$\theta_i/(°)$	$\alpha_i/(°)$	a_i/m	d_i/m	备注
1	−90	90	0	$d_1=0.3$	—
2	180	90	0	0	—
3	0	−90	0	$d_3=0.7$	—
4	0	90	0	$d_4=-0.3$	对于无偏置型:$d_4=0$
5	0	−90	0	$d_5=0.7$	—
6	0	90	0	0	—
7	−90	0	0	$d_7=0.3$	—

习题 6.5　某肘部偏置 SRS 机械臂 D－H 坐标系和 D－H 参数与习题 6.4 一致,采用臂型角参数化方法推导其解析逆运动学方程。

第7章　微分运动学与雅可比矩阵

微分运动指机构(如机器人)的微小运动反映了状态变量的微小变化。位移的微小变化(微分)$\mathrm{d}s$除以时间的微小变化$\mathrm{d}t$即为速度。因此,基于位移微分运动关系可以推导速度关系。前面章节建立了机器人关节位置与末端位姿之间的位置级正运动学和逆运动学方程,本章将在位移分析的基础上进行速度分析,进而建立描述关节速度与末端速度关系的运动学方程,称为速度级运动学方程。由于速度是位移的微分,故又将速度级运动学称为微分运动学(Differential Kinematics)。

关节速度与末端速度之间的映射关系可以通过一个矩阵来描述,该矩阵称为速度雅可比矩阵,在不引起歧义的情况下,也简称为雅可比矩阵或雅可比。事实上,雅可比矩阵不仅反映了机器人关节空间与操作空间之间的速度传递关系,还反映了作用力的传递关系(参见后续章节的静力学部分),对于机器人性能指标的分析、运动规划与控制等都具有极其重要的作用。本章在介绍机器人微分运动学基本概念的基础上,将重点论述雅可比矩阵的推导和应用。

7.1　机器人速度级运动学

7.1.1　一般运动学方程

根据前面章节的推导,n自由度机械臂末端位姿与关节位置之间的关系可以表示为如下齐次变换矩阵的形式(不加左上标,表示不指定具体的参考系):

$$\boldsymbol{T}_n=\mathrm{Fkine}(\boldsymbol{q})=\begin{bmatrix}\boldsymbol{R}_n(\boldsymbol{q}) & \boldsymbol{p}_n(\boldsymbol{q})\\ \boldsymbol{0} & 1\end{bmatrix}\tag{7.1}$$

式中,$\boldsymbol{q}=[q_1,\quad q_2,\quad \cdots,\quad q_n]^{\mathrm{T}}\in\Re^n$为关节位置变量;$\boldsymbol{R}_n(\boldsymbol{q})\in\Re^{3\times3}$为末端的姿态矩阵;$\boldsymbol{p}_n(\boldsymbol{q})\in\Re^3$为末端位置矢量。

末端的线速度为位置矢量对时间的导数,即:

$$\boldsymbol{v}_{\mathrm{e}}=\frac{\mathrm{d}\boldsymbol{p}_n(\boldsymbol{q})}{\mathrm{d}t}=\frac{\partial\boldsymbol{p}_n(\boldsymbol{q})}{\partial\boldsymbol{q}^{\mathrm{T}}}\dot{\boldsymbol{q}}=\boldsymbol{J}_v(\boldsymbol{q})\dot{\boldsymbol{q}}\tag{7.2}$$

末端角速度可以通过姿态变换矩阵来推导。根据第3章的知识,由式(3.12)可得末端角速度矢量的叉乘矩阵为

$$\boldsymbol{\omega}_{\mathrm{e}}^{\times}=\dot{\boldsymbol{R}}_n(\boldsymbol{q})\boldsymbol{R}_n^{\mathrm{T}}(\boldsymbol{q})\tag{7.3}$$

对式(7.3)进行进一步整理后可得

$$\boldsymbol{\omega}_{\mathrm{e}}=\boldsymbol{J}_\omega(\boldsymbol{q})\dot{\boldsymbol{q}}\tag{7.4}$$

联立式(7.2)和式(7.4)可得一般机械臂(n自由度)的微分运动方程:

$$\begin{bmatrix}\boldsymbol{v}_{\mathrm{e}}\\ \boldsymbol{\omega}_{\mathrm{e}}\end{bmatrix}=\begin{bmatrix}\boldsymbol{J}_v(\boldsymbol{q})\\ \boldsymbol{J}_\omega(\boldsymbol{q})\end{bmatrix}\dot{\boldsymbol{q}}\tag{7.5}$$

式(7.5)也可表示为如下的形式：

$$\dot{\boldsymbol{x}}_{\mathrm{e}}=\boldsymbol{J}(\boldsymbol{q})\dot{\boldsymbol{q}} \tag{7.6}$$

式中，$\dot{\boldsymbol{x}}_{\mathrm{e}}=[\boldsymbol{v}_{\mathrm{e}}^{\mathrm{T}},\boldsymbol{\omega}_{\mathrm{e}}^{\mathrm{T}}]^{\mathrm{T}}$ 为末端广义速度(包括线速度和角速度)；$\boldsymbol{J}(\boldsymbol{q})\in\Re^{6\times n}$ 为 n 自由度机械臂的速度雅可比矩阵(考虑末端具有完整的定位、定姿能力，对末端仅有 m 维位姿运动能力的情况，$\boldsymbol{J}\in\Re^{m\times n}$)；$\boldsymbol{J}_v(\boldsymbol{q})\in\Re^{3\times n}$、$\boldsymbol{J}_\omega(\boldsymbol{q})\in\Re^{3\times n}$ 为 $\boldsymbol{J}(\boldsymbol{q})$ 的分块矩阵，分别对应末端线速度和角速度的部分。

式(7.5)即 n 自由度机械臂的速度级正运动学方程，建立了从关节速度到末端线速度和角速度的映射关系。

7.1.2 单关节等效运动分析

将式(7.5)写成如下的分块形式：

$$\begin{bmatrix}\boldsymbol{v}_{\mathrm{e}}\\ \boldsymbol{\omega}_{\mathrm{e}}\end{bmatrix}=\begin{bmatrix}\boldsymbol{J}_{v1} & \boldsymbol{J}_{v2} & \cdots & \boldsymbol{J}_{vn}\\ \boldsymbol{J}_{\omega1} & \boldsymbol{J}_{\omega2} & \cdots & \boldsymbol{J}_{\omega n}\end{bmatrix}\begin{bmatrix}\dot{q}_1\\ \dot{q}_2\\ \vdots\\ \dot{q}_n\end{bmatrix} \tag{7.7}$$

式中，$\boldsymbol{J}_{vi}$、$\boldsymbol{J}_{\omega i}\in\Re^3\,(i=1,\cdots,n)$ 分别为矩阵 $\boldsymbol{J}_v$ 和 $\boldsymbol{J}_\omega$ 的子块。

根据式(7.7)，可得如下速度关系：

$$\begin{cases}\boldsymbol{v}_{\mathrm{e}}=\boldsymbol{J}_{v1}\dot{q}_1+\boldsymbol{J}_{v2}\dot{q}_2+\cdots+\boldsymbol{J}_{vn}\dot{q}_n\\ \boldsymbol{\omega}_{\mathrm{e}}=\boldsymbol{J}_{\omega1}\dot{q}_1+\boldsymbol{J}_{\omega2}\dot{q}_2+\cdots+\boldsymbol{J}_{\omega n}\dot{q}_n\end{cases} \tag{7.8}$$

由此可见，机器人末端线速度、角速度为各关节运动速度在末端所产生的分运动的合成，$\boldsymbol{J}_{vi}$ 为关节 i 速度到末端线速度的等效传动比，$\boldsymbol{J}_{\omega i}$ 为关节 i 速度到末端角速度的传动比。有时，也将式(7.7)写成如下的形式：

$$\dot{\boldsymbol{x}}_{\mathrm{e}}=[\boldsymbol{J}_1\quad \boldsymbol{J}_2\quad \cdots\quad \boldsymbol{J}_n]\begin{bmatrix}\dot{q}_1\\ \dot{q}_2\\ \vdots\\ \dot{q}_n\end{bmatrix}=\boldsymbol{J}_1\dot{q}_1+\boldsymbol{J}_2\dot{q}_2+\cdots+\boldsymbol{J}_n\dot{q}_n \tag{7.9}$$

式中，$\boldsymbol{J}_i$ 为雅可比矩阵的第 i 列，代表关节 i 速度到末端广义速度的传动比。

7.1.3 速度雅可比矩阵的特点

关于机器人的速度级运动学方程和雅可比矩阵，有如下结论。

(1) 雅可比矩阵建立了关节速度与末端速度之间的映射关系，对于3D空间 n 自由度机器人而言，当同时考虑末端线速度和角速度时，$\boldsymbol{J}$ 是 $6\times n$ 维的矩阵。

(2) 雅可比矩阵与机器人的D－H参数和臂型有关，主要反映机器人运动的几何特性，故在文献中有时也被称为几何雅可比矩阵。

(3) 雅可比矩阵是关节变量 $\boldsymbol{q}$ 的函数，故可表示为 $\boldsymbol{J}(\boldsymbol{q})$。对于特定的时刻，$\boldsymbol{q}$ 具有确定值，则此时的 $\boldsymbol{J}(\boldsymbol{q})$ 为一确定的线性变换；当 $\boldsymbol{q}$ 的值发生了变化时，此线性变换也发生了变化，因此，雅可比是随 $\boldsymbol{q}$ 变化而变化的线性变换。

(4) 机器人的速度级正运动学方程总有解(即根据关节速度总能计算末端速度)，但逆运动学求解会存在奇异的情况(即根据末端速度无法确定有效的关节速度)，是否奇异可通过判断雅可比矩阵的秩来确定。

7.1.4　平面 2R 机械臂举例

(1) 速度级正运动学。

对于图 4.7 所示的平面 2R 机械臂，其末端位置与关节变量的关系如下：

$$\begin{cases} p_{ex} = l_1 \cos\theta_1 + l_2 \cos(\theta_1 + \theta_2) \\ p_{ey} = l_1 \sin\theta_1 + l_2 \sin(\theta_1 + \theta_2) \end{cases} \tag{7.10}$$

末端姿态定义为末端坐标系 x_e 轴相对于基坐标系 x_0 轴的转角(z_0 轴为旋转轴)，用 ψ_e 表示，即 x_0 轴绕 z_0 轴旋转 ψ_e 后与 x_e 轴重合。根据定义可知末端姿态角与关节角的关系如下：

$$\psi_e = \theta_1 + \theta_2 \tag{7.11}$$

记末端位置矢量为 $\boldsymbol{p}_e = [p_{ex}, p_{ey}]^T$，位姿向量 $\boldsymbol{x}_e = [p_{ex}, p_{ey}, \psi_e]^T$，关节向量为 $\boldsymbol{\Theta} = [\theta_1, \theta_2]^T$，则可将式(7.10) 与式(7.11) 联立，写成如下的矩阵形式：

$$\boldsymbol{x}_e = \begin{bmatrix} \boldsymbol{p}_e \\ \boldsymbol{\psi}_e \end{bmatrix} = \begin{bmatrix} p_{ex} \\ p_{ey} \\ \psi_e \end{bmatrix} = \begin{bmatrix} l_1 \cos\theta_1 + l_2 \cos(\theta_1 + \theta_2) \\ l_1 \sin\theta_1 + l_2 \sin(\theta_1 + \theta_2) \\ \theta_1 + \theta_2 \end{bmatrix} \tag{7.12}$$

对式(7.10) 和式(7.11) 两边分别进行求导，有

$$\begin{cases} \dot{p}_{ex} = -l_1 s_1 \dot{\theta}_1 - l_2 s_{12} (\dot{\theta}_1 + \dot{\theta}_2) = -(l_1 s_1 + l_2 s_{12}) \dot{\theta}_1 - l_2 s_{12} \dot{\theta}_2 \\ \dot{p}_{ey} = l_1 c_1 \dot{\theta}_1 + l_2 c_{12} (\dot{\theta}_1 + \dot{\theta}_2) = (l_1 c_1 + l_2 c_{12}) \dot{\theta}_1 + l_2 c_{12} \dot{\theta}_2 \\ \dot{\psi}_e = \dot{\theta}_1 + \dot{\theta}_2 \end{cases} \tag{7.13}$$

将式(7.13) 写成矩阵的形式为

$$\begin{bmatrix} \dot{p}_{ex} \\ \dot{p}_{ey} \\ \dot{\psi}_e \end{bmatrix} = \begin{bmatrix} -l_1 s_1 - l_2 s_{12} & -l_2 s_{12} \\ l_1 c_1 + l_2 c_{12} & l_2 c_{12} \\ 1 & 1 \end{bmatrix} \begin{bmatrix} \dot{\theta}_1 \\ \dot{\theta}_2 \end{bmatrix} \tag{7.14}$$

式(7.14) 可进一步表示为

$$\dot{\boldsymbol{x}}_e = \boldsymbol{J}(\boldsymbol{\Theta}) \dot{\boldsymbol{\Theta}} \tag{7.15}$$

式中，$\boldsymbol{J}(\boldsymbol{\Theta}) \in \Re^{3\times 2}$ 为该机器人的速度雅可比矩阵，它也可以直接通过式(7.12) 中末端位姿向量 $\boldsymbol{x}_e$ 对各关节变量进行求偏导得到(这就是数学上雅可比矩阵的定义，参见附录 4)，即：

$$\boldsymbol{J}_{2DOF}(\boldsymbol{\Theta}) = \frac{\partial \boldsymbol{x}_e}{\partial \boldsymbol{\Theta}^T} = \begin{bmatrix} \dfrac{\partial p_{ex}}{\partial \theta_1} & \dfrac{\partial p_{ex}}{\partial \theta_2} \\ \dfrac{\partial p_{ey}}{\partial \theta_1} & \dfrac{\partial p_{ey}}{\partial \theta_2} \\ \dfrac{\partial \psi_e}{\partial \theta_1} & \dfrac{\partial \psi_e}{\partial \theta_2} \end{bmatrix} = \begin{bmatrix} -l_1 s_1 - l_2 s_{12} & -l_2 s_{12} \\ l_1 c_1 + l_2 c_{12} & l_2 c_{12} \\ 1 & 1 \end{bmatrix} \tag{7.16}$$

式(7.14) 或式(7.15) 即为平面 2R 机械臂的速度级正运动学方程，建立了从关节速度到末端速度(包括线速度和角速度) 的关系，其中前两行为关节速度与末端线速度的关系，第三行为关节速度到末端角速度的关系。若只关心末端定位而不考虑定姿问题，则仅需采用方程组中的前两个方程，即：

$$\begin{bmatrix} \dot{p}_{ex} \\ \dot{p}_{ey} \end{bmatrix} = \begin{bmatrix} -l_1 s_1 - l_2 s_{12} & -l_2 s_{12} \\ l_1 c_1 + l_2 c_{12} & l_2 c_{12} \end{bmatrix} \begin{bmatrix} \dot{\theta}_1 \\ \dot{\theta}_2 \end{bmatrix} \tag{7.17}$$

式(7.17) 表示为如下的矩阵形式：

$$\dot{\boldsymbol{p}}_{\mathrm{e}} = \boldsymbol{J}_v(\boldsymbol{\Theta})\dot{\boldsymbol{\Theta}} \tag{7.18}$$

此时，$\boldsymbol{J}_v$ 为 2×2 的方阵：

$$\boldsymbol{J}_v = \begin{bmatrix} -l_1 s_1 - l_2 s_{12} & -l_2 s_{12} \\ l_1 c_1 + l_2 c_{12} & l_2 c_{12} \end{bmatrix} \tag{7.19}$$

在不考虑末端的转动而仅考虑平动时，直接将 $\boldsymbol{J}_v$ 表示为 $\boldsymbol{J}$，而不专门指出。

(2) 单关节等效运动分析。

为了便于观察关节 1、关节 2 的运动对末端线速度的贡献，将式(7.17) 写成如下形式：

$$\begin{bmatrix} \dot{p}_{\mathrm{e}x} \\ \dot{p}_{\mathrm{e}y} \end{bmatrix} = \begin{bmatrix} -l_1 s_1 - l_2 s_{12} \\ l_1 c_1 + l_2 c_{12} \end{bmatrix}\dot{\theta}_1 + \begin{bmatrix} -l_2 s_{12} \\ l_2 c_{12} \end{bmatrix}\dot{\theta}_2 \tag{7.20}$$

式(7.20) 右边第 1 项为关节 1 角速度 $\dot{\theta}_1$ 引起的末端速度，传动系数为雅可比矩阵的第 1 列；第 2 项则为 $\dot{\theta}_2$ 引起的末端速度，传动系数为雅可比矩阵的第 2 列；总的末端速度是这两项速度之和。

实际上，根据圆周运动规律，关节 1 的角速度 $\dot{\theta}_1$ 产生的等效末端速度为(采用矢量叉乘的形式时，用三轴分量进行推导)

$$\dot{\boldsymbol{p}}_{\mathrm{e}1} = \boldsymbol{z}\dot{\theta}_1 \times \boldsymbol{p}_{\mathrm{e}1} = \begin{bmatrix} 0 \\ 0 \\ \dot{\theta}_1 \end{bmatrix} \times \begin{bmatrix} p_{\mathrm{e}x} \\ p_{\mathrm{e}y} \\ 0 \end{bmatrix} = \begin{bmatrix} -p_{\mathrm{e}y} \\ p_{\mathrm{e}x} \\ 0 \end{bmatrix}\dot{\theta}_1 = \begin{bmatrix} -l_1 s_1 - l_2 s_{12} \\ l_1 c_1 + l_2 c_{12} \\ 0 \end{bmatrix}\dot{\theta}_1 \tag{7.21}$$

式中，$\boldsymbol{z}=[0,0,1]^{\mathrm{T}}$ 为基坐标系的 z_0 轴矢量，也是平面的法向量；$\boldsymbol{p}_{\mathrm{e}1}$ 为关节 1 旋转轴到末端的矢径。

类似地，关节 2 的角速度 $\dot{\theta}_2$ 产生的等效末端速度为

$$\dot{\boldsymbol{p}}_{\mathrm{e}2} = \boldsymbol{z}\dot{\theta}_2 \times \boldsymbol{p}_{\mathrm{e}2} = \begin{bmatrix} 0 \\ 0 \\ \dot{\theta}_2 \end{bmatrix} \times \begin{bmatrix} l_2 c_{12} \\ l_2 s_{12} \\ 0 \end{bmatrix} = \begin{bmatrix} -l_2 s_{12} \\ l_2 c_{12} \\ 0 \end{bmatrix}\dot{\theta}_2 \tag{7.22}$$

式中，$\boldsymbol{p}_{\mathrm{e}2}$ 为关节 2 旋转轴到末端的矢径。

根据上面的分析可知，将式(7.21) 和式(7.22) 两边相加，即可得到式(7.20)，由此可知，雅可比矩阵的各列相当于各关节到末端的速度传动比。

例 7.1 若平面 2R 机械臂的臂杆长度 $l_1=l_2=1$ m，关节 1、关节 2 的角速度均为 1(°)/s，即 $\dot{\theta}_1=\dot{\theta}_2=1$(°)/s，计算下面不同臂型下机械臂末端的线速度和角速度：$\boldsymbol{\Theta}_1=[0°,0°]^{\mathrm{T}}$、$\boldsymbol{\Theta}_2=[90°,0°]^{\mathrm{T}}$、$\boldsymbol{\Theta}_3=[180°,0°]^{\mathrm{T}}$、$\boldsymbol{\Theta}_4=[0°,90°]^{\mathrm{T}}$、$\boldsymbol{\Theta}_5=[0°,180°]^{\mathrm{T}}$、$\boldsymbol{\Theta}_6=[45°,45°]^{\mathrm{T}}$、$\boldsymbol{\Theta}_7=[30°,60°]^{\mathrm{T}}$、$\boldsymbol{\Theta}_8=[40°,80°]^{\mathrm{T}}$。

解 将各组臂型分别代入式(7.16) 中计算雅可比矩阵，再将 $\dot{\boldsymbol{\Theta}}=[1(°)/\mathrm{s},1(°)/\mathrm{s}]^{\mathrm{T}}$ 代入式(7.14) 可以计算相应的末端线速度和角速度，结果见表 7.1($\boldsymbol{v}_{\mathrm{e}}=\dot{\boldsymbol{p}}_{\mathrm{e}}$，$\omega_{\mathrm{e}}=\dot{\psi}_{\mathrm{e}}$)，从中可以看出，对于任何给定臂型总能计算得到相应的末端线速度和角速度；对于机械臂完全伸直或折叠的情况(处于工作空间边界)，沿伸直或折叠方向的末端线速度分量为 0；改变关节角速度的值重新计算还会发现，无论关节角速度多大，在伸直或折叠臂型下，上述末端线速度分量仍然为 0，即在此臂型下机械臂关节的运动无法产生某些方向的运动。

表 7.1　平面 2R 机械臂不同臂型下末端速度的计算结果

序号	臂型	臂型简图	末端线速度和角速度	备注
1	$\boldsymbol{\Theta}_1=[0°,0°]^{\mathrm{T}}$		$\boldsymbol{v}_e=[0,0.0524]^{\mathrm{T}}$(m/s) $\omega_e=2((°)/s)$	沿 x_0 轴方向完全伸直,不产生 x 方向的线速度
2	$\boldsymbol{\Theta}_2=[90°,0°]^{\mathrm{T}}$		$\boldsymbol{v}_e=[-0.0524,0]^{\mathrm{T}}$(m/s) $\omega_e=2((°)/s)$	沿 y_0 轴方向完全伸直,不产生 y 方向的线速度
3	$\boldsymbol{\Theta}_3=[180°,0°]^{\mathrm{T}}$		$\boldsymbol{v}_e=[0,-0.0524]^{\mathrm{T}}$(m/s) $\omega_e=2((°)/s)$	沿 $-x_0$ 轴方向完全伸直,不产生 x 方向的线速度
4	$\boldsymbol{\Theta}_4=[0°,90°]^{\mathrm{T}}$	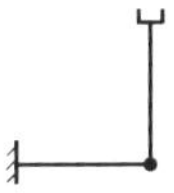	$\boldsymbol{v}_e=[-0.0349,0.0175]^{\mathrm{T}}$(m/s) $\omega_e=2((°)/s)$	—
5	$\boldsymbol{\Theta}_5=[0°,180°]^{\mathrm{T}}$	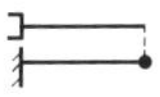	$\boldsymbol{v}_e=[0,-0.0175]^{\mathrm{T}}$(m/s) $\omega_e=2((°)/s)$	沿 $-x_0$ 轴方向完全折叠,不产生 x 方向的线速度
6	$\boldsymbol{\Theta}_6=[45°,45°]^{\mathrm{T}}$		$\boldsymbol{v}_e=[-0.0472,0.0123]^{\mathrm{T}}$(m/s) $\omega_e=2((°)/s)$	—
7	$\boldsymbol{\Theta}_7=[30°,60°]^{\mathrm{T}}$	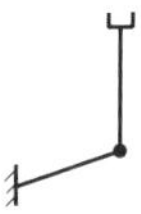	$\boldsymbol{v}_e=[-0.0436,0.0151]^{\mathrm{T}}$(m/s) $\omega_e=2((°)/s)$	—
8	$\boldsymbol{\Theta}_8=[40°,80°]^{\mathrm{T}}$		$\boldsymbol{v}_e=[-0.0414,-0.0041]^{\mathrm{T}}$(m/s) $\omega_e=2((°)/s)$	较一般情况

7.2　雅可比矩阵计算的构造法

7.2.1　构造法基本原理

根据前述分析可知,雅可比矩阵的第 i 列 $\boldsymbol{J}_i$ 相当于机器人第 i 个关节的运动速度到末端运动速度的传动比,利用这一特性,可以构造雅可比矩阵。

机器人的关节一般为旋转关节或移动关节,关节运动对末端速度的贡献如图 7.1 所示。若关节 i 为旋转关节,其角速度 $\dot{\theta}_i$ 产生的末端线速度和末端角速度分别为

$$\begin{cases}\boldsymbol{\omega}_{ei}=\boldsymbol{\xi}_i\dot{\theta}_i=\boldsymbol{\xi}_i\dot{q}_i\\ \boldsymbol{v}_{ei}=\boldsymbol{\omega}_{ei}\times\boldsymbol{p}_{i\to n}=(\boldsymbol{\xi}_i\times\boldsymbol{p}_{i\to n})\dot{\theta}_i=(\boldsymbol{\xi}_i\times\boldsymbol{p}_{i\to n})\dot{q}_i\end{cases}\tag{7.23}$$

式中,$\boldsymbol{\xi}_i$ 为关节 i 旋转轴的单位矢量;$\boldsymbol{p}_{i\to n}$ 为关节 i 指向机械臂末端点的位置矢量,也称为关节 i 的牵连运动矢量;$\boldsymbol{\omega}_{ei}$、$\boldsymbol{v}_{ei}$ 分别为关节 i 在末端产生的角速度和线速度。

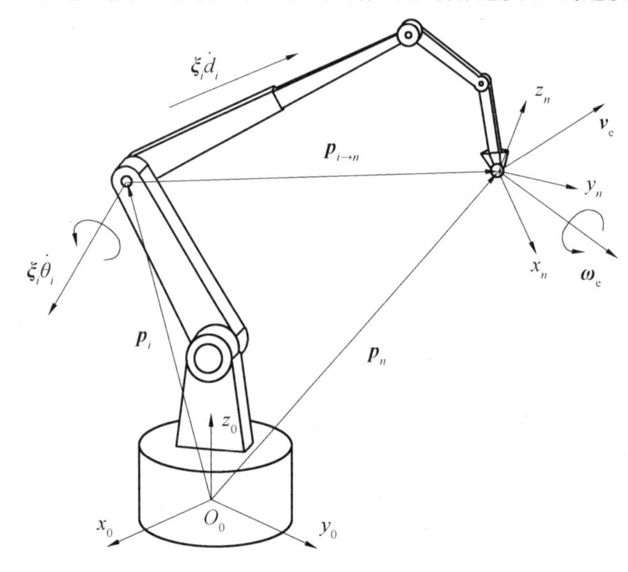

图 7.1 关节运动对末端速度的贡献

将式(7.23)写成矩阵的形式(注意线速度和角速度的放置位置)有

$$\begin{bmatrix}\boldsymbol{v}_{ei}\\ \boldsymbol{\omega}_{ei}\end{bmatrix}=\begin{bmatrix}\boldsymbol{\xi}_i\times\boldsymbol{p}_{i\to n}\\ \boldsymbol{\xi}_i\end{bmatrix}\dot{q}_i=\boldsymbol{J}_i\dot{q}_i\text{(对于旋转关节)}\tag{7.24}$$

对于平移关节,其运动仅在末端产生线速度而不产生角速度。以图 7.1 所示中的关节 j 为例,该关节为平移关节,平移矢量(即运动轴的矢量)为 $\boldsymbol{\xi}_j$,则平移速度 $\dot{d}_j$ 在末端产生的线速度和角速度分别为

$$\begin{cases}\boldsymbol{\omega}_{ej}=\boldsymbol{0}\\ \boldsymbol{v}_{ej}=\boldsymbol{\xi}_j\dot{d}_j=\boldsymbol{\xi}_j\dot{q}_j\end{cases}\tag{7.25}$$

将式(7.25)其写成矩阵的形式有

$$\begin{bmatrix}\boldsymbol{v}_{ei}\\ \boldsymbol{\omega}_{ei}\end{bmatrix}=\begin{bmatrix}\boldsymbol{\xi}_i\\ \boldsymbol{0}\end{bmatrix}\dot{q}_i=\boldsymbol{J}_i\dot{q}_i\text{(对于移动关节)}\tag{7.26}$$

因此,根据式(7.24)和式(7.26)可知,雅可比矩阵的第 i 列为

$$\boldsymbol{J}_i=\begin{cases}\begin{bmatrix}\boldsymbol{\xi}_i\times\boldsymbol{p}_{i\to n}\\ \boldsymbol{\xi}_i\end{bmatrix}\text{(若关节 } i \text{ 是旋转关节)}\\ \begin{bmatrix}\boldsymbol{\xi}_i\\ \boldsymbol{0}\end{bmatrix}\text{(若关节 } i \text{ 是移动关节)}\end{cases}\tag{7.27}$$

将所有列确定出来后,则可确定机器人的雅可比矩阵。如对于全由旋转关节组成的机器人,雅可比矩阵的一般表达式为

$$\boldsymbol{J}=[\boldsymbol{J}_1\quad\boldsymbol{J}_2\quad\cdots\quad\boldsymbol{J}_n]=\begin{bmatrix}\boldsymbol{\xi}_1\times\boldsymbol{p}_{1\to n} & \boldsymbol{\xi}_2\times\boldsymbol{p}_{2\to n} & \cdots & \boldsymbol{\xi}_n\times\boldsymbol{p}_{n\to n}\\ \boldsymbol{\xi}_1 & \boldsymbol{\xi}_2 & \cdots & \boldsymbol{\xi}_n\end{bmatrix}\tag{7.28}$$

7.2.2　不同坐标系中雅可比矩阵的关系

末端速度线速度 $\boldsymbol{v}_e$、角速度 $\boldsymbol{\xi}_e$、关节运动轴矢量 $\boldsymbol{\xi}_i$、牵连速度矢量 $\boldsymbol{p}_{i\to n}$ 等均为三轴矢量，在运算中需要指定参考系，可以为基坐标系、末端坐标系或其他类型的坐标系，只要将所有矢量统一到一个坐标系中描述即可。

假设上述矢量在坐标系{Ref}中描述，则关节 i 产生的末端运动可表示为

$$\begin{bmatrix} {}^{\text{Ref}}\boldsymbol{v}_{ei} \\ {}^{\text{Ref}}\boldsymbol{\omega}_{ei} \end{bmatrix} = {}^{\text{Ref}}\boldsymbol{J}_i \dot{q}_i \tag{7.29}$$

则式(7.27)可统一表示为

$${}^{\text{Ref}}\boldsymbol{J}_i = \begin{cases} \begin{bmatrix} {}^{\text{Ref}}\boldsymbol{\xi}_i \times {}^{\text{Ref}}\boldsymbol{p}_{i\to n} \\ {}^{\text{Ref}}\boldsymbol{\xi}_i \end{bmatrix} (\text{对于旋转关节}) \\ \begin{bmatrix} {}^{\text{Ref}}\boldsymbol{\xi}_i \\ \boldsymbol{0} \end{bmatrix} (\text{对于移动关节}) \end{cases} \tag{7.30}$$

实际应用中，常以基坐标系{0}或末端坐标系{n}为参考系。当在{0}系中描述运动方程时，相应的雅可比矩阵称为基座雅可比矩阵，表示为 ${}^0\boldsymbol{J}$；而在{n}系中表示时，雅可比矩阵称为末端雅可比矩阵，表示为 ${}^n\boldsymbol{J}$。上述两种情况下的速度级正运动学方程分别为

$$\begin{bmatrix} {}^0\boldsymbol{v}_e \\ {}^0\boldsymbol{\omega}_e \end{bmatrix} = {}^0\boldsymbol{J}(\boldsymbol{q})\dot{\boldsymbol{q}} \tag{7.31}$$

$$\begin{bmatrix} {}^n\boldsymbol{v}_e \\ {}^n\boldsymbol{\omega}_e \end{bmatrix} = {}^n\boldsymbol{J}(\boldsymbol{q})\dot{\boldsymbol{q}} \tag{7.32}$$

由于{0}系和{n}系中表示的速度有如下关系：

$$\begin{cases} {}^0\boldsymbol{v}_e = {}^0\boldsymbol{R}_n {}^n\boldsymbol{v}_e \\ {}^0\boldsymbol{\omega}_e = {}^0\boldsymbol{R}_n {}^n\boldsymbol{\omega}_e \end{cases} \tag{7.33}$$

结合式(7.33)和式(7.32)，有

$$\begin{bmatrix} {}^0\boldsymbol{v}_e \\ {}^0\boldsymbol{\omega}_e \end{bmatrix} = \begin{bmatrix} {}^0\boldsymbol{R}_n & \boldsymbol{0} \\ \boldsymbol{0} & {}^0\boldsymbol{R}_n \end{bmatrix} \begin{bmatrix} {}^n\boldsymbol{v}_e \\ {}^n\boldsymbol{\omega}_e \end{bmatrix} = \begin{bmatrix} {}^0\boldsymbol{R}_n & \boldsymbol{0} \\ \boldsymbol{0} & {}^0\boldsymbol{R}_n \end{bmatrix} {}^n\boldsymbol{J}(\boldsymbol{q})\dot{\boldsymbol{q}} \tag{7.34}$$

根据式(7.31)和式(7.34)，可得不同参考系中雅可比矩阵的关系：

$${}^0\boldsymbol{J}(\boldsymbol{q}) = \begin{bmatrix} {}^0\boldsymbol{R}_n & \boldsymbol{0} \\ \boldsymbol{0} & {}^0\boldsymbol{R}_n \end{bmatrix} {}^n\boldsymbol{J}(\boldsymbol{q}) \tag{7.35}$$

类似地，

$${}^n\boldsymbol{J}(\boldsymbol{q}) = \begin{bmatrix} {}^0\boldsymbol{R}_n^{\mathrm{T}} & \boldsymbol{0} \\ \boldsymbol{0} & {}^0\boldsymbol{R}_n^{\mathrm{T}} \end{bmatrix} {}^0\boldsymbol{J}(\boldsymbol{q}) = \begin{bmatrix} {}^n\boldsymbol{R}_0 & \boldsymbol{0} \\ \boldsymbol{0} & {}^n\boldsymbol{R}_0 \end{bmatrix} {}^0\boldsymbol{J}(\boldsymbol{q}) \tag{7.36}$$

7.2.3　基于 D－H 建模的雅可比矩阵构造

采用D－H规则(基于MDH规则的雅可比矩阵构造见附录5)建立连杆坐标系后，关节 $i(i=1,\cdots,n)$ 的运动轴即为坐标系{$i-1$}的 z 轴(即 z_{i-1} 轴)，牵连运动矢量 $\boldsymbol{p}_{i\to n}$ 为坐标系{$i-1$}的原点 O_{i-1} 到{n}系原点的位置矢量，因此，根据坐标系{$i-1$}、{n}相对于参考系的齐次变换矩阵可以方便构造出关节 i 到末端的速度传动比 $\boldsymbol{J}_i$。下面分别讨论以{0}系和{n}系为参考系的基座雅可比矩阵和末端雅可比矩阵的构造方法。

(1) 基座雅可比矩阵构造。

采用D－H建模规则后，可推导出坐标系$\{i-1\}$相对于$\{0\}$系的齐次变换矩阵。为方便讨论，采用如下表达式($i=2,\cdots,n$)：

$$
{}^{0}\boldsymbol{T}_{i-1}={}^{0}\boldsymbol{T}_{1}\cdots{}^{i-2}\boldsymbol{T}_{i-1}=\begin{bmatrix}{}^{0}\boldsymbol{x}_{i-1} & {}^{0}\boldsymbol{y}_{i-1} & {}^{0}\boldsymbol{z}_{i-1} & {}^{0}\boldsymbol{p}_{i-1}\\ 0 & 0 & 0 & 1\end{bmatrix} \tag{7.37}
$$

齐次变换矩阵${}^{0}\boldsymbol{T}_{i-1}$的第3列前3个元素即为$z_{i-1}$轴在$\{0\}$系中表示的方向向量${}^{0}\boldsymbol{z}_{i-1}$；而${}^{0}\boldsymbol{T}_{i-1}$的第4列前3个元素为原点$O_{i-1}$在$\{0\}$系中表示的位置矢量${}^{0}\boldsymbol{p}_{i-1}$。

坐标系$\{n\}$相对于$\{0\}$系的齐次变换矩阵采用如下表达式：

$$
{}^{0}\boldsymbol{T}_{n}={}^{0}\boldsymbol{T}_{1}\cdots{}^{n-1}\boldsymbol{T}_{n}=\begin{bmatrix}{}^{0}\boldsymbol{x}_{n} & {}^{0}\boldsymbol{y}_{n} & {}^{0}\boldsymbol{z}_{n} & {}^{0}\boldsymbol{p}_{n}\\ 0 & 0 & 0 & 1\end{bmatrix} \tag{7.38}
$$

因此，关节$i(i=2,\cdots,n)$运动轴的方向向量和牵连运动矢量在$\{0\}$系中的表示分别为

$$
{}^{0}\boldsymbol{\xi}_{i}={}^{0}\boldsymbol{z}_{i-1}={}^{0}\boldsymbol{T}_{i-1}(1:3,3) \tag{7.39}
$$

$$
{}^{0}\boldsymbol{p}_{i\to n}={}^{0}\boldsymbol{p}_{n}-{}^{0}\boldsymbol{p}_{i-1}={}^{0}\boldsymbol{T}_{n}(1:3,4)-{}^{0}\boldsymbol{T}_{i-1}(1:3,4) \tag{7.40}
$$

式中，${}^{0}\boldsymbol{T}_{i-1}(1:3,3)$、${}^{0}\boldsymbol{T}_{i-1}(1:3,4)$分别表示齐次变换矩阵${}^{0}\boldsymbol{T}_{i-1}$第3列、第4列的第1～3个元素；${}^{0}\boldsymbol{T}_{n}(1:3,4)$为齐次变换矩阵${}^{0}\boldsymbol{T}_{n}$第4列的第1～3个元素。

特殊地，对于关节1，其运动轴的方向向量和牵连运动矢量在$\{0\}$系中的表示分别为

$$
{}^{0}\boldsymbol{\xi}_{1}={}^{0}\boldsymbol{z}_{0}=[0\quad 0\quad 1]^{\mathrm{T}} \tag{7.41}
$$

$$
{}^{0}\boldsymbol{p}_{1\to n}={}^{0}\boldsymbol{p}_{n}={}^{0}\boldsymbol{T}_{n}(1:3,4) \tag{7.42}
$$

将式(7.39)～(7.42)代入式(7.30)即可得到雅可比矩阵的第i列($i=1,\cdots,n$)，从而得到完整的雅可比矩阵。

(2) 末端雅可比矩阵构造。

当以$\{n\}$为参考坐标系时，需要首先根据下面两式计算$\{i-1\}$系相对于$\{n\}$系的齐次变换矩阵：

$$
{}^{i-1}\boldsymbol{T}_{n}={}^{i-1}\boldsymbol{T}_{i}\cdots{}^{n-1}\boldsymbol{T}_{n} \tag{7.43}
$$

$$
{}^{n}\boldsymbol{T}_{i-1}=({}^{i-1}\boldsymbol{T}_{n})^{-1}=\begin{bmatrix}{}^{n}\boldsymbol{x}_{i-1} & {}^{n}\boldsymbol{y}_{i-1} & {}^{n}\boldsymbol{z}_{i-1} & {}^{n}\boldsymbol{p}_{i-1}\\ 0 & 0 & 0 & 1\end{bmatrix} \tag{7.44}
$$

因此，可得关节$i(i=1,\cdots,n)$运动轴的方向向量和牵连运动矢量在$\{n\}$系中的表示分别为

$$
{}^{n}\boldsymbol{\xi}_{i}={}^{n}\boldsymbol{z}_{i-1}={}^{n}\boldsymbol{T}_{i-1}(1:3,3) \tag{7.45}
$$

$$
{}^{n}\boldsymbol{p}_{i\to n}={}^{n}\boldsymbol{p}_{n}-{}^{n}\boldsymbol{p}_{i-1}={}^{n}\boldsymbol{T}_{n}(1:3,4)-{}^{n}\boldsymbol{T}_{i-1}(1:3,4) \tag{7.46}
$$

式中，${}^{n}\boldsymbol{p}_{n}=[0\quad 0\quad 0]^{\mathrm{T}}$、${}^{n}\boldsymbol{T}_{n}$为$4\times4$的单位矩阵，故式(7.46)实际为

$$
{}^{n}\boldsymbol{p}_{i\to n}=-{}^{n}\boldsymbol{p}_{i-1}=-{}^{n}\boldsymbol{T}_{i-1}(1:3,4) \tag{7.47}
$$

将式(7.45)和式(7.47)代入式(7.30)即可得到雅可比矩阵的第i列($i=1,\cdots,n$)，进而得到完整的雅可比矩阵。

7.2.4　空间3R肘机械臂的雅可比矩阵

空间3R肘机器人的D－H坐标系及D－H参数分别如图4.18和表4.3所示，相邻杆件间的齐次变换矩阵如式(4.50)～(4.52)，坐标系$\{n\}$相对于坐标系$\{0\}$的齐次变换矩阵如式(4.53)所示。下面讨论基座雅可比矩阵的计算过程和结果。

(1) 计算雅可比矩阵第1列。

关节1旋转轴在{0}系中为$[0,0,1]^T$，而式(4.55)给出了${}^0\boldsymbol{p}_3$的表达式，因此关节1旋转轴方向向量和牵连运动矢量分别为

$$ {}^0\boldsymbol{\xi}_1 = {}^0\boldsymbol{z}_0 = \begin{bmatrix} 0 \\ 0 \\ 1 \end{bmatrix} \tag{7.48} $$

$$ {}^0\boldsymbol{p}_{1\to3} = {}^0\boldsymbol{p}_3 = {}^0\boldsymbol{T}_3(1:3,4) = \begin{bmatrix} c_1(a_2c_2+a_3c_{23}) \\ s_1(a_2c_2+a_3c_{23}) \\ d_1-a_2s_2-a_3s_{23} \end{bmatrix} \tag{7.49} $$

根据定义可得

$$ {}^0\boldsymbol{J}_1 = \begin{bmatrix} {}^0\boldsymbol{\xi}_1 \times {}^0\boldsymbol{p}_{1\to3} \\ {}^0\boldsymbol{\xi}_1 \end{bmatrix} = \begin{bmatrix} -s_1(a_2c_2+a_3c_{23}) \\ c_1(a_2c_2+a_3c_{23}) \\ 0 \\ 0 \\ 0 \\ 1 \end{bmatrix} \tag{7.50} $$

(2) 计算雅可比矩阵第 2 列。

关节 2 的旋转轴方向向量和位置矢量由${}^0\boldsymbol{T}_1$确定，根据式(4.50)的表达式可得

$$ {}^0\boldsymbol{z}_1 = \begin{bmatrix} a_x \\ a_y \\ a_z \end{bmatrix} = \begin{bmatrix} -s_1 \\ c_1 \\ 0 \end{bmatrix},\ {}^0\boldsymbol{p}_1 = \begin{bmatrix} p_x \\ p_y \\ p_z \end{bmatrix} = \begin{bmatrix} 0 \\ 0 \\ d_1 \end{bmatrix} \tag{7.51} $$

因此，关节 2 旋转轴方向向量和牵连运动矢量分别为

$$ {}^0\boldsymbol{\xi}_2 = {}^0\boldsymbol{z}_1 = {}^0\boldsymbol{T}_1(1:3,3) = \begin{bmatrix} -s_1 \\ c_1 \\ 0 \end{bmatrix} \tag{7.52} $$

$$ {}^0\boldsymbol{p}_{2\to3} = {}^0\boldsymbol{p}_3 - {}^0\boldsymbol{p}_1 = \begin{bmatrix} c_1(a_2c_2+a_3c_{23}) \\ s_1(a_2c_2+a_3c_{23}) \\ d_1-a_2s_2-a_3s_{23} \end{bmatrix} - \begin{bmatrix} 0 \\ 0 \\ d_1 \end{bmatrix} = \begin{bmatrix} c_1(a_2c_2+a_3c_{23}) \\ s_1(a_2c_2+a_3c_{23}) \\ -(a_2s_2+a_3s_{23}) \end{bmatrix} \tag{7.53} $$

根据定义可得

$$ {}^0\boldsymbol{J}_2 = \begin{bmatrix} {}^0\boldsymbol{\xi}_2 \times {}^0\boldsymbol{p}_{2\to3} \\ {}^0\boldsymbol{\xi}_2 \end{bmatrix} = \begin{bmatrix} -c_1(a_2s_2+a_3s_{23}) \\ -s_1(a_2s_2+a_3s_{23}) \\ -(a_2c_2+a_3c_{23}) \\ -s_1 \\ c_1 \\ 0 \end{bmatrix} \tag{7.54} $$

(3) 计算雅可比矩阵第 3 列。

关节 3 的旋转轴方向向量和位置矢量由${}^0\boldsymbol{T}_2$确定，根据式(4.50)和式(4.51)有

$$ {}^0\boldsymbol{T}_2 = {}^0\boldsymbol{T}_1\,{}^1\boldsymbol{T}_2 = \begin{bmatrix} c_1c_2 & -c_1s_2 & -s_1 & a_2c_1c_2 \\ s_1c_2 & -s_1s_2 & c_1 & a_2s_1c_2 \\ -s_2 & -c_2 & 0 & d_1-a_2s_2 \\ 0 & 0 & 0 & 1 \end{bmatrix} \tag{7.55} $$

根据${}^0\boldsymbol{T}_2$ 的表达式可知:

$$
{}^0\boldsymbol{z}_2=\begin{bmatrix}-s_1\\c_1\\0\end{bmatrix},\ {}^0\boldsymbol{p}_2=\begin{bmatrix}a_2c_1c_2\\a_2s_1c_2\\d_1-a_2s_2\end{bmatrix} \tag{7.56}
$$

因此,关节 3 旋转轴方向向量和牵连运动矢量分别为

$$
{}^0\boldsymbol{\xi}_3={}^0\boldsymbol{z}_2={}^0\boldsymbol{T}_2(1:3,3)=\begin{bmatrix}-s_1\\c_1\\0\end{bmatrix} \tag{7.57}
$$

$$
{}^0\boldsymbol{p}_{3\to3}={}^0\boldsymbol{p}_3-{}^0\boldsymbol{p}_2=\begin{bmatrix}c_1(a_2c_2+a_3c_{23})\\s_1(a_2c_2+a_3c_{23})\\d_1-a_2s_2-a_3s_{23}\end{bmatrix}-\begin{bmatrix}a_2c_1c_2\\a_2s_1c_2\\d_1-a_2s_2\end{bmatrix}=\begin{bmatrix}a_3c_1c_{23}\\a_3s_1c_{23}\\-a_3s_{23}\end{bmatrix} \tag{7.58}
$$

根据定义可得

$$
{}^0\boldsymbol{J}_3=\begin{bmatrix}{}^0\boldsymbol{\xi}_3\times{}^0\boldsymbol{p}_{3\to3}\\{}^0\boldsymbol{\xi}_3\end{bmatrix}=\begin{bmatrix}-a_3c_1s_{23}\\-a_3s_1s_{23}\\-a_3c_{23}\\-s_1\\c_1\\0\end{bmatrix} \tag{7.59}
$$

(4) 构造完整的雅可比矩阵。

将各列进行组合可得完整的雅可比矩阵,即(对于完全由旋转关节组成的机械臂,$\boldsymbol{q}=\boldsymbol{\Theta}$,下同):

$$
{}^0\boldsymbol{J}(\boldsymbol{\Theta})=[{}^0\boldsymbol{J}_1\quad{}^0\boldsymbol{J}_2\quad{}^0\boldsymbol{J}_3]=\begin{bmatrix}-s_1(a_2c_2+a_3c_{23}) & -c_1(a_2s_2+a_3s_{23}) & -a_3c_1s_{23}\\c_1(a_2c_2+a_3c_{23}) & -s_1(a_2s_2+a_3s_{23}) & -a_3s_1s_{23}\\0 & -(a_2c_2+a_3c_{23}) & -a_3c_{23}\\0 & -s_1 & -s_1\\0 & c_1 & c_1\\1 & 0 & 0\end{bmatrix} \tag{7.60}
$$

类似地,可以得到其末端雅可比矩阵矩阵的表达式,在此直接给出(详细推导过程作为课后作业):

$$
{}^n\boldsymbol{J}(\boldsymbol{\Theta})=\begin{bmatrix}0 & a_2s_3 & 0\\0 & a_3+a_2c_3 & a_3\\a_2c_2+a_3c_{23} & 0 & 0\\-s_{23} & 0 & 0\\-c_{23} & 0 & 0\\0 & 1 & 1\end{bmatrix} \tag{7.61}
$$

经过验算,可知${}^0\boldsymbol{J}(\boldsymbol{\Theta})$ 和${}^n\boldsymbol{J}(\boldsymbol{\Theta})$ 满足式(7.35) 和式(7.36) 的关系。

例 7.2 空间 3R 肘机械臂的 D－H 坐标系及 D－H 参数分别如图 4.18 和表 4.3 所示,参数 $d_1=0.7$ m,$a_2=a_3=1$ m,若关节速度 $\dot\theta_1=\dot\theta_2=\dot\theta_3=1(°)/\mathrm{s}$,计算下面不同臂型下分别

在基坐标系{0}和末端坐标系{n}中描述的末端线速度和末端角速度：$\boldsymbol{\Theta}_1=[0°,0°,0°]^{\mathrm{T}}$、$\boldsymbol{\Theta}_2=[0°,0°,180°]^{\mathrm{T}}$、$\boldsymbol{\Theta}_3=[0°,-30°,-120°]^{\mathrm{T}}$、$\boldsymbol{\Theta}_4=[0°,-60°,-60°]^{\mathrm{T}}$、$\boldsymbol{\Theta}_5=[20°,-30°,-120°]^{\mathrm{T}}$、$\boldsymbol{\Theta}_6=[20°,-60°,-60°]^{\mathrm{T}}$、$\boldsymbol{\Theta}_7=[20°,-40°,80°]^{\mathrm{T}}$、$\boldsymbol{\Theta}_8=[20°,45°,45°]^{\mathrm{T}}$。

解　将各组臂型分别代入式(7.60)、式(7.61)中计算基座雅可比矩阵和末端雅可比矩阵，再将$\dot{\boldsymbol{\Theta}}=[1(°)/\mathrm{s},1(°)/\mathrm{s},1(°)/\mathrm{s}]^{\mathrm{T}}$代入式(7.31)、式(7.32)可以计算相应的末端线速度和末端角速度，结果见表7.2，从中可以看出，对于给定的任何臂型总能计算得到相应的末端线速度和末端角速度；对于部分特殊臂型，无论关节角速度多大，都不能产生完全的三轴运动速度，此类臂型为奇异臂型，将在下一章进行详细分析。

表 7.2　空间 3R 肘机械臂不同臂型下末端速度的计算结果

序号	臂型 $\boldsymbol{\Theta}$	末端线速度 /(m·s^{-1}) 和末端角速度 /((°)·s^{-1})		备注
		{0} 系中的表示	{n} 系中的表示	
1	$[0°,0°,0°]^{\mathrm{T}}$	$^0\boldsymbol{v}_e=[0,0.035,-0.052]^{\mathrm{T}}$ $^0\boldsymbol{\omega}_e=[0,2,1]^{\mathrm{T}}$	$^n\boldsymbol{v}_e=[0,0.052,0.035]^{\mathrm{T}}$ $^n\boldsymbol{\omega}_e=[0,-1,2]^{\mathrm{T}}$	在 x_0、x_n 方向不产生线速度
2	$[0°,0°,180°]^{\mathrm{T}}$	$^0\boldsymbol{v}_e=[0,0,0.018]^{\mathrm{T}}$ $^0\boldsymbol{\omega}_e=[0,2,1]^{\mathrm{T}}$	$^n\boldsymbol{v}_e=[0,0.018,0]^{\mathrm{T}}$ $^n\boldsymbol{\omega}_e=[0,1,2]^{\mathrm{T}}$	在 x_0、x_n 方向不产生线速度
3	$[0°,-30°,-120°]^{\mathrm{T}}$	$^0\boldsymbol{v}_e=[0.026,0,0.015]^{\mathrm{T}}$ $^0\boldsymbol{\omega}_e=[0,2,1]^{\mathrm{T}}$	$^n\boldsymbol{v}_e=[-0.015,0.026,0]^{\mathrm{T}}$ $^n\boldsymbol{\omega}_e=[0.500,0.866,2]^{\mathrm{T}}$	在 y_0、z_n 方向不产生线速度
4	$[0°,-60°,-60°]^{\mathrm{T}}$	$^0\boldsymbol{v}_e=[0.045,0,0.009]^{\mathrm{T}}$ $^0\boldsymbol{\omega}_e=[0,2,1]^{\mathrm{T}}$	$^n\boldsymbol{v}_e=[-0.015,0.044,0]^{\mathrm{T}}$ $^n\boldsymbol{\omega}_e=[0.866,0.500,2]^{\mathrm{T}}$	在 y_0、z_n 方向不产生线速度
5	$[20°,-30°,-120°]^{\mathrm{T}}$	$^0\boldsymbol{v}_e=[0.025,0.009,0.015]^{\mathrm{T}}$ $^0\boldsymbol{\omega}_e=[-0.684,1.879,1]^{\mathrm{T}}$	$^n\boldsymbol{v}_e=[-0.015,0.026,0]^{\mathrm{T}}$ $^n\boldsymbol{\omega}_e=[0.500,0.866,2]^{\mathrm{T}}$	在 z_n 方向不产生线速度
6	$[20°,-60°,-60°]^{\mathrm{T}}$	$^0\boldsymbol{v}_e=[0.043,0.016,0.009]^{\mathrm{T}}$ $^0\boldsymbol{\omega}_e=[-0.684,1.879,1]^{\mathrm{T}}$	$^n\boldsymbol{v}_e=[-0.015,0.044,0]^{\mathrm{T}}$ $^n\boldsymbol{\omega}_e=[0.866,0.500,2]^{\mathrm{T}}$	在 z_n 方向不产生线速度
7	$[20°,-40°,80°]^{\mathrm{T}}$	$^0\boldsymbol{v}_e=[-0.02,0.021,-0.04]^{\mathrm{T}}$ $^0\boldsymbol{\omega}_e=[-0.684,1.879,1]^{\mathrm{T}}$	$^n\boldsymbol{v}_e=[0.017,0.038,0.027]^{\mathrm{T}}$ $^n\boldsymbol{\omega}_e=[-0.643,-0.766,2]^{\mathrm{T}}$	产生三轴方向的线速度
8	$[20°,45°,-45°]^{\mathrm{T}}$	$^0\boldsymbol{v}_e=[-0.022,0.024,-0.047]^{\mathrm{T}}$ $^0\boldsymbol{\omega}_e=[-0.684,1.879,1]^{\mathrm{T}}$	$^n\boldsymbol{v}_e=[-0.012,0.047,0.03]^{\mathrm{T}}$ $^n\boldsymbol{\omega}_e=[0,-1,2]^{\mathrm{T}}$	产生三轴方向的线速度

7.2.5　空间 3R 球腕机械臂的雅可比矩阵

空间3R球腕机器人的D－H坐标系及D－H参数分别如图4.19和表4.4所示，相邻杆件间的齐次变换矩阵如式(4.58)～(4.60)所示，坐标系{n}相对于坐标系{0}的齐次变换矩阵如式(4.61)所示。采用上述方法，分别得到其基座雅可比矩阵和末端雅可比矩阵(详细推导过程作为课后作业)：

$$
{}^{0}\boldsymbol{J}(\boldsymbol{\Theta})=\begin{bmatrix} d_3s_1s_2 & -d_3c_1c_2 & 0 \\ -d_3c_1s_2 & -d_3s_1c_2 & 0 \\ 0 & d_3s_2 & 0 \\ 0 & -s_1 & -c_1s_2 \\ 0 & c_1 & -s_1s_2 \\ 1 & 0 & -c_2 \end{bmatrix} \tag{7.62}
$$

$$
{}^{n}\boldsymbol{J}(\boldsymbol{\Theta})=\begin{bmatrix} d_3s_2s_3 & -d_3c_3 & 0 \\ d_3s_2c_3 & d_3s_3 & 0 \\ 0 & 0 & 0 \\ -s_2c_3 & -s_3 & 0 \\ s_2s_3 & -c_3 & 0 \\ -c_2 & 0 & 1 \end{bmatrix} \tag{7.63}
$$

例 7.3 空间 3R 球腕机械臂的 D－H 坐标系及 D－H 参数分别如图 4.19 和表 4.4 所示,参数 $d_1=0.3\ \mathrm{m}$,$d_3=0.5\ \mathrm{m}$,若关节速度 $\dot{\theta}_1=\dot{\theta}_2=\dot{\theta}_3=1(°)/\mathrm{s}$,计算下面不同臂型下分别在基座坐标系$\{0\}$和末端坐标系$\{n\}$中描述的末端线速度和末端角速度:$\boldsymbol{\Theta}_1=[0°,0°,0°]^{\mathrm{T}}$、$\boldsymbol{\Theta}_2=[30°,0°,0°]^{\mathrm{T}}$、$\boldsymbol{\Theta}_3=[30°,0°,60°]^{\mathrm{T}}$、$\boldsymbol{\Theta}_4=[0°,180°,0°]^{\mathrm{T}}$、$\boldsymbol{\Theta}_5=[30°,180°,0°]^{\mathrm{T}}$、$\boldsymbol{\Theta}_6=[30°,180°,60°]^{\mathrm{T}}$、$\boldsymbol{\Theta}_7=[50°,-130°,80°]^{\mathrm{T}}$、$\boldsymbol{\Theta}_8=[-130°,130°,-100°]^{\mathrm{T}}$。

解 将各组臂型分别代入式(7.62)、式(7.63)中计算基座雅可比矩阵和末端雅可比矩阵,再将 $\dot{\boldsymbol{\Theta}}=[1(°)/\mathrm{s},1(°)/\mathrm{s},1(°)/\mathrm{s}]^{\mathrm{T}}$ 代入式(7.31)、式(7.32)可以计算相应的末端线速度和末端角速度,结果见表 7.3,从中可以看出,对于给定的任何臂型总能计算得到相应的末端线速度和末端角速度;对于部分特殊臂型,无论关节角速度多大都不能产生完全的三轴运动速度,此类臂型为奇异臂型,将在下一章进行详细分析。

表 7.3 空间 3R 球腕机械臂不同臂型下末端速度的计算结果

序号	臂型 $\boldsymbol{\Theta}$	末端线速度 /(m·s^{-1}) 和末端角速度 /((°)·s^{-1})		备注
		$\{0\}$ 系中的表示	$\{n\}$ 系中的表示	
1	$[0°,0°,0°]^{\mathrm{T}}$	${}^{0}\boldsymbol{v}_{\mathrm{e}}=[-0.009,0,0]^{\mathrm{T}}$ ${}^{0}\boldsymbol{\omega}_{\mathrm{e}}=[0,1,0]^{\mathrm{T}}$	${}^{n}\boldsymbol{v}_{\mathrm{e}}=[-0.009,0,0]^{\mathrm{T}}$ ${}^{n}\boldsymbol{\omega}_{\mathrm{e}}=[0,-1,0]^{\mathrm{T}}$	部分方向不产生角速度
2	$[30°,0°,0°]^{\mathrm{T}}$	${}^{0}\boldsymbol{v}_{\mathrm{e}}=[-0.008,-0.004,0]^{\mathrm{T}}$ ${}^{0}\boldsymbol{\omega}_{\mathrm{e}}=[-0.500,0.866,0]^{\mathrm{T}}$	${}^{n}\boldsymbol{v}_{\mathrm{e}}=[-0.009,0,0]^{\mathrm{T}}$ ${}^{n}\boldsymbol{\omega}_{\mathrm{e}}=[0,-1,0]^{\mathrm{T}}$	部分方向不产生角速度
3	$[30°,0°,60°]^{\mathrm{T}}$	${}^{0}\boldsymbol{v}_{\mathrm{e}}=[-0.008,-0.004,0]^{\mathrm{T}}$ ${}^{0}\boldsymbol{\omega}_{\mathrm{e}}=[-0.500,0.866,0]^{\mathrm{T}}$	${}^{n}\boldsymbol{v}_{\mathrm{e}}=[-0.004,0.008,0]^{\mathrm{T}}$ ${}^{n}\boldsymbol{\omega}_{\mathrm{e}}=[-0.866,-0.500,0]^{\mathrm{T}}$	部分方向不产生角速度
4	$[0°,180°,0°]^{\mathrm{T}}$	${}^{0}\boldsymbol{v}_{\mathrm{e}}=[0.009,0,0]^{\mathrm{T}}$ ${}^{0}\boldsymbol{\omega}_{\mathrm{e}}=[0,1,2]^{\mathrm{T}}$	${}^{n}\boldsymbol{v}_{\mathrm{e}}=[-0.009,0,0]^{\mathrm{T}}$ ${}^{n}\boldsymbol{\omega}_{\mathrm{e}}=[0,-1,2]^{\mathrm{T}}$	部分方向不产生角速度
5	$[30°,180°,0°]^{\mathrm{T}}$	${}^{0}\boldsymbol{v}_{\mathrm{e}}=[0.008,0.004,0]^{\mathrm{T}}$ ${}^{0}\boldsymbol{\omega}_{\mathrm{e}}=[-0.500,0.866,2]^{\mathrm{T}}$	${}^{n}\boldsymbol{v}_{\mathrm{e}}=[-0.009,0,0]^{\mathrm{T}}$ ${}^{n}\boldsymbol{\omega}_{\mathrm{e}}=[0,-1,2]^{\mathrm{T}}$	部分方向不产生角速度
6	$[30°,180°,60°]^{\mathrm{T}}$	${}^{0}\boldsymbol{v}_{\mathrm{e}}=[0.008,0.004,0]^{\mathrm{T}}$ ${}^{0}\boldsymbol{\omega}_{\mathrm{e}}=[-0.500,0.866,2]^{\mathrm{T}}$	${}^{n}\boldsymbol{v}_{\mathrm{e}}=[-0.004,0.008\ 4,0]^{\mathrm{T}}$ ${}^{n}\boldsymbol{\omega}_{\mathrm{e}}=[-0.866,-0.500,2]^{\mathrm{T}}$	部分方向不产生角速度

续表7.3

序号	臂型 $\boldsymbol{\Theta}$	末端线速度 /(m·s^{-1}) 和末端角速度 /((°)·s^{-1})		备注
		{0} 系中的表示	{n} 系中的表示	
7	$[50°, -130°, 80°]^{\mathrm{T}}$	${}^{0}\boldsymbol{v}_{e} = [-0.002, 0.009, -0.007]^{\mathrm{T}}$ ${}^{0}\boldsymbol{\omega}_{e} = [-0.274, 1.230, 1.643]^{\mathrm{T}}$	${}^{n}\boldsymbol{v}_{e} = [-0.008, 0.007, 0]^{\mathrm{T}}$ ${}^{n}\boldsymbol{\omega}_{e} = [-0.852, -0.928, 1.643]^{\mathrm{T}}$	产生三轴方向的角速度
8	$[-130°, 130°, -100°]^{\mathrm{T}}$	${}^{0}\boldsymbol{v}_{e} = [-0.009, 0, 0.007]^{\mathrm{T}}$ ${}^{0}\boldsymbol{\omega}_{e} = [1.258, -0.056, 1.643]^{\mathrm{T}}$	${}^{n}\boldsymbol{v}_{e} = [-0.005, -0.010, 0]^{\mathrm{T}}$ ${}^{n}\boldsymbol{\omega}_{e} = [1.118, -0.581, 1.643]^{\mathrm{T}}$	产生三轴方向的角速度

7.2.6　空间 6R 腕部分离机械臂的雅可比矩阵

空间 6R 腕部分离机械臂的 D－H 坐标系及 D－H 参数分别如图 4.20 和表 4.5 所示，相邻杆件间的齐次变换矩阵如式(4.66) ～ (4.68) 所示，坐标系{n} 相对于坐标系{0} 的齐次变换矩阵如式(4.69) 所示。采用上述方法，得到其基座雅可比矩阵为(末端雅可比矩阵作为课后作业)

$$ {}^{0}\boldsymbol{J}(\boldsymbol{\Theta}) = [{}^{0}\boldsymbol{J}_1, \quad {}^{0}\boldsymbol{J}_2, \quad \cdots, \quad {}^{0}\boldsymbol{J}_6] \tag{7.64} $$

其中，

$$ {}^{0}\boldsymbol{J}_1 = \begin{bmatrix} -s_1(a_2c_2 + d_4s_{23}) - d_6[s_1(s_{23}c_5 + c_{23}c_4s_5) + c_1s_4s_5] \\ c_1(a_2c_2 + d_4s_{23}) + d_6[c_1(s_{23}c_5 + c_{23}c_4s_5) - s_1s_4s_5] \\ 0 \\ 0 \\ 0 \\ 1 \end{bmatrix} \tag{7.65} $$

$$ {}^{0}\boldsymbol{J}_2 = \begin{bmatrix} c_1[-a_2s_2 + d_4c_{23} + d_6(c_{23}c_5 - s_{23}c_4s_5)] \\ s_1[-a_2s_2 + d_4c_{23} + d_6(c_{23}c_5 - s_{23}c_4s_5)] \\ -a_2c_2 - d_4s_{23} - d_6(s_{23}c_5 + c_{23}c_4s_5) \\ -s_1 \\ c_1 \\ 0 \end{bmatrix} \tag{7.66} $$

$$ {}^{0}\boldsymbol{J}_3 = \begin{bmatrix} c_1[d_4c_{23} + d_6(c_{23}c_5 - s_{23}c_4s_5)] \\ s_1[d_4c_{23} + d_6(c_{23}c_5 - s_{23}c_4s_5)] \\ -d_4s_{23} - d_6(s_{23}c_5 + c_{23}c_4s_5) \\ -s_1 \\ c_1 \\ 0 \end{bmatrix} \tag{7.67} $$

$$ {}^{0}\boldsymbol{J}_4 = \begin{bmatrix} -d_6(s_1c_4 + c_1c_{23}s_4)s_5 \\ d_6(c_1c_4 - s_1c_{23}s_4)s_5 \\ d_6s_{23}s_4s_5 \\ c_1s_{23} \\ s_1s_{23} \\ c_{23} \end{bmatrix} \tag{7.68} $$

$$
{}^{0}\boldsymbol{J}_5=\begin{bmatrix} -d_6\left[c_1\left(s_{23}s_5-c_{23}c_4c_5\right)+s_1s_4c_5\right] \\ -d_6\left[s_1\left(s_{23}s_5-c_{23}c_4c_5\right)-c_1s_4c_5\right] \\ -d_6\left(c_{23}s_5+s_{23}c_4c_5\right) \\ -s_1c_4-c_1c_{23}s_4 \\ c_1c_4-s_1c_{23}s_4 \\ s_{23}s_4 \end{bmatrix} \tag{7.69}
$$

$$
{}^{0}\boldsymbol{J}_6=\begin{bmatrix} 0 \\ 0 \\ 0 \\ c_1\left(s_{23}c_5+c_{23}c_4s_5\right)-s_1s_4s_5 \\ s_1\left(s_{23}c_5+c_{23}c_4s_5\right)+c_1s_4s_5 \\ c_{23}c_5-s_{23}c_4s_5 \end{bmatrix} \tag{7.70}
$$

7.3　雅可比矩阵计算的直接求导法

7.3.1　直接求导法的基本思想

直接求导法指的是直接对末端位置、姿态的表达式进行求导，进行整理后得到雅可比矩阵。当末端采用齐次变换矩阵后，末端线速度和角速度可以分别根据式(7.2) 和式(7.3) 进行计算。

对式(7.2) 进行进一步的推导，可得

$$
\boldsymbol{v}_{\mathrm{e}}=\frac{\partial \boldsymbol{p}_n(\boldsymbol{q})}{\partial \boldsymbol{q}^{\mathrm{T}}}\dot{\boldsymbol{q}}=\sum_{i=1}^{n}\left(\frac{\partial\left[{}^{0}\boldsymbol{p}_n(\boldsymbol{q})\right]}{\partial q_i}\dot{q}_i\right)=\sum_{i=1}^{n}\left({}^{0}\boldsymbol{J}_{vi}\dot{q}_i\right) \tag{7.71}
$$

其中，

$$
{}^{0}\boldsymbol{J}_{vi}=\frac{\partial\left[{}^{0}\boldsymbol{p}_n(\boldsymbol{q})\right]}{\partial q_i} \tag{7.72}
$$

对式(7.3) 进行进一步的推导，可得

$$
\begin{aligned}
\boldsymbol{\omega}_{\mathrm{e}}^{\times}&={}^{0}\dot{\boldsymbol{R}}_n(\boldsymbol{q})\left[{}^{0}\boldsymbol{R}_n(\boldsymbol{q})\right]^{\mathrm{T}}=\sum_{i=1}^{n}\left(\frac{\partial\left[{}^{0}\boldsymbol{R}_n(\boldsymbol{q})\right]}{\partial q_i}\dot{q}_i\right)\left[{}^{0}\boldsymbol{R}_n(\boldsymbol{q})\right]^{\mathrm{T}} \\
&=\sum_{i=1}^{n}\left(\frac{\partial\left[{}^{0}\boldsymbol{R}_n(\boldsymbol{q})\right]}{\partial q_i}\left[{}^{0}\boldsymbol{R}_n(\boldsymbol{q})\right]^{\mathrm{T}}\dot{q}_i\right)=\sum_{i=1}^{n}\left({}^{0}\boldsymbol{J}_{\omega i}^{\times}\dot{q}_i\right)
\end{aligned} \tag{7.73}
$$

其中，

$$
{}^{0}\boldsymbol{J}_{\omega i}^{\times}=\frac{\partial\left[{}^{0}\boldsymbol{R}_n(\boldsymbol{q})\right]}{\partial q_i}\left[{}^{0}\boldsymbol{R}_n(\boldsymbol{q})\right]^{\mathrm{T}} \tag{7.74}
$$

根据式(7.74) 和叉乘操作数的性质，可得到 3×1 矢量 $\boldsymbol{J}_{\omega i}$。由式(7.74) 和式(7.72) 即可构造雅可比矩阵的第 i 列，即：

$$
{}^{0}\boldsymbol{J}_i=\begin{bmatrix} {}^{0}\boldsymbol{J}_{vi} \\ {}^{0}\boldsymbol{J}_{\omega i} \end{bmatrix} \tag{7.75}
$$

7.3.2　直接求导法举例

以前述空间 3R 肘机械臂为例，末端坐标系$\{n\}$ 相对于坐标系$\{0\}$ 的位置矢量和姿态变换矩阵分别如式(4.55)和式(4.54)所示。

对式(4.55)求各关节变量的偏导数,有

$$^{0}\boldsymbol{J}_{v1}=\frac{\partial(^{0}\boldsymbol{p}_{3})}{\partial q_{1}}=\begin{bmatrix}-s_{1}(a_{2}c_{2}+a_{3}c_{23})\\ c_{1}(a_{2}c_{2}+a_{3}c_{23})\\ 0\end{bmatrix}\tag{7.76}$$

$$^{0}\boldsymbol{J}_{v2}=\frac{\partial(^{0}\boldsymbol{p}_{3})}{\partial q_{2}}=\begin{bmatrix}-c_{1}(a_{2}s_{2}+a_{3}s_{23})\\ -s_{1}(a_{2}s_{2}+a_{3}s_{23})\\ -(a_{2}c_{2}+a_{3}c_{23})\end{bmatrix}\tag{7.77}$$

$$^{0}\boldsymbol{J}_{v3}=\frac{\partial(^{0}\boldsymbol{p}_{3})}{\partial q_{3}}=\begin{bmatrix}-a_{3}c_{1}s_{23}\\ -a_{3}s_{1}s_{23}\\ -a_{3}c_{23}\end{bmatrix}\tag{7.78}$$

另一方面,对式(4.54)求各关节变量的偏导数,有

$$\frac{\partial(^{0}\boldsymbol{R}_{3})}{\partial q_{1}}=\begin{bmatrix}-s_{1}c_{23} & s_{1}s_{23} & -c_{1}\\ c_{1}c_{23} & -c_{1}s_{23} & -s_{1}\\ 0 & 0 & 0\end{bmatrix}\tag{7.79}$$

$$\frac{\partial(^{0}\boldsymbol{R}_{3})}{\partial q_{2}}=\begin{bmatrix}-c_{1}s_{23} & -c_{1}c_{23} & 0\\ -s_{1}s_{23} & -s_{1}c_{23} & 0\\ -c_{23} & s_{23} & 0\end{bmatrix}\tag{7.80}$$

$$\frac{\partial(^{0}\boldsymbol{R}_{3})}{\partial q_{3}}=\begin{bmatrix}-c_{1}s_{23} & -c_{1}c_{23} & 0\\ -s_{1}s_{23} & -s_{1}c_{23} & 0\\ -c_{23} & s_{23} & 0\end{bmatrix}\tag{7.81}$$

将式(7.79)～(7.81)及式(4.54)代入式(7.73),有

$$^{0}\boldsymbol{J}_{\omega1}^{\times}=\frac{\partial(^{0}\boldsymbol{R}_{3})}{\partial q_{1}}\cdot{}^{0}\boldsymbol{R}_{3}^{\mathrm{T}}=\begin{bmatrix}0 & -1 & 0\\ 1 & 0 & 0\\ 0 & 0 & 0\end{bmatrix}\tag{7.82}$$

$$^{0}\boldsymbol{J}_{\omega2}^{\times}=\frac{\partial(^{0}\boldsymbol{R}_{3})}{\partial q_{2}}\cdot{}^{0}\boldsymbol{R}_{3}^{\mathrm{T}}=\begin{bmatrix}0 & 0 & c_{1}\\ 0 & 0 & s_{1}\\ -c_{1} & -s_{1} & 0\end{bmatrix}\tag{7.83}$$

$$^{0}\boldsymbol{J}_{\omega3}^{\times}=\frac{\partial(^{0}\boldsymbol{R}_{3})}{\partial q_{3}}\cdot{}^{0}\boldsymbol{R}_{3}^{\mathrm{T}}=\begin{bmatrix}0 & 0 & c_{1}\\ 0 & 0 & s_{1}\\ -c_{1} & -s_{1} & 0\end{bmatrix}\tag{7.84}$$

结合矢量叉乘操作数的定义,根据式(7.82)～(7.84),可分别得

$$^{0}\boldsymbol{J}_{\omega1}=\begin{bmatrix}0\\ 0\\ 1\end{bmatrix}\tag{7.85}$$

$$^{0}\boldsymbol{J}_{\omega2}=\begin{bmatrix}-s_{1}\\ c_{1}\\ 0\end{bmatrix}\tag{7.86}$$

$$ {}^{0}\boldsymbol{J}_{\omega 3}=\begin{bmatrix}-s_1\\c_1\\0\end{bmatrix} \tag{7.87}$$

因此,雅可比矩阵为

$$ {}^{0}\boldsymbol{J}(\boldsymbol{q})=\begin{bmatrix}{}^{0}\boldsymbol{J}_{v1} & {}^{0}\boldsymbol{J}_{v2} & {}^{0}\boldsymbol{J}_{v3}\\ {}^{0}\boldsymbol{J}_{\omega 1} & {}^{0}\boldsymbol{J}_{\omega 2} & {}^{0}\boldsymbol{J}_{\omega 3}\end{bmatrix}=\begin{bmatrix}-s_1(a_2c_2+a_3c_{23}) & -c_1(a_2s_2+a_3s_{23}) & -a_3c_1s_{23}\\ c_1(a_2c_2+a_3c_{23}) & -s_1(a_2s_2+a_3s_{23}) & -a_3s_1s_{23}\\ 0 & -(a_2c_2+a_3c_{23}) & -a_3c_{23}\\ 0 & -s_1 & -s_1\\ 0 & c_1 & c_1\\ 1 & 0 & 0\end{bmatrix} \tag{7.88}$$

可见,式(7.88)与式(7.60)的结果完全一样,说明了该方法的有效性。但当自由度多或构型复杂时,${}^{0}\boldsymbol{T}_n$ 的表达式将会变得更复杂,很难得出简洁的表达式;而构造法则更适合用编程实现。

7.4 机器人微分运动分析

7.4.1 采用6D状态变量描述末端位姿时的微分运动

当机器人的位置、姿态分别用位置矢量 $\boldsymbol{p}_e$ 和欧拉角 $\boldsymbol{\psi}_e$ 表示时,完整的位姿状态可采用如式(4.9)所示的6D向量 $\boldsymbol{X}_e(=[\boldsymbol{p}_e^{\mathrm{T}} \quad \boldsymbol{\Psi}_e^{\mathrm{T}}]^{\mathrm{T}})$ 表示,末端位姿的时间导数 $\dot{\boldsymbol{X}}_e$ 及末端广义速度 $\dot{\boldsymbol{x}}_e(=[\boldsymbol{v}_e^{\mathrm{T}},\boldsymbol{\omega}_e^{\mathrm{T}}]^{\mathrm{T}})$ 分别为式(4.14)和式(4.15)。

将式(4.10)和式(4.12)代入式(7.5),有

$$\begin{bmatrix}\dot{\boldsymbol{p}}_e\\ \boldsymbol{J}_{\mathrm{Euler}}\dot{\boldsymbol{\Psi}}_e\end{bmatrix}=\begin{bmatrix}\boldsymbol{J}_v(\boldsymbol{q})\\ \boldsymbol{J}_\omega(\boldsymbol{q})\end{bmatrix}\dot{\boldsymbol{q}} \tag{7.89}$$

式(7.89)两侧乘以时间微分 dt 后,可得相应的微分形式:

$$\begin{bmatrix}\delta\boldsymbol{p}_e\\ \boldsymbol{J}_{\mathrm{Euler}}\delta\boldsymbol{\Psi}_e\end{bmatrix}=\begin{bmatrix}\boldsymbol{J}_v(\boldsymbol{q})\\ \boldsymbol{J}_\omega(\boldsymbol{q})\end{bmatrix}\delta\boldsymbol{q} \tag{7.90}$$

其中,

$$\begin{cases}\delta\boldsymbol{p}_e=\boldsymbol{v}_e\mathrm{d}t\\ \delta\boldsymbol{\Psi}_e=\dot{\boldsymbol{\Psi}}_e\mathrm{d}t\\ \delta\boldsymbol{q}=\dot{\boldsymbol{q}}\mathrm{d}t\end{cases} \tag{7.91}$$

当 $\boldsymbol{J}_{\mathrm{Euler}}$ 可逆时,根据式(7.90),有

$$\begin{bmatrix}\delta\boldsymbol{p}_e\\ \delta\boldsymbol{\Psi}_e\end{bmatrix}=\begin{bmatrix}\boldsymbol{J}_v(\boldsymbol{q})\\ \boldsymbol{J}_{\mathrm{Euler}}^{-1}\boldsymbol{J}_\omega(\boldsymbol{q})\end{bmatrix}\delta\boldsymbol{q} \tag{7.92}$$

式(7.92)也可写成如下的矩阵形式:

$$\delta\boldsymbol{X}_e=\tilde{\boldsymbol{J}}(\boldsymbol{q})\delta\boldsymbol{q} \tag{7.93}$$

$$\tilde{\boldsymbol{J}}(\boldsymbol{q})=\begin{bmatrix}\boldsymbol{J}_v(\boldsymbol{q})\\ \boldsymbol{J}_{\mathrm{Euler}}^{-1}\boldsymbol{J}_\omega(\boldsymbol{q})\end{bmatrix} \tag{7.94}$$

式(7.92)或式(7.93)即为采用6D状态变量描述末端位姿时的微分运动方程，反映了关节位移发生微小变化时末端位姿 $\boldsymbol{X}_e$ 变化的情况，其映射矩阵为改造后的雅可比矩阵 $\tilde{\boldsymbol{J}}(\boldsymbol{q})$。

当计算出末端位姿状态的微分运动量后，可按下式预测下一个时刻的末端位姿状态：

$$\boldsymbol{X}_e(t+\mathrm{d}t)=\boldsymbol{X}_e(t)+\delta\boldsymbol{X}_e \tag{7.95}$$

例 7.4　空间6R腕部分离机械臂的D－H坐标系及D－H参数分别如图4.20和表4.5所示，相应的参数与5.3.3节相同。已知 t 时刻的关节位置和末端位姿(姿态采用动轴 xyz 欧拉角的形式)分别为

$$\boldsymbol{q}(t)=[15°,40°,70°,50°,100°,80°]^{\mathrm{T}} \tag{7.96}$$

$$\boldsymbol{X}_e(t)=[0.6898\ \mathrm{m},0.4972\ \mathrm{m},-0.0408\ \mathrm{m},-130.3428°,-34.1942°,-93.9826°]^{\mathrm{T}} \tag{7.97}$$

在 t 时刻关节的角速度为

$$\dot{\boldsymbol{q}}(t)=[2(°)/\mathrm{s},3(°)/\mathrm{s},4(°)/\mathrm{s},-1.5(°)/\mathrm{s},-2.5(°)/\mathrm{s},-3.5(°)/\mathrm{s}]^{\mathrm{T}} \tag{7.98}$$

时间步长 $\mathrm{d}t=0.1\ \mathrm{s}$，计算当前时刻机械臂末端的微分运动量，并预测下一个时刻的末端位姿状态。

解　将式(7.96)关节变量代入7.2.5节推导的雅可比矩阵公式，可得此时机器人的雅可比矩阵为

$${}^0\boldsymbol{J}=\begin{bmatrix}-0.4972 & -0.7155 & -0.4051 & 0.0342 & -0.3290 & 0\\ 0.6898 & -0.1917 & -0.1085 & 0.2713 & -0.1432 & 0\\ 0 & -0.7950 & -0.4119 & 0.2836 & 0.1767 & 0\\ 0 & -0.2588 & -0.2588 & 0.9077 & 0.0867 & -0.5620\\ 0 & 0.9659 & 0.9659 & 0.2432 & 0.6887 & 0.6304\\ 1 & 0 & 0 & -0.3420 & 0.7198 & -0.5355\end{bmatrix} \tag{7.99}$$

其中，

$${}^0\boldsymbol{J}_v=\begin{bmatrix}-0.4972 & -0.7155 & -0.4051 & 0.0342 & -0.3290 & 0\\ 0.6898 & -0.1917 & -0.1085 & 0.2713 & -0.1432 & 0\\ 0 & -0.7950 & -0.4119 & 0.2836 & 0.1767 & 0\end{bmatrix} \tag{7.100}$$

$${}^0\boldsymbol{J}_\omega=\begin{bmatrix}0 & -0.2588 & -0.2588 & 0.9077 & 0.0867 & -0.5620\\ 0 & 0.9659 & 0.9659 & 0.2432 & 0.6887 & 0.6304\\ 1 & 0 & 0 & -0.3420 & 0.7198 & -0.5355\end{bmatrix} \tag{7.101}$$

末端姿态为 $\boldsymbol{\Psi}_e(t)=[-130.3428°,-34.1942°,-93.9826°]^{\mathrm{T}}$，根据第3章的内容可得其对应的速度映射矩阵：

$$\boldsymbol{J}_{\mathrm{Euler}}=\begin{bmatrix}1 & 0 & -0.5620\\ 0 & -0.6474 & 0.6304\\ 0 & -0.7622 & -0.5355\end{bmatrix} \tag{7.102}$$

关节的微分运动量为

$$\delta\boldsymbol{q}=\dot{\boldsymbol{q}}(t)\mathrm{d}t=[0.2°,0.3°,0.4°,-0.15°,-0.25°,-0.35°]^{\mathrm{T}} \tag{7.103}$$

将上述结果分别代入式(7.93)和式(7.95)后可得

$$\delta\boldsymbol{X}_{\mathrm{e}}(t)=[-0.0070\ \mathrm{m},0.0006\ \mathrm{m},-0.0086\ \mathrm{m},-0.1283^{\circ},-0.3570^{\circ},0.0249^{\circ}]^{\mathrm{T}} \tag{7.104}$$

$$\boldsymbol{X}_{\mathrm{e}}(t+\mathrm{d}t)=[0.6828\ \mathrm{m},0.4978\ \mathrm{m},-0.0493\ \mathrm{m},-130.4711^{\circ},-34.5512^{\circ},-93.9576^{\circ}]^{\mathrm{T}} \tag{7.105}$$

7.4.2 采用齐次变换描述末端位姿时的微分运动

在第 3.4 节已推导了采用齐次变换矩阵表示刚体位姿时其微分运动与刚体线速度和角速度的关系,即式(3.120),将其扩展于机器人的末端,结合机器人速度级运动学方程,可以推导相应的末端齐次变换矩阵的微分。

末端的微分运动矢量为

$$\boldsymbol{D}_{\mathrm{e}}=[\boldsymbol{d}_{p\mathrm{e}}^{\mathrm{T}}\quad \boldsymbol{\delta}_{\phi\mathrm{e}}^{\mathrm{T}}]^{\mathrm{T}}=[d_{\mathrm{e}x},d_{\mathrm{e}y},d_{\mathrm{e}z},\delta_{\mathrm{e}x},\delta_{\mathrm{e}y},\delta_{\mathrm{e}z}]^{\mathrm{T}} \tag{7.106}$$

其与刚体线速度和角速度的关系分别为

$$\boldsymbol{D}_{\mathrm{e}}=\begin{bmatrix}\boldsymbol{v}_{\mathrm{e}}\\ \boldsymbol{\omega}_{\mathrm{e}}\end{bmatrix}\mathrm{d}t \tag{7.107}$$

将式(7.107) 代入式(7.5),有

$$\boldsymbol{D}_{\mathrm{e}}=\begin{bmatrix}\boldsymbol{J}_{v}(\boldsymbol{q})\\ \boldsymbol{J}_{\omega}(\boldsymbol{q})\end{bmatrix}\delta\boldsymbol{q}=\boldsymbol{J}(\boldsymbol{q})\delta\boldsymbol{q} \tag{7.108}$$

当 $\boldsymbol{D}_{\mathrm{e}}$ 解出后,可计算末端坐标系相对于参考系的齐次变换矩阵的微分算子,即:

$$\boldsymbol{\Delta}_{\mathrm{e}}=\begin{bmatrix}0 & -\delta_{\mathrm{e}z} & \delta_{\mathrm{e}y} & d_{\mathrm{e}x}\\ \delta_{\mathrm{e}z} & 0 & -\delta_{\mathrm{e}x} & d_{\mathrm{e}y}\\ -\delta_{\mathrm{e}y} & \delta_{\mathrm{e}x} & 0 & d_{\mathrm{e}z}\\ 0 & 0 & 0 & 0\end{bmatrix} \tag{7.109}$$

则根据式(3.113) 可以计算末端齐次变换矩阵的微分为

$$\mathrm{d}\boldsymbol{T}_{n}=\boldsymbol{\Delta}_{\mathrm{e}}\boldsymbol{T}_{n} \tag{7.110}$$

式中,$\boldsymbol{T}_n$ 为末端坐标系相对于参考系的齐次变换矩阵;$\mathrm{d}\boldsymbol{T}_n$ 为该齐次变换矩阵的微分;$\boldsymbol{\Delta}_{\mathrm{e}}$ 为由 $\boldsymbol{D}_{\mathrm{e}}$ 决定(进而由雅可比矩阵 $\boldsymbol{J}$ 和关节的微分运动 $\delta\boldsymbol{q}$ 决定) 的微分算子。

当计算出末端位姿状态的微分运动量后,可按下式预测下一个时刻末端位姿矩阵:

$$\boldsymbol{T}_{n}(t+\mathrm{d}t)=\boldsymbol{T}_{n}(t)+\mathrm{d}\boldsymbol{T}_{n} \tag{7.111}$$

例 7.5 空间6R腕部分离机械臂的D－H坐标系及D－H参数分别如图4.20和表4.5所示,相应的参数与 5.3.3 节相同。已知 t 时刻的关节位置和速度分别如式(7.96) 和式(7.98) 所示。时间步长 $\mathrm{d}t=0.1$ s,计算当前时刻机械臂末端位姿矩阵的微分运动量,并预测下一个时刻末端的位姿矩阵。

解 将 $\boldsymbol{q}(t)$ 代入该机械臂的正运动学方程可以求得此时末端的位姿矩阵为

$${}^{0}\boldsymbol{T}_{6}=\begin{bmatrix}-0.0574 & 0.8251 & -0.5620 & 0.6898\\ 0.6160 & 0.4723 & 0.6304 & 0.4972\\ 0.7856 & -0.3100 & -0.5355 & -0.0408\\ 0 & 0 & 0 & 1\end{bmatrix} \tag{7.112}$$

将式(7.99) 和式(7.103) 代入式(7.108) 可得

$$\boldsymbol{D}_{\mathrm{e}}={}^{0}\boldsymbol{J}\delta\boldsymbol{q}=[-0.0070,0.0006,-0.0086,-0.0025,0.0043,0.0045]^{\mathrm{T}} \tag{7.113}$$

根据式(7.109)构造微分算子：

$$\boldsymbol{\Delta}_{e}=\begin{bmatrix}0 & -\delta_{ez} & \delta_{ey} & d_{ex}\\ \delta_{ez} & 0 & -\delta_{ex} & d_{ey}\\ -\delta_{ey} & \delta_{ex} & 0 & d_{ez}\\ 0 & 0 & 0 & 0\end{bmatrix}=\begin{bmatrix}0 & -0.0045 & 0.0043 & -0.0070\\ 0.0045 & 0 & 0.0025 & 0.0006\\ -0.0043 & -0.0025 & 0 & -0.0086\\ 0 & 0 & 0 & 0\end{bmatrix} \tag{7.114}$$

根据式(7.110)可求得末端位姿矩阵的微分：

$$\mathrm{d}({}^{0}\boldsymbol{T}_{6})=\boldsymbol{\Delta}_{e}{}^{0}\boldsymbol{T}_{6}=\begin{bmatrix}0.0006 & -0.0035 & -0.0052 & -0.0094\\ 0.0017 & 0.0030 & -0.0039 & 0.0036\\ -0.0013 & -0.0047 & 0.0009 & -0.0128\\ 0 & 0 & 0 & 0\end{bmatrix} \tag{7.115}$$

因而下一个时刻末端的位姿矩阵预测值为

$${}^{0}\boldsymbol{T}_{6}(t+\mathrm{d}t)={}^{0}\boldsymbol{T}_{6}(t)+\mathrm{d}({}^{0}\boldsymbol{T}_{6})=\begin{bmatrix}-0.0568 & 0.8217 & -0.5672 & 0.6804\\ 0.6177 & 0.4752 & 0.6266 & 0.5008\\ 0.7843 & -0.3147 & -0.5346 & -0.0535\\ 0 & 0 & 0 & 1\end{bmatrix} \tag{7.116}$$

7.5　速度级逆运动学及奇异问题

前面推导了机器人的速度级正运动学方程，建立了从关节速度到末端速度的映射关系，当给定具体的关节速度时，根据上述映射关系总可以算出相应的末端速度，但对于某些特殊臂型，不论关节速度多大，某些方向的末端速度分量总为零，说明在此种臂型下关节运动无法使末端产生某些方向运动。在实际应用中，往往首先需要根据机器人的作业任务确定末端速度，然后基于速度级运动学方程求解相应的关节速度，这一过程即为速度级逆运动学求解过程。那么，当机器人处于上述特殊臂型时，给定末端速度是否可以求出合理的关节速度？特殊臂型下的逆运动学有什么特点？

7.5.1　速度级逆运动学求解

机器人速度级正运动学方程如式(7.6)所示，即根据关节速度可以计算末端速度，映射矩阵为雅可比矩阵 $\boldsymbol{J}(\boldsymbol{q})$；实际中，往往需要根据给定的末端速度求关节速度。根据线性代数理论可知，对于方程组(7.6)，若系数矩阵 $\boldsymbol{J}(\boldsymbol{q})$ 为方阵且满秩(可逆)，则方程组有解，且解为

$$\dot{\boldsymbol{q}}=\boldsymbol{J}^{-1}(\boldsymbol{q})\dot{\boldsymbol{x}}_{e} \tag{7.117}$$

然而，当 $\boldsymbol{J}$ 不满秩(不可逆)时，根据式(7.117)求解的关节角速度将为无穷大，这在实际中是不可能存在的，此种现象称为机械臂的运动学奇异(Kinematics Singularity)，对应的关节臂型 $\boldsymbol{q}$ 称为奇异臂型(Singularity Configuration)、末端位姿 $\boldsymbol{X}_{e}$ 称为奇异位姿(奇异位形，Singularity Pose)或奇异点(Singularity Point)。

奇异这一概念在线性代数理论中主要用于描述线性方程组可解性的问题，若系数矩阵为方阵且满秩，则方程组有唯一解；若不满秩，则线性方程组有无穷解或无解，不满秩的矩阵

称为奇异矩阵(Singular Matrix)。机器人关节速度与末端速度的映射关系是通过雅可比矩阵建立的，而雅可比矩阵是机器人关节变量(即臂型)的函数，在不同的臂型下，雅可比矩阵会呈现出不同的性质，就有可能处于降秩(即奇异)的情况，此时的臂型即前述的特殊臂型。

例 7.6　对于 7.1.4 节的平面 2R 机械臂，求解其逆运动学并给出运动学奇异条件。

解　仅考虑末端位置时平面 2R 机械臂的速度级正运动学方程如式(7.18)所示，其逆运动学方程为

$$\dot{\boldsymbol{\Theta}} = \boldsymbol{J}_v^{-1}(\boldsymbol{\Theta})\dot{\boldsymbol{p}}_{\mathrm{e}} \tag{7.118}$$

雅可比矩阵 $\boldsymbol{J}_v$ 为 2×2 的方阵，其逆的表达式如下：

$$\boldsymbol{J}_v^{-1}(\boldsymbol{\Theta}) = \frac{1}{l_1 l_2 s_2}\begin{bmatrix} l_2 c_{12} & l_2 s_{12} \\ -l_1 c_1 - l_2 c_{12} & -l_1 s_1 - l_2 s_{12} \end{bmatrix} \tag{7.119}$$

将式(7.119)代入式(7.17)可得

$$\begin{bmatrix} \dot{\theta}_1 \\ \dot{\theta}_2 \end{bmatrix} = \frac{1}{l_1 l_2 s_2}\begin{bmatrix} l_2 c_{12} & l_2 s_{12} \\ -l_1 c_1 - l_2 c_{12} & -l_1 s_1 - l_2 s_{12} \end{bmatrix}\begin{bmatrix} \dot{p}_{\mathrm{e}x} \\ \dot{p}_{\mathrm{e}y} \end{bmatrix} \tag{7.120}$$

由式(7.120)可知，当 $s_2=0$ 即 $\theta_2=0$ 或 $\theta_2=\pi$ 时，$\boldsymbol{J}_v$ 不可逆，此时根据式(7.120)求解的关节角速度将为无穷大，说明在此种情况下，要实现给定的末端线速度，关节 1 和关节 2 的角速度将为无穷大，物理上是不可行的。实际上，当 $\theta_2=0$ 或 $\theta_2=\pi$ 时，机械臂均处于工作空间的边界，无法沿臂杆方向继续运动，即损失了沿着臂杆方向的运动能力(损失了一个自由度)，平面 2R 机械臂的运动学奇异条件如图 7.2 所示，即 $\theta_2=0$ 或 $\theta_2=\pi$。

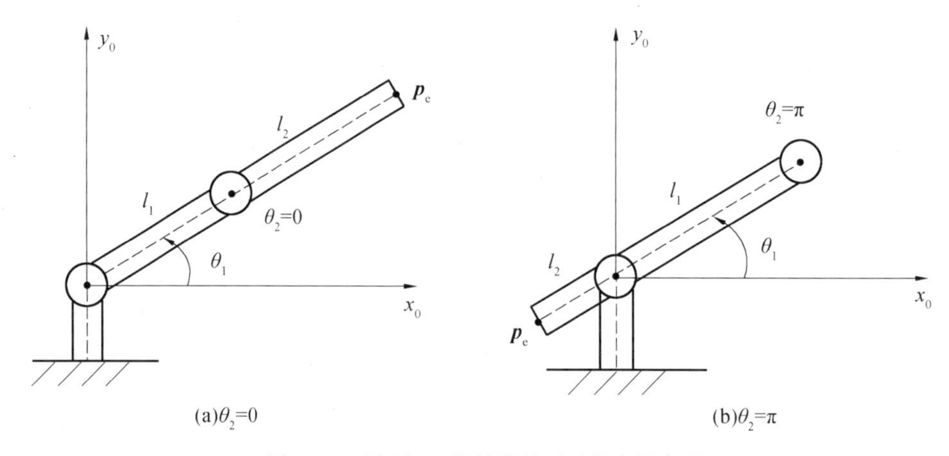

图 7.2　平面 2R 机械臂的运动学奇异条件

7.5.2　雅可比矩阵的奇异值分解及其性质

雅可比矩阵决定了关节空间与任务空间的速度映射关系，其性质对于机器人速度级正、逆运动学分析和求解极其重要。

(1) 奇异值分解。

奇异值分解(Singularity Value Decomposition，SVD)是现代数值分析最基本和最重要的工具之一。在此用于雅可比矩阵的分析。

对于 $m\times n$ 的雅可比矩阵 $\boldsymbol{J}$(实际用的机器人为满自由度或冗余自由度，即 $m\leqslant n$，下面的分析仅考虑此情况)，存在 m 阶正交矩阵 $\boldsymbol{U}$ 和 n 阶正交矩阵 $\boldsymbol{V}$，使

$$\boldsymbol{J}=\boldsymbol{U\Sigma V}^{\mathrm{T}} \tag{7.121}$$

上式中，$\boldsymbol{\Sigma}$ 为如下形式的对角阵：

$$\boldsymbol{\Sigma}=\begin{bmatrix}\sigma_1 & 0 & \cdots & 0 & 0\\ 0 & \sigma_2 & \cdots & 0 & 0\\ \vdots & \vdots & & \vdots & \vdots\\ 0 & 0 & \cdots & \sigma_m & 0\end{bmatrix} \tag{7.122}$$

各对角元素按照下列顺序排列：

$$\sigma_1\geqslant\sigma_2\geqslant\cdots\geqslant\sigma_m\geqslant 0 \tag{7.123}$$

上述 m 个对角阵元素 $\sigma_1\sim\sigma_m$ 为矩阵 $\boldsymbol{J}$ 的奇异值。矩阵 $\boldsymbol{U}$ 的列矢量 $\boldsymbol{u}_i$、矩阵 $\boldsymbol{V}$ 的列矢量 $\boldsymbol{v}_i$ 分别称为矩阵 $\boldsymbol{J}$ 的左奇异向量和右奇异向量。

矩阵 $\boldsymbol{J}$ 的奇异值分解式(7.121) 可以表示为如下矢量乘积的形式(m 项累加)：

$$\boldsymbol{J}=\sum_{i=1}^{m}\sigma_i\boldsymbol{u}_i\boldsymbol{v}_i^{\mathrm{T}} \tag{7.124}$$

由于 $\boldsymbol{U}$、$\boldsymbol{V}$ 均为正交阵，与 $\boldsymbol{J}$ 具有相同的秩，即：

$$\mathrm{rank}(\boldsymbol{\Sigma})=\mathrm{rank}(\boldsymbol{J}) \tag{7.125}$$

其中，rank(　) 表示对矩阵求秩的函数。

若 $\boldsymbol{J}$ 的秩为 r，且 $r\leqslant m$，还可将表示为如下形式：

$$\boldsymbol{\Sigma}=\begin{bmatrix}\boldsymbol{\Sigma}_1 & \boldsymbol{0}\\ \boldsymbol{0} & \boldsymbol{0}\end{bmatrix} \tag{7.126}$$

其中，$\boldsymbol{\Sigma}_1$ 为 r 个不为零的奇异值组成的对角阵，即：

$$\boldsymbol{\Sigma}_1=\begin{bmatrix}\sigma_1 & & & \\ & \sigma_2 & & \\ & & \ddots & \\ & & & \sigma_r\end{bmatrix}\quad(\sigma_1\geqslant\sigma_2\geqslant\cdots\geqslant\sigma_r>0) \tag{7.127}$$

相应地，式(7.124) 还可以简化表示为(即只有 r 项累加)

$$\boldsymbol{J}=\sum_{i=1}^{r}\sigma_i\boldsymbol{u}_i\boldsymbol{v}_i^{\mathrm{T}} \tag{7.128}$$

(2) 逆矩阵及广义逆矩阵。

当雅可比矩阵为 $n\times n$ 的方阵时(即 $m=n$ 的情况)，基于 SVD 分解所得的式(7.121) 和式(7.124) 可得其逆矩阵为

$$\boldsymbol{J}^{-1}=\boldsymbol{V\Sigma}^{-1}\boldsymbol{U}^{\mathrm{T}}=\sum_{i=1}^{n}\frac{1}{\sigma_i}\boldsymbol{v}_i\boldsymbol{u}_i^{\mathrm{T}} \tag{7.129}$$

由式(7.129) 可知，当雅可比矩阵奇异时，至少一个奇异值为 0(如最小奇异值 σ_n)，此时 σ_i 为无穷大，逆矩阵不存在。

对于一般情况，即 $\boldsymbol{J}$ 为 $m\times n$ 的矩阵、秩为 r，其广义逆定义为 Moore－Penrose广义逆。由于 $m\leqslant n$，采用右逆矩阵，即：

$$\boldsymbol{J}^{+}=\boldsymbol{J}^{\mathrm{T}}(\boldsymbol{JJ}^{\mathrm{T}})^{-1} \tag{7.130}$$

基于其奇异值分解后，可得广义逆 $\boldsymbol{J}^{+}$ 具有如下形式：

$$\boldsymbol{J}^{+}=\boldsymbol{V\Sigma}^{+}\boldsymbol{U}^{\mathrm{T}} \tag{7.131}$$

其中,

$$\boldsymbol{\Sigma}^{+}=\begin{bmatrix}\boldsymbol{\Sigma}_1^{-1} & \mathbf{0}\\ \mathbf{0} & \mathbf{0}\end{bmatrix} \tag{7.132}$$

$$\boldsymbol{\Sigma}_1^{-1}=\begin{bmatrix}\frac{1}{\sigma_1} & & \\ & \ddots & \\ & & \frac{1}{\sigma_r}\end{bmatrix} \tag{7.133}$$

式(7.131)写成矢量乘积的形式有

$$\boldsymbol{J}^{+}=\boldsymbol{V}\boldsymbol{\Sigma}^{+}\boldsymbol{U}^{\mathrm{T}}=\sum_{i=1}^{r}\frac{1}{\sigma_i}\boldsymbol{v}_i\boldsymbol{u}_i^{\mathrm{T}} \tag{7.134}$$

式(7.131)和式(7.134)具有一般性,适用于方阵和非方阵。

(3)关节速度与末端速度的关系。

机器人速度级正、逆运动学方程分别如式(7.6)和式(7.117)所示,根据矩阵和向量范数的性质可知:

$$\|\dot{\boldsymbol{x}}_{\mathrm{e}}\|=\|\boldsymbol{J}\dot{\boldsymbol{q}}\|\leqslant\|\boldsymbol{J}\|\,\|\dot{\boldsymbol{q}}\| \tag{7.135}$$

$$\|\dot{\boldsymbol{q}}\|=\|\boldsymbol{J}^{-1}\dot{\boldsymbol{x}}_{\mathrm{e}}\|\leqslant\|\boldsymbol{J}^{-1}\|\,\|\dot{\boldsymbol{x}}_{\mathrm{e}}\| \tag{7.136}$$

上面的式子中,$\|\boldsymbol{X}\|$表示矩阵或向量$\boldsymbol{X}$的范数,可以是任何形式的范数,不做特别说明时,本书均采用2-范数。

由式(7.135)和式(7.136)可得

$$\frac{1}{\|\boldsymbol{J}\|}\|\dot{\boldsymbol{x}}_{\mathrm{e}}\|\leqslant\|\dot{\boldsymbol{q}}\|\leqslant\|\boldsymbol{J}^{-1}\|\,\|\dot{\boldsymbol{x}}_{\mathrm{e}}\| \tag{7.137}$$

根据式(7.137)的左半部分可得

$$\frac{1}{\|\boldsymbol{J}\|}\leqslant\frac{\|\dot{\boldsymbol{q}}\|}{\|\dot{\boldsymbol{x}}_{\mathrm{e}}\|} \tag{7.138}$$

根据式(7.137)的右半部分可得

$$\frac{\|\dot{\boldsymbol{q}}\|}{\|\dot{\boldsymbol{x}}_{\mathrm{e}}\|}\leqslant\|\boldsymbol{J}^{-1}\| \tag{7.139}$$

结合式(7.138)和式(7.139)可得

$$\frac{1}{\|\boldsymbol{J}\|}\leqslant\frac{\|\dot{\boldsymbol{q}}\|}{\|\dot{\boldsymbol{x}}_{\mathrm{e}}\|}\leqslant\|\boldsymbol{J}^{-1}\| \tag{7.140}$$

由矩阵分析理论可知,$\|\boldsymbol{J}\|=\sigma_1$、$\|\boldsymbol{J}^{-1}\|=\frac{1}{\sigma_m}$(矩阵的2-范数等于其最大奇异值),因此式(7.140)可进一步写成:

$$\frac{1}{\sigma_1}\leqslant\frac{\|\dot{\boldsymbol{q}}\|}{\|\dot{\boldsymbol{x}}_{\mathrm{e}}\|}\leqslant\frac{1}{\sigma_{\mathrm{m}}} \tag{7.141}$$

不等式(7.141)的等价形式为

$$\sigma_{\mathrm{m}}\leqslant\frac{\|\dot{\boldsymbol{x}}_{\mathrm{e}}\|}{\|\dot{\boldsymbol{q}}\|}\leqslant\sigma_1 \tag{7.142}$$

不等式(7.141)或式(7.142)揭示了关节速度幅值与末端速度幅值比(或反过来)的范围,对于分析机器人的运动性能极其关键,也是各类性能指标的理论依据。

7.5.3 运动学奇异的通用处理方法

(1) 基于广义逆的奇异处理。

根据前面的知识可知，对雅可比矩阵 $\boldsymbol{J}$ 进行 SVD 分解后，其伪逆表达式如式(7.134)所示。当处于奇异臂型时，虽然雅可比矩阵不满足，即 $r=\operatorname{rank}(\boldsymbol{J})<n$，但伪逆仍存在。采用 $\boldsymbol{J}$ 的伪逆代替矩阵逆进行微分运动学求解，可得关节速度为

$$\dot{\boldsymbol{q}}_d=\boldsymbol{J}^{+}(\boldsymbol{q})\begin{bmatrix}\boldsymbol{v}_{ed}\\ \boldsymbol{\omega}_{ed}\end{bmatrix}=\left(\sum_{i=1}^{r}\frac{1}{\sigma_i}\boldsymbol{v}_i\boldsymbol{u}_i^{\mathrm{T}}\right)\begin{bmatrix}\boldsymbol{v}_{ed}\\ \boldsymbol{\omega}_{ed}\end{bmatrix} \tag{7.143}$$

其中，$\boldsymbol{v}_{ed}$、$\boldsymbol{\omega}_{ed}$ 为规划得到的期望线速度和角速度；$\boldsymbol{q}$ 为当前关节位置(实际值)；$\boldsymbol{q}_d$ 为计算得到的期望关节位置(将用作控制器的期望值)。

式(7.143) 只用到了 r 个非零奇异值对应的项，相当于直接截断了奇异值为 0 的所有项，始终有解。根据伪逆的定义可知，所求得的解实际上是满足下列条件的最优解($\dot{\boldsymbol{x}}_{ed}=[\boldsymbol{v}_{ed}^{\mathrm{T}},\boldsymbol{\omega}_{ed}^{\mathrm{T}}]^{\mathrm{T}}$)：

$$\dot{\boldsymbol{q}}_d:\min_{\dot{\boldsymbol{q}}_d}(\|\dot{\boldsymbol{x}}_{ed}-\boldsymbol{J}(\boldsymbol{q})\dot{\boldsymbol{q}}_d\|^2) \tag{7.144}$$

即所求得的关节角速度对应的末端速度 $\boldsymbol{J}(\boldsymbol{q})\dot{\boldsymbol{q}}_d$ 不等于期望的末端速度 $\dot{\boldsymbol{x}}_{ed}$，差别甚至会非常大(与臂型相关)，导致末端的实际运动偏离了期望的运动，因此，该方法是通过牺牲末端运动精度来获得有效解的，且在奇异臂型附近解算的关节速度跳变较大。

(2) 阻尼最小方差(DLS) 法。

为了克服使用矩阵伪逆进行逆运动学求解时存在的关节速度跳变较大、精度损失不可控等缺点，学者们提出了采用阻尼最小方差逆(Damped Least－Squares Inverse) 代替矩阵伪逆的方法，称为阻尼最小方差法，简称 DLS 法(Damped Least－Squares)。

雅可比矩阵的阻尼最小方差逆 $\boldsymbol{J}^{\#}$ 定义为

$$\boldsymbol{J}^{\#}=(\boldsymbol{J}^{\mathrm{T}}\boldsymbol{J}+\lambda^2\boldsymbol{I})^{-1}\boldsymbol{J}^{\mathrm{T}} \tag{7.145}$$

采用 $\boldsymbol{J}^{\#}$ 代替 $\boldsymbol{J}^{-1}$，求解关节速度，即：

$$\dot{\boldsymbol{q}}_d=\boldsymbol{J}^{\#}(\boldsymbol{q})\begin{bmatrix}\boldsymbol{v}_{ed}\\ \boldsymbol{\omega}_{ed}\end{bmatrix} \tag{7.146}$$

按式(7.146) 求解得到的关节速度是满足下列条件的最优解：

$$\dot{\boldsymbol{q}}_d:\min_{\dot{\boldsymbol{q}}_d}(\|\dot{\boldsymbol{x}}_{ed}-\boldsymbol{J}(\boldsymbol{q})\dot{\boldsymbol{q}}_d\|^2+\lambda^2\|\dot{\boldsymbol{q}}_d\|^2) \tag{7.147}$$

将式(7.145) 代入式(7.146)，并结合雅可比矩阵的 SVD 分解，可得

$$\dot{\boldsymbol{q}}_d=\boldsymbol{J}^{\#}\dot{\boldsymbol{x}}_{ed}=\sum_{i=1}^{n}\frac{\sigma_i}{\sigma_i^2+\lambda^2}\boldsymbol{v}_i\boldsymbol{u}_i^{\mathrm{T}}\dot{\boldsymbol{x}}_{ed} \tag{7.148}$$

其中，$\lambda\geqslant 0$，称为阻尼系数，当其为 0 时不产生阻尼作用，$\boldsymbol{J}^{\#}$ 与 $\boldsymbol{J}^{-1}$ 相等，不牺牲精度。阻尼最小方差法并没有直接截断奇异值为 0 的项，而是采用不为 0 的阻尼系数可避免当奇异值为 0 时产生的倒数为无穷大的问题，λ 越大，阻尼效果越明显，但精度损失也最大(式(7.147))；反之，λ 越小，精度越高，但阻尼效果不明显，关节速度波动大。因此，在实际中，要进行折中考虑。常用的方法是根据雅可比矩阵的最小奇异值 σ_n 来判断机器人接近奇异的状态，然后采用下面的公式进行自适应调整：

$$\lambda^2=\begin{cases}0, & \text{当 } \sigma_n\geqslant\varepsilon\\ \left(1-\left(\dfrac{\sigma_n}{\varepsilon}\right)^2\right)\lambda_m^2, & \text{其他}\end{cases} \tag{7.149}$$

其中，σ_n 为雅可比矩阵的最小奇异值ε 用于判断机器人是否奇异的阈值；λ_m 为奇异区域的最大阻尼值。采用式(7.149)调整阻尼系数的思想为：将最小奇异值作为接近奇异的判据，通过阈值来设定奇异区的大小，在奇异区外阻尼系数为0，奇异点处阻尼系数为最大值 λ_m，而在奇异区内按抛物线函数进行调整。

阈值和最大阻尼系数 λ_m 的值对奇异回避效果有很大影响(这两个系数是对矩阵的奇异值，特别是最小奇异值产生作用)，不同结构的机械臂有很大差异，在实际应用中一般是根据经验来设定或通过实验来获得合适的值，使用起来不是很方便。图7.3所示是 $\varepsilon=0.5$、$\lambda_m=0.8$ 时阻尼系数相对于最小奇异值变化的曲线，其他取值的曲线形式与此类似，只是横轴的宽度和纵轴的高度有所不同。

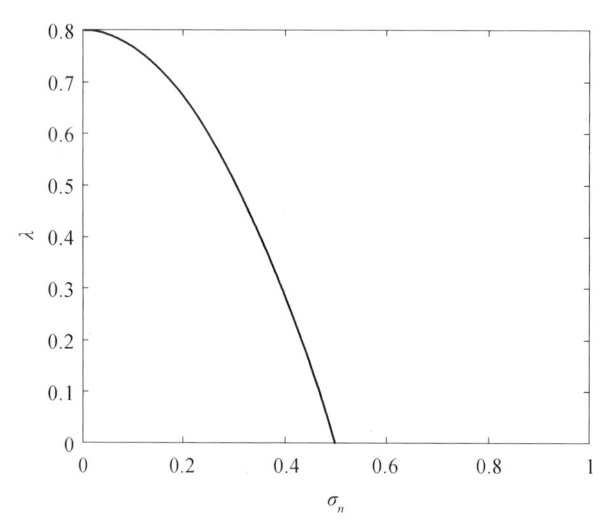

图7.3 阻尼系数调整曲线

上述方法具有通用性，也保证奇异点及奇异点附近关节速度的连续性和有限性，但牺牲了机械臂末端在各个方向的位姿精度，且需要对雅可比矩阵进行直接处理，计算量大。Kirćanski 提出了基于符号运算的奇异值分解技术，计算符号表示的最小方差解，以减少运算的复杂性。Chiaverini 采用阻尼最小方差逆＋数值滤波的方法，只将阻尼系数加在最小奇异值上。但上述类型的方法，要么需要对雅可比矩阵进行实时的SVD分解，要么需要实时估计雅可比矩阵的最小奇异值，运算量较大。后续章节将分析具体构型机器人的运动学奇异条件，得出奇异条件参数(详见第8章)，基于此参数可以采用计算效率更高的奇异回避方法(详见第9章)。

7.6 基于微分运动学的通用逆运动学求解方法

在第5章和第6章分别讨论了非冗余机械臂和冗余机械臂的逆运动学求解方法，均是基于位置级运动方程进行解算的，推导过程与机械臂的结构紧密相关，通用性较差。虽然对于特殊结构机械臂而言，可能推导出逆运动学的封闭解，但对于一般的情况，很难获得解析形式的逆解。

本节介绍一种基于微分运动学的通用逆运动学求解方法，是一种完全数值法，对机器人的结构、自由度数没有特别要求，也就是说，不管对于冗余或非冗余机械臂，不管关节配置是否具有特殊性，只要是物理可行的情况（即给定的末端位姿合理），均能求出一组有效解。

7.6.1 算法原理

假设期望的末端位姿为

$$\boldsymbol{T}_d = \begin{bmatrix} \boldsymbol{n}_d & \boldsymbol{o}_d & \boldsymbol{a}_d & \boldsymbol{p}_d \\ 0 & 0 & 0 & 1 \end{bmatrix} \tag{7.150}$$

若当前关节变量为 $\boldsymbol{q}_c$，将其代入位置级正运动学方程可得相应的末端位姿矩阵：

$$\boldsymbol{T}_c = \text{Fkine}(\boldsymbol{q}_c) = \begin{bmatrix} \boldsymbol{n}_c & \boldsymbol{o}_c & \boldsymbol{a}_c & \boldsymbol{p}_c \\ 0 & 0 & 0 & 1 \end{bmatrix} \tag{7.151}$$

根据式(7.150)和式(7.151)，利用第 3 章 3.5 节的知识，可以得到当前末端位置与期望末端位置的误差为

$$\boldsymbol{e}_{\text{p}}(\boldsymbol{q}_c) = \boldsymbol{d}_{\text{pe}} = \boldsymbol{p}_d - \boldsymbol{p}_c \tag{7.152}$$

根据式(3.133)推导的结果，可得末端姿态误差为

$$\boldsymbol{e}_{\text{o}}(\boldsymbol{q}_c) = \boldsymbol{\delta}_{\phi} \approx \frac{1}{2}(\boldsymbol{n}_c \times \boldsymbol{n}_d + \boldsymbol{o}_c \times \boldsymbol{o}_d + \boldsymbol{a}_c \times \boldsymbol{a}_d) \tag{7.153}$$

基于式(7.108)，得到末端位姿误差与关节位置误差的关系为

$$\begin{bmatrix} \boldsymbol{e}_{\text{p}}(\boldsymbol{q}_c) \\ \boldsymbol{e}_{\text{o}}(\boldsymbol{q}_c) \end{bmatrix} = \boldsymbol{J}(\boldsymbol{q}_c)\Delta\boldsymbol{q} \tag{7.154}$$

对于 6R 非冗余机械臂，$\boldsymbol{J}(\boldsymbol{q}_c)$ 为 6×6 的方阵，若 $\boldsymbol{J}(\boldsymbol{q}_c)$ 满秩，根据式(7.154)，有

$$\Delta\boldsymbol{q} = \boldsymbol{J}^{-1}(\boldsymbol{q}_c)\begin{bmatrix} \boldsymbol{e}_{\text{p}}(\boldsymbol{q}_c) \\ \boldsymbol{e}_{\text{o}}(\boldsymbol{q}_c) \end{bmatrix} \tag{7.155}$$

若 $\boldsymbol{T}_c = \boldsymbol{T}_d$，则 $\boldsymbol{e}_{\text{p}}(\boldsymbol{q}_c)$ 和 $\boldsymbol{e}_{\text{o}}(\boldsymbol{q}_c)$ 都为零，根据式(7.155)可知，此时 $\Delta\boldsymbol{q} = \boldsymbol{0}$，$\boldsymbol{q}_c$ 即为满足给定末端位姿 $\boldsymbol{T}_d$ 的一组逆解。当 $\boldsymbol{J}(\boldsymbol{q}_c)$ 不满秩时，可采用上述的广义逆法或阻尼最小方差法求解关节增量 $\Delta\boldsymbol{q}$。

对于 n 自由度冗余机械臂($n > 6$)，$\boldsymbol{J}(\boldsymbol{q}_c)$ 为 $6 \times n$ 的矩阵，此时可采用伪逆计算 $\boldsymbol{q}$，即：

$$\Delta\boldsymbol{q} = \boldsymbol{J}^{+}(\boldsymbol{q}_c)\begin{bmatrix} \boldsymbol{e}_{\text{p}}(\boldsymbol{q}_c) \\ \boldsymbol{e}_{\text{o}}(\boldsymbol{q}_c) \end{bmatrix} \tag{7.156}$$

其中，$\boldsymbol{J}^{+}(\boldsymbol{q}_c)$ 为 $\boldsymbol{J}(\boldsymbol{q}_c)$ 的伪逆(Pseudoinverse Matrix)，本书采用 Moore—Penrose 广义逆作为矩阵的伪逆。根据式(7.156)得到的 $\boldsymbol{q}$ 为满足 $\boldsymbol{e}_{\text{p}}(\boldsymbol{q}_c)$ 和 $\boldsymbol{e}_{\text{o}}(\boldsymbol{q}_c)$ 的最小范数解。矩阵伪逆是矩阵逆的推广，对于满秩方阵而言，伪逆与逆的值是相等的，因此式(7.156)也可用于非冗余机械臂，具有通用性。

基于上述推导和分析，利用式方程式(7.151)和式(7.156)，可采用数值迭代法求解机械臂的逆运动学方程。该方法对机械臂的构型没有特别要求，也适用于冗余机械臂。不过需要指出的是，迭代法只能得出一组相应于算法初值的迭代值。

7.6.2 算法流程

已知机器人的 D－H 参数，给定末端位姿为 $\boldsymbol{T}_d$，设定关节变量的迭代初值为 $\boldsymbol{q}_0$、位置 $\varepsilon_{\text{p}} = 10^{-8}$、姿态误差阈值 $\varepsilon_{\text{o}} = 10^{-8}$，如用如下步骤计算逆解。

(1) 初始化迭代次数 $k = 1$，当前关节角 $\boldsymbol{q}_{ck} = \boldsymbol{q}_0$。

(2) 根据正运动学方程、雅可比矩阵的求解函数分别计算式(7.151)，计算相应于 $\boldsymbol{q}_{ck}$ 的

末端位姿矩阵和雅可比矩阵，即 $\boldsymbol{T}_{ck}=\mathrm{Fkine}(\boldsymbol{q}_{ck})$、$\boldsymbol{J}_{ck}=\mathrm{Jacobian}(\boldsymbol{q}_{ck})$。

(3) 基于 $\boldsymbol{T}_c(\boldsymbol{q}_{ck})$ 和 $\boldsymbol{T}_d$ 的值，根据式(7.152)、式(7.153)计算机器人末端位置误差矢量 $\boldsymbol{e}_{pk}=\boldsymbol{e}_p(\boldsymbol{q}_{ck})$ 和姿态误差矢量 $\boldsymbol{e}_{ok}=\boldsymbol{e}_o(\boldsymbol{q}_{ck})$。

(4) 若末端位置误差和姿态误差均小于阈值，即 $\|\boldsymbol{e}_{pk}\|\leqslant\varepsilon_p$ 且 $\|\boldsymbol{e}_{ok}\|\leqslant\varepsilon_o$，则 $\boldsymbol{q}_{ck}$ 为一组逆解，算法结束，转(8)；否则，继续下面的步骤。

(5) 根据式(7.154)，采用伪逆法计算关节角增量，即：

$$\Delta\boldsymbol{q}_k=\boldsymbol{J}^{+}(\boldsymbol{q}_{ck})\begin{bmatrix}\boldsymbol{e}_p(\boldsymbol{q}_c)\\\boldsymbol{e}_o(\boldsymbol{q}_c)\end{bmatrix}\tag{7.157}$$

(6) 按下式计算下一个迭代周期的关节变量：

$$\boldsymbol{q}_{c(k+1)}=\boldsymbol{q}_{ck}+\Delta\boldsymbol{q}_k\tag{7.158}$$

(7) 令 $k=k+1$，转(2)。

(8) 输出 $\boldsymbol{q}_{ck}$，即为相应于初始关节角 $\boldsymbol{q}_0$ 及期望末端位姿 $\boldsymbol{T}_d$ 的一组逆解。

为了避免无解时程序陷入死循环，可通过设置最大允许迭代次数来控制运行过程，当迭代次数 k 大于最大迭代次数时，即使未收敛仍令算法停止。

从上面的算法流程可知，该算法具有非常好的通用性，其关键是将机器人的微分运动关系转换为关节误差与末端位姿误差之间的关系，建立这一映射关系的矩阵仍然为雅可比矩阵。需要指出的是，关于末端位姿误差的计算不是唯一的，在第3章中各种关于 $\boldsymbol{e}_p$、$\boldsymbol{e}_o$ 的计算公式在上述算法中都可以使用，收敛结果一样。

基于上述基本原理，还可以采用基于雅可比矩阵转置、加权等的逆运动学求解方法。

7.6.3　逆运动学求解举例

(1) 空间6R腕部分离机械臂逆运动学求解举例。

以空间6R腕部分离机械臂为例，其D－H坐标系及D－H参数与5.3.3节算例相同。给定的末端位姿矩阵如式(5.51)所示，给定下面几种不同的初始臂型进行迭代：

$$\boldsymbol{q}_{01}=[0°,0°,0°,0°,0°,0°]^{\mathrm{T}}$$

$$\boldsymbol{q}_{02}=[5°,10°,20°,20°,30°,30°]^{\mathrm{T}}$$

$$\boldsymbol{q}_{03}=[10°,40°,60°,60°,90°,10°]^{\mathrm{T}}$$

$$\boldsymbol{q}_{04}=[10°,40°,60°,60°,90°,10°]^{\mathrm{T}}$$

将给定的 ${}^0\boldsymbol{T}_6$ 和上述初始臂型用于前面的数值求解算法，计算结果见表7.4，其结果为采用解析法计算的结果(表5.3)的一部分。从中可以看出，对于给定的一组迭代初值，可以求解出一组值，通过设定不同的初值，可以得到多组不同的值。

表7.4　不同初值下6R腕部分离机械臂的逆解

序号	θ_1/(°)	θ_2/(°)	θ_3/(°)	θ_4/(°)	θ_5/(°)	θ_6/(°)	迭代初值
1	－165.000 00	140.000 0	110.000 0	－130.000 0	100.000 0	80.000 0	$\boldsymbol{q}_{01}$
2	15.000 0	18.163 3	110.000 0	－130.992 0	－88.147 1	－113.822 9	$\boldsymbol{q}_{02}$
3	－165.000 0	161.836 7	70.000 0	49.008 0	－88.147 1	－113.822 9	$\boldsymbol{q}_{03}$
4	15.000 0	40.000 0	70.000 0	－130.000 0	－100.000 0	－100.000 0	$\boldsymbol{q}_{04}$

(2) 非球腕机械臂逆运动学求解举例。

某6R非球腕机械臂的D－H坐标系及D－H参数与5.3.3节算例相同。给定的末端位姿矩阵如式(5.94)所示,除了前面给的 $\boldsymbol{q}_{01}\sim\boldsymbol{q}_{04}$ 初值外,还给定下面 4 种不同的迭代初值。将 $\boldsymbol{q}_{01}\sim\boldsymbol{q}_{08}$ 这 8 组初值用于逆运动学求解,结果见表 7.5,与采用第 5 章方法得到了同样的 8 组逆解。

$$\boldsymbol{q}_{05}=[-150°,-30°,20°,26°,100°,-80°]^{\mathrm{T}}$$

$$\boldsymbol{q}_{06}=[100°,-50°,-10°,-70°,-70°,120°]^{\mathrm{T}}$$

$$\boldsymbol{q}_{07}=[100°,-30°,-10°,-100°,60°,-100°]^{\mathrm{T}}$$

$$\boldsymbol{q}_{08}=[-65°,-130°,-143°,195°,-70°,130°]^{\mathrm{T}}$$

表 7.5　不同初值下 6R 非球腕机械臂的逆解

序号	$\theta_1/(°)$	$\theta_2/(°)$	$\theta_3/(°)$	$\theta_4/(°)$	$\theta_5/(°)$	$\theta_6/(°)$	迭代初值
1	10.000 0	−140.388 9	170.000 0	−153.004 9	122.454 2	−84.350 2	$\boldsymbol{q}_{01}$
2	−168.146 9	−138.568 2	−172.717 3	27.252 8	50.454 6	−117.592 9	$\boldsymbol{q}_{02}$
3	110.061 8	−153.110 2	160.584 7	−78.233 0	−97.030 5	75.279 2	$\boldsymbol{q}_{03}$
4	−69.938 2	−26.889 8	19.415 3	101.767 0	−97.030 5	75.279 2	$\boldsymbol{q}_{04}$
5	−170.000 0	−39.611 1	10.000 0	26.995 1	122.454 2	−84.350 2	$\boldsymbol{q}_{05}$
6	108.544 1	−51.587 6	−16.809 3	−79.580 7	−79.032 4	149.348 8	$\boldsymbol{q}_{06}$
7	11.853 1	−41.431 8	−7.282 7	−152.747 2	50.454 6	−117.592 9	$\boldsymbol{q}_{07}$
8	−71.455 9	−128.412 4	−163.190 7	100.419 3	−79.032 4	149.348 8	$\boldsymbol{q}_{08}$

(3) 冗余机械臂逆运动学求解举例。

以连续三轴平行 7R 冗余机械臂为例,其 D−H 坐标系及 D−H 参数分别如图 6.13 和表 6.12 所示。为了说明方法的通用性,假设该机械臂的肩部、腕部、肘部均有偏置。作为实际的例子,假设表 6.12 中的 D−H 参数值为:$a_2=0.3$ m、$a_3=2.3$ m、$a_4=2.3$ m、$a_5=0.3$ m;$d_1=0.65$ m、$d_2=0.3$ m、$d_3=0.9$ m、$d_6=0.3$ m、$d_7=0.65$ m。

给定末端位姿为

$$^{0}\boldsymbol{T}_7=\begin{bmatrix}-0.7424 & 0.4405 & -0.5047 & 0.9537\\ -0.5328 & -0.8450 & 0.0461 & -3.9916\\ -0.4062 & 0.3031 & 0.8620 & 0.0473\\ 0 & 0 & 0 & 1\end{bmatrix}\tag{7.159}$$

分别设定如下几组初值进行迭代:

$$\boldsymbol{q}_{01}=[0°,0°,0°,0°,0°,0°,0°]^{\mathrm{T}}$$

$$\boldsymbol{q}_{02}=[5°,10°,20°,20°,30°,30°,40°]^{\mathrm{T}}$$

$$\boldsymbol{q}_{03}=[10°,40°,60°,60°,90°,10°,40°]^{\mathrm{T}}$$

$$\boldsymbol{q}_{04}=[-70°,50°,-30°,-70°,-80°,50°,40°]^{\mathrm{T}}$$

$$\boldsymbol{q}_{05}=[60°,70°,-90°,100°,80°,-50°,-40°]^{\mathrm{T}}$$

$$\boldsymbol{q}_{06}=[80°,80°,-50°,60°,70°,-70°,-7°]^{\mathrm{T}}$$

逆运动学计算结果见表 7.6,由此说明了此方法的通用性。

表 7.6　不同初值下 7R 冗余机械臂的逆解

序号	$\theta_1/(°)$	$\theta_2/(°)$	$\theta_3/(°)$	$\theta_4/(°)$	$\theta_5/(°)$	$\theta_6/(°)$	$\theta_7/(°)$	迭代初值
1	135.073 2	−149.499 0	−27.968 8	−7.186 2	−122.128 0	123.015 3	−120.519 4	$\boldsymbol{q}_{01}$
2	20.415 3	−50.148 9	112.132 9	−69.413 9	150.215 7	78.370 5	16.910 1	$\boldsymbol{q}_{02}$
3	76.593 9	−148.454 9	5.124 1	43.535 1	−176.482 9	140.572 9	−88.647 2	$\boldsymbol{q}_{03}$
4	−164.177 6	−46.479 1	−111.518 7	52.743 7	27.482 4	−20.505 6	−11.268 2	$\boldsymbol{q}_{04}$
5	19.871 8	32.052 0	119.114 0	−35.598 7	−155.852 1	13.034 2	122.851 2	$\boldsymbol{q}_{05}$
6	−121.174 4	−5.330 0	−80.502 5	42.755 6	110.575 5	28.487 0	46.814 5	$\boldsymbol{q}_{06}$

本章习题

习题 7.1　平面 3 自由度机械臂臂型和相关参数、变量定义同习题 4.1,推导下面两种情况下的速度级运动学方程。

(1) 不考虑末端定姿的需求,推导关节角速度($\dot{\theta}_1,\dot{\theta}_2,\dot{\theta}_3$) 到末端线速度($\dot{x}_e,\dot{y}_e$) 的关系,给出雅可比矩阵的表达式。

(2) 考虑末端定姿的需求,推导关节角速度($\dot{\theta}_1,\dot{\theta}_2,\dot{\theta}_3$) 到末端线速度和角速度($\dot{x}_e,\dot{y}_e,\dot{\varphi}_e$) 的关系,给出雅可比矩阵的表达式。

习题 7.2　空间 3R 肘机器人的 D－H 坐标系及 D－H 参数分别如图 4.18 和表 4.3 所示,采用构造法推导其末端雅可比矩阵,给出推导过程。

习题 7.3　空间 3R 球腕机器人的 D－H 坐标系及 D－H 参数分别如图 4.19 和表4.4 所示,采用构造法推导其基座雅可比矩阵和末端雅可比矩阵,给出推导过程。

习题 7.4　SCARA 机器人的构型及几何参数如习题 5.3 所示,采用构造法推导其基座雅可比矩阵和末端雅可比矩阵,给出推导过程。

习题 7.5　空间 6R 腕部分离机械臂的 D－H 坐标系及 D－H 参数分别如图 4.20 和表 4.5 所示,相应的参数为 $a_2=0.5$ m,$d_1=0.7$ m,$d_4=0.6$ m,$d_6=0.4$ m。完成下面的问题:

(1) 采用构造法推导其基座雅可比矩阵和末端雅可比矩阵,给出推导过程。

(2) 当 D－H 参数取值与 5.3.3 节相同,当关节角速度 $\dot{\boldsymbol{\Theta}}=[1,1,1,1,1,1]^{\mathrm{T}}$(单位:(°)/s) 时计算下列臂型下在{0} 系和{n} 系中描述的末端线速度和角速度。

①$\boldsymbol{\Theta}=[0°,0°,0°,0°,0°,0°]^{\mathrm{T}}$。

②$\boldsymbol{\Theta}=[15°,40°,70°,50°,100°,80°]^{\mathrm{T}}$。

③$\boldsymbol{\Theta}=[15°,40°,70°,-130°,-100°,-100°]^{\mathrm{T}}$。

④$\boldsymbol{\Theta}=[-165°,161.837°,70°,-130.992°,88.147°,66.177°]^{\mathrm{T}}$。

⑤$\boldsymbol{\Theta}=[-165°,161.837°,70°,49.008°,-88.147°,-113.823°]^{\mathrm{T}}$。

习题 7.6　相邻三轴平行 6R 机械臂的 D－H 坐标系及 D－H 参数分别如图 5.10 和表 5.5 所示,几何长度为 $g=0.3$ m、$h=0.4$ m、$l=1.5$ m、$p=0.5$ m。完成下面的问题:

(1) 采用构造法推导其基座雅可比矩阵和末端雅可比矩阵,给出推导过程。

(2) 当 D－H 参数取值与 5.4.4 节相同,当关节角速度 $\dot{\boldsymbol{\Theta}}=[1,1,1,1,1,1]^{\mathrm{T}}$(单位:(°)/s) 时计算下列臂型下在{0}系和{n}系下描述的末端线速度和角速度。

①$\boldsymbol{\Theta}=[0°,0°,0°,0°,0°,0°]^{\mathrm{T}}$。

②$\boldsymbol{\Theta}=[33.303°,-14.428°,84.288°,115.944°,40.740°,-21.667°]^{\mathrm{T}}$。

③$\boldsymbol{\Theta}=[33.303°,69.860°,-84.288°,-159.768°,40.740°,-21.667°]^{\mathrm{T}}$。

④$\boldsymbol{\Theta}=[33.303°,7.342°,66.367°,-67.905°,-40.740°,158.333°]^{\mathrm{T}}$。

⑤$\boldsymbol{\Theta}=[33.30°,73.709°,-66.367°,-1.538°,-40.740°,158.333°]^{\mathrm{T}}$。

习题 7.7　UR5e 机器人的结构和参数如习题 4.6 所示,完成下面的问题:

(1) 采用构造法推导其基座雅可比矩阵和末端雅可比矩阵,并分析两者的等价关系。

(2) 采用直接求导法推导其基座雅可比矩阵和末端雅可比矩阵,并与构造法的结果进行比较。

习题 7.8　某具有偏置的 3R 机械臂的构型及参数同习题 4.3,完成如下问题:

(1) 推导机械臂的雅可比矩阵。

(2) 若该机械臂用于末端定位,不考虑末端姿态,采用数值法求解其位置逆运动学,并给出计算程序和计算实例。

习题 7.9　斯坦福机器人的构型及关节配置如习题 5.6,完成如下问题:

(1) 推导该机械臂的基座雅可比矩阵和末端雅可比矩阵。

(2) 采用数值迭代法求解其位置级逆运动学,并给出计算程序和计算实例。

习题 7.10　空间 4R 机械臂的 D－H 坐标系和 D－H 参数分别如图 6.2 和表 6.1 所示,且参数 $d_1=0.3$ m、$d_3=0.7$ m、$a_4=0.5$ m,完成如下问题:

(1) 推导该机械臂的基座雅可比矩阵和末端雅可比矩阵。

(2) 若该机械臂用于末端定位,不考虑末端姿态,采用数值法求解其位置逆运动学,并给出计算程序和计算实例。

(3) 若该机械臂用于末端定姿,不考虑末端位置,采用数值法求解其位置逆运动学,并给出计算程序和计算实例。

(4) 当关节角速度 $\dot{\boldsymbol{\Theta}}=[1,1,1,1]^{\mathrm{T}}$(单位:(°)/s) 时计算下列臂型下在{0}系和{n}系中描述的末端线速度和角速度。

①$\boldsymbol{\Theta}=[0°,0°,0°,0°]^{\mathrm{T}}$。

②$\boldsymbol{\Theta}=[10°,20°,30°,40°]^{\mathrm{T}}$。

③$\boldsymbol{\Theta}=[10°,20°,-150°,140°]^{\mathrm{T}}$。

④$\boldsymbol{\Theta}=[31.934°,29.962°,63.390°,40°]^{\mathrm{T}}$。

⑤$\boldsymbol{\Theta}=[-148.066°,-29.962°,63.390°,140°]^{\mathrm{T}}$。

习题 7.11　两两垂直型 SRS 冗余机械臂的 D－H 坐标系和 D－H 参数表分别如图6.9 和表 6.11 所示,完成下面的问题:

(1) 推导该机械臂的雅可比矩阵表达式。

(2) 若 D－H 参数具体数值按 6.3.4 节取值,且给定末端位姿为式(6.90)。给定如下几种初值,采用数值法求解相应的关节角。

$$\boldsymbol{q}_{01}=[0°,0°,0°,0°,0°,0°,0°]^{\mathrm{T}}$$

$$\boldsymbol{q}_{02}=[5°,10°,20°,20°,30°,30°,40°]^{\mathrm{T}}$$

$$\boldsymbol{q}_{03}=[10°,40°,60°,60°,90°,10°,40°]^{\mathrm{T}}$$

$$q_{04}=[-70°,50°,-30°,-70°,-80°,50°,40°]^T$$

$$q_{05}=[60°,70°,-90°,100°,80°,-50°,-40°]^T$$

$$q_{06}=[80°,80°,-50°,60°,70°,-70°,-7°]^T$$

第 8 章　运动学奇异分析与性能评价

前一章推导了机器人的速度级正、逆运动学方程，并介绍了机器人学中的一个重要概念——运动学奇异，给出了处于奇异位形时的通用处理方法。实际上，对于具体的构型，还可进一步分析引起运动学奇异的参数（称为奇异条件参数）及其解析表达式，根据解析表达式可以方便地确定奇异臂型、奇异位姿的分布情况，从而为作业任务设计、轨迹规划、运动控制等带来极大便利；另外，运动性能的评价指标对于比较、评估不同结构机器人的作业能力极其关键，也为机器人系统的优化设计提供依据。

本章将重点介绍机器人运动学奇异条件的判据和分析方法，并推导典型构型机器人运动学奇异条件的解析表达式，分析奇异臂型下的运动学特性；进一步地，阐述机器人运动性能评价指标及其应用。

8.1　运动学奇异的判据

根据线性代数理论可知，一个方阵非奇异的条件是当且仅当它的行列式不为零。因此，可以通过判断雅可比矩阵 $\boldsymbol{J}(\boldsymbol{q})$ 的行列式是否为零来确定机械臂是否处于奇异状态。令

$$\det(\boldsymbol{J}(\boldsymbol{q}))=0 \tag{8.1}$$

其中，$\det(\boldsymbol{A})$ 表示矩阵 $\boldsymbol{A}$ 的行列式。

满足式(8.1)的条件即为机械臂的奇异条件，所解出的关节变量 $\boldsymbol{q}$ 即为奇异臂型。

根据前一章的内容可知，在不同参考系中描述运动学方程时，相应的雅可比矩阵满足一定的关系，如以{0}系、{n}系为参考系时，基座雅可比矩阵与末端雅可比矩阵之间满足式(7.35)和式(7.36)。不失一般性，假定分别在{a}系和{b}系中描述机器人的运动学方程，相应的雅可比矩阵为 ${}^{\mathrm{a}}\boldsymbol{J}(\boldsymbol{q})$ 和 ${}^{\mathrm{b}}\boldsymbol{J}(\boldsymbol{q})$，则有如下关系：

$${}^{\mathrm{a}}\boldsymbol{J}(\boldsymbol{q})=\begin{bmatrix} {}^{\mathrm{a}}\boldsymbol{R}_{\mathrm{b}} & \boldsymbol{0} \\ \boldsymbol{0} & {}^{\mathrm{a}}\boldsymbol{R}_{\mathrm{b}} \end{bmatrix} {}^{\mathrm{b}}\boldsymbol{J}(\boldsymbol{q}) \tag{8.2}$$

其中，${}^{\mathrm{a}}\boldsymbol{R}_{\mathrm{b}}$ 为坐标系{b}相对于坐标系{a}的旋转变换矩阵，为单位正交阵。

根据矩阵的性质可知，满足式(8.2)的雅可比矩阵 ${}^{\mathrm{a}}\boldsymbol{J}$ 和 ${}^{\mathrm{b}}\boldsymbol{J}$ 的行列式相等，即：

$$\det({}^{\mathrm{a}}\boldsymbol{J}(\boldsymbol{q}))=\det({}^{\mathrm{b}}\boldsymbol{J}(\boldsymbol{q})) \tag{8.3}$$

式(8.3)表明，机器人的奇异条件与参考坐标系的选择无关，也就是说在任何坐标系中描述机器人的运动学方程都不影响奇异分析的结果。但是，通过坐标系的合理选择，可以得到具有简洁表达式的雅可比矩阵，进而简化奇异分析过程。

运动学奇异的本质是机械臂损失了一个或多个自由度，因而无法通过关节的运动对机械臂末端进行完全的定位和定姿。损失自由度的原因可能是机械臂处于工作空间的边界使得其末端无法沿超出可达范围的方向运动，或者是多个关节（两个或两个以上）同轴使得多个关节自由度退化为一个运动自由度。下面将通过实际案例的分析进行说明。

8.2 空间 3R 机械臂运动学奇异分析

8.2.1 空间 3R 肘机械臂奇异分析

(1) 速度级逆运动学。

空间 3R 肘机械臂的基座雅可比矩阵和末端雅可比矩阵分别如式(7.60)和式(7.61)所示。由于肘机械臂仅有 3 个关节,无法对末端实现完整的定位定姿,故将末端线速度和角速度分开考虑,得到基座雅可比矩阵的分块形式(完全为旋转关节,故 $\boldsymbol{q}=\boldsymbol{\Theta}$):

$$
{}^{0}\boldsymbol{J}(\boldsymbol{\Theta})=\begin{bmatrix}{}^{0}\boldsymbol{J}_{v}(\boldsymbol{\Theta})\\{}^{0}\boldsymbol{J}_{\omega}(\boldsymbol{\Theta})\end{bmatrix}=\begin{bmatrix}-s_1(a_2c_2+a_3c_{23}) & -c_1(a_2s_2+a_3s_{23}) & -a_3c_1s_{23}\\ c_1(a_2c_2+a_3c_{23}) & -s_1(a_2s_2+a_3s_{23}) & -a_3s_1s_{23}\\ 0 & -(a_2c_2+a_3c_{23}) & -a_3c_{23}\\ \hdashline 0 & -s_1 & -s_1\\ 0 & c_1 & c_1\\ 1 & 0 & 0\end{bmatrix} \tag{8.4}
$$

其中,${}^{0}\boldsymbol{J}_{v}(\boldsymbol{\Theta})$ 和 ${}^{0}\boldsymbol{J}_{\omega}(\boldsymbol{\Theta})$ 均为 3×3 的方阵,表达式如下:

$$
{}^{0}\boldsymbol{J}_{v}(\boldsymbol{\Theta})=\begin{bmatrix}-s_1(a_2c_2+a_3c_{23}) & -c_1(a_2s_2+a_3s_{23}) & -a_3c_1s_{23}\\ c_1(a_2c_2+a_3c_{23}) & -s_1(a_2s_2+a_3s_{23}) & -a_3s_1s_{23}\\ 0 & -(a_2c_2+a_3c_{23}) & -a_3c_{23}\end{bmatrix} \tag{8.5}
$$

$$
{}^{0}\boldsymbol{J}_{\omega}(\boldsymbol{\Theta})=\begin{bmatrix}0 & -s_1 & -s_1\\ 0 & c_1 & c_1\\ 1 & 0 & 0\end{bmatrix} \tag{8.6}
$$

类似地,得到末端雅矩阵的分块形式如下:

$$
{}^{n}\boldsymbol{J}(\boldsymbol{\Theta})=\begin{bmatrix}{}^{n}\boldsymbol{J}_{v}(\boldsymbol{\Theta})\\{}^{n}\boldsymbol{J}_{\omega}(\boldsymbol{\Theta})\end{bmatrix}=\begin{bmatrix}0 & a_2s_3 & 0\\ 0 & a_3+a_2c_3 & a_3\\ a_2c_2+a_3c_{23} & 0 & 0\\ \hdashline -s_{23} & 0 & 0\\ -c_{23} & 0 & 0\\ 0 & 1 & 1\end{bmatrix} \tag{8.7}
$$

其中,${}^{n}\boldsymbol{J}_{v}(\boldsymbol{\Theta})$ 和 ${}^{n}\boldsymbol{J}_{\omega}(\boldsymbol{\Theta})$ 均为 3×3 的方阵,表达式为

$$
{}^{n}\boldsymbol{J}_{v}(\boldsymbol{\Theta})=\begin{bmatrix}0 & a_2s_3 & 0\\ 0 & a_3+a_2c_3 & a_3\\ a_2c_2+a_3c_{23} & 0 & 0\end{bmatrix} \tag{8.8}
$$

$$
{}^{n}\boldsymbol{J}_{\omega}(\boldsymbol{\Theta})=\begin{bmatrix}-s_{23} & 0 & 0\\ -c_{23} & 0 & 0\\ 0 & 1 & 1\end{bmatrix} \tag{8.9}
$$

由于 3R 肘机械臂主要用于末端定位,因此一般只考虑式末端线速度问题。通过观察式(8.5)和式(8.8)可知,关节速度到末端线速度的映射矩阵 ${}^{n}\boldsymbol{J}_{v}(\boldsymbol{\Theta})$ 比 ${}^{0}\boldsymbol{J}_{v}(\boldsymbol{\Theta})$ 要简洁得多,故通过 ${}^{n}\boldsymbol{J}_{v}(\boldsymbol{\Theta})$ 来进行奇异分析可以简化分析过程,相应的运动学方程为

$$^{n}\boldsymbol{v}_{e}={}^{n}\boldsymbol{J}_{v}(\boldsymbol{\Theta})\dot{\boldsymbol{\Theta}} \tag{8.10}$$

若$^{n}\boldsymbol{J}_{v}(\boldsymbol{q})$满秩，则关节速度可按下式求解：

$$\dot{\boldsymbol{\Theta}}=[{}^{n}\boldsymbol{J}_{v}(\boldsymbol{\Theta})]^{-1}\,{}^{n}\boldsymbol{v}_{e} \tag{8.11}$$

反之，若$^{n}\boldsymbol{J}_{v}(\boldsymbol{\Theta})$不满秩，则关节角速度无有效解，机械臂处于奇异状态，下面将分析发生奇异的条件。

(2) 奇异条件确定。

式(8.1)给出了奇异条件的判据，对于 3R 机械臂，主要通过判断$^{n}\boldsymbol{J}_{v}(\boldsymbol{\Theta})$的行列式是否为零来确定奇异的条件。令

$$\det({}^{n}\boldsymbol{J}_{v}(\boldsymbol{\Theta}))=0 \tag{8.12}$$

根据式(8.8)可知，$\det({}^{n}\boldsymbol{J}_{v}(\boldsymbol{\Theta}))=a_2a_3s_3(a_2c_2+a_3c_{23})$，将其代入式(8.12)后可得

$$a_2a_3s_3(a_2c_2+a_3c_{23})=0 \tag{8.13}$$

式(8.13)即为 3R 肘机械臂发生奇异的条件，实际上包含了如下两种情况：

$$s_3=0 \quad 或 \quad a_2c_2+a_3c_{23}=0 \tag{8.14}$$

(3) 奇异臂型与运动退化分析。

根据上面的分析可知，空间 3R 肘机械臂的奇异条件有两个：$s_3=0$ 或 $a_2c_2+a_3c_{23}=0$。前者由肘部关节角θ_3确定，称为肘部奇异；后者由肩部关节θ_2和肘部关节θ_3共同确定，称为肩部奇异。

① 肘部奇异。

肘部奇异的条件为

$$s_3=0 \tag{8.15}$$

当$s_3=0$时，第三个关节变量满足(不做特别说明时，各关节角限制在$(-\pi,\pi]$的范围)：

$$\theta_3=0 \ 或\ \theta_3=\pi \tag{8.16}$$

以例 7.2 给出的参数为例($d_1=0.7$ m，$a_2=a_3=1$ m)，处于条件式(8.16)时的机械臂臂型如图 8.1 所示，其中$\theta_3=0$时机械臂末端处于工作空间的外边界，而$\theta_3=\pi$时处于内边界，因此，这种奇异又称为边界奇异。将式(8.16)代入式(8.8)，得此时的末端雅可比矩阵为

$$^{n}\boldsymbol{J}_{v}(\boldsymbol{\Theta})\big|_{\theta_3=0,\pi}=\begin{bmatrix}0 & 0 & 0\\ 0 & a_3\pm a_2 & a_3\\ \pm(a_2+a_3c_2) & 0 & 0\end{bmatrix} \tag{8.17}$$

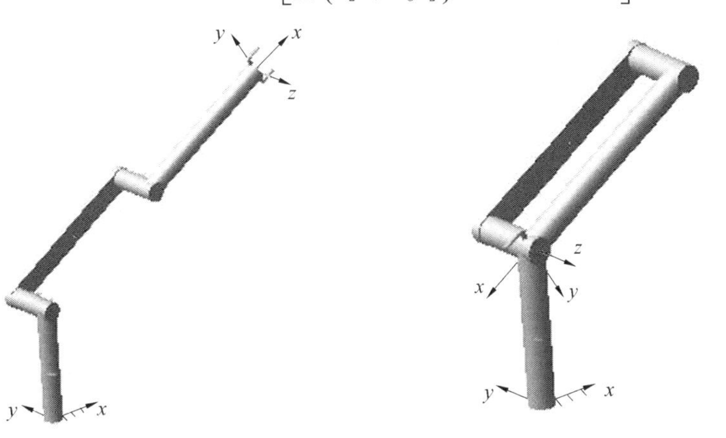

(a)工作空间外边界($\theta_2=0$)　(b)工作空间内边界($\theta_2=\pi$)

图 8.1　空间 3R 肘机械臂的肘部奇异

从式(8.17)可以看出,此时雅可比矩阵${}^n\boldsymbol{J}_v(\boldsymbol{\Theta})$的第一行全为0。相应地,运动学方程式(8.10)有如下形式:

$$\begin{bmatrix} {}^n v_{ex} \\ {}^n v_{ey} \\ {}^n v_{ez} \end{bmatrix} = \begin{bmatrix} 0 & 0 & 0 \\ 0 & a_3 \pm a_2 & a_3 \\ \pm(a_2 + a_3 c_2) & 0 & 0 \end{bmatrix} \begin{bmatrix} \dot{\theta}_1 \\ \dot{\theta}_2 \\ \dot{\theta}_3 \end{bmatrix} \tag{8.18}$$

由式(8.18)可知,此构型下,无论各关节角速度多大,都产生不了末端在$\{n\}$坐标系下x方向的运动速度,即末端损失了x_n方向的平动自由度。

② 肩部奇异。

肩部奇异的条件为

$$a_2 c_2 + a_3 c_{23} = 0 \tag{8.19}$$

将式(8.19)代入式(8.8),得此时的末端雅可比矩阵为

$${}^n\boldsymbol{J}_v(\boldsymbol{\Theta})\big|_{a_2c_2+a_3c_{23}=0} = \begin{bmatrix} 0 & a_2 s_3 & 0 \\ 0 & a_3 + a_2 c_3 & a_3 \\ 0 & 0 & 0 \end{bmatrix} \tag{8.20}$$

从式(8.20)可以看出,此时雅可比矩阵${}^n\boldsymbol{J}_v(\boldsymbol{\Theta})$的第三行全为0。相应地,运动学方程式(8.10)有如下形式:

$$\begin{bmatrix} {}^n v_{ex} \\ {}^n v_{ey} \\ {}^n v_{ez} \end{bmatrix} = \begin{bmatrix} 0 & a_2 s_3 & 0 \\ 0 & a_3 + a_2 c_3 & a_3 \\ 0 & 0 & 0 \end{bmatrix} \begin{bmatrix} \dot{\theta}_1 \\ \dot{\theta}_2 \\ \dot{\theta}_3 \end{bmatrix} \tag{8.21}$$

由式(8.21)可知,在此构型下,无论各关节角速度多大,都产生不了末端在$\{n\}$坐标系下z方向的运动速度,即末端损失了z_n方向的平动自由度。

实际上,当条件式(8.19)满足时,由前面推导的肘机械臂位置级正运动学方程式(4.55)可知,此时机械臂末端在$\{0\}$坐标系中的位置为

$${}^0\boldsymbol{p}_3 = \begin{bmatrix} c_1(a_2c_2 + a_3c_{23}) \\ s_1(a_2c_2 + a_3c_{23}) \\ d_1 - a_2s_2 - a_3s_{23} \end{bmatrix} = \begin{bmatrix} 0 \\ 0 \\ d_1 - a_2s_2 - a_3s_{23} \end{bmatrix} \tag{8.22}$$

即发生肩部奇异时,机械臂末端一定位于z_0轴上$(d_1 - a_2s_2 - a_3s_{23})$,反之亦然(即当机械臂末端位于$z_0$轴上时,机械臂处于奇异状态)。因此,也称$z_0$轴为上述3R肘机械臂的肩部奇异线。

为了推导发生肩部奇异时的臂型,将$c_{23} = c_2c_3 - s_2s_3$代入式(8.19)并重新组合后有

$$(a_2 + a_3c_3)c_2 - (a_3s_3)s_2 = 0 \tag{8.23}$$

满足式(8.23)的组合有无穷多组,可进一步推导出θ_2和θ_3满足如下关系:

$$\theta_2 = \arctan\frac{a_2 + a_3c_3}{a_3s_3} \tag{8.24 a}$$

或

$$\theta_2 = \arctan\frac{a_2 + a_3c_3}{a_3s_3} - \pi \tag{8.24 b}$$

给定任意的θ_3后,根据式(8.24)可求出满足肩部奇异下θ_2的值,表8.1给出了关节3在$(-180°, 180°]$之间每隔30°变化时的奇异条件,其中两种典型的奇异臂型分别如图8.2(a)和(b)所示。

结合式(8.21)及图 8.2 可知，当发生肩部奇异时，机械臂末端损失了沿 z_n 方向的平动自由度。由于 z_n 总与臂型面 SEW(图中的阴影面)垂直，即产生不了垂直于臂型面 SEW 的线速度。

表 8.1　空间 3R 肘机械臂的部分肩部奇异条件($a_2 = a_3 = 1$)

序号	$\theta_2/(°)$	$\theta_3/(°)$	备注
1	165，−15	−150	—
2	150，−30	−120	—
3	135，−45	−90	—
4	120，−60	−60	—
5	105，−75	−30	—
6	90，−90	0	既是肩部奇异，也是肘部奇异
7	75，−105	30	—
8	60，−120	60	—
9	45，−135	90	—
10	30，−150	120	—
11	15，−165	150	—
12	0,180	180	既是肩部奇异，也是肘部奇异

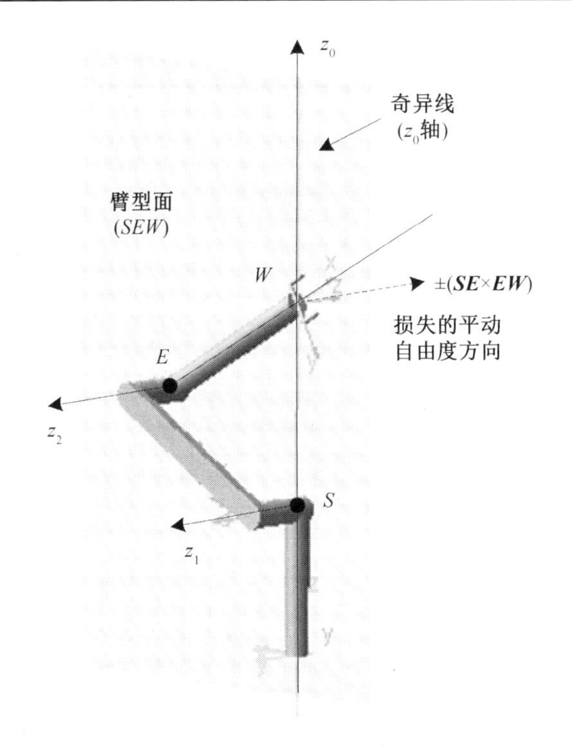

(a)肩部奇异臂型1(θ_2=−30°,θ_3=−120°)

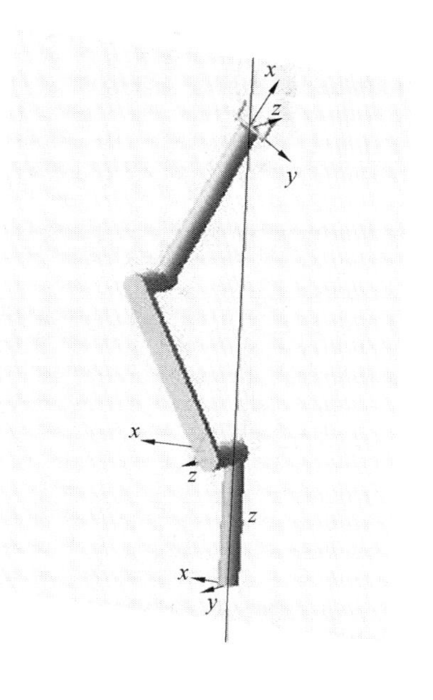

(b)肩部奇异臂型2(θ_2=−60°,θ_3=−60°)

图 8.2　空间 3R 肘机械臂的肩部奇异

8.2.2 空间 3R 球腕机械臂奇异分析

空间 3R 球腕机械臂的基座雅可比矩阵和末端雅可比矩阵分别如式(7.62)和式(7.63)所示，由于该机械臂主要用于末端定姿，故仅考虑末端角速度，相应地，雅可比矩阵的分块矩阵分别如下：

$$^{0}\boldsymbol{J}_{\omega}(\boldsymbol{\Theta})=\begin{bmatrix}0 & -s_1 & -c_1 s_2\\ 0 & c_1 & -s_1 s_2\\ 1 & 0 & -c_2\end{bmatrix} \tag{8.25}$$

$$^{n}\boldsymbol{J}_{\omega}(\boldsymbol{\Theta})=\begin{bmatrix}-s_2 c_3 & -s_3 & 0\\ s_2 s_3 & -c_3 & 0\\ -c_2 & 0 & 1\end{bmatrix} \tag{8.26}$$

根据式(8.25)和式(8.26)可知，此时基座雅可比矩阵和末端雅可比矩阵的简洁程度相当，故采用任何一个矩阵进行分析都简单。在此仍然采用末端雅可比矩阵来进行分析，此时的运动学方程为

$$^{n}\boldsymbol{\omega}_{\mathrm{e}}={}^{n}\boldsymbol{J}_{\omega}(\boldsymbol{\Theta})\dot{\boldsymbol{\Theta}} \tag{8.27}$$

根据式(8.26)可得$^{n}\boldsymbol{J}_{\omega}(\boldsymbol{\Theta})$的行列式为$\det(^{n}\boldsymbol{J}_{\omega}(\boldsymbol{\Theta}))=s_2$，将其代入式(8.12)后可得

$$s_2=0 \tag{8.28}$$

式(8.28)即为 3R 球腕机械臂发生奇异的条件，相应的关节角为

$$\theta_2=0 \text{ 或 } \theta_2=\pi \tag{8.29}$$

将式(8.29)代入式(8.26)，有

$$^{n}\boldsymbol{J}_{\omega}(\boldsymbol{q})=\begin{bmatrix}0 & -s_3 & 0\\ 0 & -c_3 & 0\\ \mp 1 & 0 & 1\end{bmatrix} \tag{8.30}$$

相应地，运动学方程式(8.27)有如下形式：

$$\begin{bmatrix}^{n}\omega_{\mathrm{e}x}\\ ^{n}\omega_{\mathrm{e}y}\\ ^{n}\omega_{\mathrm{e}z}\end{bmatrix}=\begin{bmatrix}0 & -s_3 & 0\\ 0 & -c_3 & 0\\ \mp 1 & 0 & 1\end{bmatrix}\begin{bmatrix}\dot{\theta}_1\\ \dot{\theta}_2\\ \dot{\theta}_3\end{bmatrix} \tag{8.31}$$

将式(8.31)展开，可得

$$\begin{cases}^{n}\omega_{\mathrm{e}x}=-s_3\dot{\theta}_2\\ ^{n}\omega_{\mathrm{e}y}=-c_3\dot{\theta}_2\\ ^{n}\omega_{\mathrm{e}z}=\mp\dot{\theta}_1+\dot{\theta}_3\end{cases} \tag{8.32}$$

可知，产生的角速度满足：

$$^{n}\omega_{\mathrm{e}x}^{2}+{}^{n}\omega_{\mathrm{e}y}^{2}=\dot{\theta}_2^{2} \tag{8.33}$$

式(8.33)说明末端角速度的x、y轴分量(即$^{n}\omega_{\mathrm{e}x}$、$^{n}\omega_{\mathrm{e}y}$)为$\dot{\theta}_2$在这两个方向的投影，即是非独立的；而末端角速度的z轴分量为$\dot{\theta}_1$和$\dot{\theta}_3$的叠加，说明关节 1 和关节 3 对末端运动的贡献退化为对单轴角速度的贡献。

特别地，若$\theta_3=0$或$\theta_3=\pi$，则由式(8.32)可得，此时$^{n}\omega_{\mathrm{e}x}=0$、$^{n}\omega_{\mathrm{e}y}=\mp\dot{\theta}_2$，即$x$轴角速度分量为 0，关节 2 仅产生$y$轴的角速度分量；若$\theta_3=\pi/2$，则$^{n}\omega_{\mathrm{e}x}=\mp\dot{\theta}_2$、$^{n}\omega_{\mathrm{e}y}=0$，即关节 2 仅产生$x$轴的角速度分量，而$y$轴角速度分量为 0。进一步地分析总结得出：球腕机械臂发生

奇异时，机械臂末端不具备绕矢量$\pm(\boldsymbol{z}_1\times\boldsymbol{z}_2)$或$\pm(\boldsymbol{z}_1\times\boldsymbol{z}_0)$旋转的运动能力，即损失了一个旋转自由度，该类型的奇异称为腕部奇异，典型的奇异状态如图8.3所示。

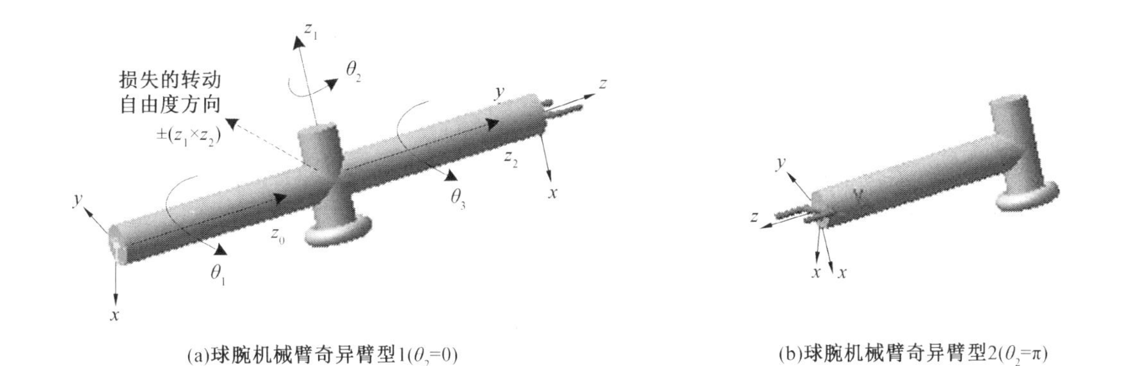

图8.3　空间3R球腕机械臂的奇异臂型

8.3　空间6R腕部分离机械臂奇异分析

8.3.1　末端运动的分解

空间6R腕部分离机械臂的雅可比矩阵各列的表达式如式(7.65)～(7.70)所示，若令$d_6=0$，则表达式将大大简化，雅可比矩阵将退化为三角阵。实际上，当$d_6=0$时，坐标系{6}的原点与腕部中心W重合。在第4章中介绍连杆坐标系建立的D－H规则时曾提到，末端连杆坐标系的原点可以放置在任意感兴趣的位置。为了简化运动学分析，在此建立一个以W为原点的辅助末端坐标系，称为腕部中心末端坐标系，表示为$\{x_{6w}y_{6w}z_{6w}\}$，其特点如下。

(1) 坐标系$\{x_{6w}y_{6w}z_{6w}\}$与末端杆件固连。

(2) 坐标系$\{x_{6w}y_{6w}z_{6w}\}$的原点位于腕部中心。

(3) 坐标系$\{x_{6w}y_{6w}z_{6w}\}$各轴的指向与{6}系完全一致。

腕部中心末端坐标系的建立如图8.4所示。

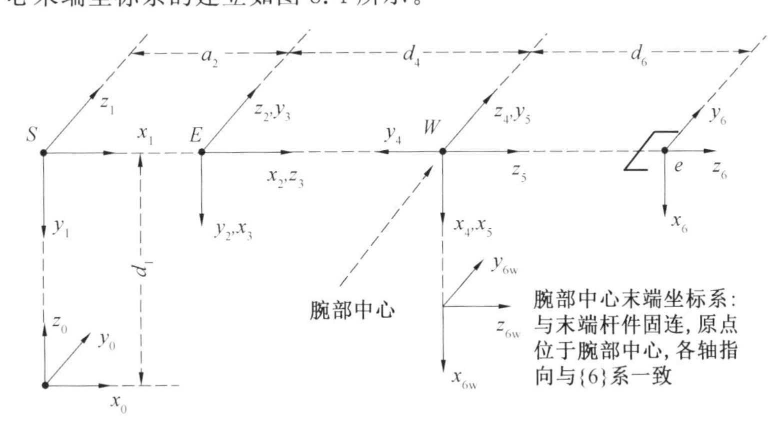

图8.4　腕部中心末端坐标系的建立

根据上述定义可知，坐标系$\{x_{6w}y_{6w}z_{6w}\}$与{6}系之间的相对关系固定，不因关节的运动而发生改变(两坐标系均与末端连杆固连)。此时，两坐标系的姿态完全一样，仅是原点位置不同。当关节运动时,末端杆件在坐标系$\{x_{6w}y_{6w}z_{6w}\}$及$\{6\}$系原点处的角速度一样,但线速度不同,即:

$$\boldsymbol{v}_e=\boldsymbol{v}_w+\boldsymbol{\omega}_w\times\boldsymbol{z}_6 d_6=\boldsymbol{v}_w-d_6\boldsymbol{z}_6^{\times}\boldsymbol{\omega}_w \tag{8.34}$$

$$\boldsymbol{\omega}_e=\boldsymbol{\omega}_w \tag{8.35}$$

上式中,$\boldsymbol{v}_e$、$\boldsymbol{v}_w$分别为末端杆件在末端点e(即$\{6\}$系的原点)和腕部中心W(即坐标系$\{x_{6w}y_{6w}z_{6w}\}$的原点)处的线速度;$\boldsymbol{\omega}_e$、$\boldsymbol{\omega}_w$为末端杆件在e点和W点的角速度;$\boldsymbol{z}_6$为$\{6\}$系z轴的方向向量。

将式(8.34)和式(8.35)写成矩阵的形式,有

$$\begin{bmatrix}\boldsymbol{v}_e\\ \boldsymbol{\omega}_e\end{bmatrix}=\begin{bmatrix}\boldsymbol{I} & -d_6\boldsymbol{z}_6^{\times}\\ \boldsymbol{O} & \boldsymbol{I}\end{bmatrix}\begin{bmatrix}\boldsymbol{v}_w\\ \boldsymbol{\omega}_w\end{bmatrix} \tag{8.36}$$

关节角速度$\dot{\boldsymbol{\Theta}}$到$\boldsymbol{v}_e$、$\boldsymbol{\omega}_e$之间,以及到$\boldsymbol{v}_w$、$\boldsymbol{\omega}_w$之间的映射关系,可以分别表示为如下形式:

$$\begin{bmatrix}\boldsymbol{v}_e\\ \boldsymbol{\omega}_e\end{bmatrix}=\boldsymbol{J}_e(\boldsymbol{\Theta})\dot{\boldsymbol{\Theta}} \tag{8.37}$$

$$\begin{bmatrix}\boldsymbol{v}_w\\ \boldsymbol{\omega}_w\end{bmatrix}=\boldsymbol{J}_w(\boldsymbol{\Theta})\dot{\boldsymbol{\Theta}} \tag{8.38}$$

其中,$\boldsymbol{J}_e$、$\boldsymbol{J}_w$分别为对应于末端点e、腕部中心点W处运动速度的雅可比矩阵。根据式(8.36)、式(8.37)和式(8.38),可得两者之间的关系为

$$\boldsymbol{J}_e=\begin{bmatrix}\boldsymbol{I} & -d_6\boldsymbol{z}_6^{\times}\\ \boldsymbol{O} & \boldsymbol{I}\end{bmatrix}\boldsymbol{J}_w=U\boldsymbol{J}_w \tag{8.39}$$

其中,

$$U=\begin{bmatrix}\boldsymbol{I} & -d_6\boldsymbol{z}_6^{\times}\\ \boldsymbol{O} & \boldsymbol{I}\end{bmatrix},\det(\boldsymbol{U})=1 \tag{8.40}$$

由于矩阵$\boldsymbol{U}$总是非奇异的,因而$\boldsymbol{J}_e$的奇异与$\boldsymbol{J}_w$的奇异是等效的。因此,判断机械臂是否奇异,与末端参考点的选择无关。通过选择合适的参考点,可大大简化雅可比矩阵的表达式,从而使分析过程更简单。

将$d_6=0$代入式(7.65)～(7.70),可得${}^0\boldsymbol{J}_w$的表达式为(也可以采用构造法进行推导,结果相同):

$${}^0\boldsymbol{J}_w=\begin{bmatrix}{}^0\boldsymbol{J}_{11} & \boldsymbol{O}\\ {}^0\boldsymbol{J}_{21} & {}^0\boldsymbol{J}_{22}\end{bmatrix} \tag{8.41}$$

其中,

$${}^0\boldsymbol{J}_{11}=\begin{bmatrix}-s_1(a_2c_2+d_4s_{23}) & -a_2c_1s_2+d_4c_1c_{23} & d_4c_1c_{23}\\ c_1(a_2c_2+d_4s_{23}) & -a_2s_1s_2+d_4s_1c_{23} & d_4s_1c_{23}\\ 0 & -a_2c_2-d_4s_{23} & -d_4s_{23}\end{bmatrix} \tag{8.42}$$

$${}^0\boldsymbol{J}_{21}=\begin{bmatrix}0 & -s_1 & -s_1\\ 0 & c_1 & c_1\\ 1 & 0 & 0\end{bmatrix} \tag{8.43}$$

$${}^0\boldsymbol{J}_{22}=\begin{bmatrix}c_1s_{23} & -s_1c_4-c_1c_{23}s_4 & c_1s_{23}c_5+c_1c_{23}c_4s_5-s_1s_4s_5\\ s_1s_{23} & c_1c_4-s_1c_{23}s_4 & s_1s_{23}c_5+s_1c_{23}c_4s_5+c_1s_4s_5\\ c_{23} & s_{23}s_4 & c_{23}c_5-s_{23}c_4s_5\end{bmatrix} \tag{8.44}$$

将式(8.41)代入式(8.38)后，按线速度和角速度分开表示有

$$ {}^{0}\boldsymbol{v}_{\mathrm{w}} = ({}^{0}\boldsymbol{J}_{11})\dot{\boldsymbol{\Theta}}_{u} \tag{8.45}$$

$$ {}^{0}\boldsymbol{\omega}_{\mathrm{w}} = ({}^{0}\boldsymbol{J}_{21})\dot{\boldsymbol{\Theta}}_{u} + ({}^{0}\boldsymbol{J}_{22})\dot{\boldsymbol{\Theta}}_{l} \tag{8.46}$$

其中，$\dot{\boldsymbol{\Theta}}_{u}$、$\dot{\boldsymbol{\Theta}}_{l}$ 分别为前 3 个关节和后 3 个关节角速度组成的向量，即：

$$\begin{cases}\dot{\boldsymbol{\Theta}}_{u} = [\dot{\theta}_1, \dot{\theta}_2, \dot{\theta}_3]^{\mathrm{T}} \\ \dot{\boldsymbol{\Theta}}_{l} = [\dot{\theta}_4, \dot{\theta}_5, \dot{\theta}_6]^{\mathrm{T}}\end{cases} \tag{8.47}$$

式(8.45)和式(8.46)表明，该机械臂腕部中心的 6DOF 运动可分解为两个 3DOF 的运动。

① 腕部的平动，体现在腕部中心的线速度上。

② 腕部的转动，体现在末端杆件的角速度上。

当${}^{0}\boldsymbol{J}_{11}$ 和${}^{0}\boldsymbol{J}_{22}$ 满秩时，对式(8.45)和式(8.46)分别进行逆运动学求解，可得前三个关节、后三个关节的角速度，即：

$$\dot{\boldsymbol{\Theta}}_{u} = ({}^{0}\boldsymbol{J}_{11})^{-1}({}^{0}\boldsymbol{v}_{\mathrm{w}}) \tag{8.48}$$

$$\dot{\boldsymbol{\Theta}}_{l} = ({}^{0}\boldsymbol{J}_{22})^{-1}[{}^{0}\boldsymbol{\omega}_{\mathrm{w}} - ({}^{0}\boldsymbol{J}_{21})\dot{\boldsymbol{\Theta}}_{u}] \tag{8.49}$$

由式(8.48)和式(8.49)可知，腕部分离类型机器人的速度级逆运动学也可分解为腕部平动逆运动学、腕部转动逆运动学两个子问题。若${}^{0}\boldsymbol{J}_{11}$ 或${}^{0}\boldsymbol{J}_{22}$ 不满秩，则机械臂处于奇异状态，下面将进行详细分析。

8.3.2　奇异条件的确定

雅可比矩阵${}^{0}\boldsymbol{J}_{\mathrm{w}}$ 具有如式(8.41)所示的形式，根据分块矩阵的性质，${}^{0}\boldsymbol{J}_{\mathrm{w}}$ 的行列式为

$$\det({}^{0}\boldsymbol{J}_{\mathrm{w}}) = \det({}^{0}\boldsymbol{J}_{11})\det({}^{0}\boldsymbol{J}_{22}) \tag{8.50}$$

令 $\det({}^{0}\boldsymbol{J}_{\mathrm{w}}) = 0$，可得腕部分离机械臂发生运动学奇异的条件为

$$\det({}^{0}\boldsymbol{J}_{11}) = 0 \text{ 或 } \det({}^{0}\boldsymbol{J}_{22}) = 0 \tag{8.51}$$

式(8.51)表明，通过运动分解后，根据子矩阵${}^{0}\boldsymbol{J}_{11}$ 和${}^{0}\boldsymbol{J}_{22}$ 的行列式可确定该机械臂的奇异条件，将 6×6 雅可比矩阵的奇异分析问题转换为两个 3×3 方阵的奇异分析问题，计算量显著降低。

结合 6R 腕部分离机械臂的结构特点以及相应的逆运动学方程式(8.48)、式(8.49)可知，该 6R 机械臂的奇异分析问题可分解为两个 3R 子机械臂的奇异分析问题，前者相当于 3R 肘机械臂(由前三个关节组成)，用于确定腕部中心位置，相应的奇异称为位置奇异；后者相当于 3R 球腕机械臂(由后三个关节组成)，用于确定末端姿态，相应的奇异称为姿态奇异。

(1) 位置奇异分析。

位置奇异由前 3 个关节确定，与 3R 肘机械臂的分析类似，以{3}系为参考系分析其分块雅可比矩阵会明显简化分析过程，在此可将${}^{0}\boldsymbol{J}_{11}$ 转化为${}^{3}\boldsymbol{J}_{11}$ 进行分析。

根据该机械臂的 D－H 参数，可得{0}系到{3}系的姿态变换矩阵为

$${}^{0}\boldsymbol{R}_{3} = \begin{bmatrix} c_1 c_{23} & -s_1 & c_1 s_{23} \\ s_1 c_{23} & c_1 & s_1 s_{23} \\ -s_{23} & 0 & c_{23} \end{bmatrix} = [{}^{0}\boldsymbol{x}_3 \quad {}^{0}\boldsymbol{y}_3 \quad {}^{0}\boldsymbol{z}_3] \tag{8.52}$$

观察式(8.42)的${}^{0}\boldsymbol{J}_{11}$ 表达式，可得如下关系(利用了三角函数和 / 差公式 $s_2 = s_{23}c_3 -$

$c_{23}s_3$、$c_2 = c_{23}c_3 + s_{23}s_3$)：

$$
\begin{aligned}
{}^0\boldsymbol{J}_{11} &= \begin{bmatrix} -s_1(a_2c_2+d_4s_{23}) & -a_2c_1s_2+d_4c_1c_{23} & d_4c_1c_{23} \\ c_1(a_2c_2+d_4s_{23}) & -a_2s_1s_2+d_4s_1c_{23} & d_4s_1c_{23} \\ 0 & -a_2c_2-d_4s_{23} & -d_4s_{23} \end{bmatrix} \\
&= \left[(a_2c_2+d_4s_{23})\,{}^0\boldsymbol{y}_3 \quad (d_4+a_2s_3)\,{}^0\boldsymbol{x}_3 - a_2c_3\,{}^0\boldsymbol{z}_3 \quad d_4\,{}^0\boldsymbol{x}_3\right] \\
&= \left[{}^0\boldsymbol{x}_3 \quad {}^0\boldsymbol{y}_3 \quad {}^0\boldsymbol{z}_3\right] \begin{bmatrix} 0 & d_4+a_2s_3 & d_4 \\ a_2c_2+d_4s_{23} & 0 & 0 \\ 0 & -a_2c_3 & 0 \end{bmatrix} = {}^0\boldsymbol{R}_3\,{}^3\boldsymbol{J}_{11}
\end{aligned} \tag{8.53}
$$

其中，

$$
{}^3\boldsymbol{J}_{11} = \begin{bmatrix} 0 & d_4+a_2s_3 & d_4 \\ a_2c_2+d_4s_{23} & 0 & 0 \\ 0 & -a_2c_3 & 0 \end{bmatrix} \tag{8.54}
$$

比较式(8.54)和式(8.8)可知，该机械臂前三个关节组成的子机械臂与3R肘机械臂的雅可比矩阵有类似的表达式，符号不同是由于具体坐标系的定义有差异。

根据式(8.53)可知，${}^0\boldsymbol{J}_{11}$ 与 ${}^3\boldsymbol{J}_{11}$ 有相同的秩，故通过 ${}^3\boldsymbol{J}_{11}$ 的行列式可以确定位置奇异的条件，令 $\det({}^3\boldsymbol{J}_{11})=0$，有

$$
-d_4a_2c_3(a_2c_2+d_4s_{23})=0 \tag{8.55}
$$

由式(8.55)可分别得肩部奇异(内部奇异)和肘部奇异(边界奇异)的条件为

$$
a_2c_2+d_4s_{23}=0 \tag{8.56}
$$

$$
c_3=0 \tag{8.57}
$$

根据 $a_2c_2+d_4s_{23}=0$ 可以解得相应的关节角，典型的肩部奇异臂型如图8.5(a)所示；根据 $c_3=0$ 可解得满足 $\theta_3=\pi/2$，典型的肘部奇异臂型如图8.5(b)所示。

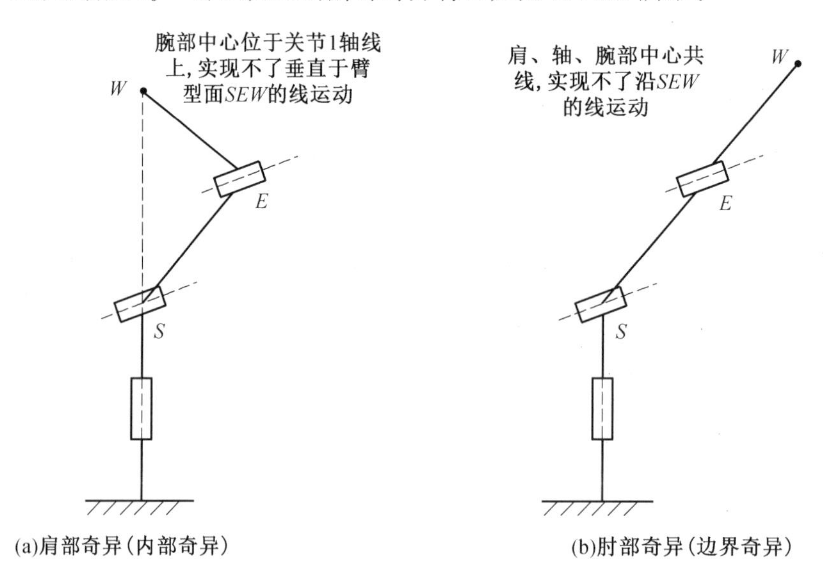

图 8.5　空间6R腕部分离机械臂的位置奇异

(2) 姿态奇异分析。

姿态奇异的条件由分块矩阵 ${}^0\boldsymbol{J}_{22}$ 确定。类似地，以{3}系为参考，结合式(8.52)和式(8.44)可得如下表达式：

$$
{}^{0}\boldsymbol{J}_{22}=\begin{bmatrix} c_1 s_{23} & -s_1 c_4 - c_1 c_{23} s_4 & c_1 s_{23} c_5 + c_1 c_{23} c_4 s_5 - s_1 s_4 s_5 \\ s_1 s_{23} & c_1 c_4 - s_1 c_{23} s_4 & s_1 s_{23} c_5 + s_1 c_{23} c_4 s_5 + c_1 s_4 s_5 \\ c_{23} & s_{23} s_4 & c_{23} c_5 - s_{23} c_4 s_5 \end{bmatrix}
$$

$$
=\begin{bmatrix} {}^{0}\boldsymbol{z}_3 & -s_4\,{}^{0}\boldsymbol{x}_3 + c_4\,{}^{0}\boldsymbol{y}_3 & c_4 s_5\,{}^{0}\boldsymbol{x}_3 + s_4 s_5\,{}^{0}\boldsymbol{y}_3 + c_5\,{}^{0}\boldsymbol{z}_3 \end{bmatrix} \tag{8.58}
$$

$$
=\begin{bmatrix} {}^{0}\boldsymbol{x}_3 & {}^{0}\boldsymbol{y}_3 & {}^{0}\boldsymbol{z}_3 \end{bmatrix}\begin{bmatrix} 0 & -s_4 & c_4 s_5 \\ 0 & c_4 & s_4 s_5 \\ 1 & 0 & c_5 \end{bmatrix}={}^{0}\boldsymbol{R}_3\,{}^{3}\boldsymbol{J}_{22}
$$

其中，

$$
{}^{3}\boldsymbol{J}_{22}=\begin{bmatrix} 0 & -s_4 & c_4 s_5 \\ 0 & c_4 & s_4 s_5 \\ 1 & 0 & c_5 \end{bmatrix} \tag{8.59}
$$

比较式(8.25)中${}^{0}\boldsymbol{J}_{\omega}$与式(8.59)中的${}^{3}\boldsymbol{J}_{22}$可知，该6R机械臂的后三个关节组成的子机械臂与球腕机械臂具有类似的雅可比矩阵。

令 $\det({}^{3}\boldsymbol{J}_{22})=0$，有

$$
s_5=0 \tag{8.60}
$$

根据式(8.60)可得腕部奇异的条件为

$$
\theta_5=0 \text{ 或 } \theta_5=\pi \tag{8.61}
$$

腕部奇异的典型臂型如图 8.6 所示。

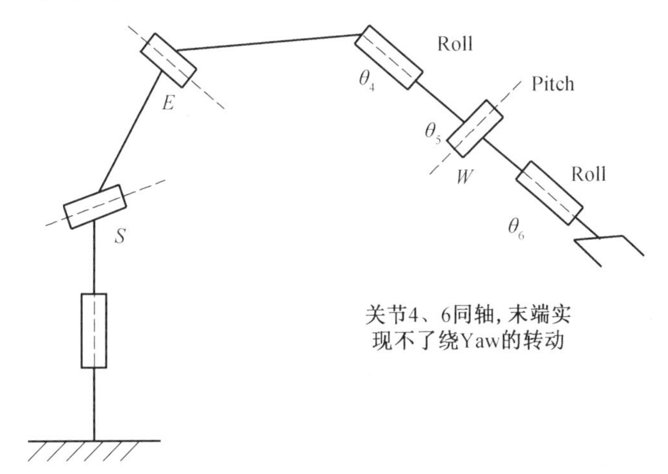

图 8.6　空间 6R 腕部分离机械臂的姿态奇异(腕部奇异)

实际上，由于{3}系到{5}的姿态变换矩阵为

$$
{}^{3}\boldsymbol{R}_5=\begin{bmatrix} c_4 c_5 & -s_4 & c_4 s_5 \\ s_4 c_5 & c_4 & s_4 s_5 \\ -s_5 & 0 & c_5 \end{bmatrix} \tag{8.62}
$$

结合式(8.59)和式(8.62)的表达式，还可进一步得到

$$
{}^{3}\boldsymbol{J}_{22}=\begin{bmatrix} 0 & -s_4 & c_4 s_5 \\ 0 & c_4 & s_4 s_5 \\ 1 & 0 & c_5 \end{bmatrix}=\begin{bmatrix} c_4 c_5 & -s_4 & c_4 s_5 \\ s_4 c_5 & c_4 & s_4 s_5 \\ -s_5 & 0 & c_5 \end{bmatrix}\begin{bmatrix} -s_5 & 0 & 0 \\ 0 & 1 & 0 \\ c_5 & 0 & 1 \end{bmatrix}={}^{3}\boldsymbol{R}_5\,{}^{5}\boldsymbol{J}_{22} \tag{8.63}
$$

其中，

$$ {}^{5}\boldsymbol{J}_{22}=\begin{bmatrix} -s_5 & 0 & 0 \\ 0 & 1 & 0 \\ c_5 & 0 & 1 \end{bmatrix} \tag{8.64} $$

式(8.64)具有更简洁的表达式,且 $\det({}^{5}\boldsymbol{J}_{22})=\det({}^{3}\boldsymbol{J}_{22})=-s_5$,因此采用${}^{5}\boldsymbol{J}_{22}$分析的结果与采用${}^{3}\boldsymbol{J}_{22}$的相同。

8.3.3 奇异类型及其特点总结

根据上述分析可知,空间6R腕部分离机械臂有3种类型的运动学奇异。

(1) 肩部奇异(又称为内部奇异)。发生肩部奇异时,腕部中心位于关节1轴线上,关节1的运动不能调整腕部中心的位置,此时机械臂无法实现垂直于臂型面 *SEW* 的线运动,即损失了垂直于臂型面 *SEW* 的运动自由度,肩部奇异的几何说明如图8.5(a)所示。

(2) 肘部奇异(又称为边界奇异)。发生肘部奇异时,肩部、肘部、腕部中心成一直线,即 *S*、*E*、*W* 三点共线,此时关节2、3对腕部中心位置的调整能力受限(不能同时调整两个方向的分量),无法实现机械臂末端沿 *SEW* 的线运动,损失了沿该方向运动的自由度,肩部奇异的几何说明如图8.5(b)所示。

(3) 腕部奇异(又称为姿态奇异)。发生腕部奇异时,关节4、6同轴,此时关节4和关节6的运动效果相同,均为改变机械臂末端绕滚动轴(Roll)的转动,关节5的运动则产生末端绕俯仰轴(Pitch)的转动,但所有关节均无法实现机械臂末端绕偏航轴(Yaw)的转动,即机械臂末端损失了绕偏航轴转动的自由度。腕部奇异的几何说明如图8.6所示。

8.4 基于雅可比矩阵改造及初等变换的奇异分析

前面分析了几种简单构型机械臂的运动学奇异条件,由于雅可比矩阵的表达式比较简单,分析过程并不复杂。对于一般结构机械臂,雅可比矩阵的表达式可能会比较复杂,不容易得出解析的奇异条件表达式。对于这种情况,可以对雅可比矩阵进行改造,并选择合适的参考坐标系,从而得到相对简洁的表达式;进一步地,利用初等变换不改变矩阵秩的特点,对改造后的雅可比矩阵进行初等变换,得到对角阵形式的等价雅可比矩阵;最后,通过分析等价雅可比矩阵的奇异条件,即得到了机器人运动学奇异条件的解析式。此方法对于任何构型的机械臂都适用。

8.4.1 雅可比矩阵改造

根据第7章的知识可知,由旋转关节组成的机器人雅可比矩阵第 i 列的表达式为

$$ \boldsymbol{J}_i=\begin{bmatrix} \boldsymbol{\xi}_i\times\boldsymbol{\rho}_{i\to n} \\ \boldsymbol{\xi}_i \end{bmatrix}=\begin{bmatrix} \boldsymbol{z}_{i-1}\times(\boldsymbol{p}_n-\boldsymbol{p}_{i-1}) \\ \boldsymbol{z}_{i-1} \end{bmatrix}=\begin{bmatrix} -\boldsymbol{I}_{3\times3} & -\boldsymbol{p}_n^{\times} \\ \boldsymbol{O}_{3\times3} & \boldsymbol{I}_{3\times3} \end{bmatrix}\begin{bmatrix} \boldsymbol{z}_{i-1}\times\boldsymbol{p}_{i-1} \\ \boldsymbol{z}_{i-1} \end{bmatrix} \tag{8.65} $$

式中,$\boldsymbol{I}_{3\times3}$ 为 3×3 的单位阵;$\boldsymbol{O}_{3\times3}$ 为 3×3 的零矩阵;$\boldsymbol{p}_n^{\times}$ 为矢量 $\boldsymbol{p}_n$ 的叉乘操作数。令

$$ \boldsymbol{M}=\begin{bmatrix} -\boldsymbol{I}_{3\times3} & -\boldsymbol{p}_n^{\times} \\ \boldsymbol{O}_{3\times3} & \boldsymbol{I}_{3\times3} \end{bmatrix} \tag{8.66} $$

$$ \boldsymbol{S}_i=\begin{bmatrix} \boldsymbol{z}_{i-1}\times\boldsymbol{p}_{i-1} \\ \boldsymbol{z}_{i-1} \end{bmatrix} \tag{8.67} $$

由式(8.66)可知矩阵 $\boldsymbol{M}$ 为满秩矩阵。式(8.65)可进一步写成

$$\boldsymbol{J}_i=\boldsymbol{M}\boldsymbol{S}_i \quad (i=1,2\cdots,n) \tag{8.68}$$

式中，$\boldsymbol{S}_i$ 称为改造后的关节螺旋。

为使得式(8.68)对移动关节也成立，将其拓展定义为

$$\boldsymbol{S}_i=\begin{cases}\begin{bmatrix}\boldsymbol{z}_{i-1}\times\boldsymbol{p}_{i-1}\\ \boldsymbol{z}_{i-1}\end{bmatrix}, & i\text{ 为转动关节}\\ \begin{bmatrix}-\boldsymbol{z}_{i-1}\\ 0\end{bmatrix}, & i\text{ 为移动关节}\end{cases} \tag{8.69}$$

由于雅可比矩阵的各列均满足式(8.68)，因此，有如下关系：

$$\boldsymbol{J}=[\boldsymbol{J}_1,\boldsymbol{J}_2,\cdots,\boldsymbol{J}_n]=\boldsymbol{M}[\boldsymbol{S}_1,\boldsymbol{S}_2,\cdots,\boldsymbol{S}_n]=\boldsymbol{M}\boldsymbol{S} \tag{8.70}$$

其中，$\boldsymbol{S}=[\boldsymbol{S}_1,\boldsymbol{S}_2,\cdots,\boldsymbol{S}_n]$ 称为改造后的雅可比矩阵。

由于 $\boldsymbol{M}$ 满秩，因此 $\mathrm{Rank}(\boldsymbol{J})=\mathrm{Rank}(\boldsymbol{S})$，即 $\boldsymbol{S}$ 与 $\boldsymbol{J}$ 奇异的条件相同，通过分析 $\boldsymbol{S}$ 的奇异条件可以得到 $\boldsymbol{J}$ 的奇异条件。

8.4.2　矩阵初等变换及等价雅可比矩阵

(1) 初等行变换。

将机械臂的速度级运动学方程写成如下形式：

$$\begin{bmatrix}\dot{x}_1\\ \dot{x}_2\\ \vdots\\ \dot{x}_6\end{bmatrix}=\begin{bmatrix}J_{11} & J_{12} & \cdots & J_{1n}\\ J_{21} & J_{22} & \cdots & J_{2n}\\ \vdots & \vdots & & \vdots\\ J_{61} & J_{62} & \cdots & J_{6n}\end{bmatrix}\begin{bmatrix}\dot{q}_1\\ \dot{q}_2\\ \vdots\\ \dot{q}_n\end{bmatrix} \tag{8.71}$$

其中，$\dot{x}_1,\dot{x}_2,\cdots,\dot{x}_6$ 表示机械臂末端的广义速度；$\dot{q}_1,\dot{q}_2,\cdots,\dot{q}_n$ 表示机械臂各关节角速度。

对矩阵进行初等行变换等价于目标矩阵左乘初等矩阵，三种初等变换对应三种初等矩阵，包括①交换矩阵的两行，表示为 $r_i\leftrightarrow r_j$；②用不为零的实数 k 乘矩阵的第 i 行，表示为 kr_i；③用不为零的实数 k 乘矩阵的第 j 行后加到第 i 行上，表示为 r_i+kr_j。

对应的初等矩阵(Elementary Matrix)分别表示为 $\boldsymbol{P}(r_i\leftrightarrow r_j)=\boldsymbol{ET}(r_i\leftrightarrow r_j)$、$\boldsymbol{P}(kr_i)=\boldsymbol{ET}(kr_i)$、$\boldsymbol{P}(r_i+kr_j)=\boldsymbol{ET}(r_i+kr_j)$。其中，$\boldsymbol{ET}()$ 表示初等变换(Elementary Transformation)函数对应的初等矩阵。

对矩阵进行初等行变换相当于将矩阵左乘初等矩阵，为使等式成立，两边均需左乘初等矩阵，相应等式(8.71)写成如下形式：

$$\boldsymbol{P}\begin{bmatrix}\dot{x}_1\\ \dot{x}_2\\ \vdots\\ \dot{x}_6\end{bmatrix}=\boldsymbol{P}\begin{bmatrix}J_{11} & J_{12} & \cdots & J_{1n}\\ J_{21} & J_{22} & \cdots & J_{2n}\\ \vdots & \vdots & & \vdots\\ J_{61} & J_{62} & \cdots & J_{6n}\end{bmatrix}\begin{bmatrix}\dot{q}_1\\ \dot{q}_2\\ \vdots\\ \dot{q}_n\end{bmatrix} \tag{8.72}$$

(2) 初等列变换。

对雅可比矩阵进行初等列变换，相当于右乘相应初等矩阵，将式(8.71)写成如下形式：

$$\begin{bmatrix}\dot{x}_1\\ \dot{x}_2\\ \vdots\\ \dot{x}_6\end{bmatrix}=\begin{bmatrix}J_{11} & J_{12} & \cdots & J_{1n}\\ J_{21} & J_{22} & \cdots & J_{2n}\\ \vdots & \vdots & & \vdots\\ J_{61} & J_{62} & \cdots & J_{6n}\end{bmatrix}\boldsymbol{I}\begin{bmatrix}\dot{q}_1\\ \dot{q}_2\\ \vdots\\ \dot{q}_n\end{bmatrix}=\begin{bmatrix}J_{11} & J_{12} & \cdots & J_{1n}\\ J_{21} & J_{22} & \cdots & J_{2n}\\ \vdots & \vdots & & \vdots\\ J_{61} & J_{62} & \cdots & J_{6n}\end{bmatrix}\boldsymbol{Q}\boldsymbol{Q}^{-1}\begin{bmatrix}\dot{q}_1\\ \dot{q}_2\\ \vdots\\ \dot{q}_n\end{bmatrix} \tag{8.73}$$

其中,$\boldsymbol{Q}$ 为 $n \times n$ 的列初等矩阵;$\boldsymbol{Q}^{-1}$ 为 $\boldsymbol{Q}$ 的逆矩阵。

三种初等列变换包括①交换矩阵的两列,表示为 $c_i \leftrightarrow c_j$;②用不为零的实数 k 乘矩阵的第 i 列,表示为 kc_i;③用不为零的实数 k 乘矩阵的第 j 列后加到第 i 列上,表示为 $c_i + kc_j$。对应的初等矩阵分别表示为 $\boldsymbol{Q}(c_i \leftrightarrow c_j) = \boldsymbol{ET}(c_i \leftrightarrow c_j)$、$\boldsymbol{Q}(kc_i) = \boldsymbol{ET}(kc_i)$、$\boldsymbol{Q}(c_i + kc_j) = \boldsymbol{ET}(c_i + kc_j)$。

经过初等列变换,广义速度与关节角速度的对应关系未发生变化,即给定末端广义速度,仍可独立求出对应的各关节角速度。只是在进行速度级求解时,需要增加部分运算。

(3) 等价雅可比矩阵。

雅可比矩阵经过有限次初等变换后得到的矩阵记为 $\hat{\boldsymbol{J}}$,满足如下关系:

$$\hat{\boldsymbol{J}} = \boldsymbol{P}_s \cdots \boldsymbol{P}_1 \boldsymbol{J} \boldsymbol{Q}_1 \cdots \boldsymbol{Q}_l = \boldsymbol{PJQ} \tag{8.74}$$

其中,$\boldsymbol{P}_i (i = 1, \cdots, s)$ 表示第 i 次初等行变换对应的矩阵;$\boldsymbol{Q}_j (j = 1, \cdots, l)$ 表示第 j 次初等列变换对应的矩阵。$\boldsymbol{P} = \boldsymbol{P}_s \cdots \boldsymbol{P}_1$、$\boldsymbol{Q} = \boldsymbol{Q}_1 \cdots \boldsymbol{Q}_l$ 均为可逆矩阵,因而 $\boldsymbol{J}$ 与 $\hat{\boldsymbol{J}}$ 等价,秩相同,可以通过分析 $\hat{\boldsymbol{J}}$ 奇异条件来得到 $\boldsymbol{J}$ 的奇异条件。基于此,采用合适的初等变换得到简洁的等价雅可比矩阵后进行进一步的分析,可以得到具有解析式的奇异条件。

8.4.3 运动学奇异分析举例

以某连续三轴平行的6DOF机械臂为例,其D－H坐标系及D－H参数分别如图8.7和表8.2所示。

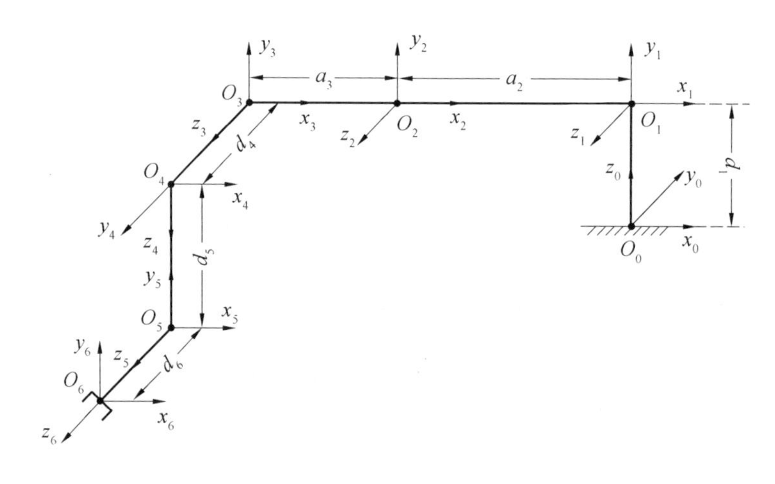

图 8.7 某连续三轴平行机械臂的D－H坐标系

表 8.2 某连续三轴平行机械臂的D－H参数

连杆 i	$\theta_i/(°)$	$\alpha_i/(°)$	a_i/m	d_i/m
1	0	90	0	0.162 5
2	0	0	－0.425	0
3	0	0	－0.392 2	0
4	0	90	0	0.133 3
5	0	－90	0	0.099 7
6	0	0	0	0.099 6

将参数表中各行的参数分别代入式(4.45)后,可得各连杆坐标系之间的齐次变换矩阵为

$$
{}^{0}\boldsymbol{T}_1=\begin{bmatrix} c_1 & 0 & s_1 & 0 \\ s_1 & 0 & -c_1 & 0 \\ 0 & 1 & 0 & d_1 \\ 0 & 0 & 0 & 1 \end{bmatrix},\ {}^{1}\boldsymbol{T}_2=\begin{bmatrix} c_2 & -s_2 & 0 & a_2c_2 \\ s_2 & c_2 & 0 & a_2s_2 \\ 0 & 0 & 1 & 0 \\ 0 & 0 & 0 & 1 \end{bmatrix} \tag{8.75}
$$

$$
{}^{2}\boldsymbol{T}_3=\begin{bmatrix} c_3 & -s_3 & 0 & a_3c_3 \\ s_3 & c_3 & 0 & a_3s_3 \\ 0 & 0 & 1 & 0 \\ 0 & 0 & 0 & 1 \end{bmatrix},\ {}^{3}\boldsymbol{T}_4=\begin{bmatrix} c_4 & 0 & s_4 & 0 \\ s_4 & 0 & -c_4 & 0 \\ 0 & 1 & 0 & d_4 \\ 0 & 0 & 0 & 1 \end{bmatrix} \tag{8.76}
$$

$$
{}^{4}\boldsymbol{T}_5=\begin{bmatrix} c_5 & 0 & -s_5 & 0 \\ s_5 & 0 & c_5 & 0 \\ 0 & -1 & 0 & d_5 \\ 0 & 0 & 0 & 1 \end{bmatrix},\ {}^{5}\boldsymbol{T}_6=\begin{bmatrix} c_6 & -s_6 & 0 & 0 \\ s_6 & c_6 & 0 & 0 \\ 0 & 0 & 1 & d_6 \\ 0 & 0 & 0 & 1 \end{bmatrix} \tag{8.77}
$$

前面的分析表明,雅可比矩阵的奇异条件与参考系的选择无关,但选择合适的参考系可以大大简化其表达。根据该机器人结构的特点,选择$\{n-2\}$坐标系即$\{4\}$系为参考系,则改造后雅可比矩阵后三列的表达形式比较简单,为奇异条件的分析提供了便利。

(1) 改造后的雅可比矩阵。

由式(8.69)可知,矩阵${}^{4}\boldsymbol{S}$的第i列${}^{4}\boldsymbol{S}_i$由${}^{4}\boldsymbol{T}_{i-1}$确定,因此根据式(8.75)～(8.77)可推导出上述机器人改造后雅可比矩阵${}^{4}\boldsymbol{S}$的各列。

(a) 矩阵${}^{4}\boldsymbol{S}$的第六列。

由式(8.77)中${}^{4}\boldsymbol{T}_5$的表达式可得

$$
{}^{4}\boldsymbol{z}_5=\begin{bmatrix} -s_5 \\ c_5 \\ 0 \end{bmatrix},\ {}^{4}\boldsymbol{p}_5=\begin{bmatrix} 0 \\ 0 \\ d_5 \end{bmatrix},\ {}^{4}\boldsymbol{z}_5\times{}^{4}\boldsymbol{p}_5=\begin{bmatrix} d_5c_5 \\ d_5s_5 \\ 0 \end{bmatrix} \tag{8.78}
$$

$$
{}^{4}\boldsymbol{S}_6=\begin{bmatrix} {}^{4}\boldsymbol{z}_5\times{}^{4}\boldsymbol{p}_5 \\ {}^{4}\boldsymbol{z}_5 \end{bmatrix}=\begin{bmatrix} d_5c_5 \\ d_5s_5 \\ 0 \\ -s_5 \\ c_5 \\ 0 \end{bmatrix} \tag{8.79}
$$

(b) 矩阵${}^{4}\boldsymbol{S}$的第五列。

由于参考坐标系为$\{4\}$系,${}^{4}\boldsymbol{T}_4$为单位阵,因此第五列为

$$
{}^{4}\boldsymbol{S}_5=\begin{bmatrix} {}^{4}\boldsymbol{z}_4\times{}^{4}\boldsymbol{p}_4 \\ {}^{4}\boldsymbol{z}_4 \end{bmatrix}=\begin{bmatrix} 0 \\ 0 \\ 0 \\ 0 \\ 0 \\ 1 \end{bmatrix} \tag{8.80}
$$

(c) 矩阵$^4\boldsymbol{S}$的第四列。

矩阵$^4\boldsymbol{T}_3$ 可以通过对$^3\boldsymbol{T}_4$ 求逆得到,即:

$$^4\boldsymbol{T}_3={}^3\boldsymbol{T}_4^{-1}=\begin{bmatrix} c_4 & s_4 & 0 & 0 \\ 0 & 0 & 1 & -d_4 \\ s_4 & -c_4 & 0 & 0 \\ 0 & 0 & 0 & 1 \end{bmatrix} \tag{8.81}$$

$$^4\boldsymbol{z}_3=\begin{bmatrix}0\\1\\0\end{bmatrix},{}^4\boldsymbol{p}_3=\begin{bmatrix}0\\-d_4\\0\end{bmatrix},{}^4\boldsymbol{z}_3\times{}^4\boldsymbol{p}_3=\begin{bmatrix}0\\0\\0\end{bmatrix} \tag{8.82}$$

因此,矩阵$^4\boldsymbol{S}$的第四列为

$$^4\boldsymbol{S}_4=\begin{bmatrix}{}^4\boldsymbol{z}_3\times{}^4\boldsymbol{p}_3\\{}^4\boldsymbol{z}_3\end{bmatrix}=\begin{bmatrix}0\\0\\0\\0\\1\\0\end{bmatrix} \tag{8.83}$$

(d) 矩阵$^4\boldsymbol{S}$的第三列。

矩阵$^4\boldsymbol{T}_2$ 可以通过按下式得到:

$$^4\boldsymbol{T}_2={}^4\boldsymbol{T}_3\,{}^2\boldsymbol{T}_3^{-1}=\begin{bmatrix} c_4 & s_4 & 0 & 0 \\ 0 & 0 & 1 & -d_4 \\ s_4 & -c_4 & 0 & 0 \\ 0 & 0 & 0 & 1 \end{bmatrix}\begin{bmatrix} c_3 & s_3 & 0 & -a_3 \\ -s_3 & c_3 & 1 & 0 \\ 0 & 0 & 0 & 0 \\ 0 & 0 & 0 & 1 \end{bmatrix}=\begin{bmatrix} c_{34} & s_{34} & 0 & -a_3c_4 \\ 0 & 0 & 1 & -d_4 \\ s_{34} & -c_{34} & 0 & -a_3s_4 \\ 0 & 0 & 0 & 1 \end{bmatrix} \tag{8.84}$$

$$^4\boldsymbol{z}_2=\begin{bmatrix}0\\1\\0\end{bmatrix},{}^4\boldsymbol{p}_2=\begin{bmatrix}-a_3c_4\\-d_4\\-a_3s_4\end{bmatrix},{}^4\boldsymbol{z}_2\times{}^4\boldsymbol{p}_2=\begin{bmatrix}-a_3s_4\\0\\a_3c_4\end{bmatrix} \tag{8.85}$$

相应地,矩阵$^4\boldsymbol{S}$的第三列为

$$^4\boldsymbol{S}_3=\begin{bmatrix}{}^4\boldsymbol{z}_2\times{}^4\boldsymbol{p}_2\\{}^4\boldsymbol{z}_2\end{bmatrix}=\begin{bmatrix}-a_3s_4\\0\\a_3c_4\\0\\1\\0\end{bmatrix} \tag{8.86}$$

(e) 矩阵$^4\boldsymbol{S}$的第二列。

矩阵$^4\boldsymbol{T}_1$ 可以通过按下式得到:

$$^4\boldsymbol{T}_1={}^1\boldsymbol{T}_4^{-1}=\begin{bmatrix} c_{234} & s_{234} & 0 & -a_3c_4-a_2c_{34} \\ 0 & 0 & 1 & -d_4 \\ s_{234} & -c_{234} & 0 & -a_3s_4-a_2s_{34} \\ 0 & 0 & 0 & 1 \end{bmatrix} \tag{8.87}$$

$$
{}^4\boldsymbol{z}_1=\begin{bmatrix}0\\1\\0\end{bmatrix},{}^4\boldsymbol{p}_1=\begin{bmatrix}-a_3c_4-a_2c_{34}\\-d_4\\-a_3s_4-a_2s_{34}\end{bmatrix},{}^4\boldsymbol{z}_1\times{}^4\boldsymbol{p}_1=\begin{bmatrix}-a_3s_4-a_2s_{34}\\0\\a_3c_4+a_2c_{34}\end{bmatrix}\tag{8.88}
$$

相应地,矩阵${}^4\boldsymbol{S}$的第二列为

$$
{}^4\boldsymbol{S}_2=\begin{bmatrix}{}^4\boldsymbol{z}_1\times{}^4\boldsymbol{p}_1\\{}^4\boldsymbol{z}_1\end{bmatrix}=\begin{bmatrix}-a_3s_4-a_2s_{34}\\0\\a_3c_4+a_2c_{34}\\0\\1\\0\end{bmatrix}\tag{8.89}
$$

(f) 矩阵${}^4\boldsymbol{S}$的第一列。

矩阵${}^4\boldsymbol{T}_0$可以通过按下式得到:

$$
{}^4\boldsymbol{T}_0={}^0\boldsymbol{T}_4^{-1}=\begin{bmatrix}c_1c_{234}&s_1c_{234}&s_{234}&-a_3c_4-a_2c_{34}-d_1s_{234}\\s_1&-c_1&0&-d_4\\c_1s_{234}&s_1s_{234}&-c_{234}&-a_3s_4-a_2s_{34}+d_1c_{234}\\0&0&0&1\end{bmatrix}\tag{8.90}
$$

$$
{}^4\boldsymbol{z}_0=\begin{bmatrix}s_{234}\\0\\-c_{234}\end{bmatrix},{}^4\boldsymbol{p}_0=\begin{bmatrix}-a_3c_4-a_2c_{34}-d_1s_{234}\\-d_4\\-a_3s_4-a_2s_{34}+d_1c_{234}\end{bmatrix},{}^4\boldsymbol{z}_0\times{}^4\boldsymbol{p}_0=\begin{bmatrix}-d_4c_{234}\\a_3c_{23}+a_2c_2\\-d_4s_{234}\end{bmatrix}\tag{8.91}
$$

因此,矩阵${}^4\boldsymbol{S}$的第一列为

$$
{}^4\boldsymbol{S}_1=\begin{bmatrix}{}^4\boldsymbol{z}_0\times{}^4\boldsymbol{p}_0\\{}^4\boldsymbol{z}_0\end{bmatrix}=\begin{bmatrix}-d_4c_{234}\\a_3c_{23}+a_2c_2\\-d_4s_{234}\\s_{234}\\0\\-c_{234}\end{bmatrix}\tag{8.92}
$$

根据各列的表达式,可得改造后的雅可比矩阵为

$$
{}^4\boldsymbol{S}=[{}^4\boldsymbol{S}_1,\cdots,{}^4\boldsymbol{S}_6]=\begin{bmatrix}-d_4c_{234}&-a_3s_4-a_2s_{34}&-a_3s_4&0&0&d_5c_5\\a_3c_{23}+a_2c_2&0&0&0&0&d_5s_5\\-d_4s_{234}&a_3c_4+a_2c_{34}&a_3c_4&0&0&0\\s_{234}&0&0&0&0&-s_5\\0&1&1&1&0&c_5\\-c_{234}&0&0&0&1&0\end{bmatrix}\tag{8.93}
$$

(2) 奇异条件确定。

对式(8.93)进行初等变换,有

$$
{}^{4}\boldsymbol{S}=\begin{bmatrix}
-d_4c_{234} & -a_3s_4-a_2s_{34} & -a_3s_4 & 0 & 0 & d_5c_5\\
a_3c_{23}+a_2c_2 & 0 & 0 & 0 & 0 & d_5s_5\\
-d_4s_{234} & a_3c_4+a_2c_{34} & a_3c_4 & 0 & 0 & 0\\
s_{234} & 0 & 0 & 0 & 0 & -s_5\\
0 & 1 & 1 & 1 & 0 & c_5\\
-c_{234} & 0 & 0 & 0 & 1 & 0
\end{bmatrix}
$$

$$
\xrightarrow{r_2+d_5r_4}\begin{bmatrix}
-d_4c_{234} & -a_3s_4-a_2s_{34} & -a_3s_4 & 0 & 0 & d_5c_5\\
a_3c_{23}+a_2c_2+d_5s_{234} & 0 & 0 & 0 & 0 & 0\\
-d_4s_{234} & a_3c_4+a_2c_{34} & a_3c_4 & 0 & 0 & 0\\
s_{234} & 0 & 0 & 0 & 0 & -s_5\\
0 & 1 & 1 & 1 & 0 & c_5\\
-c_{234} & 0 & & 0 & 0 & 1
\end{bmatrix}
$$

$$
\xrightarrow{c_2-c_3}\begin{bmatrix}
-d_4c_{234} & -a_2s_{34} & -a_3s_4 & 0 & 0 & d_5c_5\\
a_3c_{23}+a_2c_2+d_5s_{234} & 0 & 0 & 0 & 0 & 0\\
-d_4s_{234} & a_2c_{34} & a_3c_4 & 0 & 0 & 0\\
s_{234} & 0 & 0 & 0 & 0 & -s_5\\
0 & 0 & 1 & 1 & 0 & c_5\\
-c_{234} & 0 & 0 & 0 & 1 & 0
\end{bmatrix}
$$

$$
\xrightarrow{c_3-c_4}\begin{bmatrix}
-d_4c_{234} & -a_2s_{34} & -a_3s_4 & 0 & 0 & d_5c_5\\
a_3c_{23}+a_2c_2+d_5s_{234} & 0 & 0 & 0 & 0 & 0\\
-d_4s_{234} & a_2c_{34} & a_3c_4 & 0 & 0 & 0\\
s_{234} & 0 & 0 & 0 & 0 & -s_5\\
0 & 0 & 0 & 1 & 0 & c_5\\
-c_{234} & 0 & 0 & 0 & 1 & 0
\end{bmatrix}={}^{4}\hat{\boldsymbol{S}} \tag{8.94}
$$

由式(8.94)可知，$\boldsymbol{S}_4$ 经过1次初等行变换、1次初等列变换后，得到了等价矩阵${}^{4}\hat{\boldsymbol{S}}$，依次进行的初等变换对应的矩阵分别为

$$\boldsymbol{P}_1=\boldsymbol{ET}(r_2+d_5r_4) \tag{8.95}$$

$$\boldsymbol{Q}_2=\boldsymbol{ET}(c_2-c_3) \tag{8.96}$$

$$\boldsymbol{Q}_3=\boldsymbol{ET}(c_3-c_4) \tag{8.97}$$

等价矩阵的行列式为

$$
|{}^{4}\hat{\boldsymbol{S}}|=\begin{vmatrix}
-d_4c_{234} & -a_2s_{34} & -a_3s_4 & 0 & 0 & d_5c_5\\
a_3c_{23}+a_2c_2+d_5s_{234} & 0 & 0 & 0 & 0 & 0\\
-d_4s_{234} & a_2c_{34} & a_3c_4 & 0 & 0 & 0\\
s_{234} & 0 & 0 & 0 & 0 & -s_5\\
0 & 0 & 0 & 1 & 0 & c_5\\
-c_{234} & 0 & 0 & 0 & 1 & 0
\end{vmatrix}
$$

$$=-(a_3c_{23}+a_2c_2+d_5s_{234})\begin{vmatrix} -a_2s_{34} & -a_3s_4 & 0 & 0 & d_5c_5 \\ a_2c_{34} & a_3c_4 & 0 & 0 & 0 \\ 0 & 0 & 0 & 0 & -s_5 \\ 0 & 0 & 1 & 0 & c_5 \\ 0 & 0 & 0 & 1 & 0 \end{vmatrix}$$

$$=-(a_3c_{23}+a_2c_2+d_5s_{234})\begin{vmatrix} -a_2s_{34} & -a_3s_4 & d_5c_5 \\ a_2c_{34} & a_3c_4 & 0 \\ 0 & 0 & -s_5 \end{vmatrix}$$

$$=s_5(a_3c_{23}+a_2c_2+d_5s_{234})\begin{vmatrix} -a_2s_{34} & -a_3s_4 \\ a_2c_{34} & a_3c_4 \end{vmatrix}$$

$$=s_5(a_3c_{23}+a_2c_2+d_5s_{234})(-a_2a_3s_{34}c_4+a_2a_3c_{34}s_4)$$

$$=-a_2a_3s_3s_5(a_3c_{23}+a_2c_2+d_5s_{234}) \tag{8.98}$$

令 $|{}^4\hat{\boldsymbol{S}}|=0$，根据式(8.98) 可得该机器人的奇异条件，即：

$$s_3=0 \text{ 或 } s_5=0 \text{ 或 } a_3c_{23}+a_2c_2+d_5s_{234}=0 \tag{8.99}$$

可对式(8.99) 进行进一步分析，得到相应的奇异臂型。

8.5　机器人运动性能评价

根据前面的分析，当机器人处于奇异臂型时，其末端将损失 1 个或多个自由度，无法实现某些方向的运动，按逆运动学方程求解的关节角速度将达到无穷大，在物理上不可实现；在奇异点附近，运动灵活性也明显不足，离奇异点越远，运动灵活性则越强。通过雅可比矩阵的行列式是否为 0 来判断机器人是否处于奇异状态，只是定性地描述了机器人的运动性能(即奇异或不奇异)，而无法定量地评价机器人远离奇异点的程度、多末端位姿调整的能力等，这涉及运动性能的定量评价问题，也是本节所要阐述的内容。

运动性能的定量评价对于机器人的系统设计、机构综合、规划与控制等极其重要，经过几十年的研究，学者们提出了多种性能指标，主要的有雅可比矩阵条件数、最小奇异值、灵巧度(Dexterity)、可操作度(Manipulability)、运动学敏感度(Kinematic － Sensitivity)、“运动 — 静力”调节指数(Kinetostatic Conditioning Index，简写 KCI，其中 Kinetostatic 为 Kinematics 和 Statics 组合而成的新词，包含运动学和静力学的含义，体现了两者的对偶性)等。在各种指标中，应用最广、影响最大的是灵巧度和可操作度两种指标，其他很多指标可以认为是从这两类指标的基础上衍生或发展起来的，而这些指标的绝大多数是基于雅可比矩阵的特性来进行定义的。下面介绍几种常用的运动性能评价指标。

8.5.1　最小奇异值及条件数指标

(1) 最小奇异值。

当雅可比矩阵奇异时，其最小奇异值 $\sigma_m=0$；在奇异点附近，则 σ_m 趋近于 0，且越接近于 0，则离奇异臂型越近，反之亦然。最小奇异值在奇异点附近的变化远比其他奇异值变化得强烈。因此，可以采用最小奇异值来描述机器人距离奇异臂型的程度，进而评价运动灵活性。

(2) 条件数。

矩阵的条件数用来衡量系统对微小变化的敏感度。若关节速度变化量为 $\delta\dot{\boldsymbol{q}}$，引起的末端速度变化量为 $\delta\dot{\boldsymbol{x}}_e$，则满足：

$$\dot{\boldsymbol{x}}_e + \delta\dot{\boldsymbol{x}}_e = \boldsymbol{J}(\dot{\boldsymbol{q}} + \delta\dot{\boldsymbol{q}}) \tag{8.100}$$

由于 $\dot{\boldsymbol{x}}_e = \boldsymbol{J}\dot{\boldsymbol{q}}$，因而根据式(8.100)有如下关系(考虑方阵的情况)：

$$\delta\dot{\boldsymbol{x}}_e = \boldsymbol{J}\delta\dot{\boldsymbol{q}} \tag{8.101}$$

$$\delta\dot{\boldsymbol{q}} = \boldsymbol{J}^{-1}\delta\dot{\boldsymbol{x}}_e \tag{8.102}$$

根据矩阵的性质可知：

$$\|\delta\dot{\boldsymbol{x}}_e\| = \|\boldsymbol{J}\delta\dot{\boldsymbol{q}}\| \leqslant \|\boldsymbol{J}\| \|\delta\dot{\boldsymbol{q}}\| \tag{8.103}$$

$$\|\delta\dot{\boldsymbol{q}}\| = \|\boldsymbol{J}^{-1}\delta\dot{\boldsymbol{x}}_e\| \leqslant \|\boldsymbol{J}^{-1}\| \|\delta\dot{\boldsymbol{x}}_e\| \tag{8.104}$$

根据式(8.103)和式(8.104)，有

$$\frac{1}{\|\boldsymbol{J}\|}\|\delta\dot{\boldsymbol{x}}_e\| \leqslant \|\delta\dot{\boldsymbol{q}}\| \leqslant \|\boldsymbol{J}^{-1}\| \|\delta\dot{\boldsymbol{x}}_e\| \tag{8.105}$$

分别取式(7.137)的右(左)半部分和式(8.105)的左(右)半部分，可分别得

$$\begin{cases} \|\dot{\boldsymbol{q}}\| \leqslant \|\boldsymbol{J}^{-1}\| \|\dot{\boldsymbol{x}}_e\| \\ \|\delta\dot{\boldsymbol{q}}\| \geqslant \dfrac{1}{\|\boldsymbol{J}\|}\|\delta\dot{\boldsymbol{x}}_e\| \end{cases} \Rightarrow \frac{\|\delta\dot{\boldsymbol{q}}\|}{\|\dot{\boldsymbol{q}}\|} \geqslant \frac{1}{\|\boldsymbol{J}\| \|\boldsymbol{J}^{-1}\|} \frac{\|\delta\dot{\boldsymbol{x}}_e\|}{\|\dot{\boldsymbol{x}}_e\|} \tag{8.106}$$

$$\begin{cases} \|\dot{\boldsymbol{q}}\| \geqslant \dfrac{1}{\|\boldsymbol{J}\|}\|\dot{\boldsymbol{x}}_e\| \\ \|\delta\dot{\boldsymbol{q}}\| \leqslant \|\boldsymbol{J}^{-1}\| \|\delta\dot{\boldsymbol{x}}_e\| \end{cases} \Rightarrow \frac{\|\delta\dot{\boldsymbol{q}}\|}{\|\dot{\boldsymbol{q}}\|} \leqslant \|\boldsymbol{J}\| \|\boldsymbol{J}^{-1}\| \frac{\|\delta\dot{\boldsymbol{x}}_e\|}{\|\dot{\boldsymbol{x}}_e\|} \tag{8.107}$$

根据式(8.106)和式(8.107)，可得关节速度变化率与末端速度变化率之间满足如下不等式关系：

$$\frac{1}{\|\boldsymbol{J}\| \|\boldsymbol{J}^{-1}\|} \frac{\|\delta\dot{\boldsymbol{x}}_e\|}{\|\dot{\boldsymbol{x}}_e\|} \leqslant \frac{\|\delta\dot{\boldsymbol{q}}\|}{\|\dot{\boldsymbol{q}}\|} \leqslant \|\boldsymbol{J}\| \|\boldsymbol{J}^{-1}\| \frac{\|\delta\dot{\boldsymbol{x}}_e\|}{\|\dot{\boldsymbol{x}}_e\|} \tag{8.108}$$

由式(8.108)可知，速度变化率的关系与 $\|\boldsymbol{J}\| \|\boldsymbol{J}^{-1}\|$ 直接相关，将其定义为雅可比矩阵的条件数，即：

$$k(\boldsymbol{q}) = \|\boldsymbol{J}(\boldsymbol{q})\| \|\boldsymbol{J}^{-1}(\boldsymbol{q})\| = \frac{\sigma_1}{\sigma_m} \tag{8.109}$$

上式可推广到 $m \times n$ 的雅可比矩阵，即：

$$k(\boldsymbol{q}) = \|\boldsymbol{J}(\boldsymbol{q})\| \|\boldsymbol{J}^{+}(\boldsymbol{q})\| = \frac{\sigma_1}{\sigma_m} \tag{8.110}$$

由于各奇异值满足式(7.123)，故 $k(\boldsymbol{q}) \geqslant 1$；当机械臂处于奇异臂型时，最小奇异值 $\sigma_m = 0$，$k(\boldsymbol{q})$ 为无穷大。因此，条件数的范围为

$$k(\boldsymbol{q}) \in [1, \infty) \tag{8.111}$$

雅可比矩阵的条件数越小，则机械臂的灵巧性越好。当 $k=1$ 时，机械臂各方向均具有相同的运动能力，灵活性最好，相应的臂型称为各向同性(Isotropy)臂型，此时，雅可比矩阵的所有奇异值相等，即：

$$\sigma_1 = \sigma_2 = \cdots = \sigma_m > 0 \tag{8.112}$$

各向同性臂型是机械臂的一种最优臂型，对于机械臂的优化设计和运动控制具有重要意义，具有各向同性臂型的机器人称为各向同性机器人。

8.5.2　可操作度

(1) 可操作度定义。

可操作度(Manipulability) 的概念是由 Yoshikawa 提出的,用于评价关节运动对末端运动的综合调整能力。设关节速度向量的范数小于等于 1(广义单位球),即:

$$\|\dot{\boldsymbol{q}}\|^2=\dot{\boldsymbol{q}}^{\mathrm{T}}\dot{\boldsymbol{q}}\leqslant 1 \tag{8.113}$$

考虑最小范数解 $\dot{\boldsymbol{q}}=\boldsymbol{J}^{+}\dot{\boldsymbol{x}}_{\mathrm{e}}$,则:

$$\dot{\boldsymbol{q}}^{\mathrm{T}}\dot{\boldsymbol{q}}=(\boldsymbol{J}^{+}\dot{\boldsymbol{x}}_{\mathrm{e}})^{\mathrm{T}}(\boldsymbol{J}^{+}\dot{\boldsymbol{x}}_{\mathrm{e}})=\dot{\boldsymbol{x}}_{\mathrm{e}}^{\mathrm{T}}[(\boldsymbol{J}^{+})^{\mathrm{T}}\boldsymbol{J}^{+}]\dot{\boldsymbol{x}}_{\mathrm{e}}=\dot{\boldsymbol{x}}_{\mathrm{e}}^{\mathrm{T}}[(\boldsymbol{J}\boldsymbol{J}^{\mathrm{T}})^{+}]\dot{\boldsymbol{x}}_{\mathrm{e}} \tag{8.114}$$

根据式(8.113) 和式(8.114),有

$$\dot{\boldsymbol{x}}_{\mathrm{e}}^{\mathrm{T}}[(\boldsymbol{J}\boldsymbol{J}^{\mathrm{T}})^{+}]\dot{\boldsymbol{x}}_{\mathrm{e}}\leqslant 1 \tag{8.115}$$

$$\dot{\boldsymbol{x}}_{\mathrm{e}}^{\mathrm{T}}[(\boldsymbol{J}\boldsymbol{J}^{\mathrm{T}})^{+}]\dot{\boldsymbol{x}}_{\mathrm{e}}=\dot{\boldsymbol{x}}_{\mathrm{e}}^{\mathrm{T}}[\boldsymbol{U}(\sum\sum^{\mathrm{T}})^{+}\boldsymbol{U}^{\mathrm{T}}]\dot{\boldsymbol{x}}_{\mathrm{e}}=(\dot{\boldsymbol{x}}_{\mathrm{e}}^{\mathrm{T}}\boldsymbol{U})(\sum\sum^{\mathrm{T}})^{+}(\boldsymbol{U}^{\mathrm{T}}\dot{\boldsymbol{x}}_{\mathrm{e}})\leqslant 1 \tag{8.116}$$

令 $\dot{\boldsymbol{x}}_u=\boldsymbol{U}^{\mathrm{T}}\dot{\boldsymbol{x}}_{\mathrm{e}}=[\dot{x}_{u1},\dot{x}_{u2},\cdots,\dot{x}_{um}]^{\mathrm{T}}$,可知 $\|\dot{\boldsymbol{x}}_u\|=\|\dot{\boldsymbol{x}}_{\mathrm{e}}\|$,则根据式(8.116) 有

$$\left(\frac{\dot{x}_{u1}}{\sigma_1}\right)^2+\left(\frac{\dot{x}_{u2}}{\sigma_2}\right)^2+\cdots+\left(\frac{\dot{x}_{um}}{\sigma_m}\right)^2\leqslant 1 \tag{8.117}$$

可见式(8.117) 确定了一个 m 维的广义椭球,相应于广义坐标 $\dot{x}_{u1}\sim\dot{x}_{um}$ 的半轴为 $\sigma_1\sim\sigma_m$,最大和最小半轴分别为 σ_1 和 σ_m。该椭球称为可操作度椭球(Manipulability Ellipsoid),其体积为 $d\sigma_1\sigma_2\cdots\sigma_m$($d$ 为由 m 决定的常数)。由于体积直观地反映了椭球的大小,又为了表示的方便,Yoshikawa 将体积表达式中的常数 d 去掉,余下的部分定义为机器人的可操作度,即:

$$w=\sigma_1\sigma_2\cdots\sigma_m \tag{8.118}$$

根据雅可比矩阵的性质,并考虑 w 与臂型相关的特点,式(8.118) 可以表示为

$$w(\boldsymbol{q})=\sqrt{\det(\boldsymbol{J}(\boldsymbol{q})\boldsymbol{J}(\boldsymbol{q})^{\mathrm{T}})}=\sigma_1\sigma_2\cdots\sigma_m \tag{8.119}$$

当 $\boldsymbol{J}$ 为方阵时,还可简化为

$$w(\boldsymbol{q})=\sqrt{\det(\boldsymbol{J}(\boldsymbol{q})\boldsymbol{J}(\boldsymbol{q})^{\mathrm{T}})}=|\det(\boldsymbol{J}(\boldsymbol{q}))| \tag{8.120}$$

(2) 分析实例。

① 仅用于末端定位的平面 2R 机械臂。

对于平面 2R 机械臂,仅考虑其用于末端定位,则采用式(7.19) 的线速度雅可比矩阵 $\boldsymbol{J}_v$ 进行分析,可得该机械臂的可操作度为

$$w(\boldsymbol{\Theta})=|\det(\boldsymbol{J}_v(\boldsymbol{\Theta}))|=l_1l_2|\sin\theta_2| \tag{8.121}$$

由式(8.121) 可知,对于确定尺寸的机械臂,即 l_1 和 l_2 为给定值,当 $\theta_2=90°$ 时,该机械臂的操作度最大,为 l_1l_2。实际上,由于平面 2R 机械臂的工作空间是一个外径为(l_1+l_2)、内径为(l_1-l_2) 的圆环,如图 8.8 所示,其工作空间的面积为 $\pi[(l_1+l_2)^2-(l_1-l_2)^2]=4\pi l_1l_2$,是最大可操作度的 4π 倍,或者说可操作度与该机器人工作空间的面积(对 3D 空间的情况则为体积) 成正比,且比例系数为常数。

若限定机械臂的总长度不变而调整 l_1 和 l_2 的取值,可以设计具有最大可操作度 2R 机械臂的几何尺寸。由于 $l=l_1+l_2=$ 常数,根据式(8.121) 可得当 $l_1=l_2$、$\theta_2=\pm 90°$ 时具有最大可操作度(图 8.9),数值为

$$w_{\max}=\max w(\boldsymbol{\Theta})=\frac{l^2}{4}\quad\left(\theta_2=\pm 90°,l_1=l_2=\frac{l}{2}\right) \tag{8.122}$$

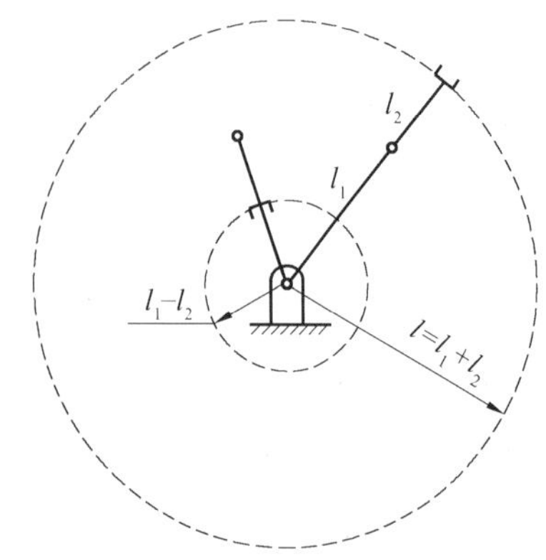

图 8.8　平面 2R 机械臂工作空间

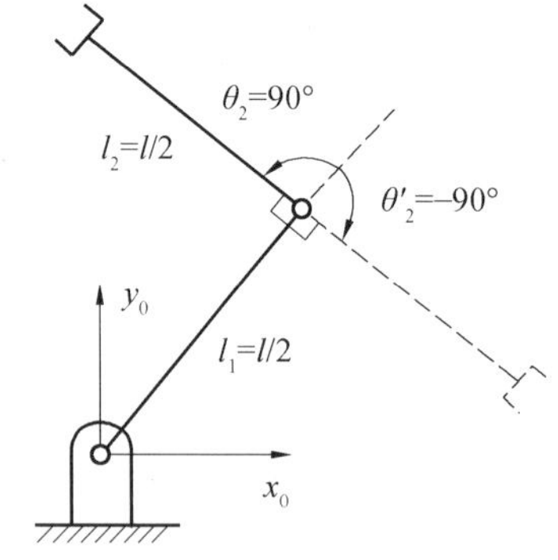

图 8.9　平面 2R 机械臂最大可操作度臂型

从工作空间的角度分析，由于 $l_1+l_2=$常数，当 $l_1=l_2$ 时可以使圆环的面积最大，且最大面积为 πl^2。

作为一个实例，取 $l=2$ m、$\theta_1=10°$、$\theta_2=-90°$，则可得 $\boldsymbol{J}_v$ 的 SVD 分解式、最大和最小奇异值、条件数、条件数倒数百分数（条件数倒数 × 100%）及可操作度如下：

$$\begin{aligned}\boldsymbol{J}_v&=\begin{bmatrix}0.8112 & 0.9848\\1.1585 & 0.1736\end{bmatrix}\\&=\begin{bmatrix}-0.7464 & -0.6655\\-0.6655 & 0.7464\end{bmatrix}\begin{bmatrix}1.6180 & 0\\0 & 0.6180\end{bmatrix}\begin{bmatrix}-0.8507 & 0.5257\\-0.5257 & -0.8507\end{bmatrix}\end{aligned} \tag{8.123}$$

$$\sigma_1=1.6180, \sigma_m=0.6180 \tag{8.124}$$

$$k=\frac{1.6180}{0.6180}=2.618 \tag{8.125}$$

$$\frac{1}{k}\times 100\%=38.2\% \tag{8.126}$$

$$w=1 \tag{8.127}$$

通过改变长度 l 的取值（读者自行验算），奇异值和可操作度会发生变化，而条件数不会发生变化。说明最小奇异值和可操作度这两个指标是与尺寸相关的；对于仅有末端定位需求的情况，条件数仅与构型相关。后面的例子考虑末端同时需要进行定位和定姿的情况。

② 用于末端定位和定姿的平面 3R 机械臂。

平面 3R 机械臂结构如图 8.10 所示，关节 1、关节 2、关节 3 和末端点的位置分别记为 O_1、O_2、O_3 和 E，各连杆长度为 $l_1\sim l_3$，关节变量为 $\theta_1\sim\theta_3$，该机械臂的末端位置定义为末端坐标系原点的位置矢量 $\boldsymbol{p}_e$，姿态角 ψ_e 定义为 x_0 绕 z_0 轴旋转到 x_e 的角度。

根据几何关系有

$$\begin{cases}\boldsymbol{p}_e=\begin{bmatrix}p_{ex}\\p_{ey}\end{bmatrix}=\begin{bmatrix}l_1c_1+l_2c_{12}+l_3c_{123}\\l_1s_1+l_2s_{12}+l_3s_{123}\end{bmatrix}\\\psi_e=\theta_1+\theta_2+\theta_3\\(\omega_{ez}=\dot{\psi}_e)\end{cases} \tag{8.128}$$

对式(8.128) 进行求导后得到如下速度级运动学方程($\omega_{ez}=\dot{\psi}_e$)：

$$\begin{bmatrix}v_{ex}\\v_{ey}\\\omega_{ez}\end{bmatrix}=\begin{bmatrix}-l_1s_1-l_2s_{12}-l_3s_{123} & -l_2s_{12}-l_3s_{123} & -l_3s_{123}\\l_1c_1+l_2c_{12}+l_3c_{123} & l_2c_{12}+l_3c_{123} & l_3c_{123}\\1 & 1 & 1\end{bmatrix}\begin{bmatrix}\dot{\theta}_1\\\dot{\theta}_2\\\dot{\theta}_3\end{bmatrix} \tag{8.129}$$

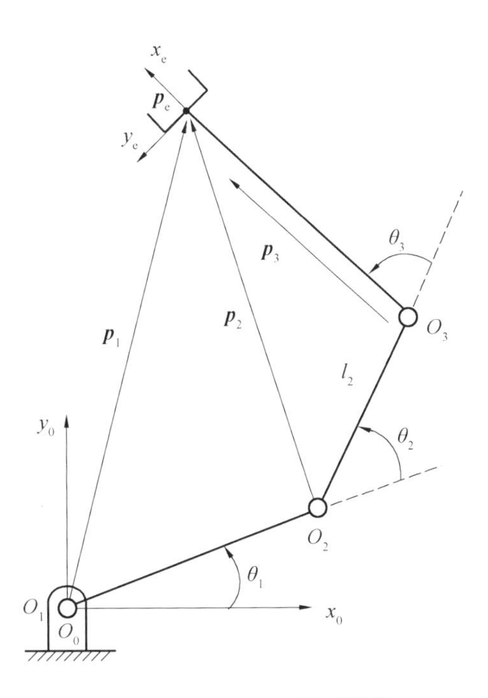

图 8.10　平面 3R 机械臂结构

相应地，其雅可比矩阵为

$$\boldsymbol{J}=\begin{bmatrix} -l_1s_1-l_2s_{12}-l_3s_{123} & -l_2s_{12}-l_3s_{123} & -l_3s_{123} \\ l_1c_1+l_2c_{12}+l_3c_{123} & l_2c_{12}+l_3c_{123} & l_3c_{123} \\ 1 & 1 & 1 \end{bmatrix} \tag{8.130}$$

该机械臂的可操作性度为

$$w(\boldsymbol{\Theta})=|\det(J(\boldsymbol{\Theta}))|=l_1l_2|\sin\theta_2| \tag{8.131}$$

可见同时用于末端定位、定姿的平面 3R 机械臂可操作度的表达式与仅用于末端定位的平面 2R 机械臂相同，考虑 (l_1+l_2) 为常数的情况下，其具有最大可操作度的条件也为 $l_1=l_2$，$\theta_2=\pm 90°$。

作为实例，取 $l_1=1\ \mathrm{m}$、$l_2=1\ \mathrm{m}$、$l_3=0.5\ \mathrm{m}$、$\theta_1=10°$、$\theta_2=-90°$、$\theta_3=20°$，则可得 $\boldsymbol{J}$ 的 SVD 分解式、最大和最小奇异值、条件数、条件数倒数百分数及可操作度为

$$\boldsymbol{J}=\begin{bmatrix} -0.6620 & 0.1771 & -0.7283 \\ -0.4734 & -0.8521 & 0.2231 \\ -0.5811 & 0.4925 & 0.6480 \end{bmatrix}\begin{bmatrix} 2.8675 & 0 & 0 \\ 0 & 0.7146 & 0 \\ 0 & 0 & 0.4880 \end{bmatrix}\begin{bmatrix} -0.7224 & -0.6819 & 0.1148 \\ -0.5999 & 0.5354 & -0.5945 \\ -0.3439 & 0.4984 & 0.7958 \end{bmatrix} \tag{8.132}$$

$$\sigma_1=2.8675,\sigma_m=0.4880 \tag{8.133}$$

$$k=\frac{2.8675}{0.4880}=5.8761 \tag{8.134}$$

$$\frac{1}{k}\times 100\%=17.02\% \tag{8.135}$$

$$w=1 \tag{8.136}$$

按比例改变机械臂各杆件的长度(读者自行验算),发现最小奇异值、条件数、可操作度数等指标的具体数值都会发生变化,因此,这些指标都是与长度(或尺寸)相关的。

8.5.3 灵巧度 / 调节指数

通过进一步分析可知,前述的最小奇异值、条件数、可操作度数等指标在描述机器人的性能方面,具有如下不足。

① 尺度 / 单位相关(Scale/Unit Dependent)。

采用不同的单位时所得的可操作度不同,对结构相同但尺度不同的机械臂而言,可操作度指标的差别很大,无法准确反映结构本身的操作性能。

② 量纲相关(Dimension Dependent)。

对于同时包含了平动关节、转动关节的非一致性(Non - Homogeneous) 机器人结构,关节变量的类型和量纲不同;即使是仅由平动或转动关节组成的一致性(Homogeneous) 机器人结构,其末端运动也包含了平动和转动,线速度和角速度也具有不同的特性和量纲。上述因素对雅可比矩阵的具体表达式均有影响(称为维度相关),在分析机器人的性能指标时,可能由于量纲本身导致雅可比矩阵中元素的数值差异过大,从而得出不准确的结论。

③ 无界性(Unbounded)。

上述指标没有上界,如条件数取值范围从 1 到无穷大、操作度指标也可能无穷大,这些指标对于分析奇异点附近的运动特性是足够的,但对于全范围运动性能的评估则有缺陷。

为解决尺度和量纲相关性的问题,学者们提出了雅可比矩阵归一化的方法,包括采用加权矩阵、特征长度、自然长度等对原矩阵进行处理,得到量纲一致 (Dimensionlly Homogeneous) 雅可比矩阵,在此基础上再进行运动性能的评估。

为解决无界性的问题,J. Angeles 提出将整个工作空间中条件数最小值的倒数作为评价指标,最早直接称为灵巧度(Dexterity),并在很多文献(包括教材) 中得到了继承。事实上,严格意义上讲,灵巧度主要指机器人在工作空间内某点上末端姿态的调整能力,调整能力越强,则越灵巧(Dextrous)。为准确反映该指标所体现的物理意义,J. Angeles 等重新将其定义为运动调节指数 KCI(Kinematics Conditioning Index),在其后出版的教材中,综合考虑了运动学与静力学的对偶特性,将该指标称为运动 - 静力调节指数 KCI(Kinetostatic Conditioning Index),下面介绍该方法。

(1) 归一化雅可比矩阵(量纲一致雅可比矩阵)。

对于转动关节而言,其在末端产生的线速度与其到末端的矢径(称为牵连运动矢量) 成正比,而产生的角速度则与作用距离无关。当需要同时分析关节速度对末端线速度和角速度的调节能力时,为避免因尺寸导致的数值问题,可采用某一标称长度对末端线速度进行归一化(即考虑单位长度下的牵连运动),相应的雅可比矩阵称为归一化雅可比矩阵。根据不同的分析需要,标称长度有多种选择,可采用最大作用距离(Reachable Distance)、自然长度(Natural Length)、名义长度(Nominal Length) 或特征长度(Characteristic Length) 等,在此统一表示为 L,下面介绍雅可比矩阵归一化的方法。

为描述的方便,将式(7.28) 的雅可比矩阵表示为如下形式:

$$\boldsymbol{J}=\begin{bmatrix}\boldsymbol{J}_v\\ \boldsymbol{J}_\omega\end{bmatrix}=\begin{bmatrix}\boldsymbol{e}_1\times\boldsymbol{p}_1 & \boldsymbol{e}_2\times\boldsymbol{p}_2 & \cdots & \boldsymbol{e}_n\times\boldsymbol{p}_n\\ \boldsymbol{e}_1 & \boldsymbol{e}_2 & \cdots & \boldsymbol{e}_n\end{bmatrix} \tag{8.137}$$

其中,$\boldsymbol{e}_i=\boldsymbol{\xi}_i$、$\boldsymbol{p}_i=\boldsymbol{\rho}_{i\to n}$ 分别为关节 i 的运动轴矢量和牵连运动矢量。

机器人末端线速度除以标称长度 L 后，得到如下的运动学方程：

$$\begin{bmatrix} \frac{1}{L}\boldsymbol{v}_{\mathrm{e}} \\ \boldsymbol{\omega}_{\mathrm{e}} \end{bmatrix} = \begin{bmatrix} \frac{1}{L}(\boldsymbol{e}_1 \times \boldsymbol{p}_1) & \frac{1}{L}(\boldsymbol{e}_2 \times \boldsymbol{p}_2) & \cdots & \frac{1}{L}(\boldsymbol{e}_n \times \boldsymbol{p}_n) \\ \boldsymbol{J}_{\omega 1} & \boldsymbol{J}_{\omega 2} & \cdots & \boldsymbol{J}_{\omega n} \end{bmatrix} \begin{bmatrix} \dot{q}_1 \\ \dot{q}_2 \\ \vdots \\ \dot{q}_n \end{bmatrix} \tag{8.138}$$

式(8.138) 可以表示为如下的形式：

$$\begin{bmatrix} \tilde{\boldsymbol{v}}_{\mathrm{e}} \\ \boldsymbol{\omega}_{\mathrm{e}} \end{bmatrix} = \begin{bmatrix} \tilde{\boldsymbol{J}}_v \\ \boldsymbol{J}_\omega \end{bmatrix} \dot{\boldsymbol{q}} = \tilde{\boldsymbol{J}} \dot{\boldsymbol{q}} \tag{8.139}$$

其中，$\tilde{\boldsymbol{v}}_{\mathrm{e}} = \frac{1}{L}\boldsymbol{v}_{\mathrm{e}}$，$\tilde{\boldsymbol{J}}_v = \frac{1}{L}\boldsymbol{J}_v$ 分别为归一化的线速度和归一化的线速度雅可比矩阵，而 $\tilde{\boldsymbol{J}}$ 即为归一化的雅可比矩阵，也称为尺寸一致雅可比矩阵，表达式为

$$\tilde{\boldsymbol{J}} = \begin{bmatrix} \tilde{\boldsymbol{J}}_v \\ \boldsymbol{J}_\omega \end{bmatrix} = \begin{bmatrix} \boldsymbol{e}_1 \times \tilde{\boldsymbol{p}}_1 & \boldsymbol{e}_2 \times \tilde{\boldsymbol{p}}_2 & \cdots & \boldsymbol{e}_n \times \tilde{\boldsymbol{p}}_n \\ \boldsymbol{e}_1 & \boldsymbol{e}_2 & \cdots & \boldsymbol{e}_n \end{bmatrix}，\text{此处 } \tilde{\boldsymbol{p}}_i = \frac{\boldsymbol{p}_i}{L} \tag{8.140}$$

上式中的 $\tilde{\boldsymbol{p}}_i$ 为归一化的牵连运动矢量。

(2) 运动调节指数或运动－静力调节指数。

J. Angeles 将运动调节指数或运动－静力调节指数 KCI 定义为 $\tilde{\boldsymbol{J}}$ 在工作空间内条件数最小值的倒数，并采用百分比的形式，即：

$$KCI = \frac{1}{k_{\min}} \times 100\% \tag{8.141}$$

其中，$k_{\min}$ 为 $\tilde{\boldsymbol{J}}(\boldsymbol{q})$ 最小条件数，即：

$$k_{\min} = \min_q (k(\tilde{\boldsymbol{J}}(\boldsymbol{q}))) \tag{8.142}$$

采用上述定义后，调节指数的范围为

$$KCI \in (0, 100\%] \tag{8.143}$$

KCI 是一个具有全局含义的指标，它考虑了整个工作空间(或给定的具体工作空间范围) 中的所有臂型，代表了机器人的最大调节能力。对于各向同性机器人，$KCI = 100\%$，具有最大的运动调节能力。

8.5.4　各向同性机器人

(1) 各向同性判据及几何含义。

以 n 自由度机器人为例，处于各向同性臂型时，雅可比矩阵的所有奇异值相等，即 $\sigma_1 = \sigma_2 = \cdots = \sigma_n = \sigma$，结合 SVD 分解结果，可以推导出如下关系：

$$\tilde{\boldsymbol{J}}^{\mathrm{T}} \tilde{\boldsymbol{J}} = \tilde{\boldsymbol{J}} \tilde{\boldsymbol{J}}^{\mathrm{T}} = \sigma^2 \boldsymbol{I}_n \tag{8.144}$$

其中，$\boldsymbol{I}_n$ 为 n 阶单位阵。

式(8.144) 即为各向同性机械臂满足的条件，包含了 2 个方程组：$\tilde{\boldsymbol{J}}^{\mathrm{T}} \tilde{\boldsymbol{J}} = \sigma^2 \boldsymbol{I}_n$ 和 $\tilde{\boldsymbol{J}} \tilde{\boldsymbol{J}}^{\mathrm{T}} = \sigma^2 \boldsymbol{I}_n$。利用这两个方程组，可以推导出各向同性机械臂的几何参数和相应的臂型。此时的标称长度 L 称为特征长度(Characteristic Length)，J. Angeles 将其定义为特征长度指使归一化雅可比矩阵具有最小条件数的长度。

从定位、定姿的角度来看，实际中的机器人常常用于三种情况：① 机器人仅用于末端定位，此时仅需要考虑线速度雅可比矩阵，$\tilde{\boldsymbol{J}}_v = \frac{1}{L}\boldsymbol{J}_v$，标称长度 L 的值不影响分析结果，可以直

接基于 $\boldsymbol{J}_v$ 进行分析;② 机器人仅用于末端定姿时,仅需要考虑角速度雅可比矩阵 $\boldsymbol{J}_\omega$,该矩阵与 L 无关;③ 机器人同时用于末端定位和定姿时,需要将 L 考虑进去,才能避免量纲不同导致的分析结果错误。

下面给出平面 2R、3R 机械臂以及空间 6R 机械臂的分析过程。

(2) 各向同性平面机器人。

平面机器人中,典型的为用于末端定位的 2R 机械臂和同时用于末端定位和定姿的 3R 机械臂,下面分别进行分析。

① 各向同性平面 2R 机械臂。

平面 2R 机械臂仅用于末端定位,故采用式(7.19) 的线速度雅可比矩阵,并表示为

$$\boldsymbol{J}_v=\begin{bmatrix}-l_1s_1-l_2s_{12} & -l_2s_{12}\\ l_1c_1+l_2c_{12} & l_2c_{12}\end{bmatrix}=[\boldsymbol{p}_1 \quad \boldsymbol{p}_2] \tag{8.145}$$

式(8.145) 中,矢量 $\boldsymbol{p}_1$、$\boldsymbol{p}_2$ 分别为关节 1、关节 2 到末端的牵连速度矢量。

平面 2R 机械臂矢量关系如图 8.11(a) 所示,图中 O_1、O_2 和 E 分别为关节 1、关节 2 和末端点的位置。当平面 2R 机械臂处于各向同性臂型时,雅可比矩阵满足如下关系:

$$\boldsymbol{J}_v^{\mathrm{T}}\boldsymbol{J}_v=\begin{bmatrix}\boldsymbol{p}_1^{\mathrm{T}}\boldsymbol{p}_1 & \boldsymbol{p}_1^{\mathrm{T}}\boldsymbol{p}_2\\ \boldsymbol{p}_1^{\mathrm{T}}\boldsymbol{p}_2 & \boldsymbol{p}_2^{\mathrm{T}}\boldsymbol{p}_2\end{bmatrix}=\begin{bmatrix}\sigma^2 & 0\\ 0 & \sigma^2\end{bmatrix} \tag{8.146}$$

根据方程(8.146),可得如下矢量关系:

$$\begin{cases}\boldsymbol{p}_1^{\mathrm{T}}\boldsymbol{p}_1=\boldsymbol{p}_2^{\mathrm{T}}\boldsymbol{p}_2=\sigma^2\\ \boldsymbol{p}_1^{\mathrm{T}}\boldsymbol{p}_2=0\end{cases}\Rightarrow\begin{cases}\|\boldsymbol{p}_1\|=\|\boldsymbol{p}_2\|=\sigma\\ \boldsymbol{p}_1\perp\boldsymbol{p}_2\end{cases} \tag{8.147}$$

即矢量 $\boldsymbol{p}_1$ 与 $\boldsymbol{p}_2$ 具有相同的范数(长度) 且相互垂直,因此 $\boldsymbol{p}_1$、$\boldsymbol{p}_2$、$\boldsymbol{l}_2$ 组成一个等腰直角三角形,即 O_1、O_2 位于以 E 为圆心、半径为 r 的圆上,平面 2R 机械臂各向同性臂型如图 8.11(b) 所示。

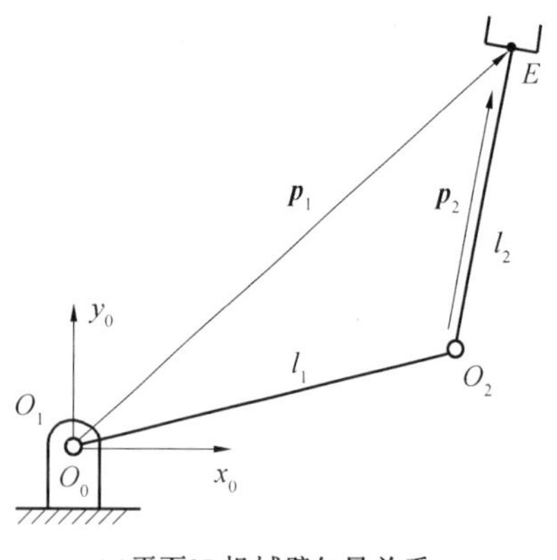

(a)平面2R机械臂矢量关系

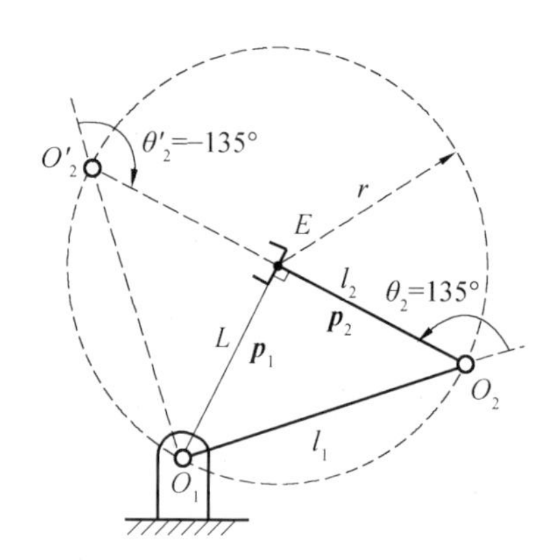

(b)平面2R机械臂各向同性臂型

图 8.11 平面 2R 机械臂的矢量关系及各向同性臂型

根据几何关系,可得

$$\begin{cases}l_2=r\\ l_1=\sqrt{2}\,r\\ \theta_2=\pm 135^\circ\end{cases} \tag{8.148}$$

机械臂的最大作用距离(最大长度) 为

$$l=l_1+l_2=(1+\sqrt{2})l_2 \tag{8.149}$$

由于平面 2R 机械臂仅用于末端定位，特征长度 L 对分析结果没有影响，可以根据需要任意选定，其中的一种选择为

$$L=\| \boldsymbol{p}_1 \| = \| \boldsymbol{p}_2 \| = l_2 \tag{8.150}$$

在实际中，可首先给定总长度 l，然后按下式确定各向同性平面 2R 机械臂的连杆长度和特征长度：$l_1=\dfrac{\sqrt{2}}{1+\sqrt{2}}l, l_2=\dfrac{1}{1+\sqrt{2}}l, L=\dfrac{1}{1+\sqrt{2}}l$。

实际上，也可通过代数法直接推导。首先将 $\boldsymbol{J}_v$ 的具体表达式代入式(8.148)，有(化简中用到了三角函数的性质 $c_{12}c_1+s_{12}s_1=c_2$)

$$\begin{aligned}
\boldsymbol{J}_v^{\mathrm{T}}\boldsymbol{J}_v &= \begin{bmatrix} -l_1s_1-l_2s_{12} & l_1c_1+l_2c_{12} \\ -l_2s_{12} & l_2c_{12} \end{bmatrix}\begin{bmatrix} -l_1s_1-l_2s_{12} & -l_2s_{12} \\ l_1c_1+l_2c_{12} & l_2c_{12} \end{bmatrix} \\
&= \begin{bmatrix} (l_1s_1+l_2s_{12})^2+(l_1c_1+l_2c_{12})^2 & (l_1s_1+l_2s_{12})l_2s_{12}+(l_1c_1+l_2c_{12})l_2c_{12} \\ (l_1s_1+l_2s_{12})l_2s_{12}+(l_1c_1+l_2c_{12})l_2c_{12} & (l_2s_{12})^2+(l_2c_{12})^2 \end{bmatrix} \\
&= \begin{bmatrix} l_1^2+l_2^2+2l_1l_2c_2 & l_1l_2c_2+l_2^2 \\ l_1l_2c_2+l_2^2 & l_2^2 \end{bmatrix} = \begin{bmatrix} \sigma^2 & 0 \\ 0 & \sigma^2 \end{bmatrix}
\end{aligned} \tag{8.151}$$

由式(8.151)可得

$$\begin{cases} l_2^2=\sigma^2 \\ l_1l_2c_2+l_2^2=0 \\ l_1^2+l_2^2+2l_1l_2c_2=\sigma^2 \end{cases} \Rightarrow \begin{cases} l_1=\sqrt{2}l_2 \\ c_2=-\dfrac{l_2}{l_1}=-\dfrac{\sqrt{2}}{2} \end{cases} \Rightarrow \begin{cases} l_1=\sqrt{2}l_2 \\ \theta_2=\pm 135^\circ \end{cases} \tag{8.152}$$

可见采用代数法推导的结果式(8.152)与几何法推导的结果式(8.148)相同。

以 $l=2$ m 为例，可确定各向同性 2R 机械臂的几何参数为 $l_1=1.171\ 6$ m、$l_2=0.828\ 4$ m、$L=0.828\ 4$ m。

下面分析机械臂在各向同性臂型下以范数为 1 的角速度运动时相应的末端速度。其中一组的各向同性臂型为

$$\boldsymbol{\Theta}=[\theta_1\quad \theta_2]^{\mathrm{T}}=[10^\circ\quad 135^\circ]^{\mathrm{T}} \tag{8.153}$$

在该臂型下，$\boldsymbol{J}_v$ 及 $\tilde{\boldsymbol{J}}_v$ 的 SVD 结果如下：

$$\boldsymbol{J}_v=\begin{bmatrix} -0.678\ 6 & -0.475\ 2 \\ 0.475\ 2 & -0.678\ 6 \end{bmatrix}=\begin{bmatrix} -0.819\ 2 & 0.573\ 6 \\ 0.573\ 6 & 0.819\ 2 \end{bmatrix}\begin{bmatrix} 0.828\ 4 & 0 \\ 0 & 0.828\ 4 \end{bmatrix}\begin{bmatrix} 1 & 0 \\ 0 & -1 \end{bmatrix} \tag{8.154}$$

$$\tilde{\boldsymbol{J}}_v=\frac{1}{L}\boldsymbol{J}_v=\begin{bmatrix} -0.819\ 2 & -0.573\ 6 \\ 0.573\ 6 & -0.819\ 2 \end{bmatrix}=\begin{bmatrix} -0.819\ 2 & 0.573\ 6 \\ 0.573\ 6 & 0.819\ 2 \end{bmatrix}\begin{bmatrix} 1 & 0 \\ 0 & 1 \end{bmatrix}\begin{bmatrix} 1 & 0 \\ 0 & -1 \end{bmatrix} \tag{8.155}$$

用如下参数化的表示方式构造范数为 1 的角速度：

$$\dot{\boldsymbol{\Theta}}=[\dot{\theta}_1\quad \dot{\theta}_2]^{\mathrm{T}}=[\cos t\quad \sin t]^{\mathrm{T}}\quad (t\in[0,2\pi]) \tag{8.156}$$

通过改变参数 t 可以获得满足 $\|\dot{\boldsymbol{\Theta}}\|=1$ 的角速度向量；对每一组 $\dot{\boldsymbol{\Theta}}$ 分别计算归一化前

和归一化后的末端线速度。当t从$-\pi$增加到π时，计算的关节速度分量如图8.12(a)所示，即$\dot{\theta}_1$、$\dot{\theta}_2$位于单位圆上；归一化前和归一化后末端速度如图8.12(b)所示，从图中可知，末端速度也位于一个圆上，归一化前圆的半径为末端速度的实际幅值0.828 4，而归一化后则为1。

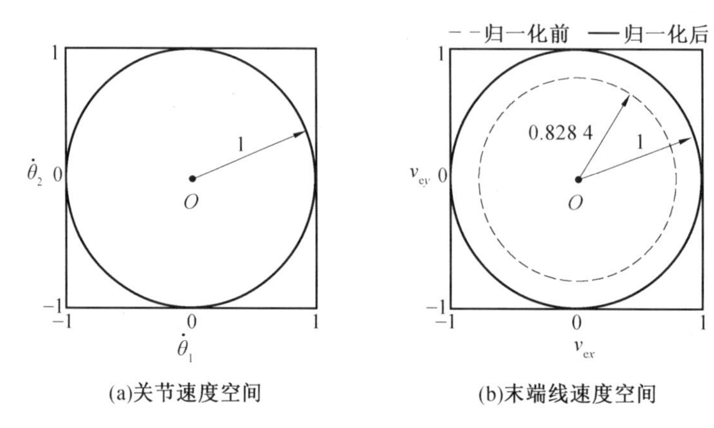

图 8.12　平面2R机械臂各向同性臂型下运动速度

② 各向同性平面3R机械臂。

平面3R机械臂的雅可比矩阵如式(8.130)所示，将其表示为如下形式：

$$\boldsymbol{J}=\begin{bmatrix}-l_1s_1-l_2s_{12}-l_3s_{123} & -l_2s_{12}-l_3s_{123} & -l_3s_{123}\\ l_1c_1+l_2c_{12}+l_3c_{123} & l_2c_{12}+l_3c_{123} & l_3c_{123}\\ 1 & 1 & 1\end{bmatrix}=\begin{bmatrix}\boldsymbol{p}_1 & \boldsymbol{p}_2 & \boldsymbol{p}_3\\ 1 & 1 & 1\end{bmatrix} \tag{8.157}$$

其中，矢量$\boldsymbol{p}_1\sim\boldsymbol{p}_3$为关节1～关节3到末端的牵连速度矢量。

由式(8.157)可得归一化后的雅可比矩阵为

$$\tilde{\boldsymbol{J}}=\begin{bmatrix}\frac{1}{L}\boldsymbol{p}_1 & \frac{1}{L}\boldsymbol{p}_2 & \frac{1}{L}\boldsymbol{p}_3\\ 1 & 1 & 1\end{bmatrix}=\begin{bmatrix}\tilde{\boldsymbol{p}}_1 & \tilde{\boldsymbol{p}}_2 & \tilde{\boldsymbol{p}}_3\\ 1 & 1 & 1\end{bmatrix} \tag{8.158}$$

进一步地，可得

$$\tilde{\boldsymbol{J}}\tilde{\boldsymbol{J}}^{\mathrm{T}}=\begin{bmatrix}\tilde{\boldsymbol{p}}_1 & \tilde{\boldsymbol{p}}_2 & \tilde{\boldsymbol{p}}_3\\ 1 & 1 & 1\end{bmatrix}\begin{bmatrix}\tilde{\boldsymbol{p}}_1^{\mathrm{T}} & 1\\ \tilde{\boldsymbol{p}}_2^{\mathrm{T}} & 1\\ \tilde{\boldsymbol{p}}_3^{\mathrm{T}} & 1\end{bmatrix}=\begin{bmatrix}\tilde{\boldsymbol{p}}_1\tilde{\boldsymbol{p}}_1^{\mathrm{T}}+\tilde{\boldsymbol{p}}_2\tilde{\boldsymbol{p}}_2^{\mathrm{T}}+\tilde{\boldsymbol{p}}_3\tilde{\boldsymbol{p}}_3^{\mathrm{T}} & \tilde{\boldsymbol{p}}_1+\tilde{\boldsymbol{p}}_2+\tilde{\boldsymbol{p}}_3\\ \tilde{\boldsymbol{p}}_1^{\mathrm{T}}+\tilde{\boldsymbol{p}}_2^{\mathrm{T}}+\tilde{\boldsymbol{p}}_3^{\mathrm{T}} & 3\end{bmatrix}=\begin{bmatrix}\sigma^2 & 0 & 0\\ 0 & \sigma^2 & 0\\ 0 & 0 & \sigma^2\end{bmatrix} \tag{8.159}$$

$$\tilde{\boldsymbol{J}}^{\mathrm{T}}\tilde{\boldsymbol{J}}=\begin{bmatrix}\tilde{\boldsymbol{p}}_1^{\mathrm{T}} & 1\\ \tilde{\boldsymbol{p}}_2^{\mathrm{T}} & 1\\ \tilde{\boldsymbol{p}}_3^{\mathrm{T}} & 1\end{bmatrix}\begin{bmatrix}\tilde{\boldsymbol{p}}_1 & \tilde{\boldsymbol{p}}_2 & \tilde{\boldsymbol{p}}_3\\ 1 & 1 & 1\end{bmatrix}=\begin{bmatrix}\tilde{\boldsymbol{p}}_1^{\mathrm{T}}\tilde{\boldsymbol{p}}_1+1 & \tilde{\boldsymbol{p}}_1^{\mathrm{T}}\tilde{\boldsymbol{p}}_2+1 & \tilde{\boldsymbol{p}}_1^{\mathrm{T}}\tilde{\boldsymbol{p}}_3+1\\ \tilde{\boldsymbol{p}}_2^{\mathrm{T}}\tilde{\boldsymbol{p}}_1+1 & \tilde{\boldsymbol{p}}_2^{\mathrm{T}}\tilde{\boldsymbol{p}}_2+1 & \tilde{\boldsymbol{p}}_2^{\mathrm{T}}\tilde{\boldsymbol{p}}_3+1\\ \tilde{\boldsymbol{p}}_3^{\mathrm{T}}\tilde{\boldsymbol{p}}_1+1 & \tilde{\boldsymbol{p}}_3^{\mathrm{T}}\tilde{\boldsymbol{p}}_2+1 & \tilde{\boldsymbol{p}}_3^{\mathrm{T}}\tilde{\boldsymbol{p}}_3+1\end{bmatrix}=\begin{bmatrix}\sigma^2 & 0 & 0\\ 0 & \sigma^2 & 0\\ 0 & 0 & \sigma^2\end{bmatrix} \tag{8.160}$$

根据式(8.159)可得

$$\sigma^2=3 \tag{8.161}$$

$$\tilde{\boldsymbol{p}}_1+\tilde{\boldsymbol{p}}_2+\tilde{\boldsymbol{p}}_3=\boldsymbol{0} \tag{8.162}$$

式(8.162)表明三个关节的牵连运动矢量之和为$\boldsymbol{0}$。

另一方面，由式(8.160)可得

$$\| \tilde{\boldsymbol{p}}_1 \| = \| \tilde{\boldsymbol{p}}_2 \| = \| \tilde{\boldsymbol{p}}_3 \| = \sqrt{\sigma^2 - 1} = \sqrt{2} \tag{8.163}$$

$$\tilde{\boldsymbol{p}}_i^{\mathrm{T}} \tilde{\boldsymbol{p}}_j + 1 = 0 \quad (i, j = 1, \cdots, 3; i \neq j) \tag{8.164}$$

由式(8.163) 和式(8.164) 可进一步求解矢量 $\tilde{\boldsymbol{p}}_i$ 和 $\tilde{\boldsymbol{p}}_j$ 的夹角，即：

$$\cos \upsilon_{ij} = \frac{\tilde{\boldsymbol{p}}_i \cdot \tilde{\boldsymbol{p}}_j}{\| \tilde{\boldsymbol{p}}_i \| \, \| \tilde{\boldsymbol{p}}_j \|} = \frac{\tilde{\boldsymbol{p}}_i^{\mathrm{T}} \tilde{\boldsymbol{p}}_j}{\| \tilde{\boldsymbol{p}}_i \| \, \| \tilde{\boldsymbol{p}}_j \|} = -\frac{1}{2} \quad (i, j = 1, \cdots, 3; i \neq j) \tag{8.165}$$

根据式(8.165) 可得

$$\upsilon_{ij} = \arccos\left(-\frac{1}{2}\right) = 120° \quad (i, j = 1, \cdots, 3; i \neq j) \tag{8.166}$$

式(8.166) 表明，牵连运动矢量之间的夹角两两相等，且为 120°，此时 O_1、O_2、O_3 位于以 E 为圆心、半径为 r 的圆上，平面 3R 机械臂各向同性臂型如图 8.13 所示。

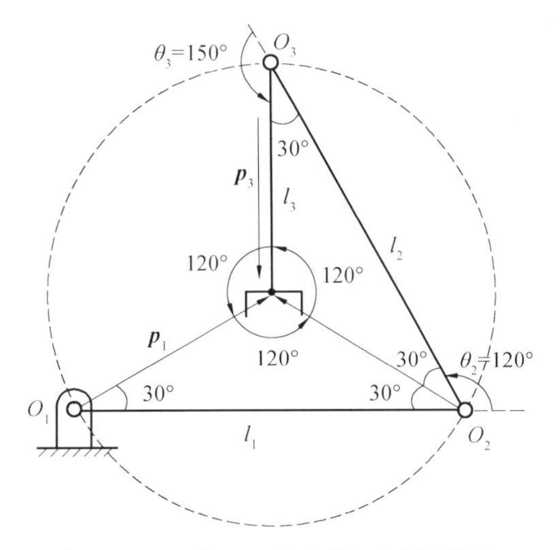

图 8.13　平面 3R 机械臂各向同性臂型

根据几何关系，可得(图中给出了 θ_2 和 θ_3 为取正值的情况，容易推导另一种取负值的情况，不再赘述)

$$\| \boldsymbol{p}_1 \| = \| \boldsymbol{p}_2 \| = \| \boldsymbol{p}_3 \| = r \tag{8.167}$$

$$\begin{cases} l_1 = l_2 = 2r\cos 30° = \sqrt{3}\, r, l_3 = r \\ \theta_2 = \pm 120°, \theta_3 = \pm 150° \end{cases} \tag{8.168}$$

根据式(8.163) 和式(8.167)，可得特征长度为

$$L = \frac{\| \boldsymbol{p}_i \|}{\| \tilde{\boldsymbol{p}}_i \|} = \frac{r}{\sqrt{2}} \tag{8.169}$$

机械臂的最大作用距离(最大长度) 为

$$l = l_1 + l_2 + l_3 = (1 + 2\sqrt{3}) l_3 \tag{8.170}$$

若给定总长度 l，则按下式确定各向同性平面 3R 机械臂的连杆长度和特征长度：

$$l_1 = \frac{\sqrt{3}\, l}{1 + 2\sqrt{3}}, l_2 = \frac{\sqrt{3}\, l}{1 + 2\sqrt{3}}, l_3 = \frac{l}{1 + 2\sqrt{3}}, L = \frac{l}{\sqrt{2}\,(1 + 2\sqrt{3})} \tag{8.171}$$

以 $l = 3$ m 为例，可确定各向同性 3R 机械臂的几何参数为 $l_1 = 1.164\ 0$ m、$l_2 = 1.164\ 0$ m、$l_3 = 0.672\ 0$ m、$L = 0.475\ 2$ m。给定如下一组各向同性臂型：

$$\boldsymbol{\Theta}=[\theta_1,\theta_2,\theta_3]^{\mathrm{T}}=[10°,120°,150°]^{\mathrm{T}} \tag{8.172}$$

相应的 $\boldsymbol{J}$ 及 $\tilde{\boldsymbol{J}}$ 的 SVD 结果如下：

$$\boldsymbol{J}=\begin{bmatrix}-0.0000 & 0.6428 & 0.7660\\ -0.0000 & -0.7660 & 0.6428\\ 1.0000 & 0.0000 & 0.0000\end{bmatrix}\begin{bmatrix}1.7321 & 0 & 0\\ 0 & 0.8231 & 0\\ 0 & 0 & 0.8231\end{bmatrix}\begin{bmatrix}0.5774 & -0.8165 & 0\\ 0.5774 & 0.4082 & -0.7071\\ 0.5774 & 0.4082 & 0.7071\end{bmatrix} \tag{8.173}$$

$$\tilde{\boldsymbol{J}}=\begin{bmatrix}-0.5248 & 0.0515 & -0.8496\\ 0.6255 & -0.6537 & -0.4260\\ 0.5774 & 0.7550 & -0.3109\end{bmatrix}\begin{bmatrix}1.7321 & 0 & 0\\ 0 & 1.7321 & 0\\ 0 & 0 & 1.7321\end{bmatrix}\begin{bmatrix}1.0000 & 0 & 0\\ 0 & 0.9231 & 0.3846\\ 0 & 0.3846 & -0.9231\end{bmatrix} \tag{8.174}$$

从上面可以看出，归一化前 $\boldsymbol{J}$ 的奇异值并不完全相等，但进行归一化后，$\tilde{\boldsymbol{J}}$ 的所有奇异值相等。

采用球面的参数化方程构造范数为 1 的角速度向量，即：

$$\begin{cases}\dot{\theta}_1=\cos t_1\cos t_2\\ \dot{\theta}_2=\cos t_1\sin t_2\\ \dot{\theta}_3=\sin t_1\end{cases}\quad\left(t_1\in\left[-\frac{\pi}{2},\frac{\pi}{2}\right],t_2\in[0,2\pi]\right) \tag{8.175}$$

其中，t_1 和 t_2 为方程的两个参数，通过改变 t 可以获得满足 $\|\dot{\boldsymbol{\Theta}}\|=\sqrt{\dot{\theta}_1^2+\dot{\theta}_2^2+\dot{\theta}_3^2}=1$ 的角速度向量；对于每组 $\dot{\boldsymbol{\Theta}}$，分别计算归一化前和归一化后的末端速度。

当 t_1 和 t_2 分别从 $-\pi$ 增加到 π 时，所计算的关节速度分量如图 8.14 所示，$\dot{\theta}_1$、$\dot{\theta}_2$、$\dot{\theta}_3$ 位于单位球上；归一化前和归一化后的末端速度如图 8.15 所示。从图中可知，在各向同性臂型处，以单位圆分布的关节速度在末端产生的实际速度为一个椭球(短半轴和长半轴分别对应 $\boldsymbol{J}$ 的最小奇异值和最大奇异值)，经过归一化后则为一个球(球半径为 $\tilde{\boldsymbol{J}}$ 的奇异值)。

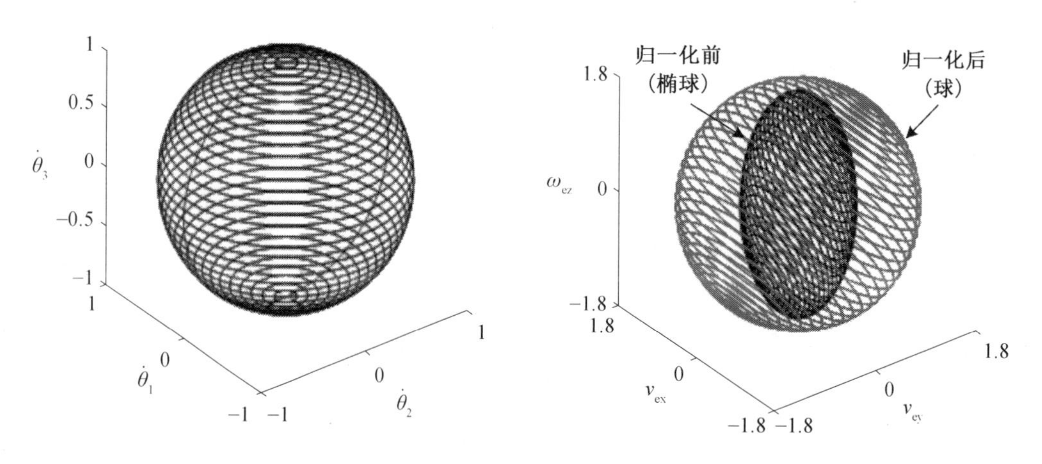

图 8.14　平面 3R 机械臂关节角速度分布(单位球)

图 8.15　各向同性臂型下平面 3R 机械臂归一化前(椭球)后(球)速度分布

(3) 各向同性空间 6R 机械臂。

① 各向同性条件及几何意义。

根据式(8.140) 和式(8.144),可得(用到了单位矢量的性质 $\boldsymbol{e}_i^{\mathrm{T}}\boldsymbol{e}_i = \|\boldsymbol{e}_i\| = 1$)

$$\tilde{\boldsymbol{J}}^{\mathrm{T}}\tilde{\boldsymbol{J}} = \begin{bmatrix} (\boldsymbol{e}_1 \times \tilde{\boldsymbol{p}}_1)^{\mathrm{T}} & \boldsymbol{e}_1^{\mathrm{T}} \\ (\boldsymbol{e}_2 \times \tilde{\boldsymbol{p}}_2)^{\mathrm{T}} & \boldsymbol{e}_2^{\mathrm{T}} \\ \vdots & \vdots \\ (\boldsymbol{e}_n \times \tilde{\boldsymbol{p}}_n)^{\mathrm{T}} & \boldsymbol{e}_n^{\mathrm{T}} \end{bmatrix} \begin{bmatrix} \boldsymbol{e}_1 \times \tilde{\boldsymbol{p}}_1 & \boldsymbol{e}_2 \times \tilde{\boldsymbol{p}}_2 & \cdots & \boldsymbol{e}_n \times \tilde{\boldsymbol{p}}_n \\ \boldsymbol{e}_1 & \boldsymbol{e}_2 & \cdots & \boldsymbol{e}_n \end{bmatrix} = \begin{bmatrix} \sigma^2 & \cdots & 0 & \cdots & 0 \\ \vdots & & \vdots & & \vdots \\ 0 & \cdots & \sigma^2 & \cdots & 0 \\ \vdots & & \vdots & & \vdots \\ 0 & \cdots & 0 & \cdots & \sigma^2 \end{bmatrix} \tag{8.176}$$

根据式(8.176) 可得各向同性机械臂满足的条件为

$$\|\boldsymbol{e}_1 \times \tilde{\boldsymbol{p}}_1\|^2 = \|\boldsymbol{e}_2 \times \tilde{\boldsymbol{p}}_2\|^2 = \cdots = \|\boldsymbol{e}_n \times \tilde{\boldsymbol{p}}_n\|^2 = \sigma^2 - 1 \tag{8.177}$$

$$(\boldsymbol{e}_i \times \tilde{\boldsymbol{p}}_i)^{\mathrm{T}}(\boldsymbol{e}_j \times \tilde{\boldsymbol{p}}_j) + \boldsymbol{e}_i^{\mathrm{T}}\boldsymbol{e}_j = 0 \quad (i,j = 1,\cdots,n; i \neq j) \tag{8.178}$$

根据叉乘的性质,有

$$\|\boldsymbol{e}_i \times \tilde{\boldsymbol{p}}_i\| = \|\boldsymbol{e}_i\| \, \|\tilde{\boldsymbol{p}}_i\| \sin\varphi_i = \|\tilde{\boldsymbol{p}}_i\| \sin\varphi_i = \tilde{h}_i \tag{8.179}$$

其中,φ_i 为矢量 $\boldsymbol{e}_i$ 和 $\tilde{\boldsymbol{p}}_i$ 的夹角,而 $\tilde{h}_i$ 实际为末端点关到关节 i 运动轴的垂直距离。因此,式(8.177) 可写成:

$$\tilde{h}_1^2 = \tilde{h}_2^2 = \cdots = \tilde{h}_n^2 = \tilde{h}^2 = \sigma^2 - 1 \tag{8.180}$$

再根据点乘的性质:

$$\begin{cases} \|(\boldsymbol{e}_i \times \tilde{\boldsymbol{p}}_i)^{\mathrm{T}}(\boldsymbol{e}_j \times \tilde{\boldsymbol{p}}_j)\| = \|\boldsymbol{e}_i \times \tilde{\boldsymbol{p}}_i\| \, \|\boldsymbol{e}_j \times \tilde{\boldsymbol{p}}_j\| \cos\upsilon_i = \tilde{h}^2 \cos\upsilon_{ij} \\ \|\boldsymbol{e}_i^{\mathrm{T}}\boldsymbol{e}_j\| = \cos\alpha_{ij} \end{cases} \tag{8.181}$$

其中,υ_{ij} 为矢量 $\boldsymbol{e}_i \times \tilde{\boldsymbol{p}}_i$、$\boldsymbol{e}_j \times \tilde{\boldsymbol{p}}_j$ 的夹角;α_{ij} 为矢量 $\boldsymbol{e}_i$、$\boldsymbol{e}_j$ 的夹角。

将式(8.181) 代入式(8.178) 可得

$$\tilde{h}^2 \cos\upsilon_{ij} + \cos\alpha_{ij} = 0 \text{ 或 } \frac{\cos\upsilon_{ij}}{\cos\alpha_{ij}} = -\frac{1}{\tilde{h}^2} = -\frac{1}{\sigma^2 - 1} \tag{8.182}$$

从几何的角度,式(8.177) 和式(8.178) 可以理解为下面所述。

(a) 末端点到所有关节轴的距离相等且归一化距离为 $\tilde{h} = \sqrt{\sigma^2 - 1}$;或者说,末端到所有关节轴的垂点 $O_i(i=1,\cdots,n)$ 位于以末端点 E 为球心、l_n(第 n 个杆件的等效长度) 为半径的球面(对于平面而言为圆周) 上,特征长度 $L = l_n / \sqrt{\sigma^2 - 1}$。

(b) 对于不同关节,矢量$(\boldsymbol{e}_i \times \tilde{\boldsymbol{p}}_i)$ 和$(\boldsymbol{e}_j \times \tilde{\boldsymbol{p}}_j)$ 的夹角 υ_{ij} 与矢量 $\boldsymbol{e}_i$ 和 $\boldsymbol{e}_j$ 的夹角 $\alpha_{ij}(i \neq j)$ 的比值相等,为 $-1/(\sigma^2 - 1)$。

上面两条即为各向同性机器人的几何意义,可以验证对于同时进行末端定位和定姿的平面 3R 机械臂严格满足上面两个条件。

② 各向同性条件求解。

为确定具体的归一化的几何参数,需要首先求解 σ^2。由式(8.144) 的第二个方程可得

$$
\begin{aligned}
\tilde{J}\tilde{J}^{\mathrm{T}} &= \begin{bmatrix} \boldsymbol{e}_1 \times \tilde{\boldsymbol{p}}_1 & \cdots & \boldsymbol{e}_n \times \tilde{\boldsymbol{p}}_n \\ \boldsymbol{e}_1 & \cdots & \boldsymbol{e}_n \end{bmatrix} \begin{bmatrix} (\boldsymbol{e}_1 \times \tilde{\boldsymbol{p}}_1)^{\mathrm{T}} & \boldsymbol{e}_1^{\mathrm{T}} \\ \vdots & \vdots \\ (\boldsymbol{e}_n \times \tilde{\boldsymbol{p}}_n)^{\mathrm{T}} & \boldsymbol{e}_n^{\mathrm{T}} \end{bmatrix} \\
&= \begin{bmatrix} \sum_{i=1}^{n} (\boldsymbol{e}_i \times \tilde{\boldsymbol{p}}_i)(\boldsymbol{e}_i \times \tilde{\boldsymbol{p}}_i)^{\mathrm{T}} & \sum_{i=1}^{n} (\boldsymbol{e}_i \times \tilde{\boldsymbol{p}}_i)\boldsymbol{e}_i^{\mathrm{T}} \\ \sum_{i=1}^{n} \boldsymbol{e}_i (\boldsymbol{e}_i \times \tilde{\boldsymbol{p}}_i)^{\mathrm{T}} & \sum_{i=1}^{n} \boldsymbol{e}_i \boldsymbol{e}_i^{\mathrm{T}} \end{bmatrix} = \begin{bmatrix} \sigma^2 \boldsymbol{I}_3 & \boldsymbol{0} \\ \boldsymbol{0} & \sigma^2 \boldsymbol{I}_3 \end{bmatrix}
\end{aligned} \tag{8.183}
$$

其中,$\boldsymbol{I}_3$ 表示 3×3 的单位阵;$\boldsymbol{0}$ 为 3×3 的零矩阵阵。

实际上,式(8.183)和式(8.176)是等价的,但各自从不同的角度揭示了雅可比矩阵中各矢量之间的关系。观察式(8.183)右下角的分块矩阵,有

$$
\sum_{i=1}^{n} \boldsymbol{e}_i \boldsymbol{e}_i^{\mathrm{T}} = \sigma^2 \boldsymbol{I}_3 \tag{8.184}
$$

根据式(8.184)即可以确定 σ^2,将其代入式(8.177)后可以求得其他几何参数。将 $\boldsymbol{e}_i$ 表示为$[e_{ix}, e_{iy}, e_{iz}]^{\mathrm{T}}$ 的形式,则有

$$
\boldsymbol{e}_i \boldsymbol{e}_i^{\mathrm{T}} = \begin{bmatrix} e_{ix}^2 & e_{ix}e_{iy} & e_{ix}e_{iz} \\ e_{ix}e_{iy} & e_{iy}^2 & e_{iy}e_{iz} \\ e_{ix}e_{iz} & e_{iy}e_{iz} & e_{iz}^2 \end{bmatrix} \tag{8.185}
$$

$$
\sum_{i=1}^{n} \boldsymbol{e}_i \boldsymbol{e}_i^{\mathrm{T}} = \begin{bmatrix} \sum_{i=1}^{n} e_{ix}^2 & \sum_{i=1}^{n} e_{ix}e_{iy} & \sum_{i=1}^{n} e_{ix}e_{iz} \\ \sum_{i=1}^{n} e_{ix}e_{iy} & \sum_{i=1}^{n} e_{iy}^2 & \sum_{i=1}^{n} e_{iy}e_{iz} \\ \sum_{i=1}^{n} e_{ix}e_{iz} & \sum_{i=1}^{n} e_{iy}e_{iz} & \sum_{i=1}^{n} e_{iz}^2 \end{bmatrix} \tag{8.186}
$$

根据方程式(8.184)可知,矩阵 $\sum_{i=1}^{n} \boldsymbol{e}_i \boldsymbol{e}_i^{\mathrm{T}}$ 与矩阵 $\sigma^2 \boldsymbol{I}_3$ 的迹相等,结合式(8.186),有

$$
\sum_{i=1}^{n} (e_{ix}^2 + e_{iy}^2 + e_{iz}^2) = 3\sigma^2 \tag{8.187}
$$

由于 $\boldsymbol{e}_i$ 为单位矢量,故 $e_{ix}^2 + e_{iy}^2 + e_{iz}^2 = 1$,因此根据式(8.187)可以求出:

$$
\sigma^2 = \frac{\sum_{i=1}^{n} (e_{ix}^2 + e_{iy}^2 + e_{iz}^2)}{3} = \frac{n}{3} \text{ 或 } \sigma = \sqrt{\frac{n}{3}} \tag{8.188}
$$

归一化距离:

$$
\tilde{h} = \sqrt{\sigma^2 - 1} = \sqrt{\frac{n}{3} - 1} \tag{8.189}
$$

归一化距离 $\tilde{h}$ 与实际距离 h 之间的关系为 $\tilde{h} = h/L$,结合式(8.189),可得特征长度为

$$
L = \frac{h}{\tilde{h}} = \frac{h}{\sqrt{\sigma^2 - 1}} = \frac{h}{\sqrt{\frac{n}{3} - 1}} \tag{8.190}
$$

当 $n=6$ 时,$\sigma^2=2$,$\sigma=\sqrt{2}$,$L=h$。需要指出的是,J. Angeles 给出的 6R 机械臂特征长度

为 $L=\sqrt{\frac{1}{6}\sum_{k=1}^{6}d_k^2}$，其中的 d_k 即本书中的 h_k（为避免以 D－H 参数中的 d_k 混淆，本书采用 h_k）。实际上，当处于各向同性时，$d_1=d_2=\cdots=d_6=h$，将其代入后所得的结果与本书一致。

各向同性臂型 $\boldsymbol{\Theta}$ 可通过根据式(8.147) 进行求解，与具体的关节配置有关，求解过程作为课后作业。

本章习题

习题 8.1　某机器人的 D－H 坐标系如图 8.16 所示，相应的 D－H 参数见表 8.3。在第 6 根连杆上建立了两个坐标系：腕部坐标系 $\sum_W$ 和末端坐标系 $\sum_E$。其中，$\sum_W$ 原点位于腕部，即 4、5、6 关节轴线的交点，而 $\sum_E$ 原点位于机械臂的末端参考点，$\sum_W$ 和 $\sum_E$ 与 $\sum_6$ 相互固连，且指向始终一致。请分析其奇异条件。

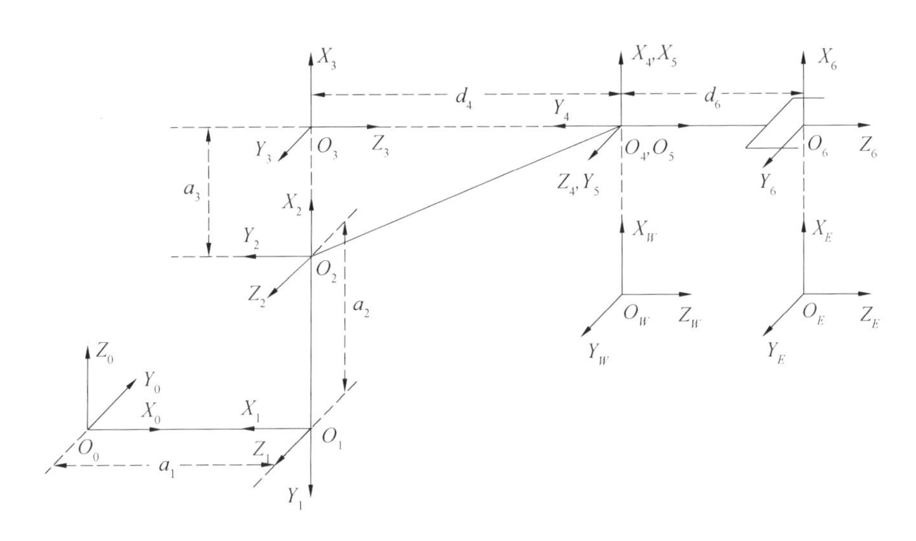

图8.16　某 6R 机器人 D－H 坐标系

表 8.3　某 6R 机器人 D－H 参数

连杆 i	θ_i	α_i	a_i/mm	d_i/mm
1	180°	－90°	－200	0
2	－90°	0°	600	0
3	0°	90°	115	0
4	0°	－90°	0	770
5	0°	90°	0	0
6	0°	0°	0	340

习题 8.2　相邻三轴平行 6R 机械臂的 D－H 坐标系及 D－H 参数分别如图 5.10 和表 5.5 所示，几何长度为 $g=0.3$、$h=0.4$、$l=1.5$、$p=0.5$(单位均为 m)。完成下面的问题：

(1) 分析该机器人的奇异条件。

(2) 相应于每个奇异条件,绘制典型的奇异臂型。

(3) 当关节角 $\boldsymbol{\Theta}=[33°,-14°,84°,116°,40°,-22°]^{T}$ 时,计算最小奇异值、条件数、条件数倒数百分数、可操作度等性能指标。

习题 8.3 空间 3R 肘机器人的 D－H 坐标系及 D－H 参数分别如图 4.18 和表 4.3 所示,开展如下性能指标的分析:

(1) 推导该机器人的可操作度表达式。

(2) 当机器人的最大长度为固定值时,确定具有最大可操作度的几何参数及臂型。

(3) 根据确定的几何参数及臂型,计算最小奇异值、条件数、条件数倒数百分数、可操作度等性能指标。

习题 8.4 空间 3R 球腕机器人的 D－H 坐标系及 D－H 参数分别如图 4.19 和表4.4 所示,开展如下性能指标的分析:

(1) 推导该机器人的可操作度表达式。

(2) 确定具有最大可操作度的臂型。

(3) 根据所确定的臂型,计算最小奇异值、条件数、条件数倒数百分数、可操作度等性能指标。

习题 8.5 相邻三轴平行 6R 机械臂的 D－H 坐标系及 D－H 参数分别如图 5.10 和表 5.5 所示,几何长度 g、h、l、p 为待定值。完成下面的问题:

(1) 推导该机器人的可操作度表达式。

(2) 当机器人的最大长度为固定值时,确定具有最大可操作度的几何参数及臂型。

(3) 根据所确定的几何参数及臂型,计算最小奇异值、条件数、条件数倒数百分数、可操作度等性能指标。

习题 8.6 空间 6R 腕部分离机械臂的 D－H 坐标系及 D－H 参数分别如图 4.20 和表 4.5 所示,相应的参数为 $a_2=0.5$ m,$d_1=0.7$ m,$d_4=0.6$ m,$d_6=0.4$ m。完成下面的问题:

(1) 采用机械臂的最大作用距离作为标称长度,即 $L=d_1+a_2+d_4+d_6$,对雅可比矩阵进行归一化,给出归一化后的雅可比矩阵及相应的运动学方程。

(2) 采用机械臂肩部中心到腕部中心的距离作为标称长度,即 $L=a_2+d_4$,对雅可比矩阵进行归一化,给出归一化后的雅可比矩阵及相应的运动学方程。

(3) 给出采用最大作用距离($L=d_1+a_2+d_4+d_6$)归一化后该机器人的运动调节指数 KCI。

(4) 给出采用肩部中心到腕部中心距离($L=a_2+d_4$)归一化后该机器人的运动调节指数 KCI。

习题 8.7 空间 6R 腕部分离机械臂的 D－H 坐标系及 D－H 参数分别如图 4.20 和表 4.5所示,相应的参数为 $a_2=0.5$ m,$d_1=0.7$ m,$d_4=0.6$ m,$d_6=0.4$ m。当关节角 $\boldsymbol{\Theta}=[33°,-14°,84°,116°,40°,-22°]^{T}$ 时,完成下面的问题:

(1) 计算归一化前该机器人的最小奇异值、条件数、操作度、条件数倒数百分数等指标数据。

(2) 采用最大作用距离($L=d_1+a_2+d_4+d_6$)进行雅可比矩阵归一化,计算归一化后该机器人的最小奇异值、条件数、操作度、条件数倒数百分数等指标数据。

(3) 采用肩部中心到腕部中心的距离($L=a_2+d_4$)进行雅可比矩阵归一化,计算归一化后的最小奇异值、条件数、操作度、条件数倒数百分数等指标数据。

习题 8.8　平面 4R 机械臂结构如图 8.17 所示，各连杆长度为 $l_1 \sim l_4$，关节变量为 $\theta_1 \sim \theta_4$，该机械臂的末端位置定义为末端坐标系原点的位置矢量 $\boldsymbol{p}_e$、姿态角 ψ_e 定义为 x_0 绕 z_0 轴旋转到 x_e 的角度。

完成下面的问题：

(1) 推导该机器人速度级运动学方程。

(2) 推导该机器人的可操作度表达式。

(3) 在总长度不变的条件下，确定该机器人具有最大可操作度的几何参数和臂型。

(4) 根据所确定的几何参数及臂型，计算最小奇异值、条件数、条件数倒数百分数、可操作度等性能指标。

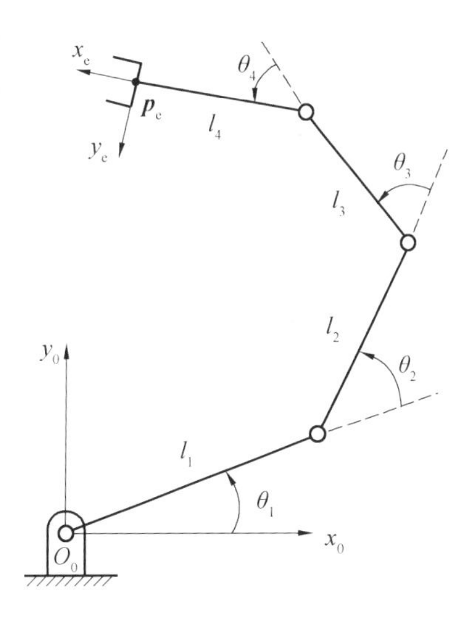

图8.17　平面 4R 机械臂结构

习题 8.9　平面 4R 机械臂的结构和相关定义同上题，若 $l_1 = l_2 = 1.5$ m，$l_3 = l_4 = 0.5$ m，完成下面的问题：

(1) 采用最大长度进行归一化，推导归一化后的雅可比矩阵。

(2) 当关节角 $\boldsymbol{\Theta} = [10°, 30°, 60°, 30°]^T$ 时，计算归一化前的最小奇异值、条件数、条件数倒数百分数、可操作度等性能指标。

(3) 当关节角 $\boldsymbol{\Theta} = [10°, 30°, 60°, 30°]^T$ 时，计算归一化后的最小奇异值、条件数、条件数倒数百分数、可操作度等性能指标。

(4) 计算该机器人的运动调节指数 KCI。

习题 8.10　设计一种用于末端定姿的各向同性空间 3R 机械臂，推导相应的条件并给出几何参数。

习题 8.11　设计一种用于末端定姿和定姿的各向同性空间 6R 机械臂，推导相应的条件并给出几何参数。

第 9 章　机器人轨迹规划

机器人的规划实际上就是根据作业任务确定其操作步骤、运动路径以及相应的速度和加速度的过程，规划的结果作为控制器的参考输入（期望值）。机器人执行任务的过程就是按规划的结果运动的过程，具体体现在机器人状态变量的变化上。由于机器人的状态既可以在关节空间中描述，又可以在任务空间（即笛卡儿空间）中描述，因此规划问题也涉及关节状态的规划和末端状态的规划。

完整的规划过程包括任务规划（Mission/Task Planning）、末端轨迹规划（End－Effector/Hand Trajectory Planning）和关节轨迹规划（Joint Trajectory Planning）。任务规划为高层规划，是根据机器人运动及操作特点将整个作业任务分解为多个子任务，并将每个子任务描述为末端位姿组合的过程；末端轨迹规划则根据末端位姿组合及相应的约束条件确定每个子任务下末端状态的变化规律，包括末端位姿、速度和加速度（若有必要）；关节轨迹规划则根据末端状态变化规律及控制器的时序要求确定每个关节状态的变换规律，包括关节位置、速度和加速度（若有必要），将这些值作为关节伺服控制器的期望值。末端轨迹规划和关节轨迹规划也可以统称为机器人的运动规划，这也正是本章的主要内容。

9.1　轨迹规划概述

9.1.1　路径与轨迹

在机器人学中，路径（Path）和轨迹（Trajectory）两个术语会经常提到。严格说来，路径与轨迹的概念是不一样的，路径是指物理对象所经过的所有位置（广义位置，对应于广义坐标）的集合，只有几何属性，与时间无关；而轨迹则是指每个时刻、每个状态变量的位移、速度和加速度，与时间相关。也就是说，路径描述的是物体状态的空间分布，并不反映何时到达相应的状态；而轨迹除了描述物体状态的空间分布外，还描述相应状态在指定时刻的速度和加速度，反映的是物体状态随时间变化的规律。由此可见，轨迹真正体现了每个状态变量的变化特性，只要确定了轨迹也就同时确定了路径。

在数学上一般采用曲线方程来定义路径，如：

$$s(x,y,z)=0(x\in[x_{\min},x_{\max}],y\in[y_{\min},y_{\max}],z\in[z_{\min},z_{\max}]) \tag{9.1}$$

式中，(x,y,z) 为点的坐标；$x_{\min}$、$x_{\max}$ 分别为 x 的最小值和最大值；$y_{\min}$、$y_{\max}$ 分别为 y 的最小值和最大值；$z_{\min}$、$z_{\max}$ 分别为 z 的最小值和最大值。函数 $s(x,y,z)$ 为关于 x、y、z 的表达式，$s(x,y,z)=0$ 即为曲线方程，可以用来表示直线、圆弧以及各种曲线。

由于轨迹为指定了时间律的路径，包含了每个点的位置、速度和加速度信息，数学上可采用时间函数描述相应的坐标分量，如：

$$\begin{cases} x = f(a_1, \cdots, a_n, t) \\ y = g(b_1, \cdots, b_n, t) \quad (t \in [t_0, t_f]) \\ z = h(c_1, \cdots, c_n, t) \end{cases} \tag{9.2}$$

上式中的 $a_1 \sim a_n$、$b_1 \sim b_n$、$c_1 \sim c_n$ 为函数中的常值；t 为时间变量；t_0、t_f 分别为初始时刻和终止时刻。

以平面上的圆为例，若圆的半径为 R，圆心坐标为 (x_0, y_0)，则其曲线方程为

$$(x - x_0)^2 + (y - y_0)^2 = R^2 \tag{9.3}$$

式(9.3) 即描述了点 $P(x,y)$ 在平面上的运动路径。

另一方面，若要求点 $P(x,y)$ 绕圆心以匀角速度沿圆运动一周，则该点的 x、y 坐标随时间变化的规律为

$$\begin{cases} x = x_0 + R\cos(\omega t) \\ y = y_0 + R\sin(\omega t) \end{cases} \tag{9.4}$$

对式(9.4) 分别进行一次和二次求导后，得到相应的速度和加速度，即：

$$\begin{cases} \dot{x} = -R\omega\sin(\omega t) \\ \dot{y} = R\omega\cos(\omega t) \end{cases} \tag{9.5}$$

$$\begin{cases} \ddot{x} = -R\omega^2\cos(\omega t) \\ \ddot{y} = -R\omega^2\sin(\omega t) \end{cases} \tag{9.6}$$

式(9.4)、式(9.5)、式(9.6) 分别给出了点 P 的位置、速度和加速度的时间函数，给定任何时刻均能确定相应的状态，确定完整的轨迹信息。由于式(9.5) 和式(9.6) 可以通过式(9.4) 得到，因而可以直接使用式(9.4) 来描述该点的轨迹。事实上，当位置函数是对时间二阶可微的函数时，其可完整描述物体的运动轨迹。

作为一个实际的例子，圆心为(2.5,2.5)、半径为 2 m 所对应的圆形路径如图 9.1(a) 所示；以 $t_f = 20$ s、$\omega = 2\pi / t_f$ 运动一周的圆形轨迹如图 9.1(b) 所示。

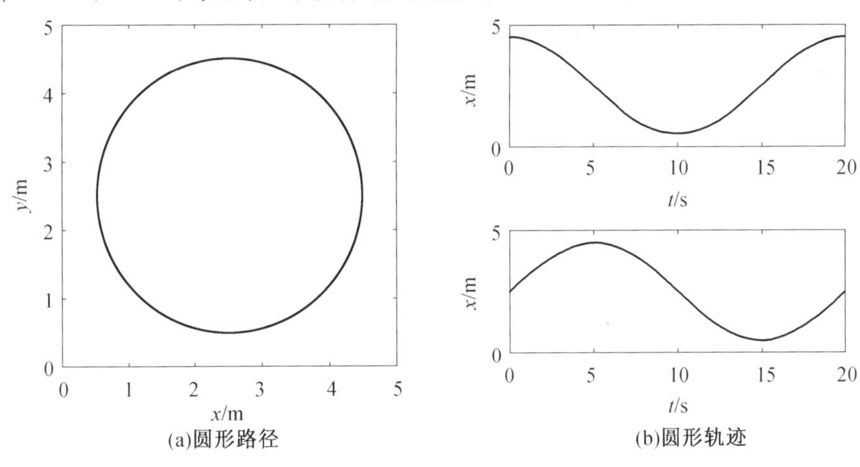

图 9.1　圆形路径及轨迹

9.1.2　轨迹规划的分类

轨迹规划的分类主要考虑如下两个因素。

(1) 状态描述方式(状态空间)。

机器人的状态可以在关节空间，也可以在笛卡儿空间进行描述，相应的轨迹规划分为关

节空间轨迹规划和笛卡儿空间轨迹规划两大类。

(2) 轨迹约束形式(轨迹形式)。

对于机器人的一些作业任务(如抓取－释放、视觉监测等)，有时只需要规定机器人的起点和终点，而对中间部分没有要求，此种路径(轨迹)称为点到点(Point－to－Point，简写为PTP)路径(轨迹)，相应的轨迹规划称为点到点轨迹规划。

对于某些任务(如插孔、喷涂、打磨等)，要求机器人必须按规定的路径(如直线、圆弧、螺旋线等)执行任务，此种路径称为连续路径(Continuous－Path，简写为CP)，相应的轨迹规划称为连续轨迹规划。

结合上述两个因素，机器人的轨迹规划可以分为四类：关节空间点到点轨迹规划、关节空间连续轨迹规划、笛卡儿空间点到点轨迹规划和笛卡儿空间连续轨迹规划。机器人轨迹规划分类见表9.1。

表9.1　机器人轨迹规划分类

状态空间	轨迹形式	
	点到点轨迹	连续轨迹
关节空间	关节空间点到点轨迹规划	关节空间连续轨迹规划
笛卡儿空间	笛卡儿空间点到点轨迹规划	笛卡儿空间连续轨迹规划

9.1.3　轨迹规划问题描述

(1) 轨迹规划问题的一般描述。

对于点到点轨迹规划问题，已知条件如下：① 初始时刻 t_0 和终止时刻 t_f；② 状态变量 $\boldsymbol{x}$(可以是关节状态、末端位姿状态)的初始值 $\boldsymbol{x}_0$ 和终止值 $\boldsymbol{x}_f$；③ 相关约束条件(如初始时刻的速度 $\dot{\boldsymbol{x}}_0$ 和加速度 $\ddot{\boldsymbol{x}}_0$、终止时刻的速度 $\dot{\boldsymbol{x}}_f$ 和加速度 $\ddot{\boldsymbol{x}}_f$)。

对于连续轨迹规划问题，已知条件如下：① 时间序列 t_0、$t_1 \sim t_{N-1}$、t_N(即 t_f)；② 相应于每个时刻的状态变量取值，包括起点值 $\boldsymbol{x}_0$、中间值 $\boldsymbol{x}_1 \sim \boldsymbol{x}_{N-1}$、终点值 $\boldsymbol{x}_N$(即 $\boldsymbol{x}_f$)；③ 运动点间的路径形状(直线、圆弧或其他类型曲线)；④ 其他约束条件(如 $\dot{\boldsymbol{x}}_i$、$\ddot{\boldsymbol{x}}_i$，$i=0,1,\cdots,N$)。

轨迹规划过程，即基于上述已知条件，确定 $[t_0, t_f]$ 内的轨迹函数：① 以时间 t 为自变量，设计合适的平滑函数，包含待定参数；② 根据已知条件确定待定参数；③ 将给定的时间 t 代入平滑函数，则可求解 $[t_0, t_f]$ 内任意时刻的状态值。

(2) 轨迹规划问题的数学描述。

不论是点到点轨迹规划，还是连续轨迹规划，都是根据已知条件确定连续函数的过程，这实际上是属于数值分析中的插值问题，所确定的规划函数也称为插值函数。

为方便起见，将时间序列 $t_0 \sim t_N$ 称为时间结点、状态序列 $\boldsymbol{x}_0 \sim \boldsymbol{x}_N$ 称为状态结点，而将时间－状态组合 $(t_i, \boldsymbol{x}_i)$ 称为运动结点 $i(i=0,1,\cdots,N)$。对于点到点轨迹规划，$N=1$。因此，可将点到点轨迹规划和连续轨迹规划问题统一表示，轨迹规划的数学表示见表9.2。

表9.2　轨迹规划的数学表示

时间结点	t_0	t_1	…	t_N
状态结点	$\boldsymbol{x}_0$	$\boldsymbol{x}_1$	…	$\boldsymbol{x}_N$
约束条件	$\dot{\boldsymbol{x}}_0$、$\ddot{\boldsymbol{x}}_0$	$\dot{\boldsymbol{x}}_1$、$\ddot{\boldsymbol{x}}_1$	…	$\dot{\boldsymbol{x}}_N$、$\ddot{\boldsymbol{x}}_N$

续表9.2

时间结点	t_0	t_1	…	t_N
插值函数 $\boldsymbol{f}(t)$	$f(t_0)=\boldsymbol{x}_0$ $\dot{f}(t_0)=\dot{\boldsymbol{x}}_0$ $\ddot{f}(t_0)=\ddot{\boldsymbol{x}}_0$	$f(t_1)=\boldsymbol{x}_1$ $\dot{f}(t_1)=\dot{\boldsymbol{x}}_1$ $\ddot{f}(t_1)=\ddot{\boldsymbol{x}}_1$	…	$f(t_N)=\boldsymbol{x}_N$ $\dot{f}(t_N)=\dot{\boldsymbol{x}}_N$ $\ddot{f}(t_N)=\ddot{\boldsymbol{x}}_N$

从上面的数学描述可知，不论是点到点轨迹规划，还是连续轨迹规划，其核心都是确定整个轨迹的时间函数，不同之处在于前者仅需要根据起点和终点条件确定规划函数，选择性多；而后者则需要考虑整个过程中的轨迹形式，条件更苛刻，选择性少。后面将主要从关节空间和笛卡儿空间两方面对规划方法进行介绍，而轨迹形式的阐述将融合在相关部分。

9.1.4　轨迹规划的实现

轨迹规划的功能由轨迹规划器（规划算法）来实现。实际中，需要考虑各种约束条件，包括任务约束（任务条件、路径形式等）、环境约束（作业空间、障碍特征等）、动力学约束（驱动能力、响应能力等）等，轨迹规划器根据设定的路径点和相关的约束条件生成期望的末端轨迹，再转为关节轨迹或者直接生成期望的关节轨迹，这些规划值作为控制器的期望值。轨迹规划器的功能框图如图 9.2 所示。

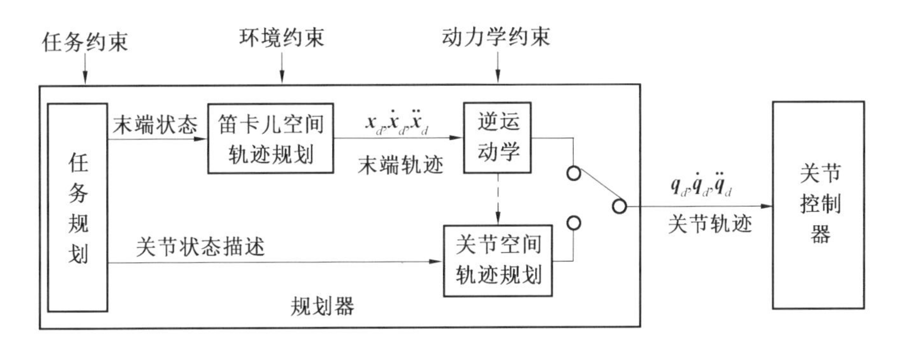

图 9.2　轨迹规划器的功能框图

9.2　关节空间轨迹规划

所谓关节空间轨迹规划是指根据相关已知条件和约束条件（起点、终点或中间结点的位置、速度、加速度等）生成各关节变量的变化曲线的过程，属于数值分析中的插值问题。可采用的规划函数（也称为插值函数）很多，常用的方法有线性插值、三次多项式插值、五次多项式插值、拉格朗日插值、样条插值等。

9.2.1　线性插值

（1）纯线性插值。

关节状态变量为 $\boldsymbol{q}=[q_1,q_2,\cdots,q_n]^{\mathrm{T}}$，相应于初始时刻 t_0 和终止时刻 t_{f} 的关节状态分别表示为 $\boldsymbol{q}_0=[q_{10},q_{20},\cdots,q_{n0}]$ 和 $\boldsymbol{q}_{\mathrm{f}}=[q_{1\mathrm{f}},q_{2\mathrm{f}},\cdots,q_{n\mathrm{f}}]^{\mathrm{T}}$。若不增加其他条件，则可采用直线来连接起点和终点，即用线性函数规划关节的轨迹以满足 $\boldsymbol{q}(t_0)=\boldsymbol{q}_0$、$\boldsymbol{q}(t_{\mathrm{f}})=\boldsymbol{q}_{\mathrm{f}}$。

为处理初始时刻不为 0 的情况，令 $\tau=t-t_0$，则 $\tau_0=0$、$\tau_{\mathrm{f}}=t_{\mathrm{f}}-t_0$，相应地，关节 i 的规划

函数可表示为以 τ 为时间变量的线性函数(一次多项式),即:

$$q_i(\tau)=a_{i0}+a_{i1}\tau \quad (i=1,\cdots,n) \tag{9.7}$$

式中,a_{i0}、a_{i1} 为待定参数。分别将 $\tau=0$、$\tau=\tau_f$ 代入式(9.7)中,并令其与初值和终止时刻的位置相等,有

$$a_{i0}=q_{i0} \tag{9.8}$$

$$a_{i1}=\frac{q_{if}-q_{i0}}{\tau_f} \tag{9.9}$$

将式(9.8)和式(9.9)代入式(9.7),可得

$$q_i(\tau)=q_{i0}+\frac{q_{if}-q_{i0}}{\tau_f}\tau \quad (i=1,\cdots,n) \tag{9.10}$$

$$\dot{q}_i(\tau)=\frac{q_{if}-q_{i0}}{\tau_f} \quad (i=1,\cdots,n) \tag{9.11}$$

即每个关节都以匀速运动。然而,起点和终点时刻的关节速度均不为0,若关节从静止状态开始运动、t_f 时刻后停止,则起、停的加速度将为无穷大,对电机产生冲击;若有多个运动结点时,采用多段直线函数连接各个结点,则在结点处的加速度(从一个匀速度瞬间切换到另一个匀速度所需的加速度)也会为无穷大。为了避免上述问题,可设计一个平滑曲线作为结点间运动的过渡,常用的过渡曲线可以是抛物线或其他多项式曲线,下面介绍采用抛物线进行过渡的情况。

(2) 梯形速度插值。

以$(0,q_{i0})$、(τ_f,q_{if})两个结点间的规划为例,在0和 τ_f 附近各增加一个中间结点,即(τ_b,q_{ib})和(τ_c,q_{ic}),然后按下面方法进行规划。

① 在$(0,q_{i0})$与(τ_b,q_{ib})之间、(τ_c,q_{ic})与(τ_f,q_{if})之间采用抛物线过渡,分别实现从零值速度(或上段常值速度)到当前段常值速度的均匀变化,以及从当前段常值速度到零值速度(或下段常值速度)的均匀变化,加速度为常值,记为 $\ddot{q}_{im}$。

② 在中间结点即(τ_b,q_{ib})与(τ_c,q_{ic})之间采用直线函数进行规划,按匀速运动,速度记为 $\dot{q}_{im}$。

上述规划方法对应的位置、速度、加速度曲线如图9.3所示,该方法称为带抛物线过渡的线性插值方法,由于速度曲线为梯形,本书也将其称为梯形速度插值方法。

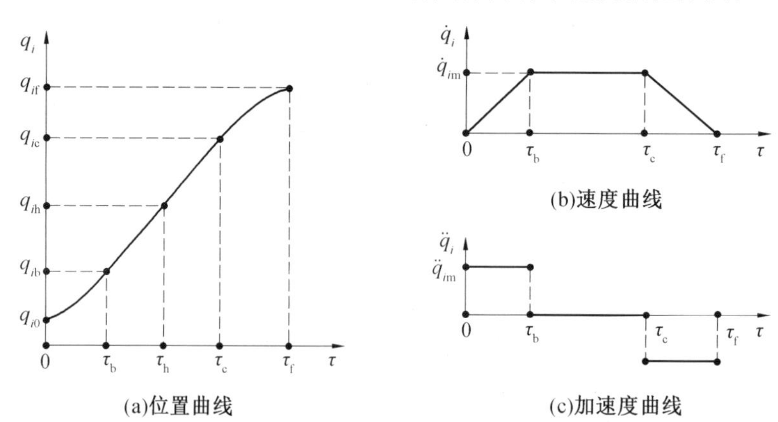

图9.3　带抛物线过渡的线性轨迹对应的位置、速度、加速度曲线

在$(0,q_{i0})$与(τ_b,q_{ib})之间采用抛物线函数进行插值,位置和速度函数分别为

$$q_i(\tau)=q_{i0}+\frac{1}{2}\ddot{q}_{im}\tau^2 \tag{9.12}$$

$$\dot{q}_i(\tau)=\ddot{q}_{im}\tau \tag{9.13}$$

将 $\tau=\tau_b$ 代入上面两式，可分别得

$$q_{ib}=q_{i0}+\frac{1}{2}\ddot{q}_{im}\tau_b^2 \tag{9.14}$$

$$\dot{q}_{ib}=\ddot{q}_{im}\tau_b=\dot{q}_{im} \tag{9.15}$$

由此可见，给定 τ_b、q_{ib} 则可确定该段的抛物线函数。实际中，可给定 $\ddot{q}_{im}$ 并假定中间时刻 $\tau_h=\tau_f/2$、$q_{ih}=(q_{i0}+q_{if})/2$ 来确定速度，即 $\dot{q}_{im}=(q_{ih}-q_{ib})/(\tau_h-\tau_b)$，因此根据式(9.15)，有

$$\frac{q_{ih}-q_{ib}}{\tau_h-\tau_b}=\ddot{q}_{im}\tau_b \tag{9.16}$$

将式(9.14) 代入式(9.16)，有

$$\frac{\dfrac{q_{i0}+q_{if}}{2}-\left(q_{i0}+\dfrac{1}{2}\ddot{q}_{im}\tau_b^2\right)}{\dfrac{\tau_f}{2}-\tau_b}=\ddot{q}_{im}\tau_b \tag{9.17}$$

根据式(9.17)，可得关于 τ_b 的二阶方程：

$$\ddot{q}_{im}\tau_b^2-\ddot{q}_{im}\tau_f\tau_b+(q_{if}-q_{i0})=0 \tag{9.18}$$

由式(9.18) 的解为(考虑 $\tau_b\leqslant\tau_f$ 的实际情况后取其中一组值)

$$\tau_b=\frac{\ddot{q}_{im}\tau_f-\sqrt{(\ddot{q}_{im}\tau_f)^2-4\ddot{q}_{im}(q_{if}-q_{i0})}}{2\ddot{q}_{im}}=\frac{\tau_f}{2}-\frac{\sqrt{(\ddot{q}_{im}\tau_f)^2-4\ddot{q}_{im}(q_{if}-q_{i0})}}{2\ddot{q}_{im}} \tag{9.19}$$

其中，有解的条件为

$$(\ddot{q}_{im}\tau_f)^2-4\ddot{q}_{im}(q_{if}-q_{i0})\geqslant 0 \tag{9.20}$$

根据式(9.20) 可得，抛物线段的加速度满足如下关系：

$$\ddot{q}_{im}\geqslant\frac{4(q_{if}-q_{i0})}{\tau_f^2} \tag{9.21}$$

当式(9.21) 等号成立时，直线部分的长度缩减为零，整个路径由两段抛物线组成，且衔接处的斜率相等；加速度值越大，直线段越长，抛物线段越短。当处于极限状态时，加速度无穷大，轨迹退化为纯线性插值的轨迹。

另一段抛物线函数的确定过程也与此类似，在此不再赘述。所得到的整条轨迹为分段函数，可以表示为如下形式：

$$q_i(\tau)=\begin{cases}q_{i0}+(q_{ib}-q_{i0})\left(\dfrac{\tau}{\tau_b}\right)^2, & 0\leqslant\tau<\tau_b\\ q_{ib}+\dfrac{q_{ic}-q_{ib}}{\tau_c-\tau_b}(\tau-\tau_b), & \tau_b\leqslant\tau<\tau_c\\ q_{ic}+(q_{if}-q_{ic})\left(\dfrac{\tau-\tau_c}{\tau_f-\tau_c}\right)^2, & \tau_c\leqslant\tau\leqslant\tau_f\end{cases} \tag{9.22}$$

9.2.2　三次多项式插值

关节状态变量为 $\boldsymbol{q}=[q_1,q_2,\cdots,q_n]^{\mathrm{T}}$，相应于初始时刻 t_0 和终止时刻 t_f 的关节状态分别表示为 $\boldsymbol{q}_0=[q_{10},q_{20},\cdots,q_{n0}]^{\mathrm{T}}$ 和 $\boldsymbol{q}_f=[q_{1f},q_{2f},\cdots,q_{nf}]^{\mathrm{T}}$。若要求(设定)起点和终点时刻关节

的速度分别为 $\dot{\boldsymbol{q}}_0=[\dot{q}_{10},\dot{q}_{20},\cdots,\dot{q}_{n0}]^{\mathrm{T}}$ 和 $\dot{\boldsymbol{q}}_{\mathrm{f}}=[\dot{q}_{1\mathrm{f}},\dot{q}_{2\mathrm{f}},\cdots,\dot{q}_{n\mathrm{f}}]^{\mathrm{T}}$,则对每一个关节而言(记为关节 i),已知条件为初始时刻的位置 q_{i0} 和速度 $\dot{q}_{i0}$、终止时刻的位置 $q_{i\mathrm{f}}$ 和速度 $\dot{q}_{i\mathrm{f}}$。四个条件可以确定四个参数,故可采用三次多项式来作为每个关节的规划函数。

为处理初始时刻不为0的情况,令 $\tau=t-t_0$,则 $\tau_0=0,\tau_{\mathrm{f}}=t_{\mathrm{f}}-t_0$,相应地,关节 i 的规划函数可表示为以 τ 为时间变量的三次多项式,即:

$$q_i(\tau)=a_{i0}+a_{i1}\tau+a_{i2}\tau^2+a_{i3}\tau^3 \quad (i=1,\cdots,n) \tag{9.23}$$

式中,$a_{i0}\sim a_{i3}$ 为待定参数。

对式(9.23)分别进行一阶和二阶求导,可得关节的速度和角速度函数,即:

$$\dot{q}_i(\tau)=a_{i1}+2a_{i2}\tau+3a_{i3}\tau^2 (i=1,\cdots,n) \tag{9.24}$$

$$\ddot{q}_i(\tau)=2a_{i2}+6a_{i3}\tau \quad (i=1,\cdots,n) \tag{9.25}$$

轨迹规划的目的即是确定上述函数中的待定参数。将 $\tau=0$、$\tau=\tau_{\mathrm{f}}$ 分别代入式(9.23)和式(9.24)中,并令其与初值和终止时刻的位置、速度相等,有

$$a_{i0}=q_{i0} \tag{9.26}$$

$$a_{i0}+a_{i1}\tau_{\mathrm{f}}+a_{i2}\tau_{\mathrm{f}}^2+a_{i3}\tau_{\mathrm{f}}^3=q_{i\mathrm{f}} \tag{9.27}$$

$$a_{i1}=\dot{q}_{i0} \tag{9.28}$$

$$a_{i1}+2a_{i2}\tau_{\mathrm{f}}+3a_{i3}\tau_{\mathrm{f}}^2=\dot{q}_{i\mathrm{f}} \tag{9.29}$$

根据式(9.26)~(9.29)可解得待定参数为

$$\begin{cases} a_{i0}=q_{i0} \\ a_{i1}=\dot{q}_{i0} \\ a_{i2}=\dfrac{3}{\tau_{\mathrm{f}}^2}(q_{i\mathrm{f}}-q_{i0})-\dfrac{2}{\tau_{\mathrm{f}}}\dot{q}_{i0}-\dfrac{1}{\tau_{\mathrm{f}}}\dot{q}_{i\mathrm{f}} \\ a_{i3}=-\dfrac{2}{\tau_{\mathrm{f}}^3}(q_{i\mathrm{f}}-q_{i0})+\dfrac{1}{\tau_{\mathrm{f}}^2}(\dot{q}_{i\mathrm{f}}+\dot{q}_{i0}) \end{cases} \tag{9.30}$$

当初始和终止时刻的速度均为0,即 $\dot{q}_{i0}=\dot{q}_{i\mathrm{f}}=0$ 时,待定参数的表达式更简单,式(9.30)成为

$$\begin{cases} a_{i0}=q_{i0} \\ a_{i1}=0 \\ a_{i2}=\dfrac{3}{\tau_{\mathrm{f}}^2}(q_{i\mathrm{f}}-q_{i0}) \\ a_{i3}=-\dfrac{2}{\tau_{\mathrm{f}}^3}(q_{i\mathrm{f}}-q_{i0}) \end{cases} \tag{9.31}$$

以某关节从0°变化到100°,运动时间50 s为例(起点和终点的速度均为0),规划的关节角、角速度和角加速度曲线如图9.4所示。可见,采用三次多项式规划,位置、速度、加速度曲线均平滑,且起点和终点时刻的角速度为0,但角加速度不为0,说明启动和停止时有冲击力,对电机有不良影响。

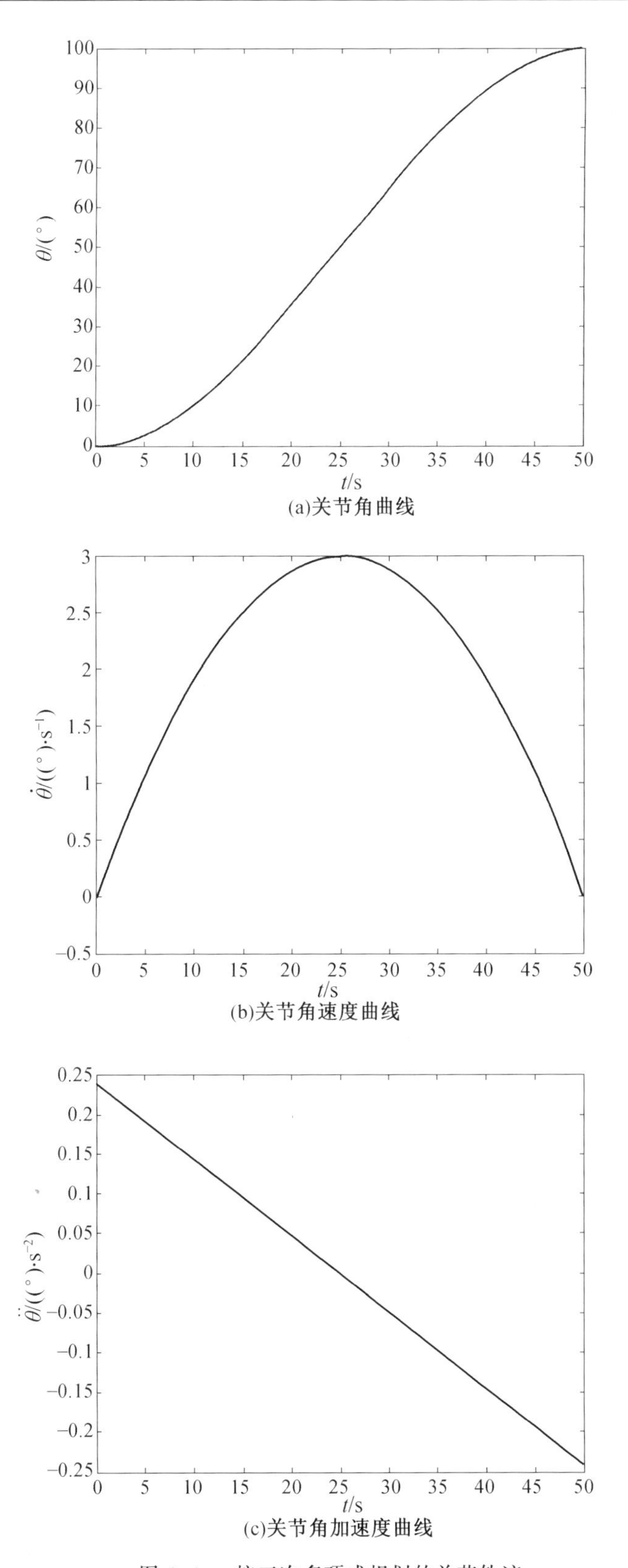

(a)关节角曲线

(b)关节角速度曲线

(c)关节角加速度曲线

图 9.4　按三次多项式规划的关节轨迹

9.2.3 五次多项式插值

如果对运动轨迹的要求更加严格,除了对初始和终止时刻的位置(q_0、q_f)、速度($\dot{q}_0$、$\dot{q}_f$)有要求外,还对加速度($\ddot{q}_0$、$\ddot{q}_f$)有要求,则可用五次多项式进行规划。仍然采用类似于上面的处理方式,以 τ 为时间变量定义关节 i 的规划函数,即:

$$q_i(\tau)=a_{i0}+a_{i1}\tau+a_{i2}\tau^2+a_{i3}\tau^3+a_{i4}\tau^4+a_{i5}\tau^5 \quad (i=1,\cdots,n) \tag{9.32}$$

相应的关节速度和加速度函数为

$$\dot{q}_i(\tau)=a_{i1}+2a_{i2}\tau+3a_{i3}\tau^2+4a_{i4}\tau^3+5a_{i5}\tau^4 \quad (i=1,\cdots,n) \tag{9.33}$$

$$\ddot{q}_i(\tau)=2a_{i2}+6a_{i3}\tau+12a_{i4}\tau^2+20a_{i5}\tau^3 \quad (i=1,\cdots,n) \tag{9.34}$$

已知条件为

$$\begin{cases} q_i(0)=q_{i0},\dot{q}_i(0)=\dot{q}_{i0},\ddot{q}_i(0)=\ddot{q}_{i0} \\ q_i(\tau_f)=q_{if},\dot{q}_i(\tau_f)=\dot{q}_{if},\ddot{q}_i(\tau_f)=\ddot{q}_{if} \end{cases} \quad (i=1,\cdots,n) \tag{9.35}$$

根据式(9.32)~(9.35),可解得待定参数为

$$\begin{cases} a_{i0}=q_{i0},a_{i1}=\dot{q}_{i0},a_{i2}=\dfrac{\ddot{q}_{i0}}{2} \\ a_{i3}=\dfrac{20(q_{if}-q_{i0})-(8\dot{q}_{if}+12\dot{q}_{i0})\tau_f+(\ddot{q}_{if}-3\ddot{q}_{i0})\tau_f^2}{2\tau_f^3} \\ a_{i4}=\dfrac{-30(q_{if}-q_{i0})+(14\dot{q}_{if}+16\dot{q}_{i0})\tau_f-(2\ddot{q}_{if}-3\ddot{q}_{i0})\tau_f^2}{2\tau_f^4} \\ a_{i5}=\dfrac{12(q_{if}-q_{i0})-(6\dot{q}_{if}+6\dot{q}_{i0})\tau_f+(\ddot{q}_{if}-\ddot{q}_{i0})\tau_f^2}{2\tau_f^5} \end{cases} \tag{9.36}$$

若起点及终点的速度、加速度为0,即 $\dot{q}_{i0}=\dot{q}_{if}=0$,$\ddot{q}_{i0}=\ddot{q}_{if}=0$,则式(9.36)可简化为

$$\begin{cases} a_{i0}=q_{i0},a_{i1}=0,a_{i2}=0 \\ a_{i3}=\dfrac{10(q_{if}-q_{i0})}{\tau_f^3} \\ a_{i4}=\dfrac{-15(q_{if}-q_{i0})}{\tau_f^4} \\ a_{i5}=\dfrac{6(q_{if}-q_{i0})}{\tau_f^5} \end{cases} \tag{9.37}$$

以某关节从0°变化到100°,运动时间50 s为例(起点和终点的速度、加速度均为0),规划的关节角、角速度和角加速度曲线如图9.5所示。可见,采用五次多项式规划,位置、速度、加速度曲线均平滑,且起点和终点处的速度、加速度均为0,避免了机器人在启动和停止时对电机的冲击。该方法的优点是避免了起、停时的冲击,缺点是计算量较大(需要计算五次多项式)。

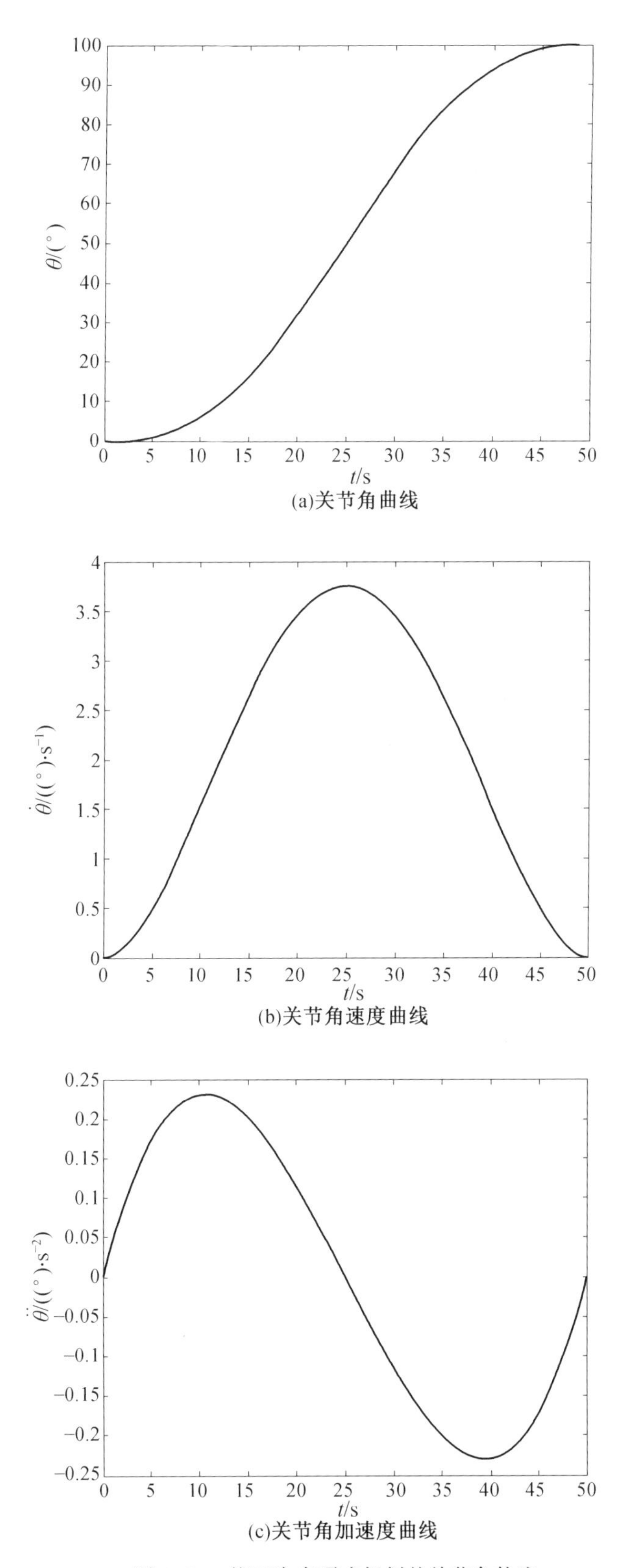

图 9.5　按五次多项式规划的关节角轨迹

9.2.4 拉格朗日插值

对于有多个运动结点的情况,可采用拉格朗日插值法确定一条经过每个结点的轨迹。若运动结点表示为$(t_0,\boldsymbol{q}_0)$、$(t_1,\boldsymbol{q}_1)$、…、$(t_N,\boldsymbol{q}_N)$,其中,$\boldsymbol{q}_i=[q_{i1},q_{i2},\cdots,q_{in}]^{\mathrm{T}}$,则插值函数为

$$q_i(t)=\sum_{k=0}^{N}q_{ik}l_k(t)\quad(i=1,\cdots,n)\tag{9.38}$$

其中,l_k 为 N 阶多项式,即:

$$l_k(t)=\frac{(t-t_0)(t-t_1)\cdots(t-t_{k-1})(t-t_{k+1})\cdots(t-t_N)}{(t_k-t_0)(t_k-t_1)\cdots(t_k-t_{k-1})(t_k-t_{k+1})\cdots(t_k-t_N)}\quad(k=0,1,\cdots,N)\tag{9.39}$$

当 $N=1$ 时,拉格朗日插值函数为

$$q_i(t)=\frac{(t-t_1)}{(t_0-t_1)}q_{i0}+\frac{(t-t_0)}{(t_1-t_0)}q_{i1}\tag{9.40}$$

当 $N=2$ 时,拉格朗日插值函数为

$$q_i(t)=\frac{(t-t_1)(t-t_2)}{(t_0-t_1)(t_0-t_2)}q_{i0}+\frac{(t-t_0)(t-t_2)}{(t_1-t_0)(t_1-t_2)}q_{i1}+\frac{(t-t_0)(t-t_1)}{(t_2-t_0)(t_2-t_1)}q_{i2}\tag{9.41}$$

式(9.40)为两点式直线方程,也为一阶多项式,而式(9.41)为二次多项式函数。结点数越多,多项式的阶数越高,计算量越大,也可能出现不收敛的情况。因此,工程中较少使用,一般也仅用于结点少的情况。

9.2.5 三次样条插值

样条(Spline)是早期工程绘图中使用的一种工具,是富有弹性的细木条或细金属条,利用它可以将一系列离散点连接成光滑的曲线,称为样条曲线。后来数学家对其进行了抽象,定义了样条函数,并成为数值逼近的重要工具,其中最常用的是三次样条函数,由分段三次多项式组成,在连接点处具有连续曲率(即连续的二阶导数)。

下面给出三次样条函数和样条插值函数的定义。

设 $a=x_0<x_1<\cdots<x_{N-1}<x_N=b$,对于函数 $S(x)$ 有以下条件。

①$S(x)$ 在每个子区间$[x_{i-1},x_i]$上均为三次多项式,该子区间内的三次多项式记为 $S_i(i=1,2,\cdots,N)$。

②$S(x)$ 在区间$[a,b]$上的二阶导数 $S''(x)$ 连续(二阶连续可微)。

③ 给定函数 $f(x)$ 且满足 $y_i=f(x_i)$,有 $S(x_i)=f(x_i)=y_i(i=0,1,\cdots,N)$。

满足条件 ① 和 ② 的函数 $S(x)$ 称为三次样条函数,若还满足条件 ③,则 $S(x)$ 称为 $f(x)$ 的三次样条插值函数。

对于三次样条插值问题,每个子区间均为三次多项式,有 4 个待定参数,在整个插值区间上共有 $4N$ 个待定参数。而约束条件仅有$(4N-2)$个,包括以下条件。

① 插值条件,即 $S(x_i)=f(x_i)=y_i(i=0,1,\cdots,N)$,共$(N+1)$个。

② 连续性条件,包括曲线连续(位置连续)、一阶导连续、二阶导连续,共 $3(N-1)$ 个条件,即:

$$\begin{cases}S_i(x_i)=S_{i+1}(x_i)\\S'_i(x_i)=S'_{i+1}(x_i)\quad(i=1,2,\cdots,N-1)\\S''_i(x_i)=S''_{i+1}(x_i)\end{cases}$$

已知$(4N-2)$个条件不足以确定$4N$个待定参数，需要增加2个条件。通常增加x_0、x_N两端点处的状态作为约束条件，即边界条件。从机器人的轨迹规划而言，一般采用下面两种条件中的一种(对于三次样条插值函数本身，边界条件不只这两种)。

a. 第一类边界条件，已知起点和终点处的一阶导数(速度)m_0和m_N，即：

$$\begin{cases} S'_1(x_0)=m_0 \\ S'_N(x_N)=m_N \end{cases}$$

b. 第二类边界条件，已知起点和终点处的二阶导数(加速度)M_0和M_N，即：

$$\begin{cases} S''_1(x_0)=M_0 \\ S''_N(x_N)=M_N \end{cases}$$

对于$M_0=M_N=0$的特殊情况，称为自然边界条件。

上述边界条件中的任何一种均可各自确定2个约束方程，结合前面的$(4N-2)$个约束方程，即可求出三次样条插值函数的待定参数，且存在唯一解。常用的求解方法有三转角法和三弯矩法，在此不再赘述。

以某关节从0°→50°→100°→50°→0°，运动时间100 s为例(起点和终点的速度均为0)，采用第一类边界条件，所规划的关节角轨迹如图9.6所示，可见所规划的轨迹连续且平衡，结点处的一阶及二阶导数连续，但起点和终点的加速度不为0，机器人在启动和停止过程中也会对电机产生冲击。

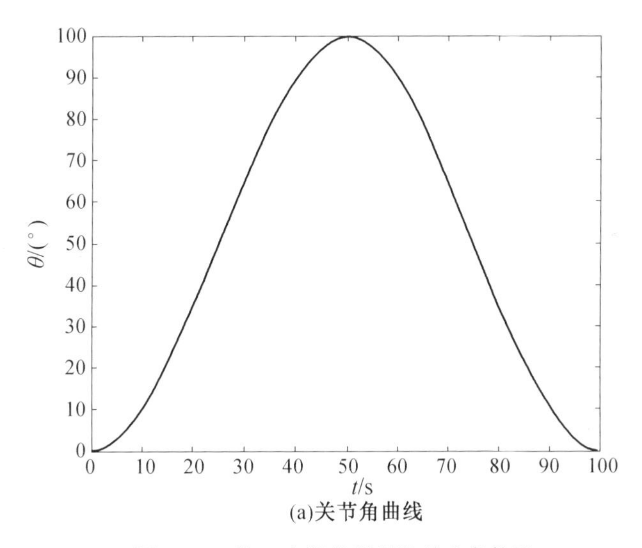

(a)关节角曲线

图 9.6　按3次样条规划的关节角轨迹

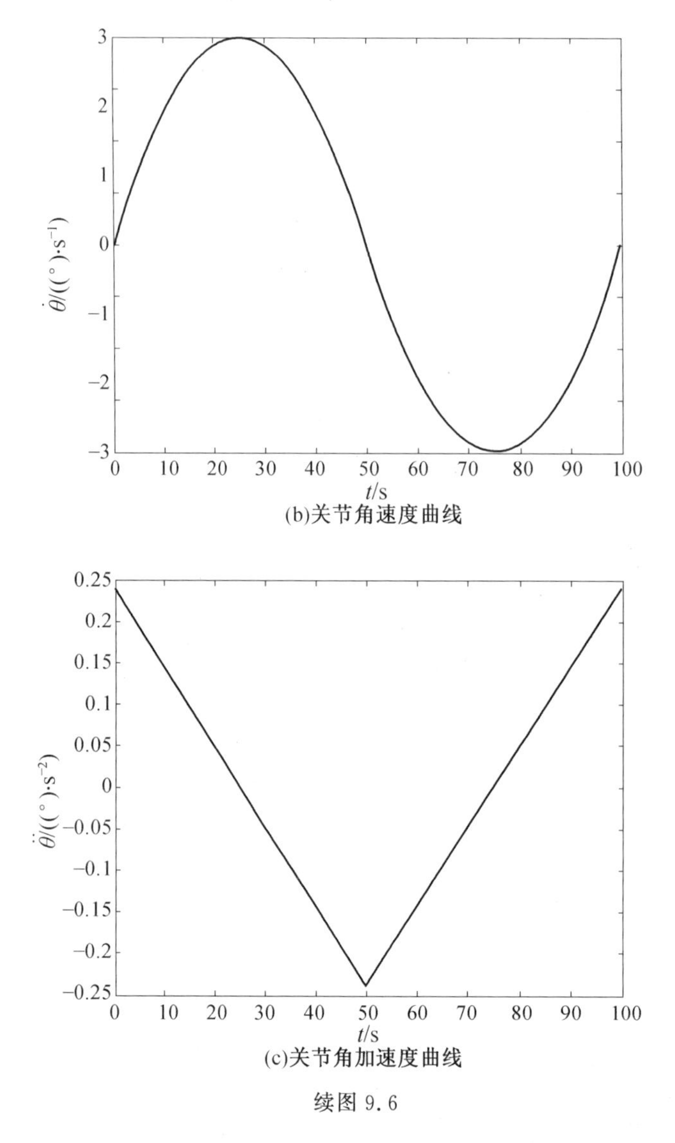

(b)关节角速度曲线

(c)关节角加速度曲线

续图 9.6

9.2.6 其他插值方法

除了上面介绍的插值方法,还可以采用更高阶的多项式以满足更多的约束条件,如采用七次多项式可以保证结点处的加加速度(加速度的导数)为 0 或为其他给定值,这样可使机器人在加减速的过程中运动更加平稳;另外,还可以结合机器人在不同运动段有不同的要求,可以将多种多项式函数组合成分段多项式函数来进行插值,如 5－3－5 插值方法,在起动段和停止段均采用五次多项式而中间段采用三次多项式,这样可以保证起动和停止时的加速度为 0,避免对机器人产生冲击。

9.3 笛卡儿空间轨迹规划

前面介绍的关节空间轨迹规划方法可以达到使各关节沿平滑曲线运动并经过给定结点的目标。当给定机器人末端在笛卡儿空间中的运动结点时,结合逆运动学求解和关节空间轨迹规划，也可生成经过给定结点的笛卡儿轨迹，生成途径如图 9.7 所示，即首先通过逆运动学求解算法将末端运动结点转换为关节运动结点，然后对关节运动结点进行轨迹规划，得到关节轨迹。然而，该方法在本质上还是属于关节空间的轨迹规划方法，虽然能实现机器人末端在结点处位姿状态，但无法保证其在结点间以及整个运动过程中的轨迹形状（如直线、圆弧或其他类型的曲线），对于执行诸如插孔、打磨、焊接等对末端轨迹有严格要求的任务将无法满足要求，这就需要使用笛卡儿空间轨迹规划方法，生成途径如图 9.8 所示，即直接对末端运动结点执行轨迹规划，得到末端轨迹，再调用逆运动学求解算法得到关节轨迹，本节将对此展开详细介绍。

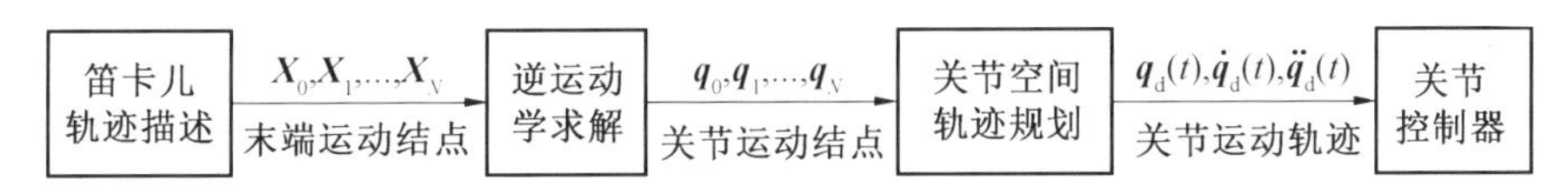

图 9.7　笛卡儿轨迹生成途径之一：关节空间轨迹规划方法

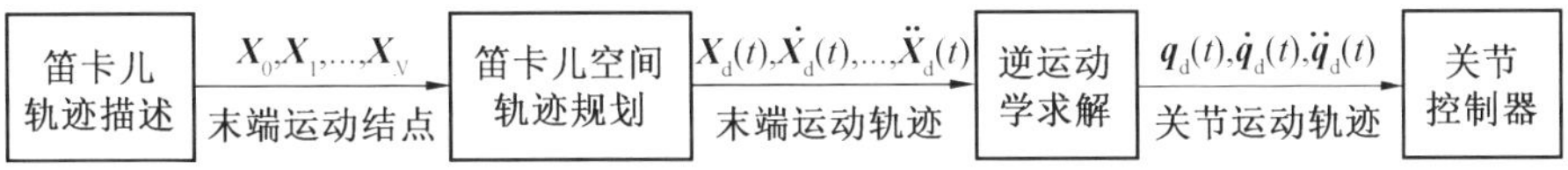

笛卡儿
轨迹描述
$X_0,X_1,\dots,X_N$
末端运动结点
笛卡儿空间
轨迹规划
$X_d(t),\dot{X}_d(t),\dots,\ddot{X}_d(t)$
末端运动轨迹
逆运动
学求解
$q_d(t),\dot{q}_d(t),\ddot{q}_d(t)$
关节运动轨迹
关节
控制器

图 9.8　笛卡儿轨迹生成途径之二：笛卡儿空间轨迹规划方法

需要指出的是，在上述两个生成途径中均需要进行逆运动学求解，不同之处在于前者是在进行轨迹规划之前进行逆运动学求解，只需要对 N 个运动结点进行求解，计算量和轨迹精度与 N 成正比，运动结点越多，轨迹精度越高，但计算量也越大；而后者是在轨迹规划之后，对每个 t 时刻的轨迹插补点（插补时间间距与关节控制周期相同）都需要进行逆运动学求解，计算量大很多，但笛卡儿轨迹精度也更高。

另外，在计算逆运动学时，可以采用位置级逆运动学或速度级逆运动学，前者根据解析方程得到，位置精度高，但一般要注意处理多解的问题；后者基于微分运动学，首先得到关节速度，再进行积分后得到关节位置，该方法无须处理多解问题（原因在于雅可比矩阵本身包含了臂型信息，即使是同一个末端下的不同臂型，雅可比矩阵也是不同的，相应的速度映射关系也不同），但由于是通过积分得到的关节位置，存在累积误差，且需要处理运动奇异问题。在实际中可根据实际情况选择不同的方法。

9.3.1　笛卡儿轨迹规划思路

笛卡儿轨迹实际上是笛卡儿空间的路径与路径的时间分布两部分的组合，前者通过笛卡儿空间中的曲线方程来描述，后者则根据作业任务需求和各种约束条件来确定路径与时间的函数关系。因此，笛卡儿轨迹规划主要包括如下两个关键步骤：① 笛卡儿路径曲线的参数化描述，得到参数化方程，此过程简称为路径参数化（Path Parameterization）；② 对曲线参数进行规划，得到关于时间的函数，此过程简称为参数时序化（Parameter Timing）。下面分别进行介绍。

(1) 路径参数化。

将笛卡儿路径表示为参数化的曲线方程，对于末端位置和姿态，分别表示为

$$\begin{cases} x_e = x(\lambda) \\ y_e = y(\lambda) \\ z_e = z(\lambda) \end{cases} \tag{9.42}$$

$$\begin{cases}\alpha_e = \alpha(\lambda)\\ \beta_e = \beta(\lambda)\\ \gamma_e = \gamma(\lambda)\end{cases} \tag{9.43}$$

其中，λ 为路径参数，式(9.42)和式(9.43)分别为末端位置和姿态的参数化方程，还可进一步表示为如下形式：

$$\boldsymbol{p}_e = \boldsymbol{p}(\lambda) \tag{9.44}$$

$$\boldsymbol{\Psi}_e = \boldsymbol{\Psi}(\lambda) \tag{9.45}$$

其中，$\boldsymbol{p}_e = [x_e, y_e, z_e]^T$ 为末端位置；$\boldsymbol{\Psi}_e = [\alpha_e, \beta_e, \gamma_e]^T$ 为末端的姿态。

由于位置和姿态具有不同的特点(位置三轴解耦、姿态三轴耦合)，故在规划的过程中要谨慎处理。

(2) 参数时序化。

当笛卡儿路径采用了参数化表示后，其轨迹可以通过对路径参数 λ 进行规划来实现，即根据各种约束条件获得路径参数的时间函数 $\lambda(t)$，表示为

$$\lambda(t) = f(\boldsymbol{a}, t) \tag{9.46}$$

其中，$\boldsymbol{a}$ 为待定参数；$f(\boldsymbol{a}, t)$ 为平滑的时间函数，可根据需要采用多项式函数、样条函数或其他合适的插值函数。一旦插值函数及其待定参数确定后，对于给定的时刻 t，可以计算相应的笛卡儿轨迹点。

9.3.2 直线轨迹规划

(1) 直线路径的参数化表示。

假设 t_0 时刻机器人末端(用点 P 表示)的位置为 $\boldsymbol{p}_0$，要求其沿直线运动并在 t_f 时刻到达到 $\boldsymbol{p}_f$，且初始和终止时刻的线速度均为 0。

直线轨迹规划如图 9.9 所示。初始时刻末端位置 $\boldsymbol{p}_0 = [x_0, y_0, z_0]^T$，终止时刻末端位置 $\boldsymbol{p}_f = [x_f, y_f, z_f]^T$，$t$ 时刻的位置为 $\boldsymbol{p}_t = [x_t, y_t, z_t]^T$，则采用下面方程对直线路径进行参数化：

$$\begin{cases}x_t(\lambda) = x_0 + \lambda(x_f - x_0)\\ y_t(\lambda) = y_0 + \lambda(y_f - y_0) \quad (0 \leqslant \lambda \leqslant 1)\\ z_t(\lambda) = z_0 + \lambda(z_f - z_0)\end{cases} \tag{9.47}$$

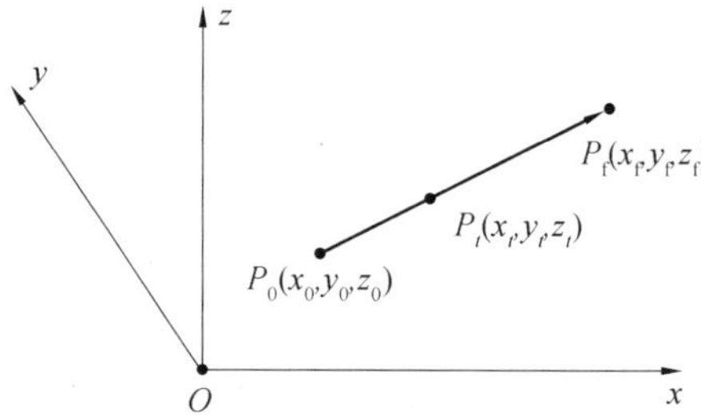

图 9.9　直线轨迹规划

式(9.47)可写成矢量的形式：

$$\boldsymbol{p}_t = \boldsymbol{p}_0 + \lambda(\boldsymbol{p}_f - \boldsymbol{p}_0) \tag{9.48}$$

根据式(9.48)可得末端线速度为

$$\dot{\boldsymbol{p}}_t = \dot{\lambda}(\boldsymbol{p}_f - \boldsymbol{p}_0) \tag{9.49}$$

(2) 路径参数的时序化。

由式(9.49)可知，末端线速度与直线参数的时间变化率成正比。当要求起点和终点的线速度均为 0 时，可采用三次多项式函数来定义 λ。采用类似于前面的处理方式，令 $\tau = t - t_0$，则 $\tau_0 = 0$、$\tau_f = t_f - t_0$，因此，路径参数的时间函数为

$$\lambda(\tau) = a_0 + a_1\tau + a_2\tau^2 + a_3\tau^3 \quad (0 \leqslant \tau \leqslant t_f - t_0) \tag{9.50}$$

满足如下约束条件：

$$\begin{cases}\lambda(0)=0,\lambda(\tau_{\mathrm{f}})=1\\ \dot{\lambda}(0)=0,\dot{\lambda}(\tau_{\mathrm{f}})=0\end{cases} \tag{9.51}$$

将式(9.51)代入式(9.50),可解得待定参数为

$$\begin{cases}a_0=0\\ a_1=0\\ a_2=\dfrac{3}{(t_{\mathrm{f}}-t_0)^2}\\ a_3=-\dfrac{2}{(t_{\mathrm{f}}-t_0)^3}\end{cases} \tag{9.52}$$

将式(9.52)代入式(9.50)可得

$$\lambda(\tau)=3\left(\frac{\tau}{\tau_{\mathrm{f}}}\right)^2-2\left(\frac{\tau}{\tau_{\mathrm{f}}}\right)^3 \tag{9.53}$$

类似地,可以推导出,当采用五次多项式来定义 λ 时,时间函数为

$$\lambda(\tau)=10\left(\frac{\tau}{\tau_{\mathrm{f}}}\right)^3-15\left(\frac{\tau}{\tau_{\mathrm{f}}}\right)^4+6\left(\frac{\tau}{\tau_{\mathrm{f}}}\right)^5 \tag{9.54}$$

(3) 时间尺度的归一化。

令 $\bar{\tau}=\tau/\tau_{\mathrm{f}}=(t-t_0)/(t_{\mathrm{f}}-t_0)$,则 $0\leqslant\bar{\tau}\leqslant 1$,称 $\bar{\tau}$ 为归一化的时间,相应地,式(9.53)和式(9.54)可表示为更简洁的形式,即:

$$\lambda(\bar{\tau})=3\bar{\tau}^2-2\bar{\tau}^3\quad(0\leqslant\bar{\tau}\leqslant 1)\qquad(\text{三次多项式插值}) \tag{9.55}$$

$$\lambda(\bar{\tau})=10\bar{\tau}^3-15\bar{\tau}^4+6\bar{\tau}^5\quad(0\leqslant\bar{\tau}\leqslant 1)\qquad(\text{五次多项式插值}) \tag{9.56}$$

上述处理方式将 $t\in[t_0,t_{\mathrm{f}}]$ 映射到了 $\bar{\tau}\in[0,1]$ 的范围,称为时间归一化。归一化后的参数速度分别为

$$\frac{\mathrm{d}\lambda}{\mathrm{d}\bar{\tau}}=6\bar{\tau}-6\bar{\tau}^2\quad(0\leqslant\bar{\tau}\leqslant 1)(\text{三次多项式插值}) \tag{9.57}$$

$$\frac{\mathrm{d}\lambda}{\mathrm{d}\bar{\tau}}=30\bar{\tau}^2-60\bar{\tau}^3+30\bar{\tau}^4\quad(0\leqslant\bar{\tau}\leqslant 1)(\text{五次多项式插值}) \tag{9.58}$$

而 λ 的时间导数与时间归一化后的导数有如下关系:

$$\dot{\lambda}=\frac{\mathrm{d}\lambda}{\mathrm{d}t}=\frac{\mathrm{d}\lambda}{\mathrm{d}\bar{\tau}}\frac{\mathrm{d}\bar{\tau}}{\mathrm{d}t}=\frac{1}{t_{\mathrm{f}}-t_0}\frac{\mathrm{d}\lambda}{\mathrm{d}\bar{\tau}} \tag{9.59}$$

式(9.59)建立了时间归一化前后参数速率的关系,在分析末端实际运动速度时需要考虑此关系。

(4) 直线轨迹规划实例。

以平面 2R 机械臂为例,连杆长度 $l_1=l_2=1$ m,初始及终止条件如下:

$$\boldsymbol{\Theta}_0=[40°,20°]^{\mathrm{T}} \tag{9.60}$$

$$\boldsymbol{p}_{\mathrm{e}0}=[1.266\,0,1.508\,8]^{\mathrm{T}} \tag{9.61}$$

$$\boldsymbol{p}_{\mathrm{ef}}=[-0.826\,4,0.984\,8]^{\mathrm{T}} \tag{9.62}$$

$$t_0=10,t_{\mathrm{f}}=30,\mathrm{d}t=0.1 \tag{9.63}$$

其中,$\boldsymbol{\Theta}_0$ 为机械臂的初始关节角(单位:°);t_0、t_{f} 分别为初始时刻和终止时刻;$\boldsymbol{p}_{\mathrm{e}0}$、$\boldsymbol{p}_{\mathrm{ef}}$ 分别为初始时刻和终止时刻末端的位置(单位:m);$\mathrm{d}t$ 为插值时间间隔(单位:s)。

采用三次多项式规划从 $\boldsymbol{p}_{\mathrm{e}0}$ 到 $\boldsymbol{p}_{\mathrm{ef}}$ 的直线轨迹,然后每隔 $\mathrm{d}t$ 进行一次插值得到末端相应时刻的位置,再根据此末端位置进行逆运动学求解,得到关节角。规划结果分别如图 9.10

和图 9.11 所示,前者为笛卡儿空间末端位置的变化情况,后者为关节的运动轨迹。

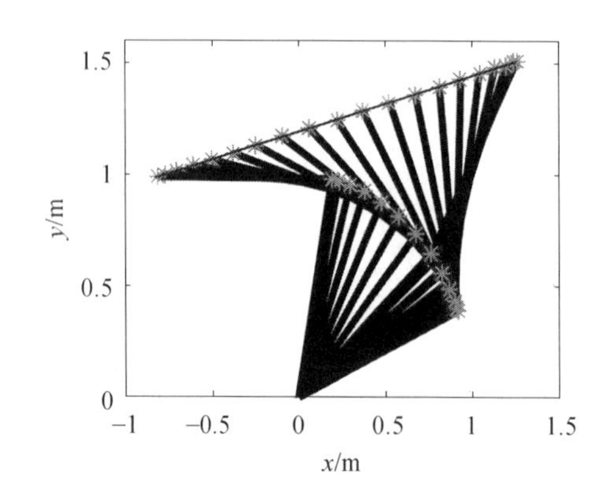

图 9.10　平面 2R 机械臂直线轨迹

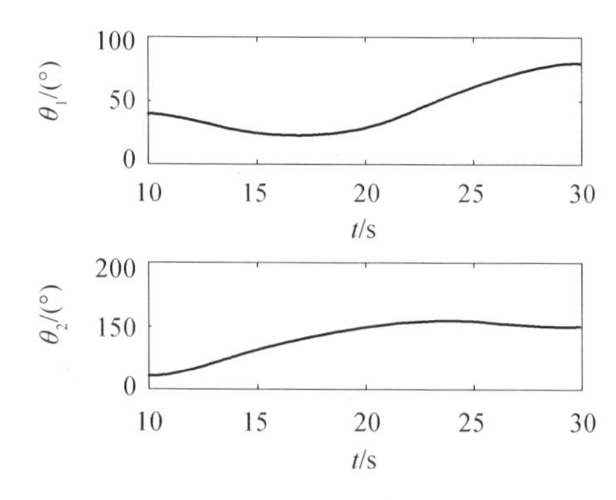

图 9.11　末端直线运动对应关节的运动轨迹

9.3.3　圆弧轨迹规划

(1) 平面圆弧轨迹规划。

要求机器人沿圆心为 $C(c_x, c_y)$、半径为 R 的圆弧运动,起点和终点时刻的位置矢量分别为 $\boldsymbol{p}_0$ 和 $\boldsymbol{p}_f$。假设 t 时刻的位置矢量为 $\boldsymbol{p}_t = [x_t, y_t]^T$,平面圆弧轨迹规划如图 9.12 所示。

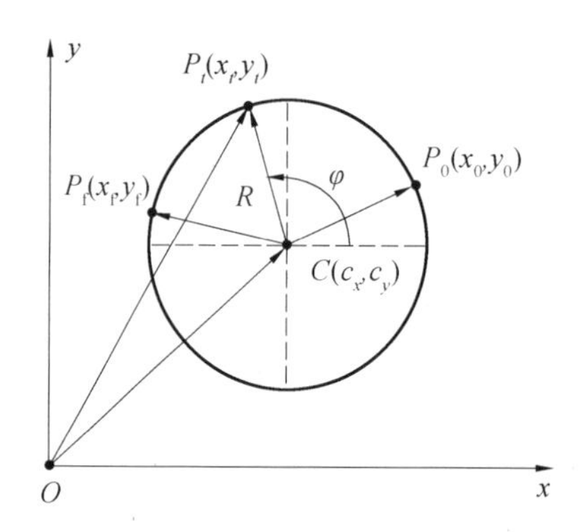

图 9.12　平面圆弧轨迹规划

① 常规处理。

采用下面方程对平面圆弧进行参数化:

$$\begin{cases} x_t(\varphi) = c_x + R\cos\varphi \\ y_t(\varphi) = c_y + R\sin\varphi \end{cases} \quad (\varphi_0 \leqslant \varphi \leqslant \varphi_f) \tag{9.64}$$

其中 φ 为圆心 C 到末端点 P_t 的矢量与 x 轴的夹角,定义为由 x 轴绕 z 轴旋转到 CP_t 的角度,相应于起点和终点位置的角度分别为 φ_0 和 φ_f。

对式(9.64)进行求导,可得末端线速度为

$$\begin{cases} \dot{x}_t(\varphi) = -R\sin(\varphi)\dot{\varphi} \\ \dot{y}_t(\varphi) = R\cos(\varphi)\dot{\varphi} \end{cases} \tag{9.65}$$

根据式(9.65)可知,末端速度的大小为 $\|\dot{\boldsymbol{p}}_t\| = \sqrt{\dot{x}_t^2(\varphi) + \dot{y}_t^2(\varphi)} = R\dot{\varphi}$。

进一步地,可直接对参数 φ 进行插值,采用三次多项式插值可得

$$\varphi(\tau) = a_0 + a_1\tau + a_2\tau^2 + a_3\tau^3 \quad (0 \leqslant \tau \leqslant t_f - t_0) \tag{9.66}$$

边界条件为

$$\begin{cases}\varphi(0)=\varphi_0,\varphi(\tau_f)=\varphi_f\\ \dot{\varphi}(0)=0,\dot{\varphi}(\tau_f)=0\end{cases} \tag{9.67}$$

根据式(9.66)和式(9.67)，可以确定待定参数 $a_0 \sim a_3$，从而完成了上述圆弧轨迹的规划。

② 路径参数归一化。

事实上，除了直接对 φ 进行插值外，还可以将其转换为归一化的轨迹参数 λ，然后对此参数进行插值。参数归一化方程为

$$\varphi(\lambda)=\varphi_0+\lambda(\varphi_f-\phi_0)\quad(0\leqslant\lambda\leqslant 1) \tag{9.68}$$

即：

$$\lambda=\frac{\varphi-\phi_0}{\varphi_f-\phi_0}\quad(\varphi_0\leqslant\varphi\leqslant\varphi_f) \tag{9.69}$$

经过式(9.69)的参数替换后，$\varphi\in[\varphi_0,\varphi_f]$ 映射到了 $\lambda\in[0,1]$ 的范围，λ 即为归一化的路径参数，上述过程即为路径参数归一化。

归一化前后轨迹参数的速率关系为

$$\dot{\varphi}=\dot{\lambda}(\varphi_f-\phi_0) \tag{9.70}$$

根据任务要求和边界条件，可采用三次或五次多项式对 λ 进行插值：

$$\lambda(\tau)=a_0+a_1\tau+a_2\tau^2+a_3\tau^3\quad(0\leqslant\tau\leqslant t_f-t_0) \tag{9.71}$$

$$\lambda(\tau)=a_0+a_1\tau+a_2\tau^2+a_3\tau^3+a_4\tau^4+a_5\tau^5\quad(0\leqslant\tau\leqslant t_f-t_0) \tag{9.72}$$

当要求初始时刻和终止时刻的速度均为 0 时，三次多项式插值函数与式(9.53)相同；若要求初始时刻和终止时刻的速度、加速度都为 0，则五次多项式插值函数与式(9.54)相同。

进一步进行时间归一化后分别得到与式(9.55)和式(9.56)相同的结果。

经过上述处理后，将在 $t\in[t_0,t_f]$ 中对 $\boldsymbol{p}_t\in[\boldsymbol{p}_0,\boldsymbol{p}_f]$ 进行轨迹规划的问题，转换为在 $\bar{\tau}\in[0,1]$ 中对 $\lambda\in[0,1]$ 进行规划的问题，可以得到归一化的规划函数，该函数与具体的起点、终点、时间无关，在实际应用中，只需要将归一化函数中的参数进行替换，即可得到具体的运动轨迹。基于参数归一化的轨迹规划方法见表 9.3。

表 9.3　基于参数归一化的轨迹规划方法

归一化类型	归一化方程	归一化前后的范围	归一化后的三次多项式插值函数	归一化后的五次多项式插值函数
时间归一化	$\bar{\tau}=\dfrac{t-t_0}{t_f-t_0}$ 及 $t=t_0+\bar{\tau}(t_f-t_0)$	$t\in[t_0,t_f]$ $\bar{\tau}\in[0,1]$	函数表达式： $\lambda(\bar{\tau})=3\bar{\tau}^2-2\bar{\tau}^3$ 边界条件： $\lambda(0)=0,\lambda(1)=1$ $\dot{\lambda}(0)=0,\dot{\lambda}(1)=0$	函数表达式： $\lambda(\bar{\tau})=10\bar{\tau}^3-15\bar{\tau}^4+6\bar{\tau}^5$ 边界条件： $\lambda(0)=0,\lambda(1)=1$ $\dot{\lambda}(0)=0,\dot{\lambda}(1)=0$ $\ddot{\lambda}(0)=0,\ddot{\lambda}(1)=0$
路径参数归一化	$\lambda=\dfrac{\varphi-\phi_0}{\varphi_f-\phi_0}$ 及 $\varphi=\varphi_0+\lambda(\varphi_f-\phi_0)$	$\boldsymbol{p}_t\in[\boldsymbol{p}_0,\boldsymbol{p}_f]$ $\varphi\in[\varphi_0,\varphi_f]$ $\lambda\in[0,1]$		

③ 平面圆弧轨迹规划举例。

以平面 2R 机械臂为例，连杆长度 $l_1=l_2=1$ m，初始、终止条件如下(角度单位为(°)、位置单位为 m)：

$$\boldsymbol{\Theta}_0=[40,60]^{\mathrm{T}} \tag{9.73}$$

$$\boldsymbol{p}_{e0}=[1.0,0.6]^{\mathrm{T}} \tag{9.74}$$

$$\boldsymbol{p}_{ef}=[0.6,0.2]^{\mathrm{T}} \tag{9.75}$$

圆的半径 $R=0.4$ m、圆心 C 的坐标为(0.6,0.6)，规划机械臂末端从 $\boldsymbol{p}_{e0}$ 运动 3/4 个圆周后到达 $\boldsymbol{p}_{ef}$，运动时间为 30 s，规划条件如下：

$$\varphi_0=0,\varphi_f=270 \tag{9.76}$$

$$t_0=0,t_f=30,\mathrm{d}t=0.1 \tag{9.77}$$

其中，φ_0 和 φ_f 分别为 $\boldsymbol{p}_{e0}$ 和 $\boldsymbol{p}_{ef}$ 对应的圆弧位置参数。

以三次多项式为 φ 的插值函数，所规划的末端路径及相应的关节轨迹分别如图 9.13 和图 9.14 所示。

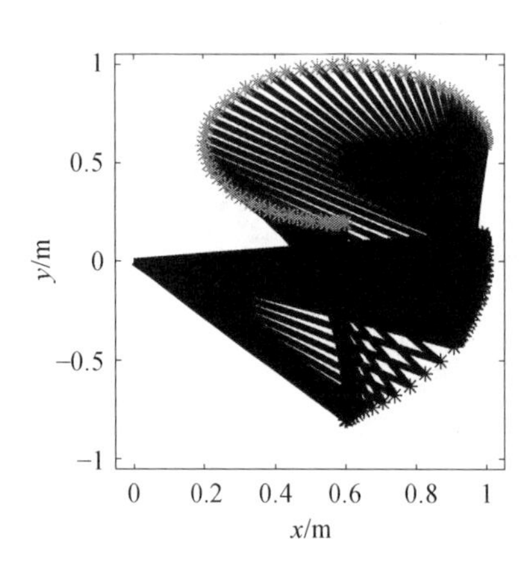

图 9.13　平面 2R 机械臂圆弧轨迹

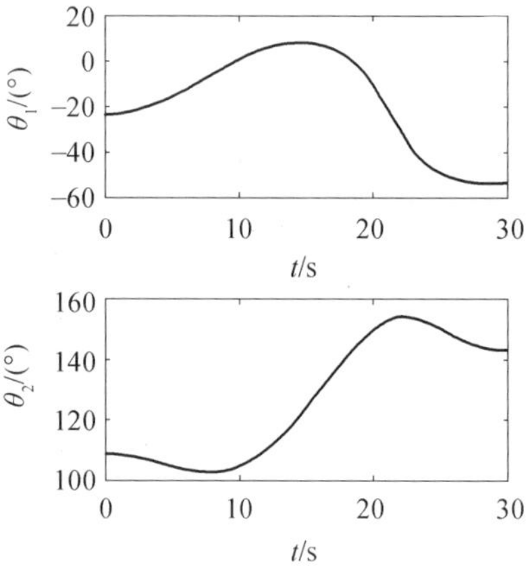

图 9.14　末端圆弧运动对应的关节轨迹

(2) 空间圆弧轨迹规划。

以坐标系$\{x_r y_r z_r\}$(实际中可以是基坐标系、末端坐标系或其他类型的坐标系）为参考系，点 C、P_0 及 P_f 在该坐标系中的坐标分别为(图 9.15)

$$^{r}\boldsymbol{p}_c=\begin{bmatrix}^{r}\boldsymbol{c}_x\\ ^{r}\boldsymbol{c}_y\\ ^{r}\boldsymbol{c}_z\end{bmatrix},\ ^{r}\boldsymbol{p}_0=\begin{bmatrix}^{r}\boldsymbol{x}_0\\ ^{r}\boldsymbol{y}_0\\ ^{r}\boldsymbol{z}_0\end{bmatrix},\ ^{r}\boldsymbol{p}_f=\begin{bmatrix}^{r}\boldsymbol{x}_f\\ ^{r}\boldsymbol{y}_f\\ ^{r}\boldsymbol{z}_f\end{bmatrix} \tag{9.78}$$

要求机器人末端沿着以 C 为圆心、半径为 R 的圆周从 P_0 点运动到 P_f，运动轨迹为空间圆弧。

由于圆本身处于一个平面上(简称圆面)，因此可将空间圆弧描述为空间中圆面上的点的集合，因此可以先在 3D 空间中描述圆面，再在圆面中描述末端点。具体而言，首先以圆面为一个坐标平面，圆面法向量作为一个坐标轴构建直角坐标系(简称为圆面坐标系，并表示为坐标系$\{x_c y_c z_c\}$)以代表圆面在空间中的位姿；然后在坐标系$\{x_c y_c z_c\}$的坐标平面内按前述的平面圆弧轨迹规划的方法可获得末端点在坐标系$\{x_c y_c z_c\}$中描述的轨迹；对于任何一个时刻 t，在坐标系$\{x_c y_c z_c\}$中描述的轨迹点 $^{c}\boldsymbol{p}_t$，可通过坐标变换后得到在参考系坐标系$\{x_r y_r z_r\}$中描述的轨迹点 $^{r}\boldsymbol{p}_t$，从而完成了 3D 空间中圆弧轨迹的规划。

详细步骤如下。

① 构建圆面坐标系$\{x_c y_c z_c\}$。

以圆心 C 为原点、C 与 P_0 的连线为 x 轴、圆面法向量为 z 轴，构建圆面坐标系。由于圆心 C 及圆弧上的点 P_0、P_f 为已知点，故可通过矢量 $\boldsymbol{CP}_0$ 和 $\boldsymbol{CP}_f$ 的叉乘来确定圆面法向量即 z

轴，如图 9.15 所示；相应地，圆弧轨迹在 $x_c y_c$ 平面中的描述如图 9.16 所示。

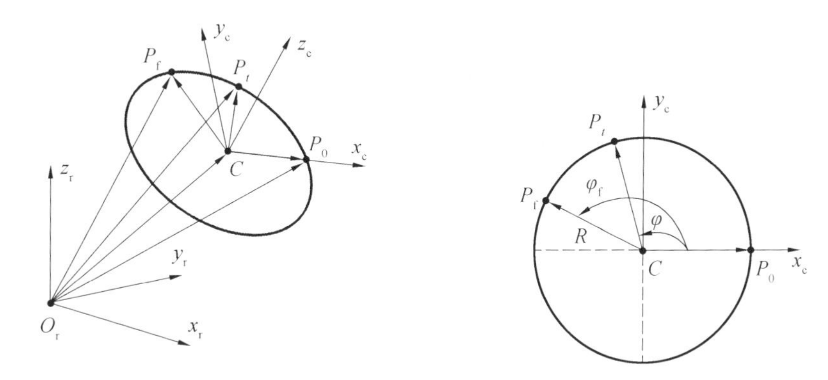

图 9.15　空间圆弧中的轨迹描述　　　图 9.16　平面圆弧中的轨迹描述

② 确定坐标系 $\{x_r y_r z_r\}$ 到坐标系 $\{x_c y_c z_c\}$ 的齐次变换矩阵 ${}^r\boldsymbol{T}_c$。

根据点 C、P_0、P_f 在坐标系 $\{x_r y_r z_r\}$ 中的坐标，可以确定坐标系 $\{x_r y_r z_r\}$ 到坐标系 $\{x_c y_c z_c\}$ 的齐次变换矩阵 ${}^r\boldsymbol{T}_c$。首先，该矩阵的平移矢量 ${}^r\boldsymbol{p}_c$ 即为圆心 C 在坐标系 $\{x_r y_r z_r\}$ 中的位置，即：

$$ {}^r\boldsymbol{p}_c = \begin{bmatrix} {}^r\boldsymbol{c}_x \\ {}^r\boldsymbol{c}_y \\ {}^r\boldsymbol{c}_z \end{bmatrix} \tag{9.79} $$

坐标轴 x_c 即为 $\boldsymbol{CP}_0$ 的单位矢量，因此，可按下式计算其在坐标系 $\{x_r y_r z_r\}$ 中的表示：

$$ {}^r\boldsymbol{x}_c = \frac{\boldsymbol{CP}_0}{\| \boldsymbol{CP}_0 \|} = \frac{{}^r\boldsymbol{p}_0 - {}^r\boldsymbol{p}_c}{\| {}^r\boldsymbol{p}_0 - {}^r\boldsymbol{p}_c \|} \tag{9.80} $$

坐标轴 z_c 为圆面法向量，可以通过矢量 $\boldsymbol{CP}_0$ 与矢量 $\boldsymbol{CP}_f$ 的叉乘得到，即：

$$ {}^r\boldsymbol{z}_c = \frac{\boldsymbol{CP}_0 \times \boldsymbol{CP}_f}{\| \boldsymbol{CP}_0 \times \boldsymbol{CP}_f \|} = \frac{({}^r\boldsymbol{p}_0 - {}^r\boldsymbol{p}_c) \times ({}^r\boldsymbol{p}_f - {}^r\boldsymbol{p}_c)}{\| ({}^r\boldsymbol{p}_0 - {}^r\boldsymbol{p}_c) \times ({}^r\boldsymbol{p}_f - {}^r\boldsymbol{p}_c) \|} \tag{9.81} $$

坐标轴 y_c 可根据右手定则确定，即：

$$ {}^r\boldsymbol{y}_c = {}^r\boldsymbol{z}_c \times {}^r\boldsymbol{x}_c \tag{9.82} $$

式(9.79) ～ (9.82) 确定了圆面坐标系的原点位置、各轴指向在参考系中的表示，根据齐次变换矩阵的定义，并可得 ${}^r\boldsymbol{T}_c$ 为

$$ {}^r\boldsymbol{T}_c = \begin{bmatrix} {}^r\boldsymbol{R}_c & {}^r\boldsymbol{p}_c \\ \boldsymbol{0} & 1 \end{bmatrix} = \begin{bmatrix} {}^r\boldsymbol{x}_c & {}^r\boldsymbol{y}_c & {}^r\boldsymbol{z}_c & {}^r\boldsymbol{p}_c \\ 0 & 0 & 0 & 1 \end{bmatrix} \tag{9.83} $$

根据上面的推导可知，根据圆心位置、末端起点位置、末端终点位置在参考系中的坐标即可确定圆面坐标系相对于参考系的齐次变换矩阵。

③ 在 $\{x_c y_c z_c\}$ 系中进行平面圆弧轨迹规划。

构建了圆面坐标系后，可按前述平面圆弧轨迹规划方法来获得任意时刻末端在坐标系 $\{x_c y_c z_c\}$ 中的坐标位置。由图 9.16 可知，t 时刻的轨迹点 P_t 可表示为

$$ \begin{cases} {}^c x(t) = R\cos\ (\varphi(\lambda(t))) \\ {}^c y(t) = R\sin\ (\varphi(\lambda(t))) \quad (t_0 \leqslant t \leqslant t_f) \\ {}^c z(t) = 0 \end{cases} \tag{9.84} $$

根据作业任务要求或其他约束条件，可以采用三次多项式、五次多项式等作为插值函数来确定 $\lambda(t)$，如可采用式(9.53)、式(9.54) 所示的插值函数或时间归一化后的插值函数，即

式(9.55)和式(9.56)。

④ 通过坐标变换得到坐标系$\{x_r y_r z_r\}$中的轨迹插值。

将时间t代入式(9.84)可得到末端在圆面坐标系中的位置,再对其进行齐次变换后即可得到末端在参考系$\{x_r y_r z_r\}$中的位置,即:

$$\begin{bmatrix} {}^{r}\boldsymbol{p}_t \\ 1 \end{bmatrix} = \begin{bmatrix} {}^{r}\boldsymbol{R}_c & {}^{r}\boldsymbol{p}_c \\ \boldsymbol{0} & 1 \end{bmatrix} \begin{bmatrix} {}^{c}\boldsymbol{p}_t \\ 1 \end{bmatrix} \tag{9.85}$$

式(9.85)也可写成如下形式:

$${}^{r}\boldsymbol{p}_t = {}^{r}\boldsymbol{p}_c + {}^{r}\boldsymbol{p}_c {}^{c}\boldsymbol{p}_t \tag{9.86}$$

得到t时刻末端相对于参考系的位置${}^{r}\boldsymbol{p}_t$后,采用逆运动学方程即可得到相应的关节变量$\boldsymbol{q}$。

⑤ 空间圆弧轨迹规划举例。

以空间3R肘机械臂为例,取$d_1=0.7$ m,$a_2=a_3=1$ m,初始、终止条件如下(角度单位为(°)、位置单位为m):

$$\boldsymbol{\Theta}_0 = [4.655\,9, -31.824\,7, 96.880\,8]^{\mathrm{T}} \tag{9.87}$$

$$\boldsymbol{p}_{e0} = [1.267\,2, 0.103\,2, 0.320\,6]^{\mathrm{T}} \tag{9.88}$$

$$\boldsymbol{p}_{ef} = [0.723\,1, 1.045\,8, 1.079\,3]^{\mathrm{T}} \tag{9.89}$$

圆的半径$R=0.766\,0$ m、圆心C的坐标为(0.663 4,0.383 0,0.700 0),规划机械臂末端从$\boldsymbol{p}_{e0}$运动1/3圆周后到达$\boldsymbol{p}_{ef}$,运动时间为20 s,相应地可得规划条件为

$$\varphi_0 = 0, \varphi_f = 120 \tag{9.90}$$

$$t_0 = 0, t_f = 20, \mathrm{d}t = 0.1 \tag{9.91}$$

以三次多项式为φ的插值函数,所规划的末端路径及相应的关节轨迹分别如图9.17和图9.18所示。

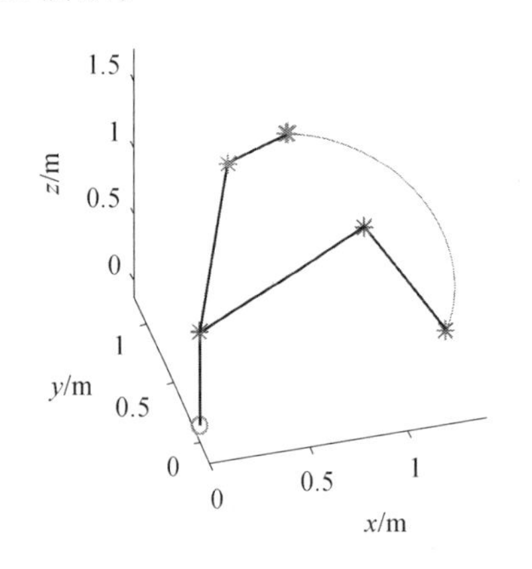

图 9.17 空间3R肘机械臂圆弧轨迹

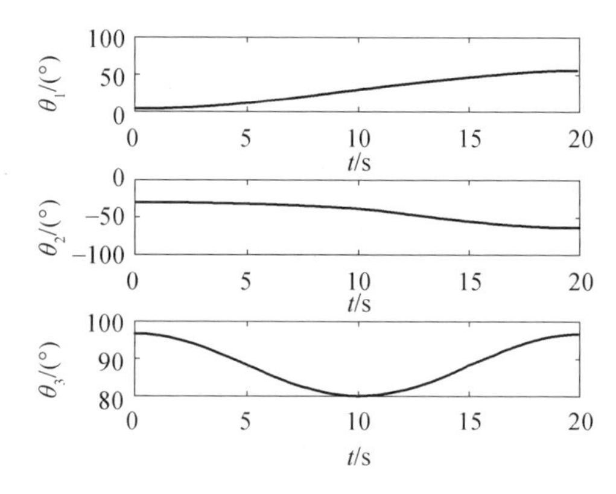

图 9.18 末端圆弧运动对应的关节轨迹

9.3.4 姿态轨迹规划

(1) 旋转运动规划问题概述。

前面主要介绍了末端位置的规划问题,本节将从姿态描述的特殊性出发,重点讨论旋转运动中的轨迹规划问题。

根据前面的学习可知,姿态的描述可以采用姿态角、旋转变换矩阵、轴－角、单位四元数等多种形式,虽然每种表示之间可以相互转换,但状态描述参数的时间导数与角速度的关

系不同，因此，采用不同的描述方式会产生不同的运动效果。

当采用欧拉角 $\boldsymbol{\Psi}_e=[\alpha_e,\beta_e,\gamma_e]^T$ 描述末端的三轴姿态时，可以使用类似于末端三轴位置的规划方法，分别对单个姿态角进行插值，从而得到旋转运动的轨迹。需要注意的是，欧拉角速度与三轴姿态角速度之间不是简单的线性关系（三轴位置与线速度之间是直接的求导关系），三个欧拉角的独立规划无法保证三轴姿态角速度的变化规律，若对此有具体要求时需要慎重或采用其他合适的表示方式。

若对姿态角速度变化规律有具体要求，比较适合采用基于轴－角参数或四元数的规划方法。下面介绍基于轴－角参数的旋转运动轨迹规划方法。

(2) 姿态驱动矩阵的确定。

不论采用何种方式来描述末端姿态，首先将其运动结点转换为姿态变换矩阵 $\boldsymbol{R}$ 的形式，即 $\boldsymbol{R}_0$、$\boldsymbol{R}_1$、…、$\boldsymbol{R}_N$，然后计算结点间的姿态变换关系。结点 $(i-1)$ 到结点 i 的姿态驱动变换示意图如图 9.19 所示，设结点 $(i-1)$ 和结点 $i(i=1,2,\cdots,N)$ 的末端坐标系分别为 $\{x_{n(i-1)}y_{n(i-1)}z_{n(i-1)}\}$ 和 $\{x_{n(i)}y_{n(i)}z_{n(i)}\}$，相对于参考坐标系（如基坐标系 $\{0\}$）的姿态分别为 $\boldsymbol{R}_{i-1}$ 和 $\boldsymbol{R}_i$，则 $\boldsymbol{R}_i$ 可通过 $\boldsymbol{R}_{i-1}$ 经过姿态变换得到，即：

$$\boldsymbol{R}_{i-1}\cdot\Delta\boldsymbol{R}_i=\boldsymbol{R}_i\quad(i=1,2,\cdots,N)\tag{9.92}$$

式(9.92) 表示坐标系 $\{x_{n(i-1)}y_{n(i-1)}z_{n(i-1)}\}$ 经过旋转变换 $\Delta\boldsymbol{R}_i$ 后其指向与坐标系 $\{x_{n(i)}y_{n(i)}z_{n(i)}\}$ 的指向相同，旋转运动是相对于末端坐标系所做的，故按“从左向右乘”的原则建立变换方程，矩阵 $\Delta\boldsymbol{R}_i$ 称为姿态驱动矩阵，由式(9.92) 可得

$$\Delta\boldsymbol{R}_i=\boldsymbol{R}_{i-1}^{T}\boldsymbol{R}_i\quad(i=1,2,\cdots,N)\tag{9.93}$$

将 $\Delta\boldsymbol{R}_i$ 转换为轴－角参数 $(\boldsymbol{k}_i,\phi_i)$ 的形式，即：

$$\Delta\boldsymbol{R}_i=\mathrm{Rot}(\boldsymbol{k}_i,\phi_i)\Rightarrow\begin{cases}\phi_i=\arccos\dfrac{\mathrm{tr}(\Delta\boldsymbol{R}_i)-1}{2}\\ \boldsymbol{k}_i=\dfrac{1}{2\sin\phi_i}\begin{bmatrix}r_{i32}-r_{i23}\\ r_{i13}-r_{i31}\\ r_{i21}-r_{i12}\end{bmatrix}\end{cases}\tag{9.94}$$

式中，r_{ijk} 为 $\boldsymbol{R}_i$ 中的第 (j,k) 个元素；$\boldsymbol{k}_i$ 为 $\{x_{n(i-1)}y_{n(i-1)}z_{n(i-1)}\}$ 系中的旋转轴；ϕ_i 为等效转角，根据给定的 $\boldsymbol{R}_{i-1}$ 和 $\boldsymbol{R}_i$ 可以求出。

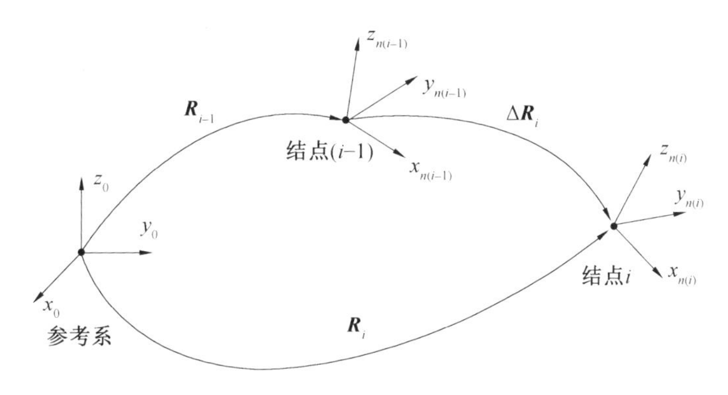

图 9.19　结点 $(i-1)$ 到结点 i 的姿态驱动变换示意图

(3) 姿态插值及逆运动学求解。

根据上面的推导可知，结点 $\boldsymbol{R}_{i-1}$ 到 $\boldsymbol{R}_i$ 间的旋转运动可转换为绕 $\boldsymbol{k}_i$ 轴旋转 ϕ_i 角的运动。

基于此，两结点间任意时刻的姿态 $\boldsymbol{R}(t)(t_{i-1}\leqslant t\leqslant t_{i-1})$，可通过 $\boldsymbol{R}_{i-1}$ 绕轴 $\boldsymbol{k}_i$、旋转转角 $\phi(t)$ 来实现，即：

$$\boldsymbol{R}(t)=\boldsymbol{R}_{i-1}\Delta\boldsymbol{R}(t)=\boldsymbol{R}_{i-1}\mathrm{Rot}(\boldsymbol{k}_i,\phi(t))(t_{i-1}\leqslant t\leqslant t_i)\tag{9.95}$$

驱动变换矩阵的边界条件为

$$\Delta\boldsymbol{R}(t_{i-1})=\boldsymbol{I},\Delta\boldsymbol{R}(t_i)=\boldsymbol{R}_{i-1}^{\mathrm{T}}\boldsymbol{R}_i\tag{9.96}$$

将式(9.96)代入式(9.95)，可知满足结点姿态要求，即 $\boldsymbol{R}(t_{i-1})=\boldsymbol{R}_{i-1}$、$\boldsymbol{R}(t_i)=\boldsymbol{R}_i$。因此，结点间的姿态插值问题转换为对等效转角 ϕ 的插值问题。不失一般性，将插值函数表示为

$$\phi(t)=f_i(\boldsymbol{a}_i,t)\quad(t_{i-1}\leqslant t\leqslant t_i)\tag{9.97}$$

相应于式(9.96)的边界条件，可得 φ 的初值及终值：

$$\phi(t_{i-1})=0,\phi(t_i)=\phi_i\tag{9.98}$$

由于旋转轴 $\boldsymbol{k}_i$ 为 $\{x_{n(i-1)}y_{n(i-1)}z_{n(i-1)}\}$ 系中的单位矢量，结合轴－角参数与角速度的关系，可得在{0}中的姿态角速度为

$$\boldsymbol{\omega}(t)=\boldsymbol{R}_{i-1}\boldsymbol{k}_i\dot{\phi}(t)\tag{9.99}$$

由式(9.99)可知，通过设定合适的关于 ϕ 的插值函数，可以得到满足 $\boldsymbol{\omega}$ 要求的旋转运动轨迹，在实际中，可采用三次多项式、五次多项式或其他类型的函数对 ϕ 进行插值。

当得到 t 时刻的姿态变换矩阵 $\boldsymbol{R}(t)$ 后，可采用逆运动学方程求解相应的关节变量，即：

$$\boldsymbol{q}(t)=\mathrm{Ikine}(\boldsymbol{R}(t))\tag{9.100}$$

(4) 规划举例。

以空间3R球腕机械臂为例，取 $d_1=0.3\ \mathrm{m}$，$d_3=0.5\ \mathrm{m}$。初始、终止条件如下(角度单位为(°)、位置单位为m)：

$$\boldsymbol{\Theta}_0=[-10,-60,50]^{\mathrm{T}}\tag{9.101}$$

$$\boldsymbol{R}_0=\begin{bmatrix}0.4152 & -0.7650 & 0.4924\\ -0.8511 & -0.5178 & -0.0868\\ 0.3214 & -0.3830 & -0.8660\end{bmatrix}\tag{9.102}$$

$$\boldsymbol{R}_{\mathrm{f}}=\begin{bmatrix}0.6405 & -0.7531 & -0.1504\\ -0.7674 & -0.6353 & -0.0868\\ -0.0302 & 0.1710 & -0.9848\end{bmatrix}\tag{9.103}$$

首先根据 $\boldsymbol{R}_0$ 和 $\boldsymbol{R}_{\mathrm{f}}$ 的值，计算得到从 $\boldsymbol{R}_0$ 变换到 $\boldsymbol{R}_{\mathrm{f}}$ 的等效轴、角分别为

$$\boldsymbol{k}=[-0.7809,0.5564,0.2840]^{\mathrm{T}},\phi_{\mathrm{f}}=39.8598°\tag{9.104}$$

设 $t_0=0\ \mathrm{s}$，$t_{\mathrm{f}}=20\ \mathrm{s}$，$\mathrm{d}t=0.1\ \mathrm{s}$，采用三次多项式作为插值函数，规划结果如图9.20～9.23所示，其中图9.20为等效转角及其角速度曲线、图9.21为末端合成角速度曲线、图9.22为末端三轴角速度分量、图9.23为球腕机械臂关节角轨迹，从中可以看出，采用该方法可以获得理想的末端角速度。

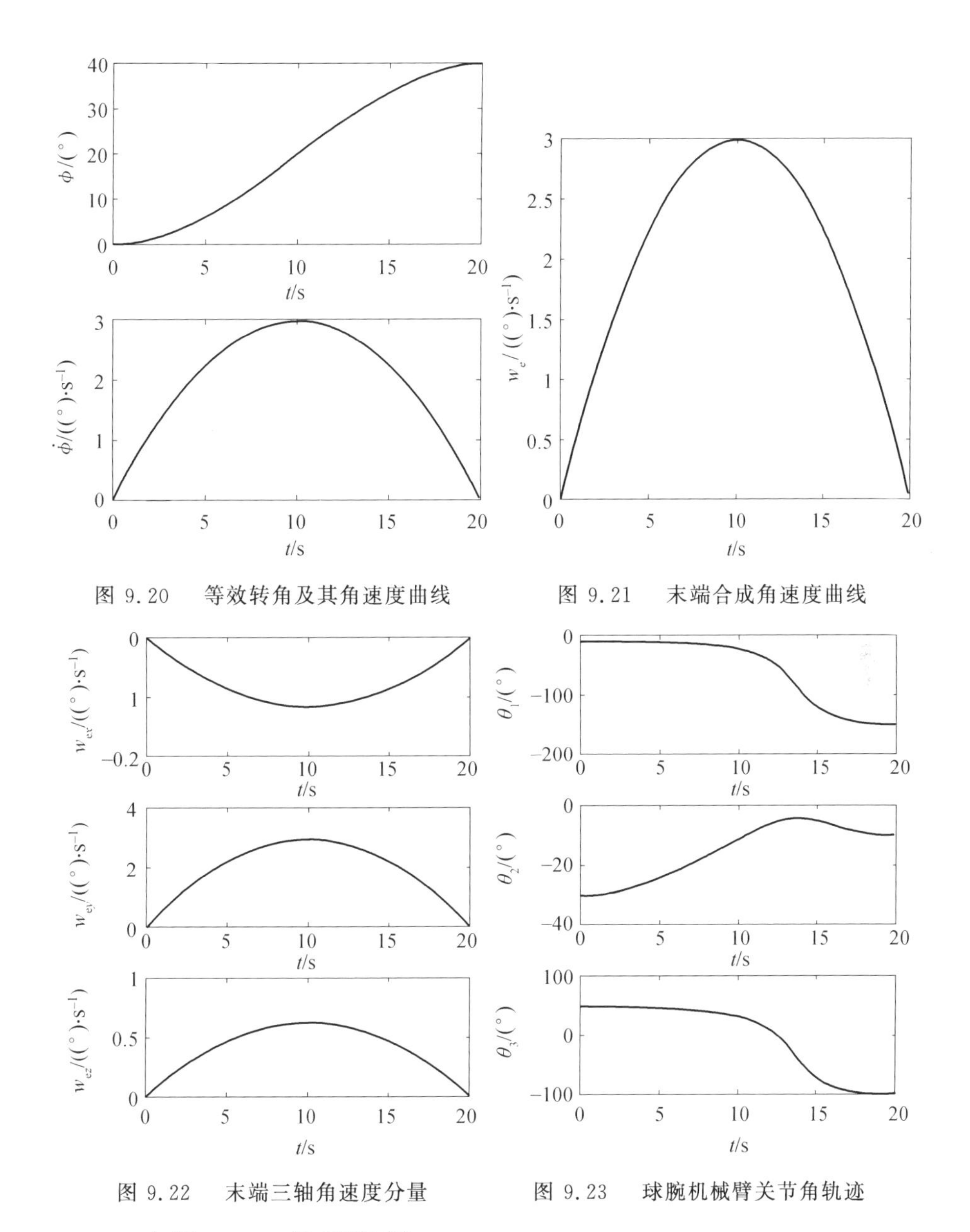

图 9.20　等效转角及其角速度曲线

图 9.21　末端合成角速度曲线

图 9.22　末端三轴角速度分量

图 9.23　球腕机械臂关节角轨迹

9.3.5　末端 6DOF 轨迹规划

(1) 末端 6DOF 轨迹规划问题描述。

当机器人末端位置、姿态都需要同时调整时，就需要进行 6DOF 轨迹规划，若对机器人末端的平动和转动没有特别要求(如同步性、协调性)，则可简单地将 6DOF 的位姿描述分解为 3DOF 的位置和 3DOF 的姿态描述，然后采用前面的方法分别对末端位置和姿态进行规划。当要求末端位置和姿态进行协调时，则需要对末端的平动和转动同步进行规划，此时适合采用齐次变换矩阵来统一描述末端位姿。

假定某一操作任务中设定 N 个运动结点，对 i 个结点对应的时刻表示为 t_i，齐次变换矩阵表示为 ${}^0\boldsymbol{T}_{n(i)}$ $(i=0,1,\cdots,N)$，即 $\{n\}$ 系相对于 $\{0\}$ 系的齐次变换矩阵。为方便描述，下面的推导中用 $\boldsymbol{T}_i$ 代替 ${}^0\boldsymbol{T}_{n(i)}$。

类似于前述关于姿态轨迹规划采用基于姿态驱动的方法，末端6DOF轨迹规划可采用基于位姿驱动的方法。

(2) 位姿驱动矩阵的确定。

结点$(i-1)$到结点i的位姿驱动变换示意图如图9.24所示，即$\boldsymbol{T}_{i-1}$通过位姿变换后到达$\boldsymbol{T}_i$，位姿变换关系为

$$\boldsymbol{T}_{i-1}\boldsymbol{D}_i=\boldsymbol{T}_i \quad (i=1,2,\cdots,N) \tag{9.105}$$

式(9.105)表示结点$(i-1)$的末端(位姿为$\boldsymbol{T}_{i-1}$)经过6DOF的位姿变换后到达结点i的位姿$\boldsymbol{T}_i$，变换是相对于末端坐标系$\{x_{n(i-1)}\,y_{n(i-1)}\,z_{n(i-1)}\}$进行的，故按“从左向右乘”的原则建立变换方程。实现从$\boldsymbol{T}_{i-1}$到$\boldsymbol{T}_i$的齐次变换矩阵$\boldsymbol{D}_i$称为位姿驱动矩阵，由式(9.105)可得

$$\boldsymbol{D}_i=\boldsymbol{T}_{i-1}^{-1}\boldsymbol{T}_i=\begin{bmatrix}\boldsymbol{R}_{i-1}^{\mathrm{T}} & -\boldsymbol{R}_{i-1}^{\mathrm{T}}\boldsymbol{p}_{i-1}\\ \boldsymbol{0} & 1\end{bmatrix}\begin{bmatrix}\boldsymbol{R}_i & \boldsymbol{p}_i\\ \boldsymbol{0} & 1\end{bmatrix}=\begin{bmatrix}\boldsymbol{R}_{i-1}^{\mathrm{T}}\boldsymbol{R}_i & \boldsymbol{R}_{i-1}^{\mathrm{T}}(\boldsymbol{p}_i-\boldsymbol{p}_{i-1})\\ \boldsymbol{0} & 1\end{bmatrix}=\begin{bmatrix}\Delta\boldsymbol{R}_i & \Delta\boldsymbol{p}_i\\ \boldsymbol{0} & 1\end{bmatrix} \tag{9.106}$$

其中，$\Delta\boldsymbol{R}_i=\boldsymbol{R}_{i-1}^{\mathrm{T}}\boldsymbol{R}_i$为旋转变换矩阵，即为前述的姿态驱动矩阵；$\Delta\boldsymbol{p}_i=\boldsymbol{R}_{i-1}^{\mathrm{T}}(\boldsymbol{p}_i-\boldsymbol{p}_{i-1})$为平移变换矢量，称为位置驱动矢量。

将$\Delta\boldsymbol{R}_i$表示为轴－角的形式，即$\Delta\boldsymbol{R}_i=\mathrm{Rot}(\boldsymbol{k}_i,\phi_i)$，并令$\Delta\boldsymbol{p}_i=\boldsymbol{d}_i=\boldsymbol{R}_{i-1}^{\mathrm{T}}(\boldsymbol{p}_i-\boldsymbol{p}_{i-1})$，则式(9.106)可表示为如下形式：

$$\boldsymbol{D}_i=\begin{bmatrix}\Delta\boldsymbol{R}_i & \Delta\boldsymbol{p}_i\\ \boldsymbol{0} & 1\end{bmatrix}=\begin{bmatrix}\mathrm{Rot}(\boldsymbol{k}_i,\phi_i) & \boldsymbol{d}_i\\ \boldsymbol{0} & 1\end{bmatrix}=\overline{\boldsymbol{L}}(\boldsymbol{d}_i)\,\overline{\mathrm{Rot}}(\boldsymbol{k}_i,\phi_i) \tag{9.107}$$

即位姿驱动变换$\boldsymbol{D}_i$可分解为平移、转动两个齐次变换矩阵相乘的形式；$\overline{\boldsymbol{L}}(\boldsymbol{d}_i)$和$\overline{\mathrm{Rot}}(\boldsymbol{k}_i,\phi_i)$分别为平移和转动变换的齐次变换矩阵，表达式为

$$\overline{\mathrm{Rot}}(\boldsymbol{k}_i,\phi_i)=\begin{bmatrix}\mathrm{Rot}(\boldsymbol{k}_i,\phi_i) & \boldsymbol{0}\\ \boldsymbol{0} & 1\end{bmatrix} \tag{9.108}$$

$$\overline{\boldsymbol{L}}(\boldsymbol{d}_i)=\begin{bmatrix}\boldsymbol{I} & \boldsymbol{d}_i\\ \boldsymbol{0} & 1\end{bmatrix} \tag{9.109}$$

将式(9.107)代入式(9.105)可得

$$\boldsymbol{T}_i=\boldsymbol{T}_{i-1}\boldsymbol{D}_i=\boldsymbol{T}_{i-1}\overline{\boldsymbol{L}}(\boldsymbol{d}_i)\,\overline{\mathrm{Rot}}(\boldsymbol{k}_i,\phi_i) \tag{9.110}$$

式(9.110)表明，上述位姿驱动实际为先对坐标系$\{x_{n(i-1)}\,y_{n(i-1)}\,z_{n(i-1)}\}$进行平动使其原点与坐标系$\{x_{n(i)}\,y_{n(i)}\,z_{n(i)}\}$的原点重合，然后进行旋转使其指向与坐标系$\{x_{n(i)}\,y_{n(i)}\,z_{n(i)}\}$一致。

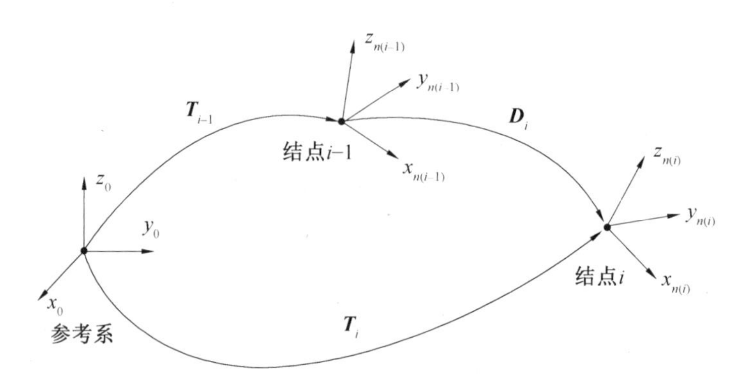

图9.24　结点$(i-1)$到结点i的位姿驱动变换示意图

由于 $\boldsymbol{k}_i$、ϕ_i、$\boldsymbol{d}_i$ 可根据已知的 $\boldsymbol{T}_{i-1}$ 和 $\boldsymbol{T}_i$ 得到，故在后续讨论中将其作为已知量处理。

需要指出的是，上面给出的关于位姿驱动矩阵的定义是一种通用方法，当需要有更具体的要求时，读者可自行定义，如采用一次平动＋两次转动的驱动变换：平动使工具坐标系原点先到位，第一个转动使工具轴线与预期接近方向 $\boldsymbol{a}$ 对准，第二个转动为绕工具轴线 $\boldsymbol{a}$ 转动使方向矢量 $\boldsymbol{o}$ 对准。

(3) 位姿插值及逆运动学求解。

根据上面的推导可知，结点 $\boldsymbol{T}_{i-1}$ 到 $\boldsymbol{T}_i$ 间的 6DOF 运动可通过位姿驱动来实现，即式(9.110)。基于此，两结点间任意时刻的位姿 $\boldsymbol{T}(t)$ 可通过如下驱动变换来得到

$$\boldsymbol{T}(t)=\boldsymbol{T}_{i-1}D(t)=\boldsymbol{T}_{i-1}\bar{\boldsymbol{L}}(d(t))\,\overline{\mathrm{Rot}}(\boldsymbol{k}_i,\phi(t))(t_{i-1}\leqslant t\leqslant t_i) \tag{9.111}$$

驱动变换矩阵的边界条件为

$$\boldsymbol{D}(t_{i-1})=\boldsymbol{I},\boldsymbol{D}(t_i)=\boldsymbol{T}_{i-1}^{-1}\boldsymbol{T}_i \tag{9.112}$$

将式(9.112)代入式(9.111)，可知满足结点位姿要求，即 $\boldsymbol{T}(t_{i-1})=\boldsymbol{T}_{i-1}$、$\boldsymbol{T}(t_i)=\boldsymbol{T}_i$。因此，结点间的位姿插值问题转换为对等效转角 ϕ、等效位移 $\boldsymbol{d}_i$ 的插值问题。为保证平移运动和旋转运动具有协同性，需要采用统一的参数来描述位置和姿态。由于结点间的平移运动通常为直线运动(其他类型的运动可类似分析)，故参数化方程表示为

$$\begin{cases}\boldsymbol{d}(\lambda)=\lambda\boldsymbol{d}_i=\lambda\boldsymbol{R}_{i-1}^{\mathrm{T}}(\boldsymbol{p}_i-\boldsymbol{p}_{i-1})=\boldsymbol{R}_{i-1}^{\mathrm{T}}\lambda(\boldsymbol{p}_i-\boldsymbol{p}_{i-1})\\ \phi(\lambda)=\lambda\phi_i\end{cases}\quad(0\leqslant\lambda\leqslant 1) \tag{9.113}$$

相应地，可得基坐标系{0}中表示的线速度和角速度分别为

$$\begin{cases}\boldsymbol{v}(t)=\boldsymbol{R}_{i-1}\dot{\boldsymbol{d}}(t)=\boldsymbol{R}_{i-1}\boldsymbol{R}_{i-1}^{\mathrm{T}}(\boldsymbol{p}_i-\boldsymbol{p}_{i-1})\dot{\lambda}(t)=(\boldsymbol{p}_i-\boldsymbol{p}_{i-1})\dot{\lambda}(t)\\ \boldsymbol{\omega}(t)=\boldsymbol{R}_{i-1}\boldsymbol{k}_i\dot{\phi}(t)=\boldsymbol{R}_{i-1}\boldsymbol{k}_i\phi_i\dot{\lambda}(t)\end{cases} \tag{9.114}$$

根据式(9.113)和式(9.114)可知，通过选择合适的插值函数 $\lambda(t)$ 可以得到满足平动(直线运动)和转动协调的 6DOF 运动。

在实际中，可采用三次多项式、五次多项式或其他类型的函数作为 $\lambda(t)$ 的插值函数。当要求初始和终止时刻的速度为 0 时，三次多项式插值函数与式(9.53)相同；若要求初始和终止时刻的速度、加速度都为 0，则五次多项式插值函数与式(9.54)相同。考虑时间归一化后分别得到与式(9.55)和式(9.56)相同的结果。

当得到 t 时刻的姿态变换矩阵 $\boldsymbol{T}(t)$ 后，可采用逆运动学方程求解相应的关节变量，即：

$$\boldsymbol{q}(t)=\mathrm{Ikine}(\boldsymbol{T}(t)) \tag{9.115}$$

(4) 空间 6R 机械臂轨迹规划举例。

以前面章节介绍的空间 6R 腕部分离机械臂为例，运动学参数如下：$a_2=0.5$ m，$d_1=0.7$ m，$d_4=0.6$ m，$d_6=0.4$ m。假设机器人的初始臂型、运动结点、时间参数(角度单位为(°)、长度单位为 m、时间参数单位为 s)分别如下：

$$\boldsymbol{\Theta}_0=[30,-20,30,50,-80,100]^{\mathrm{T}} \tag{9.116}$$

$$\boldsymbol{T}_0=\begin{bmatrix}-0.9906 & -0.0048 & -0.1366 & 0.4425\\ 0.1323 & -0.2829 & -0.9500 & -0.0930\\ -0.0340 & -0.9591 & 0.2809 & 1.5743\\ 0 & 0 & 0 & 1.0000\end{bmatrix} \tag{9.117}$$

$$\boldsymbol{T}_1=\begin{bmatrix}-0.5361 & -0.6946 & -0.4797 & 0.8418\\ 0.8435 & -0.4184 & -0.3368 & -0.1347\\ 0.0333 & -0.5852 & 0.8102 & 1.0583\\ 0 & 0 & 0 & 1.0000\end{bmatrix} \tag{9.118}$$

$$T_2 = \begin{bmatrix} -0.3319 & -0.9312 & -0.1504 & 0.7598 \\ 0.9339 & -0.3469 & 0.0868 & -0.4387 \\ -0.1330 & -0.1116 & 0.9848 & 0.5673 \\ 0 & 0 & 0 & 1.0000 \end{bmatrix} \tag{9.119}$$

$$T_3 = \begin{bmatrix} -0.2244 & -0.8982 & 0.3779 & 0.3867 \\ 0.9476 & -0.2916 & 0.1305 & 0.4601 \\ 0.2275 & 0.3288 & 0.9166 & 0.0772 \\ 0 & 0 & 0 & 1.0000 \end{bmatrix} \tag{9.120}$$

$$t_0 = 0, t_1 = 30, t_2 = 60, t_3 = 80, \mathrm{d}t = 0.1 \tag{9.121}$$

若要求每个结点处的速度(包括线速度和角速度)、加速度(包括线加速度和角加速度)均为0,则采用五次多项式函数作为分段插值函数进行轨迹规划。规划结果如图9.25～9.29所示,其中图9.25为末端的笛卡儿空间运动路径(位置),从中可见每个结点间的路径均为直线;图9.26为整个运动过程中末端位置和姿态角(xyz 欧拉角)曲线;图9.27为整个运动过程中末端线速度和角速度曲线,从中可见在运动结点处的值均为0;图9.28为整个运动过程中关节角曲线;图9.29为结点间($t_1 \sim t_2$)的关节角曲线。

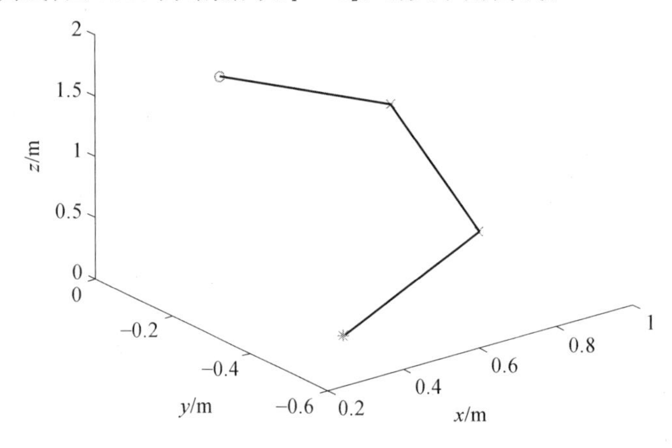

图9.25 笛卡儿空间运动路径

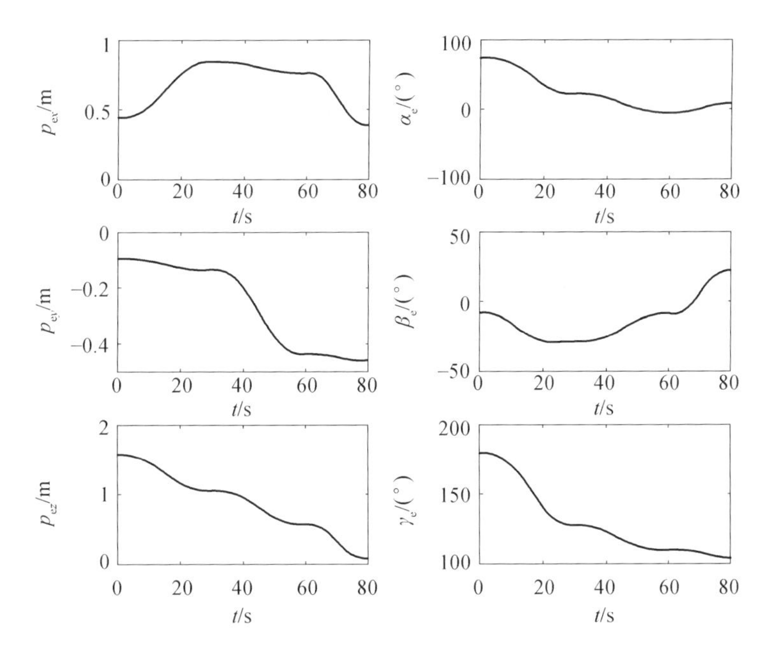

图 9.26　整个运动过程中末端位置和姿态角(xyz 欧拉角)曲线

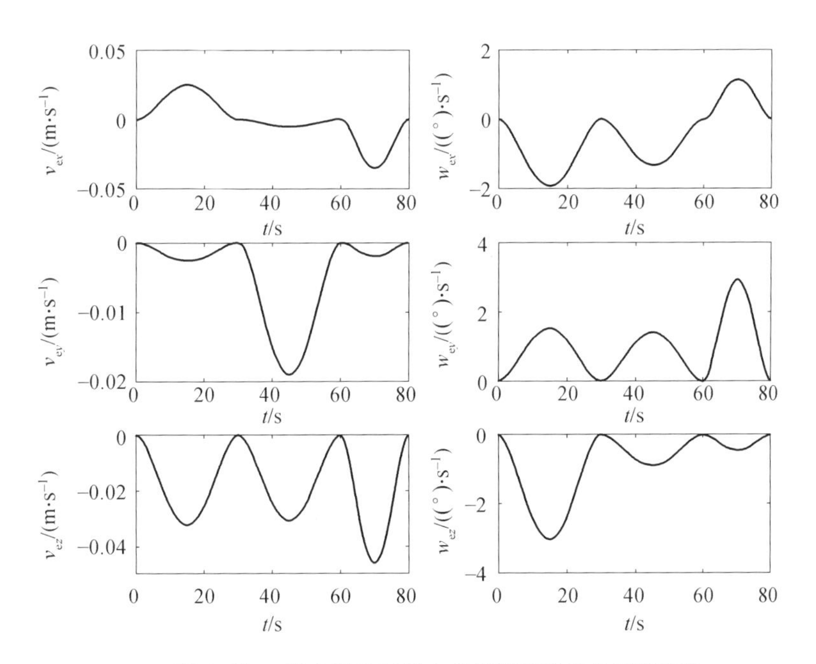

图 9.27　整个运动过程中末端线速度和角速度曲线

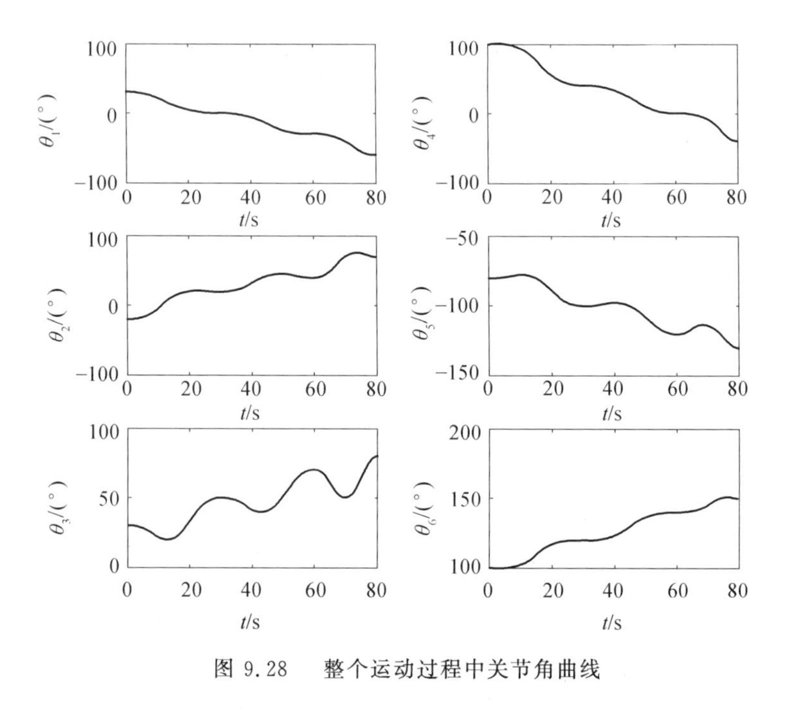

图 9.28 整个运动过程中关节角曲线

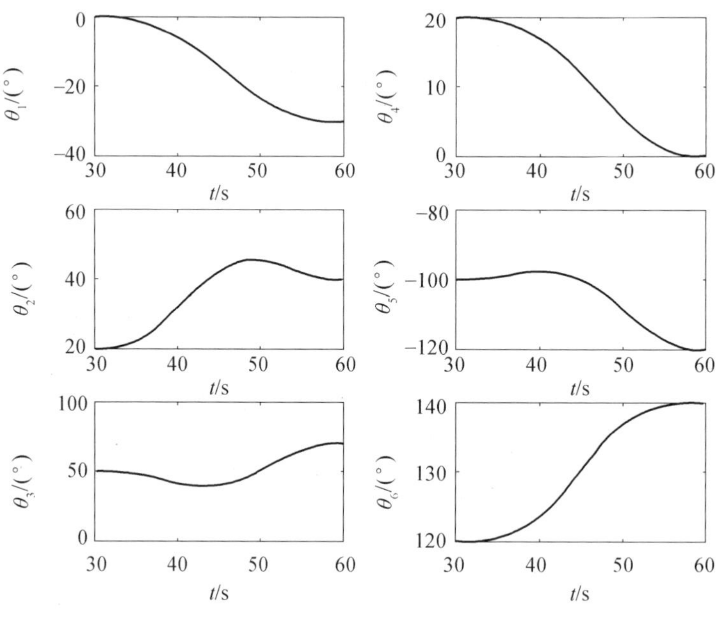

图 9.29 结点间($t_1 \sim t_2$)的关节角曲线

9.4 运动学奇异回避及轨迹修正

在笛卡儿轨迹规划中，得到末端的位置和姿态后，需要进行逆运动学解算以得到关节变量，然而，在奇异点处机器人将损失一个或多个自由度，求解的关节速度将会为无穷大。为使机器人运动平稳、安全，需要进行相应的处理。当采用位置级逆运动学时，可以结合奇异位形的分析，通过增加或调整路径结点来避开奇异点，但该方法仅适用于运动路径确定可离线处理的情况，而对于需要根据目标点的当前状态(如操作动态目标时)、任务条件(如有特殊要求时)等进行实时在线规划时，需要结合速度级运动学方程进行奇异问题的处理。第 7 章介绍了伪逆法及阻尼最小方差法这两种通用处理方法，在一般情况下都是可用的(通用方法中推荐采用阻尼最小方法)；当奇异条件参数的解析式推导出来后，还可以采用下面即将介绍的计算效率更高的方法。

9.4.1　奇异条件参数阻尼倒数法

为了减小计算量并提高计算精度，本书作者提出了奇异条件分离＋阻尼倒数的运动学奇异回避方法。该方法将导致雅可比矩阵奇异的参数分离出来，采用阻尼倒数代替普通倒数，使关节速度在奇异点附近不出现突变。该方法无须对雅可比矩阵进行 SVD 分解，也无须对其最小奇异值进行估计，因而运算量小，仅牺牲末端部分方向的精度，将对末端精度的影响降低到最小限度。

以空间 6R 球腕机械臂为例，在腕部中心进行分解的逆运动学方程如式(8.48)和式(8.49)所示。根据式(8.54)和式(8.64)所示的分块雅可比矩阵 ${}^3\boldsymbol{J}_{11}$ 和 ${}^5\boldsymbol{J}_{22}$ 的表达式，可分别得相应的逆矩阵为

$$ {}^3\boldsymbol{J}_{11}^{-1}=\begin{bmatrix} 0 & d_4+a_2s_3 & d_4 \\ a_2c_2+d_4s_{23} & 0 & 0 \\ 0 & -a_2c_3 & 0 \end{bmatrix}^{-1}=\begin{bmatrix} 0 & \dfrac{1}{a_2c_2+d_4s_{23}} & 0 \\ 0 & 0 & -\dfrac{1}{a_2c_3} \\ \dfrac{1}{d_4} & 0 & \dfrac{d_4+a_2s_2}{d_4a_2c_3} \end{bmatrix} \tag{9.122}$$

$$ {}^5\boldsymbol{J}_{22}^{-1}=\begin{bmatrix} -s_5 & 0 & 0 \\ 0 & 1 & 0 \\ c_5 & 0 & 1 \end{bmatrix}^{-1}=\begin{bmatrix} -\dfrac{1}{s_5} & 0 & 0 \\ 0 & 1 & 0 \\ \dfrac{c_5}{s_5} & 0 & 1 \end{bmatrix} \tag{9.123}$$

根据式(9.122)和式(9.123)可知，当 $a_2c_2+d_4s_{23}=0$ 或 $c_3=0$ 时，${}^3\boldsymbol{J}_{11}$ 的逆矩阵将不存在；而当 $s_5=0$ 时，${}^3\boldsymbol{J}_{22}$ 的逆矩阵将不存在。上述条件即为式(8.56)、式(8.57)和式(8.60)所示的肩部奇异、肘部奇异和腕部奇异的条件。基于此，定义下面的奇异条件参数：

$$\begin{cases} k_s=a_2c_2+d_4s_{23} \\ k_e=c_3 \\ k_w=s_5 \end{cases} \tag{9.124}$$

其中，k_s、k_e、k_w 分别称为肩部、肘部及腕部奇异条件参数，具有明确的几何含义，非常容易确定其取值范围，即 $|k_s|\leqslant a_2+d_4$、$|k_e|\leqslant 1$、$|k_w|\leqslant 1$。

将矢量分别转换到坐标系{3}和坐标系{5}中表示时，式(8.48)和式(8.49)的逆运动学方程分别为

$$\dot{\boldsymbol{\Theta}}_u=({}^3\boldsymbol{J}_{11})^{-1}({}^3\boldsymbol{v}_w)=\begin{bmatrix} 0 & \dfrac{1}{k_s} & 0 \\ 0 & 0 & -\dfrac{1}{a_2k_e} \\ \dfrac{1}{d_4} & 0 & \dfrac{d_4+a_2s_2}{d_4a_2k_e} \end{bmatrix}\begin{bmatrix} {}^3v_{wx} \\ {}^3v_{wy} \\ {}^3v_{wz} \end{bmatrix} \tag{9.125}$$

$$\dot{\boldsymbol{\Theta}}_{l}=({}^{5}\boldsymbol{J}_{22})^{-1}[{}^{5}\boldsymbol{\omega}_{w}-({}^{5}\boldsymbol{J}_{21})\dot{\boldsymbol{\Theta}}_{u}]=\begin{bmatrix}-\frac{1}{k_{w}} & 0 & 0\\ 0 & 1 & 0\\ \frac{c_5}{k_{w}} & 0 & 1\end{bmatrix}\begin{bmatrix}{}^{5}\Delta\omega_{x}\\ {}^{5}\Delta\omega_{y}\\ {}^{5}\Delta\omega_{z}\end{bmatrix} \tag{9.126}$$

其中，${}^{3}\boldsymbol{v}_{w}$ 为腕部中心的线速度在坐标系{3}中的表示，其三轴分量为 ${}^{3}v_{wx}$、${}^{3}v_{wy}$、${}^{3}v_{wz}$；${}^{5}\Delta\boldsymbol{\omega}_{w}={}^{5}\boldsymbol{\omega}_{w}-({}^{5}\boldsymbol{J}_{21})\dot{\boldsymbol{\Theta}}_{u}$ 为后三个关节角引起的等效角速度在坐标系{5}中的表示，其三轴分量为 ${}^{5}\Delta\omega_{x}$、${}^{5}\Delta\omega_{y}$、${}^{5}\Delta\omega_{z}$。

将式(9.125)和式(9.126)展开后可得各个关节速度的表达式，即：

$$\begin{cases}\dot{\theta}_1=\frac{1}{k_s}\cdot{}^{3}v_{wy}\\ \dot{\theta}_2=-\frac{1}{k_e}\left(\frac{1}{a_2}\cdot{}^{3}v_{wz}\right)\\ \dot{\theta}_3=\frac{1}{k_e}\left(\frac{d_4+a_2s_2}{d_4a_2}\cdot{}^{3}v_{wz}\right)+\frac{1}{d_4}\cdot{}^{3}v_{wx}\\ \dot{\theta}_4=-\frac{1}{k_w}({}^{5}\Delta\omega_{x})\\ \dot{\theta}_5={}^{5}\Delta\omega_{y}\\ \dot{\theta}_6=\frac{c_5}{k_w}({}^{5}\Delta\omega_{x})+{}^{5}\Delta\omega_{z}\end{cases} \tag{9.127}$$

式(9.127)建立了奇异条件参数与角速度之间的解析关系，每一个奇异条件产生的“直接”作用一目了然，如肩部奇异条件参数 $k_s=0$ 时会导致 $\dot{\theta}_1$ 为无穷大，$k_e=0$ 时会导致 $\dot{\theta}_2$ 和 $\dot{\theta}_3$ 为无穷大，而 $k_w=0$ 时会导致 $\dot{\theta}_4$ 和 $\dot{\theta}_6$ 为无穷大。上述得到每个奇异条件参数与关节速度解析关系的过程称为奇异分离。奇异分离后可以根据具体的奇异情况，进行准确定位，然后实现精准避奇异，由此可以大大减小运动精度的损失。

借鉴 DLS 法中阻尼的思想，定义阻尼倒数，并将其代替奇异条件参数的倒数，可有效地处理奇异问题。

定义 9.1 对于参数 k，若 $0\leqslant\lambda$，则 $k/(k^2+\lambda^2)$ 称为 k 的阻尼倒数，而 λ 为阻尼系数。

对于阻尼倒数，有如下性质：

$$\begin{cases}\frac{k}{k^2+\lambda^2}\approx\frac{1}{k},\text{若 } |k|\gg\lambda\\ \frac{k}{k^2+\lambda^2}\approx\frac{k}{\lambda^2},\text{若 } |k|\ll\lambda\end{cases} \tag{9.128}$$

即当参数 k 的绝对值远大于阻尼系数时，其阻尼倒数与普通倒数近似，阻尼系数产生的影响忽略不计；而当 k 的绝对值很小(如接近 0)时，阻尼系数将产生作用，避免计算时出现无穷大的情况。阻尼倒数与普通倒数的比较可用图 9.30 来进行说明(图中的阻尼系数为常值)。当参数 k 从负值连续增加到某个正值的过程中，在 0 附近其倒数为无穷大，而阻尼倒数却能平滑地通过该区域。

根据上述分析可知，对每一个奇异条件参数分别进行处理，在计算中采用该参数的阻尼倒数代替其倒数，可避免关节速度的突变，即采用下式代替式(9.127)来求解关节速度：

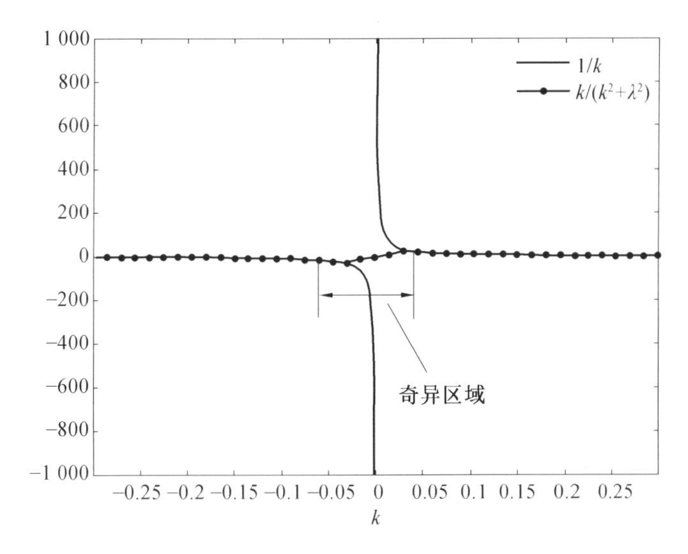

图 9.30　阻尼倒数与普通倒数的比较

$$\begin{cases}\dot{\theta}_1=\dfrac{k_s}{k_s^2+\lambda_s^2}\cdot{}^3v_{wy}\\ \dot{\theta}_2=-\dfrac{k_e}{k_e^2+\lambda_e^2}\left(\dfrac{1}{a_2}\cdot{}^3v_{wz}\right)\\ \dot{\theta}_3=\dfrac{k_e}{k_e^2+\lambda_e^2}\left(\dfrac{d_4+a_2s_2}{d_4a_2}\cdot{}^3v_{wz}\right)+\dfrac{1}{d_4}\cdot{}^3v_{wx}\\ \dot{\theta}_4=-\dfrac{k_w}{k_w^2+\lambda_w^2}({}^5\Delta\omega_x)\\ \dot{\theta}_5={}^5\Delta\omega_y\\ \dot{\theta}_6=\dfrac{k_wc_5}{k_w^2+\lambda_w{}^2}({}^5\Delta\omega_x)+{}^5\Delta\omega_z\end{cases}\tag{9.129}$$

相应于每一个奇异条件参数，其阻尼系数可根据如下条件进行自适应调整：

$$\lambda_i^2=\begin{cases}0,若\ |k_i|\geqslant\varepsilon_i\\ \left(1-\left(\dfrac{k_i}{\varepsilon_i}\right)^2\right)\lambda_{im}^2,其他\end{cases}\quad(i\ 为\ s,e,w)\tag{9.130}$$

其中，ε_i 为奇异条件参数 k_i(i 为 s,e,w) 的阈值；λ_{im} 为 k_i 的最大阻尼系数，即奇异点处对应的阻尼系数。

当远离奇异区时，对应的阻尼系数为 0，此时末端运动的精度不受影响；而当进入奇异区时，阻尼系数发生作用，机械臂的末端虽然牺牲部分精度，但机械臂的速度不发生突变，而是平滑地通过奇异区。

因为每个奇异条件参数有具体的几何含义，因此非常容易确定其阈值和最大阻尼系数。由式(9.124) 可知，k_e 和 k_w 直接等于关节角的余弦或正弦值，最大绝对值为 1，考虑 5° 的安全余量后，可取阈值为 $\varepsilon_e=\varepsilon_w=\sin 5°=0.087$，其最大阻尼系数则设为其最大绝对值的 10%，即 $\lambda_{em}=\lambda_{wm}=0.1$；对于肩部奇异参数 k_s，由式(9.124) 可知其最大绝对值为(a_2+d_4)，参照上述安全余量和比例，考虑该参数的最大绝对值后可设 $\varepsilon_s=0.087\times(a_2+d_4)$，$\lambda_{em}=0.1\times(a_2+d_4)$。需要指出的是，上述处理仅为一种可行的设置，实际中可以根据具体情况进行相应的处理。

阻尼系数随奇异条件参数的自适应调整过程如图 9.31 所示。由于奇异条件参数为关节变量的解析式，因此阻尼倒数法在保证该参数平滑通过奇异区内的同时，也保证了关节变量的平滑性，避免了出现较大的波动。与 DLS 方法会牺牲所有方向的运动精度不同，此方法仅牺牲本身已损失运动能力的方向的精度，不影响其他方向的精度，即可以针对具体奇异情况进行精准避奇异，由此可以大大减小运动精度的损失；另外，此方法不需要 SVD 分解，运算量明显减小。不足之处是奇异分析过程与机器人的结构相关，需要根据具体的运动学方程进行推导。

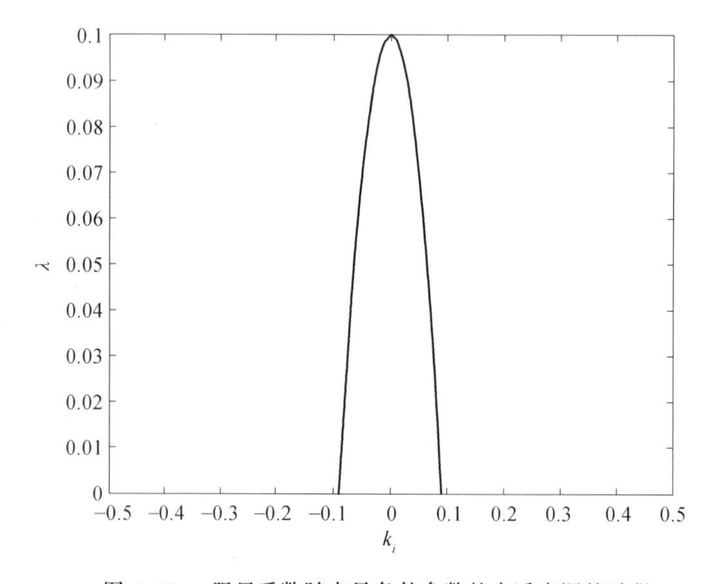

图 9.31 阻尼系数随奇异条件参数的自适应调整过程

9.4.2 轨迹跟踪误差的实时修正

不论采用哪种奇异处理方法，机器人在奇异区内都会牺牲末端轨迹精度，经过奇异区后，末端就有可能偏离原定轨迹，若不进行补偿，将有可能越偏越远，最后到不了目标位姿，对于基于速度级运动学进行求解的情况则更加严重。为了补偿其余区内的轨迹误差，提高轨迹跟踪精度，可采用实时修正的方法，即将前一时刻的偏移量补偿到下一个时刻的运动上。

对于平动而言，线速度按下式进行补偿：

$$\tilde{\boldsymbol{v}}_{\mathrm{ed}}(t)=\boldsymbol{v}_{\mathrm{ed}}(t)+\frac{\boldsymbol{p}_{\mathrm{ed}}(t-\Delta t)-\boldsymbol{p}_{\mathrm{e}}(t-\Delta t)}{\Delta t}=\boldsymbol{v}_{\mathrm{ed}}(t)+\frac{\boldsymbol{e}_{\mathrm{p}}(t-\Delta t)}{\Delta t} \tag{9.131}$$

其中，$\boldsymbol{p}_{\mathrm{ed}}$ 和 $\boldsymbol{v}_{\mathrm{ed}}$ 分别为规划的期望位置和线速度；$\boldsymbol{p}_{\mathrm{e}}$ 为实际达到的位置(基于实际关节角进行正运动学计算得到或通过末端传感器检测得到)；$\boldsymbol{e}_{\mathrm{p}}=\boldsymbol{p}_{\mathrm{ed}}-\boldsymbol{p}_{\mathrm{e}}$ 为位置误差；Δt 为插值间隔或控制周期。

式(9.131) 表示的含义为上一时刻的位置误差折算成一个周期内的速度，然后将其作为补偿量叠加到当前时刻的期望速度上，得到补偿后的期望速度 $\tilde{\boldsymbol{v}}_{\mathrm{ed}}(t)$。

类似地，对于转动，可将上一时刻的姿态误差 $\boldsymbol{e}_{\mathrm{o}}$ 折算成角速度补偿量然后叠加到当前时刻的期望角速度上，即：

$$\tilde{\boldsymbol{\omega}}_{\mathrm{ed}}(t)=\boldsymbol{\omega}_{\mathrm{ed}}(t)+\frac{\boldsymbol{e}_{\mathrm{o}}(t-\Delta t)}{\Delta t} \tag{9.132}$$

根据对于不同的姿态表示方式，姿态误差有多种形式，详情参见第 3 章的 3.5 节。

得到补偿后的期望线速度和角速度后，用其代替原来规划的期望速度和角速度进行速度级逆运动学求解，即实现了轨迹的修正。对于基于广义逆和 DLS 法的情况，式(7.143) 和式(7.146) 可分别修正为

$$\dot{\boldsymbol{q}}_{\mathrm{d}}=\boldsymbol{J}^{+}(\boldsymbol{q})\begin{bmatrix}\tilde{\boldsymbol{v}}_{\mathrm{ed}}\\ \tilde{\boldsymbol{\omega}}_{\mathrm{ed}}\end{bmatrix} \tag{9.133}$$

$$\dot{\boldsymbol{q}}_{\mathrm{d}}=\boldsymbol{J}^{\#}(\boldsymbol{q})\begin{bmatrix}\tilde{\boldsymbol{v}}_{\mathrm{ed}}\\ \tilde{\boldsymbol{\omega}}_{\mathrm{ed}}\end{bmatrix} \tag{9.134}$$

其他方法包括阻尼倒数法也可采用类似处理方式。

本章习题

习题 9.1　对于状态变量 x，初始和终止时刻的取值分别为 x_0 和 x_{f}，初始和终止时刻的速度均为 0，运动时间为 t_{f}，以三次多项式函数为插值函数，完成下面的问题：

(1) 推导 $0\sim t_{\mathrm{f}}$ 时间段内 x 的最大速度、加速度表达式，以及相应的时刻。

(2) 当运动时间变为原来的 2 倍，分析最大速度、加速度的变化情况。

习题 9.2　对于状态变量 x，初始和终止时刻的取值分别为 x_0 和 x_{f}，初始和终止时刻的速度、加速度均为 0，运动时间为 t_{f}，以五次多项式函数为插值函数，完成下面的问题：

(1) 推导 $0\sim t_{\mathrm{f}}$ 时间段内 x 的最大速度、加速度表达式，以及相应的时刻。

(2) 当运动时间变为原来的 2 倍，分析最大速度、加速度的变化情况。

习题 9.3　对于平面 2R 机器人，若连杆长度 $l_1=l_2=1$ m。关节状态变量表示为 $\boldsymbol{\Theta}=[\theta_1\quad\theta_2]^{\mathrm{T}}$，其中，$\theta_1$ 和 θ_2 分别为关节 1 和关节 2 的角度。

初始时刻关节的初始位置、速度和加速度为

$$\boldsymbol{\Theta}_0=[10°\quad 20°]^{\mathrm{T}},\dot{\boldsymbol{\Theta}}_0=[0\quad 0]^{\mathrm{T}},\ddot{\boldsymbol{\Theta}}_0=[0\quad 0]^{\mathrm{T}} \tag{9.135}$$

终止时刻关节的位置、速度和加速度为

$$\boldsymbol{\Theta}_{\mathrm{f}}=[60°\quad 100°]^{\mathrm{T}},\dot{\boldsymbol{\Theta}}_{\mathrm{f}}=[0\quad 0]^{\mathrm{T}},\ddot{\boldsymbol{\Theta}}_{\mathrm{f}}=[0\quad 0]^{\mathrm{T}} \tag{9.136}$$

给定运动时间 $t_{\mathrm{f}}=20$ s。请采用合适的插值函数对关节 1 和关节 2 进行规划，给出规划函数(含具体参数)、关节曲线和机器人运动状态图。

习题 9.4　对于平面 2R 机器人，相关参数和具体的初始和终止条件同习题 9.3。若要求每个关节的最大角速度不超过 5(°)/s，最大角加速度不超过 5(°)/s^2，请确定最短运动时间，并采用合适的插值函数对关节 1 和关节 2 进行规划，给出规划函数(含具体参数)、关节曲线和机器人运动状态图。

习题 9.5　某机器人执行作业任务时，要求末端在 xOy 平面运动，其平面圆弧路径如图 9.32 所示，即机器人从起点 $P_0(x_0,y_0)$ 经过点 $P_t(x_t,y_t)$ 沿圆周运动到终点 $P_{\mathrm{f}}(x_{\mathrm{f}},y_{\mathrm{f}})$。其中，圆心为 $C(c_x,c_y)$，半径为 R。已知：

(1) 圆心坐标为 $C(2.0,2.5)$，圆的半径 $R=3$。

(2) P_0、P_t、P_{f} 对应的圆周角分别为 $\varphi_0=\pi/6$，$\varphi_t=\pi/3$，$\varphi_{\mathrm{f}}=2\pi/3$。

(3) 运动的总时间 t_{f} 为 30 s。

要求在点 P_0、P_f 处机器人末端的速度、加速度均为 0,规划机器人末端的运动轨迹,给出轨迹方程。

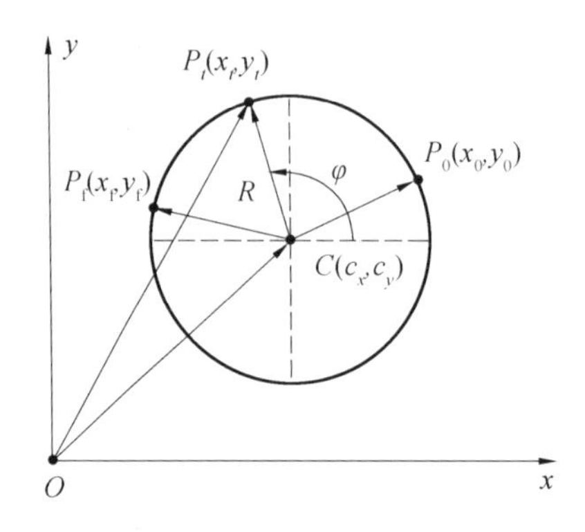

图9.32　平面圆弧路径

习题9.6　某机器人执行作业任务时,要求末端在 xOy 平面运动,平面直线及圆弧混合路径如图 9.33 所示,即机器人从起点 $P_0(x_0,y_0)$ 沿直线运动到点 $P_1(x_1,y_1)$,然后再由点 P_1 沿圆弧运动到终点 $P_f(x_f,y_f)$。其中,圆弧的圆心为 $C(c_x,c_y)$,半径为 R,圆弧长度为 1/4 圆周。已知:

(1) 点 P_0 坐标为 $P_0(1.0,1.5)$,圆心坐标为 $C(3.0,1.5)$。

(2) 从点 P_0 运动到点 P_1,以及从点 P_1 运动到点 P_f 的时间均为 10 s。

(3) 要求在点 P_0、点 P_1 及点 P_f 处机器人末端的速度、加速度均为 0。

根据上述要求,规划机器人末端的运动轨迹,给出轨迹方程。

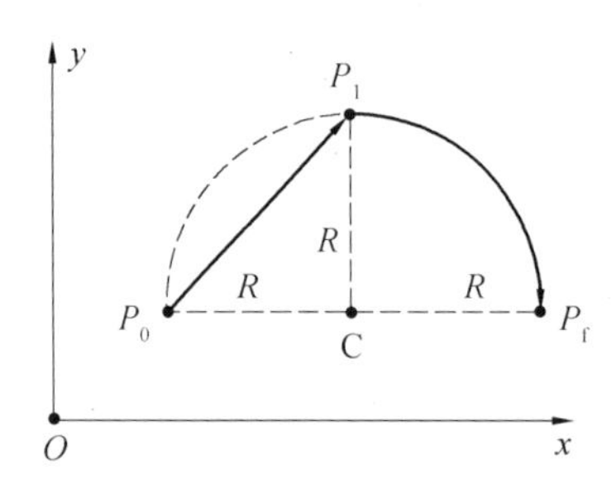

图9.33　平面直线及圆弧混合路径

习题 9.7　对于空间 3R 肘机械臂,取 $d_1=0.5$ m,$a_2=0.4$ m,$a_3=0.6$ m。初始时刻机器人关节角为 $\boldsymbol{\Theta}_0$,相应的末端处于点 P_0 处。请规划机器人末端从点 P_0 沿圆弧经过点 P_t 运动到点 P_f 的轨迹(圆心为 O_c),运动时间 $t_f=100$ s,采样周期 $\mathrm{d}t=0.1$ s,关节初值及各点在 {0} 系的坐标为

$$\boldsymbol{\Theta}_0=[26.565\,1^\circ \quad -126.949\,8^\circ \quad 87.612\,0^\circ]^{\mathrm{T}}$$

$$\boldsymbol{P}_0=[0.2,0.1,1.2]^{\mathrm{T}}$$

$$\boldsymbol{P}_f=[0.1,-0.2,0.8]^{\mathrm{T}}$$

$$\boldsymbol{O}_c=[0.0,0.0,1.0]^{\mathrm{T}}$$

给出规划的机器人关节角曲线、末端位置曲线,并附上 Matlab 程序。

习题 9.8　对于空间 3R 球腕机械臂,取 $d_1=0.3$ m,$d_3=0.5$ m。末端姿态采用 xyz 欧

拉角 $\boldsymbol{\Psi}$ 表示。初始时刻的臂型为 $\boldsymbol{\Theta}_0$，相应的末端姿态为 $\boldsymbol{\Psi}_0$，要求该机器人运动10 s后姿态角变为 $\boldsymbol{\Psi}_f$，具体数值如下(角度单位为 °)：

$$\boldsymbol{\Theta}_0 = [20, -50, 100]^{\mathrm{T}}$$

$$\boldsymbol{\Psi}_0 = [-157.824\,0, 46.041\,8, 70.479\,8]^{\mathrm{T}}$$

$$\boldsymbol{\Psi}_f = [174.961\,6, 8.649\,2, 90.381\,3]^{\mathrm{T}}$$

设采用间隔 $\mathrm{d}t = 0.1$ s，分别采用下面两种方法进行规划，要求绘出末端姿态角变化曲线、末端角速度曲线及关节角曲线，并比较两种规划方法的规划效果：

(1) 直接对姿态角变量 $\boldsymbol{\Psi}$ 进行插值，插值函数为五次多项式。

(2) 对等效转角进行插值，插值函数为五次多项式。

习题 9.9 空间 6R 腕部分离机械臂的运动学参数如下：$a_2 = 0.5$ m，$d_1 = 0.7$ m，$d_4 = 0.6$ m，$d_6 = 0.4$ m。假设机器人的初始臂型、运动结点、时间参数(角度单位为(°)、长度单位为 m、时间参数单位为 s)分别如下：

$$\boldsymbol{\Theta}_0 = [10, 20, 50, 60, -50, 80]^{\mathrm{T}} \tag{9.137}$$

$$\boldsymbol{T}_0 = \begin{bmatrix} -0.247\,7 & 0.775\,3 & 0.581\,0 & 1.250\,4 \\ 0.554\,5 & 0.605\,2 & 0.571\,2 & 0.049\,0 \\ 0.794\,5 & 0.180\,7 & 0.579\,8 & 0.966\,1 \\ 0 & 0 & 0 & 1.000\,0 \end{bmatrix} \tag{9.138}$$

$$\boldsymbol{T}_1 = \begin{bmatrix} 0.604\,6 & 0.583\,5 & 0.542\,2 & 0.829\,2 \\ 0.707\,6 & 0.080\,9 & 0.702\,0 & 0.634\,3 \\ 0.365\,7 & 0.808\,1 & 0.461\,8 & 0.042\,1 \\ 0 & 0 & 0 & 1.000\,0 \end{bmatrix} \tag{9.139}$$

$$\boldsymbol{T}_2 = \begin{bmatrix} -0.166\,7 & 0.565\,2 & 0.807\,9 & 0.232\,5 \\ 0.757\,8 & 0.597\,7 & 0.261\,8 & 0.180\,8 \\ -0.630\,8 & 0.568\,6 & 0.528\,0 & 0.567\,4 \\ 0 & 0 & 0 & 1.000\,0 \end{bmatrix} \tag{9.140}$$

$$t_0 = 0, t_1 = 30, t_2 = 60, \mathrm{d}t = 0.1$$

要求结点间的路径为直线，结点处的速度和加速度均为 0，请采用合适的规划方法对机器人进行规划，并绘制末端路径图、末端位置曲线、末端三轴姿态角(xyz 欧拉角)曲线、末端线速度和角速度曲线、关节角曲线。

习题 9.10 采用阻尼倒数法对空间 3R 肘机器人进行奇异回避处理，推导奇异条件分离后的速度级逆运动学公式，以及采用阻尼倒数后的逆运动学公式。

习题 9.11 采用阻尼倒数法对空间 3R 球腕机器人进行奇异回避处理，推导奇异条件分离后的速度级逆运动学公式，以及采用阻尼倒数后的逆运动学公式。

习题 9.12 相邻三轴平行 6R 机械臂的 D－H 坐标系及 D－H 参数分别如图 5.10 和表 5.5 所示，几何长度为 $g = 0.3$、$h = 0.4$、$l = 1.5$、$p = 0.5$(单位均为 m)，推导奇异条件分离后的速度级逆运动学公式，以及采用阻尼倒数后的逆运动学公式。

第10章　机器人静力学与动力学

前面章节主要涉及机器人状态的描述、状态变量之间的关系、状态变量与时间的关系等问题，未考虑作用力（含力矩）的因素。实际上，机器人受到包括关节驱动力（平动关节）或力矩（转动关节）、环境作用力（如工件对末端执行器的作用力、障碍物对臂杆的碰撞力）等的作用，在这些力的共同作用下，系统可能处于平衡状态，也可能形成新的运动状态（即系统状态发生了改变）。为了揭示机器人的运动规律、准确分析其运动特性并有效控制机器人的运动以完成期望的作业任务，需要深入研究机器人的作用力与作用力之间以及作用力与运动状态之间的关系。

本章将讨论机器人在力/力矩的作用下，系统处于平衡状态的条件以及系统运动状态变化的规律。前者为静力学问题，后者为动力学问题，主要内容包括机器人系统受力情况分析、静力学方程、运动学与静力学的对偶原理，以及动力学建模的基本原理、拉格朗日动力学、牛顿－欧拉动力学建模方法等。

10.1　机器人系统受力分析

机器人在关节驱动力/力矩的作用下执行作业任务，其末端执行器对操作对象（用"环境"代称）产生作用力（称为末端操作力），根据牛顿第三定律，机器人末端执行器也受到环境产生的反作用力（称为环境作用力），机器人受力情况分析如图10.1所示。

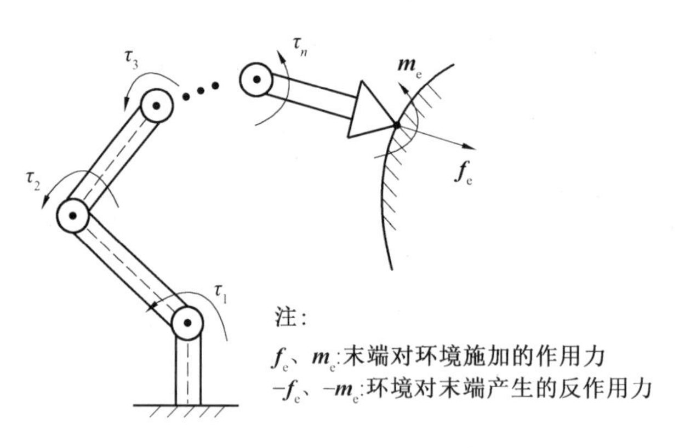

图10.1　机器人受力情况分析

机器人及环境的具体受力如下。

(1) 关节驱动力/力矩 $\tau_i(i=1,\cdots,n)$ 实际为连杆 $(i-1)$ 对连杆 i 产生的作用力/力矩（平动关节对应作用力、转动关节对应作用力矩）在运动轴上的分量，将所有关节的驱动力/力矩组合成一个向量，简称为关节作用力，表示为 $\boldsymbol{\tau}=[\tau_1,\tau_2,\cdots,\tau_n]^{\mathrm{T}}$。

(2) 机器人末端操作力 $\boldsymbol{f}_{\mathrm{e}}\in\Re^3$ 和力矩 $\boldsymbol{m}_{\mathrm{e}}\in\Re^3$，即末端执行器对环境施加的作用力和力矩，表示为广义力的形式为 $\boldsymbol{F}_{\mathrm{e}}=[\boldsymbol{f}_{\mathrm{e}}^{\mathrm{T}},\boldsymbol{m}_{\mathrm{e}}^{\mathrm{T}}]^{\mathrm{T}}$。

(3) 环境对末端执行器施加的作用力和力矩分别为 $-\boldsymbol{f}_e$ 和 $-\boldsymbol{m}_e$，表示为 $-\boldsymbol{F}_e=[-\boldsymbol{f}_e^{\mathrm{T}},-\boldsymbol{m}_e^{\mathrm{T}}]^{\mathrm{T}}$。

从机器人的角度而言，所受的力主要为关节驱动力 $\boldsymbol{\tau}$ 和环境作用力 $-\boldsymbol{F}_e$，当这些作用力满足一定条件时，整个系统可能处于如下两种情况之一。

(1) 机器人系统处于平衡状态，此时主要关心处于平衡条件下关节驱动力与末端所受环境作用力之间的关系，即 $\boldsymbol{\tau}$ 与 $-\boldsymbol{F}_e$ 之间的关系，相应的问题为静力学问题。

(2) 机器人系统的运动状态发生了变化，此时主要关注系统受力 $(\boldsymbol{\tau},-\boldsymbol{F}_e)$ 与其运动状态 $(\boldsymbol{q},\dot{\boldsymbol{q}},\ddot{\boldsymbol{q}})$ 之间的关系，此为动力学问题。

机器人系统受力下的两种可能状态如图 10.2 所示。

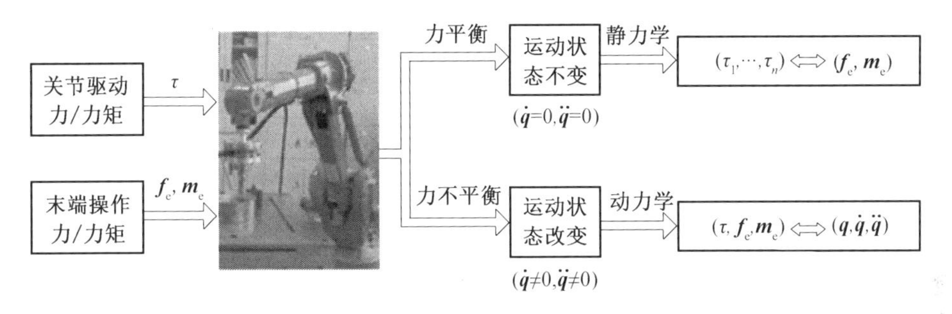

图 10.2　机器人系统受力下的两种可能状态

10.2　机器人静力学

10.2.1　引例：平面 2R 机械臂静力平衡方程

以平面 2R 机械臂为例，机器人末端与环境接触。当机器人关节位置为 $\boldsymbol{\Theta}=[\theta_1,\theta_2]^{\mathrm{T}}$、驱动力矩为 $\boldsymbol{\tau}=[\tau_1,\tau_2]^{\mathrm{T}}$ 时，末端对环境施加的作用力为 $\boldsymbol{F}_e$(相应地，环境对末端的反作用力为 $-\boldsymbol{F}_e$)，系统处于平衡状态。下面采用经典力学的方法推导不考虑摩擦和重力作用时的平衡方程。

平面 2R 机器人受力分析如图 10.3 所示，其中，O_1 和 O_2 分别为{1}系和{2}系的原点，$\boldsymbol{F}_e$ 在{0}系中的表示为 ${}^0\boldsymbol{F}_e=[{}^0f_{ex},{}^0f_{ey}]^{\mathrm{T}}$，在{2}系中的表示为 ${}^2\boldsymbol{F}_e=[{}^2f_{ex},{}^2f_{ey}]^{\mathrm{T}}$。

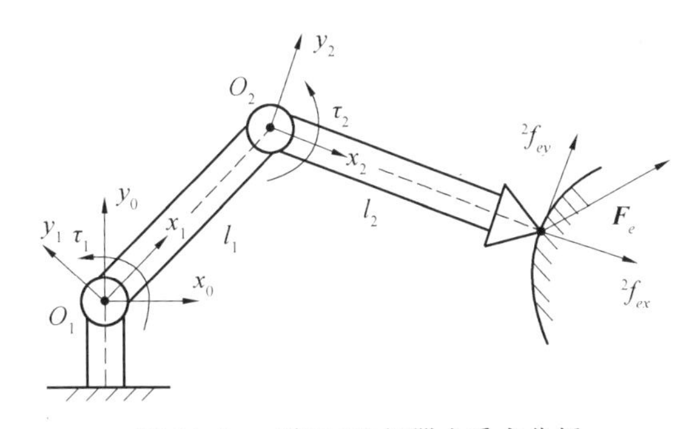

图 10.3　平面 2R 机器人受力分析

首先对连杆 2 进行分析，其在环境反作用力 $-\boldsymbol{F}_e$、关节力矩 τ_2 的作用下，绕关节 2 的旋转轴运动，回转中心为 O_2。由于分量 ${}^2f_{ex}$ 经过回转中心不产生作用力矩，故 $-\boldsymbol{F}_e$ 对连杆 2

产生的相对于 O_2 的力矩在{2}系中的表示为

$$
{}^2\boldsymbol{M}_2=\begin{bmatrix} l_2\\0\\0\end{bmatrix}\times\begin{bmatrix}-{}^2f_{ex}\\-{}^2f_{ey}\\0\end{bmatrix}=\begin{bmatrix}0\\0\\-l_2{}^2f_{ey}\end{bmatrix} \tag{10.1}
$$

关节 2 的驱动力矩 τ_2 用于平衡环境作用力矩 $\boldsymbol{M}_2$ 在 $\boldsymbol{z}_2$ 轴方向的分量，即满足：

$$
\tau_2+{}^2\boldsymbol{M}_2^{\mathrm{T}}\,{}^2\boldsymbol{z}_2=0 \tag{10.2}
$$

根据式(10.1)和式(10.2)，可得

$$
\tau_2=l_2{}^2f_{ey} \tag{10.3}
$$

进一步地，将连杆 2 和连杆 1 等效为一个杆件，此时的回转中心 O_1，等效杆件所受的外力和力矩为 $-\boldsymbol{F}_e$ 和 τ_1（此时 τ_2 为内力），其中，$-\boldsymbol{F}_e$ 产生的相对于 O_1 的作用力矩在{1}系中的表示为

$$
{}^1\boldsymbol{M}_1=\begin{bmatrix} l_1+l_2c_2\\l_2s_2\\0\end{bmatrix}\times\left(\mathrm{Rot}(z,\theta_2)\begin{bmatrix}-{}^2f_{ex}\\-{}^2f_{ey}\\0\end{bmatrix}\right)=\begin{bmatrix}0\\0\\-l_1s_2({}^2f_{ex})-(l_1c_2+l_2)({}^2f_{ey})\end{bmatrix} \tag{10.4}
$$

驱动力矩 τ_1 用于平衡 $\boldsymbol{M}_1$，即 $\tau_1+M_1=0$，因而有

$$
\tau_1=-{}^1\boldsymbol{M}_1^{\mathrm{T}}\,{}^1\boldsymbol{z}_1=l_1s_2({}^2f_{ex})+(l_1c_2+l_2)({}^2f_{ey}) \tag{10.5}
$$

将式(10.3)和式(10.5)组合表示为矩阵形式，有

$$
\begin{bmatrix}\tau_1\\\tau_2\end{bmatrix}=\begin{bmatrix}l_1s_2 & l_1c_2+l_2\\0 & l_2\end{bmatrix}\begin{bmatrix}{}^2f_{ex}\\{}^2f_{ey}\end{bmatrix}=\begin{bmatrix}l_1s_2 & l_1c_2+l_2\\0 & l_2\end{bmatrix}{}^2\boldsymbol{F}_e={}^2\boldsymbol{J}^{\mathrm{T}}\,{}^2\boldsymbol{F}_e \tag{10.6}
$$

式(10.6)建立了末端力 ${}^2\boldsymbol{F}_e$ 与关节驱动力矩的关系，其中的矢量是以{2}系为参考系来描述的，${}^2\boldsymbol{J}^{\mathrm{T}}$ 为末端雅可比矩阵 ${}^2\boldsymbol{J}$ 的转置。

当以基坐标系{0}为参考系时，可根据坐标系之间的关系将矢量其转换到{0}系中。由图 10.3 可知，坐标系{2}的三轴指向可通过坐标系{0}绕 z_0 轴旋转 $(\theta_1+\theta_2)$ 后得到，相应的姿态变换矩阵为

$$
{}^0\boldsymbol{R}_2=\mathrm{Rot}(z,\theta_1+\theta_2)=\left[\begin{array}{cc|c}c_{12} & -s_{12} & 0\\ s_{12} & c_{12} & 0\\ \hline 0 & 0 & 1\end{array}\right] \tag{10.7}
$$

在 $x-y$ 平面内，仅需要考虑式(10.7)所示矩阵的左上角 2×2 子块，即：

$$
{}^0\boldsymbol{R}_{2(x-y)}=\begin{bmatrix}c_{12} & -s_{12}\\ s_{12} & c_{12}\end{bmatrix} \tag{10.8}
$$

因此，${}^0\boldsymbol{F}_e$ 和 ${}^2\boldsymbol{F}_e$ 满足如下关系：

$$
{}^0\boldsymbol{F}_e={}^0\boldsymbol{R}_{2(x-y)}\,{}^2\boldsymbol{F}_e,\ {}^2\boldsymbol{F}_e={}^0\boldsymbol{R}_{2(x-y)}^{\mathrm{T}}\,{}^0\boldsymbol{F}_e \tag{10.9}
$$

将式(10.9)代入式(10.6)可得（用到了性质：$s_{12}c_2-c_{12}s_2=s_1$；$c_{12}c_2+s_{12}s_2=c_1$）

$$
\begin{bmatrix}\tau_1\\\tau_2\end{bmatrix}=\begin{bmatrix}l_1s_2 & l_1c_2+l_2\\0 & l_2\end{bmatrix}\begin{bmatrix}c_{12} & s_{12}\\-s_{12} & c_{12}\end{bmatrix}\begin{bmatrix}{}^0f_{ex}\\{}^0f_{ey}\end{bmatrix}=\begin{bmatrix}-l_1s_1-l_2s_{12} & l_1c_1+l_2c_{12}\\-l_2s_{12} & l_2c_{12}\end{bmatrix}\begin{bmatrix}{}^0f_{ex}\\{}^0f_{ey}\end{bmatrix} \tag{10.10}
$$

比较前面推导的平面 2R 速度级运动学方程，即式(7.17)，可知式(10.10)中的矩阵即为速度雅可比矩阵 $\boldsymbol{J}$ 的转置，因此，式(10.10)可表示为

$$\boldsymbol{\tau} = {}^{0}\boldsymbol{J}^{\mathrm{T}}\,{}^{0}\boldsymbol{F}_{\mathrm{e}} \tag{10.11}$$

式(10.6)和式(10.11)分别建立了以末端坐标系及基坐标系为参考的、平衡条件下平面 2R 机械臂末端操作力与关节驱动力的关系，矩阵 ${}^{2}\boldsymbol{J}^{\mathrm{T}}$、${}^{0}\boldsymbol{J}^{\mathrm{T}}$ 称为力雅可比矩阵，是速度雅可比矩阵的转置。那么，对于由多个杆件、多个关节组成的、在 3D 空间作业的机器人系统，其静力平衡方程是否也有类似的表达式？下面将进行一般性的推导。

10.2.2　机器人静力学方程

(1) 正向静力学方程。

与平面 2R 机械臂相比，空间多关节机器人系统要复杂很多，很难从简单的矢量力学方程推导出静力平衡方程，因此，常基于虚功原理(Principle of Virtual Work)来建立多自由度机器人系统的静力平衡方程。虚功原理又称为虚位移原理(Principle of Virtual Displacement)，用于多刚体系统时表述为：满足理想约束的刚体系平衡的充要条件是所有主动力在任何虚位移上所做的虚功之和等于零。

对于 n 自由度的机器人系统，关节变量 $q_1 \sim q_n$ 为一组广义坐标，$\tau_1 \sim \tau_n$ 为各关节的驱动力，当其与末端接触时，受力情况如图 10.1 所示。末端执行器对环境产生的操作力 / 力矩为 $\boldsymbol{f}_{\mathrm{e}}$、$\boldsymbol{m}_{\mathrm{e}}$，反过来末端执行器受环境的反作用力为 $-\boldsymbol{f}_{\mathrm{e}}$、$-\boldsymbol{m}_{\mathrm{e}}$。假定关节无摩擦，并忽略各杆件的重力，下面推导其平衡方程。

机器人关节驱动力 / 力矩 τ 所做的虚功为

$$\delta W_{\mathrm{J}} = \tau_1\delta q_1 + \tau_2\delta q_2 + \cdots + \tau_n\delta q_n = \boldsymbol{\tau}^{\mathrm{T}}\delta\boldsymbol{q} \tag{10.12}$$

其中，δq_i 为第 $i(i=1,2,\cdots,n)$ 个关节的虚位移，$\delta\boldsymbol{q} = [\delta q_1,\delta q_2,\cdots,\delta q_n]^{\mathrm{T}}$。

末端执行器所受外力 $-\boldsymbol{f}_{\mathrm{e}}$、$-\boldsymbol{m}_{\mathrm{e}}$ 在笛卡儿空间产生的平动虚位移为 $\boldsymbol{d}_{p\mathrm{e}} = [d_{\mathrm{e}x},d_{\mathrm{e}y},d_{\mathrm{e}z}]^{\mathrm{T}}$，转动虚位移为 $\boldsymbol{\delta}_{\phi\mathrm{e}} = [\delta_{\mathrm{e}x},\delta_{\mathrm{e}y},\delta_{\mathrm{e}z}]^{\mathrm{T}}$，则所做的虚功为

$$\delta W_{\mathrm{e}} = -(f_{\mathrm{e}x}d_{\mathrm{e}x} + f_{\mathrm{e}y}d_{\mathrm{e}y} + f_{\mathrm{e}z}d_{\mathrm{e}z} + m_{\mathrm{e}x}\delta_{\mathrm{e}x} + m_{\mathrm{e}y}\delta_{\mathrm{e}y} + m_{\mathrm{e}z}\delta_{\mathrm{e}z}) = -\boldsymbol{F}_{\mathrm{e}}^{\mathrm{T}}\boldsymbol{D}_{\mathrm{e}} \tag{10.13}$$

其中，$f_{\mathrm{e}x}$、$f_{\mathrm{e}y}$、$f_{\mathrm{e}z}$ 为末端操作力 $\boldsymbol{f}_{\mathrm{e}}$ 的三轴分量；$m_{\mathrm{e}x}$、$m_{\mathrm{e}y}$、$m_{\mathrm{e}z}$ 为末端操作力矩 $\boldsymbol{m}_{\mathrm{e}}$ 的三轴分量。

忽略关节摩擦力、重力及其他外力的作用，则根据虚功原理，处于平衡状态时有

$$\delta W_{\mathrm{J}} + \delta W_{\mathrm{e}} = 0 \tag{10.14}$$

将式(10.12)和式(10.13)代入式(10.14)可得

$$\boldsymbol{\tau}^{\mathrm{T}}\delta\boldsymbol{q} - \boldsymbol{F}_{\mathrm{e}}^{\mathrm{T}}\boldsymbol{D}_{\mathrm{e}} = 0 \tag{10.15}$$

根据第 7 章的知识，可知末端虚位移与关节虚位移之间满足 $\boldsymbol{D}_{\mathrm{e}} = \boldsymbol{J}\delta\boldsymbol{q}$，将其代入式(10.15)，可得

$$\boldsymbol{\tau}^{\mathrm{T}}\delta\boldsymbol{q} = \boldsymbol{F}_{\mathrm{e}}^{\mathrm{T}}\boldsymbol{J}\delta\boldsymbol{q} \tag{10.16}$$

根据式(10.16)可得

$$\boldsymbol{\tau} = \boldsymbol{J}^{\mathrm{T}}\boldsymbol{F}_{\mathrm{e}} \tag{10.17}$$

式(10.17)即为机器人系统的正向静力学方程，建立了平衡状态下关节驱动力 / 力矩 $\boldsymbol{\tau}$ 与末端操作力 $\boldsymbol{F}_{\mathrm{e}}$ 之间的关系，$\boldsymbol{J}^{\mathrm{T}}$ 为力雅可比矩阵，与速度雅可比矩阵 $\boldsymbol{J}$ 互为转置。由式(10.17)可知，不论雅可比矩阵是否满足，只要给定末端操作力 $\boldsymbol{F}_{\mathrm{e}}$，总能计算关节驱动力 / 力矩 $\boldsymbol{\tau}$，反之则不然(注意与运动学关系的区别，对于速度级运动学方程而言，给定关节速度总可以计算末端速度，反之则不然)。

(2) 逆向静力学方程。

逆向静力学即是对正向静力学方程(10.17)的求解。假设雅可比矩阵 $\boldsymbol{J}$ 为 $m\times n$ 的矩阵，则 $\boldsymbol{J}^{\mathrm{T}}$ 为 $n\times m$ 的矩阵，有如下几种情况。

(a) 当 $n=m$ 时，$\boldsymbol{J}^{\mathrm{T}}$ 为方阵，若其满秩(此时 $\boldsymbol{J}$ 也为方阵且满秩)，则可按下式求解末端力：

$$\boldsymbol{F}_{\mathrm{e}}=(\boldsymbol{J}^{\mathrm{T}})^{-1}\boldsymbol{\tau} \tag{10.18}$$

若 $\boldsymbol{J}^{\mathrm{T}}$ 不满秩，则机器人处于静力学奇异状态(此时也为运动学奇异状态)，意味着对于给定的关节力矩，末端不存在与之平衡的操作力，或者说末端将产生无穷大的操作力。

(b) 当 $n<m$ 时，式(10.17)为欠定(Under-Determined)方程组，未知数的个数大于方程的个数，理论上有无穷多组解，其中一组特解为最小范数解，即：

$$\boldsymbol{F}_{\mathrm{e}}=\boldsymbol{J}(\boldsymbol{J}^{\mathrm{T}}\boldsymbol{J})^{-1}\boldsymbol{\tau} \tag{10.19}$$

(c) 当 $n>m$ 时，式(10.17)为超定(Over-Determined)方程组，未知数的个数小于方程的个数，可按下式计算其最小二乘解，即：

$$\boldsymbol{F}_{\mathrm{e}}=(\boldsymbol{J}\boldsymbol{J}^{\mathrm{T}})^{-1}\boldsymbol{J}\boldsymbol{\tau} \tag{10.20}$$

(3) 静力学方程的用途。

实际上，虽然式(10.17)是根据平衡条件推导的静力学方程，但它建立的关节空间与笛卡儿空间作用力的等效关系也可用于非平衡状态。具体而言，在平衡和非平衡两种情况下的用途如下。

(a) 对于平衡状态，用于计算抵消环境作用力 $-\boldsymbol{F}_{\mathrm{e}}$ 所需要的关节驱动力/力矩 $\boldsymbol{\tau}$，该驱动力/力矩实际在机器人末端产生了对环境的操作力 $\boldsymbol{F}_{\mathrm{e}}$，这是静力学原本的问题。

(b) 对于非平衡状态，用于计算作用于关节的驱动力/力矩 $\boldsymbol{\tau}$ 等效到作用于末端的力/力矩 $\boldsymbol{F}_{\mathrm{e}}$，即对关节施加 $\boldsymbol{\tau}$ 等效于对末端施加 $\boldsymbol{F}_{\mathrm{e}}$ 从而使其运动；反之，若需要对末端产生使其运动所需的作用力 $\boldsymbol{F}_{\mathrm{e}}$，可以通过对关节施加 $\boldsymbol{\tau}$ 来实现。这在设计笛卡儿空间控制律时极其重要，详见第11章。

10.2.3　运动-静力对偶性及其应用

(1) 运动学与静力学的对偶关系。

根据前面的知识可知，机器人的速度级正运动学方程建立了从关节速度到末端速度的关系，即从关节空间到任务空间的速度映射，而正向静力学方程建立的是从末端力矩到关节力矩的关系，即从任务空间到关节空间的静力映射，这说明机器人的运动学与静力学之间存在对偶关系，称为运动-静力对偶性或二元性(Kineto-Statics Duality)，如图10.4所示。

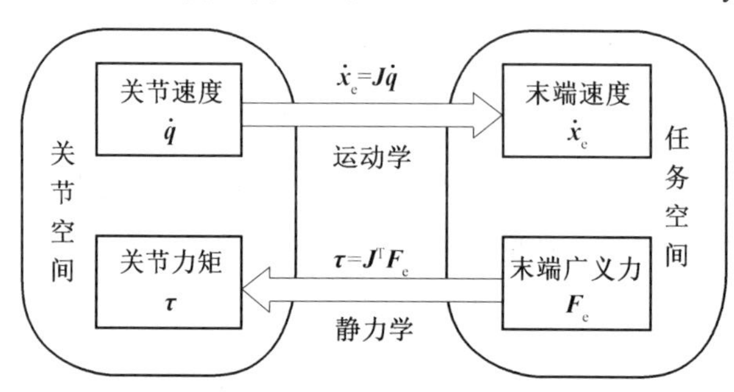

图10.4　机器人运动-静力对偶性

(2) 对偶性的应用。

前面的对偶性关系反映了不同空间之间速度与速度、静力与静力的关系，若再建立速度与静力之间的关系，则关节空间和任务空间中的速度、静力将形成一个封闭的传递关系，由此为机械臂设计、运动学求解、轨迹规划、控制等都会带来一些新的思想。

对于平衡点附近的运动，可以近似看成“广义弹簧单元”，因此关节作用力与关节位移变化量之间有如下关系：

$$\boldsymbol{\tau} = \boldsymbol{K}_{\mathrm{J}} \Delta \boldsymbol{q} \tag{10.21}$$

其中，$\boldsymbol{K}_{\mathrm{J}}$ 为关节广义弹性系数矩阵，为对角阵。

类似地，末端操作力与末端位移变化量之间有如下关系：

$$\boldsymbol{F}_{\mathrm{e}} = \boldsymbol{K}_{\mathrm{e}} \Delta \boldsymbol{x}_{\mathrm{e}} \tag{10.22}$$

其中，$\boldsymbol{K}_{\mathrm{e}}$ 为末端广义弹性系数矩阵，为对角阵。

将式(10.21) 和式(10.22) 代入式(10.17) 后，可得

$$\Delta \boldsymbol{q} = \boldsymbol{K}_{\mathrm{J}}^{-1} \boldsymbol{J}^{\mathrm{T}} \boldsymbol{K}_{\mathrm{e}} \Delta \boldsymbol{x}_{\mathrm{e}} \tag{10.23}$$

采用上述近似后，平衡点附近的速度、静力的传递过程形成了一个封闭的转换关系，如图 10.5 所示。

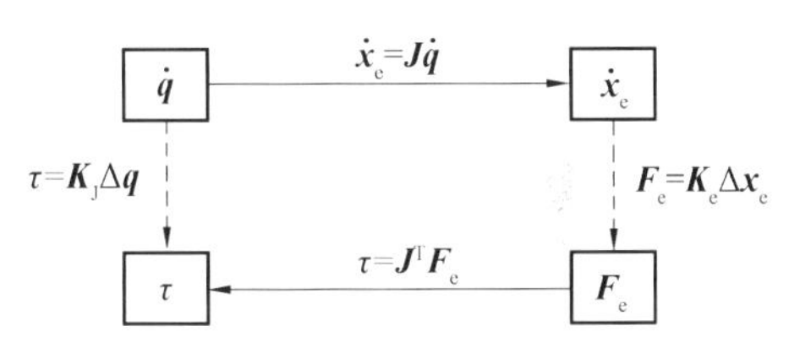

图 10.5　平衡点附近的近似力 — 速度关系

在进行运动学求解、轨迹规划或控制的过程中，往往关心的是收敛到平衡点的问题，因而可以对式(10.23) 进行进一步近似。

假定关节的广义刚度近似为 1，则 $\boldsymbol{K}_{\mathrm{J}}$ 为单位矩阵，因而式(10.23) 近似为

$$\Delta \boldsymbol{q} = \boldsymbol{K}_{\mathrm{J}}^{-1} \boldsymbol{J}^{\mathrm{T}} \boldsymbol{K}_{\mathrm{e}} \Delta \boldsymbol{x}_{\mathrm{e}} \approx \boldsymbol{J}^{\mathrm{T}} \boldsymbol{K}_{\mathrm{e}} \Delta \boldsymbol{x}_{\mathrm{e}} \approx \boldsymbol{J}^{\mathrm{T}} \boldsymbol{K}_{1} \Delta \boldsymbol{x}_{\mathrm{e}} \tag{10.24}$$

也可假定末端的等效刚度矩阵 $\boldsymbol{K}_{\mathrm{e}}$ 为单位阵，则式(10.23) 可近似为

$$\Delta \boldsymbol{q} = \boldsymbol{K}_{\mathrm{J}}^{-1} \boldsymbol{J}^{\mathrm{T}} \boldsymbol{K}_{\mathrm{e}} \Delta \boldsymbol{x}_{\mathrm{e}} \approx \boldsymbol{K}_{\mathrm{J}}^{-1} \boldsymbol{J}^{\mathrm{T}} \Delta \boldsymbol{x}_{\mathrm{e}} \approx \boldsymbol{K}_{2} \boldsymbol{J}^{\mathrm{T}} \Delta \boldsymbol{x}_{\mathrm{e}} \tag{10.25}$$

式(10.24) 和式(10.25) 中的 $\boldsymbol{K}_1$ 和 $\boldsymbol{K}_2$ 为误差调节系数，均为正定矩阵，因而基于式(10.24) 或式(10.25) 进行运动规划或控制，可以确保末端轨迹会一致地收敛到 $\Delta \boldsymbol{x}_{\mathrm{e}} = 0$，即系统是渐进稳定的。

考虑在极短时间内的状态变化问题，则式(10.24) 和式(10.25) 还可分别写成如下的形式：

$$\dot{\boldsymbol{q}} \approx \boldsymbol{J}^{\mathrm{T}} \boldsymbol{K}_{1} \dot{\boldsymbol{x}}_{\mathrm{e}} \tag{10.26}$$

$$\dot{\boldsymbol{q}} \approx \boldsymbol{K}_{2} \boldsymbol{J}^{\mathrm{T}} \dot{\boldsymbol{x}}_{\mathrm{e}} \tag{10.27}$$

比较速度级逆运动学方程，式(10.26) 或式(10.27) 也可根据末端速度确定关节速度，却避免了雅可比矩阵的求逆，这为运动学求解、轨迹规划和控制带来了极大便利，如 7.6 节中介绍的通用逆运动学求解方法，就可以采用式(10.26) 或式(10.27) 中的 $\boldsymbol{J}^{\mathrm{T}}\boldsymbol{K}_1$ 或 $\boldsymbol{K}_2\boldsymbol{J}^{\mathrm{T}}$ 来代替式(7.157) 中的 $\boldsymbol{J}^{+}$，但需要综合考虑求解精度和收敛速度来设定合适的 $\boldsymbol{K}$ 矩阵，简单情况下可以设置为单位阵。

10.2.4　典型臂型机器人的静力学分析

根据上面的分析可知，当力雅可比矩阵满秩时，可以直接对其求逆以获得平衡状态下的静力关系，在此重点考虑处于奇异状态下的情况。

（1）平面 2R 机械臂静力学分析。

对于 2R 机械臂，当 $\theta_2=0$ 或 $\theta_2=\pi$ 时，机械臂均处于运动学奇异状态，此时，根据式(10.6)可得静力平衡关系为

$$\begin{bmatrix}\tau_1\\ \tau_2\end{bmatrix}=\begin{bmatrix}0 & \pm l_1+l_2\\ 0 & l_2\end{bmatrix}\begin{bmatrix}{}^2f_{ex}\\ {}^2f_{ey}\end{bmatrix} \tag{10.28}$$

由式(10.28)可知，此时的关节力矩与 ${}^2f_{ex}$ 无关而仅与 ${}^2f_{ey}$ 有关，这说明末端沿 x_2 方向的作用力分量由机器人本体来承受而不在关节 1 和关节 2 处产生平衡力矩。

进一步地，若对式(10.28)求逆解，得到的 ${}^2f_{ex}$ 将为无穷大，这也说明了在奇异点附近，通过很小的关节力矩就能平衡非常大的末端作用力，或者说通过很小的关节力矩就能产生非常大的末端操作力。平面 2R 机械臂在奇异臂型下的静力平衡情况如图 10.6 所示。

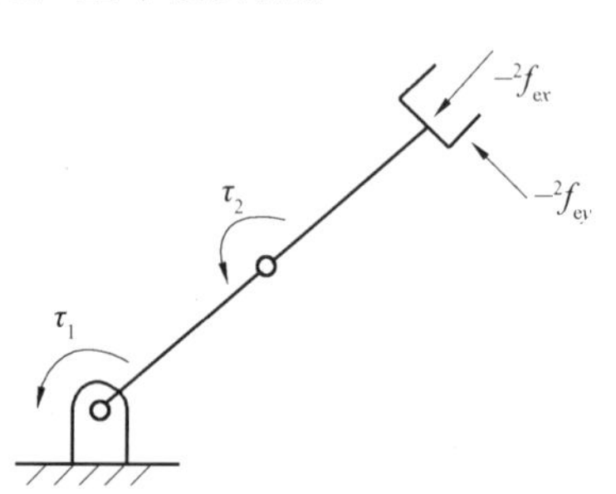

图 10.6　平面 2R 机械臂在奇异臂型下的静力平衡

（2）空间 3R 肘机械臂静力学分析。

空间 3R 肘机械臂的基座雅可比矩阵和末端雅可比矩阵分别如式(7.60)和式(7.61)所示，其微分运动学统一表示为如下的分块形式：

$$\begin{bmatrix}\boldsymbol{v}_e\\ \boldsymbol{\omega}_e\end{bmatrix}=\begin{bmatrix}\boldsymbol{J}_v\\ \boldsymbol{J}_\omega\end{bmatrix}\dot{\boldsymbol{q}} \tag{10.29}$$

相应的静力学方程为

$$\boldsymbol{\tau}=[\boldsymbol{J}_v^{\mathrm{T}}\quad \boldsymbol{J}_\omega^{\mathrm{T}}]\begin{bmatrix}\boldsymbol{f}_e\\ \boldsymbol{m}_e\end{bmatrix}=\boldsymbol{J}_v^{\mathrm{T}}\boldsymbol{f}_e+\boldsymbol{J}_\omega^{\mathrm{T}}\boldsymbol{m}_e \tag{10.30}$$

由于 3R 肘机械臂一般用于末端定位，为简化起见，可假设末端力矩为零，即 $\boldsymbol{m}_e=\boldsymbol{0}$，则静力学方程退化为

$$\boldsymbol{\tau}=\boldsymbol{J}_v^{\mathrm{T}}\boldsymbol{f}_e \tag{10.31}$$

处于肘部奇异时的 ${}^n\boldsymbol{J}_v$ 如式(8.17)所示，相应的静力学方程为

$$\begin{bmatrix}\tau_1\\ \tau_2\\ \tau_3\end{bmatrix}=\begin{bmatrix}0 & 0 & \pm(a_2+a_3c_2)\\ 0 & a_3\pm a_2 & 0\\ 0 & a_3 & 0\end{bmatrix}\begin{bmatrix}{}^3f_{ex}\\ {}^3f_{ey}\\ {}^3f_{ez}\end{bmatrix} \tag{10.32}$$

式(10.32)表明，此时的关节力矩与 ${}^3f_{ex}$ 无关，这说明末端沿 x_3 方向的作用力分量由机器人本体来承受而不在关节 1～关节 3 处产生平衡力矩。

处于肩部奇异时的 ${}^n\boldsymbol{J}_v$ 如式(8.20)所示，相应的静力学方程为

$$\begin{bmatrix}\tau_1\\ \tau_2\\ \tau_3\end{bmatrix}=\begin{bmatrix}0 & 0 & 0\\ a_2s_3 & a_3+a_2c_3 & 0\\ 0 & a_3 & 0\end{bmatrix}\begin{bmatrix}{}^3f_{ex}\\ {}^3f_{ey}\\ {}^3f_{ez}\end{bmatrix} \tag{10.33}$$

式(10.33)表明，此时的关节力矩与 ${}^3f_{ez}$ 无关，这说明末端沿 z_3 方向的作用力分量由机器人本体来承受而不在关节 1～关节 3 处产生平衡力矩。另外，由式(10.33)还发现一个有趣的现象，处于肩部奇异时，关节 1 的平衡力矩总为 0，这在某些需要大力矩操作且保护关节的时候会有应用价值。

10.3　机器人动力学基础

机器人是多个杆件通过关节连接而成的，是典型的多刚体系统(本书不考虑柔体的情况)。为了研究其运动规律，需要在经典力学的基础上建立其动力学模型，建模的思路有矢量力学和分析力学两个方面。矢量力学是根据牛顿力学基本原理，直接采用矢量形式的力和力矩来推导方程，得到反映刚体平动的牛顿方程和反映转动的欧拉方程，具有物理概念清晰的优点，但对于多刚体系统，由于存在限制刚体运动的约束力，增加了未知变量的个数。分析力学则采用标量形式的能量和功来代替对矢量形式的力和力矩的分析，主要优点是方程中不存在理想约束力。本节将介绍矢量力学和分析力学中的重要原理，作为机器人动力学建模的基础。

10.3.1　牛顿方程与欧拉方程

(1) 刚体平动动力学。

刚体 B 可以看作由任意多个质点 $P_k(k=1,2,\cdots)$ 组成的质点系，刚体上任意质点坐标示意图如图 10.7 所示，其中$\{x_I y_I z_I\}$为惯性系，其原点为 O_I；刚体的质心为 O_c，相对于惯性系原点的矢径为 $\boldsymbol{r}_c$；刚体上的质点 P_k 相对于 O_I 和 O_c 的矢径分别为 $\boldsymbol{r}_k$ 和 $\boldsymbol{\rho}_k$。

设质点 P_k 的质量为 m_k，则其线动量为

$$\boldsymbol{P}_k = m_k \dot{\boldsymbol{r}}_k \tag{10.34}$$

整个刚体的线动量为

$$\boldsymbol{P} = \sum_k \boldsymbol{P}_k = \sum_k m_k \dot{\boldsymbol{r}}_k = m\dot{\boldsymbol{r}}_c \tag{10.35}$$

其中，m 为整个刚体的质量。

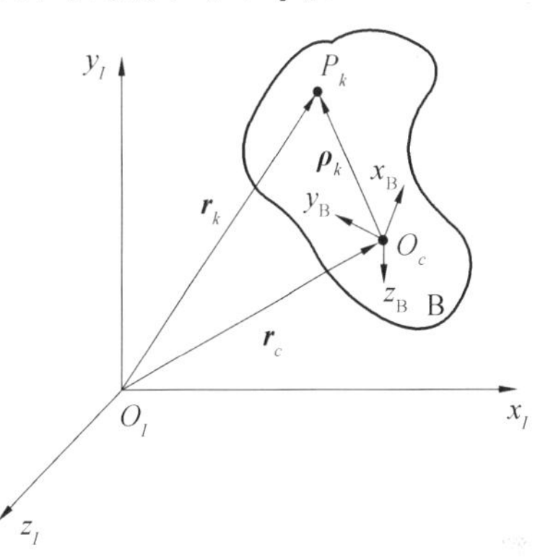

图 10.7　刚体上任意质点坐标示意图

根据牛顿运动定律，质点 P_k 的作用力等于 $m_k\ddot{\boldsymbol{r}}_k$，而其所受的力包括系统外的合力 $\boldsymbol{F}_k^{(e)}$ 和质点间相互作用的内力合力 $\boldsymbol{F}_k^{(i)}$。由于质点系的内力总是成对存在(作用力与反作用力，大小相等、方向相反)，因此对系统内全部质点求和时，内力之和为零，即 $\sum_k \boldsymbol{F}_k^{(i)}=0$。令 $\boldsymbol{F}^{(e)}=\sum_k \boldsymbol{F}_k^{(e)}$，并对式(10.35) 求导后有

$$\dot{\boldsymbol{P}} = m\ddot{\boldsymbol{r}}_c = \boldsymbol{F}^{(e)} \tag{10.36}$$

式(10.36) 表明系统的动量对时间的导数等于其所受的合外力，反映了刚体质心平动的特点，称为牛顿方程。

刚体平动的动能为

$$T = \frac{1}{2} m \boldsymbol{v}_c^{\mathrm{T}} \boldsymbol{v}_c \tag{10.37}$$

(2) 刚体转动动力学。

当刚体以瞬时角速度 $\boldsymbol{\omega}$(绝对角速度，即相对于惯性系的角速度) 转动时，刚体上的质点 P_k 的线速度为刚体质心线速度与牵连速度的和，即：

$$\boldsymbol{v}_k = \dot{\boldsymbol{r}}_k = \boldsymbol{v}_c + \boldsymbol{\omega} \times \boldsymbol{\rho}_k \tag{10.38}$$

其中，$\boldsymbol{v}_c = \dot{\boldsymbol{r}}_c$ 为刚体质心的线速度。

因此,质点 P_k 相对于刚体质心 O_c 的动量矩为

$$\boldsymbol{L}_{ck}=\boldsymbol{\rho}_k\times m_k\boldsymbol{v}_k=\boldsymbol{\rho}_k\times m_k(\boldsymbol{v}_c+\boldsymbol{\omega}\times\boldsymbol{\rho}_k)=m_k\boldsymbol{\rho}_k\times\boldsymbol{v}_c+m_k\boldsymbol{\rho}_k\times(\boldsymbol{\omega}\times\boldsymbol{\rho}_k) \tag{10.39}$$

整个刚体相对于其质心 O_c 的动量矩为

$$\boldsymbol{L}_c=\sum_k\boldsymbol{L}_{ck}=\sum_k(m_k\boldsymbol{\rho}_k\times\boldsymbol{v}_c)+\sum_k(m_k\boldsymbol{\rho}_k\times(\omega\times\boldsymbol{\rho}_k)) \tag{10.40}$$

由于 $\sum_k m_k\boldsymbol{\rho}_k$ 为刚体上各质点相对于其质心的矩的矢量和,故 $\sum_k m_k\boldsymbol{\rho}_k=\boldsymbol{0}$,因此 $\sum_k(m_k\boldsymbol{\rho}_k\times\boldsymbol{v}_c)=\left(\sum_k m_k\boldsymbol{\rho}_k\right)\times\boldsymbol{v}_c=\boldsymbol{0}$,将其代入式(10.40),有

$$\boldsymbol{L}_c=\sum_k(m_k\boldsymbol{\rho}_k\times(\boldsymbol{\omega}\times\boldsymbol{\rho}_k))=\boldsymbol{I}_c\boldsymbol{\omega} \tag{10.41}$$

其中,$\boldsymbol{I}_c$ 为刚体相对于其质心的惯量矩阵,也称为惯量张量,具有如下的形式:

$$\boldsymbol{I}_c=\begin{bmatrix} I_{xx} & I_{xy} & I_{xz} \\ I_{xy} & I_{yy} & I_{yz} \\ I_{xz} & I_{yz} & I_{zz} \end{bmatrix} \tag{10.42}$$

上式中,对角线的元素 I_{xx}、I_{yy}、I_{zz} 分别为绕刚体质心坐标系的 x、y、z 轴的惯性矩,计算公式如下:

$$\begin{cases} I_{xx}=\int_B(y^2+z^2)\,\mathrm{d}m \\ I_{yy}=\int_B(z^2+x^2)\,\mathrm{d}m \\ I_{zz}=\int_B(x^2+y^2)\,\mathrm{d}m \end{cases} \tag{10.43}$$

而分对角线的元素 I_{xy}、I_{yz}、I_{xz} 为惯性积(混合积),计算公式为

$$\begin{cases} I_{xy}=-\int_B xy\,\mathrm{d}m \\ I_{yz}=-\int_B yz\,\mathrm{d}m \\ I_{xz}=-\int_B xz\,\mathrm{d}m \end{cases} \tag{10.44}$$

需要指出的是,关于惯性积 $I_{ij}(ij)$ 的定义,部分文献采用 $I_{ij}=\int_B xy\,\mathrm{d}m$,即与式(10.44)中的符号相反,相应地,式(10.42) 中 I_{xy}、I_{yz}、I_{xz} 前面要有负号。本书考虑与经典力学中严谨的推导和定义一致,采用式(10.42) 的定义。读者在使用相关文献时要特别注意其定义形式,使用仿真分析软件时也需要注意其具体说明。

对(10.41) 进行求导,有

$$\dot{\boldsymbol{L}}_c=\boldsymbol{I}_c\dot{\boldsymbol{\omega}}+\boldsymbol{\omega}\times(\boldsymbol{I}_c\boldsymbol{\omega}) \tag{10.45}$$

根据质点系相对于质心的动力矩定理可知,质点系相对于质心的动量矩对时间的导数等于所有外力对质心的主矩,即 $\dot{\boldsymbol{L}}_c=\sum_k\boldsymbol{M}_c(\boldsymbol{F}_k^{(e)})$,将其代入式(10.45) 后,可得

$$\boldsymbol{I}_c\dot{\boldsymbol{\omega}}+\boldsymbol{\omega}\times(\boldsymbol{I}_c\boldsymbol{\omega})=\sum_k\boldsymbol{M}_c(\boldsymbol{F}_k^{(e)}) \tag{10.46}$$

其中,函数 $\boldsymbol{M}_c(\boldsymbol{F})$ 表示力 $\boldsymbol{F}$ 对质心 O_c 的主矩。

式(10.46) 即为欧拉方程,建立了外力矩与刚体角速度、角加速度的关系,是刚体转动动力学的基础。

刚体转动的动能为

$$T=\frac{1}{2}\boldsymbol{\omega}^{\mathrm{T}}\boldsymbol{I}_{\mathrm{c}}\boldsymbol{\omega} \tag{10.47}$$

(3) 一般运动刚体的动能。

对于同时具有平动和转动的刚体,其总的动能由质心平动动能与绕质心转动的动能组成,即:

$$T=\frac{1}{2}m\boldsymbol{v}_{\mathrm{c}}^{\mathrm{T}}\boldsymbol{v}_{\mathrm{c}}+\frac{1}{2}\boldsymbol{\omega}^{\mathrm{T}}\boldsymbol{I}_{\mathrm{c}}\boldsymbol{\omega} \tag{10.48}$$

10.3.2　达朗贝尔原理

假设质点在惯性基下运动,作用于其上的主动力为 $\boldsymbol{F}_k$,约束力为 $\boldsymbol{F}_{Nk}$,达朗贝尔惯性力如图 10.8 所示。根据牛顿第二定律,质点的动力学方程为

$$m_k\ddot{\boldsymbol{r}}_k=\boldsymbol{F}_k+\boldsymbol{F}_{Nk} \tag{10.49}$$

定义:

$$\boldsymbol{F}_{ik}=-m_k\ddot{\boldsymbol{r}}_k \tag{10.50}$$

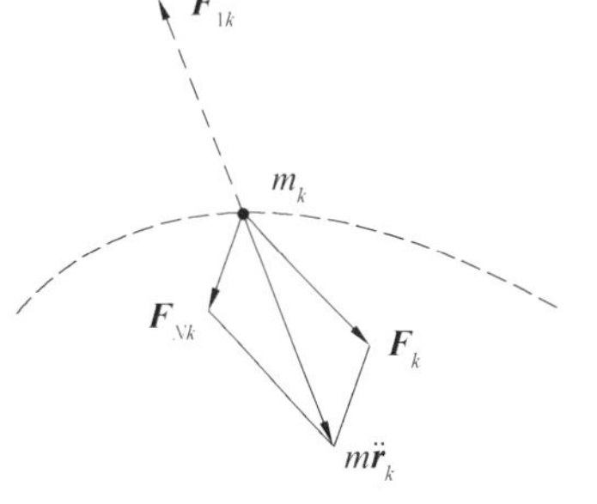

图 10.8　达朗贝尔惯性力

式(10.50) 中的 $\boldsymbol{F}_{Ii}$ 为该质点的达朗贝尔惯性力,将式(10.50) 代入式(10.49) 后可得

$$\boldsymbol{F}_k+\boldsymbol{F}_{Nk}+\boldsymbol{F}_{ik}=\boldsymbol{0} \tag{10.51}$$

由此可得以下结论:作用在质点上的主动力、约束力和达朗贝尔惯性力在形式上组成平衡力系。这就是质点的达朗贝尔原理。

对于质点系,则满足如下关系:

$$\sum_k\boldsymbol{F}_k^{(\mathrm{e})}+\sum_k\boldsymbol{F}_k^{(i)}+\sum_k\boldsymbol{F}_{ik}=\boldsymbol{0} \tag{10.52}$$

$$\sum_k\boldsymbol{M}_o(\boldsymbol{F}_k^{(\mathrm{e})})+\sum_k\boldsymbol{M}_o(\boldsymbol{F}_k^{(i)})+\sum_k\boldsymbol{M}_o(\boldsymbol{F}_{ik})=\boldsymbol{0} \tag{10.53}$$

式(10.53) 中的 $\boldsymbol{M}_o(\boldsymbol{F})$ 表示由主矢 $\boldsymbol{F}$ 相对于惯性空间中的 O 点产生的主矩。由于质点系的内力总是成对存在,因此 $\sum_k\boldsymbol{F}_k^{(i)}=\boldsymbol{0}$ 和 $\sum_k\boldsymbol{M}_o(\boldsymbol{F}_k^{(i)})=\boldsymbol{0}$,分别代入式(10.52) 和式(10.53) 后,得到如下方程:

$$\sum_k\boldsymbol{F}_k^{(\mathrm{e})}+\sum_k\boldsymbol{F}_{ik}=\boldsymbol{0} \tag{10.54}$$

$$\sum_k\boldsymbol{M}_o(\boldsymbol{F}_k^{(\mathrm{e})})+\sum_k\boldsymbol{M}_o(\boldsymbol{F}_{ik})=\boldsymbol{0} \tag{10.55}$$

方程(10.54) 和式(10.55) 表明,作用在质点系上的所有外力与所有质点上虚加的惯性力在形式上构成平衡力系。这就是质点系的达朗贝尔原理。

10.3.3　拉格朗日方程

将达朗贝尔原理和虚功原理结合起来,组成动力学方程,为求解复杂的动力学问题提供了一种普适的方法。

(1) 完整约束系统的普遍方程。

对于 n 自由度的多刚体系统,可用 n 个独立参数来对其状态进行描述,这 n 个独立变量即为该系统的广义坐标,表示为 $q_i(i=1,2,\cdots,n)$。若系统中的质点 P_k 在参考系中的矢径

为 $\boldsymbol{r}_k=[x_k,y_k,z_k]^{\mathrm{T}}$,可将其表示为独立坐标的函数,即 $\boldsymbol{r}_k=\boldsymbol{r}_k(q_1,q_2,\cdots,q_n)$。相应地,各质点的虚位移为

$$\delta\boldsymbol{r}_k=\sum_{i=1}^{n}\frac{\partial\boldsymbol{r}_k}{\partial q_i}\delta\boldsymbol{q}_i\quad(k=1,2,\cdots)\tag{10.56}$$

若系统只受理想约束,由虚功原理并结合式(10.54) 和式(10.50),可得

$$\sum_k(\boldsymbol{F}_k^{(\mathrm{e})}+\boldsymbol{F}_k^{(i)}+\boldsymbol{F}_{ik})\cdot\delta\boldsymbol{r}_k=\sum_k(\boldsymbol{F}_k^{(\mathrm{e})}-m_k\ddot{\boldsymbol{r}}_k)\cdot\delta\boldsymbol{r}_k=0\tag{10.57}$$

上式表明:在理想约束条件下,质点系在任一瞬时所受的主动力系和虚加的惯性力系在虚位移上所做的功的和为零。式(10.57) 为质点系的动力学普遍方程。

将式(10.56) 代入式(10.57) 可得

$$\sum_k\left((\boldsymbol{F}_k^{(\mathrm{e})}-m_k\ddot{\boldsymbol{r}}_k)\cdot\sum_{i=1}^{n}\frac{\partial\boldsymbol{r}_k}{\partial q_i}\delta\boldsymbol{q}_i\right)=0\tag{10.58}$$

改变式(10.58) 中的求和次序,有

$$\sum_{i=1}^{n}\left(\sum_k\boldsymbol{F}_k^{(\mathrm{e})}\cdot\frac{\partial\boldsymbol{r}_k}{\partial q_i}-\sum_k m_k\ddot{\boldsymbol{r}}_k\cdot\frac{\partial\boldsymbol{r}_k}{\partial q_i}\right)\delta\boldsymbol{q}_i=0\tag{10.59}$$

上式中,令

$$Q_i=\sum_k\boldsymbol{F}_k^{(\mathrm{e})}\cdot\frac{\partial\boldsymbol{r}_k}{\partial q_i}\tag{10.60}$$

则主动力所做的虚功为

$$\delta W_F=\sum_{i=1}^{n}\left(\sum_k\boldsymbol{F}_k^{(\mathrm{e})}\cdot\frac{\partial\boldsymbol{r}_k}{\partial q_i}\right)\delta\boldsymbol{q}_i=\sum_{i=1}^{n}Q_i\delta\boldsymbol{q}_i\tag{10.61}$$

上式中,Q_iq_i 具有功的量纲,所以称 Q_i 为与广义坐标 q_i 相对应的广义力。

广义力的量纲由与它所对应的广义坐标来定:若 q_i 的量纲为线位移,则 Q_i 的量纲为力;若 q_i 的量纲为角位移,则 Q_i 的量纲为力矩。

将式(10.60) 代入式(10.59),有

$$\sum_{i=1}^{n}\left(\sum_k\boldsymbol{F}_k^{(\mathrm{e})}\cdot\frac{\partial\boldsymbol{r}_k}{\partial q_i}-\sum_k m_k\ddot{\boldsymbol{r}}_k\cdot\frac{\partial\boldsymbol{r}_k}{\partial q_i}\right)\delta\boldsymbol{q}_i=\sum_{i=1}^{n}\left(Q_i-\sum_k m_k\ddot{\boldsymbol{r}}_k\cdot\frac{\partial\boldsymbol{r}_k}{\partial q_i}\right)\delta\boldsymbol{q}_i=0\tag{10.62}$$

对于完整约束系统,其广义坐标是相互独立的,故 q_i 是任意的。为使式(10.62) 恒成立,则必有

$$Q_i-\sum_k m_k\ddot{\boldsymbol{r}}_k\cdot\frac{\partial\boldsymbol{r}_k}{\partial q_i}=0\quad(i=1,2,\cdots,n)\tag{10.63}$$

与广义力 Q_i 相对应,上式中的第二项称为广义惯性力。可以进一步推导得到

$$\sum_k m_k\ddot{\boldsymbol{r}}_k\cdot\frac{\partial\boldsymbol{r}_k}{\partial q_i}=\frac{\mathrm{d}}{\mathrm{d}t}\left[\frac{\partial}{\partial\dot{q}_i}\sum_k\left(\frac{1}{2}m_k\dot{\boldsymbol{r}}_k^{\mathrm{T}}\dot{\boldsymbol{r}}_k\right)\right]-\frac{\partial}{\partial q_i}\sum_k\left(\frac{1}{2}m_k\dot{\boldsymbol{r}}_k^{\mathrm{T}}\dot{\boldsymbol{r}}_k\right)\tag{10.64}$$

其中,$\sum_k\left(\frac{1}{2}m_k\dot{\boldsymbol{r}}_k^{\mathrm{T}}\dot{\boldsymbol{r}}_k\right)$ 即为质点系的动能,用 T 表示,因此,式(10.64) 可简写为

$$\sum_k m_k\ddot{\boldsymbol{r}}_k\cdot\frac{\partial\boldsymbol{r}_k}{\partial q_i}=\frac{\mathrm{d}}{\mathrm{d}t}\left(\frac{\partial T}{\partial\dot{q}_i}\right)-\frac{\partial T}{\partial q_i}\tag{10.65}$$

结合式(10.63) 和式(10.65),可得

$$\frac{\mathrm{d}}{\mathrm{d}t}\left(\frac{\partial T}{\partial\dot{q}_i}\right)-\frac{\partial T}{\partial q_i}=Q_i\quad(i=1,2,\cdots,n)\tag{10.66}$$

式(10.66) 称为第二类拉格朗日方程,简称拉格朗日方程,是二阶常微分方程组,方程的数量等于质点系的自由度数。

需要指出的是，该方程只适用于具有完整约束的系统。对于含有非完整约束的情况，可采用带有拉格朗日乘子的、更普遍的第一类拉格朗日方程。其中的 Q_i 包含了所有相应于广义坐标 q_i 的广义力，包括有势力（所做的功只与力作用点的初始和终点位置有关，与该点的轨迹形状无关，如重力、弹性力等）和非有势力（不具有有势力特性的其他类型的作用力，如铰链的驱动力 / 力矩、摩擦力等）。

(2) 保守系统的拉格朗日方程。

如果作用于质点系上的主动力均为有势力，则质点系势能 V 是质点坐标的函数，记为

$$V = V(x_1, y_1, z_1, \cdots) \tag{10.67}$$

采用广义坐标表示质点的位置后，质点系的势能可写为广义坐标的函数，即：

$$V = V(q_1, q_2, \cdots, q_n) \tag{10.68}$$

则势力场中的广义力表达式为

$$Q_i = -\sum_k \frac{\partial V}{\partial \boldsymbol{r}_k}\frac{\partial \boldsymbol{r}_k}{\partial q_i} = -\frac{\partial V}{\partial q_i} \quad (i = 1, 2, \cdots, n) \tag{10.69}$$

式中的 Q_i 为广义有势力，将其代入式(10.66)后，可得

$$\frac{\mathrm{d}}{\mathrm{d}t}\left(\frac{\partial T}{\partial \dot{q}_i}\right) - \frac{\partial (T - V)}{\partial q_i} = 0 \quad (i = 1, 2, \cdots, n) \tag{10.70}$$

定义拉格朗日函数 L 为

$$L = T - V \tag{10.71}$$

由于势能 V 与广义速度 $\dot{q}_i$ 无关，$\frac{\partial T}{\partial \dot{q}_i}$ 与 $\frac{\partial L}{\partial \dot{q}_i}$ 相同，结合这一特点和拉格朗日函数的定义，式(10.70) 可写成如下形式：

$$\frac{\mathrm{d}}{\mathrm{d}t}\left(\frac{\partial L}{\partial \dot{q}_i}\right) - \frac{\partial L}{\partial q_i} = 0 \quad (i = 1, 2, \cdots, n) \tag{10.72}$$

式(10.72) 为保守系统的拉格朗日方程。

(3) 非有势力分离的拉格朗日方程。

由于有势力和非有势力具有不同的特点，结合式(10.66) 和式(10.72)，把非有势力单独分离出来，在动力学分析和控制方面具有重要的意义。广义有势力的表达式为式(10.69)，将广义非有势力记为 $Q'_i (i = 1, 2, \cdots, n)$，则总的广义力为

$$Q_i = -\frac{\partial V}{\partial q_i} + Q'_i \quad (i = 1, 2, \cdots, n) \tag{10.73}$$

将式(10.73) 代入式(10.66) 后，进行化简，可得如下方程：

$$\frac{\mathrm{d}}{\mathrm{d}t}\left(\frac{\partial L}{\partial \dot{q}_i}\right) - \frac{\partial L}{\partial q_i} = Q'_i \quad (i = 1, 2, \cdots, n) \tag{10.74}$$

为了方便推导，在不强调有势力的情况下，将 Q'_i 的右上标去掉，则式(10.74) 为

$$\frac{\mathrm{d}}{\mathrm{d}t}\left(\frac{\partial L}{\partial \dot{q}_i}\right) - \frac{\partial L}{\partial q_i} = Q_i \quad (i = 1, 2, \cdots, n) \tag{10.75}$$

式(10.75) 即为拉格朗日方程的另一种表现形式，在多体动力学建模中得到广泛的应用。需要指出的是，Q_i 为系统中的广义非有势力。

10.4 机器人拉格朗日动力学建模方法

机器人动力学对机器人机械结构设计分析、运动仿真和控制算法设计起着至关重要的作用。关于机器人动力学建模,常用的方法有拉格朗日法、牛顿－欧拉法、高斯法、凯恩(Kane)法等。本节主要介绍拉格朗日动力学建模方法,下节介绍牛顿－欧拉法。

根据前面的论述可知,采用拉格朗日法建立机器人系统的动力学模型,主要步骤如下:(1)计算各连杆的速度;(2)计算系统的总动能;(3)计算系统的总势能;(4)构造拉格朗日函数;(5)根据式(10.75)推导得到拉格朗日动力学方程。

10.4.1 连杆上质点的速度

假设机器人有 n 个自由度,连杆 $i(i=1,2,\cdots,n)$ 上的质点在$\{i\}$系和$\{0\}$系下的齐次坐标分别为${}^{0}\bar{\boldsymbol{r}}$ 和${}^{i}\bar{\boldsymbol{r}}$,则满足如下关系:

$$ {}^{0}\bar{\boldsymbol{r}}={}^{0}\boldsymbol{T}_{i}{}^{i}\bar{\boldsymbol{r}} \tag{10.76}$$

由于${}^{i}\bar{\boldsymbol{r}}$ 是连杆上的质点在该连杆坐标系中的坐标,是常值,因此其速度为

$$ {}^{0}\dot{\bar{\boldsymbol{r}}}=\frac{\mathrm{d}({}^{0}\boldsymbol{T}_{i}{}^{i}\bar{\boldsymbol{r}})}{\mathrm{d}t}=\left(\sum_{j=1}^{i}\frac{\partial({}^{0}\boldsymbol{T}_{i})}{\partial q_{j}}\dot{q}_{j}\right){}^{i}\bar{\boldsymbol{r}} \tag{10.77}$$

速度的平方为

$$ \dot{\bar{\boldsymbol{r}}}^{\mathrm{T}}\dot{\bar{\boldsymbol{r}}}=\mathrm{tr}(\dot{\bar{\boldsymbol{r}}}\dot{\bar{\boldsymbol{r}}}^{\mathrm{T}})=\mathrm{tr}\left(\sum_{j=1}^{i}\sum_{k=1}^{i}\mathrm{Tr}\left(\frac{\partial({}^{0}\boldsymbol{T}_{i})}{\partial q_{j}}{}^{i}\dot{\bar{\boldsymbol{r}}}{}^{i}\dot{\bar{\boldsymbol{r}}}^{\mathrm{T}}\frac{\partial({}^{0}\boldsymbol{T}_{i})^{\mathrm{T}}}{\partial q_{k}}\right)\dot{q}_{j}\dot{q}_{k}\right) \tag{10.78}$$

式中的函数 tr(•)表示对矩阵求迹,用于代替矢量点乘。

10.4.2 机器人系统的动能及势能

(1)系统动能。

连杆 i 上质量为 $\mathrm{d}m$ 的质点的动能为

$$\begin{aligned} \mathrm{d}T_{i}&=\frac{1}{2}(\mathrm{d}m)\dot{\bar{\boldsymbol{r}}}^{\mathrm{T}}\dot{\bar{\boldsymbol{r}}}=\frac{1}{2}\mathrm{tr}\left(\sum_{j=1}^{i}\sum_{k=1}^{i}\mathrm{Tr}\left(\frac{\partial({}^{0}\boldsymbol{T}_{i})}{\partial q_{j}}{}^{i}\dot{\bar{\boldsymbol{r}}}{}^{i}\dot{\bar{\boldsymbol{r}}}^{\mathrm{T}}\frac{\partial({}^{0}\boldsymbol{T}_{i})^{\mathrm{T}}}{\partial q_{k}}\right)\dot{q}_{j}\dot{q}_{k}\right)\mathrm{d}m \\ &=\frac{1}{2}\mathrm{tr}\left(\sum_{j=1}^{i}\sum_{k=1}^{i}\mathrm{Tr}\left(\frac{\partial({}^{0}\boldsymbol{T}_{i})}{\partial q_{j}}{}^{i}\dot{\bar{\boldsymbol{r}}}{}^{i}\dot{\bar{\boldsymbol{r}}}^{\mathrm{T}}\mathrm{d}m\frac{\partial({}^{0}\boldsymbol{T}_{i})^{\mathrm{T}}}{\partial q_{k}}\right)\dot{q}_{j}\dot{q}_{k}\right) \end{aligned} \tag{10.79}$$

因此,整个连杆 i 的动能为

$$ T_{i}=\int_{\mathrm{B}}\mathrm{d}T_{i}=\frac{1}{2}\sum_{j=1}^{i}\sum_{k=1}^{i}\mathrm{Tr}\left(\frac{\partial({}^{0}\boldsymbol{T}_{i})}{\partial q_{j}}{}^{i}\bar{\boldsymbol{J}}_{i}\frac{\partial({}^{0}\boldsymbol{T}_{i})^{\mathrm{T}}}{\partial q_{k}}\right)\dot{q}_{j}\dot{q}_{k} \tag{10.80}$$

式中,${}^{i}\bar{\boldsymbol{J}}_{i}$ 为连杆 i 的伪惯性张量,即:

$$\begin{aligned} {}^{i}\bar{\boldsymbol{J}}_{i}&=\int_{\mathrm{B}}({}^{i}\bar{\boldsymbol{r}})({}^{i}\bar{\boldsymbol{r}}^{\mathrm{T}})\,\mathrm{d}m=\begin{bmatrix}\int x^{2}\mathrm{d}m & \int xy\,\mathrm{d}m & \int xz\,\mathrm{d}m & \int x\,\mathrm{d}m\\ \int xy\,\mathrm{d}m & \int y^{2}\mathrm{d}m & \int yz\,\mathrm{d}m & \int y\mathrm{d}m\\ \int xz\,\mathrm{d}m & \int yz\,\mathrm{d}m & \int z^{2}\mathrm{d}m & \int z\mathrm{d}m\\ \int x\mathrm{d}m & \int y\mathrm{d}m & \int z\mathrm{d}m & \int \mathrm{d}m\end{bmatrix} \\ &=\begin{bmatrix}\dfrac{-I_{xx}+I_{yy}+I_{zz}}{2} & -I_{xy} & -I_{xz} & m_{i}x_{ci}\\ -I_{xy} & \dfrac{I_{xx}-I_{yy}+I_{zz}}{2} & -I_{yz} & m_{i}y_{ci}\\ -I_{xz} & -I_{yz} & \dfrac{I_{xx}+I_{yy}-I_{zz}}{2} & m_{i}z_{ci}\\ m_{i}x_{ci} & m_{i}y_{ci} & m_{i}z_{ci} & m_{i}\end{bmatrix} \end{aligned} \tag{10.81}$$

上式中，$[x_{ci}, x_{ci}, x_{ci}]^{\mathrm{T}}$ 为连杆 i 质心在$\{i\}$系中的坐标。

因此，系统的总动能为各连杆动能的总和，即：

$$T=\sum_{i=1}^{n} T_i=\frac{1}{2}\sum_{i=1}^{n}\sum_{j=1}^{i}\sum_{k=1}^{i}\mathrm{Tr}\left(\frac{\partial({}^0\boldsymbol{T}_i)}{\partial q_j}{}^i\bar{\boldsymbol{J}}_i\frac{\partial({}^0\boldsymbol{T}_i)^{\mathrm{T}}}{\partial q_k}\right)\dot{q}_j\dot{q}_k \tag{10.82}$$

齐次变换矩阵对关节变量求偏导，有如下关系：

$$\frac{\partial({}^{i-1}\boldsymbol{T}_i)}{\partial q_i}=\boldsymbol{N}_i\cdot{}^{i-1}\boldsymbol{T}_i \tag{10.83}$$

其中的矩阵 $\boldsymbol{N}_i$ 的表达式与关节类型有关。

对于旋转关节，关节变量为 θ_i，则偏导数为

$$\begin{aligned}\frac{\partial({}^{i-1}\boldsymbol{T}_i)}{\partial q_i}=\frac{\partial({}^{i-1}\boldsymbol{T}_i)}{\partial \theta_i}&=\begin{bmatrix}-s\theta_i & -c\theta_i c\alpha_i & c\theta_i s\alpha_i & -a_i s\theta_i\\ c\theta_i & -s\theta_i c\alpha_i & s\theta_i s\alpha_i & a_i c\theta_i\\ 0&0&0&0\\0&0&0&1\end{bmatrix}\\&=\begin{bmatrix}0&-1&0&0\\1&0&0&0\\0&0&0&0\\0&0&0&1\end{bmatrix}\begin{bmatrix}c\theta_i & -s\theta_i c\alpha_i & s\theta_i s\alpha_i & a_i c\theta_i\\ s\theta_i & c\theta_i c\alpha_i & -c\theta_i s\alpha_i & a_i s\theta_i\\ 0 & s\alpha_i & c\alpha_i & d_i\\ 0&0&0&1\end{bmatrix}\end{aligned} \tag{10.84}$$

矩阵 $\boldsymbol{N}_i$ 的表达式为

$$\boldsymbol{N}_i=\begin{bmatrix}0&-1&0&0\\1&0&0&0\\0&0&0&0\\0&0&0&1\end{bmatrix}\quad(\text{对于旋转关节}) \tag{10.85}$$

对于移动关节，关节变量为 d_i，则偏导数为

$$\begin{aligned}\frac{\partial({}^{i-1}\boldsymbol{T}_i)}{\partial q_i}=\frac{\partial({}^{i-1}\boldsymbol{T}_i)}{\partial d_i}&=\begin{bmatrix}0&0&0&0\\0&0&0&0\\0&0&0&1\\0&0&0&0\end{bmatrix}\\&=\begin{bmatrix}0&0&0&0\\0&0&0&0\\0&0&0&1\\0&0&0&0\end{bmatrix}\begin{bmatrix}c\theta_i & -s\theta_i c\alpha_i & s\theta_i s\alpha_i & a_i c\theta_i\\ s\theta_i & c\theta_i c\alpha_i & -c\theta_i s\alpha_i & a_i s\theta_i\\ 0 & s\alpha_i & c\alpha_i & d_i\\ 0&0&0&1\end{bmatrix}\end{aligned} \tag{10.86}$$

矩阵 $\boldsymbol{N}_i$ 的表达式为

$$\boldsymbol{N}_i=\begin{bmatrix}0&0&0&0\\0&0&0&0\\0&0&0&1\\0&0&0&0\end{bmatrix}\quad(\text{对于移动关节}) \tag{10.87}$$

进一步地，可以推导出如下关系：

$$\frac{\partial({}^0\boldsymbol{T}_i)}{\partial q_i}=\frac{\partial({}^0\boldsymbol{T}_{i-1}{}^{i-1}\boldsymbol{T}_i)}{\partial q_i}={}^0\boldsymbol{T}_{i-1}\frac{\partial({}^{i-1}\boldsymbol{T}_i)}{\partial q_i}={}^0\boldsymbol{T}_{i-1}\boldsymbol{N}_i{}^{i-1}\boldsymbol{T}_i \tag{10.88}$$

$$\frac{\partial({}^0\boldsymbol{T}_i)}{\partial q_j}=\begin{cases}\dfrac{\partial({}^0\boldsymbol{T}_{j-1}{}^{j-1}\boldsymbol{T}_j{}^j\boldsymbol{T}_i)}{\partial q_j}={}^0\boldsymbol{T}_{j-1}\dfrac{\partial({}^{j-1}\boldsymbol{T}_j)}{\partial q_j}{}^j\boldsymbol{T}_i={}^0\boldsymbol{T}_{j-1}\boldsymbol{N}_i{}^j\boldsymbol{T}_i, & j\leqslant i\\ 0, & j>i\end{cases}\tag{10.89}$$

令

$$\boldsymbol{U}_{ij}=\begin{cases}{}^0\boldsymbol{T}_{j-1}\boldsymbol{N}_i{}^j\boldsymbol{T}_i, & j\leqslant i\\ 0, & j>i\end{cases}\tag{10.90}$$

则系统的总动能(10.82)可表示为

$$T=\frac{1}{2}\sum_{i=1}^{n}\sum_{j=1}^{i}\sum_{k=1}^{i}\mathrm{Tr}\left(\frac{\partial({}^0\boldsymbol{T}_i)}{\partial q_j}{}^i\bar{\boldsymbol{J}}_i\frac{\partial({}^0\boldsymbol{T}_i)^{\mathrm{T}}}{\partial q_k}\right)\dot{q}_j\dot{q}_k=\frac{1}{2}\sum_{i=1}^{n}\sum_{j=1}^{i}\sum_{k=1}^{i}\mathrm{Tr}(\boldsymbol{U}_{ij}{}^i\bar{\boldsymbol{J}}_i\boldsymbol{U}_{ij}^{\mathrm{T}})\dot{q}_j\dot{q}_k\tag{10.91}$$

(2) 系统势能。

连杆 i 的势能为

$$V_i=-m_i\tilde{\boldsymbol{g}}^{\mathrm{T}0}\bar{\boldsymbol{r}}_{ci}=-m_i\tilde{\boldsymbol{g}}^{\mathrm{T}0}\boldsymbol{T}_i{}^i\bar{\boldsymbol{r}}_{ci}\tag{10.92}$$

式中,m_i 为连杆i 的质量;$\tilde{\boldsymbol{g}}=[g_x,g_y,g_z,0]^{\mathrm{T}}$ 为重力加速度 $\boldsymbol{g}=[g_x,g_y,g_z]^{\mathrm{T}}$ 的扩展向量;${}^i\bar{\boldsymbol{r}}_{ci}$ 为杆件 i 的质心在坐标系 i 中的表示(齐次坐标),即${}^i\bar{\boldsymbol{r}}_{ci}=[x_{ci},y_{ci},z_{ci},1]^{\mathrm{T}}$。

则机器人系统的总势能为

$$V=\sum_{i=1}^{n}V_i=-\sum_{i=1}^{n}m_i\tilde{\boldsymbol{g}}^{\mathrm{T}0}\boldsymbol{T}_i{}^i\bar{\boldsymbol{r}}_{ci}\tag{10.93}$$

10.4.3 拉格朗日动力学方程

(1) 动力学方程推导。

由式(10.82)和式(10.93)可得,系统的拉格朗日函数为

$$L=T-V=\frac{1}{2}\sum_{i=1}^{n}\sum_{j=1}^{i}\sum_{k=1}^{i}\mathrm{Tr}\left(\frac{\partial({}^0\boldsymbol{T}_i)}{\partial q_j}{}^i\bar{\boldsymbol{J}}_i\frac{\partial({}^0\boldsymbol{T}_i)^{\mathrm{T}}}{\partial q_k}\right)\dot{q}_j\dot{q}_k+\sum_{i=1}^{n}m_i\tilde{\boldsymbol{g}}^{\mathrm{T}0}\boldsymbol{T}_i{}^i\bar{\boldsymbol{r}}_{ci}\tag{10.94}$$

将式(10.94)代入式(10.75)可以推导出机器人系统的动力学方程,即:

$$\frac{\mathrm{d}}{\mathrm{d}t}\left(\frac{\partial L}{\partial\dot{q}_i}\right)-\frac{\partial L}{\partial q_i}=\boldsymbol{Q}_i\quad(i=1,\cdots,n)\tag{10.95}$$

对于机器人系统而言,其所受的非有势力包括关节驱动力/力矩、关节摩擦力、末端作用力等。以关节变量为整个系统的广义坐标,则关节驱动力/力矩 τ_i 直接对应于q_i,因此是关节广义力的一部分;而末端作用力/力矩需要经过力雅可比矩阵映射后才能对应到关节变量成为关节广义力的一部分。因此,同时考虑关节驱动力和末端作用力时(若存在摩擦力及其他非有势力,可以类似处理),相应于 q_i 的广义力具有如下形式:

$$\boldsymbol{Q}_i=\tau_i-(\boldsymbol{J}^{\mathrm{T}}\boldsymbol{F}_{\mathrm{e}})_{(i)}\,(i=1,\cdots,n)\tag{10.96}$$

其中,$(\boldsymbol{J}^{\mathrm{T}}\boldsymbol{F}_{\mathrm{e}})_{(i)}$ 表示 $\boldsymbol{J}^{\mathrm{T}}\boldsymbol{F}_{\mathrm{e}}$ 的第 i 个元素,$-(\boldsymbol{J}^{\mathrm{T}}\boldsymbol{F}_{\mathrm{e}})_{(i)}$ 表示末端所受作用力($-\boldsymbol{F}_{\mathrm{e}}$)映射到关节 i 的广义力。将式(10.96)代入式(10.95),并写成矩阵的形式,有

$$\boldsymbol{D}(\boldsymbol{q})\ddot{q}+\boldsymbol{h}(\boldsymbol{q},\dot{\boldsymbol{q}})+G(\boldsymbol{q})=\tau-\boldsymbol{J}^{\mathrm{T}}\boldsymbol{F}_{\mathrm{e}}\tag{10.97}$$

式中,$\boldsymbol{D}(\boldsymbol{q})\in\Re^{n\times n}$ 为机器人系统的等效惯性矩阵(Inertia Matrix),是对称、正定矩阵,与机器人的臂型有关,其第(i,k)元素为

$$D_{ik}(\boldsymbol{q})=\sum_{j=\max(i,k)}^{n}\frac{\partial({}^0\boldsymbol{T}_j)}{\partial q_i}{}^j\bar{\boldsymbol{J}}_j\frac{\partial({}^0\boldsymbol{T}_j)^{\mathrm{T}}}{\partial q_k}\quad(i,j=1,\cdots,n)\tag{10.98}$$

式(10.97)中,$\boldsymbol{h}(\boldsymbol{q},\dot{\boldsymbol{q}})\in\Re^{n\times1}$ 为速度耦合项,包含了科氏力和离心力,即 $\boldsymbol{h}(\boldsymbol{q},\dot{\boldsymbol{q}})=[h_1,$

$h_2,\cdots,h_n]^{\mathrm{T}}$，其中各元素的表达式为

$$h_i=\sum_{k=1}^{n}\sum_{m=1}^{n}h_{ikm}\dot{q}_k\dot{q}_m \quad (i=1,\cdots,n) \tag{10.99}$$

$$h_{ikm}=\sum_{j=\max(i,k,m)}^{n}\frac{\partial({}^0\boldsymbol{T}_j)}{\partial q_i}^{j}\bar{\boldsymbol{J}}_j\frac{\partial^2({}^0\boldsymbol{T}_j)^{\mathrm{T}}}{\partial q_k\partial q_m}=\frac{\partial D_{ik}}{\partial q_m}-\frac{1}{2}\frac{\partial D_{km}}{\partial q_i} \tag{10.100}$$

式(10.97)中，$\boldsymbol{G}(\boldsymbol{q})\in\Re^{n\times 1}$ 为重力矢量，只与臂型 $\boldsymbol{q}$ 有关，即 $\boldsymbol{G}(\boldsymbol{q})=[G_1,G_2,\cdots,G_n]^{\mathrm{T}}$，其中各元素的表达式为

$$G_i=-\sum_{j=i}^{n}\left(m_j\tilde{\boldsymbol{g}}^{\mathrm{T}}\frac{\partial({}^0\boldsymbol{T}_j)}{\partial q_i}^{j}\bar{\boldsymbol{r}}_{cj}\right) \quad (i=1,\cdots,n) \tag{10.101}$$

式(10.97)为机器人系统的拉格朗日动力学方程，其左边包括了三项：惯性力项 $\boldsymbol{D}(\boldsymbol{q})\ddot{\boldsymbol{q}}$、非线性力项 $\boldsymbol{h}(\boldsymbol{q},\dot{\boldsymbol{q}})$ 和重力项 $\boldsymbol{G}(\boldsymbol{q})$。由于重力为有势力，故出现在方程的左边。

式(10.97)右边包括两项的，即 $\boldsymbol{\tau}$ 和 $-\boldsymbol{J}^{\mathrm{T}}\boldsymbol{F}_{\mathrm{e}}$，分别代表关节驱动力和末端所受反作用力在关节处产生的作用。当处于静态平衡状态时，$\dot{\boldsymbol{q}}$、$\ddot{\boldsymbol{q}}$ 均为零，若不考虑重力，方程的左侧也相应为零，则有 $\boldsymbol{\tau}-\boldsymbol{J}^{\mathrm{T}}\boldsymbol{F}_{\mathrm{e}}=0$，即 $\boldsymbol{\tau}=\boldsymbol{J}^{\mathrm{T}}\boldsymbol{F}_{\mathrm{e}}$，此时的动力学方程退化为静力学方程(10.17)。

当末端不与环境接触时，$\boldsymbol{F}_{\mathrm{e}}=0$，则式(10.97)退化为

$$\boldsymbol{D}(\boldsymbol{q})\ddot{\boldsymbol{q}}+\boldsymbol{h}(\boldsymbol{q},\dot{\boldsymbol{q}})+\boldsymbol{G}(\boldsymbol{q})=\boldsymbol{\tau} \tag{10.102}$$

式(10.102)为末端与环境不接触时的拉格朗日动力学方程。

根据上面的分析可知，拉格朗日动力学建模方法具有通用性，可以得到解析表达式、物理意义明显，对于机器人动力学特性的分析极其重要。缺点是计算量大，如式(10.102)乘法次数是$(128n^4+512n^3+844n^2+76n)/3$ 次、加法是$(196n^4+781n^3+1\,274n^2+107n)/6$ 次。

(2) 动力学方程的特性。

动力学方程中的矩阵具有下面的特点。

(a) 对称性。

惯量矩阵 $\boldsymbol{D}(\boldsymbol{q})$ 是对称的，其对角元素 D_{ii} 为相对于关节 i 的等效转动惯量；$D_{ij}(ij)$ 为关节 j 对关节 i 耦合作用对应的等效惯量(简称耦合惯量)，$D_{ji}(ij)$ 为关节 i 对关节 j 的耦合惯量，因此 $D_{ij}=D_{ji}$。

(b) 反对称性。

将动力学方程中速度相关的非线性力项 $\boldsymbol{h}(\boldsymbol{q},\dot{\boldsymbol{q}})$ 写成如下形式：

$$\boldsymbol{h}(\boldsymbol{q},\dot{\boldsymbol{q}})=\boldsymbol{C}(\boldsymbol{q},\dot{\boldsymbol{q}})\dot{\boldsymbol{q}} \tag{10.103}$$

其中的 $\boldsymbol{C}(\boldsymbol{q},\dot{\boldsymbol{q}})$ 为适当$(n\times n)$ 的矩阵，其元素 c_{ij} 满足下式：

$$\sum_{k=1}^{n}c_{ik}\dot{q}_k=\sum_{k=1}^{n}\sum_{m=1}^{n}h_{ikm}\dot{q}_k\dot{q}_m \quad (i=1,\cdots,n) \tag{10.104}$$

式(10.104)也说明了矩阵 $\boldsymbol{C}(\boldsymbol{q},\dot{\boldsymbol{q}})$ 的选择有多个(非唯一)，只要各元素满足上式的关系即可。

所谓的反对称性，即指惯量矩阵的导数 $\dot{\boldsymbol{D}}(\boldsymbol{q})$ 与非线性力项的速度系数矩阵 $\boldsymbol{C}(\boldsymbol{q},\dot{\boldsymbol{q}})$ 的 2 倍之差为反对称矩阵，即 $\boldsymbol{N}(\boldsymbol{q},\dot{\boldsymbol{q}})=\dot{\boldsymbol{D}}(\boldsymbol{q})-2\boldsymbol{C}(\boldsymbol{q},\dot{\boldsymbol{q}})$ 为反对称矩阵，其元素 n_{ij} 满足 $n_{ij}=-n_{ji}$。

证明　对于惯性矩阵 $\boldsymbol{D}(\boldsymbol{q})$，根据链式法则，可得矩阵 $\dot{\boldsymbol{D}}(\boldsymbol{q})$ 的第 i 行第 j 列元素为

$$\dot{D}_{ij}=\sum_{k=1}^{n}\frac{\partial D_{ij}}{\partial q_k}\dot{q}_k \tag{10.105}$$

结合式(10.100)和式(10.104)，可得 $\boldsymbol{C}(\boldsymbol{q},\dot{\boldsymbol{q}})$ 的一般元素为

$$c_{ij}=\sum_{k=1}^{n}c_{ijk}\dot{q}_k \quad (i,j=1,\cdots,n) \tag{10.106}$$

$$c_{ijk}=\frac{1}{2}\left(\frac{\partial D_{ij}}{\partial q_k}+\frac{\partial D_{ik}}{\partial q_j}-\frac{\partial D_{jk}}{\partial q_i}\right) \tag{10.107}$$

因此，矩阵 $\boldsymbol{N}(\boldsymbol{q},\dot{\boldsymbol{q}})$ 中的第 i 行第 j 列元素为

$$n_{ij}=\dot{D}_{ij}-2c_{ij}=\sum_{k=1}^{n}\left[\frac{\partial D_{ij}}{\partial q_k}-\left(\frac{\partial D_{ij}}{\partial q_k}+\frac{\partial D_{ik}}{\partial q_j}-\frac{\partial D_{kj}}{\partial q_i}\right)\right]\dot{q}_k=\sum_{k=1}^{n}\left(\frac{\partial D_{kj}}{\partial q_i}-\frac{\partial D_{ik}}{\partial q_j}\right)\dot{q}_k \tag{10.108}$$

由于 $\boldsymbol{D}$ 矩阵具有对称性，即 $\boldsymbol{D}_{kj}=\boldsymbol{D}_{jk}$，因此根据式(10.108)可得 $n_{ji}=-n_{ij}$，证毕。

10.4.4　动力学建模举例

(1) 单自由度机械臂。

平面均质单连杆机器人总长度为 l，质量为 m，杆件质量均匀分布，通过铰链与地面相连，关节角为 θ。单自由度机械臂坐标系及变量定义如图 10.9 所示。下面分别采用经典力学直接推导和采用拉格朗日方法来建立其动力学模型，并进行比较。

(a) 基于经典力学推导的动力学方程。

从经典力学的角度出发，该杆件受到驱动力矩和重力矩的共同作用，合力矩为

$$\tau_{\Sigma}=\tau-\frac{1}{2}mgl\cos\theta \tag{10.109}$$

由牛顿第二定律可知：

$$\tau_{\Sigma}=J\ddot{\theta} \tag{10.110}$$

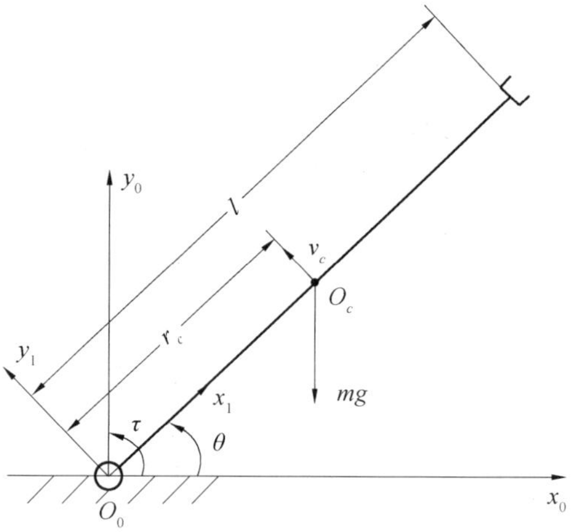

图 10.9　单自由度机械臂坐标系及变量定义

其中，J 为杆件绕 O_0 的转动惯量，对于均值杆件，按下式计算：

$$J=\frac{1}{3}ml^2 \tag{10.111}$$

将式(10.109)和式(10.111)代入式(10.110)，有

$$\tau-\frac{1}{2}mgl\cos\theta=\frac{1}{3}ml^2\ddot{\theta} \tag{10.112}$$

重新整理式(10.112)，得到如下形式的动力学方程：

$$\frac{1}{3}ml^2\ddot{\theta}+\frac{1}{2}mgl\cos\theta=\tau \tag{10.113}$$

(b) 基于拉格朗日法推导的动力学方程。

根据式(10.48)可得，仅考虑平面运动时单杆件的动能为

$$T=\frac{1}{2}m_1v_c^2+\frac{1}{2}I_c\dot{\theta}_1^2 \tag{10.114}$$

其中，v_c 为质心的线速度；$\boldsymbol{I}_c$ 为连杆绕质心的转动惯量，具体表达式如下：

$$v_c=\frac{l}{2}\dot{\theta} \tag{10.115}$$

$$I_c = \frac{1}{12} m l^2 \tag{10.116}$$

将方程(10.115)代入到方程(10.114)，有

$$T = \frac{1}{2} m v_c^2 + \frac{1}{2} I_c \dot{\theta}^2 = \frac{1}{2} m \left(\frac{l}{2}\dot{\theta}\right)^2 + \frac{1}{2}\left(\frac{1}{12} m l^2\right)\dot{\theta}^2 = \frac{1}{6} m l^2 \dot{\theta}^2 \tag{10.117}$$

杆件的势能为

$$V = mgh = \frac{1}{2} mgl \sin\theta \tag{10.118}$$

其中，g 为重力加速度。

因此，由式(10.117)和式(10.118)可得拉格朗日函数为

$$L = T - V = \frac{1}{6} m l^2 \dot{\theta}^2 - \frac{1}{2} mgl \sin\theta \tag{10.119}$$

式(10.119)所示的拉格朗日函数分别对 $\dot{\theta}$ 和 θ 求导可得

$$\begin{cases} \dfrac{\partial L}{\partial \dot{\theta}} = \dfrac{1}{3} m l^2 \dot{\theta} \\ \dfrac{\partial L}{\partial \theta} = -\dfrac{1}{2} mgl \cos\theta \end{cases} \tag{10.120}$$

将式(10.120)代入式(10.95)可得单自由度机械臂的拉格朗日动力学方程为

$$\frac{1}{3} m l^2 \ddot{\theta} + \frac{1}{2} mgl \cos\theta = \tau \tag{10.121}$$

比较式(10.121)和式(10.113)可知，两种方法得到的结果一样。

(2) 平面 2R 机械臂。

设平面 2R 机械臂两连杆的长度分别为 l_1 和 l_2，各杆件的质量均匀分布，质量分别为 m_1 和 m_2，关节角为 θ_1 和 θ_2。平面 2R 机械臂坐标系及变量定义如图 10.10 所示。

如图 10.10 可知，连杆 1 和连杆 2 的质心位置在{0}系的表示分别为

$$\boldsymbol{r}_{c1} = \begin{bmatrix} \dfrac{1}{2} l_1 \cos\theta_1 \\ \dfrac{1}{2} l_1 \sin\theta_1 \end{bmatrix} \tag{10.122}$$

$$\boldsymbol{r}_{c2} = \begin{bmatrix} l_1 \cos\theta_1 + \dfrac{1}{2} l_2 \cos(\theta_1 + \theta_2) \\ l_1 \sin\theta_1 + \dfrac{1}{2} l_2 \sin(\theta_1 + \theta_2) \end{bmatrix} \tag{10.123}$$

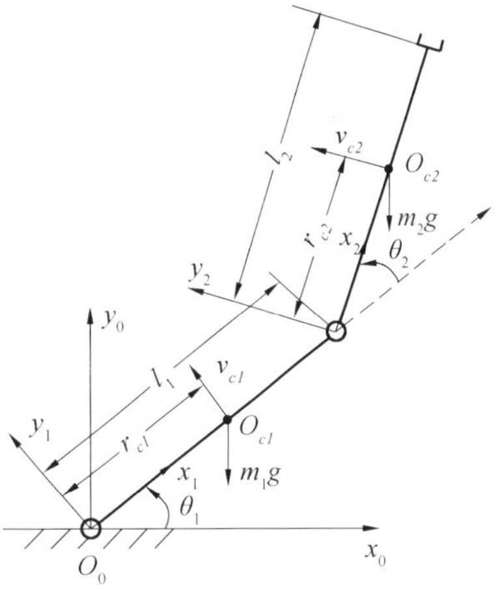

图 10.10　平面 2R 机械臂坐标系及变量定义

对方程(10.123)求导，可得连杆 1 和连杆 2 的线速度为

$$\boldsymbol{v}_{c1} = \dot{\boldsymbol{r}}_{c1} = \begin{bmatrix} -\dfrac{1}{2} l_1 \sin\theta_1 \\ \dfrac{1}{2} l_1 \cos\theta_1 \end{bmatrix} \dot{\theta}_1 \tag{10.124}$$

$$\boldsymbol{v}_{c2}=\dot{\boldsymbol{r}}_{c2}=\begin{bmatrix}-l_1\dot{\theta}_1\sin\theta_1-\frac{1}{2}l_2(\dot{\theta}_1+\dot{\theta}_2)\sin(\theta_1+\theta_2)\\ l_1\dot{\theta}_1\cos\theta_1+\frac{1}{2}l_2(\dot{\theta}_1+\dot{\theta}_2)\cos(\theta_1+\theta_2)\end{bmatrix} \tag{10.125}$$

(a) 拉格朗日动力学方程推导。

杆件 1 和杆件 2 的动能分别为

$$\begin{cases}T_1=\frac{1}{2}m_1\boldsymbol{v}_{c1}^{\mathrm{T}}\boldsymbol{v}_{c1}+\frac{1}{2}I_{c1}\omega_1^2\\ T_2=\frac{1}{2}m_2\boldsymbol{v}_{c2}^{\mathrm{T}}\boldsymbol{v}_{c2}+\frac{1}{2}I_{c2}\omega_2^2\end{cases} \tag{10.126}$$

其中，ω_1 和 ω_2 分别为连杆 1 和连杆 2 的角速度，I_{c1} 和 I_{c2} 分别为连杆 1 和连杆 2 绕各自质心的转动惯量，具体表达式如下：

$$\begin{cases}\omega_1=\dot{\theta}_1\\ \omega_2=\dot{\theta}_1+\dot{\theta}_2\end{cases} \tag{10.127}$$

$$\begin{cases}I_{c1}=\frac{1}{12}m_1l_1^2\\ I_{c2}=\frac{1}{12}m_2l_2^2\end{cases} \tag{10.128}$$

将式(10.124)、式(10.127)、式(10.128) 代入式(10.126)，可得连杆 1 和连杆 2 的动能分别为

$$\begin{cases}T_1=\frac{1}{6}m_1l_1^2\dot{\theta}_1^2\\ T_2=\frac{1}{2}m_2l_1^2\dot{\theta}_1^2+\frac{1}{2}m_2l_1l_2c_2\dot{\theta}_1(\dot{\theta}_1+\dot{\theta}_2)+\frac{1}{6}m_2l_2^2\ (\dot{\theta}_1+\dot{\theta}_2)^2\end{cases} \tag{10.129}$$

因此，系统的总动能为

$$T=T_1+T_2=\left(\frac{1}{6}m_1l_1^2+\frac{1}{2}m_2l_1^2\right)\dot{\theta}_1^2+\frac{1}{2}m_2l_1lc_2\dot{\theta}_1(\dot{\theta}_1+\dot{\theta}_2)+\frac{1}{6}m_2l_2^2\ (\dot{\theta}_1+\dot{\theta}_2)^2 \tag{10.130}$$

另一方面，连杆 1 和连杆 2 的势能分别为

$$\begin{cases}V_1=\frac{1}{2}m_1gl_1s_1\\ V_2=m_2g\left(l_1s_1+\frac{l_2}{2}s_{12}\right)\end{cases} \tag{10.131}$$

因此，系统的总势能为

$$V=V_1+V_2=\frac{1}{2}m_1gl_1s_1+m_2g\left(l_1s_1+\frac{l_2}{2}s_{12}\right) \tag{10.132}$$

根据式(10.130) 和式(10.132)，可得平面 2R 机械臂的拉格朗日函数为

$$L=\left(\frac{1}{6}m_1l_1^2+\frac{1}{2}m_2l_1^2\right)\dot{\theta}_1^2+\frac{1}{2}m_2l_1l_2c_2\dot{\theta}_1(\dot{\theta}_1+\dot{\theta}_2)+\frac{1}{6}m_2l_2^2\ (\dot{\theta}_1+\dot{\theta}_2)^2-\frac{1}{2}m_1gl_1s_1-m_2g\left(l_1s_1+\frac{l_2}{2}s_{12}\right) \tag{10.133}$$

拉格朗日函数分别对 $\dot{\theta}_1$、$\dot{\theta}_2$、θ_1 和 θ_2 求导可得

$$\begin{cases}\dfrac{\partial L}{\partial \dot{\theta}_1}=\left(\dfrac{1}{3}m_1 l_1^2+m_2 l_1^2+\dfrac{1}{3}m_2 l_2^2\right)\dot{\theta}_1+m_2 l_1 l_2 c_2\dot{\theta}_1+\dfrac{1}{2}m_2 l_1 l_2 c_2\dot{\theta}_2+\dfrac{1}{3}m_2 l_2^2\dot{\theta}_2\\ \dfrac{\partial L}{\partial \dot{\theta}_2}=\dfrac{1}{2}m_2 l_1 l_2 c_2\dot{\theta}_1+\dfrac{1}{3}m_2 l_2^2(\dot{\theta}_1+\dot{\theta}_2)\\ \dfrac{\partial L}{\partial \theta_1}=-\left[\dfrac{1}{2}m_1 g l_1 c_1+m_2 g\left(l_1 c_1+\dfrac{l_2}{2}c_{12}\right)\right]\\ \dfrac{\partial L}{\partial \theta_2}=-\dfrac{1}{2}m_2 l_1 l_2 s_2\dot{\theta}_1(\dot{\theta}_1+\dot{\theta}_2)-\dfrac{1}{2}m_2 g l_2 c_{12}\end{cases} \tag{10.134}$$

将式(10.134) 代入式(10.95) 可得平面 2R 机械臂的拉格朗日动力学方程为

$$\tau_1=\left(\frac{1}{3}m_1 l_1^2+m_2 l_1^2+\frac{1}{3}m_2 l_2^2+m_2 l_1 l_2 c_2\right)\ddot{\theta}_1+\left(\frac{1}{3}m_2 l_2^2+\frac{1}{2}m_2 l_1 l_2 c_2\right)\ddot{\theta}_2-m_2 l_1 l_2 s_2\dot{\theta}_1\dot{\theta}_2-\frac{1}{2}m_2 l_1 l_2 s_2\dot{\theta}_2^2+\left[\frac{1}{2}m_1 g l_1 c_1+m_2 g\left(l_1 c_1+\frac{l_2}{2}c_{12}\right)\right] \tag{10.135}$$

$$\tau_2=\left(\frac{1}{3}m_2 l_2^2+\frac{1}{2}m_2 l_1 l_2 c_2\right)\ddot{\theta}_1+\frac{1}{3}m_2 l_2^2\ddot{\theta}_2+\frac{1}{2}m_2 l_1 l_2 s_2\dot{\theta}_1^2+\frac{1}{2}m_2 g l_2 c_{12} \tag{10.136}$$

将方程(10.135) 和方程(10.136) 写成矩阵形式，有

$$\boldsymbol{D}(\boldsymbol{\Theta})\ddot{\boldsymbol{\Theta}}+\boldsymbol{h}(\boldsymbol{\Theta},\dot{\boldsymbol{\Theta}})+\boldsymbol{G}(\boldsymbol{\Theta})=\boldsymbol{\tau} \tag{10.137}$$

其中，

$$\boldsymbol{D}(\boldsymbol{\Theta})=\begin{bmatrix}\dfrac{1}{3}m_1 l_1^2+m_2 l_1^2+\dfrac{1}{3}m_2 l_2^2+m_2 l_1 l_2 c_2 & \dfrac{1}{3}m_2 l_2^2+\dfrac{1}{2}m_2 l_1 l_2 c_2\\ \dfrac{1}{3}m_2 l_2^2+\dfrac{1}{2}m_2 l_1 l_2 c_2 & \dfrac{1}{3}m_2 l_2^2\end{bmatrix} \tag{10.138}$$

$$\boldsymbol{h}(\boldsymbol{\Theta},\dot{\boldsymbol{\Theta}})=\begin{bmatrix}-m_2 l_1 l_2 s_2\dot{\theta}_1\dot{\theta}_2-\dfrac{1}{2}m_2 l_1 l_2 s_2\dot{\theta}_2^2\\ \dfrac{1}{2}m_2 l_1 l_2 s_2\dot{\theta}_1^2\end{bmatrix} \tag{10.139}$$

$$\boldsymbol{G}(\boldsymbol{\Theta})=\begin{bmatrix}\dfrac{1}{2}m_1 g l_1 c_1+m_2 g\left(l_1 c_1+\dfrac{l_2}{2}c_{12}\right)\\ \dfrac{1}{2}m_2 g l_2 c_{12}\end{bmatrix} \tag{10.140}$$

(b) 拉格朗日动力学分析。

由于 $\boldsymbol{h}(\boldsymbol{\Theta},\dot{\boldsymbol{\Theta}})$ 包含了向心力和科氏力，故还可将分离出来表示为

$$\boldsymbol{h}(\boldsymbol{\Theta},\dot{\boldsymbol{\Theta}})=\begin{bmatrix}0 & -\dfrac{1}{2}m_2 l_1 l_2 s_2\\ \dfrac{1}{2}m_2 l_1 l_2 s_2 & 0\end{bmatrix}\begin{bmatrix}\dot{\theta}_1^2\\ \dot{\theta}_2^2\end{bmatrix}+\begin{bmatrix}-m_2 l_1 l_2 s_2\dot{\theta}_1\dot{\theta}_2 & 0\\ 0 & 0\end{bmatrix}\begin{bmatrix}\dot{\theta}_1\dot{\theta}_2\\ \dot{\theta}_2\dot{\theta}_1\end{bmatrix} \tag{10.141}$$

式中的第一项为向心力，第二项为科氏力。相应地，方程(10.137) 可写成如下形式：

$$\begin{bmatrix}\tau_1\\ \tau_2\end{bmatrix}=\begin{bmatrix}D_{11} & D_{12}\\ D_{21} & D_{22}\end{bmatrix}\begin{bmatrix}\ddot{\theta}_1\\ \ddot{\theta}_2\end{bmatrix}+\begin{bmatrix}h_{111} & h_{122}\\ h_{211} & h_{222}\end{bmatrix}\begin{bmatrix}\dot{\theta}_1^2\\ \dot{\theta}_2^2\end{bmatrix}+\begin{bmatrix}h_{112} & h_{121}\\ h_{212} & h_{221}\end{bmatrix}\begin{bmatrix}\dot{\theta}_1\dot{\theta}_2\\ \dot{\theta}_2\dot{\theta}_1\end{bmatrix}+\begin{bmatrix}G_1\\ G_2\end{bmatrix} \tag{10.142}$$

式(10.142)中各项系数的含义如下。

D_{11} 和 D_{22} 分别为绕关节 1 和关节 2 转动的等效转动惯量(Effective Inertia)。

D_{12} 和 D_{21} 分别为杆 1 对杆 2、杆 2 对杆 1 的耦合惯量(Coupled Inertial)。

h_{111}、h_{122}、h_{211} 和 h_{222} 为向心加速度(Centripetal Acceleration)系数,分别对应关节 i(或 j)的速度在关节 j(或 i)上产生的向心力。

h_{112}、h_{121}、h_{212} 和 h_{221} 为科氏加速度(Coriolis Acceleration)系数,分别对应关节 j、k 的速度引起的在关节 i 上产生的科氏力(Coriolis Force)。

G_1 和 G_2 分别为连杆 1 和连杆 2 的重力在关节 1 处产生的重力矩,以及连杆 2 的重力在关节 2 处产生的重力矩。

10.5 递归牛顿-欧拉动力学建模方法

前面推导的拉格朗日动力学方程具有存在解析表达式、物理意义明显的优点,但计算量较大,不适用于自由度多、系统复杂、进行实时计算的场合。采用递推的方法进行动力学求解,则计算效率高,实时性好,特别适用于计算机编程实现。本节介绍基于牛顿方程和欧拉方程的机器人系统动力学建模方法,称为牛顿-欧拉递推动力学建模方法。

10.5.1 连杆运动及受力情况分析

连杆 i 的运动及受力情况对图 10.11 所示。

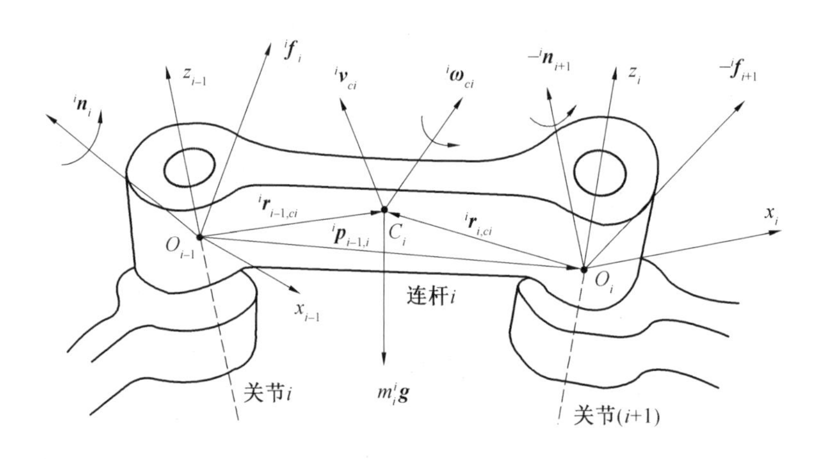

图 10.11 连杆 i 的运动及受力情况

各符号及变量的定义如下。

(1) 坐标系$\{O_{i-1}x_{i-1}y_{i-1}z_{i-1}\}$、坐标系$\{O_ix_iy_iz_i\}$分别为连杆$(i-1)$和连杆 i 的坐标系,按 D-H 规则建立,原点分别为 O_{i-1} 和 O_i。

(2)C_i 为连杆 i 的质心,m_i 为连杆 i 的质量,${}^i\boldsymbol{I}_{ci}$ 为连杆 i 相对于自身质心的惯量矩阵,在$\{i\}$中的表示。

${}^i\boldsymbol{f}_i$ 表示杆件$(i-1)$对杆件 i 所施加的力,在坐标系$\{i\}$中的表示。

${}^i\boldsymbol{f}_{i+1}$ 表示杆件 i 对杆件$(i+1)$所施加的力,在坐标系$\{i\}$中的表示。

${}^i\boldsymbol{n}_i$ 表示杆件$(i-1)$对杆件 i 所施加的力矩,在坐标系$\{i\}$中的表示。

${}^{i}\boldsymbol{n}_{i+1}$ 表示杆件 i 对杆件$(i+1)$ 所施加的力矩，在坐标系$\{i\}$ 中的表示。

${}^{i}\boldsymbol{r}_{i-1,ci}$ 表示原点 O_{i-1} 到连杆质心 C_i 的位置矢量，在坐标系$\{i\}$ 中表示。

${}^{i}\boldsymbol{r}_{i,ci}$ 表示原点 O_i 到连杆质心 C_i 的位置矢量，在坐标系$\{i\}$ 中表示。

${}^{i}\boldsymbol{p}_{i-1,i}$ 表示原点 O_{i-1} 到原点 O_i 的位置矢量，在坐标系$\{i\}$ 中表示。

${}^{i}\boldsymbol{v}_{ci}$ 表示连杆 i 质心的线速度矢量，在坐标系$\{i\}$ 中表示。

${}^{i}\boldsymbol{\omega}_{ci}$ 表示连杆 i 的角速度矢量，在坐标系$\{i\}$ 中表示。

$m_i{}^{i}\boldsymbol{g}$ 表示杆件 i 所受的重力，在坐标系$\{i\}$ 中表示。

10.5.2　杆件的力和力矩平衡方程

以$\{i\}$ 系为参考系，以连杆 i 的质心为作用点，建立力系的平衡方程。

首先，根据牛顿方程，可得连杆 i 的力平衡方程，即：

$$ {}^{i}\boldsymbol{f}_{ci}={}^{i}\boldsymbol{f}_{i}-{}^{i}\boldsymbol{f}_{i+1}+m_i{}^{i}\boldsymbol{g} \tag{10.143}$$

式中，${}^{i}\boldsymbol{f}_{ci}$ 为杆件 i 在质心处所受的合外力。

由于重力为有势力，其大小仅与臂型有关而与广义坐标的速度、加速度无关，因此，可将式(10.143) 中杆件的自重项 $m_i{}^{i}\boldsymbol{g}$ 先忽略掉，而其作用可通过将基座(即连杆 0) 的初始加速度设置为重力加速度($\dot{\boldsymbol{v}}_0=\boldsymbol{g}$) 来等效。此时方程可写成如下形式：

$$ {}^{i}\boldsymbol{f}_{ci}={}^{i}\boldsymbol{f}_{i}-{}^{i}\boldsymbol{f}_{i+1} \tag{10.144}$$

另一方面，根据欧拉方程，可得连杆 i 的力矩平衡方程，即：

$$ {}^{i}\boldsymbol{n}_{ci}={}^{i}\boldsymbol{n}_{i}-{}^{i}\boldsymbol{n}_{i+1}+{}^{i}\boldsymbol{f}_{i}\times{}^{i}\boldsymbol{r}_{i-1,ci}-{}^{i}\boldsymbol{f}_{i+1}\times{}^{i}\boldsymbol{r}_{i,ci} \tag{10.145}$$

式中，${}^{i}\boldsymbol{n}_{ci}$ 表示杆件 i 所受的合外力矩(力系等效到了连杆质心处)。

利用动量定理和动量矩定理，连杆 i 的合外力、外力矩与其加速度之间满足如下关系：

$$\begin{cases}{}^{i}\boldsymbol{f}_{ci}=m_i{}^{i}\dot{\boldsymbol{v}}_{ci}\\ {}^{i}\boldsymbol{n}_{ci}={}^{i}\boldsymbol{I}_{ci}{}^{i}\dot{\boldsymbol{\omega}}_{i}+{}^{i}\boldsymbol{\omega}_{i}\times{}^{i}\boldsymbol{I}_{ci}{}^{i}\boldsymbol{\omega}_{i}\end{cases} \tag{10.146}$$

其中，$\dot{\boldsymbol{v}}_{ci}$ 为杆件 i 质心处的线加速度(不含重力加速度)；$\boldsymbol{\omega}_i$ 为杆件 i 的角速度；$\dot{\boldsymbol{\omega}}$ 为角加速度。

10.5.3　速度及加速度递推方程

从运动的角度而言，连杆 0(即基座) 的边界条件已知，因此，采用外推的方法，从连杆 0 的运动外推到连杆 n，可以依次计算得到各连杆的速度和加速度。

对于连杆 $i(i=1,\cdots,n)$，其角速度是连杆$(i-1)$ 的角速度与连杆 i 相对于连杆$(i-1)$ 的角速度之和。对于旋转关节，相对角速度即为关节角速度(方向沿 z_{i-1} 轴)；对于移动关节，连杆间的相对角速度为 0，因此，有如下关系($i=1,\cdots,n$)：

$$ {}^{i}\boldsymbol{\omega}_{i}=\begin{cases}{}^{i}\boldsymbol{R}_{i-1}({}^{i-1}\boldsymbol{\omega}_{i-1}+{}^{i-1}\boldsymbol{z}_{i-1}\dot{q}_i) & \text{旋转关节}\\ {}^{i}\boldsymbol{R}_{i-1}{}^{i-1}\boldsymbol{\omega}_{i-1} & \text{移动关节}\end{cases} \tag{10.147}$$

类似地，连杆 i 坐标系原点 O_i 处的线速度，可以通过连杆$(i-1)$ 坐标系原点 O_{i-1} 处的线速度加上牵连运动引起的相对速度。对于旋转关节和平动关节，分别有如下关系：

$$ {}^{i}\boldsymbol{v}_{i}=\begin{cases}{}^{i}\boldsymbol{R}_{i-1}{}^{i-1}\boldsymbol{v}_{i-1}+{}^{i}\boldsymbol{\omega}_{i}\times{}^{i}\boldsymbol{p}_{i-1,i} & \text{旋转关节}\\ {}^{i}\boldsymbol{R}_{i-1}({}^{i-1}\boldsymbol{v}_{i-1}+{}^{i-1}\boldsymbol{z}_{i-1}\dot{q}_i)+{}^{i}\boldsymbol{\omega}_{i}\times{}^{i}\boldsymbol{p}_{i-1,i} & \text{移动关节}\end{cases} \tag{10.148}$$

对式(10.147) 求导可得连杆 i 的角加速度为

$$ {}^{i}\dot{\boldsymbol{\omega}}_{i}=\begin{cases}{}^{i}\boldsymbol{R}_{i-1}({}^{i-1}\dot{\boldsymbol{\omega}}_{i-1}+{}^{i-1}\boldsymbol{z}_{i-1}\ddot{q}_{i}+{}^{i-1}\boldsymbol{\omega}_{i-1}\times{}^{i-1}\boldsymbol{z}_{i-1}\dot{q}_{i}) & \text{旋转关节}\\ {}^{i}\boldsymbol{R}_{i-1}{}^{i-1}\dot{\boldsymbol{\omega}}_{i-1} & \text{移动关节}\end{cases} \tag{10.149} $$

对式(10.148)求导可得连杆 i 坐标系原点 O_i 处的线加速度为

$$ {}^{i}\dot{\boldsymbol{v}}_{i}=\begin{cases}{}^{i}\boldsymbol{R}_{i-1}{}^{i-1}\dot{\boldsymbol{v}}_{i-1}+{}^{i}\dot{\boldsymbol{\omega}}_{i}\times{}^{i}\boldsymbol{p}_{i-1,i}+{}^{i}\boldsymbol{\omega}_{i}\times({}^{i}\boldsymbol{\omega}_{i}\times{}^{i}\boldsymbol{p}_{i-1,i}), & \text{旋转关节}\\ {}^{i}\boldsymbol{R}_{i-1}({}^{i-1}\dot{\boldsymbol{v}}_{i-1}+{}^{i-1}\boldsymbol{z}_{i-1}\ddot{q}_{i})+{}^{i}\dot{\boldsymbol{\omega}}_{i}\times{}^{i}\boldsymbol{p}_{i-1,i}+{}^{i}\boldsymbol{\omega}_{i}\times({}^{i}\boldsymbol{\omega}_{i}\times{}^{i}\boldsymbol{p}_{i-1,i})+ & \\ 2{}^{i}\boldsymbol{\omega}_{i}\times({}^{i}\boldsymbol{R}_{i-1}{}^{i-1}\boldsymbol{z}_{i-1}\dot{q}_{i}), & \text{移动关节}\end{cases} \tag{10.150} $$

基于 O_i 处的线加速度,可进一步得到连杆质心 C_i 处的线加速度为

$$ {}^{i}\dot{\boldsymbol{v}}_{ci}=\begin{cases}{}^{i}\dot{\boldsymbol{v}}_{i}+{}^{i}\dot{\boldsymbol{\omega}}_{i}\times{}^{i}\boldsymbol{r}_{i,ci}+{}^{i}\boldsymbol{\omega}_{i}\times({}^{i}\boldsymbol{\omega}_{i}\times{}^{i}\boldsymbol{r}_{i,ci}) & \text{旋转关节}\\ {}^{i}\dot{\boldsymbol{v}}_{i} & \text{移动关节}\end{cases} \tag{10.151} $$

对于基座固定的情况,上述迭代过程中的边界条件为${}^{0}\boldsymbol{\omega}_{0}=\boldsymbol{0}$,${}^{0}\dot{\boldsymbol{\omega}}_{0}=\boldsymbol{0}$,${}^{0}\boldsymbol{v}_{0}=\boldsymbol{0}$,${}^{0}\dot{\boldsymbol{v}}_{0}=-{}^{0}\boldsymbol{g}$。其中迭代中,设置${}^{0}\dot{\boldsymbol{v}}_{0}=-{}^{0}\boldsymbol{g}$,就将作用在连杆上的重力因素包含到动力学方程中。

10.5.4 力和力矩递推方程

对力和力矩平衡方程式(10.144)和式(10.145)进行重新排列,可得如下的递推关系(向内递推,$i:n\rightarrow 1$):

$$ \begin{cases}{}^{i}\boldsymbol{f}_{i}={}^{i}\boldsymbol{f}_{i+1}+{}^{i}\boldsymbol{f}_{ci}={}^{i}\boldsymbol{R}_{i+1}{}^{i+1}\boldsymbol{f}_{i+1}+{}^{i}\boldsymbol{f}_{ci}\\ {}^{i}\boldsymbol{n}_{i}={}^{i}\boldsymbol{n}_{i+1}+{}^{i}\boldsymbol{n}_{ci}-{}^{i}\boldsymbol{f}_{i}\times{}^{i}\boldsymbol{r}_{i-1,ci}+{}^{i}\boldsymbol{f}_{i+1}\times{}^{i}\boldsymbol{r}_{i,ci}\\ \quad={}^{i}\boldsymbol{R}_{i+1}{}^{i+1}\boldsymbol{n}_{i+1}+{}^{i}\boldsymbol{n}_{ci}-{}^{i}\boldsymbol{f}_{i}\times{}^{i}\boldsymbol{r}_{i-1,ci}+({}^{i}\boldsymbol{R}_{i+1}{}^{i+1}\boldsymbol{f}_{i+1})\times{}^{i}\boldsymbol{r}_{i,ci}\end{cases} \tag{10.152} $$

从末端连杆 n 开始向内迭代一直到连杆 1,即可以得到所有关节处的作用力${}^{i}\boldsymbol{f}_{i}$和力矩${}^{i}\boldsymbol{n}_{i}$,而关节的驱动力/力矩即为${}^{i}\boldsymbol{f}_{i}$或${}^{i}\boldsymbol{n}_{i}$沿运动轴的分量。

若关节 i 为旋转关节,其驱动力矩等于连杆($i-1$)作用在连杆 i 上的作用力矩${}^{i}\boldsymbol{n}_{i}$沿关节 i 旋转轴(即 D-H 坐标系中的 z_{i-1} 轴)的分量,即:

$$ \tau_{i}={}^{i}\boldsymbol{n}_{i}^{\mathrm{T}}{}^{i}\boldsymbol{z}_{i-1}={}^{i}\boldsymbol{n}_{i}^{\mathrm{T}}({}^{i}\boldsymbol{R}_{i-1}{}^{i-1}\boldsymbol{z}_{i-1})={}^{i}\boldsymbol{n}_{i}^{\mathrm{T}}({}^{i-1}\boldsymbol{R}_{i}^{\mathrm{T}}\boldsymbol{z}_{0}) \tag{10.153} $$

式中,${}^{i-1}\boldsymbol{z}_{i-1}=\boldsymbol{z}_{0}=[0,0,1]^{\mathrm{T}}$。

若关节 i 为移动关节,其驱动力等于连杆($i-1$)作用在连杆 i 上的作用力${}^{i}\boldsymbol{f}_{i}$沿关节 i 移动轴的分量,即:

$$ \tau_{i}={}^{i}\boldsymbol{f}_{i}^{\mathrm{T}}{}^{i}\boldsymbol{z}_{i-1}={}^{i}\boldsymbol{f}_{i}^{\mathrm{T}}({}^{i}\boldsymbol{R}_{i-1}{}^{i-1}\boldsymbol{z}_{i-1})={}^{i}\boldsymbol{f}_{i}^{\mathrm{T}}({}^{i-1}\boldsymbol{R}_{i}^{\mathrm{T}}\boldsymbol{z}_{0}) \tag{10.154} $$

将式(10.153)和式(10.154)组合,可得

$$ \tau_{i}=\begin{cases}{}^{i}n_{i}^{\mathrm{T}}({}^{i-1}\boldsymbol{R}_{i}^{\mathrm{T}}\boldsymbol{z}_{0}), & \text{旋转关节}\\ {}^{i}f_{i}^{\mathrm{T}}({}^{i-1}\boldsymbol{R}_{i}^{\mathrm{T}}\boldsymbol{z}_{0}), & \text{移动关节}\end{cases} \tag{10.155} $$

需要指出的是,在迭代中出现($n+1$)杆的问题,相当于将环境当成了杆件($n+1$),其坐标系与$\{n\}$系完全一致。相应地,递推初值${}^{n+1}\boldsymbol{f}_{n+1}$、${}^{n+1}\boldsymbol{n}_{n+1}$的规定如下:若机械臂末端(杆件 n)与环境(相当于杆件($n+1$))不接触,则${}^{n+1}\boldsymbol{f}_{n+1}=\boldsymbol{0}$、${}^{n+1}\boldsymbol{n}_{n+1}=\boldsymbol{0}$;若机械臂末端与环境接触时,${}^{n+1}\boldsymbol{f}_{n+1}={}^{n+1}\boldsymbol{f}_{\mathrm{e}}$、${}^{n+1}\boldsymbol{n}_{n+1}={}^{n+1}\boldsymbol{m}_{\mathrm{e}}$,其中${}^{n+1}\boldsymbol{f}_{\mathrm{e}}$、${}^{n+1}\boldsymbol{n}_{\mathrm{e}}$分别为末端杆件(杆件 n)对环境产生的作用力和作用力矩,即前述的末端操作力。

10.5.5 动力学建模举例

以平面单自由度机械臂为例,采用牛顿-欧拉方法对其动力学模型进行推导,相关参

数和变量定义如图 10.9 所示。

首先，确定牛顿－欧拉迭代公式中各个参数的值。其中，连杆的质心位置矢量为

$$ {}^{1}\boldsymbol{r}_{c}=\left[\frac{l}{2},\quad 0,\quad 0\right]^{\mathrm{T}} \tag{10.156}$$

由于假设连杆是质量均匀分布的，因此连杆质心的惯性张量矩阵为

$$ {}^{1}\boldsymbol{I}_{c}=\begin{bmatrix}0 & 0 & 0\\ 0 & I_{yy} & 0\\ 0 & 0 & I_{zz}\end{bmatrix},I_{yy}=I_{zz}=\frac{1}{12}ml^{2} \tag{10.157}$$

由于单自由度机械臂处于自由运动状态，末端不受环境力的影响，因此，有

$$\begin{cases}{}^{2}\boldsymbol{f}_{2}=[0,\quad 0,\quad 0]^{\mathrm{T}}\\ {}^{2}\boldsymbol{n}_{2}=[0,\quad 0,\quad 0]^{\mathrm{T}}\end{cases} \tag{10.158}$$

单自由度机械臂基座是固定的，因此有

$$\begin{cases}{}^{0}\boldsymbol{\omega}_{0}={}^{0}\dot{\boldsymbol{\omega}}_{0}=[0,\quad 0,\quad 0]^{\mathrm{T}}\\ {}^{0}\boldsymbol{v}_{0}=[0,\quad 0,\quad 0]^{\mathrm{T}}\end{cases} \tag{10.159}$$

考虑重力因素，因此可设线加速度迭代初值为

$$ {}^{0}\dot{\boldsymbol{v}}_{0}=[0\quad g\quad 0]^{\mathrm{T}} \tag{10.160}$$

连杆 1 坐标系相对于基座坐标系{0}的姿态变换矩阵为

$$ {}^{0}\boldsymbol{R}_{1}=\begin{bmatrix}\cos\theta & -\sin\theta & 0\\ \sin\theta & \cos\theta & 0\\ 0 & 0 & 1\end{bmatrix} \tag{10.161}$$

根据方程式(10.161)可得，环境(假想连杆，标注为连杆 2)坐标系相对于连杆 1 坐标系的姿态变换矩阵为

$$ {}^{1}\boldsymbol{R}_{2}=\begin{bmatrix}1 & 0 & 0\\ 0 & 1 & 0\\ 0 & 0 & 1\end{bmatrix} \tag{10.162}$$

对连杆 1 向外迭代求解速度与加速度。

$$ {}^{1}\boldsymbol{\omega}_{1}=[0,\quad 0,\quad \dot{\theta}]^{\mathrm{T}} \tag{10.163}$$

$$ {}^{1}\dot{\boldsymbol{\omega}}_{1}=[0,\quad 0,\quad \ddot{\theta}]^{\mathrm{T}} \tag{10.164}$$

$$ {}^{1}\dot{\boldsymbol{v}}_{1}=[g\sin\theta,\quad g\cos\theta,\quad 0]^{\mathrm{T}} \tag{10.165}$$

$$ {}^{1}\dot{\boldsymbol{v}}_{c1}=\left[g\sin\theta-\frac{l}{2}\dot{\theta}^{2},\quad g\cos\theta+\frac{l}{2}\ddot{\theta},\quad 0\right]^{\mathrm{T}} \tag{10.166}$$

$$ {}^{1}\boldsymbol{f}_{c1}=m{}^{1}\dot{\boldsymbol{v}}_{c1}=m\left[g\sin\theta-\frac{l}{2}\dot{\theta}^{2},\quad g\cos\theta+\frac{l}{2}\ddot{\theta},\quad 0\right]^{\mathrm{T}} \tag{10.167}$$

$$ {}^{1}\boldsymbol{n}_{c1}={}^{1}\boldsymbol{I}_{c1}{}^{1}\dot{\boldsymbol{\omega}}_{1}+{}^{1}\boldsymbol{\omega}_{1}\times{}^{1}\boldsymbol{I}_{c1}{}^{1}\boldsymbol{\omega}_{1}=\left[0,\quad 0,\quad \frac{1}{12}ml^{2}\ddot{\theta}\right]^{\mathrm{T}} \tag{10.168}$$

对连杆 1 内向迭代求解关节驱动力矩。

$$ {}^{1}\boldsymbol{f}_{1}={}^{1}\boldsymbol{R}_{2}{}^{2}\boldsymbol{f}_{2}+{}^{1}\boldsymbol{f}_{c1}=m\left[g\sin\theta-\frac{l}{2}\dot{\theta}^{2},\quad g\cos\theta+\frac{l}{2}\ddot{\theta},\quad 0\right]^{\mathrm{T}} \tag{10.169}$$

$$\begin{aligned}{}^{1}\boldsymbol{n}_{1}&={}^{1}\boldsymbol{R}_{2}{}^{2}\boldsymbol{n}_{2}+{}^{1}\boldsymbol{n}_{c1}+{}^{1}\boldsymbol{r}_{c}\times{}^{1}\boldsymbol{f}_{c1}+{}^{1}\boldsymbol{p}_{2}\times({}^{1}\boldsymbol{R}_{2}{}^{2}\boldsymbol{f}_{2})\\ &=\left[0,\quad 0,\quad \frac{1}{3}ml^{2}\ddot{\theta}+\frac{1}{2}mgl\cos\theta\right]^{\mathrm{T}}\end{aligned} \tag{10.170}$$

因此，旋转关节 1 的驱动力矩为

$$\tau=\left[0,\quad 0,\quad \frac{1}{3}ml^2\ddot{\theta}+\frac{1}{2}mgl\cos\theta\right]\cdot[0,\quad 0,\quad 1]^{\mathrm{T}}=\frac{1}{3}ml^2\ddot{\theta}+\frac{1}{2}mgl\cos\theta \tag{10.171}$$

将基于牛顿－欧拉方法得到的单自由度机械臂动力学方程式(10.171)与基于拉格朗日方法得到的动力学方程式(10.121)对比可得，二者的结果是一致的。

10.6 机器人动力学建模方法的比较及应用

10.6.1 常用建模方法的比较

前面详细介绍了机器人系统的拉格朗日动力学和递归牛顿－欧拉动力学建模方法。除了这两种方法外，常用的还有高斯法和凯恩法，限于篇幅，不再赘述，在此给出常用的几种机器人动力学建模方法比较，结果见表 10.1。

表 10.1 常用的几种机器人动力学建模方法比较

建模方法	计算量	优点	缺点
拉格朗日法	$O(n^4)$	直观，能得到紧凑的解析形式，物理概念清晰，便于理解	计算量大，对于需要实时计算的场合一般需要简化
递归牛顿－欧拉法	$O(n)$	计算效率高，特别适合计算机编程	不直观，得不到解析方程
高斯法	$O(n^3)$	利用力学中的高斯最小约束原理，把机器人动力学问题转换为求极值函数的变分问题	物理含义不清晰，计算量也较大
凯恩法	$O(n!)$	引入偏速度概念，利用广义速率代替广义坐标作为独立变量描述系统的运动，避免函数求导的烦琐过程，兼有矢量力学和分析力学的特点，尤其适合非完整系统，计算量也较小	非传统的推导方法，不宜掌握；也没有适合任意情况的统一形式，必须根据特定系统进行具体处理

10.6.2 机器人动力学正逆问题

在求解动力学方程时，可以根据不同的需要确定输入、输出变量的类型，这涉及动力学的正问题和逆问题两种情况。

(1) 动力学正问题(亦称为正向动力学)。

给定关节驱动力矩 $\boldsymbol{\tau}$、末端操作力 $\boldsymbol{F}_{\mathrm{e}}$，并已知关节位置 $\boldsymbol{q}$、速度 $\dot{\boldsymbol{q}}$ 的情况下，计算关节加速度 $\ddot{\boldsymbol{q}}$。

(2) 动力学逆问题(亦称为逆向动力学)。

给定关节加速度 $\ddot{\boldsymbol{q}}$、末端操作力 $\boldsymbol{F}_{\mathrm{e}}$，并已知关节位置 $\boldsymbol{q}$、速度 $\dot{\boldsymbol{q}}$ 的情况下，计算关节驱动

力矩 $\boldsymbol{\tau}$。

10.6.3　机器人动力学的应用

机器人的动力学模型建立了作用力与运动状态之间的关系，在实际中可以用在如下两个方面。

(1) 代替实物作为被控对象以实现闭环仿真。

在研究的早期阶段，实物还没开发出来或相关算法还不成熟的情况下，直接采用实物进行实验不现实或不安全，且调试效率低，故常常采用其动力学模型代替实物，从而实现闭环控制的数学仿真。此时的输入条件为关节驱动力 / 力矩，而输出为关节的加速度、速度和位置，此即模拟了实物在受到控制力 / 力矩作用下的运动过程，所采用的动力学为正向动力学。

(2) 根据期望运动状态计算作用力矩以用于控制。

在设计控制律时，可以根据期望运动状态计算(预测) 机器人运动过程中所需的控制力 / 力矩，将其作为控制律的一部分(如作为前馈控制量)，可以减小控制参数调试的工作量、改善动态响应特性，提高控制性能。此种情况下的已知条件为关节期望加速度、速度、位置，待计算量为关节的驱动力矩(前馈部分)，所采用的动力学为逆向动力学。因此，动力学模型在控制方法中有着重要作用。

机器人动力学方程在闭环控制中的应用如图 10.12 所示，其中的正动力学即用于代替实物作为被控对象以实现闭环仿真，而逆动力学则用于计算前馈力矩。详细的控制方法将在下一章介绍。

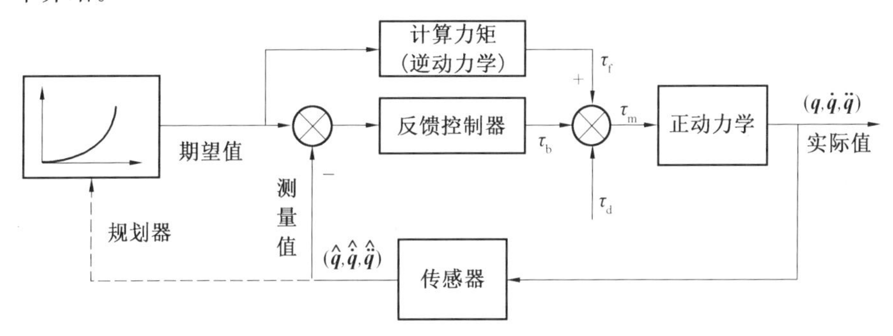

图 10.12　机器人动力学方程在闭环控制中的应用

本章习题

习题 10.1　平面 3R 机械臂运动链示意图如图 10.13 所示。

该机器人由 3 个旋转关节和 3 个连杆组成，其中杆件 1 ～ 杆件 3 的长度依次为 $l_1 \sim l_3$，各连杆坐标系及关节变量定义如图所示。需要同时对机器人末端的位置和姿态进行控制，请完成如下问题：

(1) 推导该机器人的静力学方程，给出力雅可比矩阵的表达式。

(2) 若杆件长度 $l_1=l_2=l_3=1\ \mathrm{m}$，忽略重力。当机器人各关节角为$[30°,40°,50°]^{\mathrm{T}}$、末端操作力${}^0\boldsymbol{f}_e=[f_{ex},\ \ f_{ey}]^{\mathrm{T}}=[10\ \mathrm{N},\ \ 15\ \mathrm{N}]^{\mathrm{T}}$、操作力矩${}^0\boldsymbol{m}_{ez}=50\ \mathrm{N\cdot m}$时，计算平衡状态下各关节的驱动力矩。

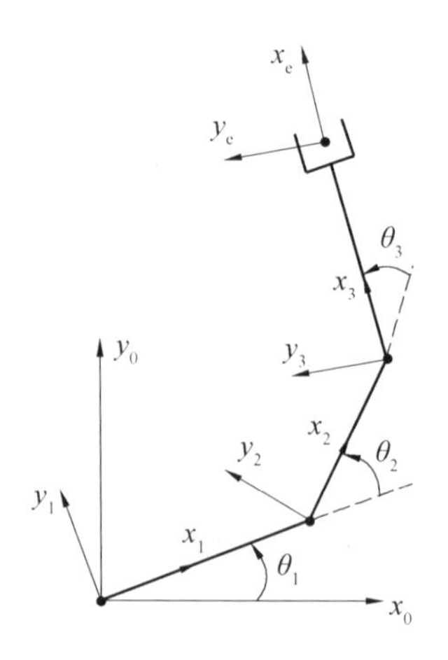

图10.13　平面3R机器人运动链示意图

习题 10.2　对于空间3R肘机械臂，相关的D－H坐标定义和参数取值如5.2.1的求解实例，相应于某给定的末端位置，有两组臂型$[30°, -40°, 80°]^T$和$[-150°, -140°, -80°]^T$与之对应，忽略重力，完成如下问题：

(1) 当末端操作力为${}^0\boldsymbol{f}_e=[10,15,-20]^T$(单位：N)、末端操作力矩${}^0\boldsymbol{m}_e=\boldsymbol{0}$(单位：N·m)时，计算两组臂型下各关节的平衡力矩。

(2) 当末端操作力为${}^0\boldsymbol{f}_e=\boldsymbol{0}$(单位：N)、末端操作力矩${}^0\boldsymbol{m}_e=[28,36,14]^T$(单位：N·m)时，计算两组臂型下各关节的平衡力矩。

(3) 当末端操作力为${}^0\boldsymbol{f}_e=[10,15,-20]^T$(单位：N)、末端操作力矩${}^0\boldsymbol{m}_e=[28,36,14]^T$(单位：N·m)时，计算两组臂型下各关节的平衡力矩。

习题 10.3　某具有偏置的3R机械臂的构型及参数同习题4.3，若该机械臂用于末端定位，不考虑末端姿态，完成如下问题：

(1) 仅考虑末端作用力而不考虑作用力矩，推导相应的静力学方程，给出力雅可比矩阵表达式。

(2) 忽略重力，当机器人关节角为$[20°,40°,70°]^T$、末端操作力${}^0\boldsymbol{f}_e=[8\ \text{N},32\ \text{N},25\ \text{N}]^T$、操作力矩${}^0\boldsymbol{m}_e=0$时，计算平衡状态下各关节的驱动力矩。

(3) 采用基于雅可比矩阵转置的数值法求解其位置级逆运动学，并给出计算程序和计算实例。

习题 10.4　平面2R机械臂的拉格朗日动力学方程式(10.137)的各项表达式如式(10.138)～(10.140)所示，将其改写为下面的形式：

$$\boldsymbol{D}(\boldsymbol{\Theta})\ddot{\boldsymbol{\Theta}}+\boldsymbol{C}(\boldsymbol{\Theta},\dot{\boldsymbol{\Theta}})\dot{\boldsymbol{\Theta}}+\boldsymbol{G}(\boldsymbol{\Theta})=\boldsymbol{\tau} \tag{10.172}$$

并验证该动力学方程的对称性和反对称性。

习题 10.5　平面RP机械臂的臂型如图10.14所示，连杆1和连杆2的质心分别为C_1和C_2，质量分别为m_1、m_2，相对于各自质心的转动惯量为I_{c1}和I_{c2}。关节1为旋转关节，关节变量为θ_1；关节2为平动关节，关节变量为d_2。请完成如下问题：

(1) 采用拉格朗日方法推导该机器人的动力学方程，并验证该动力学方程的对称性和反对称性。

(2) 采用递归牛顿－欧拉法推导该机器人的动力学方程，并与拉格朗日方程进行比较。

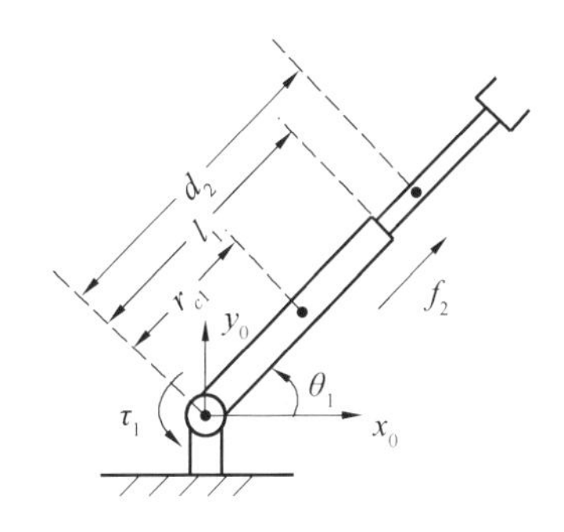

图10.14　平面 RP 机械臂的臂型

习题 10.6　平面2R机械臂的相关定义如图10.10所示。每个连杆均为均质杆件,重力加速度沿 y_0 负方向、大小为 g,$l_1=l_2=1$ m,$m_1=m_2=3$ kg,关节角为$[30°,40°]^{\mathrm{T}}$。完成如下任务:

(1) 末端不受环境力 / 力矩的作用,在重力和关节驱动力作用下处于静止状态,计算相应的关节驱动力矩。

(2) 末端受环境作用力${}^2f_{ex}=10$ N、${}^2f_{ey}=8$ N,考虑重力作用,计算满足平衡条件的关节驱动力矩。

习题 10.7　平面 2R 机械臂的相关定义如图 10.10 所示。机械臂末端无环境作用力。每个连杆均受到重力作用,重力加速度沿惯性系 y_0 的负方向、大小为 g。请通过牛顿—欧拉动力学递推方法求此平面 2R 机器人的动力学方程,并与采用拉格朗日法推导的结果进行比较。

习题 10.8　平面 3R 机械臂各杆件的坐标及几何参数定义如习题 10.1,若杆件 1 ~ 杆件 3 的质量分别为 m_1、m_2 和 m_3,质心在各自固连坐标系下的位置矢量分别为$[a_1\quad 0\quad 0]^{\mathrm{T}}$、$[a_2\quad 0\quad 0]^{\mathrm{T}}$ 和$[a_3\quad 0\quad 0]^{\mathrm{T}}$,绕质心的转动惯量分别为 I_{c1}、I_{c2} 和 I_{c3}。采用拉格朗日法推导该机器人的动力学模型。

习题 10.9　平面 3R 机械臂的相关参数如习题 10.8,采用递归牛顿-欧拉法推导该机器人的动力学模型,并编写计算程序。

习题 10.10　对于空间 3R 机械臂,某构型及 D—H 参数如 5.2.1 节的实例,杆件 i 的质量、质心位置、相对于质心的惯量矩阵 m_i、$\boldsymbol{r}_{ci}$ 和 $\boldsymbol{I}_{ci}$,取值如下:

$$m_1=15,m_2=10,m_3=8\quad(\mathrm{kg})$$

$$ {}^1\boldsymbol{I}_{c1}=\begin{bmatrix}25&&\\&10&\\&&25\end{bmatrix},{}^2\boldsymbol{I}_{c2}=\begin{bmatrix}8&&\\&16&\\&&16\end{bmatrix},{}^3\boldsymbol{I}_{c3}=\begin{bmatrix}6&&\\&12&\\&&12\end{bmatrix}\quad(\mathrm{kg\cdot m^2})$$

$$ {}^1\boldsymbol{r}_{c1}=\begin{bmatrix}0\\0.4\\0\end{bmatrix},{}^2\boldsymbol{r}_{c2}=\begin{bmatrix}-0.5\\0.0\\0\end{bmatrix},{}^3\boldsymbol{r}_{c3}=\begin{bmatrix}-0.7\\0.0\\0\end{bmatrix}\quad(\mathrm{m})$$

左上标 i 表示在坐标系$\{i\}$ 中表示的矢量或张量。机器人关节位置(单位:°)、速度(单位:(°)/s) 和加速度(单位:(°)/s²) 为

$$\boldsymbol{\Theta}=\begin{bmatrix}30\\-40\\80\end{bmatrix},\dot{\boldsymbol{\Theta}}=\begin{bmatrix}5\\-8\\12\end{bmatrix},\ddot{\boldsymbol{\Theta}}=\begin{bmatrix}2\\5\\-3\end{bmatrix}$$

完成如下问题：

（1）采用递归牛顿－欧拉法，计算该机器人系统的关节驱动力矩。

（2）计算该机器人系统动力学方程中的惯性力项、重力项和非线性力项，给出具体数值，以及各自所占的力矩比（采用 2- 范数作为各项力的大小）。

第 11 章　机器人控制

控制是指对动态系统(被控对象)施加作用,使其状态按期望值变化的手段或方法。而机器人的控制即是以机器人系统作为被控对象,确定其关节的驱动力/力矩以保证机器人按期望状态运动,从而完成作业任务的过程。机器人是多自由度的动力学系统,其运动状态可以在关节空间描述,也可以在任务空间描述,作业过程中有时需要末端工具与环境接触,而有时不需要,末端有时空载、有时带载,这使得机器人的控制比一般对象的控制要复杂得多。本章将系统阐述机器人的控制方法,包括关节空间及任务空间的运动控制、柔顺控制及视觉伺服控制等。

11.1　机器人控制概述

11.1.1　机器人控制问题

机器人的控制可以理解为根据作业任务要求对机器人施加力/力矩的作用,使其状态变量(关节空间或任务空间)按期望状态(如轨迹)改变,从而执行给定任务的过程。期望轨迹可以采用前述的轨迹规划方法产生,机器人控制器即以此作为期望值,结合当前值(通过传感器获得)按一定的规律计算控制力/力矩,并将其转换为驱动器的电压或电流指令,驱动器对其进行功率放大或波形调制后输出电机(关节的一部分)的驱动电流,从而改变电机的运动,该运动经过减速器(关节的另一部分)减速后,输出力矩增大(理想情况下的传动效率为 1,减速器的输入输出功率不变,$P=Tn$,当转速 n 降低时,力矩 T 增大),从而带动机器人本体运动。机器人控制实际上是机器人技术与控制技术的结合,闭环控制系统的硬件组成及信息流如图 11.1 所示。

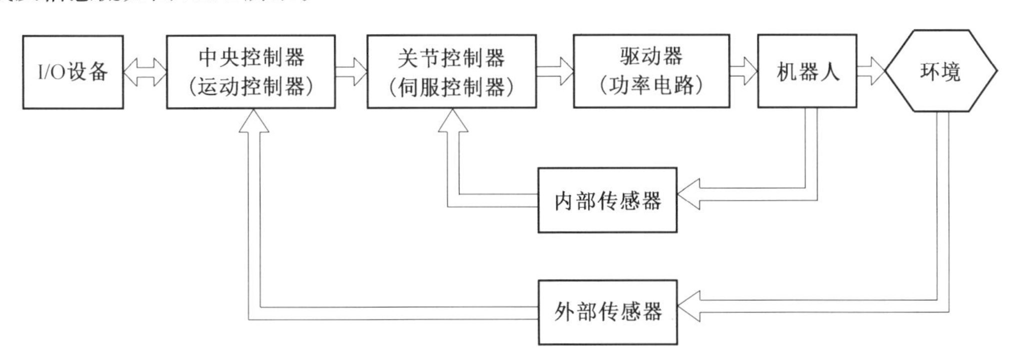

图 11.1　闭环控制系统的硬件组成及信息流

根据前一章的知识可知,机器人动力学方程包含了大量的三角函数,是高度非线性的;各关节之间是相互耦合的,驱动力矩相互影响;同时,相对于各关节的等效惯量、质心位置与机器人的臂型有关,参数是时变的。因此,机器人是非线性、强耦合、参数时变的多输入多输出动力学系统，在对其进行控制时，需要了解这些特点。

11.1.2　机器人控制方法分类

从不同的角度来看，机器人控制方法有不同的分类，下面分别进行介绍。

(a) 根据是否采用状态反馈形成闭环分为开环控制、闭环控制和复合控制三类，其系统框图分别如图 11.2、图 11.3 和图 11.4 所示。

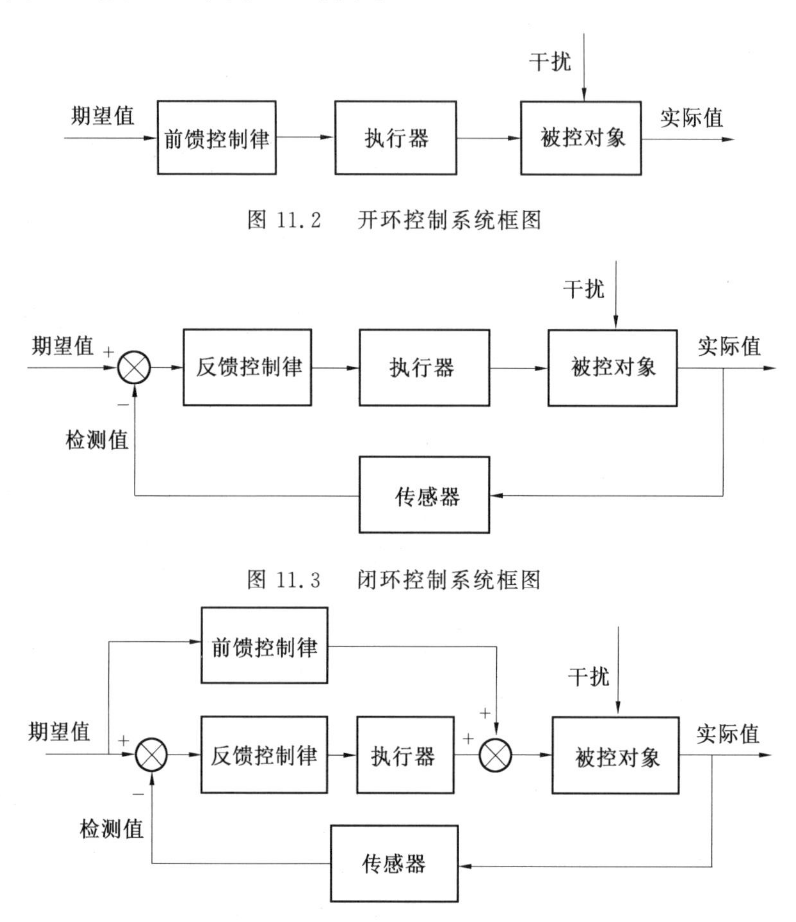

图 11.2　开环控制系统框图

图 11.3　闭环控制系统框图

图 11.4　复合控制系统框图(前馈＋反馈)

(b) 根据期望状态变量的描述形式分为关节空间控制和笛卡儿空间控制两类。

(c) 根据对多变量的处理方式分为集中控制(Centralized Control) 和分解(分散) 控制(Decentralized Control) 两类。

(d) 根据在控制律中是否引入动力学模型分为运动学控制和动力学控制两类。

(e) 根据被控状态变量类型分为运动控制、柔顺控制和视觉伺服控制三大类。其中，运动控制分为位置控制、速度控制和加速度控制，柔顺控制分为直接力控制、阻抗控制、力 / 位混合控制，而视觉伺服控制分为基于位置的视觉伺服控制(3D 视觉伺服)、基于图像的视觉伺服控制(2D 视觉伺服) 和位置 / 图像混合视觉伺服控制(2.5D 视觉伺服)。此种分类方法如图 11.5 所示。

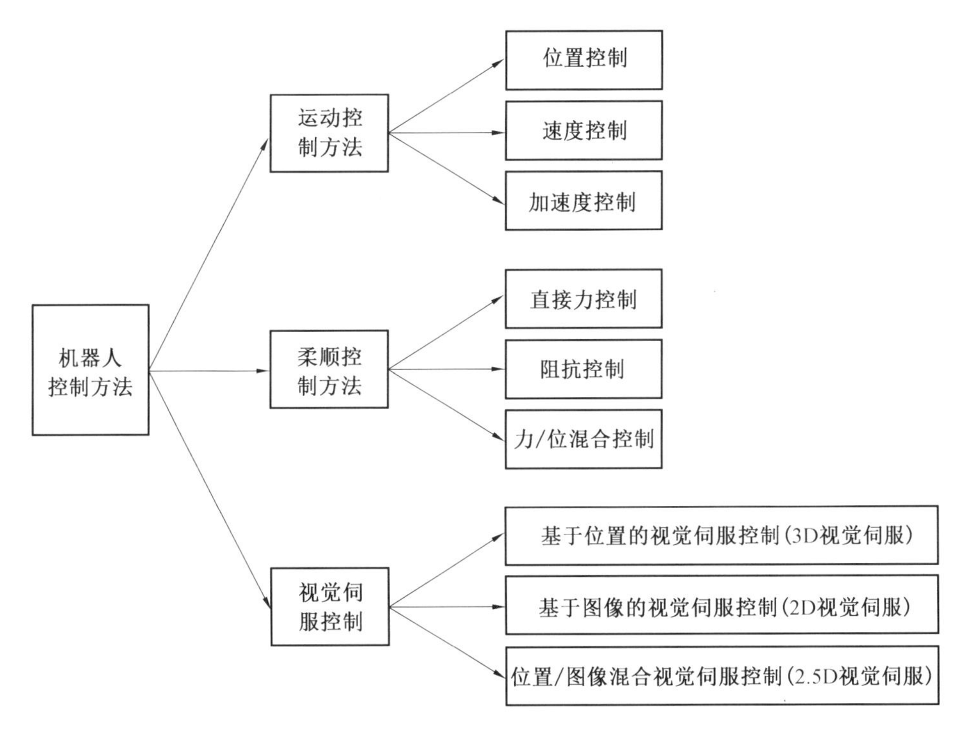

图 11.5　机器人控制方法分类

11.1.3　控制律及控制性能评价

控制律即为根据控制任务设计的控制方程,其输入为被控对象状态变量的期望值、当前值等,输出为控制力 / 力矩。以最常用的 PID 控制为例,其控制律为

$$\begin{aligned}\tau &= k_p(x_d - x) + k_i\int(x_d - x)\,dt + k_d(\dot{x}_d - \dot{x}) \\ &= k_p e + k_i\int e dt + k_d\dot{e}\end{aligned} \tag{11.1}$$

其中,x_d、x 分别为被控对象状态变量的期望位置和当前位置;$\dot{x}_d$、$\dot{x}$ 分别为期望速度和当前速度;e 和 $\dot{e}$ 分别为位置误差和速度误差;k_p、k_i、k_d 分别为比例、积分、微分控制参数。

单变量的 PID 控制框图如图 11.6 所示。

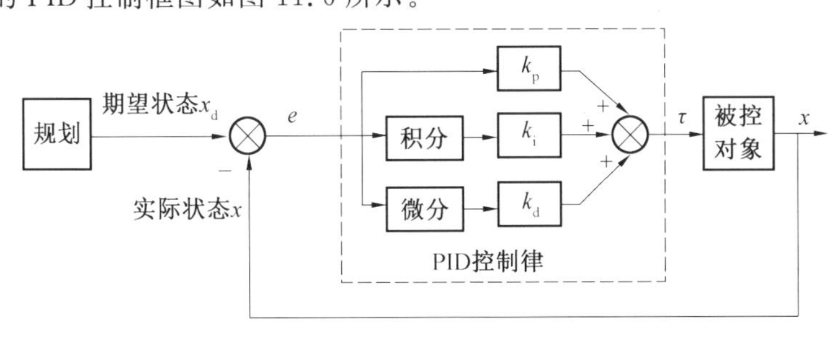

图 11.6　单变量的 PID 控制框图

关于控制性能的评估,一般根据典型输入信号的时间响应来进行。常用的是单位阶跃的时间响应特性,即设定期望值 x_d 为常值 1,产生的响应曲线如图 11.7 所示,相应的性能指标主要包括以下几点。

(a) 上升时间 t_r。上升时间 t_r 指响应从终值的 10% 上升到终值的 90% 所需的时间。

(b) 峰值时间 t_p。峰值时间 t_p 指响应超过其终值后到达第一个峰值所需的时间。

(c) 超调量 $\sigma\%$。超调量 $\sigma\%$ 指响应的最大峰值 $c(t_p)$ 与终值 $c(\infty)$ 之差和终值 $c(\infty)$ 的比的百分数,即

$$\sigma\% = \frac{c(t_p) - c(\infty)}{c(\infty)} \times 100\% \tag{11.2}$$

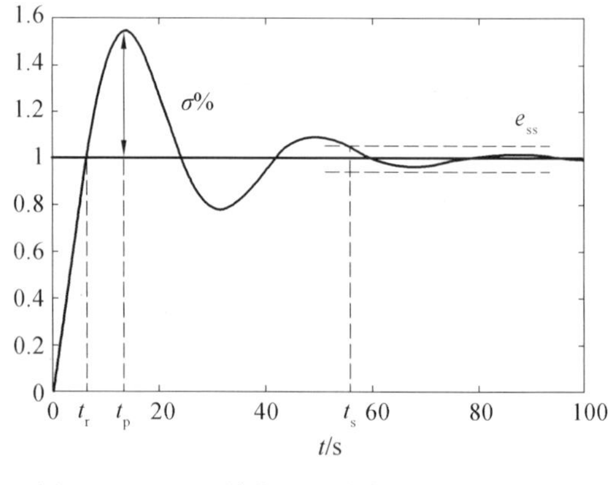

图 11.7　基于单位阶跃响应的性能指标定义

若 $c(t_p) < c(\infty)$,则响应无超调。

(d) 调节时间 t_s。调节时间 t_s 指响应达到并保持在终值的 5%(有时也采用 2% 的误差范围)内所需的最短时间。

(e) 稳态误差 e_{ss}。稳态误差 e_{ss} 指响应进入稳态范围(5% 或 2% 的范围)后,实际响应与期望值之差的最大值(绝对值)。

11.2　机器人运动控制

机器人的运动控制既可以在关节空间,也可以在笛卡儿空间进行,分别称为关节空间运动控制和笛卡儿空间运动控制,两者的区别在于前者的控制回路是在关节空间闭环,而后者的控制回路是在笛卡儿空间闭环。在实际中有很多具体的实现方法,有些侧重于工程可实现性和使用的便利性,有些从系统本身的多输入多输出特性出发追求控制精度、响应速度和鲁棒性等控制性能,有些则考虑多种因素进行折中。本节主要介绍多关节解耦控制、计算力矩控制、笛卡儿空间集中运动控制和笛卡儿空间分解运动控制等方法。

11.2.1　多关节独立控制

多关节独立控制框图如图 11.8 所示,首先通过逆运动方程将规划得到的末端期望轨迹实时解算为各关节的期望轨迹(有些任务直接在关节空间规划得到关节期望轨迹),进而将其作为每个关节控制器的期望值,在关节控制器中采用相应的控制律来产生该关节的控制力 / 力矩并将其转换为控制量,驱动器则根据此控制量来驱动关节运动,进而使得关节的实际轨迹跟随期望轨迹。

该方法的优点是工程实现简单,大多数工业机器人均具有此种控制方式,缺点是仅在关节空间内进行闭环,没有直接根据末端位姿误差产生控制,对末端位姿而言属于间接控制,因而末端的实际精度取决于关节的检测精度和控制精度,而且关节闭环之外的其他噪声源对末端位姿的控制性能影响极大(包括动态性能和静态性能)。

(1) 单关节动力学建模。

从机电传动的角度而言,机器人关节可以看成是由电机和减速器组成的,单关节机械传动原理图如图 11.9 所示,其中,τ_m、J_m、$\dot{\theta}_m$、b_m 分别为电机驱动力矩、转子转动惯量、电机转

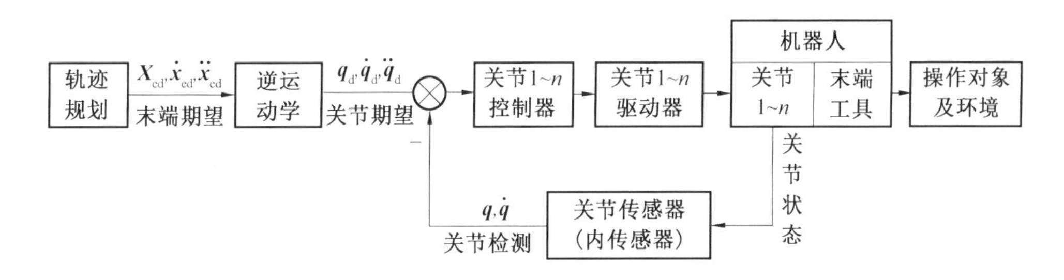

图 11.8　多关节独立控制框图

速及黏滞摩擦系数，经过减速器后(减速比为 η)，转速降低为 $\dot{\theta}$(称为关节角速度)、力矩增大为 τ(称为关节力矩)，理想情况下存在如下关系：

$$\dot{\theta} = \frac{1}{\eta}\dot{\theta}_m \tag{11.3}$$

$$\tau = \eta\tau_m \tag{11.4}$$

式中，$\eta > 1$。

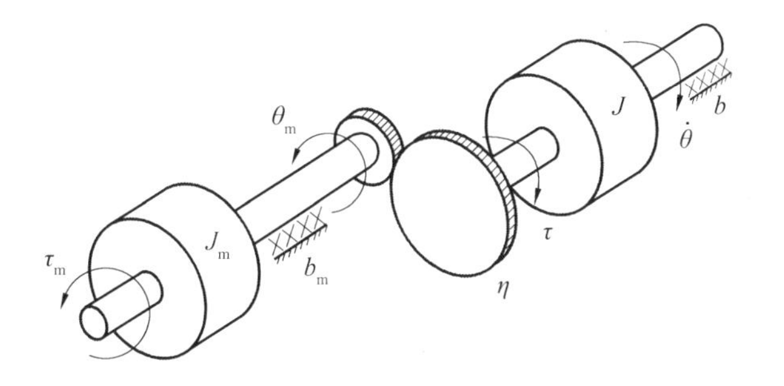

图 11.9　单关节机械传动原理图

考虑惯性力和黏滞摩擦力，可得关节的力矩平衡方程为

$$\tau_m = (J_m\ddot{\theta}_m + b_m\dot{\theta}_m) + \frac{1}{\eta}(J\ddot{\theta} + b\dot{\theta}) \tag{11.5}$$

或

$$\tau = \eta(J_m\ddot{\theta}_m + b_m\dot{\theta}_m) + (J\ddot{\theta} + b\dot{\theta}) \tag{11.6}$$

其中，J 和 b 分别为负载的等效惯量和负载轴承的黏滞摩擦系数。
式(11.5) 中的第一个括号中的两项分别为电机转子的惯性力和电机轴承的黏滞摩擦力；第二个括号中的两项分别为等效负载的惯性力和负载轴承的黏滞摩擦力，将其除以减速比后等效到电机输入端。而式(11.6) 中的第一项则为电机转子所受力(惯性力和黏滞摩擦力)乘以减速比后折算到关节轴，第二项为关节输出端承受的负载惯性力和黏滞摩擦力。

进一步地，根据式(11.3) 和式(11.5)，可得以电机转角 θ_m 为状态变量的力矩平衡方程：

$$\tau_m = \left(J_m + \frac{J}{\eta^2}\right)\ddot{\theta}_m + \left(b_m + \frac{b}{\eta^2}\right)\dot{\theta}_m = \tilde{J}_m\ddot{\theta}_m + \tilde{b}_m\dot{\theta}_m \tag{11.7}$$

式中，$\tilde{J}_m = J_m + \frac{J}{\eta^2}$、$\tilde{b}_m = b_m + \frac{b}{\eta^2}$ 分别为电机的等效转动惯量和黏滞摩擦系数。

另一方面，根据式(11.3) 和式(11.6)，可得到以关节转角 θ 为状态变量的力矩平衡方程：

$$\tau = (J + \eta^2 J_m)\ddot{\theta} + (b + \eta^2 b_m)\dot{\theta} = \tilde{J}\ddot{\theta} + \tilde{b}\dot{\theta} \tag{11.8}$$

式中,$\widetilde{J}=(J+\eta^2 J_m)$、$\widetilde{b}=b+\eta^2 b_m$ 分别为关节的等效转动惯量和黏滞摩擦系数。

根据上述推导可知,电机转子的转动惯量和黏滞摩擦系数等效到关节输出轴后相当于变成了原来的 η^2 倍,这反映了减速器的作用效果。

式(11.7)和式(11.8)分别为以电机转角 θ_m 和关节转角 θ 为变量的二阶微分方程,均可用作描述机器人关节运动特性的动力学方程。在实际中,若传感器(如编码器)安装在电机端,检测的转角为 θ_m,则将 θ_m 作为状态变量来设计控制律,得到电机驱动力矩 τ_m,采用式(11.7)来进行相应的动力学分析;若传感器安装在关节输出轴,检测的转角为 θ,则将 θ 作为状态变量来设计控制律,得到关节驱动力矩 τ,采用式(11.8)来进行相应的动力学分析;有些关节还采用双编码器模式,即在电机轴和关节输出轴都分别安装了编码器,可以同时检测 θ_m 和 θ 来进一步进行信息融合提高检测精度或者根据 θ_m 和 θ 的测量值来辨识关节间隙、弹性变形等非线性特性,用于提高控制精度,改善控制性能。

在后续的内容中,不强调电机转角而采用关节转角作为状态变量来设计控制律。

若忽略摩擦力,即 $b=b_m=0$,式(11.8)可进一步近似为

$$\tau \approx \widetilde{J}\ddot{\theta} \tag{11.9}$$

对于机器人关节而言,每个关节负载的等效转动惯量与臂型相关,是时变的,因而式(11.9)中的 $\widetilde{J}$ 并非常值,这与纯粹的单自由度转动系统是不同的,因而,上述多关节控制并不是真正的解耦控制,而是轨迹规划+各单关节独立控制。

另外,对于电机而言,其输出转矩与电枢电流成正比,可表示为

$$\tau_m = k_m I_a \tag{11.10}$$

式中,k_m 为力矩常数;I_a 为电机的电枢电流。

根据式(11.9)、式(11.10)和式(11.4)可得关节力矩与电枢电流之间有如下关系:

$$I_a = \frac{\tau_m}{k_m} = \frac{\tau}{\eta k_m} \approx \frac{\widetilde{J}}{\eta k_m}\ddot{\theta} \tag{11.11}$$

式(11.11)在关节驱动控制的实现中极其重要。

(2) 单关节位置控制。

每个关节均可采用如图11.6所示的PID控制策略,控制律如式(11.1)所示,只是分别用关节 i 的期望状态 q_{di}、实际状态 q_i 来代替式中的 x_d 和 x,得到的控制力矩记为 τ_{ci},即:

$$\begin{aligned}\tau_{ci} &= k_{pi}(q_{di}-q_i)+k_{ii}\int(q_{di}-q_i)\,dt+k_{di}(\dot{q}_{di}-\dot{q}_i)\\ &= k_{pi}e_i+k_{ii}\int e_i\,dt+k_{di}\dot{e}_i\end{aligned} \tag{11.12}$$

后面在讨论单关节控制时,为方便起见,在不引起歧义的情况下,省去代表关节编号的下标"i"。另外,根据式(11.12)可知,PID控制律只与运动状态有关,属于运动学控制。

假设某关节负载等效转动惯量为 $J=0.5\ \mathrm{kg\cdot m^2}$,关节当前位置为0°、期望值为10°,干扰力矩为 T_d,采用如式(11.12)所示的PID控制律,在MATLAB/Simulink中建立的闭环控制仿真模型如图11.10所示。需要指出的是,在后面的仿真中是控制方程中的角度以弧度(rad)为单位,因此 k_p 的量纲为Nm/rad、k_i 的量纲为Nm/(rad·s)、k_d 的量纲为Nm·s/rad。若采用度作为单位,则量纲要进行相应转换。

下面通过仿真,分析不同控制参数对控制性能的影响。

① 仅采用P控制。

仅采用P控制,即控制参数 $k_p=20$、$k_i=d_d=0$,控制律退化为

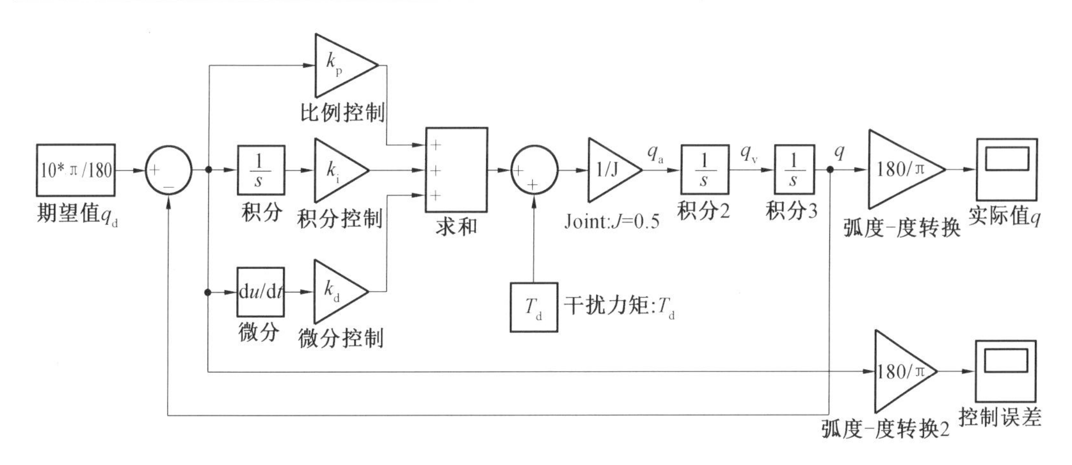

图 11.10　单关节 PID 控制 Matlab/Simulink 仿真模型

$$\tau_c = k_p(q_d - q) \tag{11.13}$$

其中，$q_d = 0.175$ rad(即 10°) 为期望值(控制律计算中按弧度，后续不再赘述；但为了直观，输出曲线时角度单位转换为度)；q 为关节的实际值(响应值)。

分 $T_d = 0$ Nm 和 $T_d = 1$ Nm 两种情况进行仿真，仿真结果如图 11.11 所示，从图中可以看出，仅采用 P 控制时，其阶跃响应为等幅振荡，没有干扰时，波峰和波谷是相对于期望值对称的，而对于非零常值干扰的情况，波峰和波谷之间的中心线与期望值有个偏移量，偏移量的大小与干扰值成正比，正负号也与干扰量的正负号相关。

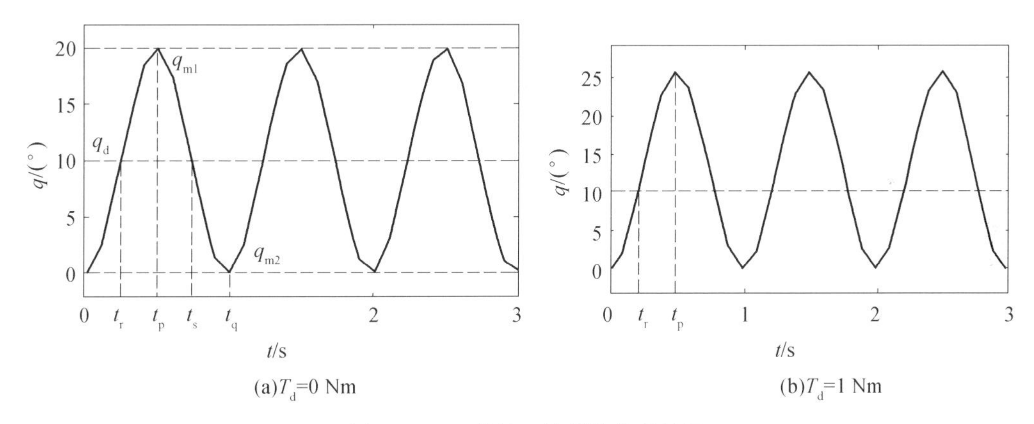

图 11.11　单纯 P 控制的仿真结果

上述现象产生的原因及过程分析如下(下面以 $T_d = 0$(单位为 Nm，后面省略) 为例分析，$T_d \neq 0$ 的情况类似)。

a. 在 $0 \leqslant t < t_r$ 时段内，$q < q_d$，控制力矩 $\tau_c = k_p(q_d - q) > 0$ 为正最大值，关节加速运动，加速度为正且处于最大值，即 $\ddot{q} = \ddot{q}_m > 0$，关节角速度从零开始增大、角度也相应增大。上述过程简单表示为"$\ddot{q}\downarrow > 0(\ddot{q}_m \to 0)$；$\dot{q}\uparrow > 0(0 \to \dot{q}_m)$；$q\uparrow < q_d \quad (0 \to q_d)$"。

b. 当 $t = t_r$ 时，$q = q_d$，控制力矩 $\tau_c = 0$，加速度 $\ddot{q} = 0$，角速度达到正最大值，即 $\dot{q} = \dot{q}_m > 0$；由于角速度为正，关节角增加到期望值，即 $q\uparrow = q_d$。此时的状态为"$\ddot{q} = 0$；$\dot{q} = \dot{q}_m > 0$；$q = q_d$"。

c. 在 $t_r < t < t_p$ 时段内，$q > q_d$，控制力矩 $\tau_c = k_p(q_d - q) < 0$，产生负力矩，加速度为负，并继续减小(绝对值增加)，即 $\ddot{q}\downarrow < 0$，速度开始减小但仍大于 0、关节角继续增加。上述过

程简单表示为“$\ddot{q}\downarrow<0(0\rightarrow-\ddot{q}_{m})$；$\dot{q}\downarrow>0(\dot{q}_{m}\rightarrow0)$；$q\uparrow>q_{d}(q_{d}\rightarrow q_{m1})$”。

d. 当 $t=t_{p}$ 时，控制力矩 τ_{c}、加速度 $\ddot{q}$ 为负最大值，即 $\ddot{q}=-\ddot{q}_{m}<0$，角速度减小到0，关节角达到最大值 $q=q_{m1}$。此时的状态为“$\ddot{q}=-\ddot{q}_{m}$；$\dot{q}=0$；$q=q_{m1}$”。

e. 在 $t_{p}<t<t_{s}$ 时段内，力矩和加速度为负、角速度从零继续减小为负、角度从最大值 q_{m} 开始减小，上述过程简单表示为“$\ddot{q}\uparrow<0(-\ddot{q}_{m}\rightarrow0)$；$\dot{q}\downarrow<0(0\rightarrow-\dot{q}_{m})$；$q\downarrow(q_{m1}\rightarrow q_{d})$”。关节轨迹处于下降段。

f. 当 $t=t_{s}$ 时，$q=q_{d}$，控制力矩 $\tau_{c}=0$，加速度 $\ddot{q}=0$、角速度达到负最大值，即 $\dot{q}=-\dot{q}_{m}<0$，关节角减小到期望值，即 $q\downarrow=q_{d}$。此时的状态为“$\ddot{q}=0$；$\dot{q}=-\dot{q}_{m}<0$；$q=q_{d}$”。

g. 在 $t_{s}<t<t_{q}$ 时段内，$q<q_{d}$，控制力矩 $\tau_{c}=k_{p}(q_{d}-q)>0$，产生正力矩，加速度为正并继续增加，即 $\ddot{q}\uparrow<0$，速度开始增大但仍小于零、关节角继续减小。上述过程简单表示为“$\ddot{q}\uparrow>0(0\rightarrow\ddot{q}_{m})$；$\dot{q}\uparrow<0(-\dot{q}_{m}\rightarrow0)$；$q\downarrow<q_{d}(q_{d}\rightarrow q_{m2})$”。

h. 当 $t=t_{q}$ 时，控制力矩 τ_{c}、加速度 $\ddot{q}$ 为正最大值，即 $\ddot{q}=\ddot{q}_{m}>0$、角速度从负值增大到零，关节角达到最小值 $q=q_{m2}$，下降段结束。此时的状态为“$\ddot{q}=\ddot{q}_{m}$；$\dot{q}=0$；$q=q_{m2}$”。

上述过程不断重复使实际关节角在 q_{m1} 和 q_{m2} 之间振荡。实际上，从上面的分析可知，在纯位置控制下，初始时刻的误差产生了正向控制力矩（以初始控制力矩的方向为正向），使得关节朝期望值运动，运动过程中误差逐步减小，控制力矩也相应逐步减小，但速度一直在增大（由于正向控制力矩一直存在）。当位置误差为零时，控制力矩和加速度为零，但速度却达到了最大值；由于惯性，关节将继续朝原方向运动超出了期望值，其后比例控制器产生反向控制力矩和负加速度，关节速度较小，但关节角仍然增大（速度仍然为正向）；当关节速度减小为零时，关节运动到最大角度位置（正向峰值），关节角偏差最大，此时的控制力矩、加速度也反向最大，导致速度变负，使关节反向运动，由此形成了振荡。这是纯比例控制的特点。

② 采用PD控制。

采用PD控制，即 $k_{i}=0$，k_{p} 和 k_{d} 给以一定的值，控制律为

$$\tau_{c}=k_{p}(q_{d}-q)+k_{d}(\dot{q}_{d}-\dot{q}) \tag{11.14}$$

其中，$\dot{q}_{d}$ 为速度期望值，对于阶跃信号，$\dot{q}_{d}=0$。

仍然分 $T_{d}=0$ 和 $T_{d}=1$ 两种情况，并考虑不同控制参数下的响应情况。当 $k_{p}=20$、$k_{d}=15$ 时的仿真结果如图11.12所示，从图中可以看出，采用PD控制后，其阶跃响应不再振荡，而是稳定在一个常值，当干扰力矩 $T_{d}=0$ 时，$q(\infty)=q_{d}$，稳态误差为零，即 $e_{ss}=0$；当 $T_{d}=1$ 时，$q(\infty)=12.86°$，稳态误差 $e_{ss}=q(\infty)-q_{d}=2.86°$。从上面的结果可以看出，PD控制可以阻止振荡，但对于有干扰力矩的情况，总存在稳态误差。为了进一步分析干扰力矩存在下不同控制参数对应的控制性能，在 $T_{d}=1$ 的情况下，改变 k_{p}、k_{d} 的值，不同PD参数的控制效果见表11.1。

根据表中的分析结果可知：k_{p} 主要对上升时间和稳态误差产生影响，k_{p} 越大，上升时间越小（响应越快）、稳态误差越小；而 k_{d} 主要起到阻尼作用，k_{d} 越大，上升时间越长（响应变慢），但对稳态误差没有影响。相同干扰力矩下不同PD参数的仿真结果如图11.13所示。

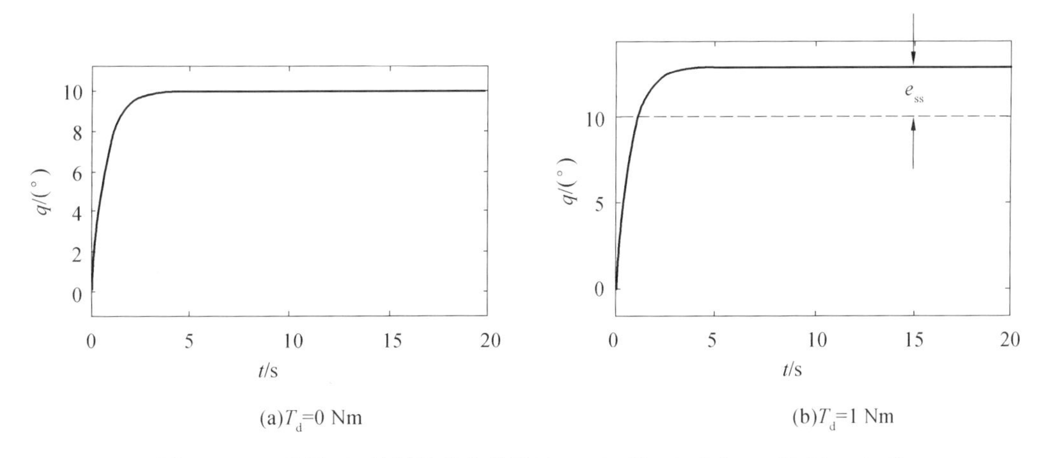

图 11.12　采用 PD 控制的仿真结果($k_p = 20$ Nm/rad、$k_d = 15$ Nms/rad)

表 11.1　干扰力矩 $T_d = 1$ Nm 时不同 PD 参数的控制效果

k_p	k_d	控制效果	趋势
20	15	$q(\infty) = 12.86°$、稳态误差 $e_{ss} = 2.86°$ 上升时间 $t_r = 4$ s	k_p 增加，稳态误差减小、上升时间减小
50	15	$q(\infty) = 11.15°$、稳态误差 $e_{ss} = 1.15°$ 上升时间 $t_r = 2$ s	
100	15	$q(\infty) = 10.57°$、稳态误差 $e_{ss} = 0.57°$ 上升时间 $t_r = 1$ s	
100	50	$q(\infty) = 10.57°$、稳态误差 $e_{ss} = 0.57°$ 上升时间 $t_r = 2.3$ s	k_d 增加，稳态误差不变、上升时间变长
100	100	$q(\infty) = 10.57°$、稳态误差 $e_{ss} = 0.57°$ 上升时间 $t_r = 5$ s	

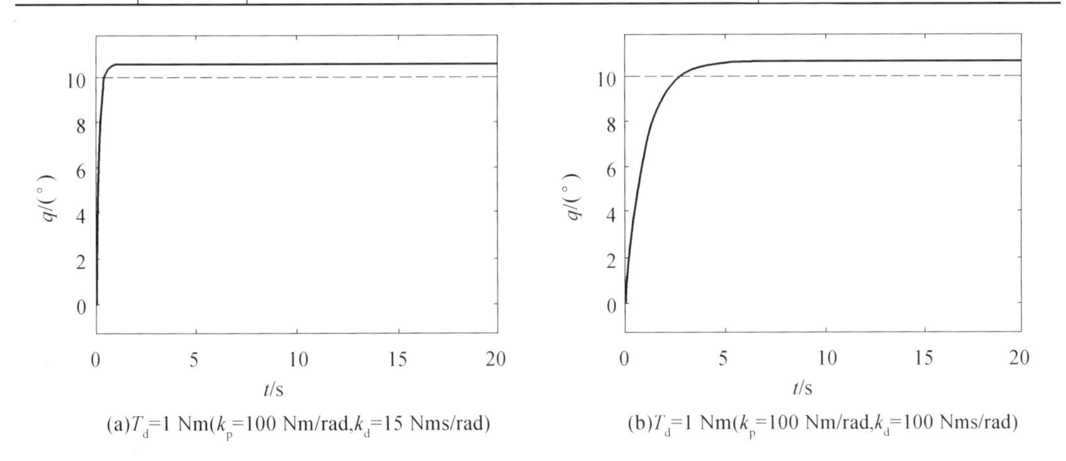

图 11.13　相同干扰力矩下不同 PD 参数的仿真结果

结合前述的分析，可对上述仿真结果进行解释(注意 $\dot{q}_d = 0$)。

a. 在 $0 \leqslant t < t_r$ 时段内，$q < q_d$，$\dot{q} > 0$，比例控制产生正向力矩且其值逐步减小(从最大减小到零)，而微分控制产生负力矩且其绝对值逐步增大(从零增加到最大)，两种控制力矩出现相互抵消的情况，正向力矩作用被削弱，导致超调速度变慢，同时拉长了上升时间。上述过程简单表示为“$k_p(q_d-q)\downarrow>0(\tau_{pm}\to 0)$，$k_d(\dot{q}_d-\dot{q})\downarrow<0(0\to-\tau_{dm})$”。通过选择合适的参数，可以对其组合作用进行调节，达到期望的效果。

b. 在 $t_r\leqslant t\leqslant t_p$ 时段内，$q>q_d$，$\dot{q}>0$，比例控制和微分控制均产生反向力矩，两种控制力矩出现相互叠加的情况（反向力矩叠加），阻止超调运动的力量被加强，关节速度迅速降为零，关节角达到最大值。

c. 在 $t_p<t<t_s$ 时段内，进入下降段，$q>q_d$，$\dot{q}<0$，关节开始反向运动，此时比例控制产生反向力矩、微分控制产生正向力矩，两种控制力矩相互削弱，负超调（即穿越期望值变小）的幅值进一步减小，甚至有可能不出现负超调。

d. 当进入稳态阶段后，$\dot{q}=0$，微分控制力矩相应为零，不再产生控制作用，也就是说微分控制只是在动态调节阶段有作用。处于稳态时，控制力矩需要抵消干扰力矩以维持平衡，而此时仅有比例控制起作用，因此必然满足：

$$k_p e_{ss}=T_d \tag{11.15}$$

由式(11.15)可得稳态误差与比例参数的关系，即：

$$e_{ss}=\frac{T_d}{k_p} \tag{11.16}$$

当$k_p=20$ Nm/rad、$k_d=100$ Nm·s/rad时，代入式(11.16)可以计算得到相应的稳态误差，即：

$$e_{ss}=\frac{1}{20}\text{rad}=\frac{1}{20}\times\frac{180^\circ}{\pi}\approx 2.86^\circ \tag{11.17}$$

$$e_{ss}=\frac{1}{100}\text{rad}=\frac{1}{100}\times\frac{180^\circ}{\pi}\approx 0.57^\circ \tag{11.18}$$

计算结果与表 11.1 相同，这也进一步说明了稳态误差 e_{ss} 与比例控制参数 k_p 成反比。实际中，若已知干扰力矩 T_d 并要求稳态误差不大于 ε_{ss}，即 $e_{ss}\leqslant\varepsilon_{ss}$，则可按下式确定 k_p：

$$k_p\geqslant\frac{T_d}{\varepsilon_{ss}} \tag{11.19}$$

③ 采用 PID 控制。

控制参数 k_p、k_i 和 k_d 均不为零，控制律为

$$\tau_c=k_p(q_d-q)+k_i\int(q_d-q)\mathrm{d}t+k_d(\dot{q}_d-\dot{q}) \tag{11.20}$$

为分析积分控制的影响，以前述 PD 控制仿真的最后一组参数为基础（$k_p=100$ Nm/rad，$k_d=100$ Nms/rad），在相同的干扰（$T_d=1$ Nm）下给定不同的 k_i 值进行仿真，不同 PID 参数的控制效果见表 11.2。从中可以看出，增加积分控制后，系统的稳态误差均为零，说明积分控制消除了干扰力矩产生的静态误差；此外，阶跃响应的上升时间和超调量也受到了影响，即 k_i 越大，上升时间越短（响应越快），但超调量也越大。部分仿真结果如图 11.14 和图 11.15 所示。实际上，结合控制律式(11.20)分析可知，在 $0\sim t_r$ 时段内，误差项一直为正、误差的积分为正且持续增加，增强了爬升的力量；超调后，误差项为负、误差的积分减小但其正负与历史累积效果相关，先抵消恢复力再增强恢复力（与 k_i 的参数值有关）。

对于采用积分控制可以消除阶跃响应误差的原因解释如下。当处于稳定状态时微分控制不起作用，仅比例控制和积分控制产生作用力矩以抵消干扰力矩，即满足：

$$k_p e_{ss}+k_i\int e\mathrm{d}t=T_d \tag{11.21}$$

根据式(11.21)可知,选择合适的控制参数后,可以使得 $k_i\int e\mathrm{d}t=T_d$,从而实现 $e_{ss}=0$。事实上,积分控制是全盘考虑误差的历史数据,基于这些数据的累积效应产生抵消干扰力矩的控制作用,从而使得稳态误差为零。

表 11.2　干扰力矩 $T_d=1$ Nm 时不同 PID 参数的控制效果

k_p	k_i	k_d	控制效果	趋势
100	20	100	最大幅值 $q_m=11.51°$、超调 15.1%、稳态误差 $e_{ss}=0°$ 上升时间 $t_r=1.91$ s	
100	50	100	最大幅值 $q_m=12.33°$、超调 23.3%、稳态误差 $e_{ss}=0°$ 上升时间 $t_r=1.46$ s	
100	80	100	最大幅值 $q_m=12.89°$、超调 28.9%、稳态误差 $e_{ss}=0°$ 上升时间 $t_r=1.25$ s	k_i 增加,超调量增加、上升时间变小
100	100	100	最大幅值 $q_m=13.18°$、超调 31.8%、稳态误差 $e_{ss}=0°$ 上升时间 $t_r=1.15$ s	
100	150	100	最大幅值 $q_m=13.74°$、超调 37.4%、稳态误差 $e_{ss}=0°$ 上升时间 $t_r=0.99$ s	

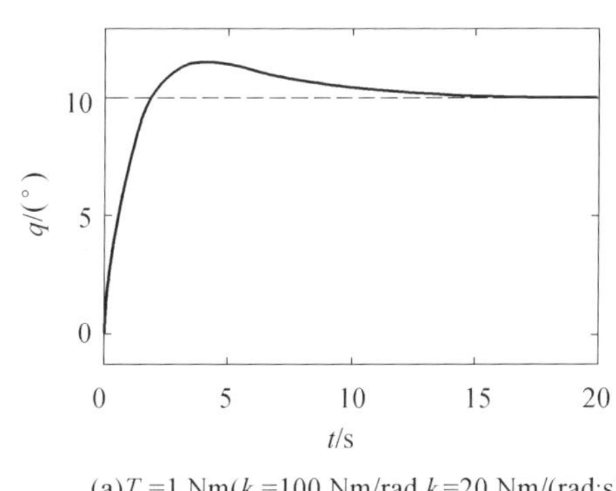

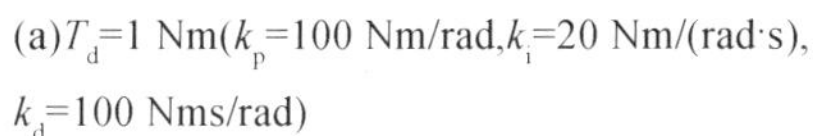
(a) T_d=1 Nm(k_p=100 Nm/rad,k_i=20 Nm/(rad·s), k_d=100 Nms/rad)

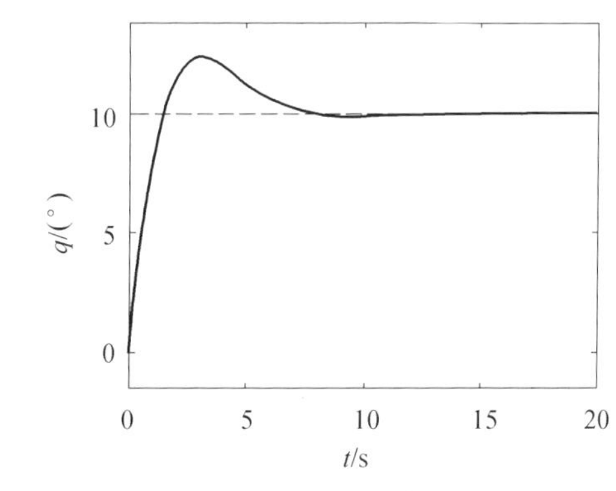

(b) T_d=1 Nm(k_p=100 Nm/rad,k_i=50 Nm/(rad·s), k_d=100 Nms/rad)

图 11.14　干扰力矩存在下不同 PID 参数的仿真结果 1

结合上述仿真进行分析,可得 PID 参数对系统控制性能的影响如下。

a. 比例控制是基于系统的当前状态产生控制作用,参数 k_p 影响系统的上升时间(或响应速度)和超调,k_p 越大,上升时间越短,超调量越大。

b. 积分控制是基于系统的历史状态产生控制作用,主要用于消除静态误差,但 k_i 也同时影响系统的上升时间(或响应速度)和超调,k_i 越大,上升时间越短,超调量越大。另外,积分参数过大可能导致系统激烈震荡甚至不稳定。

c. 微分控制是基于系统的未来状态(速度代表了位置的变化趋势,属于超前调节)产生控制作用,主要用于产生调节过程中的阻尼作用,避免超调量过大,但同时也拉长了上升时间,k_d 越大,阻尼作用越明显,上升时间越长。在具体应用中,可以根据 k_d 的大小实现欠阻尼(阻尼不足,实际状态超过期望状态,有超调)、过阻尼(阻尼过强,实际状态未达到期望状

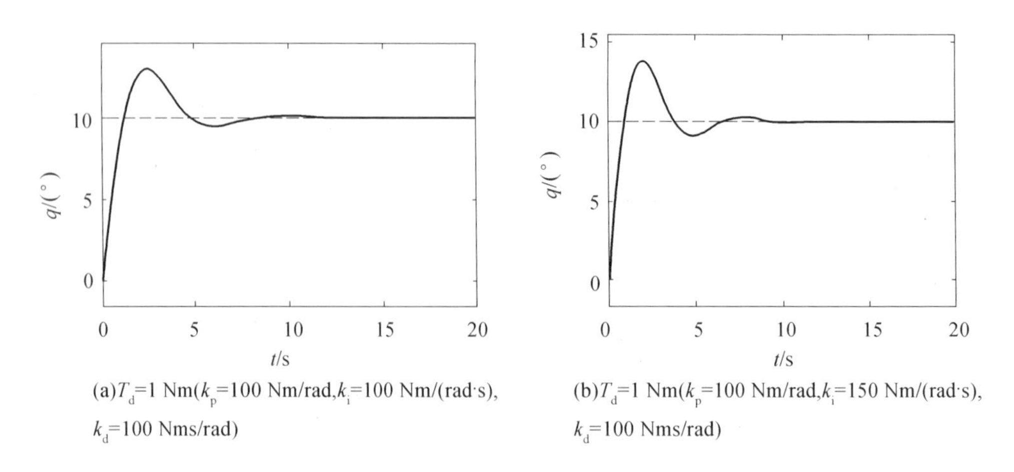

(a)T_d=1 Nm(k_p=100 Nm/rad,k_i=100 Nm/(rad·s), k_d=100 Nms/rad)

(b)T_d=1 Nm(k_p=100 Nm/rad,k_i=150 Nm/(rad·s), k_d=100 Nms/rad)

图 11.15 干扰力矩存在下不同 PID 参数的仿真结果 2

态，无正超调）和临界阻尼（阻尼刚好使得实际状态达到期望状态，无超调）三种情况。

综上，PID 控制是一种接近完美的运动学控制方法，考虑了系统的当前、过去及未来状态，通过三个参数的调节，可以达到不同的控制性能。

(3) 单关节三环控制。

在实际应用中为了兼顾系统的动静态性能、结合处理器的硬件特点，常常采用位置、速度、电流（加速度）三环控制方法，如图 11.16 所示。

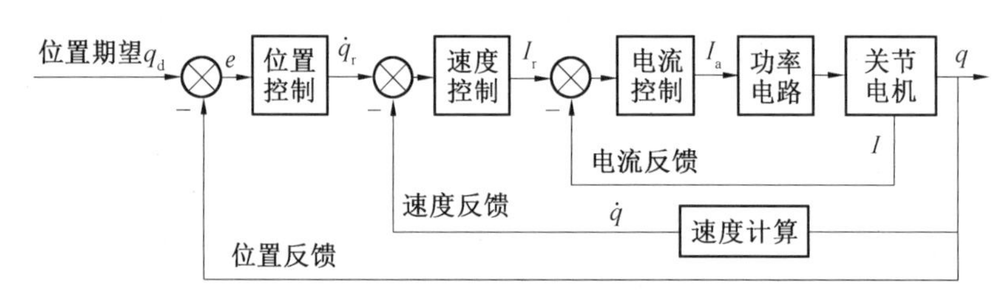

图 11.16 单关节三环控制框图

各控制环的具体作用如下。

a. 位置环（最外环），输入为关节位置的期望值 q_d 和实际值 q，输出为速度参考值 $\dot{q}_r$。位置反馈一般是通过编码器检测得到的。

b. 速度环（中间环），输入为位置环输出的速度参考值 $\dot{q}_r$ 和传感器检测的实际速度 $\dot{q}$，输出为电流参考值 I_r。速度环的反馈一般是通过编码器的位置检测再经过速度运算后得到的。

c. 电流环（力矩环或加速度环，最内环），输入为速度环输出的电流参考值 I_r 和电流传感器检测的实际值 I，输出为电机的相电流 I_a。电流环的反馈是通过驱动器内部安装的霍尔元件（将磁场感应变为电流信号）检测得到的。由于电枢电流与转矩、加速度之间满足关系式(11.11)，故电流环又称为转矩环或加速度环；而且，由于此关系式的存在，可以为速度环的控制参数赋以不同的量纲（相应的数值不一样）来定义其输出的物理量类型，即使用不同的量纲可以输出电流参考、转矩参考或加速度参考，相应地，最内环控制参数的量纲也要随之改变。

每一环均可以采用 PID 控制律，所有三环同时使用时整体体现的效果仍然是位置控制，即控制的结果是使得实际位置 q 跟随期望位置 q_d。为了了解各环控制参数对于系统整体性能的影响，在此分析三环控制的等效作用。首先考虑一种简单的情况，即位置环、速度环均采用比例控制，而电流环采用 PID 控制，各环的控制律如下。

位置环 P 控制（k_{pp} 为位置环比例系数）：

$$e_p = q_d - q\text{（状态误差）} \tag{11.22}$$

$$\dot{q}_r = k_{pp} e_p\text{（控制律）} \tag{11.23}$$

速度环 P 控制（k_{vp} 为速度环比例系数）：

$$e_v = \dot{q}_r - \dot{q} = k_{pp} e_p - \dot{q}\text{（状态误差）} \tag{11.24}$$

$$I_r = k_{vp} e_v = k_{vp} k_{pp} e_p - k_{vp} \dot{q}\text{（控制律）} \tag{11.25}$$

电流环 PID 控制（k_{Ip}、k_{Ii}、k_{Id} 分别为电流环的比例、积分、微分系数）：

$$e_I = I_r - I = (k_{vp} k_{pp} e_p - k_{vp} \dot{q}) - I\text{（状态误差）} \tag{11.26}$$

$$I_a = k_{Ip} e_I + k_{Ii} \int e_I \mathrm{d}t + k_{Id} \dot{e}_I\text{（控制律）} \tag{11.27}$$

将式(11.26)代入式(11.27)进行并进行化简后有

$$I_a = k_{pp} k_{vp} \left(k_{Ip} e_p + \int k_{Ii} e_p \mathrm{d}t + k_{Id} \dot{e}_p \right) - k_{vp} (k_{Ip} \dot{q} + k_{Ii} q + k_{Id} \ddot{q}) - \left(k_{Ip} I + \int k_{Ii} I \mathrm{d}t + k_{Id} \dot{I} \right) \tag{11.28}$$

式(11.28)中的第一项为相对于位置误差 e_p 的 PID 控制律，等效参数为三个环路增益的乘积；第二项、第三项分别为关节速度 $\dot{q}$ 和电流 I 的比例、积分、微分值，将其包含在控制律中对于改善系统的动态响应特性、提高稳定裕度、加快响应速度极其重要。

根据上面的分析可知，三环控制整体效果仍然相当于位置的 PID 控制。但采用三环控制策略，除了可以获得较好的动态性能外，还可结合多速率(Multi－Rate)采样的硬件特点，各环采用不同的控制周期，实现多速率控制，充分发挥不同硬件的性能。一般而言，速度环和位置环的采样周期低，难以实现高频率的控制，制约了系统控制性能的提高；而电流环采样频率高，可将控制周期设置得非常小，通过内环的高频率控制可以使系统的稳定性、控制精度等性能得以保证。

对于三环的实际应用，一般情况下电流环采用完整的 PID 控制、速度环和位置环至少采用 P 控制，考虑到速度环中的速度反馈一般是通过位置检测值进行差分计算得到的，会产生噪声（相当于干扰作用），为减小该噪声的影响，故速度环除了 P 控制外，一般还要 I 控制，即采用 PI 控制律。综上，一般按如下方式来确定三环的控制律：(a) 位置环采用 P 控制；(b) 速度环采用 PI 控制；(c) 电流环采用 PID 控制。

(4) 单关节前馈补偿控制。

当关节的期望速度、加速度较大时，其惯性力矩和摩擦力矩也会比较大，对伺服控制系统的跟踪性能提出更高的要求，此时可以结合单关节等效动力学模型（式(11.8)）来预测期望运动所需要的关节力矩，并将其作为前馈值叠加到 PID 反馈控制中，相应于图 11.16 所示的控制策略，增加前馈补偿后的控制框图如图 11.17 所示。

当模型方程及模型参数准确时，上述前馈补偿策略对于提高系统的控制性能具有非常明显的效果，特别是对于高速、高机动系统的高精度控制具有重要意义。而当模型方程较难建立或模型参数未知时，需要进行系统辨识或采用更加先进的智能控制方法。

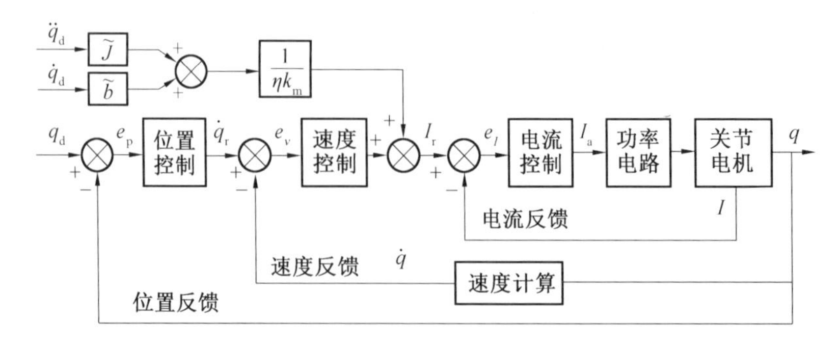

图 11.17 具有前馈补偿的三环控制框图

11.2.2 关节空间动力学控制

前面介绍了多关节独立控制方法,将多关节运动控制当成多个单关节的独立控制来处理,分别为每个关节设计独立的 PID 控制律。该方法的优点是控制结构简单、容易实现,缺点是因为忽略了多关节之间的耦合作用导致控制参数的调试非常复杂,不同关节动静态控制性能指标难以同时得到保证;另外,PID 控制为纯运动学控制,未考虑系统的动力学特性,调试好的参数往往仅适合既定的对象和负载,而当对象的质量、惯量、负载等参数发生变化时需要重新进行整定,这对于需要执行灵巧作业、操作不同大小载荷的情况是不方便的或不现实的。

根据第 10 章的知识可知,机器人系统是一个多输入多输出二阶系统,其动力学方程可以表示为式(10.102),为方便讨论,在此将其表示为如下形式:

$$\boldsymbol{\tau}=\boldsymbol{D}(\boldsymbol{q})\ddot{\boldsymbol{q}}+\boldsymbol{h}(\boldsymbol{q},\dot{\boldsymbol{q}})+\boldsymbol{G}(\boldsymbol{q}) \tag{11.29}$$

如果动力学方程准确,模型参数已知,且没有噪声和干扰,将期望位置 $\boldsymbol{q}_d$、速度 $\dot{\boldsymbol{q}}_d$、加速度 $\ddot{\boldsymbol{q}}_d$ 代入式(11.29)后,可以得出机器人执行期望运动所需要的控制力矩,该力矩通过执行机构产生后机器人即沿规划的轨迹运动,这实际是一种开环控制。然而,实际中,动力学模型不可能绝对准确,且存在噪声和干扰,因此,采用上述开环控制策略是不现实的。下面介绍将动力学方程与反馈控制结合起来的多关节运动控制方法,由于控制律中包含了动力学相关项,故属于动力学控制方法。

(1) 多关节线性解耦控制。

式(11.29)所描述的为多输入多输出非线性系统,可将其改写成如下形式:

$$\boldsymbol{\tau}=\boldsymbol{\alpha}\ddot{\boldsymbol{q}}+\boldsymbol{\beta} \tag{11.30}$$

式中,$\boldsymbol{\alpha}=\boldsymbol{D}(\boldsymbol{q})$;$\boldsymbol{\beta}=\boldsymbol{h}(\boldsymbol{q},\dot{\boldsymbol{q}})+\boldsymbol{G}(\boldsymbol{q})$。

进一步地,构造完全解耦的单位质量系统:

$$\boldsymbol{\tau}'=\ddot{\boldsymbol{q}} \tag{11.31}$$

结合式(11.30)和式(11.31),可得如下关系:

$$\boldsymbol{\tau}=\boldsymbol{\alpha}\boldsymbol{\tau}'+\boldsymbol{\beta} \tag{11.32}$$

式(11.32)表明,多输入多输出系统(式(11.29))可表示为完全解耦的单位质量系统的线性组合(系数矩阵含非线性项),因而其控制器的设计可分解为两部分:先针对线性解耦系统(式(11.31))设计伺服控制律,然后基于式(11.32)将解耦系统的控制力矩映射到原系统,得到关节控制力矩,映射过程考虑了多关节之间的耦合作用、非线性力、重力的影响。

具体而言，针对单位质量系统（式(11.31)）采用加速度（对于单位质量系统，也即力矩）前馈补偿的 PD 控制策略，控制律为

$$\boldsymbol{\tau}'_{c}=\ddot{\boldsymbol{q}}_{d}+\boldsymbol{K}_{p}\boldsymbol{e}+\boldsymbol{K}_{D}\dot{\boldsymbol{e}} \tag{11.33}$$

式中，$\boldsymbol{e}=\boldsymbol{q}_{d}-\boldsymbol{q}$，$\boldsymbol{K}_{p}=\mathrm{diag}(k_{p1},\cdots,k_{pn})$、$\boldsymbol{K}_{D}=\mathrm{diag}(k_{d1},\cdots,k_{dn})$ 分别为由各关节 P、D 控制参数组成的对角阵（k_{pi}、k_{di} 为第 i 个关节的 P、D 参数）；$\boldsymbol{\tau}'_{c}$ 为单位质量系统各自由度的控制力矩。

控制方程式(11.33)是完全解耦的，可以分别针对各自由度单独进行设计，不涉及系统模型参数 $\boldsymbol{\alpha}$ 和 $\boldsymbol{\beta}$，因而参数整定非常简单，如可根据 $k_{di}=2\sqrt{k_{pi}}$ 的关系得到第 i 个关节的临界阻尼条件。

当得到 $\boldsymbol{\tau}'_{c}$ 后，结合式(11.32)可进一步得到关节的控制力矩，即：

$$\boldsymbol{\tau}_{c}=\boldsymbol{\alpha}\boldsymbol{\tau}'_{c}+\boldsymbol{\beta}=\boldsymbol{D}(\boldsymbol{q})(\ddot{\boldsymbol{q}}_{d}+\boldsymbol{K}_{p}\boldsymbol{e}+\boldsymbol{K}_{D}\dot{\boldsymbol{e}})+\boldsymbol{h}(\boldsymbol{q},\dot{\boldsymbol{q}})+\boldsymbol{G}(\boldsymbol{q}) \tag{11.34}$$

式(11.34)即为完整的机器人系统线性解耦控制律，机器人系统多关节线性解耦控制框图如图 11.18 所示。

若控制达到理想效果，控制力矩与实际力矩相等，即 $\boldsymbol{\tau}_{c}=\boldsymbol{\tau}$，因而式(11.34)与式(11.29)相减，可得

$$\boldsymbol{D}(\boldsymbol{q})(\ddot{\boldsymbol{e}}+\boldsymbol{K}_{D}\dot{\boldsymbol{e}}+\boldsymbol{K}_{p}\boldsymbol{e})=\boldsymbol{0} \tag{11.35}$$

由于等效惯量矩阵 $\boldsymbol{D}(\boldsymbol{q})$ 总是正定的，故闭环控制系统的误差方程为

$$\ddot{\boldsymbol{e}}+\boldsymbol{K}_{D}\dot{\boldsymbol{e}}+\boldsymbol{K}_{p}\boldsymbol{e}=\boldsymbol{0} \tag{11.36}$$

通过选择合适的 $\boldsymbol{K}_{P}$、$\boldsymbol{K}_{D}$，将可使二阶系统式(11.36)的特征根具有负实部，从而使误差矢量渐进趋于零。

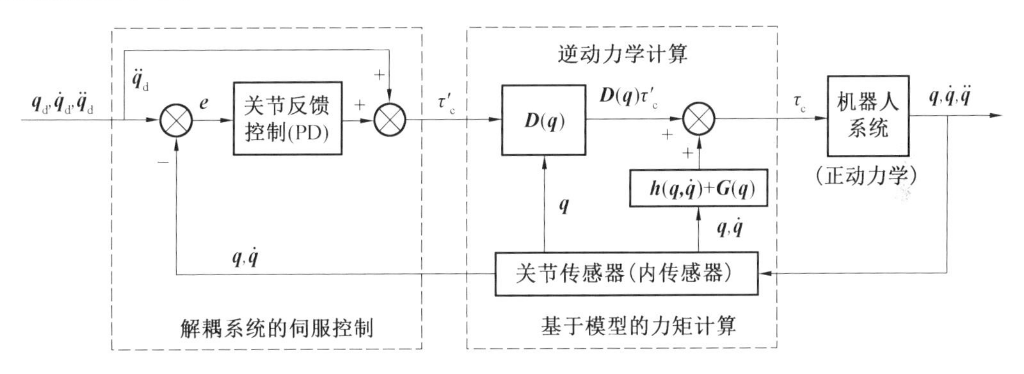

图 11.18　机器人系统多关节线性解耦控制框图

(2) 计算力矩前馈补偿控制。

前述的多关节线性解耦控制的动力学计算部分包含在伺服回路中，也就是说每个伺服周期都需要计算一次。由于动力学计算需要采集所有关节的信息，计算过程包含在伺服回路中，因此此种控制策略只适用于集中控制系统（即在一个控制器中完成所有关节的控制）；另外，动力学计算极其耗时，而伺服周期一般较短（如 5 ms），因此对控制器的计算能力提出了极高的要求。

为了降低对单一控制器计算能力的要求，可将动力学计算放在伺服回路之外，构建分布式控制系统，基于前馈补偿的计算力矩控制框图如图 11.19 所示，其控制律包括反馈控制和前馈控制两部分。采用该策略后，机器人控制系统在硬件上可以设计成分布式结构，即由一个中央控制器和 n 个伺服控制器共同承担机器人的控制任务，动力学计算放在中央控制器

中运行,而反馈控制在各关节伺服控制器中实现,两级控制器可以采用不同的控制周期:中央控制器运算消耗大,采用长周期;而伺服控制器对于保证系统响应的快速性极其关键,因而采用短周期。这样的配置兼顾了控制精度、动态响应性等控制性能。

反馈控制律(以 PD 控制为例)为

$$\boldsymbol{\tau}_{\mathrm{b}}=\boldsymbol{K}_{\mathrm{p}}(\boldsymbol{q}_{\mathrm{d}}-\boldsymbol{q})+\boldsymbol{K}_{\mathrm{D}}(\dot{\boldsymbol{q}}_{\mathrm{d}}-\dot{\boldsymbol{q}}) \tag{11.37}$$

前馈控制律为

$$\boldsymbol{\tau}_{\mathrm{f}}=\boldsymbol{D}(\boldsymbol{q}_{\mathrm{d}})\ddot{\boldsymbol{q}}_{\mathrm{d}}+\boldsymbol{h}(\boldsymbol{q}_{\mathrm{d}},\dot{\boldsymbol{q}}_{\mathrm{d}})+\boldsymbol{G}(\boldsymbol{q}_{\mathrm{d}}) \tag{11.38}$$

即将各个关节的规划值代入动力学方程得到力矩估计值,并将其作为补偿量。

最后,可以得到复合控制力矩为

$$\boldsymbol{\tau}_{\mathrm{c}}=\boldsymbol{\tau}_{\mathrm{b}}+\boldsymbol{\tau}_{\mathrm{f}}=\boldsymbol{K}_{\mathrm{p}}(\boldsymbol{q}_{\mathrm{d}}-\boldsymbol{q})+\boldsymbol{K}_{\mathrm{D}}(\dot{\boldsymbol{q}}_{\mathrm{d}}-\dot{\boldsymbol{q}})+\boldsymbol{D}(\boldsymbol{q}_{\mathrm{d}})\ddot{\boldsymbol{q}}_{\mathrm{d}}+\boldsymbol{h}(\boldsymbol{q}_{\mathrm{d}},\dot{\boldsymbol{q}}_{\mathrm{d}})+\boldsymbol{G}(\boldsymbol{q}_{\mathrm{d}}) \tag{11.39}$$

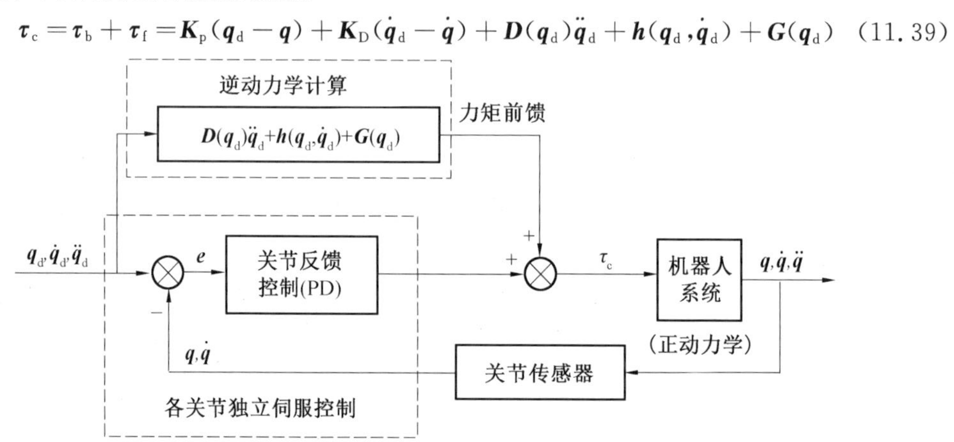

图 11.19 基于前馈补偿的计算力矩控制框图

前馈补偿量是根据机器人动力学方程计算得到的期望力矩,其精度取决于模型及其参数的准确性。另外,根据式(11.38)计算所得的补偿力矩包括惯性力项、非线性力项、重力项(如果考虑摩擦力的话,还会有摩擦力项)等,完整的计算极其耗时。实际上,在不同应用场景下,各补偿项所占比例不同,甚至会有很大差异,而补偿主要用于抵消主要因素的影响,整体控制性能还可以通过反馈控制来保证。因此,在具体应用中,往往结合机器人的作业任务,确定计算力矩中占比最大的项,将其作为前馈量,由此可减小计算量。常用的前部补偿包括如下几种。

a. 惯性力补偿。

若机器人系统(含操作载荷)惯量大、加速度大,惯性力为主要因素,此时采用惯性力项作为前馈补偿量,即:

$$\boldsymbol{\tau}_{\mathrm{f}}=\boldsymbol{D}(\boldsymbol{q}_{\mathrm{d}})\ddot{\boldsymbol{q}}_{\mathrm{d}} \tag{11.40}$$

b. 简化惯性力补偿。

对于需要进行惯性力补偿的情况,为了减少计算量($\boldsymbol{D}$ 矩阵计算较耗时),仅使用 $\boldsymbol{D}$ 的对角元素分别计算各关节的补偿力矩,即:

$$\tau_i=D_{ii}\ddot{q}_{\mathrm{d}i}\quad(i=1,2,\cdots,n) \tag{11.41}$$

其中,D_{ii} 为矩阵 $\boldsymbol{D}$ 的第(i,i)项元素;$\ddot{q}_{\mathrm{d}i}$ 为关节 i 的期望加速度。

c. 重力补偿。

若机器人系统(含操作载荷)质量大,重力项为主要因素,此时采用重力补偿,即:

$$\boldsymbol{\tau}_{\mathrm{f}}=\boldsymbol{G}(\boldsymbol{q}_{\mathrm{d}}) \tag{11.42}$$

d. 非线性力补偿。

若向心力 / 科氏力项较大，可采用非线性力补偿，即：

$$\boldsymbol{\tau}_{\mathrm{f}}=\boldsymbol{h}(\boldsymbol{q}_{\mathrm{d}},\dot{\boldsymbol{q}}_{\mathrm{d}}) \tag{11.43}$$

e. 其他补偿。

若摩擦力较大，则可建立摩擦力模型，进行摩擦力补偿；若干扰力矩可预测，则可进行干扰力矩补偿等。

11.2.3　笛卡儿空间集中运动控制

前面解释的控制方法为关节空间控制，控制律是针对关节状态变量设计的。实际上，也可以直接针对机器人末端位姿状态变量来设计控制律，这就是所谓的笛卡儿空间运动控制，也包括集中式控制和分解运动控制两大类。本节主要介绍笛卡儿空间集中控制方法，而分解运动控制在后面的小节进行介绍。

(1) 末端位姿误差计算。

笛卡儿空间运动控制是直接针对末端位姿误差来设计控制律的，对于 3D 空间的情况，末端位姿一般表示为齐次变换矩阵的形式，下面介绍相应的位姿误差计算方法。

设末端期望位姿和实际位姿分别为${}^{0}\boldsymbol{T}_{\mathrm{nd}}$ 和${}^{0}\boldsymbol{T}_{\mathrm{n}}$，且有如下表达式：

$${}^{0}\boldsymbol{T}_{\mathrm{nd}}=\begin{bmatrix}\boldsymbol{n}_{\mathrm{ed}} & \boldsymbol{o}_{\mathrm{ed}} & \boldsymbol{a}_{\mathrm{ed}} & \boldsymbol{p}_{\mathrm{ed}}\\ 0 & 0 & 0 & 1\end{bmatrix} \tag{11.44}$$

$${}^{0}\boldsymbol{T}_{\mathrm{n}}=\begin{bmatrix}\boldsymbol{n}_{\mathrm{e}} & \boldsymbol{o}_{\mathrm{e}} & \boldsymbol{a}_{\mathrm{e}} & \boldsymbol{p}_{\mathrm{e}}\\ 0 & 0 & 0 & 1\end{bmatrix} \tag{11.45}$$

其中，$\boldsymbol{n}_{\mathrm{ed}}$、$\boldsymbol{o}_{\mathrm{ed}}$、$\boldsymbol{a}_{\mathrm{ed}}$ 为末端坐标系三轴期望指向；$\boldsymbol{p}_{\mathrm{ed}}$ 为期望位置；$\boldsymbol{n}_{\mathrm{e}}$、$\boldsymbol{o}_{\mathrm{e}}$、$\boldsymbol{a}_{\mathrm{e}}$ 为末端坐标系三轴实际指向；$\boldsymbol{p}_{\mathrm{e}}$ 为实际位置。

根据第 3 章 3.5 节关于刚体位姿误差的计算方法可知，末端位置误差可以直接采用期望位置与实际位置相减得到，而姿态误差需要根据不同的姿态表示方式进行相应的计算，比较方便的是采用式(3.137) 来计算姿态误差。综上，末端位置、姿态误差可分别按下面两式计算：

$$\boldsymbol{e}_{\mathrm{p}}=\boldsymbol{p}_{\mathrm{ed}}-\boldsymbol{p}_{\mathrm{e}} \tag{11.46}$$

$$\boldsymbol{e}_{\mathrm{o}}=\frac{1}{2}(\boldsymbol{n}_{\mathrm{e}}\times\boldsymbol{n}_{\mathrm{ed}}+\boldsymbol{o}_{\mathrm{e}}\times\boldsymbol{o}_{\mathrm{ed}}+\boldsymbol{a}_{\mathrm{e}}\times\boldsymbol{a}_{\mathrm{ed}}) \tag{11.47}$$

其中，$\boldsymbol{e}_{\mathrm{p}}$ 为位置误差矢量；$\boldsymbol{e}_{\mathrm{o}}$ 为姿态误差矢量。

需要指出的是，姿态误差的计算还可以根据需要采用其他的计算方式，具体参见 3.5 节。

(2) 笛卡儿空间集中运动控制律设计。

笛卡儿空间集中运动控制框图如图 11.20 所示，直接根据末端期望轨迹和实际轨迹设计控制律，得到末端控制力，然后根据末端作用力与关节作用力的关系，将其转换为关节力 / 力矩，作用于关节使其运动，进而实现末端运动轨迹跟随期望轨迹。实际中可以通过两种方式获得末端位姿反馈值：采用关节内传感器检测关节位置，然后调用正运动学方程计算末端位姿(图 11.20 中的实线)；直接采用末端位姿传感器(如视觉) 直接进行末端位姿的测量(图 11.20 中的虚线)。

末端位姿可采用如下的 PID 控制律：

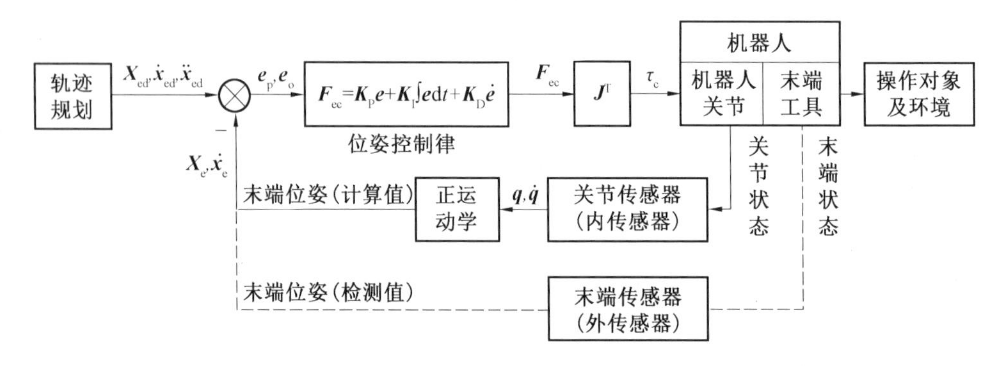

图 11.20　笛卡儿空间集中运动控制框图

$$F_{ec}=\begin{bmatrix}K_{pp} & \\ & K_{op}\end{bmatrix}\begin{bmatrix}e_p\\ e_o\end{bmatrix}+\begin{bmatrix}K_{pi} & \\ & K_{oi}\end{bmatrix}\begin{bmatrix}\int e_p\mathrm{d}t\\ \int e_o\mathrm{d}t\end{bmatrix}+\begin{bmatrix}K_{pd} & \\ & K_{od}\end{bmatrix}\begin{bmatrix}\dot{e}_p\\ \dot{e}_o\end{bmatrix}\tag{11.48}$$

其中，e_p、e_o 分别为末端的位置和姿态误差；K_{pp}、K_{pi}、K_{pd} 为相应于位置控制的 PID 参数矩阵（3×3 的对角阵）；K_{op}、K_{oi}、K_{od} 为相应于姿态控制的 PID 参数矩阵（3×3 的对角阵）；F_{ec} 为末端控制力矩，即作用于末端、使其趋近于期望位姿所需的力和力矩。

令 $K_P=\mathrm{diag}(K_{pp},K_{op})$、$K_I=\mathrm{diag}(K_{pi},K_{oi})$、$K_D=\mathrm{diag}(K_{pd},K_{od})$、$e=[e_p^T,e_o^T]^T$，则式(11.48) 可写成如下形式：

$$F_{ec}=K_pe+K_I\int e\mathrm{d}t+K_D\dot{e}\tag{11.49}$$

由于末端的运动是由关节的运动来产生的，借助力雅可比矩阵可将末端所需的控制力矩转换为关节的控制力 / 力矩（详见 10.2.2 关于静力学方程的用途中非平衡状态的解释），即：

$$\tau_c=J^TF_{ec}=J^T(K_pe+K_I\int e\mathrm{d}t+K_D\dot{e})\tag{11.50}$$

式(11.50) 即为笛卡儿集中运动控制律，该方法的优点是直接根据末端位姿误差产生关节的控制力 / 力矩，可以获得更好的末端位姿精度，对噪声的抑制能力也更强，缺点是需要进行多输入多输出的伺服控制，对集中控制器的计算能力要求高。另外，该方法的控制参数整定也较复杂。

式(11.50) 本质上也是运动学控制，借鉴前面关节空间动力学控制的思想，也可增加计算力矩前馈，构成动力学控制方程，限于篇幅，不再赘述。

11.2.4　笛卡儿空间分解运动控制

根据上面的讨论可知，关节空间控制和笛卡儿空间集中控制各有优缺点，前者工程实现较容易，但末端位姿精度较差（相对而言），而后者直接对末端位姿误差进行控制，末端精度较高，但工程实现较难。

为了保证末端位姿精度（对末端位姿进行直接闭环），并降低工程实现难度，可以将上述两种方法结合起来，得到折中的控制策略，即笛卡儿空间分解运动控制方法，笛卡儿空间分解运动控制框图如图 11.21 所示，其核心是运动分解＋关节控制，即首先基于末端位姿误差进行运动分解，得到每个关节的期望状态后，在关节空间内进行闭环控制。其控制结构包括了两级闭环，即关节空间闭环（内环）和笛卡儿空间闭环（外环）。

根据末端状态的描述形式，有如下几种分解运动控制方法：分解运动位置控制 RMPC(Resolved Motion Position Control)、分解速度控制 RMRC(Resolved Motion Rate Control)、分解加速度控制 RMAC(Resolved Motion Acceleration Control)、分解运动力控制 RMFC(Resolved Motion Force Control)。

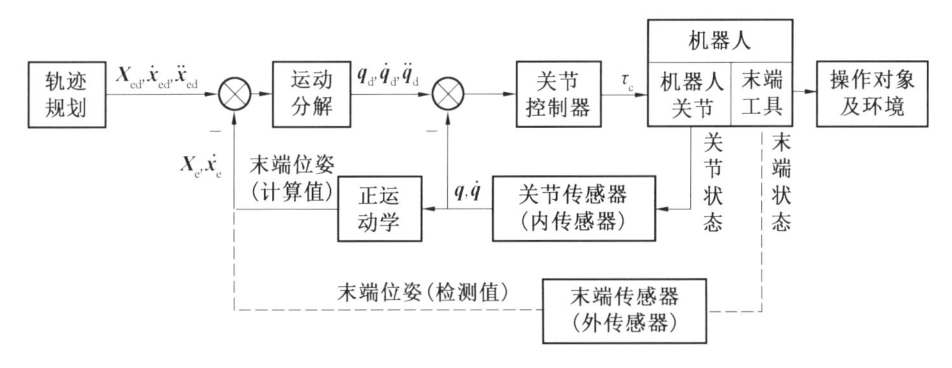

图 11.21　笛卡儿空间分解运动控制框图

(1) 分解运动位置控制。

借助于速度级逆运动学方程，可将末端位姿误差转换为关节误差，即：

$$e_q = \Delta q = J^{-1}(q)\begin{bmatrix} e_p \\ e_o \end{bmatrix} \tag{11.51}$$

其中，e_q 为关节误差，作为关节控制器的输入，基于雅可比逆矩阵的分解运动位置控制框图如图 11.22 所示，图中的增益矩阵 K 代表比例控制，因而，关节控制力 / 力矩为

$$\tau_c = Ke_q = KJ^{-1}(q)\begin{bmatrix} e_p \\ e_o \end{bmatrix} \tag{11.52}$$

实际上可进一步扩展为关节控制律然后采用 PID 或其他更复杂的控制律。

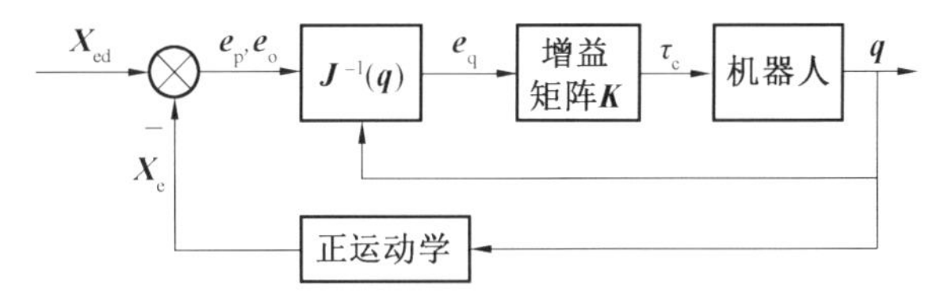

图 11.22　基于雅可比逆矩阵的分解运动位置控制框图

式(11.51)需要计算雅可比矩阵的逆矩阵，需要对奇异臂型进行处理。根据第 10 章的知识，借助运动学与静力学的对偶关系，可采用雅可比矩阵的转置来近似计算关节误差，即式(10.26)，由此可避免雅可比逆矩阵的计算。此时的关节控制力 / 力矩按下式计算：

$$\tau_c = J^{T}(q)F_{ec} = J^{T}(q)K\begin{bmatrix} e_p \\ e_o \end{bmatrix} \tag{11.53}$$

其中，K 为增益矩阵，需要综合考虑控制精度和收敛速度来设定合适的值，简单情况下可以设置为单位阵。相应的控制框图如图 11.23 所示。

(2) 分解运动速度控制。

分解运动速度控制的原理为：将末端期望速度与实际速度之差（末端速度误差）转换为各关节速度误差，然后分别对各关节进行速度控制。运动分解公式如下：

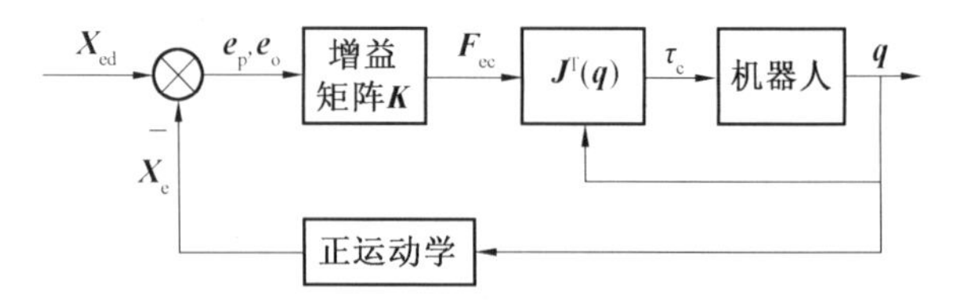

图 11.23　基于雅可比矩阵转置的分解运动位置控制框图

$$\dot{e}_q = \Delta\dot{q} = J^{-1}(q)\begin{bmatrix}\dot{e}_p \\ \dot{e}_o\end{bmatrix} \tag{11.54}$$

分解运动速度控制框图如图 11.24 所示。

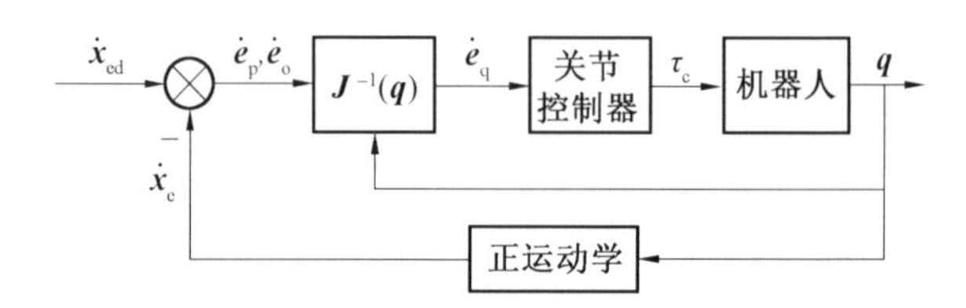

图 11.24　分解运动速度控制框图

(3) 分解运动加速度控制。

分解运动加速度控制原理为：将末端期望加速度分解为相应的各关节加速度，再按照一定的控制律计算关节控制力矩。分解运动加速度控制框图如图 11.25 所示。

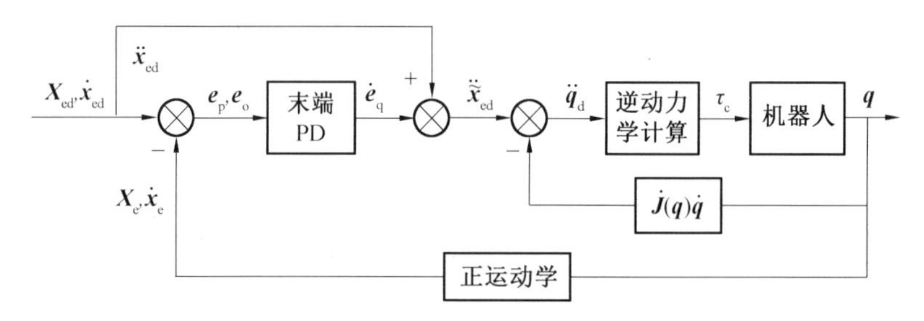

图 11.25　分解运动加速度控制框图

根据微分运动学关系 $\dot{x}_e = J(q)\dot{q}$ 可得末端加速度为

$$\ddot{x}_e = J(q)\ddot{q} + \dot{J}(q)\dot{q} \tag{11.55}$$

为减少位置和姿态误差，按下式修正的末端期望加速度：

$$\tilde{\ddot{x}}_{ed} = \ddot{x}_{ed} + K_p\begin{bmatrix}e_p \\ e_o\end{bmatrix} + K_D\begin{bmatrix}\dot{e}_p \\ \dot{e}_o\end{bmatrix} \tag{11.56}$$

结合式(11.55) 和式(11.56)，可求得期望的关节角加速度为

$$\ddot{q}_d = J^{-1}(q)(\tilde{\ddot{x}}_{ed} - \dot{J}(q)\dot{q}) = J^{-1}(q)\left(\ddot{x}_{ed} + K_p\begin{bmatrix}e_p \\ e_o\end{bmatrix} + K_D\begin{bmatrix}\dot{e}_p \\ \dot{e}_o\end{bmatrix} - \dot{J}(q)\dot{q}\right) \tag{11.57}$$

计算得到的加速度可以用于逆动力学以计算各关节的控制力矩，也可以作为关节伺服控制器加速度环(电流环) 的期望值，由相应的控制律产生控制力矩。

(4) 分解运动力控制。

分解运动力控制是在分解运动加速度控制的基础上发展起来的，即得到期望的末端加速度后，通过等效质量矩阵与末端加速度相乘后得到末端控制力，再通过力雅可比矩阵将其

映射为关节控制力。

末端期望加速度仍采用式(11.56)来计算。假设等效质量矩阵为 $\boldsymbol{M}$,则末端控制力为

$$\boldsymbol{F}_{\mathrm{ec}}=\boldsymbol{M}\tilde{\ddot{\boldsymbol{x}}}_{\mathrm{ed}}=\boldsymbol{M}\left(\ddot{\boldsymbol{x}}_{\mathrm{ed}}+\boldsymbol{K}_{\mathrm{p}}\begin{bmatrix}\boldsymbol{e}_{\mathrm{p}}\\ \boldsymbol{e}_{\mathrm{o}}\end{bmatrix}+\boldsymbol{K}_{\mathrm{D}}\begin{bmatrix}\dot{\boldsymbol{e}}_{\mathrm{p}}\\ \dot{\boldsymbol{e}}_{\mathrm{o}}\end{bmatrix}\right) \tag{11.58}$$

进一步地,将末端控制力转换为关节控制力,即:

$$\boldsymbol{\tau}_{\mathrm{c}}=\boldsymbol{J}^{\mathrm{T}}(\boldsymbol{q})\boldsymbol{F}_{\mathrm{ec}}=\boldsymbol{J}^{\mathrm{T}}(\boldsymbol{q})\boldsymbol{M}\left(\ddot{\boldsymbol{x}}_{\mathrm{ed}}+\boldsymbol{K}_{\mathrm{p}}\begin{bmatrix}\boldsymbol{e}_{\mathrm{p}}\\ \boldsymbol{e}_{\mathrm{o}}\end{bmatrix}+\boldsymbol{K}_{\mathrm{D}}\begin{bmatrix}\dot{\boldsymbol{e}}_{\mathrm{p}}\\ \dot{\boldsymbol{e}}_{\mathrm{o}}\end{bmatrix}\right) \tag{11.59}$$

该方法无须增加力传感器检测末端实际受力,无力感知的分解运动力控制框图如图11.26所示。当负载小到可忽略或质量惯量已知时,矩阵 $\boldsymbol{M}$ 容易获得,按式(11.58)计算的末端控制性能较好,而实际中有可能出现操作负载不可忽略,质量惯量未知,甚至是变化范围大的情况,导致计算结果不准确,且加速度越大计算误差越大,导致收敛不到期望位置。

为了克服这个问题,增加力传感器检测末端受力,并引入以随机近似方法为基础的力收敛控制方法。当期望力与实际力之差大于设定的阈值时,采用下式对末端力进行补偿:

$$\tilde{\boldsymbol{F}}_{\mathrm{ec}}=\boldsymbol{F}_{\mathrm{e}}+\gamma_k(\boldsymbol{M}\tilde{\ddot{\boldsymbol{x}}}_{\mathrm{ed}}-\boldsymbol{F}_{\mathrm{e}}) \tag{11.60}$$

其中,$\boldsymbol{F}_{\mathrm{e}}$ 为通过力传感器检测的当前值;$\gamma_k=\dfrac{1}{k+1}\quad(k=0,1,\cdots,N)$,理论上 N 的值应尽量大以保证收敛;根据仿真情况,$N=1$ 或 2 时,一般可获得较好的收敛性。

增加力收敛补偿的分解控制框图如图 11.27 所示。

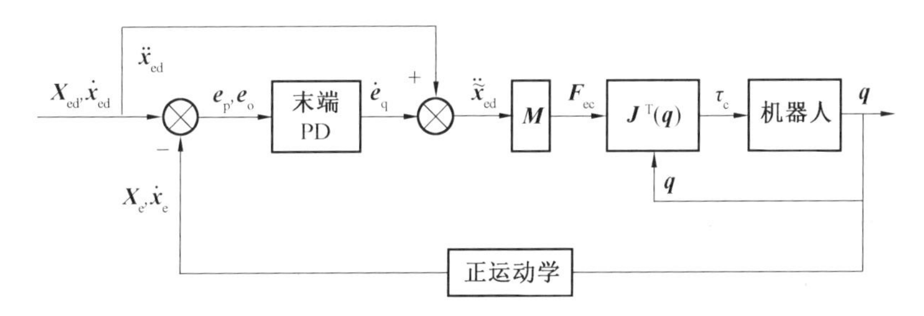

图 11.26　无力感知的分解运动力控制框图

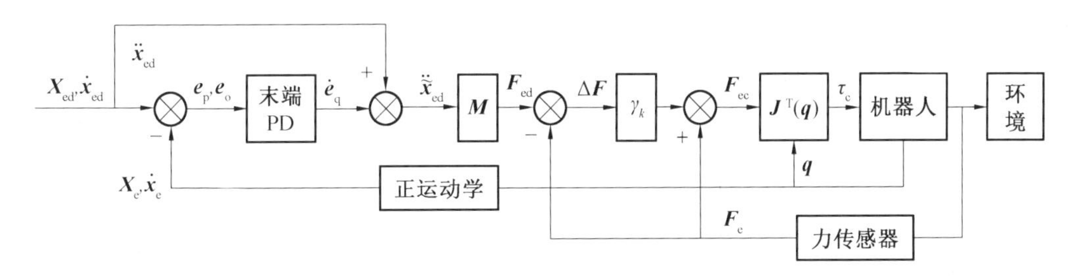

图 11.27　增加力收敛补偿的分解运动力控制

11.3　机器人柔顺控制

当机器人末端与环境接触时,会产生接触力,其大小与接触刚度和形变量成正比,可简单表示为 $F=k\Delta x$,其中,k 为接触刚度,x 为形变量。一般来说,接触刚度较大,即使很小的

形变量(对应末端位姿误差)也会产生极大的接触力。以常见的作业任务为例,接触刚度为 $k=10^6$ N/m,则1 mm的形变量将产生 $F=10^6\times10^{-3}=1\,000$ N的接触力,如此大的操作力可能会损坏被操作物体(如抓取鸡蛋、擦拭玻璃等)或机器人自身(打磨硬质工件、装配大载荷物体等),采用前述的运动控制方法难以保障操作任务的安全性,因为要减小操作力,就需要大大提高位置控制精度,即位置控制体现的是高刚度。对于前面的例子,若要使接触力小于10 N,则末端位姿误差必须小于0.01 mm,这对于单纯的位置控制而言是极其难以达到的。这就需要采用本节即将介绍的柔顺控制方法。

机器人末端根据外力做出相应响应的能力称之为柔顺性(Compliance),表现为低刚度,与之对应的控制方式即为柔顺控制(Compliance Control),又称为顺应控制或依从控制。柔顺控制对机器人执行精细操作任务极其重要,如装配、维修、打磨、旋拧、插拔、擦玻璃、抓鸡蛋等。

根据是否主动去顺应环境,可将柔顺控制分为被动柔顺控制(Passive Compliance)和主动柔顺控制(Active Compliance)两类,前者不需要采用专门的控制,而是依靠机械装置如柔顺手腕(Compliance Wrist)来适应环境,本书不做详细介绍;后者是通过主动产生控制作用来适应环境,进一步又可分为直接力控制(Direct Force Control)、间接力控制(Indirect Force Control,即阻抗控制)与力/位混合控制三种,下面将分别进行介绍。

11.3.1 直接力控制

直接力控制以末端操作力为状态变量设计控制律,得到末端控制力后再将其映射为关节控制力/力矩,直接力控制框图如图11.28所示,控制律如下:

$$\boldsymbol{\tau}_c=\boldsymbol{J}^{\mathrm{T}}(\boldsymbol{q})\boldsymbol{F}_{ec}=\boldsymbol{J}^{\mathrm{T}}(\boldsymbol{q})\left(\boldsymbol{F}_{ed}+\boldsymbol{K}_p\boldsymbol{e}_F+\boldsymbol{K}_I\int\boldsymbol{e}_F\mathrm{d}t+\boldsymbol{K}_D\dot{\boldsymbol{e}}_F\right) \tag{11.61}$$

其中,$\boldsymbol{F}_{ed}$ 为期望的末端操作力,根据任务需要设定;$\boldsymbol{F}_e$ 为实际的末端操作力,通过力传感器检测得到,需要注意末端力传感器测量值的定义,若传感器输出的为末端受力,则需要变负后作为末端操作力处理;$\boldsymbol{e}_F=\boldsymbol{F}_{ed}-\boldsymbol{F}_e$ 为末端操作力误差。

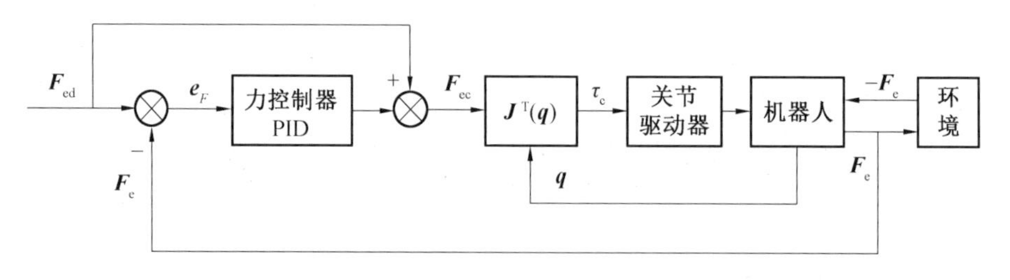

图11.28 直接力控制框图

11.3.2 阻抗控制

阻抗控制将机械臂末端执行机构的位姿与接触力/力矩之间的关系视为一个二阶弹簧-质量-阻尼系统,则可计算末端位姿误差与末端操作力之间的关系。

若已知末端期望位姿和实际位姿分别为 $\boldsymbol{X}_{ed}$ 和 $\boldsymbol{X}_e$,则可计算末端位姿误差 $\boldsymbol{e}$(应注意位置误差 $\boldsymbol{e}_p$、姿态误差 $\boldsymbol{e}_o$ 的表示形式),则有如下关系:

$$\boldsymbol{F}_e(t)=\boldsymbol{M}\ddot{\boldsymbol{e}}(t)+\boldsymbol{B}\dot{\boldsymbol{e}}(t)+\boldsymbol{K}\boldsymbol{e}(t) \tag{11.62}$$

其中,$\boldsymbol{K}$ 为弹性系数矩阵(刚度系数矩阵);$\boldsymbol{B}$ 为阻尼系数矩阵;$\boldsymbol{M}$ 为惯量系数矩阵。

与式(11.62)相对应的 s 函数为

$$\boldsymbol{F}_{\mathrm{e}}(s)=(\boldsymbol{M}s^2+\boldsymbol{B}s+\boldsymbol{K})\boldsymbol{e}(s) \tag{11.63}$$

根据式(11.63),还可得到下面的关系:

$$\boldsymbol{e}(s)=\frac{\boldsymbol{F}_{\mathrm{e}}(s)}{\boldsymbol{M}s^2+\boldsymbol{B}s+\boldsymbol{K}} \tag{11.64}$$

式(11.63)和式(11.64)分别代表了机器人与环境之间的阻抗特性和导纳特性,前者是根据末端位姿误差计算末端操作力,而后者则根据末端操作力计算末端位姿误差,都反映了末端操作力与末端位姿误差之间的关系。

利用上述阻抗特性或导纳特性,可以实现间接力控制,具体包括两种实现方式:利用导纳模型将末端操作力误差转换为位置误差,然后进行位置闭环控制;利用阻抗模型将末端位置误差转换为末端操作力,然后进行操作力闭环控制。部分文献将前者称为导纳控制,而后者称为阻抗控制,本书将这两种方式统称为阻抗控制,当需要进一步区分时前者称为基于位置的阻抗控制(即导纳控制),后者称为基于力的阻抗控制(即狭义的阻抗控制)。

(1) 基于位置的阻抗控制。

基于位置的阻抗控制框图如图 11.29 所示,首先将末端操作力的误差映射为末端位姿误差,然后将其作为末端期望位姿的补偿量校正原期望位姿,得到参考位姿 $\boldsymbol{X}_{\mathrm{r}}$,即:

$$\boldsymbol{e}=\begin{bmatrix}\boldsymbol{e}_{\mathrm{p}}\\ \boldsymbol{e}_{\mathrm{o}}\end{bmatrix}=\frac{\boldsymbol{F}_{\mathrm{ed}}(s)-\boldsymbol{F}_{\mathrm{e}}(s)}{\boldsymbol{M}s^2+\boldsymbol{B}s+\boldsymbol{K}} \tag{11.65}$$

$$\boldsymbol{X}_{\mathrm{r}}=\boldsymbol{X}_{\mathrm{ed}}+\boldsymbol{e} \tag{11.66}$$

需要指出的是,从末端位姿误差计算末端参考位姿时,位置部分的补偿比较方便,直接相加即可,而姿态部分需要考虑具体的姿态表示形式。以欧拉角表示姿态为例,式(11.66)包含如下两个计算公式:

$$\begin{cases}\boldsymbol{p}_{\mathrm{r}}=\boldsymbol{p}_{\mathrm{ed}}+\boldsymbol{e}_{\mathrm{p}}\\ \boldsymbol{\Psi}_{\mathrm{r}}=\boldsymbol{\Psi}_{\mathrm{ed}}+\boldsymbol{J}_{\mathrm{Euler}}^{-1}(\boldsymbol{\Psi}_{\mathrm{e}})\boldsymbol{e}_{\mathrm{o}}\end{cases} \tag{11.67}$$

其中,$\boldsymbol{p}_{\mathrm{ed}}$、$\boldsymbol{\Psi}_{\mathrm{ed}}$ 分别为期望末端位置、姿态(欧拉角);$\boldsymbol{p}_{\mathrm{r}}$、$\boldsymbol{\Psi}_{\mathrm{r}}$ 为补偿后的末端参考位置和姿态(欧拉角)。

进一步地可通过逆运动学计算关节参考位置,即:

$$\boldsymbol{q}_{\mathrm{r}}=\mathrm{ikine}(\boldsymbol{X}_{\mathrm{r}}) \tag{11.68}$$

得到 $\boldsymbol{q}_{\mathrm{r}}$ 后就可以采用关节空间控制方法产生关节控制力 / 力矩。

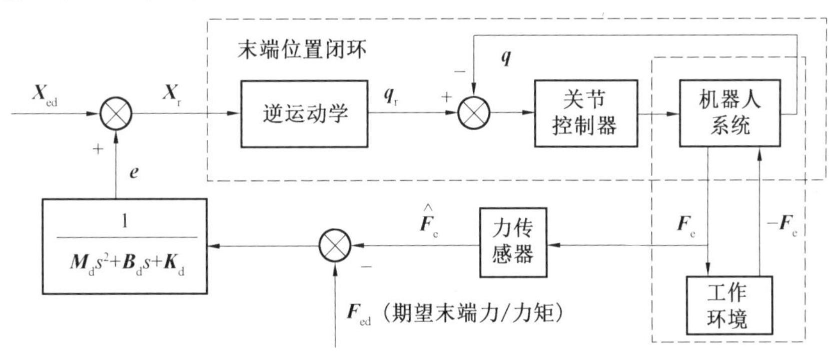

图 11.29　基于位置的阻抗控制框图

(2) 基于力的阻抗控制。

基于力的阻抗控制框图如图 11.30 所示,先将末端位姿误差转换为操作力误差,即:

$$\Delta\boldsymbol{F}_{\mathrm{e}}(s)=(\boldsymbol{M}s^2+\boldsymbol{B}s+\boldsymbol{K})(\boldsymbol{X}_{\mathrm{ed}}(s)-\boldsymbol{X}_{\mathrm{e}}(s)) \tag{11.69}$$

进而将操作力误差作为补偿量校正原期望力,得到操作力参考值,即:

$$\boldsymbol{F}_{\mathrm{er}}=\boldsymbol{F}_{\mathrm{ed}}+\Delta\boldsymbol{F}_{\mathrm{e}} \tag{11.70}$$

得到 $\boldsymbol{F}_{\mathrm{er}}$ 后,对其进行闭环控制,得到末端控制力矩 $\boldsymbol{F}_{\mathrm{ec}}$,然后通过力雅可比矩阵将其转换为关节控制力/力矩。若力闭环采用最简单的比例控制,则关节控制力矩为

$$\boldsymbol{\tau}_{\mathrm{c}}=\boldsymbol{J}^{\mathrm{T}}\boldsymbol{K}(\boldsymbol{F}_{\mathrm{er}}-\boldsymbol{F}_{\mathrm{e}}) \tag{11.71}$$

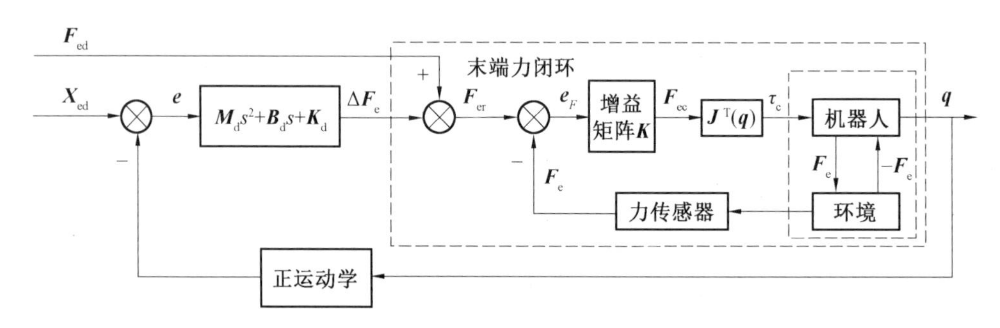

图 11.30 基于力的阻抗控制框图

11.3.3 力/位混合控制

(1) 力/位混合控制思想。

从最外环的期望状态来看,上述的柔顺控制方法中,要么属于末端六维力的控制(直接力控制方法),要么属于末端六自由度位姿的控制(阻抗控制方法),虽然控制效果上体现了对环境的顺应性,但无法针对任务的实际情况在某些方向采用力控制,而在其他方向采用位置(或姿态)控制。事实上,在机器人执行作业任务的过程中,不同方向上对位移、接触力有不同的要求。以如图 11.31 所示的插孔和擦玻璃作业为例,插孔过程中期望末端沿 z 轴运动,同时不希望在 x、y 轴方向产生过大的接触力,而擦玻璃过程中期望末端在 xy 平面上运动,同时不希望沿 z 轴产生过大的操作力以弄坏玻璃。对于上述的情况,比较理想的是在一些方向上进行力控制而在其他方向进行位置控制,即采用力/位混合控制方法。

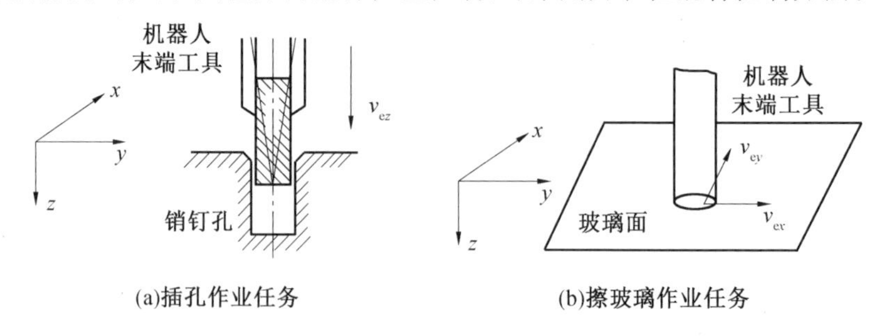

图 11.31 作业任务在不同方向上的力/位需求分析

要实现力/位混合控制,需要首先对每个方向进行选择,以确定该方向是进行力控制还是位置控制,然后分别设计力控制律和位置控制律,其思想如图 11.32 所示。

图 11.32 中的 $\boldsymbol{S}$ 为 $n\times n$ 的位姿选择矩阵,$\bar{\boldsymbol{S}}=\boldsymbol{I}-\boldsymbol{S}$ 为末端力选择矩阵,定义如下:

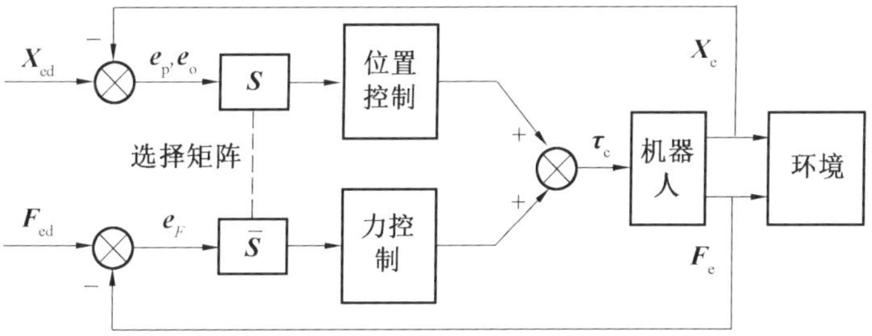

图 11.32　力 / 位混合控制思想

$$S=\begin{bmatrix} s_1 & & & \\ & s_2 & & \\ & & \ddots & \\ & & & s_6 \end{bmatrix},\bar{S}=I-S=\begin{bmatrix} \bar{s}_1 & & & \\ & \bar{s}_2 & & \\ & & \ddots & \\ & & & \bar{s}_6 \end{bmatrix} \tag{11.72}$$

式中，$s_i=1$（此时 $\bar{s}_i=0$）表示第 i 个位姿变量被选中进行位置控制（相应方向不进行力控制），$s_i=0$（此时 $\bar{s}_i=1$）表示第 i 个位姿变量未被选中进行位置控制（相应方向进行力控制）。

（2）R－C 力 / 位混合控制方法。

力 / 位混合控制方法中最经典的是由 Raibert 和 Craig 提出的 R－C 控制器，其控制框图如图 11.33 所示，关节控制力矩 τ_c 由关节位置 PD 产生的 τ_p、关节力矩 PD 产生的 τ_f，以及前馈力矩 τ_d 三部分叠加而成，即：

$$\tau_c=\tau_p+\tau_f+\tau_d \tag{11.73}$$

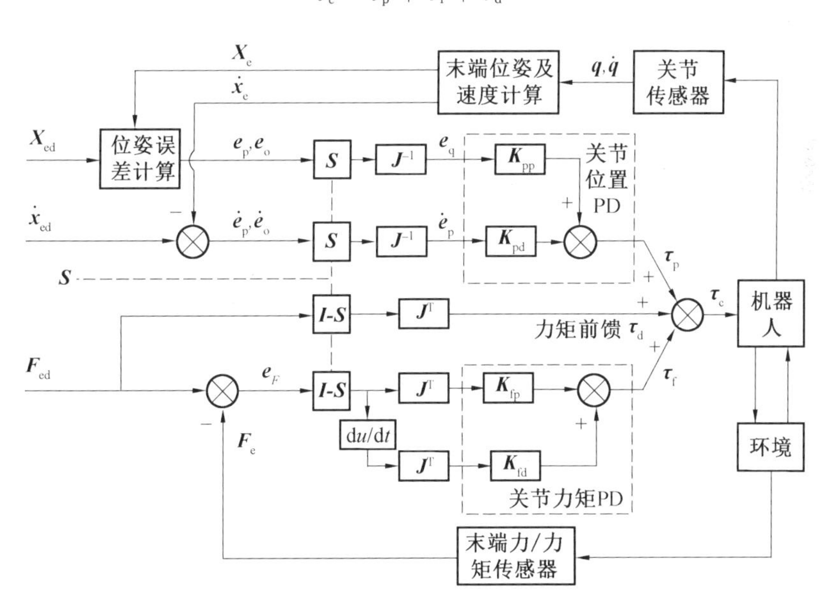

图 11.33　R－C 力 / 位混合控制框图

（3）选择矩阵的加权。

在较为复杂作业任务中（如装配任务），某些方向并不是一直期望进行力控制或位置控制的，而是需要根据实际情况频繁切换该方向的模组模式，即有时作为力控制，有时作为位置控制，采用传统的控制方案时，选择矩阵中的元素仅有 0、1 两种状态，在从其中一种状态切换到另一种状态时,过渡过程不平滑会使系统不稳定。因此,采用加权选择矩阵 $\boldsymbol{S}_{\mathrm{w}}$ 和 $\bar{\boldsymbol{S}}_{\mathrm{w}}$ 分别代替选择矩阵 $\boldsymbol{S}$ 和 $\bar{\boldsymbol{S}}$。

加权选择矩阵 $\bar{\boldsymbol{S}}_{\mathrm{w}}=\mathrm{diag}(\bar{s}_{\mathrm{w1}},\cdots,\bar{s}_{\mathrm{w6}})$,各元素在[0,1]之间连续变化,其值由对应方向上的接触力大小来决定,其中 0 和 1 分别代表无接触和完全接触两种状态,相应地,应分别进行位置控制和力控制,而 0 ~ 1 为中间过渡状态,代表从不接触到完全接触的过程,为了保证切换的平滑性,在过渡过程中应进行位置和力的加权控制。因此,加权选择矩阵中的元素可按下式进行定义:

$$\bar{s}_{\mathrm{w}i}=\begin{cases}1, & |F_{\mathrm{e}i}|\geqslant F_{\mathrm{lim}}\\ 1-\left|\dfrac{1}{F_{\mathrm{lim}}^{k}}(F_{\mathrm{e}i}-F_{\mathrm{lim}})^{k}\right|, & 0<|F_{\mathrm{e}i}|<F_{\mathrm{lim}}\\ 0, & |F_{\mathrm{e}i}|=0\end{cases}\tag{11.74}$$

式中,$F_{\mathrm{e}i}$ 为末端接触力的第 i 个分量;F_{lim} 为设定的末端力 / 力矩阈值(不同方向可以不一样)。

当接触力大于设定的阈值时,认为处于完全接触状态,$\bar{s}_{\mathrm{w}i}=1$(此时 $s_{\mathrm{w}i}=0$),该方向采用力控制;当接触力为 0 时,认为没有发生接触,$\bar{s}_{\mathrm{w}i}=0$(此时 $s_{\mathrm{w}i}=1$),该方向采用位置控制;当接触力在 0 和 F_{lim} 之间时为过渡过程,此时该方向为位置、力的加权控制,总满足 $s_{\mathrm{w}i}+\bar{s}_{\mathrm{w}i}=1$。

切换的过渡区间可以通过设置力 / 力矩阈值 F_{lim} 来确定,而切换速度的快慢可以由指数 k 调节。当 k 较大且 F_{lim} 较小时,控制系统对接触力比较敏感,由位置控制向力控制的切换速度较快,反之亦然。因此,可以根据对力敏感程度的不同需求来设定 F_{lim} 和 k 的大小。

11.4 机器人视觉伺服控制

视觉伺服(Visual Servoing)是指利用视觉传感器得到的测量值作为反馈信息实现机器人的闭环控制,在未知对象的操作、动态目标的抓取、非结构化任务的执行等方面具有极其重要的作用。从不同的角度有不同的分类,根据所用相机的数量可分为单目视觉伺服、双目视觉伺服以及多目视觉伺服,按相机安装位置可分为手眼视觉伺服(Hand-Eye 或 Eye-in-Hand)和全局视觉伺服(Global Vision 或 Eye-to-Hand);按反馈信息(误差信号)类型的不同,可分为基于位置的视觉伺服(Position-Based Visual Servoing,PBVS)、基于图像的视觉伺服(Image-Based Visual Servoing,IBVS)以及混合视觉伺服(2.5D 视觉伺服)三类,后续将针对这种分类进行典型控制方法的介绍。

11.4.1 相机成像模型

(1) 图像坐标系与成像平面坐标系。

相机采集的数字图像在计算机内存储为数组,数组中的每一个元素(称为像素,Pixel)的值即是图像点的灰度。图像坐标系示意图如图 11.34 所示,在图像上定义直角坐标系 uO_0v,每一像素的坐标(u,v) 分别是该像素在数组中的列数和行数。所以,(u,v) 是以像素为单位的图像坐标系坐标。

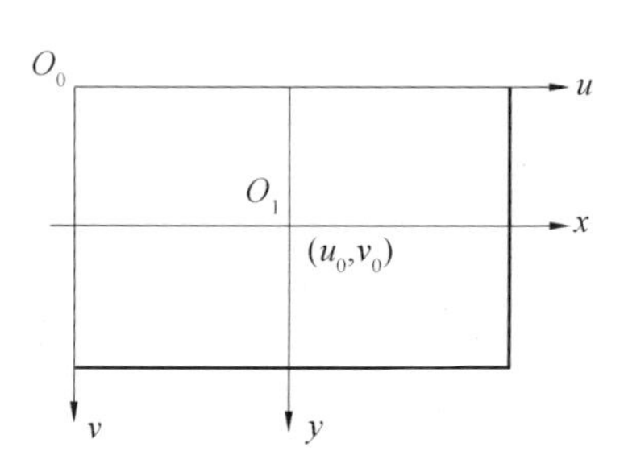

图 11.34 图像坐标系示意图

由于图像坐标系只表示像素位于数字图像的列数和行数，并没有表示出该像素的物理位置，因此需要再建立以物理单位(如 mm)表示的成像平面坐标系 xO_1y(图 11.34)。在 xO_1y 坐标系中，原点 O_1 定义在相机光轴和图像平面的交点处，称为图像的主点，该点一般位于图像中心处，但由于相机制造的原因，也会有些偏离。若 O_1 在 uO_0v 坐标系中的坐标为 (u_0, v_0)，每个像素在 x 轴和 y 轴方向上的物理尺寸为 $\mathrm{d}x$、$\mathrm{d}y$，则有如下关系：

$$\begin{cases} u = \dfrac{x}{\mathrm{d}x} + u_0 \\ v = \dfrac{y}{\mathrm{d}y} + v_0 \end{cases} \tag{11.75}$$

(2) 针孔成像模型。

线性投影模型(或称针孔模型，Pin－Hole Model) 是最常用的相机成像模型。图 11.35 所示为相机成像几何关系的线性模型，其中，O 点为相机光心，X_c、Y_c 轴分别与图像坐标系的 x、y 轴平行，Z_c 轴为相机的光轴，与图像平面垂直。光轴与图像平面的交点，即为图像坐标系的原点 O_1，由 O 点与 X_c、Y_c、Z_c 轴组成的直角坐标系称为相机坐标系，OO_1 为相机焦距 f。

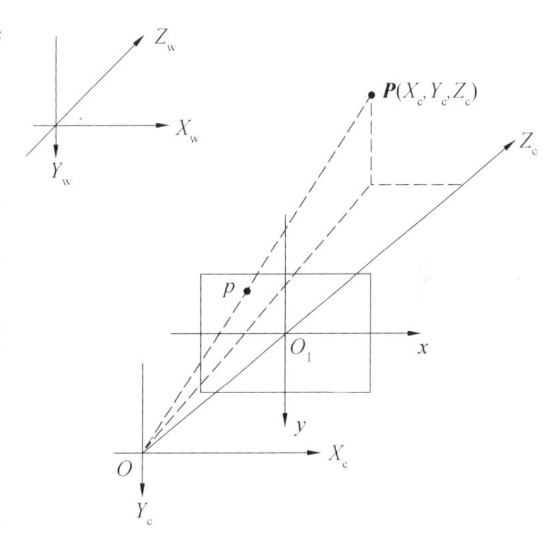

图 11.35　相机成像几何关系的线性模型

若空间某点 P 在相机坐标系下的位置为 ${}^{c}\boldsymbol{P}=[X_c, Y_c, Z_c]$，在像平面上的投影点 p 在图像坐标系下的位置为 $\boldsymbol{p}=[x, y]$，则根据针孔模型，有

$$\begin{cases} x = \dfrac{fX_c}{Z_c} \\ y = \dfrac{fY_c}{Z_c} \end{cases} \tag{11.76}$$

根据式(11.75) 和式(11.76) 可得

$$\begin{cases} u = \dfrac{f}{\mathrm{d}x}\dfrac{X_c}{Z_c} + u_0 = f_u\dfrac{X_c}{Z_c} + u_0 \\ v = \dfrac{f}{\mathrm{d}y}\dfrac{Y_c}{Z_c} + v_0 = f_v\dfrac{Y_c}{Z_c} + v_0 \end{cases} \tag{11.77}$$

其中，

$$\begin{cases} f_u = \dfrac{f}{\mathrm{d}x} \\ f_v = \dfrac{f}{\mathrm{d}y} \end{cases} \tag{11.78}$$

方程式(11.77) 可写成矩阵形式：

$$\begin{bmatrix} u \\ v \\ 1 \end{bmatrix} = \frac{1}{Z_c}\boldsymbol{C}_1\begin{bmatrix} X_c \\ Y_c \\ Z_c \\ 1 \end{bmatrix} \tag{11.79}$$

其中,$\boldsymbol{C}_{\mathrm{I}}$ 仅与相机的光学系统相关,为相机的内参数矩阵:

$$\boldsymbol{C}_{\mathrm{I}}=\begin{bmatrix} f_u & 0 & u_0 & 0 \\ 0 & f_v & v_0 & 0 \\ 0 & 0 & 1 & 0 \end{bmatrix} \tag{11.80}$$

在实际应用中,人们关心的往往是 3D 空间的点在世界坐标系中的位置 ${}^{\mathrm{w}}\boldsymbol{P}=[X_{\mathrm{w}},Y_{\mathrm{w}},Z_{\mathrm{w}}]^{\mathrm{T}}$。存在如下齐次变换关系:

$$\begin{bmatrix} X_{\mathrm{c}} \\ Y_{\mathrm{c}} \\ Z_{\mathrm{c}} \\ 1 \end{bmatrix}={}^{\mathrm{c}}\boldsymbol{T}_{\mathrm{w}}\begin{bmatrix} X_{\mathrm{w}} \\ Y_{\mathrm{w}} \\ Z_{\mathrm{w}} \\ 1 \end{bmatrix} \tag{11.81}$$

上式中,${}^{\mathrm{c}}\boldsymbol{T}_{\mathrm{w}}$ 为从相机坐标系到世界坐标系的齐次变换矩阵,称为相机的外参数。

根据式(11.79)和式(11.81)有

$$Z_{\mathrm{c}}\begin{bmatrix} u \\ v \\ 1 \end{bmatrix}=\boldsymbol{C}_{\mathrm{I}}{}^{\mathrm{c}}\boldsymbol{T}_{\mathrm{w}}\begin{bmatrix} X_{\mathrm{w}} \\ Y_{\mathrm{w}} \\ Z_{\mathrm{w}} \\ 1 \end{bmatrix} \tag{11.82}$$

方程式(11.82)两边可同时除以任意一个不为 0 的常数,得到更一般的表示:

$$\lambda\begin{bmatrix} u \\ v \\ 1 \end{bmatrix}=\boldsymbol{C}\begin{bmatrix} X_{\mathrm{w}} \\ Y_{\mathrm{w}} \\ Z_{\mathrm{w}} \\ 1 \end{bmatrix} \tag{11.83}$$

式(11.83)建立了世界坐标系中的3D点到相机像平面2D点之间的关系,其中矩阵$\boldsymbol{C}$包含了相机的内、外参数矩阵。简而言之,相机成像过程为从 3D 空间到 2D 平面的投影,对单个特征点而言,损失了深度信息;而测量过程则是通过图像处理算法识别目标的多个特征点,得到各特征点的 2D 信息,再结合多个特征点的约束关系得到目标的 3D 信息,此过程即为 3D 重构。

在实际位姿测量中,常用的有基于合作标志器的 PnP 算法(典型的为 P3P 和 P4P);对于无合作标准器的情况,可以采用多个相机(典型的为双目立体视觉),当多个相机同时对一个特征点成像时可获得冗余的 2D 信息,弥补深度信息的损失,构成 3D 重建的条件。

假设相机坐标系原点在世界坐标系下的位置为 ${}^{\mathrm{w}}\boldsymbol{P}_{\mathrm{c}}$,而 ${}^{\mathrm{c}}\boldsymbol{R}_{\mathrm{w}}$ 表示从相机坐标系到世界坐标系的旋转矩阵,则有如下关系:

$${}^{\mathrm{c}}\mathrm{P}={}^{\mathrm{c}}\boldsymbol{R}_{\mathrm{w}}({}^{\mathrm{w}}\boldsymbol{P}-{}^{\mathrm{w}}\boldsymbol{P}_{\mathrm{c}}) \tag{11.84}$$

11.4.2 基于位置的视觉伺服控制

基于位置的视觉伺服控制框图如图 11.36 所示,其本质为笛卡儿空间的位置控制,不同的是末端位姿通过相机实时获得,但需要注意的是,相机测量精度受内参及外参标定精度的影响大且视觉测量一般比较耗时,测量时延大,这些对系统控制性能都有影响,在实际中需要重点考虑。

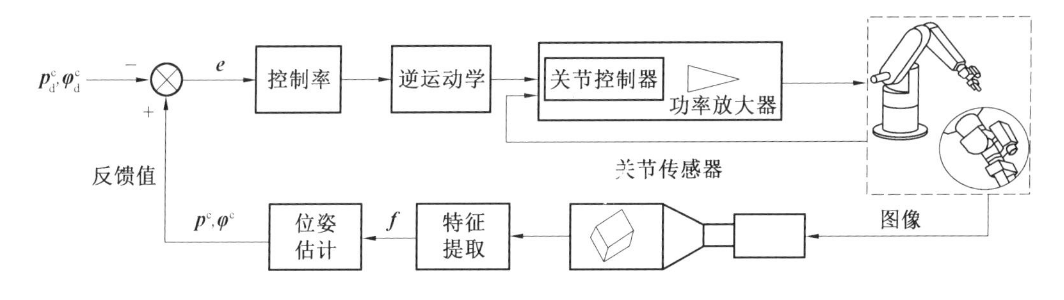

图 11.36　基于位置的视觉伺服控制框图

11.4.3　基于图像的视觉伺服控制

基于图像的视觉伺服控制框图如图 11.37 所示,直接针对 2D 图像特征设计控制律,状态误差为目标图像的期望特征 $\boldsymbol{f}_d$ 与相机实际测得的当前特征 $\boldsymbol{f}$ 之差,控制作用的产生是以此误差的减小为目标的。

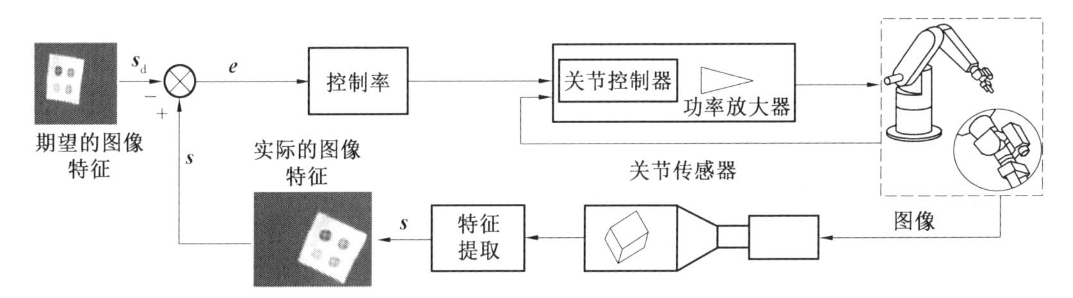

图 11.37　基于图像的视觉伺服控制框图

该方法的关键是建立反映图像特征变化量与机器人末端位姿变化量之间的映射关系,反映此关系的矩阵为图像雅可比矩阵(Image Jacobian Matrix),又称为特征灵敏度矩阵(Feature Sensitivity Matrix)描述。

对式(11.76)中的两边分别求导有

$$\dot{x}=f\frac{\dot{X}_cZ_c-X_c\dot{Z}_c}{Z_c^{\ 2}}=f\left(\frac{1}{Z_c}\dot{X}_c-\frac{X_c}{Z_c^{\ 2}}\dot{Z}_c\right) \tag{11.85}$$

$$\dot{y}=f\frac{\dot{Y}_cZ_c-Y_c\dot{Z}_c}{Z_c^{\ 2}}=f\left(\frac{1}{Z_c}\dot{Y}_c-\frac{Y_c}{Z_c^{\ 2}}\dot{Z}_c\right) \tag{11.86}$$

由式(11.84)可得

$$\begin{bmatrix}\dot{X}_c\\ \dot{Y}_c\\ \dot{Z}_c\end{bmatrix}={}^c\boldsymbol{R}_w[-{}^w\boldsymbol{\omega}_c\times({}^w\boldsymbol{P}_o-{}^w\boldsymbol{P}_c)-{}^w\boldsymbol{v}_c]=\begin{bmatrix}-1&0&0&0&-Z_c&Y_c\\0&-1&0&Z_c&0&-X_c\\0&0&-1&-Y_c&X_c&0\end{bmatrix}\begin{bmatrix}{}^c\boldsymbol{v}_c\\ {}^c\boldsymbol{\omega}_c\end{bmatrix} \tag{11.87}$$

其中,${}^c\boldsymbol{v}_c$、${}^c\boldsymbol{\omega}_c$ 为相机绝对速度在其坐标系中的表示。

根据式(11.85)、式(11.86)和式(11.87),可得

$$\begin{bmatrix}\dot{x}\\ \dot{y}\end{bmatrix}=\begin{bmatrix}-\dfrac{f}{Z_c}&0&\dfrac{x}{Z}&\dfrac{xy}{f}&-\dfrac{f^2+x^2}{f}&y\\0&-\dfrac{f}{Z_c}&\dfrac{y}{Z_c}&\dfrac{f^2+y^2}{f}&-\dfrac{xy}{f}&-x\end{bmatrix}\begin{bmatrix}{}^c\boldsymbol{v}_c\\ {}^c\boldsymbol{\omega}_c\end{bmatrix} \tag{11.88}$$

另外，由式(11.75)可知：

$$\dot{u}=\frac{\dot{x}}{\mathrm{d}x},\dot{v}=\frac{\dot{y}}{\mathrm{d}y} \tag{11.89}$$

所以，

$$\begin{bmatrix}\dot{u}\\ \dot{v}\end{bmatrix}=\begin{bmatrix}-\frac{f_u}{Z_c} & 0 & \frac{u-u_0}{Z_c} & \frac{(u-u_0)(v-v_0)}{f_v} & -\frac{f_u^{\ 2}+(u-u_0)^2}{f_u} & \frac{f_u(v-v_0)}{f_v}\\ 0 & -\frac{f_v}{Z_c} & \frac{v-v_0}{Z_c} & \frac{f_v^{\ 2}+(v-v_0)^2}{f_v} & -\frac{(u-u_0)(v-v_0)}{f_u} & -\frac{f_v(u-u_0)}{f_u}\end{bmatrix}\begin{bmatrix}{}^{c}\boldsymbol{v}_c\\ {}^{c}\boldsymbol{\omega}_c\end{bmatrix} \tag{11.90}$$

定义图像雅可比矩阵为

$$\boldsymbol{J}_{\text{image}}(u,v,Z_c)=\begin{bmatrix}-\frac{f_u}{Z_c} & 0 & \frac{u-u_0}{Z_c} & \frac{(u-u_0)(v-v_0)}{f_v} & -\frac{f_u^{\ 2}+(u-u_0)^2}{f_u} & \frac{f_u(v-v_0)}{f_v}\\ 0 & -\frac{f_v}{Z_c} & \frac{v-v_0}{Z_c} & \frac{f_v^{\ 2}+(v-v_0)^2}{f_v} & -\frac{(u-u_0)(v-v_0)}{f_u} & -\frac{f_v(u-u_0)}{f_u}\end{bmatrix} \tag{11.91}$$

对于多个特征点，定义图像特征向量 $\boldsymbol{\xi}=[u_1,v_1,\cdots,u_n,v_n]$，以及各特征点深度组成的深度向量 $\boldsymbol{Z}_c=[Z_{c1},Z_{c2},\cdots Z_{cn}]$，则得到扩展的图像雅可比矩阵为

$$\boldsymbol{J}_{\text{image}}(\boldsymbol{\xi},\boldsymbol{Z}_c)=\begin{bmatrix}\boldsymbol{J}_{\text{image}}(u_1,v_1,Z_{c1})\\ \vdots\\ \boldsymbol{J}_{\text{image}}(u_n,v_n,Z_{cn})\end{bmatrix}\in\boldsymbol{R}^{2n\times 6} \tag{11.92}$$

有如下关系：

$$\dot{\boldsymbol{\xi}}=[\dot{u}_1,\dot{v}_1,\cdots,\dot{u}_n,\dot{v}_n]^{\mathrm{T}}=\boldsymbol{J}_{\text{image}}(\boldsymbol{\xi},\boldsymbol{Z}_c)\begin{bmatrix}{}^{c}\boldsymbol{v}_c\\ {}^{c}\boldsymbol{\omega}_c\end{bmatrix} \tag{11.93}$$

式(11.93)即建立了机械臂末端运动速度(相机与机械臂末端固连)与图像特征变化率之间的关系，若要用于6DOF机器人的控制，$\boldsymbol{J}_{\text{image}}(\boldsymbol{\xi},\boldsymbol{Z}_c)$ 至少应为 6×6 的矩阵，因而至少需要3个特征点。当选择的特征点超过3个时，可以采用伪逆的方法以减少计算误差。

11.4.4 混合视觉伺服控制

混合视觉伺服控制框图如图11.38所示，该方法综合考虑3D的笛卡儿空间信息以及2D的图像信息，使其能兼顾二者的优点而又能克服二者的缺点。误差函数为

$$e=[x-x^*,y-y^*,\log\rho,\theta u^{\mathrm{T}}]^{\mathrm{T}} \tag{11.94}$$

根据上面的分析，这三种视觉伺服控制方法的优缺点比较见表11.3。

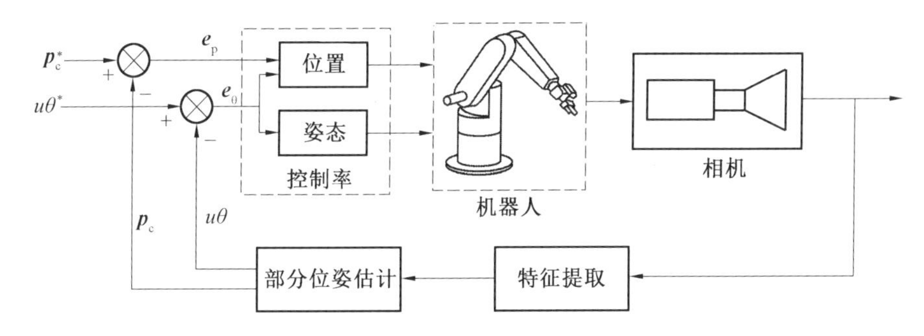

图 11.38　混合视觉伺服控制框图

表 11.3　视觉伺服控制方法的优缺点比较

分类	优点	缺点
基于位置的视觉伺服	在笛卡儿空间处理，形象直观； 不改变机器人原有的控制体系	受手眼标定精度影响大
基于图像的视觉伺服	受手眼标定精度影响小	需要计算图像雅可比矩阵，计算量大； 在 2D 空间处理，不直观
2.5D 视觉伺服	同时包含了二维和三维信号，实现了运动与结构参数的解耦； 对相机参数不敏感； 既能保证目标始终在视场内，又能在笛卡儿空间实现运动规划； 图像雅可比矩阵是一个上三角阵，不会产生奇异形位	控制结构发生了变化，对控制器的实现提出了新的要求； 仍然受相机内参数标定精度的影响

本章习题

习题 11.1　简述控制系统的性能指标及其定义。

习题 11.2　机器人控制方法的分类主要有哪几种？

习题 11.3　假设电机转子转动惯量 $J_m=0.03\ \text{kg}\cdot\text{m}^2$，负载 $J_L=2\ \text{kg}\cdot\text{m}^2$，干扰力矩 $T_d=1.5\ \text{Nm}$，减速比为 80∶1。完成下面的问题：

(1) 分别计算电机端和关节输出端的等效转动惯量。

(2) 该关节当前位置为 0°，给定阶跃值 15°，采用 PD 控制律，要求稳态误差 $e_{ss}\leqslant 0.1°$，确定比例参数的范围，并完成控制仿真，绘制响应曲线。

(3) 该关节当前位置为 0°，给定阶跃值 15°，要求稳态误差为零，设计合适的控制律，给出控制参数，并完成控制仿真，绘制响应曲线。

习题 11.4　基于前馈补偿的计算力矩控制中复合控制力矩主要由哪几项组成？若考虑影响机器人控制的主要因素，则如何对其进行简化？

习题 11.5　平面 2R 机械臂的构型如图 11.39 所示，各杆件为均质杆件，$l_1=l_2=1$ m，$m_1=m_2=1$ kg。期望末端轨迹为从[−1,1.414 1] m 到[−1,0] m 的直线，运动时间为 5 s。不考虑重力作用。完成下面的问题：

(1) 设计一种关节空间控制律,完成控制仿真,提供关节角、末端位置及控制力矩的仿真曲线。

(2) 设计一种笛卡儿空间控制律,完成控制仿真,提供关节角、末端位置及控制力矩的仿真曲线。

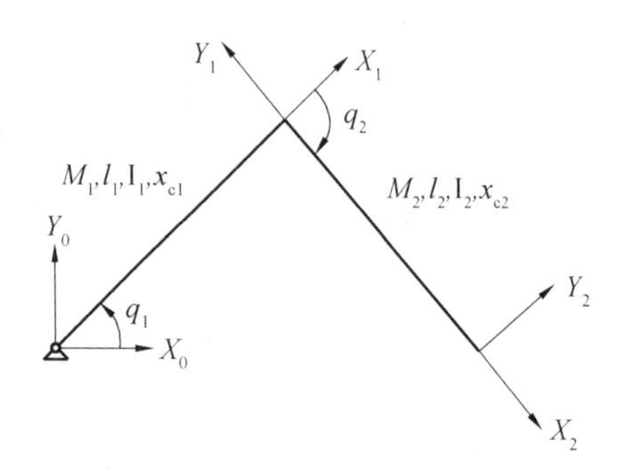

图11.39 平面 2R 机械臂构型

习题 11.6 对于习题 11.5 的平面 2R 机械臂,考虑重力作用,重力加速度沿 $-Y_0$ 方向,大小 $g_0=10\ \mathrm{m/s^2}$,完成下面的问题:

(1) 设计一种不采用重力补偿的笛卡儿空间控制律,完成控制仿真,提供关节角、末端位置及控制力矩的仿真曲线。

(2) 设计一种采用重力补偿的笛卡儿空间控制律,完成控制仿真,提供关节角、末端位置及控制力矩的仿真曲线。

习题 11.7 平面 3R 机械臂的构型如图 11.40 所示,参数如下:$l_1=l_2=1\ \mathrm{m}$,$l_3=0.5\ \mathrm{m}$,$m_1=m_2=10\ \mathrm{kg}$,$m_3=5\ \mathrm{kg}$,各杆件为均质杆件,不考虑重力作用。机器人执行插孔任务,末端从当前位置沿 $-y_0$ 方向运动 0.2 m,设计合适的控制律,使机器人在插孔过程中末端与环境在各方向的接触力均不大于 10 N,完成控制仿真,提供关节角、末端位姿态及控制力矩的仿真曲线。

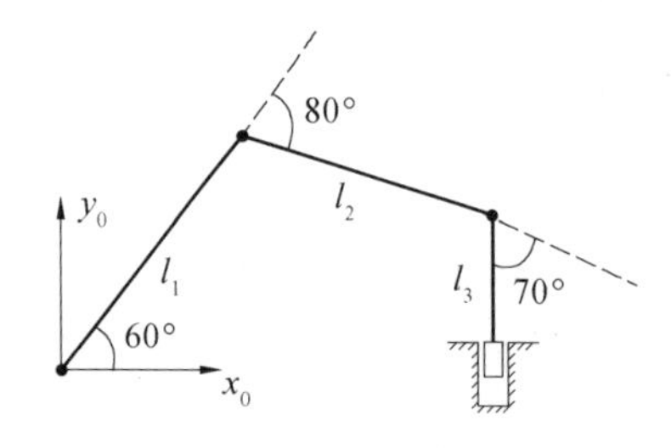

图11.40 平面 3R 作业任务示意图

习题 11.8 条件与习题 11.7 相同,考虑重力作用,重力加速度沿 $-y_0$ 方向,大小 $g_0=10\ \mathrm{m/s^2}$,设计合适的控制律,使机器人在插孔过程中末端与环境在各方向的接触力均不大于 10 N,完成控制仿真,提供关节角、末端位姿态及控制力矩的仿真曲线。

习题 11.9 传统的力/位混合控制方法中,需要根据末端接触状况频繁地切换力控制和位置控制,导致选择矩阵中的元素会在 0 和 1 两种状态中频繁变化,过渡过程不平滑,会使系统不稳定。如何解决上述问题?

习题 11.10 视觉伺服所面临的主要问题是什么?视觉伺服未来的发展前景有哪些?

第 12 章　机器人研制与应用

前面章节介绍了机器人学的基础理论，本章将针对实际应用场景，介绍机器人系统的设计、分析、集成、测试、实验等相关知识，具体而言，首先介绍机器人常用性能指标的定义，并给出常用工业机器人的性能指标参数，然后介绍单臂及双臂协作机器人研制的详细过程，最后介绍典型应用系统搭建及实验。

12.1　机器人性能参数

12.1.1　性能指标参数定义

工业机器人常用性能指标包括运动自由度、工作空间、有效负载、位姿精度、运动特性、动态特性等。下面给出几个典型工业机械臂的性能指标，使读者有个全面的认识。

运动自由度是指机器人操作臂在空间运动所需的变量数，用以表示机器人动作灵活程度的参数，一般是以沿轴线移动和绕轴线转动的独立运动的数目来表示。对于串联旋转机械臂来说，自由度的个数一般等于关节的个数。

工作空间的定义详见第 4 章。对于特定的机器人和作业环境而言，指机器人所有有效臂型(考虑安全作业需要，不能与自身杆件和环境碰撞) 对应的末端执行器的位置集合。工作空间的形状和大小反映了机器人工作能力的大小。机器人的工作空间包括可达工作空间和灵巧操作空间。

有效负载是指机器人操作臂在工作时臂端可能搬运的物体质量或所能承受的力或力矩，用以表示机器人的载荷能力。机器人在不同位姿时，允许的最大可搬运质量是不同的，因此，机器人的额定可搬运质量是指其末端在工作空间中任意位姿时腕关节端部都能搬运的最大质量。

机器人位姿精度包括绝对位姿精度和重复位姿精度。绝对位姿精度是指机器人末端执行器实际达到的位姿与期望位姿之间的差异。重复位姿精度是指机器人在相同条件下多次重复执行同一位姿指令后，其末端执行器实际到达的位姿分布的不一致程度，可用统计学中的标准方差来表示，也可用误差椭球中任意两点间的最大距离来表示。当不强调姿态时，位姿精度称为定位精度，相应地，绝对位姿精度和重复位姿精度分别退化为绝对定位精度和重复定位精度。由于绝对位姿(或定位) 精度的测试与具体参考坐标系有关系，因此，实际的工业机器人往往仅给出重复定位精度。

运动特性参数包括速度、加速度等，是衡量机器人运动能力的主要指标。最大允许速度和最大允许加速度是确保机器人安全运动的重要参数。

动态特性参数主要包括质量、惯性矩、刚度、阻尼系数、固有频率和振动模态。

12.1.2 常见机器人性能指标

下面介绍几种先进机器人的技术指标,方便读者了解到目前机器人技术的发展水平。

YuMi是ABB开发的协作型双臂机器人,具有力控功能,可在常规生产环境中与人协同工作,并保证安全性。作为一款为小型工件装配量身打造的双臂机器人,YuMi以其本质安全设计与极致精度为制造商提供了一种革命性的创新解决方案。YuMi两条轻质镁合金手臂均具有7轴自由度,能模拟人类肢体动作。YuMi双臂协作机器人的技术参数见表12.1。

表 12.1 YuMi双臂协作机器人的技术参数

	机械结构	垂直多关节型
	自由度数	7
	载荷质量	0.5 kg
	重复定位精度	±0.02 mm
	本体质量	38 kg
	安装方式	地面、桌面、墙面、天花板等
	电源	220 V
最大动作范围	关节1	+168.5°、−168.5°
	关节2	+43.5°、−143.5°
	关节3	+80°、−123.5°
	关节4	+290°、−290°
	关节5	+225°、−45°
	关节6	+138°、−88°
	关节7	+168.5°、−168.5°
最大速度	关节1	180(°)/s
	关节2	180(°)/s
	关节3	180(°)/s
	关节4	400(°)/s
	关节5	400(°)/s
	关节6	400(°)/s
	关节7	180(°)/s
容许力矩	R轴(关节5)	202 N·m
	B轴(关节6)	+14±172 N·m
	T轴(关节7)	±122 N·m
容许力	R轴(关节5)	±178 N
	B轴(关节6)	±294 N
	T轴(关节7)	+380±280 N
标准涂色		关节:白色
		软垫:深灰色

续表12.1

	机械结构	垂直多关节型
	自由度数	7
	载荷质量	0.5 kg
	重复定位精度	±0.02 mm
	本体质量	38 kg
	安装方式	地面、桌面、墙面、天花板等
	电源	220 V
安装环境	温度	5 ～ 40 ℃
	IP 等级	IP30

Fanuc Robot R－1000iA 是日本发那科(Fanuc) 开发的可以搬运质量为 80 ～ 100 kg 重物的小型高速机器人。它具有紧凑的机器人结构和优越的动作性能，能够应对布局密集的搬运、电焊、码垛、堆积等各种作业。该机器人包括三种规格：R－1000iA/80F、R－1000iA/100F 和 R－1000iA/80H。Fanuc Robot R－1000iA/80F 工业机器人的技术参数见表 12.2。

表 12.2　Fanuc Robot R－1000iA/80F 工业机器人的技术参数

	机械结构	垂直多关节型
	自由度数	6
	载荷质量	80 kg
	重复定位精度	±0.2 mm
	本体质量	620 kg
	安装方式	地面安装、顶吊安装
	电源	220 V
最大动作范围	可达半径	2 230 m
	关节 1	360°
	关节 2	245°
	关节 3	360°
	关节 4	720°
	关节 5	250°
	关节 6	720°
最大速度	关节 1	170(°)/s
	关节 2	140(°)/s
	关节 3	160(°)/s
	关节 4	230(°)/s
	关节 5	230(°)/s
	关节 6	350(°)/s

续表12.2

	机械结构	垂直多关节型
	自由度数	6
	载荷质量	80 kg
	重复定位精度	±0.2 mm
	本体质量	620 kg
	安装方式	地面安装、顶吊安装
	电源	220 V
容许力矩	R 轴(关节 4)	380 N·m
	B 轴(关节 5)	380 N·m
	T 轴(关节 6)	200 N·m
容许惯量	R 轴(关节 4)	30 kg·m²
	B 轴(关节 5)	30 kg·m²
	T 轴(关节 6)	20 kg·m²
安装环境	温度	0～45 ℃
	湿度	通常在 75% 以下(无结露现象) 短期在 100% 以下(一个月之内)
	振动加速度	0.5 g 以下

Motoman UP6 是安川电机(Yaskawa) 开发的通用工业机器人，其技术参数见表12.3。

表 12.3 Motoman UP6 型通用工业机器人的技术参数

	机械结构	垂直多关节型
	自由度数	6
	载荷质量	6 kg
	重复定位精度	±0.08 mm
	本体质量	130 kg
	安装方式	地面安装
	电源容量	1.5 kV·A
最大动作范围	关节 1	±170°
	关节 2	+155°、−90°
	关节 3	+190°、−170°
	关节 4	±180°
	关节 5	+225°、−45°
	关节 6	±360°

续表12.3

	机械结构	垂直多关节型
	自由度数	6
	载荷质量	6 kg
	重复定位精度	±0.08 mm
	本体质量	130 kg
	安装方式	地面安装
	电源容量	1.5 kV·A
最大速度	关节 1	2.44 rad/s(140(°)/s)
	关节 2	2.79 rad/s(160(°)/s)
	关节 3	2.97 rad/s(170(°)/s)
	关节 4	5.85 rad/s(335(°)/s)
	关节 5	5.85 rad/s(335(°)/s)
	关节 6	8.37 rad/s(500(°)/s)
容许力矩	R 轴(关节 4)	11.8 N·m(1.2 kgf·m)
	B 轴(关节 5)	9.8 N·m(1.0 kgf·m)
	T 轴(关节 6)	5.9 N·m(0.6 kgf·m)
容许转动惯量	R 轴(关节 4)	0.24 kg·m^2
	B 轴(关节 5)	0.17 kg·m^2
	T 轴(关节 6)	0.06 kg·m^2
标准涂色		活动部位:淡灰色
		固定部位:深灰色
		电动机:黑色
安装环境	温度	0～45 ℃
	湿度	(20～80)% RH(不能结露)
	振动	4.9 m/s^2 以下

德国库卡(Kuka)公司在 2014 中国国际工业博览会机器人展上，首次发布库卡公司第一款 7 轴轻型灵敏机器人 LBR iiwa，其开创性的产品性能和广泛的应用领域为工业机器人的发展开启了新时代。性能卓越的 LBR iiwa 是一款具有突破性构造的 7 轴机器人手臂，其极高的灵敏度、灵活度、精确度和安全性的产品特征使它更接近人类的手臂。LBR iiwa 机器人的结构采用铝制材料设计，超薄的设计与轻铝机身令其运转迅速，灵活性强。LBR iiwa—7 kg 工业机器人的技术参数见表 12.4。

表 12.4 LBR iiwa－7 kg 工业机器人的技术参数

	机械结构	垂直多关节型
	自由度数	7
	载荷质量	7 kg
	重复定位精度	±0.1 mm
	本体质量	22 kg
	安装方式	地面、桌面、墙面、天花板等
	电源	220 V
	工作半径	800 mm
最大动作范围	关节 1	170°
	关节 2	120°
	关节 3	170°
	关节 4	120°
	关节 5	170°
	关节 6	120°
	关节 7	175°
最大速度	关节 1	98(°)/s
	关节 2	98(°)/s
	关节 3	100(°)/s
	关节 4	130(°)/s
	关节 5	140(°)/s
	关节 6	180(°)/s
	关节 7	180(°)/s
最大力矩	关节 1	176 N·m
	关节 2	176 N·m
	关节 3	110 N·m
	关节 4	110 N·m
	关节 5	110 N·m
	关节 6	40 N·m
	关节 7	40 N·m
标准涂色		关节:白色
		软垫:深灰色
安装环境	温度	5～45 ℃
	IP 等级	IP 54

UR 机器人是由丹麦 Universal Robots 公司开发的小型、轻便、易用的协作式机器人。该机器人采用模块化的设计方法,质量轻,编程简单方便,安装成本低,有 UR3/3e、UR5/5e、UR10/10e、UR16/16e 等型号(型号代码中的数字代表负载能力,字母 e 表示末端

安装力传感器)。其中,UR5 机器人技术参数见表 12.5。

表 12.5　UR5 机器人的技术参数

	机械结构	垂直多关节型
	自由度数	6
	载荷质量	5 kg
	重复定位精度	±0.1 mm
	本体质量	18.4 kg
	安装方式	地面、墙面、天花板等
	电源	220 V
最大动作范围	工作半径	850 mm
	关节 1	±360°
	关节 2	±360°
	关节 3	±360°
	关节 4	±360°
	关节 5	±360°
	关节 6	±360°
	关节 7	±360°
最大速度	关节 1	±180(°)/s
	关节 2	±180(°)/s
	关节 3	±180(°)/s
	关节 4	±180(°)/s
	关节 5	±180(°)/s
	关节 6	±180(°)/s
	关节 7	±180(°)/s
安装环境	温度	0 ~ 50 ℃
	IP 等级	IP 54

12.2　单臂协作机器人系统研制

12.2.1　需求分析

以旋拧阀门、操作按钮、移除障碍等操作任务为需求,设计一套单臂多自由度协作机器人系统,具备如下特点。

(1) 较高的负载自重比。机械臂的负载自重比是指机械臂末端的负载能力与自身质量的比值。负载自重比越高,机械臂消耗在自身上的能量就越少,作业抓取能力就越强。

(2)7 自由度配置。目前主流的协作机械臂经常采用 7 自由度的关节配置。一方面从拟人化考虑,另一方面 7 自由度的机械臂的冗余自由度使机械臂灵活性得到提高,避障性能变得更好。

(3) 较高的运动精度。机械臂的功用就是代替人们进行任务操作,使用精度的好坏决定着机械臂性能的优劣,也是评价机械臂操作能力的重要指标之一。机械臂的运动精度通常分为绝对定位精度和重复定位精度。

(4) 结构的轻量化、模块化。轻量化设计不仅能够提高机械臂的安全性能,还能使关节设计变得更加紧凑,集成度更高。模块化设计可以降低设计成本、易于更换以及提高关节的维护性。

结合轻型灵巧冗余机械臂的需求分析,再参考国内外轻型机械臂的技术指标,制定出了轻型灵巧冗余机械臂的总体设计指标,具体要求见表 12.6。

表 12.6 轻型灵巧冗余机械臂的总体设计指标

指标	机械臂指标要求
操作范围	不小于 800 mm
机械臂质量	不大于 18 kg
功率	正常工作情况下不超过 200 W
负载能力	不低于 2 kg
末端精度	绝对定位精度不超过 ±2 mm,±0.5° 重复定位精度不超过 ±0.1 mm,±0.1°
传感器	位置编码器、速度编码器、电流传感器

为了降低成本、减少设计周期、方便更换,机械臂采用模块化设计。根据分析可知,机械臂的肩部三关节的受力最大。靠近末端的腕部三关节受力最小。为了简化,肩、肘关节采用相同的设计。在参考模块化关节的性能参数后,结合机械臂的技术指标,可先确定各个关节和 L 形转接板、底座的基本质量和尺寸要求,机械臂关节、壁杆的设计指标见表 12.7。

表 12.7 机械臂关节、臂杆的设计指标

序号	项目	尺寸 /mm	质量 /kg
1	肩、腕关节	不超过 160×Φ120	2
2	肘关节	不超过 140×Φ100	1.2
3	转接板 1,连接肩关节	高度不超过 150	不大于 1
4	转接板 2,用于连接肩关节与肘关节	高度不超过 150	不大于 1
5	转接板 3,连接腕关节	高度不超过 150	不大于 0.5
6	底座	高度不超过 100	不超过 1

12.2.2 系统组成与功能

单臂协作机器人系统组成如图 12.1 所示。整个系统主要包括基座、模块化关节、臂杆、末端执行器、立体视觉、控制器、验证与评估模块七个模块。部件之间具有标准的机械与电气接口,方便机械臂组成部件在连接和断开时实现电气的连接和断开。机械臂控制系统为多层级控制。中央控制器与关节伺服控制器采用 CANopen 通信。

其七大模块具体作用:(1) 基座的主要作用是提供单臂协作机器人各部件的安装平台;(2) 模块化关节是协作机器人的核心部分,是驱动机械臂的关键部件;(3) 臂杆的主要作用

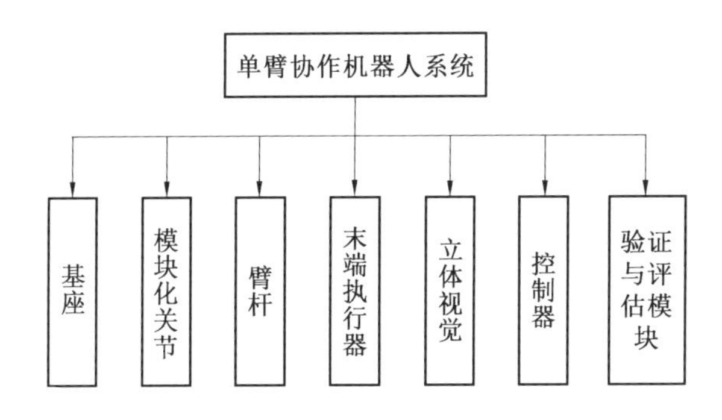

图 12.1 单臂协作机器人系统组成

是连接各个关节部件;(4) 末端执行器作为单臂协作机器人系统的末端工具,主要用来实现对目标的抓取、维护、维修等;(5) 立体视觉的主要作用是获取非结构化复杂环境信息,用于场景识别、检测障碍物,并向上位机反馈空间场景及障碍物位置特征,实现系统的运动与操作;(6) 控制器的主要作用是实现系统快速移动,并通过监视模块获取的环境信息,根据任务进行单臂协作机器人系统的规划与控制;(7) 验证与评估模块的作用是实现系统的测试、灵巧操作验证与综合评估。

12.2.3 机械臂构型设计

经典的 6R 机械臂通常具有肩关节奇异、腕关节奇异、肘关节奇异三种情况,而 7 自由度机械臂的设计往往认为是 6 自由度机械臂的基础上再多增加一个关节,而消除肩或腕关节的奇异性则作为新增关节的首选条件之一(肘关节奇异属于外部奇异,无法避免)。此外,如果能使机械臂的运动学模型得到简化或是操作空间得到优化,也是冗余机械臂设计的重要设计原则之一。

据分析可知,平动关节的引入并不会使腕部奇异得到去除,因而只能采用旋转关节。从运动学方面考虑,为减少复杂度,只能在肩、肘、腕部增加新的关节,这样,就有以下三种机械臂配置方案。这里以经典的 6R 机械臂 PUMA 作为参考。

(1) 球形肩关节。在 PUMA 机械臂的原型基础上,考虑在肩部增加一个旋转关节,该关节加在 2、3 关节之间,形成新的关节,其他关节的序号依次顺延。此时,靠近根部的三个关节形成了球形肩关节。图 12.2 所示为以球形肩关节作为配置的机械臂构型方案,形成的新构型在运动学上与人手臂等效,在运动学解算方面较为简单。

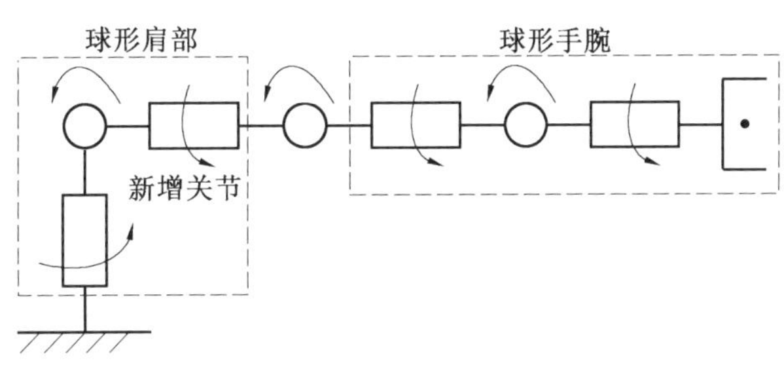

图 12.2 以球形肩关节作为配置的机械臂构型方案

(2)2 自由度肘部。在 PUMA 机器人原型的基础上,增加一个旋转关节于肘部处,构成 2 自由度肘部。图 12.3 所示为以 2 自由度肘部作为配置的机械臂构型方案。在这种构型下,当肘部侧倾关节角为 0° 或偏转关节角为 90° 时,机械臂可以回避单一肩部、腕部的奇异。为扩大机械臂的操作范围,关节轴之间需要采用偏置配置,这可能会带来肘部关节尺寸增大的缺点。

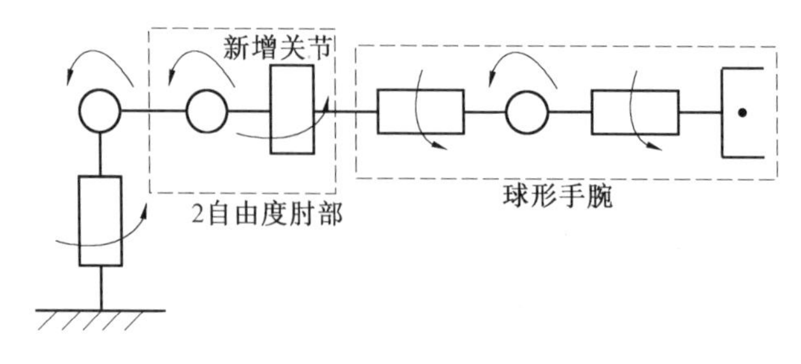

图 12.3　以 2 自由度肘部作为配置的机械臂构型方案

(3)4 自由度腕部。在 PUMA 机器人原型的基础上,考虑增加一个旋转关节于腕部处,构成 4 自由度腕部。

图 12.4 所示为以 4 自由度腕部作为配置的机械臂构型方案。尽管在这种构型下可以消除腕部的奇异,但却无法避免肩部和肘部的奇异。机械臂的自运动仅能使腕部关节的姿态发生变化,却始终无法改变腕部中心所在的位置。表 12.8 列出了三种关节配置方案对比。

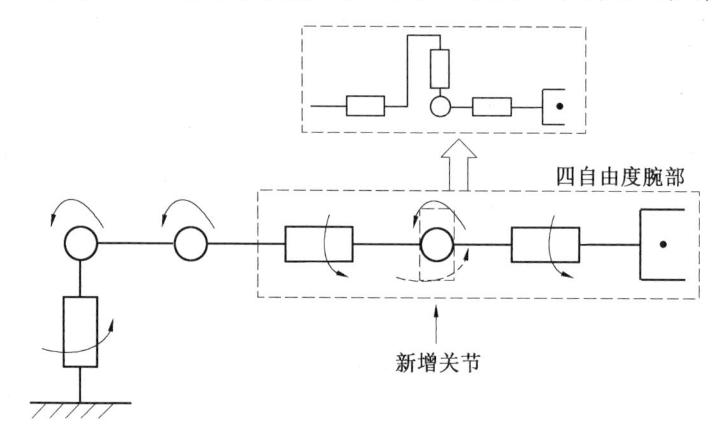

图 12.4　以 4 自由度腕部作为配置的机械臂构型方案

表 12.8　三种关节配置方案对比

关节配置	奇异性回避	工作灵巧性	运动学解算
球形肩关节	能有效地避免肩部、腕部奇异;自运动可回避双奇异	改善	容易
2 自由度肘部	除了肘部侧倾关节角为 0°,肘部偏转关节角为 90° 时,可以回避单一肩部、腕部的奇异;自运动可回避双奇异	改善	相对困难
4 自由度腕部	仅能避免腕部奇异	无改善	相对困难

根据分析可知,以球形肩关节作为配置的机械臂构型方案,在奇异性回避、工作灵巧性以及运动学解算方面更具有优势,因此,采用这样的机械臂构型配置方案,该构型也可称为 Roll－Pitch－Roll－Pitch－Roll－Pitch－Roll 构型。这种构型与 YuMi、iiwa 协作臂所采用的构型是一致的。

本书按照经典的D－H坐标系规则建立D－H坐标系，并得到D－H参数表。图12.5所示为轻型灵巧机械臂D－H坐标系，相应的D－H参数见表12.9。

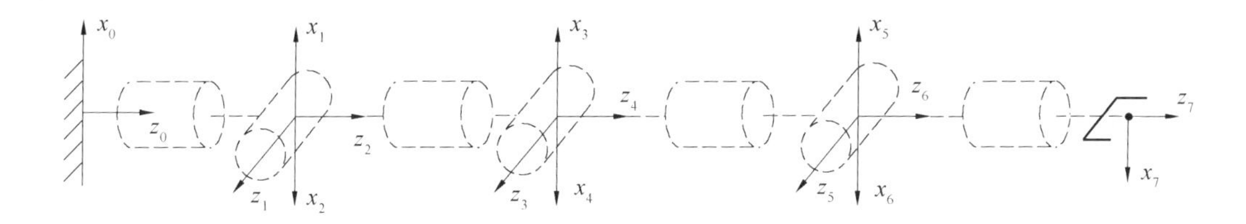

图 12.5　轻型灵巧机械臂 D－H 坐标系

表 12.9　机械臂的 D－H 参数表

连杆 i	$\theta_i/(°)$	$\alpha/(°)$	a_i/mm	d_i/mm
1	θ_1(0)	90	0	323.5
2	θ_2(180)	90	0	0
3	θ_3(180)	90	0	316
4	θ_4(180)	90	0	0
5	θ_5(180)	90	0	284.5
6	θ_6(180)	90	0	0
7	θ_7(0)	0	0	201

12.2.4　机械系统设计

模块化关节设计是机械臂设计的核心，模块化关节主要是由中空电机、绝对式编码器、增量式编码器、谐波减速器、轴承、控制器、制动模块和电气接口等组成。

关节的动力来源于中空电机，其中，电机的定子胶粘在定子套筒上，定子套筒通过壳体进行定位，为保障电机定子上的霍尔传感器的位置能读取转子转动信号，在定子套筒和转轴上设计了相应的轴肩。电机的转子胶粘在转轴上，转轴的两端通过深沟球轴承支承在定子套筒上，这样使得电机的转子在转动过程中能始终保持在中心位置，减小了偏心带来的关节运动精度差和摩擦大等缺点。转轴的末端与谐波减速器的波发生器相连接，带动柔轮与钢轮进行相对转动，将动力传递给柔轮进行减速增矩输出。这里将钢轮与定子套筒放置在一侧，缩短了关节的轴向尺寸。此外，将关节输出轴与柔轮之间进行刚性固定后再由交叉滚子轴承支承在关节外壳的内壁上。壳体上设置了相应的轴肩，对柔轮插入到钢轮的位置做了相应的限位，这样使得谐波减速效果达到最佳。转轴的另一端通过止口定位，并刚性连接法兰盘，在法兰盘上安装有增量式编码器磁环并随转轴一起旋转。读数头通过卡槽在定子套筒中保持固定，在设计过程中，对读数头座进行了的相关定位保证，减小了读数过程中径向和轴向跳动误差，保证了电机测速的准确。除此之外，关节内部集成有绝对式编码器，将其安放在输出端，用来感知关节的位置，测量范围是360°。图12.6所示为机械臂的肩关节采用的方案，腕关节结构与肩关节基本相同。关节内部重要的元件都标记出来，关节的传动线路简洁高效、易于拆装，大部分零件均通过关节壳体进行定位。此外，关节外壳设计为直筒状，外壳末端设计有尺寸精度较高的圆周面，用于L形转接板的定位。外壳末端还将螺纹孔内置,便于与L形转接件进行刚性连接,还使整体看起来更加简洁美观。另外,为了保证关节伺服控制器和驱动器的安装,在关节后端也留有足够多的空间。关节内部多采用定位面,保证了零件之间的装配精度。各零件表面的加工精度、形位公差以及配合公差的确定均通过查《机械设计手册》得到,所有的零件加工材料均选用航空硬铝7075。

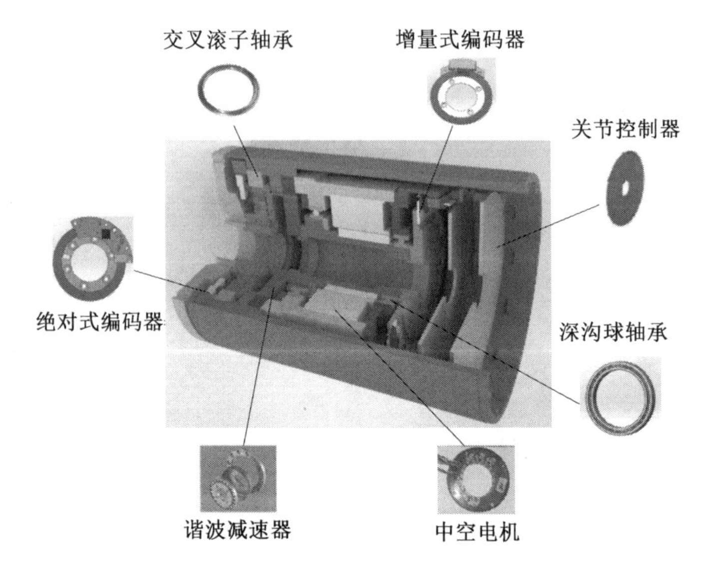

图12.6 机械臂的肩关节

L形转接件的设计是保障机械臂位置精度的重要零件。L形转接件主要是用来连接关节,传递扭矩的。当机械臂进行运动时,关节内谐波减速器会克服轴的扭矩,而L形转接件则会同时受到轴线上的扭矩和径向的弯矩,使转接件在受力情况下发生变形,特别是越靠近根部关节的L形转接件,微小的变形折射到末端都会放大很多倍。在L形转接件上预留了走线孔,便于关节之间的走线。为减轻机械臂的整体质量,同时保证转接件的刚度,选用7075硬质合金铝作为转接件的加工材料。图12.7所示为L形转接件1的设计模型,它主要是连接根部的肩关节。离机械臂末端越近,关节所受的负载力矩就越小,L形转接件所受的力矩也就会相应的减小,因此转接件的设计厚度可以相应减小,质量变得更轻。其中,L形转接件2主要是用来连接肩关节与腕关节,L形转接件3主要是连接末端的腕关节。它们的模型设计原理基本相同。

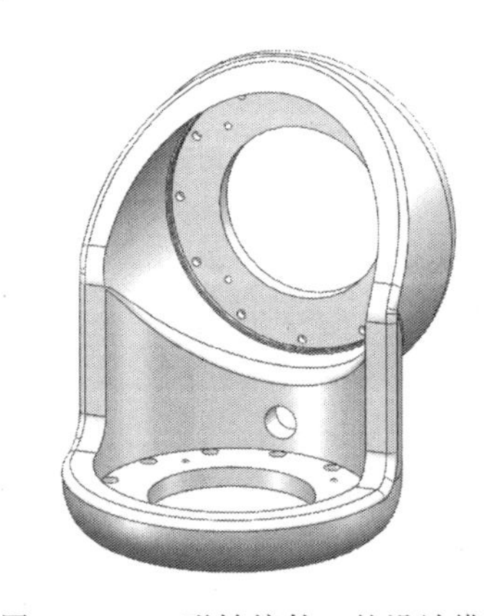

图12.7 L形转接件1的设计模型

底座用于连接机械臂根部关节和光学平台。底部设计有8个$\Phi6$的通孔,用于与光学平台相连。考虑走线,在其底部还留有8个凸台,凸台高3 mm,宽24 mm,足够使CAN总线和电源线通过。在底座上部分,有12个均布的$\Phi4.2$通孔,且设计有一圆周定位面,用于与根部关节之间进行准确定位与刚性连接。底座上、下面之间采用圆弧过渡,加工面间过渡多采用圆角,进行美观。底座加工采用7075硬质合金铝。图12.8所示为底座的设计模型。

图12.9所示为轻型灵巧冗余机械臂的3D模型,机械臂主要是由两类关节、三类L形转接件、基座组成。

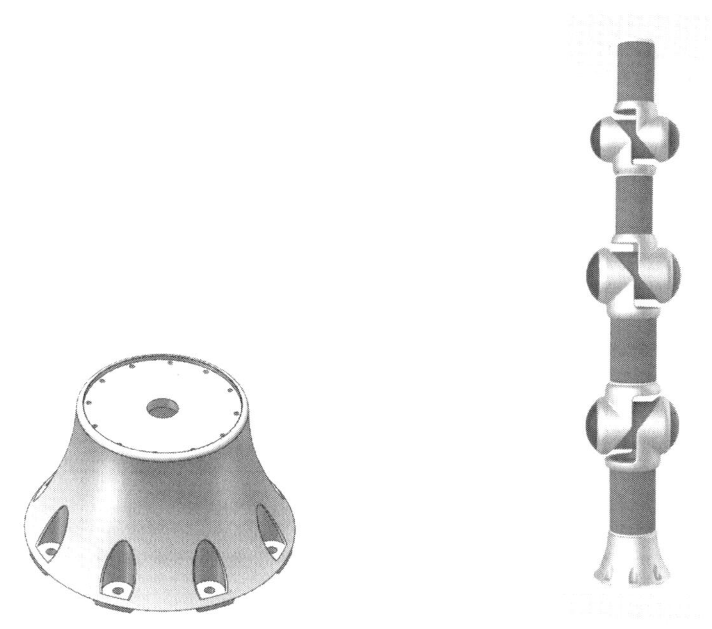

图 12.8　底座的设计模型　　　图 12.9　轻型灵巧冗余机械臂的 3D 模型

机械臂按照 Roll－Pitch－Roll－Pitch－Roll－Pitch－Roll 的构型进行摆放，其工作半径为 801.5 mm。

12.2.5 控制系统设计

机械臂的控制方案采用的是上、下位机之间的交互控制方式。本书中上位机选用工业控制用 PC 机，配以 CAN 分析仪。机械臂上电后，上位机在 ROS 环境下，完成 PDO 下的插补模式的配置。在上位机程序中对机械臂进行运动学解算，从而得到关节的运动角度，再通过 CANopen 下发控制指令（位置、速度等）给下位机。下位机为关节伺服控制器，主要完成矢量控制算法，生成关节驱动电流。轻型灵巧机械臂上层控制系统方案如图 12.10 所示。

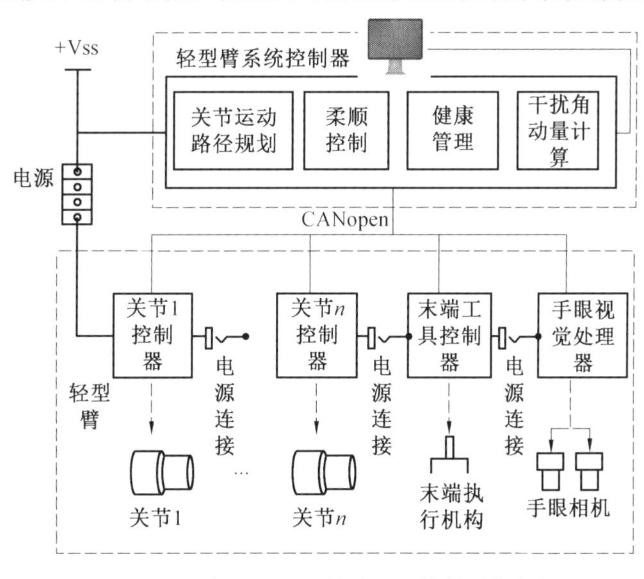

图 12.10　轻型灵巧机械臂上层控制系统方案

关节控制器采用DSP作为处理器。关节内采用多传感器融合的矢量控制算法，其中关节的位置通过绝对式编码器进行采集，用于位置环的实现。关节的速度通过增量式编码器进行测量，用于速度环的实现。关节电流大小则利用电流传感器测量，用于电流环的实现。图12.11所示为轻型灵巧机械臂关节控制器硬件结构图。图12.12所示为永磁同步电机矢量控制原理图。

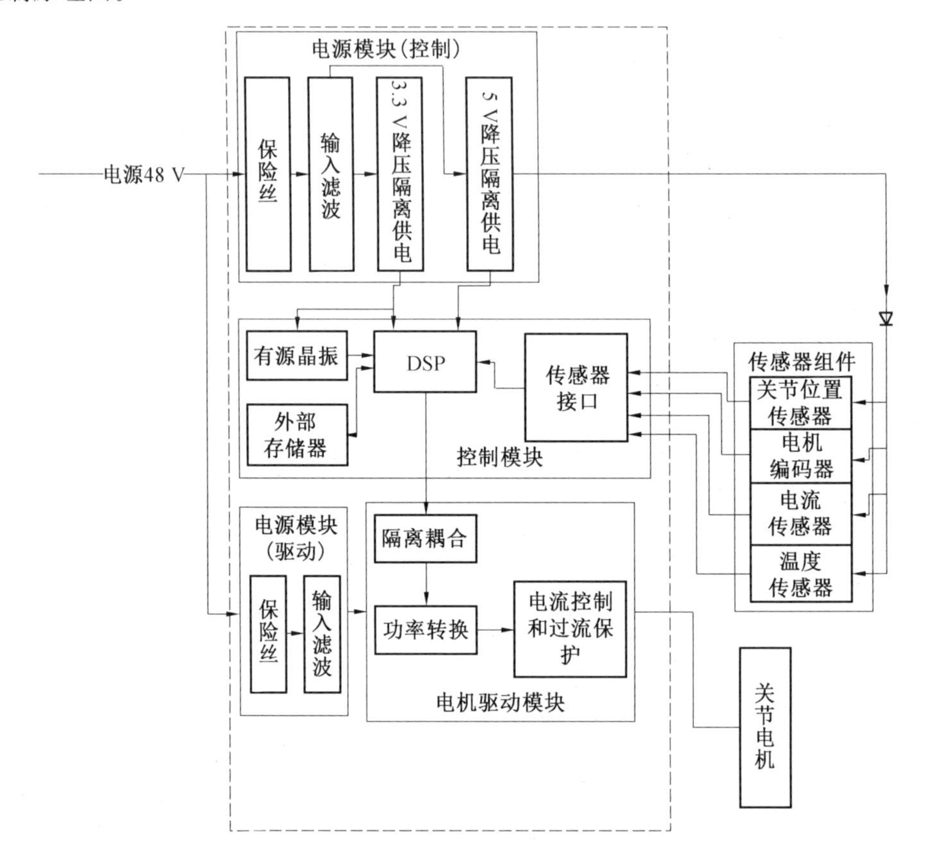

图 12.11 轻型灵巧机械臂关节控制器硬件结构图

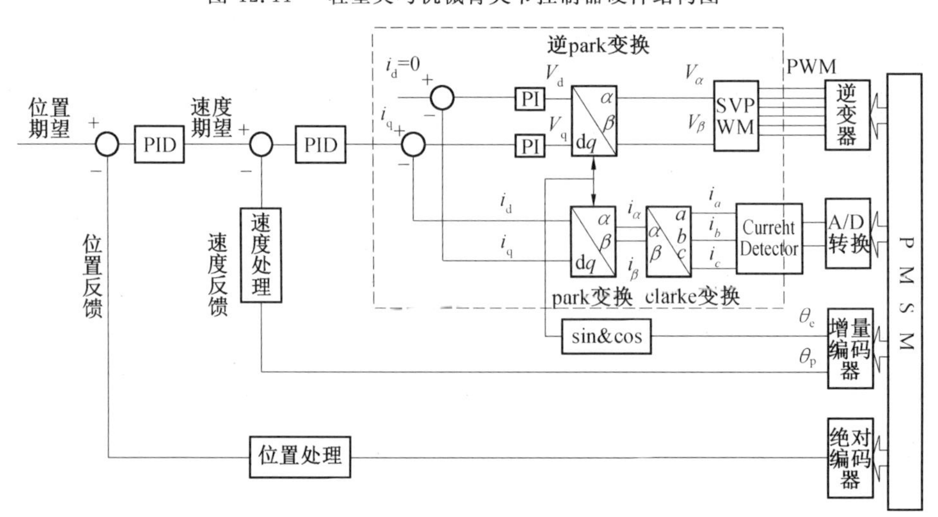

图 12.12 永磁同步电机矢量控制控制原理图

12.2.6　系统集成

将所设计的零件进行二维图绘制，送至工厂进行加工，并对其他重要零部件进行购买。待所有工作完成后，按照关节设计的思路进行逐步装配。图 12.13 所示为关节的主要零部件。

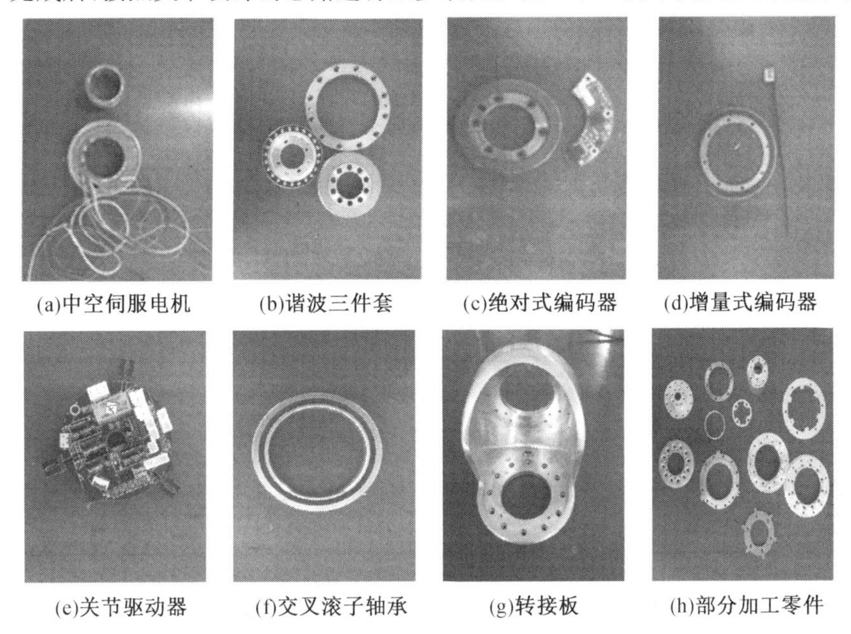

(a)中空伺服电机　(b)谐波三件套　(c)绝对式编码器　(d)增量式编码器

(e)关节驱动器　(f)交叉滚子轴承　(g)转接板　(h)部分加工零件

图 12.13　关节的主要零部件

电机的定子与定子套筒以及转子与转子之间通过胶粘将其最终固定。此外，在谐波减速器部分，力矩的传递是通过柔轮与钢轮之间的齿轮啮合实现的。这部分摩擦较大，磨损较严重，需要在谐波内部涂上专用的润滑脂。在装配时，先利用设计时的轴肩或是止口对相邻零件进行定位后再进行刚性连接，为防止关节在使用过程中螺丝松动而导致的回差问题；在螺钉安装时，除了在沉头孔中放置防滑垫片外，还要在螺钉末端涂上螺纹胶，最后再利用力矩扳手将其拧紧。

图 12.14 所示为两类模块化关节的装配效果及质量，将关节放置在电子秤上测量可得，肩、肘关节的实际质量为 2 kg，通过游标卡尺测得关节尺寸为 $\Phi100\times143$ mm。腕关节的实际质量为 1.13 kg，其尺寸为 $\Phi80\times130$ mm，两类模块化关节质量均满足设计指标。为了使整个机械臂看起来美观，通过配色比较，最终选定将关节的外壳氧化成浅灰色。图 12.15 所示为机械臂的最终装配图。

(a)腕关节质量

(b)肩、肘关节质量

图 12.14　两类模块化关节装配效果及质量

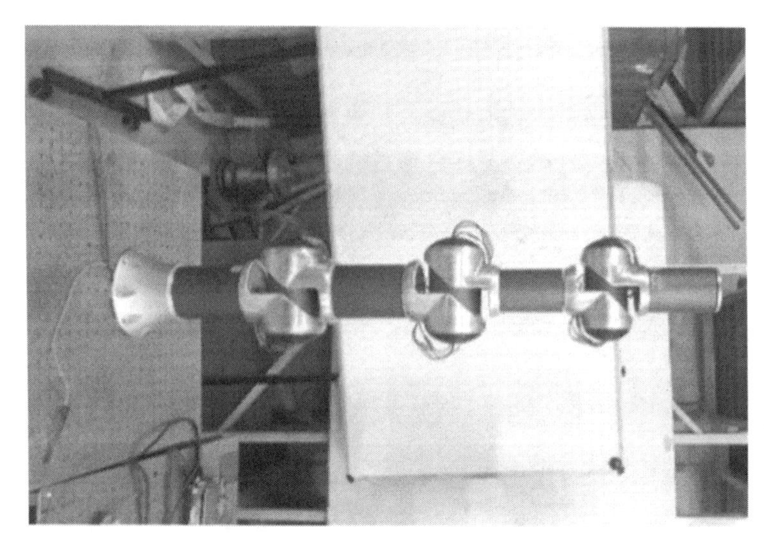

图 12.15 机械臂的最终装配图

12.3 双臂协作机器人系统研制

12.3.1 需求分析

与传统的单臂机器人相比,双臂机器人更灵活,能适应更复杂的工作任务并能与人更好地协作。但目前双臂机器人的成本较高,因而不利于其产业化,且大部分应用场景下双臂的协调层次低,不能充分发挥双臂的优势。基于此,本书研制了一种双臂协作机器人,并针对协同作业任务开展双臂紧协调下的柔顺控制等相关研究。

为使设计的双臂机器人能够满足协同作业的任务需求,需要对双臂机器人进行需求分析。结合机械臂的研究现状与协同作业任务需求,所设计的双臂机器人应满足以下几点要求。

(1) 容易使用。双臂协作机器人需要有强大的软件功能,如简单的编程、拖动示教、二次开发、离线编程等,从而免去传统工业机器人的复杂配置与编程,使其操作简单、上手容易。

(2) 部署灵活。由于协作机器人多用于中小型企业中,任务切换频繁,所以需要双臂的安装固定和移动部署方式比较灵活。

(3) 安全可靠。双臂机器人需要与人进行协作,安全性成了一个至关紧要的因素,只有保障了操作人员的人身安全,才能更好地协同,提高效率。考虑通过软件、硬件或两者兼具的方式来保证双臂机器人能实现人机协同作业且不对人和机械臂自身造成损伤。

(4) 有一定负载能力和较高的精度。应用在某些场景中,如抓取、搬运零件时,需要机械臂末端有一定的负载能力,并且其精度也需要满足电子、医疗等行业的应用需求。

结合双臂的需求分析及国内外典型双臂协作机器人的技术指标,确定双臂协作机器人的总体设计要求见表 12.10。

表 12.10　双臂协作机器人的设计指标

序号	本研究	双臂协作机器人
1	自由度	7 个转动(单臂)
2	尺寸	1 500 mm
3	质量	不大于 30 kg
4	负载	5 kg
5	功耗	常值:不大于 70 W 峰值:不大于 100 W
6	载荷质量和加速度	5 kg(1 rad/s^2)
7	定位精度	绝对定位:±0.5 mm,±0.5° 重复定位:±0.1 mm,±0.1°
8	关节最大力矩	关节:280 Nm
9	传感器	关节传感器(内传感器):关节位置、关节力矩 末端传感器(外传感器):手眼视觉、激光测距、腕部力矩

12.3.2　系统组成与功能

双臂协作机器人系统示意图如图 12.16 所示,整个系统主要由基座、两套 7 自由度机械臂、末端执行器、立体视觉、控制器、验证与评估模块组成。

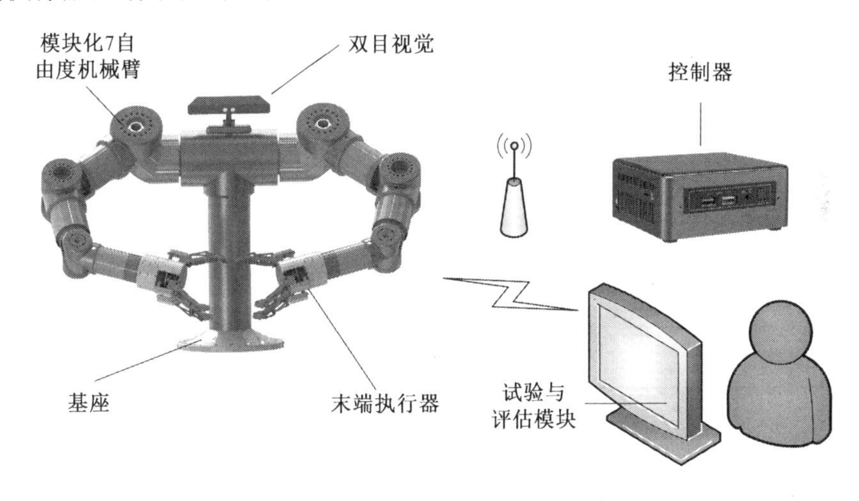

图 12.16　双臂协作机器人系统示意图

各部分的具体作用:(1) 基座主要作用是提供双臂协作机器人各部件的安装平台;(2)7 自由度机械臂的主要作用是根据作业任务移动末端执行器到目标位置进行操作;(3) 末端执行器作为双臂协作机器人系统的末端工具,主要用来实现对目标的抓取、维护、维修等;(4) 立体视觉的主要作用是获取非结构化复杂环境信息,用于场景识别、检测障碍物并向上位机反馈空间场景及障碍物位置特征,实现系统的运动与操作;(5) 多臂协同控制器的主要作用根据任务进行双臂协作机器人系统的规划与控制;(6) 试验与评估模块的作用是实现系统的测试、灵巧操作验证与综合评估。双臂协作机器人系统组成如图 12.17 所示。

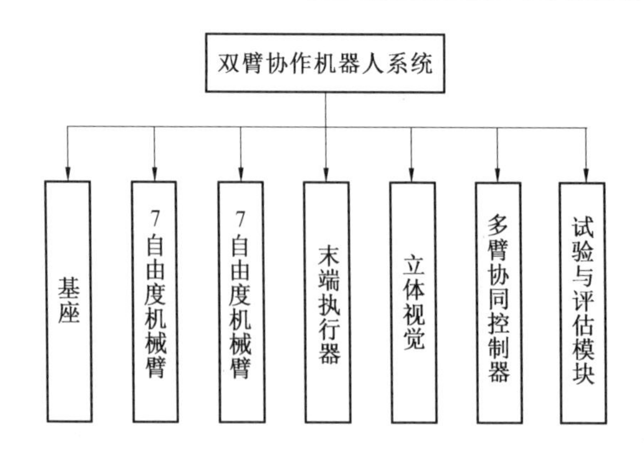

图 12.17　双臂协作机器人系统组成

12.3.3　双臂构型设计

双臂协作机器人由两个单臂组成。模块化 7 自由度机械臂采用三种不同负载能力的模块化关节,相邻两关节两两垂直。机械臂构型及 D—H 坐标系如图 12.18 所示。D—H 参数见表 12.11。

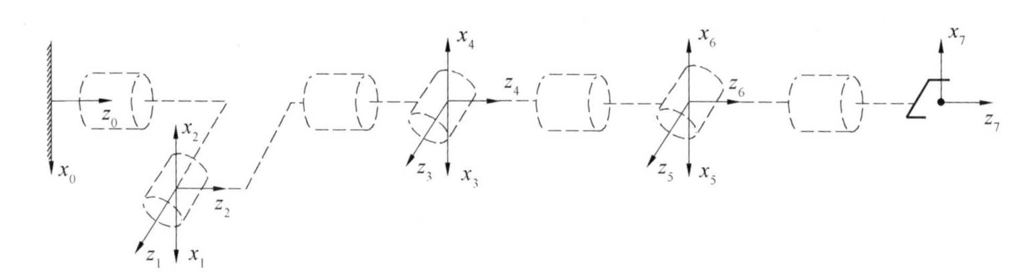

图 12.18　机械臂构型及 D—H 坐标系

表 12.11　D—H 参数表

连杆 i	$\alpha_i/(°)$	a_i/mm	d_i/mm	$\theta_i/(°)$
1	90	0	152.5	0
2	90	0	0	180
3	90	0	330	180
4	90	0	0	180
5	90	0	276	180
6	90	0	0	180
7	0	0	387	0

双臂基座坐标系、机械臂 D—H 坐标系和物体坐标系的关系如图 12.19 所示。

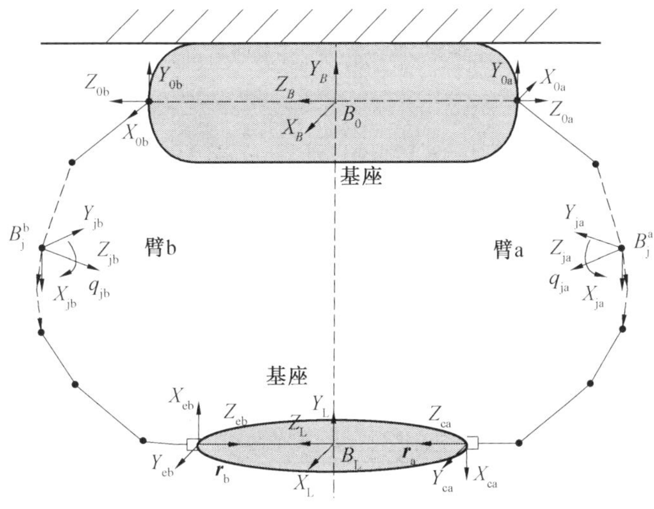

图 12.19　双臂坐标系建模

12.3.4　机械系统设计

本书设计了三种高集成度的模块化关节。其中，肩关节结构示意图和肘关节结构示意图分别如图 12.20、图12.21 所示。直流无刷电机作为动力源与谐波减速器连接，多圈绝对式编码器安装在电机端为进一步的反馈控制提供位置信息，并保证机器人在非运行状态下仍能留当前的位置信息，关节内部通过电流传感器来估计关节的输出力矩。

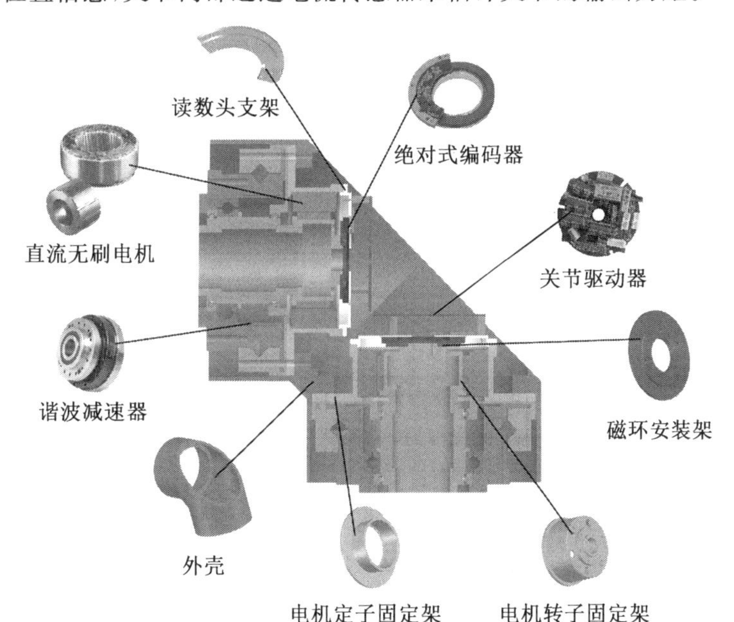

图 12.20　肩关节结构示意图

各关节基本的装配方式如下：电机的定子与转子均通过凸台进行定位，以胶粘的方式进行固定。谐波减速器的柔轮通过螺纹连接与电机的转子模块固连，作为减速器的输入端，减速器的钢轮通过螺纹连接与转接件固连，作为关节的输出端，减速器的端盖通过螺纹连接把减速器固定在关节的外壳上。

绝对式编码器分为磁环和读数头两部分，两者之间有严格的安装要求，如同轴度和间隙，安装精度直接决定了读数的准确性，进而影响关节的精度。为了保证同轴度，磁环和读数头都需要进行定位;同时为了保证较高的安装间隙要求,可以在安装处放置超薄垫片来进行调整。磁环通过胶粘的方式固定在固定架上,读数头通过螺钉固定在相应的安装架上。

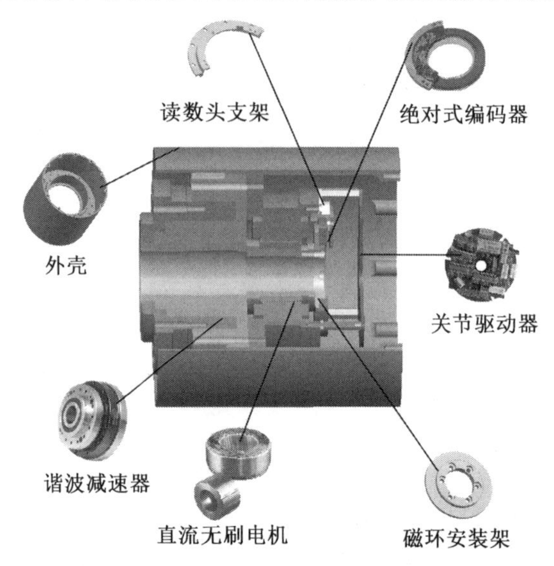

图 12.21 肘关节结构示意图

关节内部设计的走线套筒是为了防止排布在关节内部的线缆被高速转动的电机转子模块磨损甚至磨断,进而发生危险。走线套筒通过螺钉固定在低速转动的关节输出端。

每个关节的驱动器通过铜柱固定在关节内部,驱动器上有两个电源接口、两个 CAN 通信接口与一个编码器接口。电源和CAN的两个接口分别与相邻两个关节的对应接口连接,因而每个关节内共穿过四根线缆,包括两根电源线与两根 CAN 通信线。

转接件用来连接各个模块化关节,从而装配成一个完整的机械臂。协作机器人的模块化关节设计会使机械臂的整体刚度和精度不如传统的工业机器人,而刚度对机械臂的精度又会有很大影响,所以在设计转接件时需要特别注意其刚度。但是如果盲目增加转接件的尺寸和厚度,又会增加整个机械臂的质量,并减小单关节允许转动的角度。所以设计时应在保证刚度的前提下尽量减小转接件的外形尺寸并减轻质量,通过使用有限元软件可以实现这一目标。不同规格的转接件仅尺寸与厚度不同,其外形基本相同,其中一种规格的转接件的三维模型如图 12.22 所示。

转接件在设计时需要考虑关节的转动范围、零件机加工的工艺性、拆卸安装的便利性、机械臂内部的排线等问题。机械臂的转接件与模块化关节之间先通过止口定位,再使用螺钉固定。综合考虑零件性能和加工成本,转接件选取 6061 铝合金作为材料。

图 12.22 转接件的三维模型

双臂的基座在设计时需要考虑加工工艺与拆装的便捷性。基座由三个零件装配而成,三个零件如图 12.23(a)、图 12.23(b)、图 12.23(c) 所示,配合后的基座如图 12.23(d) 所示。零件 1 顶部的中间位置留有三个螺纹孔,可以用于安装固定相机,双臂的控制器也可以放置于零件 1 内,从而使双臂机器人没有额外的控制柜,零件 3 留有安装固定双臂机器人用的通孔,使其可以固定在光学平台或桌面上。双臂机器人可以固定在带有脚轮的光学平台上,在使用时将脚轮锁死,保证基座的稳定;需要移动时则可以利用四个脚轮方便地移动,从而保证了使用的便捷性。

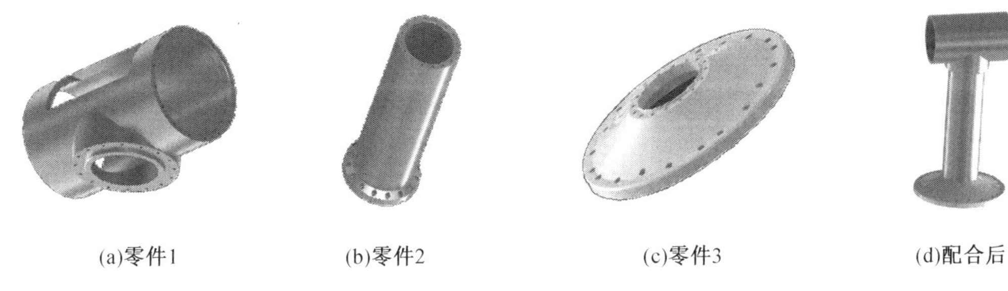

(a)零件1　(b)零件2　(c)零件3　(d)配合后

图 12.23　基座的三维模型

图 12.24 所示为双臂机器人的三维模型。装配得到的双臂机器人其单臂的长度为 953 mm，质量小于 25 kg，整个双臂的质量约为64 kg。双臂机器人主要零部件质量见表 12.12。本书设计的双臂协作机器人特点如下。

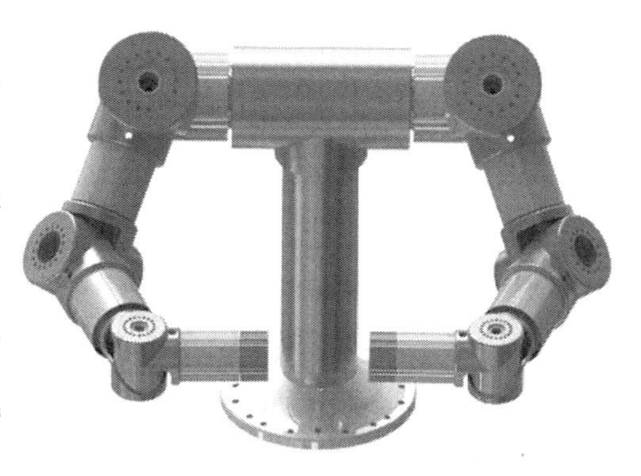

图 12.24　双臂机器人的三维模型

(1) 高集成度。双臂的高集成度体现在两个方面：一是模块化关节在设计时考虑高集成度，尽量减少零件，特别是减少机加工的零件，其中一种模块化关节内仅有外壳、走线套筒、磁环支架和读数头安装架四个机加工零件。这样的设计使一个零件同时起到了多个作用，如外壳，它需要与转接件连接、固定电机定子、固定谐波减速器、安装关节驱动器、安装读数头安装架。二是肩关节采用一体化双关节设计，从而减少了一个转接件，使机械臂更加紧凑且整体的刚度更好。总之，关节的高集成度设计思路可以使关节在装配维修时更加容易，使用时可靠性更好。

(2) 低成本。模块化关节内部只设计安装了一个多圈绝对式编码器，相比于一般的模块化关节至少减少了一个增量式编码器。

表 12.12　双臂机器人主要零部件质量

类型	单个质量 /kg	数量	总质量 /kg
基座	14.4	1	14.4
肩关节	10	2	20
肘关节	2.6	6	15.6
腕关节	1.2	4	4.8
转接件 1	1.65	2	3.3
转接件 2	1.15	4	4.6
转接件 3	0.35	2	0.7
转接件 4	0.35	2	0.7
单臂质量	\	\	24.85
总质量	\	\	64.1

(3) 精度较好。设计的双臂机器人在控制关节成本的同时，也保证了机械臂的精度。机械臂的重复定位精度和绝对定位精度可以与同类型的其他产品相当。

12.3.5 控制系统设计

(1) 双臂协作机器人系统总体控制方案。

双臂协作机器人不是简单的两个单臂的连接,而是双臂控制的协调。根据控制对象的特点,并结合所安装的传感器,采用分布式多层控制策略,整个系统的控制框架共分为3层,分别为双臂协调控制器、单臂中央控制器和关节伺服控制器。图12.25所示为双臂协作机器人系统总体控制框图。

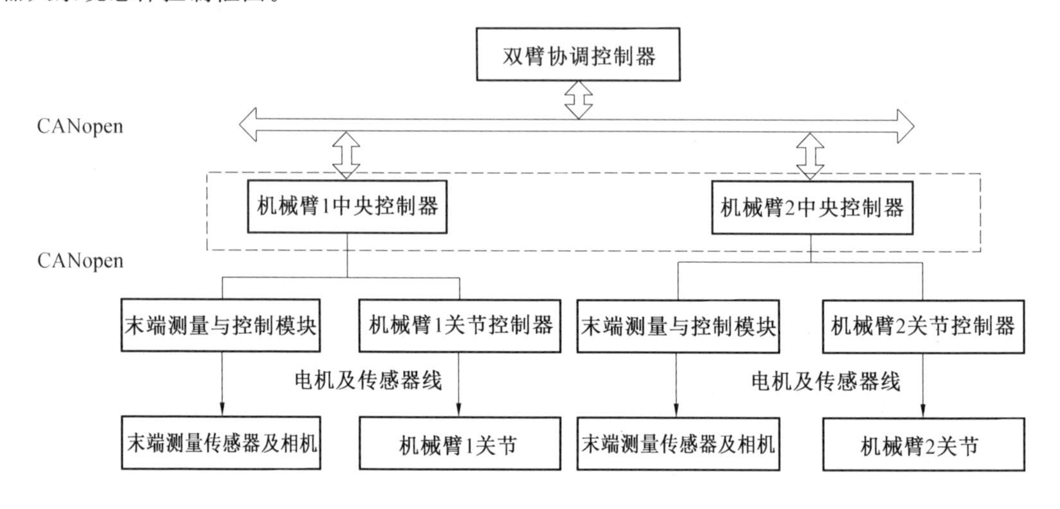

图12.25 双臂协作机器人系统总体控制框图

双臂协调控制器完成整个系统的多源感知信息融合、任务分配与智能决策、双臂协同轨迹规划等。为了提高可靠性,采用双CPU冗余备份方案。双臂协调控制器采用PC微处理器,通过CANopen总线与单臂中央控制器通信。

单臂中央控制器负责接收中央协调控制器的指令,通过轨迹规划算法、动力学控制算法和多优先级柔顺控制算法等将指令分配到各个关节,并通过总线将各个关节的控制指令发送出去。中央控制器采用PC微处理,通过CANopen总线发送和接受指令。

关节伺服控制器采用矢量控制方法,按照上层的控制指令驱动关节。关节伺服控制器用DSP作为处理器,与PC通过CANopen总线进行通信。

(2) 协同控制器硬件设计。

协调控制器硬件组成如图12.26所示。主要由ARM处理器(一种常用的微处理器)与上位机(用户接口)的通信接口以及与单臂中央控制器的通信接口组成。采用冗余备份设计方案,主份和备份的ARM使用相同的电路,都有自己的最小系统,共用一片双端口RAM,主份CPU在运行过程中,将控制器运行的关键数据及运行状态信息存储在双端口RAM中,当主份CPU出现故障触发了备份CPU的时候,备份CPU将先读取双端口RAM中存储的系统关键信息,接着系统的当前状态继续运行,保证整个双臂机器人系统的平稳运行。

(3) 单臂中央控制器硬件设计。

单臂中央控制器主要由微处理器、与协调控制器的通信接口和与机械臂关节控制器的通信接口组成。与协调控制器类似,单臂中央控制器采用冗余备份设计方案。单臂中央控制器与协调控制器使用CANopen进行通信,与机械臂关节控制器也通过CANopen总线进

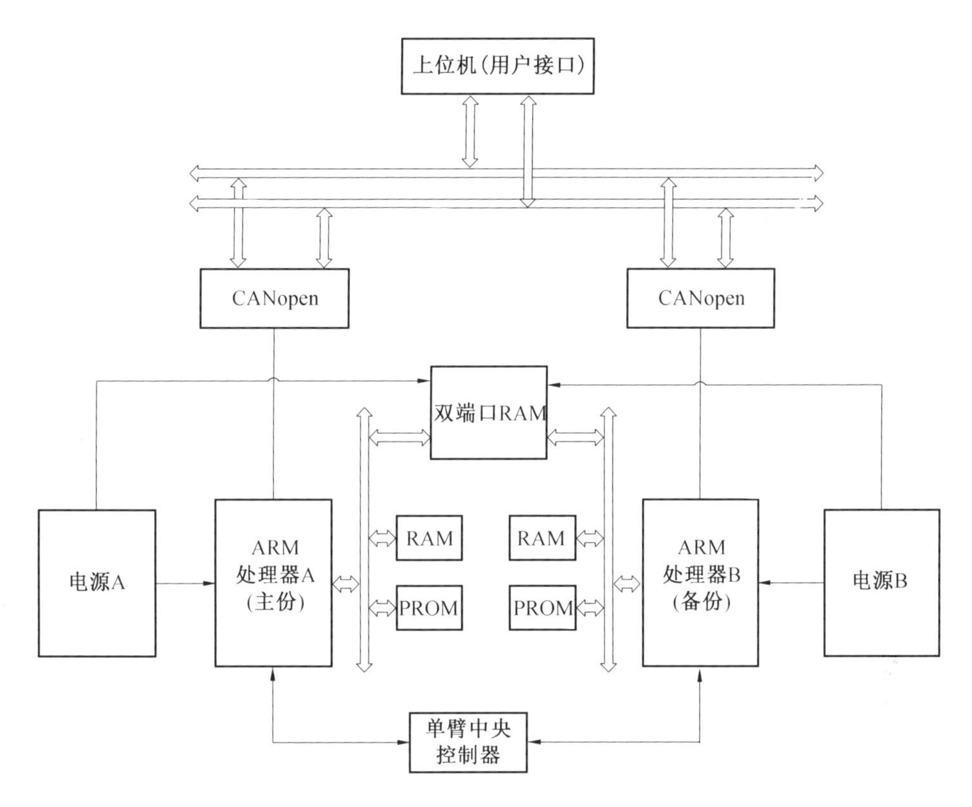

图 12.26　协调控制器硬件组成图

行通信,发送控制指令,并接收关节控制器反馈回来的关节位置等信息。单臂中央控制器整体框架图如图 12.27 所示。

(4) 关节伺服控制器硬件设计。

关节伺服控制器包含控制电路、驱动电路和电源转换电路,根据关节的尺寸进行设计,集成在关节内部。控制电路的核心处理芯片为 ARM,主要完成传感器的信号采集与处理,电机矢量控制算法等,最终产生 6 路 SVPWM 波给驱动电路。驱动电路包括逆变器和功率放大电路,根据 SVPWM 波将直流母线电压转换为一定大小的输出电压,驱动电机运动。关节伺服控制器按照单臂中央控制器的指令驱动关节运动,指令类型有位置、速度、力矩/电流期望值和制动信号等。关节伺服控制器与中央控制器通过 CANopen 进行通信。

12.3.6　系统集成

为了验证双臂协作机器人的性能,需要搭载关节实验平台和机械臂实验系统,开展关节性能试验、机械臂末端精度实验、机械臂柔顺控制实验和机械臂协同操作试验。图 12.28 所示为模块化关节力矩测试平台,图 12.29 所示为双臂协作机器人系统。

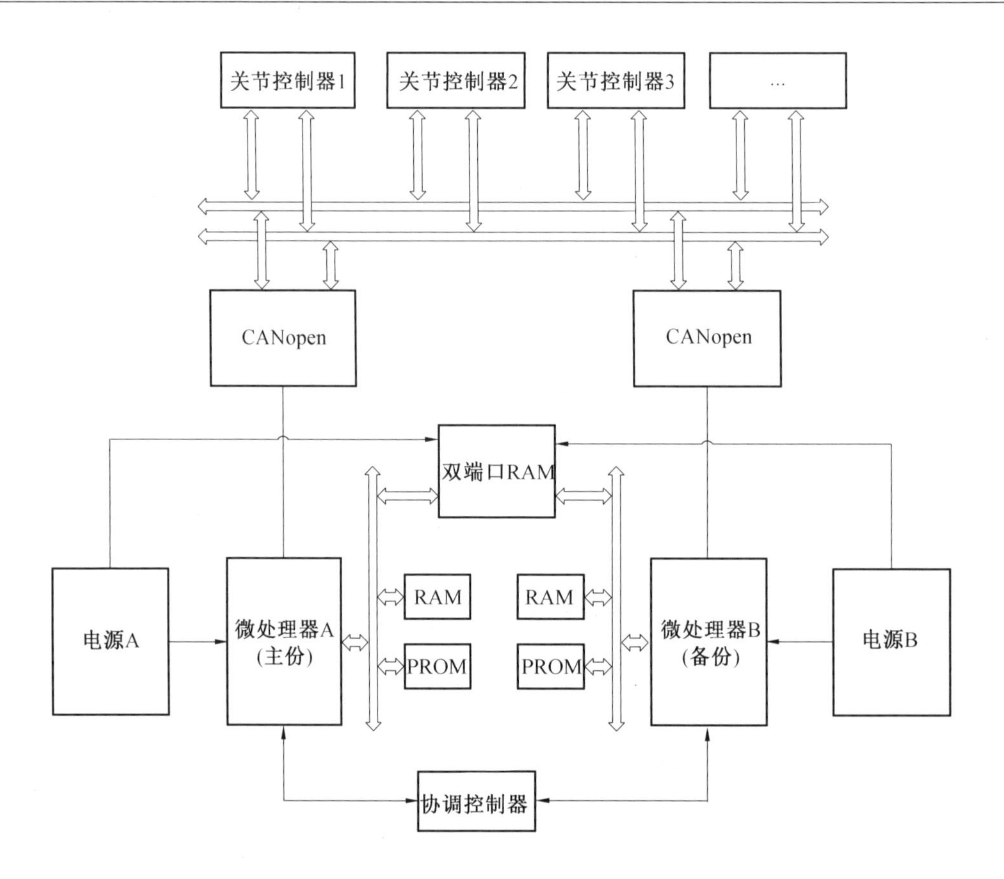

图 12.27 单臂中央控制器整体框架图

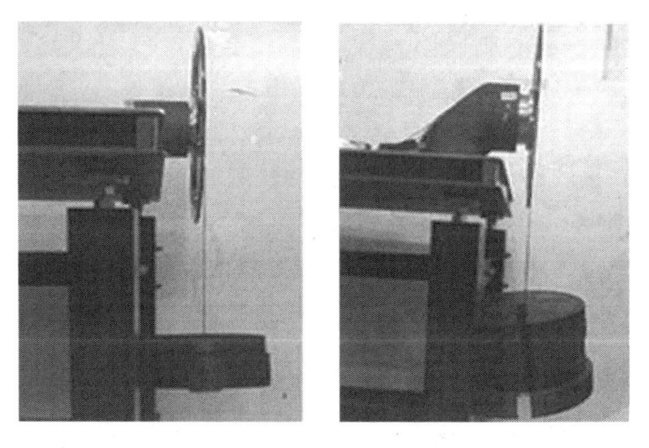

图 12.28 模块化关节力矩测试平台

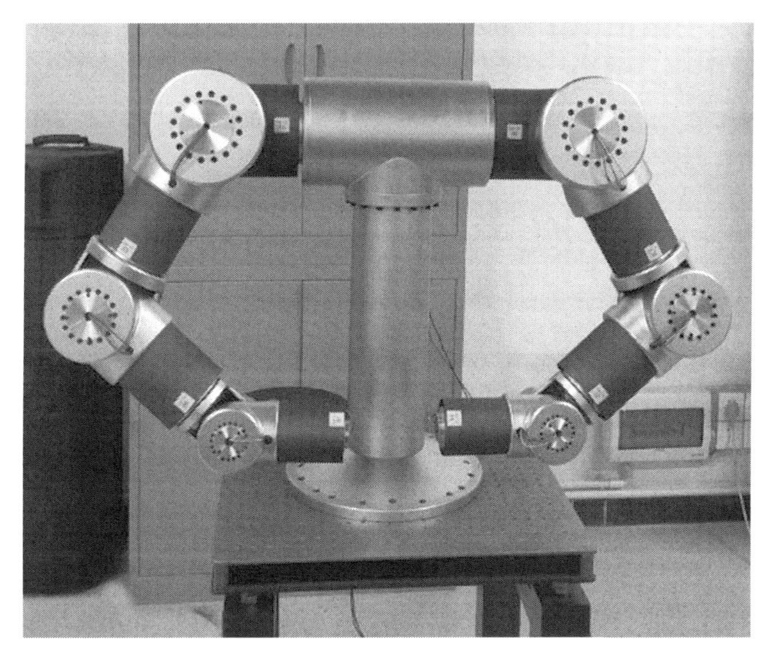

图 12.29　双臂协作机器人系统

12.4　典型应用系统及实验

12.4.1　单臂机器人作业系统搭建

为了验证单臂协作机器人的技术指标和控制系统,建立了如图 12.30 所示的单臂协作机器人实验系统。该系统包含一个 7 自由度机器人及其控制系统,一个包含曲面的物体,电源,六维力传感器及其数据采集系统、末端执行器等。

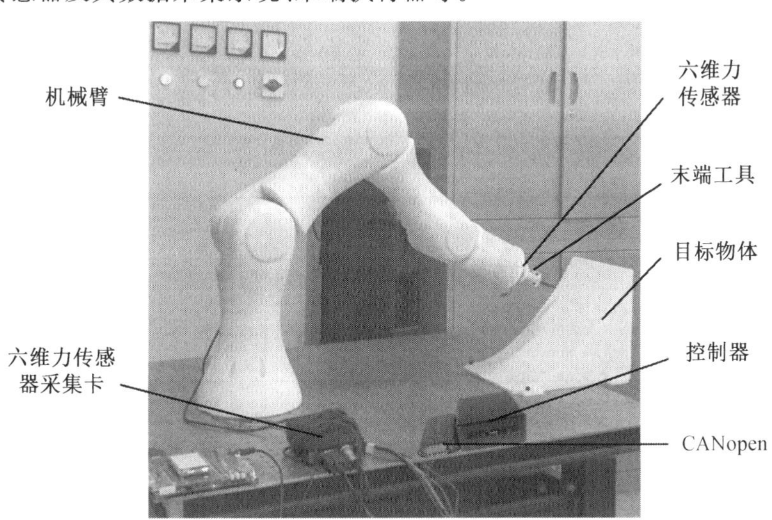

图 12.30　单臂协作机器人实验系统

12.4.2　单臂机器人典型作业实验

(1) 机械臂负载实验。

机械臂的负载能力是衡量机械臂操作能力的重要技术指标之一。在此，对机械臂的负载能力进行测试。

实验系统包括 2 个 2 kg 砝码、2 个挂钩、2 根尼龙绳以及一个输出接口转接件。首先将一根尼龙绳绑在输出接口转接件上，绳上挂一个挂钩。再利用另一根绳将 2 个 2 kg 砝码绑在一起，并挂上另一个挂钩。根据分析，当机械臂处于沿水平方向伸直的臂型时，机械臂受力最大。因此，先将机械臂摆到水平位置并保持，接着将输出接口转接件安装到机械臂末端的输出接口上，并通过挂钩将砝码挂在末端。图 12.31 所示为机械臂的负载实验，根据实验表明机械臂的负载能力不小于 4 kg，满足设计指标。

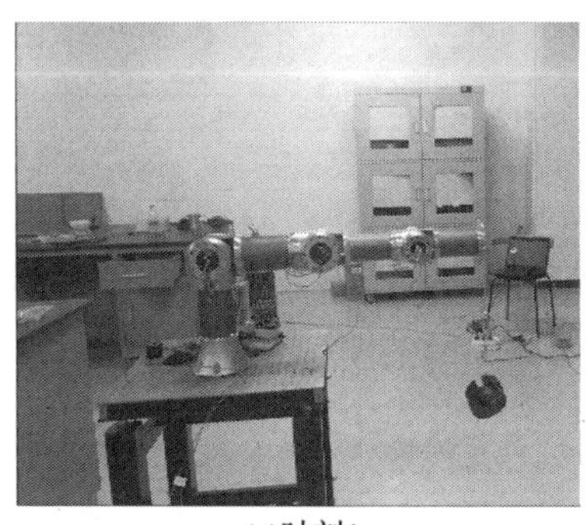
(a)时刻1

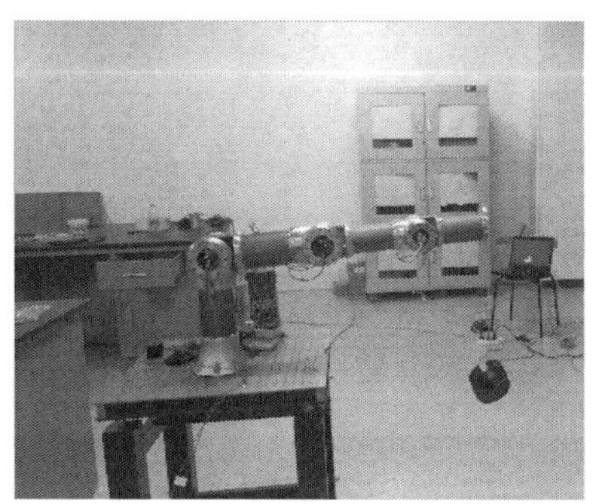
(b)时刻2

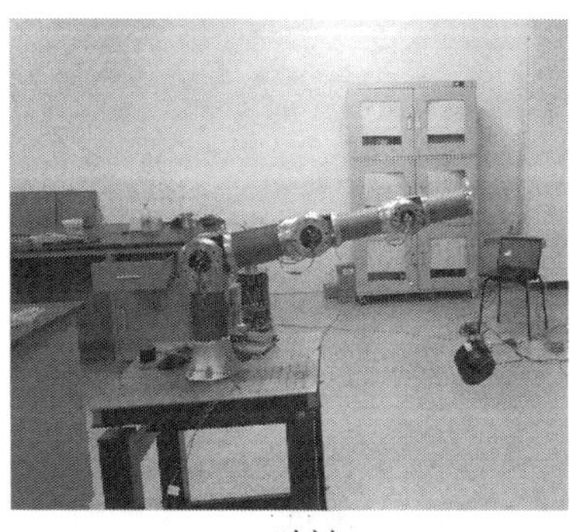
(c)时刻3

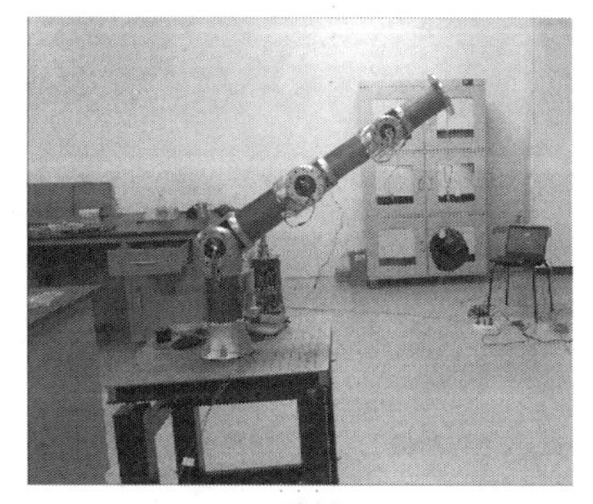
(d)时刻4

图 12.31　机械臂的负载实验

(2) 机械臂视觉抓捕实验。

在机械臂视觉抓捕实验中，双目相机安装在机械臂末端，末端执行器为一个二指柔性手爪。抓捕对象为阀门和按钮，在阀门和按钮之间贴有二维码作为标志点。目标物体坐标系到二维码坐标系的齐次变换矩阵 ${}^{tag}\boldsymbol{T}_{object}$ 是已知的。另外，通过二维码识别检测算法可获得二维码坐标系到相机坐标系的齐次变换矩阵 ${}^{cam}\boldsymbol{T}_{tag}$。进一步地，通过手眼标定可以标定出相机到机械臂末端的齐次变换矩阵 ${}^{end}\boldsymbol{T}_{cam}$，因此，目标所在坐标系到机械臂末端坐标系的齐次变换矩阵为

$$ {}^{end}\boldsymbol{T}_{object} = {}^{end}\boldsymbol{T}_{cam}\,{}^{cam}\boldsymbol{T}_{tag}\,{}^{tag}\boldsymbol{T}_{object} \tag{12.1} $$

得到 ${}^{end}\boldsymbol{T}_{cam}$ 后，可以根据视觉伺服算法规划机械臂的轨迹。基于视觉伺服的机械臂旋

拧阀门和操作按钮如图 12.32 所示。

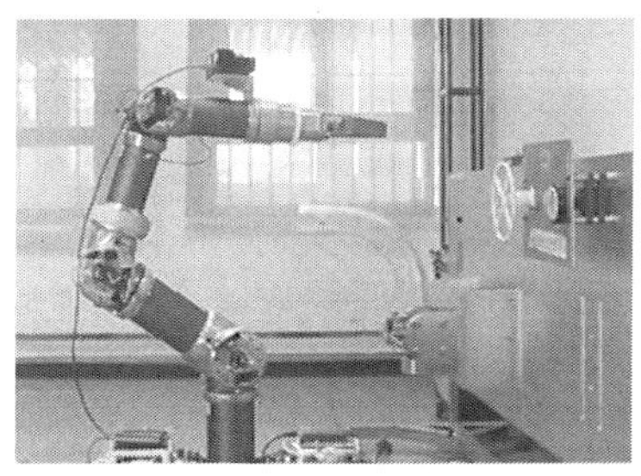
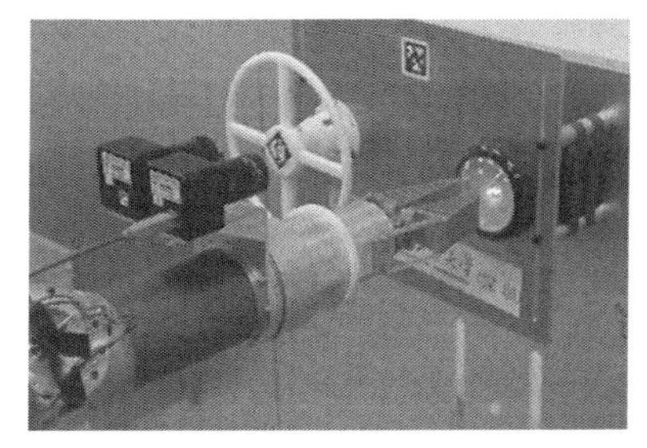

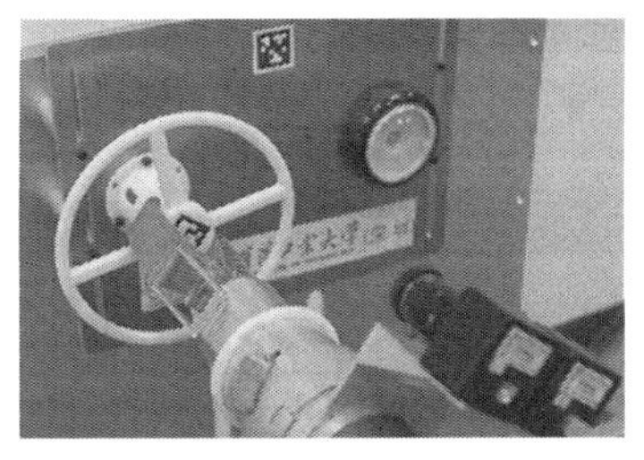

图 12.32　机械臂旋拧阀门和操作按钮

(3) 平面轨迹跟踪实验。

轨迹跟踪实验可以验证机械臂的轨迹跟踪精度。在平面轨迹跟踪实验中，首先在 xy 平面规划机械臂末端的圆弧轨迹(末端接近矢量与平面保持垂直)，再利用五次多项式对位置进行插值，求出各个时刻末端点的位置、速度、加速度。进而根据解析法或数值迭代法求出机械臂各个时刻的关节角。规划圆的直径为 100 mm，规划的运动周期为 5 s。机械臂平面圆轨迹跟踪实验如图 12.33 所示。机械臂平面圆轨迹位姿跟踪误差姿态误差如图 12.34 所示。从曲线上看，机械臂的位置误差小于 0.4 mm，姿态误差(末端接近矢量与平面法向量的夹角) 不超过 0.35°。

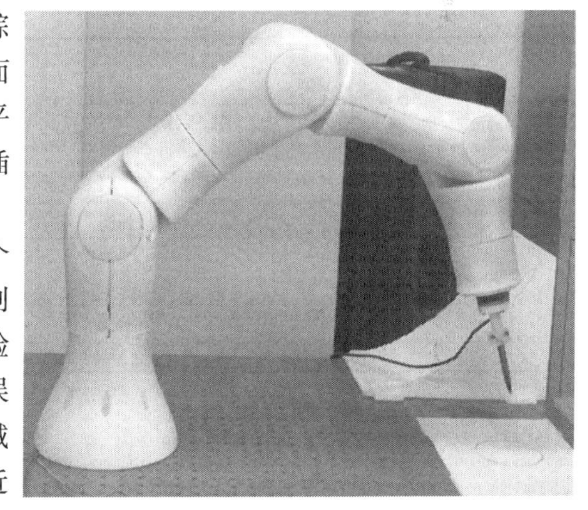

图 12.33　机械臂平面圆轨迹跟踪实验

(4) 曲面轨迹跟踪实验。

进一步地，进行了机械臂的曲面轨迹跟踪实验在已知的曲面上绘制一个 2 字形的图案(末端接近矢量与曲面保持垂直)。机械臂曲面 2 字形轨迹跟踪实验如图 12.35 所示。机械臂曲面 2 字形轨迹位姿跟踪误差如图 12.36 所示。从曲线上看，机械臂的位置误差小于 0.4 mm，姿态误差不超过 0.3°。

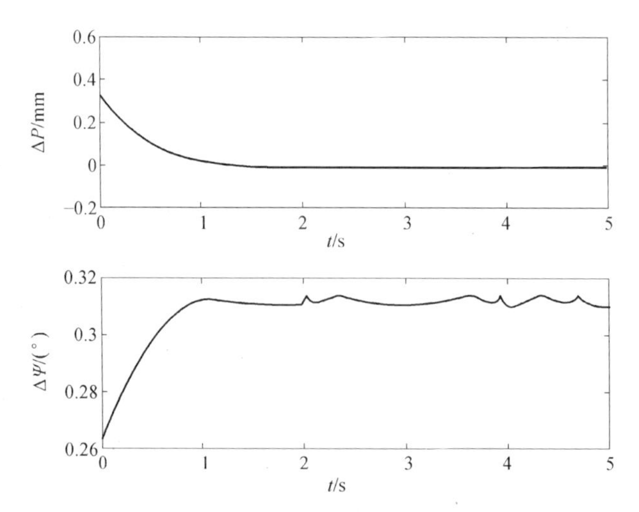

图 12.34 机械臂平面圆轨迹位姿跟踪误差

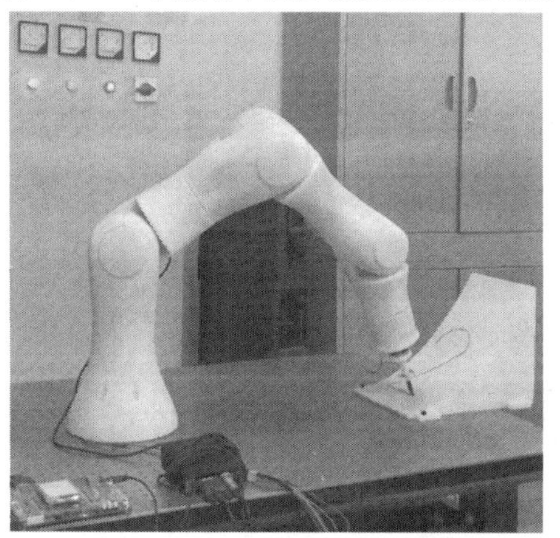

图 12.35 机械臂曲面 2 字形轨迹跟踪实验

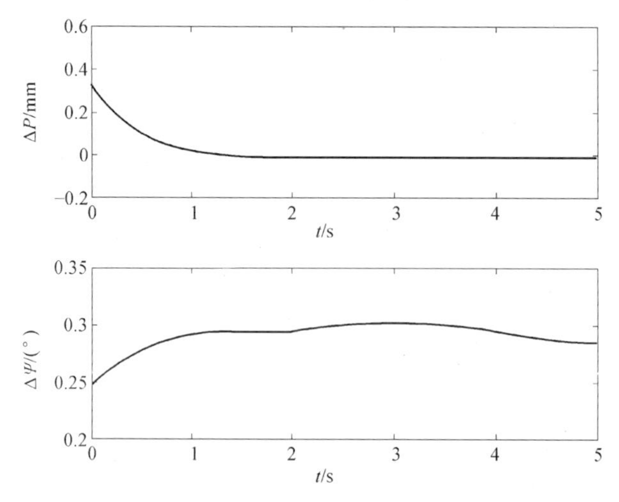

图 12.36 机械臂曲面 2 字形轨迹位姿跟踪误差

12.4.3　双臂机器人作业系统搭建

为了验证双臂协作机器人的性能,需要搭载关节实验平台和机械臂实验系统,开展关节性能试验、机械臂末端精度实验、机械臂柔顺控制实验和机械臂协同操作试验。双臂协作机器人作业系统如图12.37所示。

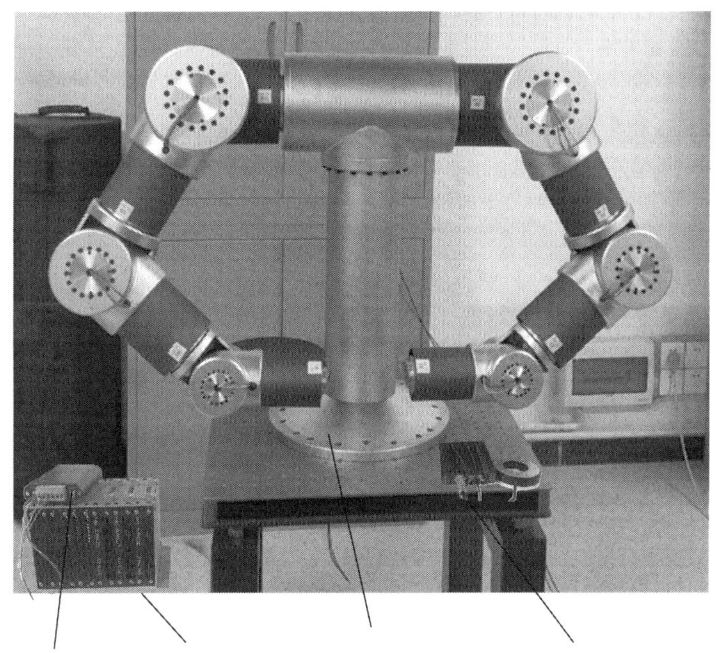

图12.37　双臂协作机器人作业系统

12.4.4　双臂机器人作业系统实验

(1) 关节负载实验。

关节实验平台一般包括砝码、平台、光电码盘、关节及控制器等,可进行关节的位置精度、角速度精度、角速度稳定度、力矩和刚度实验。

设计一个用于测试关节负载的简单实验装置,关节力矩测试实验如图12.38所示。将模块化关节的一端固定在光学平台上,另一端连接一个半径为200 mm的转盘。根据设计计算的指标,分别添加16 kg、30 kg、60 kg的负载。实验过程如图12.38所示,结果表明关节能缓慢将负载提升并且在停止转动时能够保持静止,从而表明关节的负载能力达到了设计指标。

(2) 机械臂精度实验。

机械臂实验平台包括机械臂、激光跟踪仪、操作对象及控制系统等,可进行机械臂的位置精度实验、柔顺控制实验和双臂协同操作实验等。使机械臂在空间中任意两点往复运动10次,利用激光跟踪仪,测量每次到达同一点时的三维坐标,重复定位精度实验如图12.39所示。

机械臂重复定位精度实验数据见表12.13。

(a)17系列关节t_1

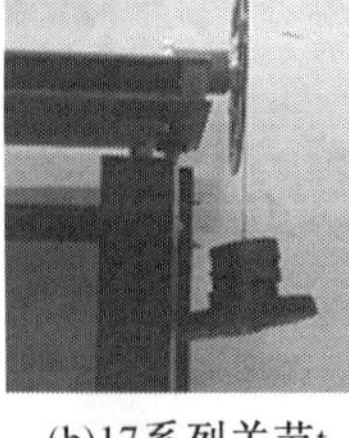

(b)17系列关节t_2

(c)17系列关节t_3

(d)25系列关节t_1

(e)25系列关节t_2

(f)25系列关节t_3

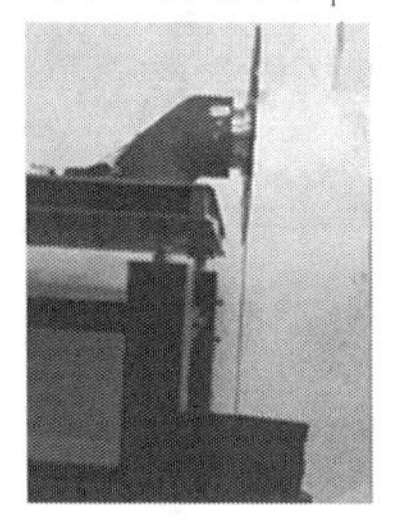

(g)32系列关节t_1

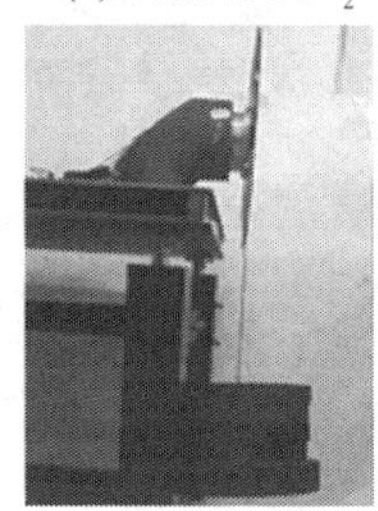

(h)32系列关节t_2

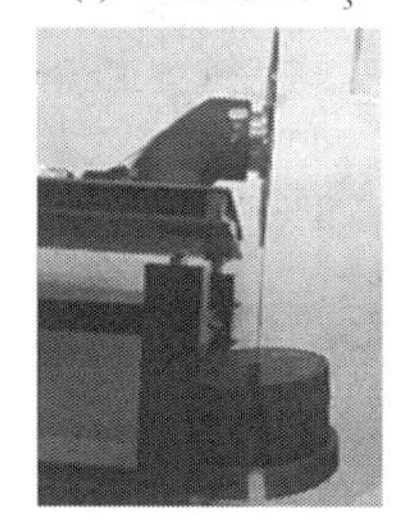

(i)32系列关节t_3

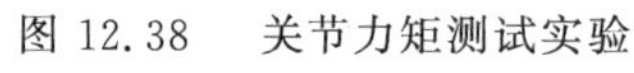

图 12.38　关节力矩测试实验

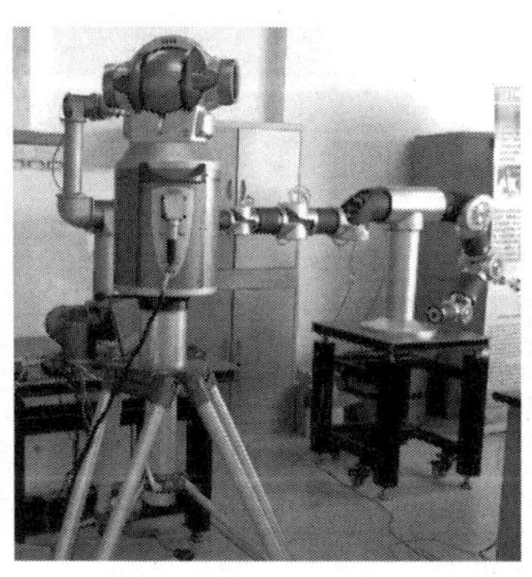

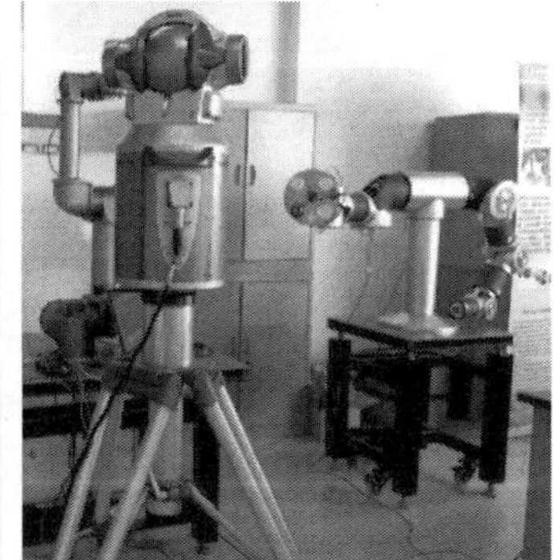

图 12.39　重复定位精度实验

表 12.13　机械臂重复定位精度实验数据　(mm)

次数	x	y	z
1	1 220.912 1	−631.679 4	−322.917 4
2	1 220.912 6	−631.678 8	−322.927 7
3	1 220.906 6	−631.681 9	−322.923 4
4	1 220.914 4	−631.669 2	−322.928 3
5	1 220.912 6	−631.670 4	−322.937 2

续表12.13

次数	x	y	z
6	1 220.915 2	−631.660 3	−322.931 6
7	1 220.927 1	−631.652 6	−322.932 4
8	1 220.924 2	−631.647 7	−322.943 4
9	1 220.930 6	−631.643 9	−322.949 1
10	1 220.928 0	−631.648 9	−322.946 4

利用下式计算位置误差，

$$\Delta p_{ij}=\sqrt{(x_i-x_j)^2+(y_i-y_j)^2+(z_i-z_j)^2} \tag{12.2}$$

结果为

$$\max\Delta p_{ij}=0.051\,8\ \text{mm}<0.1\ \text{mm} \tag{12.3}$$

从而满足指标要求。

(3) 机械臂负载实验。

在机械臂末端施加 5 kg 负载，机械臂末端仍然能按照期望轨迹运动。机械臂负载实验如图 12.40 所示。

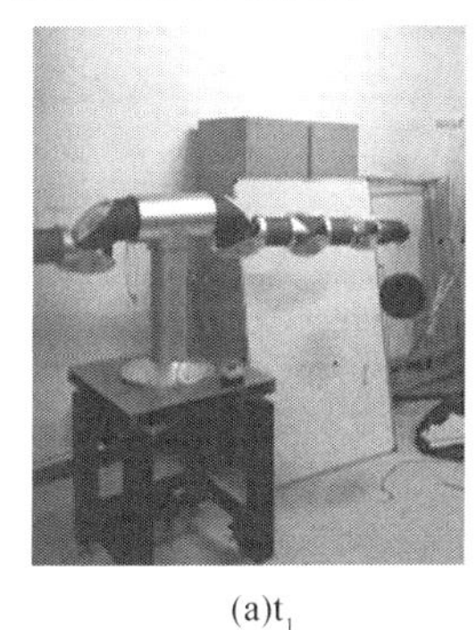
(a)t_1

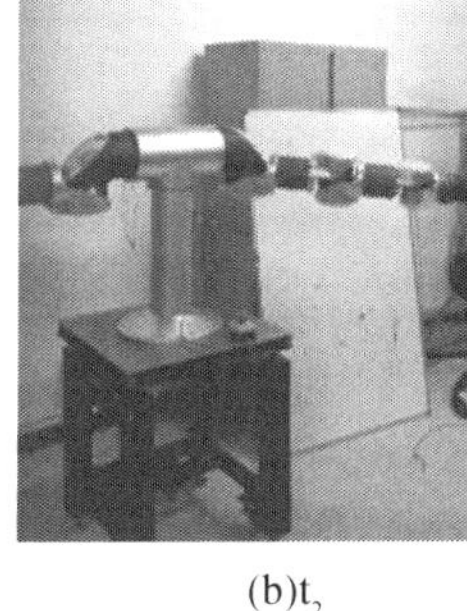
(b)t_2

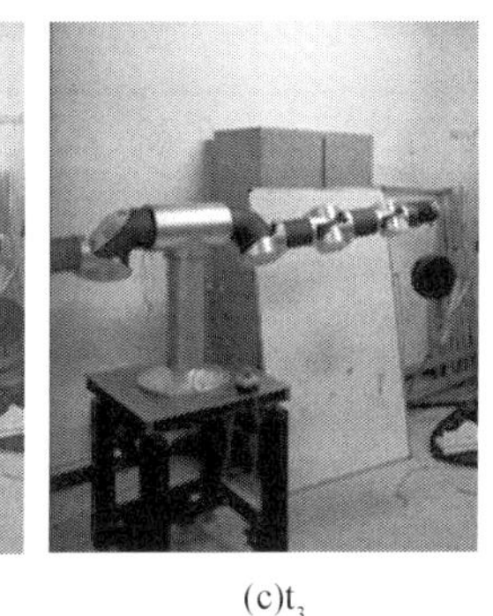
(c)t_3

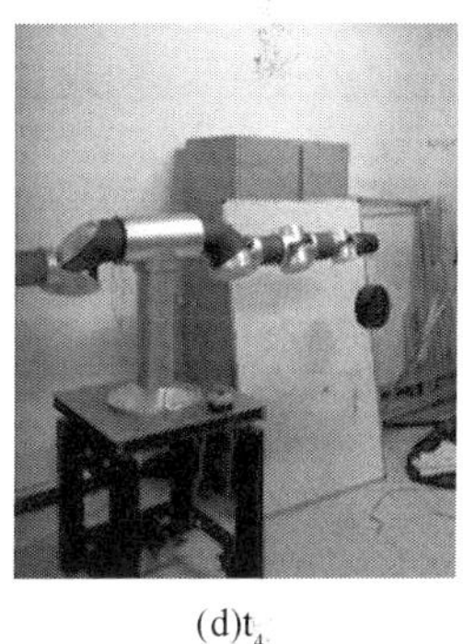
(d)t_4

图 12.40　机械臂负载实验

(4) 拖动示教实验。

工业机器人朝轻型化发展，人机协作能力不断提高，对机器人的示教技术也提出了新的要求。直接示教(Direct Teaching)技术与传统的示教盒示教技术相比具有效率高、操作友好简单、对操作者要求低等优点，因此成了示教技术发展的重点方向。基于阻抗控制来进行直接示教，不仅可以用于直接示教，在与环境发生接触时还产生主动柔顺，可用于人机协作、装配等任务中。基于阻抗控制的示教如图 12.41 所示，基于阻抗控制的示教过程如图 12.42 所示。

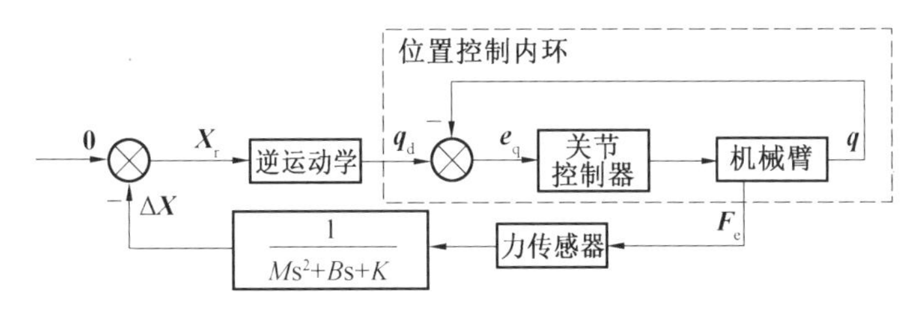

图 12.41　基于阻抗控制的示教

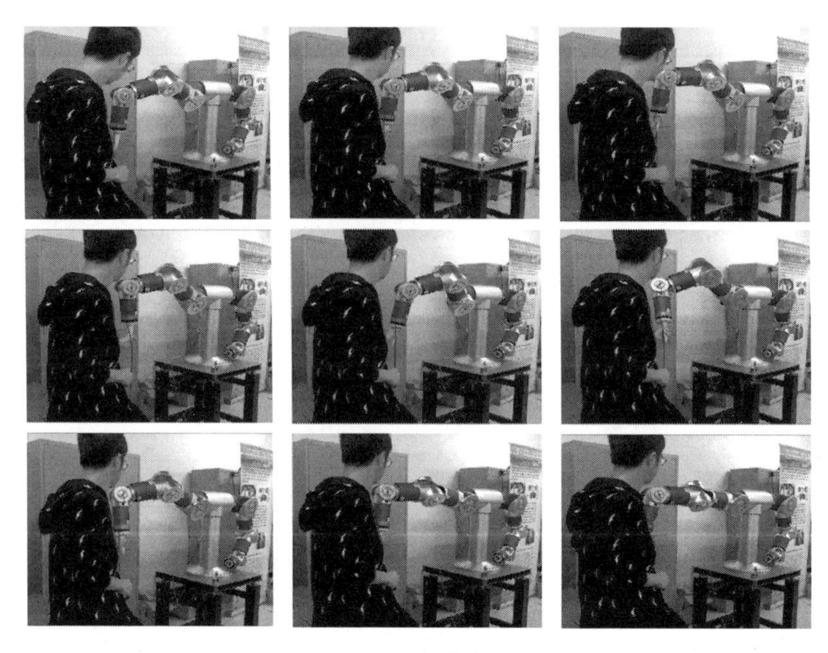

图 12.42　基于阻抗控制的示教过程

(5) 双臂协同操作实验。

为了验证双臂协同算法，需要进行双臂协同操作实验，如双臂搬运物体实验和双臂旋拧螺钉实验。在协同控制器的控制下，通过一定的双臂协同算法，给机械臂中央控制器下达指令，控制机械臂按照一定模式运动。实验中，目标物体为质量为 5 kg 的方形盒子，双臂抓捕目标物体进行运动。双臂协作机器人进行搬运实验如图 12.43 所示。

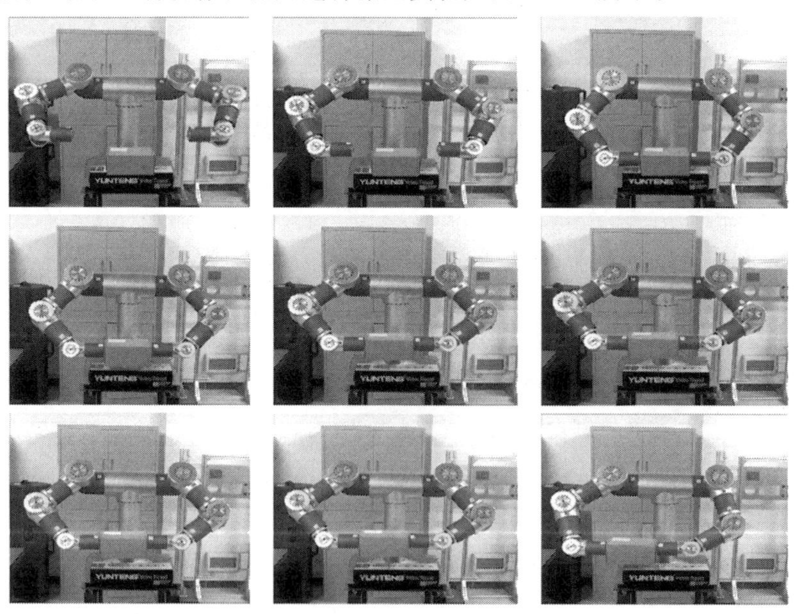

图 12.43　双臂协作机器人进行搬运实验

本章习题

习题 12.1　分析 5 自由度、6 自由度和 7 自由度机器人的优缺点及应用场合。

习题 12.2　总结工业机械臂示教方法及其对比(示教器、力传感器、零力示教)。

习题 12.3　分析工业机械臂和协作机械臂组成、特点、零部件方面的异同。

习题 12.4　调研国内外协作机器人核心零部件的主要厂家及型号,包括永磁同步电机、谐波减速器、编码器、力矩传感器、驱动器。

习题 12.5　搭建单臂协作机器人机械系统。臂的设计指标为负载 2 kg、长度 1 m、绝对定位精度 1 mm、构型采用 10.2 节单臂构型。机械臂设计包括技术指标的分析、基本器件选型和三维简化模型。

习题 12.6　运用 Matlab 和 Adams 软件对 UR5e 协作机械臂进行建模和末端轨迹圆规划。

附　　录

附录1　动力学与控制相关概念

机电系统闭环控制框架中涉及运动学、静力学、动力学、规划、控制、感知、执行机构、建模、仿真、实验等基本概念。

(1) 运动学(Kinematics)。

运动学研究物体运动的几何性质，而不研究引起物体运动的原因，即从几何的角度研究物体运动状态(如位置、速度、加速度等)随时间变化的规律以及物体各运动状态之间的相互关系。

以简单的平动和转动为例进行说明。附图1.1(a)所示为某滑块在常值推力F和摩擦力f的共同作用下在平面做直线运动，S为物体相对于起始点O的位移，可作为该平动物体的状态变量。由于物体受恒定力的作用，其运动为匀加速直线运动。假设加速度为a，则t时刻物体的速度和位移分别为

$$\begin{cases}\dot{S}=v=at\\ S=\dfrac{a}{2}t^2\end{cases}\tag{附1.1}$$

类似地，对于附图1.1(b)所示的转动物体，在常值驱动力矩T和摩擦力矩T_f的作用下，其相对于水平面的夹角θ可作为该转动物体的状态变量，加速物体的加速度为σ，则该物体状态变量随时间变化的关系如下：

$$\begin{cases}\dot{\theta}=\sigma t\\ \theta=\dfrac{\sigma}{2}t^2\end{cases}\tag{附1.2}$$

式(附1.1)和式(附1.2)即分别为简单平动和转动物体的运动学方程。

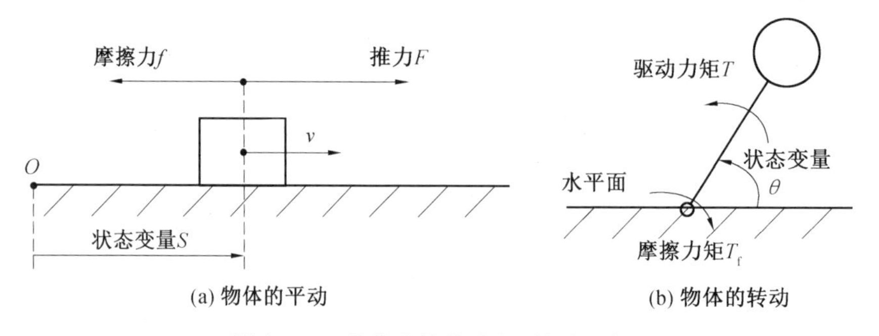

(a) 物体的平动　　(b) 物体的转动

附图1.1　物体的简单平动和转动示意图

(2) 静力学(Statics)。

静力学研究物体在力系作用下的平衡规律，同时也研究力的一般性质和力系的简化方

法等。

假设物体在力 $F_1 \sim F_n$ 以及力矩 $M_1 \sim M_n$ 的共同作用下处于平衡状态(静止状态或匀速运动状态),则满足:

$$\sum_{i=1}^{n} F_i = 0, \sum_{i=1}^{n} M_i = 0 \tag{附 1.3}$$

(3) 动力学(Dynamics)。

动力学研究受力物体的运动与作用力之间的关系,即研究物体在力 / 力矩作用下其运动状态的变化规律。

对于附图 1.1 所示的简单平动(质量为 m) 和转动物体(转动惯量为 J),其动力学方程分别为

$$F - f = m\ddot{S} \tag{附 1.4}$$

$$T - T_{\mathrm{f}} = J\ddot{\theta} \tag{附 1.5}$$

(4) 规划(Planning)。

规划即根据作业任务生成物理对象期望运动数据(如期望位置、期望速度、期望加速度时间函数期望加速度等关于时间的函数) 的手段或方法。

(5) 控制(Control)。

控制是指对动态系统(被控对象) 施加作用,使其状态按期望值变化的手段或方法。

(6) 感知(Sensing)。

感知指获得物理对象状态信息的过程,所用的设备称为传感器。

(7) 执行机构(Actuator)。

执行机构指在控制信号作用下利用某种驱动能源产生直线或旋转运动的装置。常见的执行机构有电机、阀门、飞轮、推力器等。

(8) 建模(Modeling)。

建模指利用数学方法或软件工具(软件也是基于数学方程的) 对物理对象进行描述,反映物理对象相关特性的手段或方法。根据所反映特征的不同分为动力学建模、运动学建模、3D 几何建模等几种方式。不同的建模方式对应于机器人设计与应用的不同阶段。

(9) 仿真(Simulation)。

仿真指基于所建立的数学模型和 / 或虚拟工作环境,对物理对象的作业工况、作业过程进行模拟的过程。仿真一般用于算法开发阶段,此时采用数学模型作为被控对象,对关键理论或方法进行原理性验证;当工作环境难以模拟或不可模拟(如太空),采用实物做实验时成本高昂、代价大或者有安全隐患时,也常采用仿真的方式。

(10) 实验(Experiment)。

实验指基于实际物理对象和实际工作环境,执行实际作业,检验相应方法或系统的功能及性能指标的过程。实验主要用于关键算法经过了原理验证、基本定型的情况下,直接采用实物作为被控对象,进行实际应用效果的检验。

附录 2　旋转变换矩阵表示下姿态误差矢量的推导

1. 相对于参考系{x_0, y_0, z_0}的姿态误差矢量

将式(3.134)确定的误差矩阵 $\boldsymbol{\delta}_R$ 的相应元素代入式(3.136),有

$$
\begin{aligned}
k_x d_\phi &= \frac{a_{E32} - a_{E23}}{2} \\
&= \frac{(n_{cy}n_{dz} + o_{cy}o_{dz} + a_{cy}a_{dz}) - (n_{cz}n_{dy} + o_{cz}o_{dy} + a_{cz}a_{dy})}{2} \\
&= \frac{(n_{cy}n_{dz} - n_{cz}n_{dy}) + (o_{cy}o_{dz} - o_{cz}o_{dy}) + (a_{cy}a_{dz} - a_{cz}a_{dy})}{2}
\end{aligned}
\tag{附 2.1}
$$

$$
\begin{aligned}
k_y d_\phi &= \frac{a_{E13} - a_{E31}}{2} \\
&= \frac{(n_{cz}n_{dx} + o_{cz}o_{dx} + a_{cz}a_{dx}) - (n_{cx}n_{dz} + o_{cx}o_{dz} + a_{cx}a_{dz})}{2} \\
&= \frac{(n_{cz}n_{dx} - n_{cx}n_{dz}) + (o_{cz}o_{dx} - o_{cx}o_{dz}) + (a_{cz}a_{dx} - a_{cx}a_{dz})}{2}
\end{aligned}
\tag{附 2.2}
$$

$$
\begin{aligned}
k_z d_\phi &= \frac{a_{E21} - a_{E12}}{2} \\
&= \frac{(n_{cx}n_{dy} + o_{cx}o_{dy} + a_{cx}a_{dy}) - (n_{cy}n_{dx} + o_{cy}o_{dx} + a_{cy}a_{dx})}{2} \\
&= \frac{(n_{cx}n_{dy} - n_{cy}n_{dx}) + (o_{cx}o_{dy} - o_{cy}o_{dx}) + (a_{cx}a_{dy} - a_{cy}a_{dx})}{2}
\end{aligned}
\tag{附 2.3}
$$

因此,小角度情况下,姿态误差矢量为

$$
\begin{aligned}
\boldsymbol{e}_o &= \boldsymbol{k}d_\phi = \begin{bmatrix} k_x \\ k_y \\ k_z \end{bmatrix} d_\phi \approx \frac{1}{2}\begin{bmatrix} a_{E32} - a_{E23} \\ a_{E13} - a_{E31} \\ a_{E21} - a_{E12} \end{bmatrix} \\
&= \frac{1}{2}\begin{bmatrix} (n_{cy}n_{dz} - n_{cz}n_{dy}) + (o_{cy}o_{dz} - o_{cz}o_{dy}) + (a_{cy}a_{dz} - a_{cz}a_{dy}) \\ (n_{cz}n_{dx} - n_{cx}n_{dz}) + (o_{cz}o_{dx} - o_{cx}o_{dz}) + (a_{cz}a_{dx} - a_{cx}a_{dz}) \\ (n_{cx}n_{dy} - n_{cy}n_{dx}) + (o_{cx}o_{dy} - o_{cy}o_{dx}) + (a_{cx}a_{dy} - a_{cy}a_{dx}) \end{bmatrix} \\
&= \frac{1}{2}\left(\begin{bmatrix} n_{cy}n_{dz} - n_{cz}n_{dy} \\ n_{cz}n_{dx} - n_{cx}n_{dz} \\ n_{cx}n_{dy} - n_{cy}n_{dx} \end{bmatrix} + \begin{bmatrix} o_{cy}o_{dz} - o_{cz}o_{dy} \\ o_{cz}o_{dx} - o_{cx}o_{dz} \\ o_{cx}o_{dy} - o_{cy}o_{dx} \end{bmatrix} + \begin{bmatrix} a_{cy}a_{dz} - a_{cz}a_{dy} \\ a_{cz}a_{dx} - a_{cx}a_{dz} \\ a_{cx}a_{dy} - a_{cy}a_{dx} \end{bmatrix}\right) \\
&= \frac{1}{2}(\boldsymbol{n}_c \times \boldsymbol{n}_d + \boldsymbol{o}_c \times \boldsymbol{o}_d + \boldsymbol{a}_c \times \boldsymbol{a}_d)
\end{aligned}
\tag{附 2.4}
$$

2. 相对于当前本体系{x_c, y_c, z_c}的姿态误差矢量

将式(3.127)和式(3.128)代入姿态误差矩阵(3.132),可得

$$
{}^{c}\boldsymbol{\delta}_{\boldsymbol{R}}=\boldsymbol{R}_{c}^{T}\boldsymbol{R}_{d}=\begin{bmatrix}\boldsymbol{n}_{c}^{T}\\ \boldsymbol{o}_{c}^{T}\\ \boldsymbol{a}_{c}^{T}\end{bmatrix}\begin{bmatrix}\boldsymbol{n}_{d} & \boldsymbol{o}_{d} & \boldsymbol{a}_{d}\end{bmatrix}
$$

$$
=\begin{bmatrix}\boldsymbol{n}_{c}^{T}\boldsymbol{n}_{d} & \boldsymbol{n}_{c}^{T}\boldsymbol{o}_{d} & \boldsymbol{n}_{c}^{T}\boldsymbol{a}_{d}\\ \boldsymbol{o}_{c}^{T}\boldsymbol{n}_{d} & \boldsymbol{o}_{c}^{T}\boldsymbol{o}_{d} & \boldsymbol{o}_{c}^{T}\boldsymbol{a}_{d}\\ \boldsymbol{a}_{c}^{T}\boldsymbol{n}_{d} & \boldsymbol{a}_{c}^{T}\boldsymbol{o}_{d} & \boldsymbol{a}_{c}^{T}\boldsymbol{a}_{d}\end{bmatrix}=\begin{bmatrix}\boldsymbol{n}_{c}\cdot\boldsymbol{n}_{d} & \boldsymbol{n}_{c}\cdot\boldsymbol{o}_{d} & \boldsymbol{n}_{c}\cdot\boldsymbol{a}_{d}\\ \boldsymbol{o}_{c}\cdot\boldsymbol{n}_{d} & \boldsymbol{o}_{c}\cdot\boldsymbol{o}_{d} & \boldsymbol{o}_{c}\cdot\boldsymbol{a}_{d}\\ \boldsymbol{a}_{c}\cdot\boldsymbol{n}_{d} & \boldsymbol{a}_{c}\cdot\boldsymbol{o}_{d} & \boldsymbol{a}_{c}\cdot\boldsymbol{a}_{d}\end{bmatrix} \tag{附 2.5}
$$

将姿态误差矩阵${}^{c}\boldsymbol{\delta}_{\boldsymbol{R}}$写成如下表达式：

$$
{}^{c}\boldsymbol{\delta}_{\boldsymbol{R}}=\begin{bmatrix}{}^{c}a_{E11} & {}^{c}a_{E12} & {}^{c}a_{E13}\\ {}^{c}a_{E21} & {}^{c}a_{E22} & {}^{c}a_{E23}\\ {}^{c}a_{E31} & {}^{c}a_{E32} & {}^{c}a_{E33}\end{bmatrix} \tag{附 2.6}
$$

结合小角度下的等效轴角公式，可得在参考坐标系中表示的姿态误差矢量为

$$
{}^{c}\boldsymbol{e}_{o}={}^{c}\boldsymbol{k}d_{\phi}\approx{}^{c}\boldsymbol{k}\sin d_{\phi}=\frac{1}{2}\begin{bmatrix}{}^{c}a_{E32}-{}^{c}a_{E23}\\ {}^{c}a_{E13}-{}^{c}a_{E31}\\ {}^{c}a_{E21}-{}^{c}a_{E12}\end{bmatrix} \tag{附 2.7}
$$

将式(附 2.5)中的相应元素代入式(附 2.7)，可得

$$
{}^{c}\boldsymbol{e}_{o}={}^{c}\boldsymbol{k}d_{\phi}\approx\frac{1}{2}\begin{bmatrix}{}^{c}a_{E32}-{}^{c}a_{E23}\\ {}^{c}a_{E13}-{}^{c}a_{E31}\\ {}^{c}a_{E21}-{}^{c}a_{E12}\end{bmatrix}=\frac{1}{2}\begin{bmatrix}\boldsymbol{a}_{c}\cdot\boldsymbol{o}_{d}-\boldsymbol{o}_{c}\cdot\boldsymbol{a}_{d}\\ \boldsymbol{n}_{c}\cdot\boldsymbol{a}_{d}-\boldsymbol{a}_{c}\cdot\boldsymbol{n}_{d}\\ \boldsymbol{o}_{c}\cdot\boldsymbol{n}_{d}-\boldsymbol{n}_{c}\cdot\boldsymbol{o}_{d}\end{bmatrix} \tag{附 2.8}
$$

附录 3　改造后的 D－H 表示法(MDH)

根据经典 D－H 法,坐标系$\{x_iy_iz_i\}$的 z_i 轴指向关节$(i+1)$的旋转轴 $\boldsymbol{\xi}_{i+1}$、坐标原点 O_i 位于关节轴 $\boldsymbol{\xi}_{i+1}$ 上(即公垂点 D_i),使得连杆坐标系的编号与对应关节轴的编号相差 1。有学者为了使编号一致,除了仍将等效直杆 l_i(即公垂线 C_iD_i) 作为 x_i 轴外,对中间连杆坐标系的定义做了如下改造。

(1) 以关节轴 $\boldsymbol{\xi}_i$ 为连杆坐标系的 z_i 轴。

(2) 以关节轴 $\boldsymbol{\xi}_i$ 上的公垂点 C_i 为坐标系的原点 O_i。

也就是说,以 $\boldsymbol{\xi}_i$、l_i 分别为 z_i 轴、x_i 轴,而 $\boldsymbol{\xi}_i$ 上的公垂点 C_i 为坐标系原点 O_i,如附图3.1所示。

基坐标系可以任意规定,为简单起见,一般选择 z_0 轴与 z_1 轴一致,且当第一个关节变量(即 θ_1 或 d_1) 为 0 时坐标系$\{x_0y_0z_0\}$与坐标系$\{x_1y_1z_1\}$重合;对于末端连杆坐标系,一般使第 n 个关节变量(即 θ_n 或 d_n) 为 0 时,x_{n-1} 轴与 x_n 轴的指向相同,更进一步地可使坐标系$\{x_{n-1}y_{n-1}z_{n-1}\}$与坐标系$\{x_ny_nz_n\}$重合。

做了上述改造后的方法称为 MDH 法,相应地,坐标系$\{x_{i-1}y_{i-1}z_{i-1}\}$与坐标系$\{x_iy_iz_i\}$之间的关系由如下四个参数确定。

①a_{i-1}:从 z_{i-1} 轴到 z_i 轴沿 x_{i-1} 轴测量的距离,即原点 O_{i-1}(公垂点 C_{i-1}) 到公垂点 D_{i-1} 的距离,沿 x_{i-1} 方向为正。

②α_{i-1}:从 z_{i-1} 轴到 z_i 轴绕 x_{i-1} 轴旋转的角度,绕 x_{i-1} 轴正方向旋转为正。

③d_i:从 x_{i-1} 轴到 x_i 轴沿 z_i 轴测量的距离,即公垂点 D_{i-1} 到原点 O_i 的距离,沿 z_i 轴方向为正。

④θ_i:从 x_{i-1} 轴到 x_i 轴绕 z_i 轴旋转的角度,绕 z_i 轴正方向旋转为正。

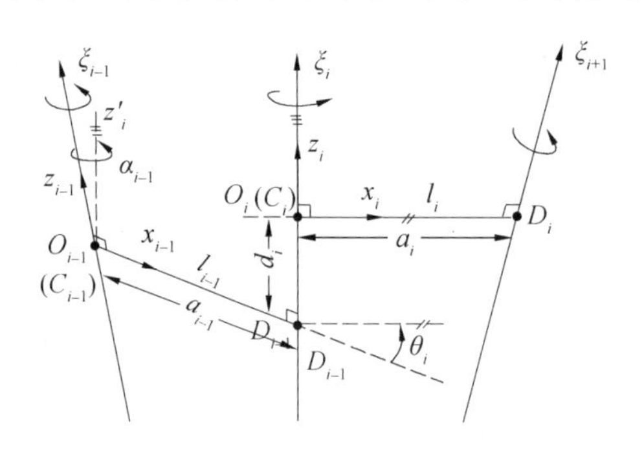

附图 3.1　基于 MDH 法的连杆坐标系

基于上述 MDH 规则建立连杆坐标系后,坐标系$\{x_{i-1}y_{i-1}z_{i-1}\}$通过下面的四次变换后与坐标系$\{x_iy_iz_i\}$重合。

(a) 坐标系$\{x_{i-1}y_{i-1}z_{i-1}\}$绕 x_{i-1} 轴旋转 α_{i-1},使得 z_{i-1} 轴与 z_i 轴平行,齐次变换矩阵为 $\boldsymbol{T}_{\mathrm{R}x}(\alpha_{i-1})=\overline{\mathrm{Rot}}(x,\alpha_{i-1})$。

(b) 继续沿 x_{i-1} 轴平移 a_{i-1} 的距离,使得坐标系原点 O_{i-1} 运动到 z_i 轴上的公垂点 D_{i-1} 处,相应的齐次变换矩阵为 $\boldsymbol{T}_{\mathrm{L}x}(a_{i-1})=\overline{\mathrm{Trans}}(a_{i-1},0,0)$。

(c) 继续绕 z_i 轴旋转 θ_i,使 x_{i-1} 与 x_i 平行,相应的齐次变换矩阵为 $\boldsymbol{T}_{\mathrm{R}z}(\theta_i)=\overline{\mathrm{Rot}}(z,$

θ_i)。

(d) 继续沿 z_i 轴平移 d_i 距离，使得 x_{i-1} 与 x_i 共线，坐标系完全重合，齐次变换矩阵为 $\boldsymbol{T}_{Lz}(d_i)=\overline{\text{Trans}}(0,0,d_i)$。

根据上述旋转过程可知，坐标系$\{x_{i-1}y_{i-1}z_{i-1}\}$到坐标系$\{x_iy_iz_i\}$的齐次变换矩阵为(按动坐标系，"从左往右"乘)

$$
\begin{aligned}
{}^{i-1}\boldsymbol{T}_i &= \overline{\text{Rot}}(x,\alpha_{i-1})\,\overline{\text{Trans}}(a_{i-1},0,0)\,\overline{\text{Rot}}(z,\theta_i)\,\overline{\text{Trans}}(0,0,d_i)\\
&=\begin{bmatrix}1 & 0 & 0 & 0\\ 0 & c\alpha_{i-1} & -s\alpha_{i-1} & 0\\ 0 & s\alpha_{i-1} & c\alpha_{i-1} & 0\\ 0 & 0 & 0 & 1\end{bmatrix}
\begin{bmatrix}1 & 0 & 0 & a_{i-1}\\ 0 & 1 & 0 & 0\\ 0 & 0 & 1 & 0\\ 0 & 0 & 0 & 1\end{bmatrix}
\begin{bmatrix}c\theta_i & -s\theta_i & 0 & 0\\ s\theta_i & c\theta_i & 0 & 0\\ 0 & 0 & 1 & 0\\ 0 & 0 & 0 & 1\end{bmatrix}
\begin{bmatrix}1 & 0 & 0 & 0\\ 0 & 1 & 0 & 0\\ 0 & 0 & 1 & d_i\\ 0 & 0 & 0 & 1\end{bmatrix}\\
&=\begin{bmatrix}c\theta_i & -s\theta_i & 0 & a_{i-1}\\ s\theta_i c\alpha_{i-1} & c\theta_i c\alpha_{i-1} & -s\alpha_{i-1} & -d_i s\alpha_{i-1}\\ s\theta_i s\alpha_{i-1} & c\theta_i s\alpha_{i-1} & c\alpha_{i-1} & d_i c\alpha_{i-1}\\ 0 & 0 & 0 & 1\end{bmatrix}
\end{aligned}
\tag{附 3.1}
$$

姿态及位置部分分别表示为

$$
{}^{i-1}\boldsymbol{R}_i=\begin{bmatrix}c\theta_i & -s\theta_i & 0\\ s\theta_i c\alpha_{i-1} & c\theta_i c\alpha_{i-1} & -s\alpha_{i-1}\\ s\theta_i s\alpha_{i-1} & c\theta_i s\alpha_{i-1} & c\alpha_{i-1}\end{bmatrix}
\tag{附 3.2}
$$

$$
{}^{i-1}\boldsymbol{p}_i=\begin{bmatrix}a_{i-1}\\ -d_i s\alpha_{i-1}\\ d_i c\alpha_{i-1}\end{bmatrix}
\tag{附 3.3}
$$

不管是 D－H 法还是 MDH 法，都是用 4 个参数描述相邻连杆间的位置关系，对应的齐次变换矩阵分别见式(4.45)和式(附 3.1)所示。只要获得了${}^{i-1}\boldsymbol{T}_i$，末端坐标系$\{n\}$相对于基坐标系$\{0\}$的位姿关系(即位置级正运动学方程)仍采用式(4.48)计算。本书在不做特殊说明的情况下，均采用标准的 D－H 法。

附录 4　数学中的雅可比矩阵

一般而言,若有如下所示的 n 个独立变量的函数:

$$\begin{cases} y_1 = f_1(x_1, x_2, \cdots, x_n) \\ y_2 = f_2(x_1, x_2, \cdots, x_n) \\ \quad\vdots \\ y_m = f_m(x_1, x_2, \cdots, x_n) \end{cases} \tag{附 4.1}$$

两边求导后有

$$\begin{cases} \dot{y}_1 = \dfrac{\partial f_1}{\partial x_1}\dot{x}_1 + \dfrac{\partial f_1}{\partial x_2}\dot{x}_2 + \cdots + \dfrac{\partial f_1}{\partial x_n}\dot{x}_n \\ \dot{y}_2 = \dfrac{\partial f_2}{\partial x_1}\dot{x}_1 + \dfrac{\partial f_2}{\partial x_2}\dot{x}_2 + \cdots + \dfrac{\partial f_2}{\partial x_n}\dot{x}_n \\ \quad\vdots \\ \dot{y}_m = \dfrac{\partial f_m}{\partial x_1}\dot{x}_1 + \dfrac{\partial f_m}{\partial x_2}\dot{x}_2 + \cdots + \dfrac{\partial f_m}{\partial x_n}\dot{x}_n \end{cases} \tag{附 4.2}$$

上式写成矩阵的形式:

$$\dot{y} = \frac{\partial f}{\partial \boldsymbol{x}^{\mathrm{T}}}\dot{x} \tag{附 4.3}$$

将上式中的 $m \times n$ 维偏导数矩阵 $\dfrac{\partial \boldsymbol{f}}{\partial \boldsymbol{x}^{\mathrm{T}}}$ 称为雅可比矩阵(Jacobian Matrix),如果方程式是非线性的,则偏导数为状态变量 $\boldsymbol{x}$ 的函数,因此用符号 $\boldsymbol{J}(\boldsymbol{x})$ 表示,即:

$$\boldsymbol{J}(\boldsymbol{x}) = \frac{\partial \boldsymbol{f}}{\partial \boldsymbol{x}^{\mathrm{T}}} = \begin{bmatrix} \dfrac{\partial f_1}{\partial x_1} & \dfrac{\partial f_1}{\partial x_2} & \cdots & \dfrac{\partial f_1}{\partial x_n} \\ \dfrac{\partial f_2}{\partial x_1} & \dfrac{\partial f_2}{\partial x_2} & \cdots & \dfrac{\partial f_2}{\partial x_n} \\ \vdots & \vdots & & \vdots \\ \dfrac{\partial f_m}{\partial x_1} & \dfrac{\partial f_m}{\partial x_2} & \cdots & \dfrac{\partial f_m}{\partial x_n} \end{bmatrix} \in \Re^{m \times n} \tag{附 4.4}$$

在任一特定的瞬时,$\boldsymbol{x}$ 具有确定值,则此时 $\boldsymbol{J}(\boldsymbol{x})$ 为一线性变换;在每一个新的瞬时,$\boldsymbol{x}$ 变了,这个线性变换也变了,因此,雅可比是随时间变化而变化的线性变换。

附录 5　采用 MDH 规则时雅可比矩阵的构造方法

根据 MDH 规则建立连杆坐标系时，关节 $i(i=1,\cdots,n)$ 的运动轴即为坐标系$\{i\}$的 z 轴（即 z_i 轴），牵连运动矢量 $\boldsymbol{\rho}_{i\to n}$ 为坐标系$\{i\}$的原点 o_i 到$\{n\}$系原点的位置矢量。因此，根据$\{i\}$系、$\{n\}$系相对于参考系的齐次变换矩阵可以方便构造出关节 i 到末端的速度传动比 $\boldsymbol{J}_i$。

以$\{0\}$为参考系时，关节 $i(i=1,\cdots,n)$ 运动轴的方向向量和牵连运动矢量在$\{0\}$系中的表示分别为

$$ {}^0\boldsymbol{\xi}_i = {}^0\boldsymbol{z}_i = {}^0\boldsymbol{T}_i(1:3,3) \tag{附 5.1}$$

$$ {}^0\boldsymbol{p}_{i\to n} = {}^0\boldsymbol{p}_n - {}^0\boldsymbol{p}_i = {}^0\boldsymbol{T}_n(1:3,4) - {}^0\boldsymbol{T}_i(1:3,4) \tag{附 5.2}$$

其中，${}^0\boldsymbol{z}_1 = [0\quad 0\quad 1]^{\mathrm{T}}$。

以$\{n\}$系为参考系时，关节 $i(i=1,\cdots,n)$ 运动轴的方向向量和牵连运动矢量在$\{n\}$系中的表示分别为

$$ {}^n\boldsymbol{\xi}_i = {}^n\boldsymbol{z}_i = {}^n\boldsymbol{T}_i(1:3,3) \tag{附 5.3}$$

$$ {}^n\boldsymbol{p}_{i\to n} = {}^n\boldsymbol{p}_n - {}^n\boldsymbol{p}_i = {}^n\boldsymbol{T}_n(1:3,4) - {}^n\boldsymbol{T}_i(1:3,4) \tag{附 5.4}$$

其中，${}^n\boldsymbol{p}_n = [0\quad 0\quad 0]^{\mathrm{T}}$。

将式（附 5.1）和式（附 5.2）代入式（7.30）即可得到基座雅可比矩阵的第 i 列（$i=1,\cdots,n$），从而得到完整的基座雅可比矩阵；将式（附 5.3）和式（附 5.4）代入式（7.30）即可得到末端雅可比矩阵的第 i 列（$i=1,\cdots,n$），从而得到完整的末端雅可比矩阵。

参考文献

[1] 熊有伦,李文龙,陈文斌. 机器人学:建模、控制与视觉[M]. 武汉:华中科技大学出版社,2018.

[2] 付京逊,冈萨雷斯 R C,李 C S G. 机器人学:控制·传感技术·视觉·智能[M]. 北京:中国科学技术出版社,1989.

[3] 徐文福,梁斌. 冗余空间机器人操作臂:运动学、轨迹规划及控制[M]. 北京:科学出版社,2017.

[4] ANGELES J. Fundamentals of robotic mechanical systems:theory,methods,and algorithms[M]. 4th ed. Berlin:Springer,2014.

[5] SICILIANO B,SCIAVICCO L,VILLANI L,et al. Robotics:modelling,planning and control[M]. Berlin:Springer,2009.

[6] JAZAR R N. Theory of applied robotics:kinematics,dynamics,and control[M]. 2nd ed. Berlin:Springer,2010.

[7] SICILIANO B,KHATIB O. Springer handbook of robotics[M]. Berlin:Springer,2016.

[8] CRAIG J J. Introduction to robotics:mechanics and control [M]. 4th ed. New York:Pearson,2017.

[9] CORKE P. Robotics,vision and control:fundamental algorithms in MATLAB[M]. 2nd ed. Berlin:Springer,2017.

[10] CHENG H,GUPTA K C. An historical note on finite rotations [J]. Journal of Applied Mechanics,1989,56(1):139-145.

[11] SPRING K W. Euler parameters and the use of quaternion algebra in the manipulation of finite rotations:a review[J]. Mechanism and Machine Theory,1986,21(5):365-373.

[12] WU J. Optimal continuous unit quaternions from rotation matrices[J]. Journal of Guidance,Control,and Dynamics,2019,42(4):919-922.

[13] TERZE Z,MÜLLER A,ZLATAR D. Singularity-free time integration of rotational quaternions using non-redundant ordinary differential equations [J]. Multibody System Dynamics,2016,38(3):201-225.

[14] OZGOREN M K. Comparative study of attitude control methods based on Euler angles,quaternions,angle-axis pairs and orientation matrices[J]. Transactions of the Institute of Measurement and Control,2019,41(5):1189-1206.

[15] BJ ØRNE E,BREKKE E F,BRYNE T H,et al. Globally stable velocity estimation using normalized velocity measurement[J]. The International Journal of Robotics Research,2020,39(1):143-157.

[16] SENA A,HOWARD M. Quantifying teaching behavior in robot learning from demonstration[J]. The International Journal of Robotics Research,2020,39(1):54-72.

[17] KOYAMA K,SHIMOJO M,MING A,et al. Integrated control of a multiple-degree-of-freedom hand and arm using a reactive architecture based on high-speed proximity sensing[J]. The International Journal of Robotics Research, 2019,38(14):1717-1750.

[18] CHEN Y,BRAUN D J. Hardware-in-the-loop iterative optimal feedback control without model-based future prediction[J]. IEEE Transactions on Robotics,2019, 35(6):1419-1434.

[19] KIHUUWE R. Torque-bounded admittance control realized by a set-valued algebraic feedback[J]. IEEE Transactions on Robotics,2019,35(5):1136-1149.

[20] MAO H,XIAO J. Real-time conflict resolution of task-constrained manipulator motion in unforeseen dynamic environments[J]. IEEE Transactions on Robotics, 2019,35(5):1276-1283.

[21] SHIRAFUJI S,OTA J. Kinematic synthesis of a serial robotic manipulator by using generalized differential inverse kinematics[J]. IEEE Transactions on Robotics,2019,35(4):1047-1054.

[22] BECHLIOULIS C P,HESHMATI-ALAMDAR S,KARRAS G C,et al. Robust image-based visual servoing with prescribed performance under field of view constraints[J]. IEEE Transactions on Robotics,2019,35(4):1063-1070.

[23] 哈尔滨工业大学理论力学教研室. 理论力学[M]. 8 版. 北京:高等教育出版社,2016.

[24] GUI H,VUKOVICH G. Finite-time output-feedback position and attitude tracking of a rigid body[J]. Automatica,2016,74(12):270-278.

[25] CHATURVEDI N A,SANYAL A K,MCCLAMROCH N H. Rigid-body attitude control[J]. IEEE Control Systems Magazine,2011,31(3):30-51.

[26] ZHAO Y,QIU K,WANG S,et al. Inverse kinematics and rigid-body dynamics for a three rotational degrees of freedom parallel manipulator[J]. Robotics and Computer-Integrated Manufacturing,2015,31(2):40-50.

[27] PETERS J,SCHAAL S. Learning to control in operational space[J]. The International Journal of Robotics Research,2008,27(2):197-212.

[28] DENAVIT J,HARTENBERG R S. A kinematic notation for lower-pair mechanisms based on matrices[J]. Transactions of the ASME Journal of Applied Mechanics, 1955,22(2):215-221.

[29] PADEN B,SASTRY S. Optimal kinematic design of 6R manipulators[J]. The International Journal of Robotics Research,1988,7(2):43-61.

[30] GUPTA K C. On the nature of robot workspace[J]. The International Journal of Robotics Research,1986,5(2):112-121.

[31] YANG J,ABDEL-MALEK K,ZHANG Y. On the workspace boundary determination of serial manipulators with non-unilateral constraints[J]. Robotics

and Computer-Integrated Manufacturing,2008,24(1):60-76.

[32] ABDEL K K,YEH H,OTHMAN S. Interior and exterior boundaries to the workspace of mechanical manipulators[J]. Robotics and Computer-Integrated Manufacturing,2000,16(5):365-376.

[33] PIEPER D L. The kinematics of manipulators under computer control[D]. San Francisco:Stanford University,1969.

[34] TSAI L W,MORGAN A P. Solving the kinematics of the most general six-and five-degree-of-freedom manipulators by continuation methods[J]. Journal of Mechanical Design,1985,107(2):189-200.

[35] PRIMROSE E J F. On the input-output equation of the general 7R-mechanism[J]. Mechanism and Machine Theory,1986,21(6):509-510.

[36] LEE H Y,LIANG C G. Displacement analysis of the general spatial seven-link 7R mechanism[J]. Mechanism and Machine Theory,1988,23(3):219-226.

[37] RAGHAVAN M,ROTH B. Kinematic analysis of the 6R manipulator of general geometry[C]. International Symposium on Robotics Research,Cambridge:MIT Press,1990:1-28.

[38] RAGHAVAN M,ROTH B. Inverse kinematics of the general 6R manipulator and related linkages[J]. Journal of Mechanical Design,1993,115(3):502-508.

[39] MANOCHA D,CANNY J F. Efficient inverse kinematics for general 6R manipulators[J]. IEEE Transactions on Robotics and Automation,1994,10(5):648-657.

[40] ANGELES J,ZANGANEH K E. The semigraphical determination of all real inverse kinematic solutions of general six-revolute manipulators[C]. The Ninth CISM-IFToMM Symposium on Theory and Practice of Robots and Manipulators, Berlin,German,1993:23-32.

[41] HUSTY M L,PFURNER M,SCHRÖCKER H P. A new and efficient algorithm for the inverse kinematics of a general 6R manipulator[J]. Mechanism and Machine Theory,2007,42(1):66-81.

[42] QIAO S,LIAO Q,WEI S,et al. Inverse kinematic analysis of the general 6R serial manipulators based on double quaternions[J]. Mechanism and Machine Theory, 2010,45(2):193-199.

[43] LI W,HOWISON T,ANGELES J. On the use of the dual Euler-Rodrigues parameters in the numerical solution of the inverse-displacement problem[J]. Mechanism and Machine Theory,2018,125(7):21-33.

[44] GOLDENBERG A,BENHABIB B,FENTON R. A complete generalized solution to the inverse kinematics of robots[J]. IEEE Journal on Robotics and Automation, 1985,1(1):14-20.

[45] WANG L C T,CHEN C C. A combined optimization method for solving the inverse kinematics problems of mechanicalmanipulators[J]. IEEE Transactions on Robotics and Automation,1991,7(4):489-499.

[46] HARGIS B E,DEMIRJIAN W A,POWELSON M W,et al. Investigation of neural-network-based inverse kinematics for a 6-DOF serial manipulator with non-spherical wrist[C]. ASME 2018 International Design Engineering Technical Conferences and Computers and Information in Engineering Conference,Quebec City,2018:1-14.

[47] SERDARKUCUK. Optimal trajectory generation algorithm for serial and parallel manipulators[J]. Robotics andComputer-Integrated Manufacturing,2017(12),48: 219-232.

[48] RAMA R V,PATHAKA P M,JUNCO S J. Inverse kinematics of mobile manipulator using bidirectional particle swarm optimization by manipulator decoupling[J]. Mechanism and Machine Theory,2019,131(1):385-405.

[49] WANG X,BARON L,CLOUTIER G. Topology of serial and parallel manipulators and topological diagrams[J]. Mechanism and Machine Theory,2008,43(6):75-770.

[50] ÖZGÖREN M K. Topological analysis of 6-joint serial manipulators and their inverse kinematic solutions[J]. Mechanism and Machine Theory,2002,37(5): 511-547.

[51] LEE S,BEJCZY A K. Redundant arm kinematic control based on parameterization[C]. IEEE InternationalConference on Robotics and Automation, Sacramento,California,1991:458-465.

[52] ZAPLANA I,BASANEZ L. A novel closed-form solution for the inverse kinematics of redundant manipulators through workspace analysis[J]. Mechanism and Machine Theory,2018,121(3):829-843.

[53] KREUTZ D K,LONG M,SERAJI H. Kinematic analysis of 7-DOF manipulators [J]. The International Journal of Robotics Research,1992,11(5):469-481.

[54] SHIMIZU M,KAKUYA H,YOON W,et al. Analytical inverse kinematic computation for 7-DOFredundant manipulators with joint limits and its application to redundancy resolution[J]. IEEE Transactions on Robotics,2008,24(5): 1131-1142.

[55] XU W,YAN L,MU Z,et al. Dual arm-angle parameterization and its applications for analytical inversekinematics of manipulators[J]. Robotica,2016,34(12):2669-2688.

[56] FARIA C,FERREIRA F,ERLHAGEN W,et al. Position-based kinematics for 7-DOF serialmanipulators with global configuration control,joint limit and singularity avoidance[J]. Mechanism and Machine Theory,2018,121(3):317-334.

[57] YU C,JIN M,LIU H. An analytical solution for inverse kinematic of 7-DOF redundant manipulators with offset-wrist[C]. IEEE International Conference on Mechatronics and Automation,Chengdu,2012:92-97.

[58] CRANE C D,DUFFY J,CARNAHAN T. A kinematic analysis of the space station remote manipulatorsystem (SSRMS)[J]. Journal of Robotic Systems,1991,8(5): 637-658.

[59] LUO R C,LIN T,TSAI Y. Analytical inverse kinematic solution for modularized

7-DOF redundantmanipulators with offsets at shoulder and wrist[C]. The IEEE/RSJ International Conference on Intelligent Robots and Systems, Chicago, 2014:516-521.

[60] 徐文福,张金涛,闫磊,等. 偏置式冗余空间机械臂逆运动学求解的参数化方法[J]. 宇航学报,2015,36(1):33-39.

[61] XIE B, MACIEJEWSKI A A. Kinematic design of optimally fault tolerant robots for different joint failure probabilities[J]. IEEE Robotics and Automation Letters, 2018,3(2):827-834.

[62] CARDOU P, BOUCHARD S, GOSSELIN C. Kinematic-sensitivity indices for dimensionally nonhomogeneous Jacobian matrices[J]. IEEE Transactions on Robotics, 2010,26(1):166-173.

[63] PARK I, LEE B, CHO S, et al. Laser-based kinematic calibration of robot manipulator using differential kinematics[J]. IEEE/ASME Transactions on Mechatronics, 2012,17(6):1059-1067.

[64] HUANG T, ZHAO D, YIN F, et al. Kinematic calibration of a 6-DOF hybrid robot by considering multicollinearity in the identification Jacobian[J]. Mechanism and Machine Theory, 2019,131(1):371-384.

[65] CHEN D, ZHANG Y, LI S. Tracking control of robot manipulators with unknown models: a Jacobian-matrix-adaption method[J]. IEEE Transactions on Industrial Informatics, 2018,14(7):3044-3053.

[66] CHOI Y, KIM D, OH Y, et al. Posture/walking control for humanoid robot based on kinematic resolution of com Jacobian with embedded motion[J]. IEEE Transactions on Robotics, 2007,23(6):1285-1293.

[67] LIU T, JACKSON R, FRANSON D, et al. Iterative Jacobian-based inverse kinematics and open-loop control of an MRI-guided magnetically actuated steerable catheter system[J]. IEEE/ASME Transactions on Mechatronics, 2017,22(4): 1765-1776.

[68] CHIACCHIO P, SICILIANO B. A closed-loop Jacobian transpose scheme for solving the inverse kinematics of nonredundant and redundant wrists[J]. Journal of Robotic Systems, 1988,6(5):601-630.

[69] COLOMÉ A, TORRAS C. Closed-loop inverse kinematics for redundant robots: comparative assessment and two enhancements[J]. IEEE/ASME Transactions on Mechatronics, 2015,20(2):944-955.

[70] XU W, ZHANG J, LIANG B, et al. Singularity analysis and avoidance for robot manipulators with non-spherical wrists[J]. IEEE Transactions on Industrial Electronics, 2016,63(1):277-290.

[71] SALISBURY J K, CRAIG J J. Articulated hands: force control and kinematic issues[J]. The InternationalJournal of Robotics Research, 1982,1(1):4-17.

[72] KLEIN C A, BLAHO B E. Dexterity measures for the design and control of kinematically redundant manipulators[J]. The International Journal of Robotics

Research,1987,6(2):72-83.

[73] ANGELES J,ROJAS A A. Manipulator inverse kinematics via condition number minimization and continuation[J]. The International Journal of Robotics and Automation,1987,2(2):61-69.

[74] YOSHIKAWA T. Manipulability of robotic mechanisms[J]. The International Journal of Robotics Research,1985,4(2):3-9.

[75] ANGELES J,LÓPEZ-CAJÚN C S. Kinematic isotropy and the conditioning index of serial robotic manipulators[J]. The International Journal of Robotics Research,1992,11(6):560-571.

[76] PATEL S,SOBH T. Manipulator performance measures-a comprehensive literature survey[J]. Journal of Intelligent & Robotic Systems,2015,77(3-4):547-570.

[77] ZHANG P,YAO Z,DU Z. Global performance index system for kinematic optimization of robotic mechanism[J]. Journal of Mechanical Design,2014,136(3):1-11.

[78] VAHRENKAMP N,ASFOUR T. Representing the robot's workspace through constrained manipulability analysis[J]. Autonomous Robots,2015,38(1):17-30.

[79] SHIRAFUJI S,OTA J. Kinematic synthesis of a serial robotic manipulator by using generalized differential inverse kinematics[J]. IEEE Transactions on Robotics,2019,35(4):1047-1054.

[80] LIN Y,ZHAO H,DING H. Posture optimization methodology of 6R industrial robots for machining using performance evaluation indexes[J]. Robotics and Computer Integrated Manufacturing,2017,48:59-72.

[81] 张贤达. 矩阵分析与应用[M]. 2 版. 北京:清华大学出版社,2013.

[82] KHAN S,ANDERSSON K,JANWIKANDER. Jacobian matrix normalization—a comparison of different approaches in the context of multi-objective optimization of 6-DOF haptic devices[J]. Journal of Intelligent & Robotic Systems,2015,79(1):87-100.

[83] ANGELES J,LOPEZ-CAJUN C. The dexterity index of serial-type robotic manipulators[J]. ASME Trends and Developments in Mechanisms,Machines and Robotics,1988:79-84.

[84] 李庆扬,王能超,易大义. 数值分析[M]. 5 版. 武汉:华中科技大学出版社,2019.

[85] 喻文健. 数值分析与算法[M]. 2 版. 北京:清华大学出版社,2015.

[86] ANTONELLI G,CHIAVERINI S,FUSCO G. A new on-line algorithm for inverse kinematics of robot manipulators ensuring path tracking capability under joint limits[J]. IEEE Transactions on Robotics and Automation,2003,19(1):162-167.

[87] SUGIHARA T. Solvability-unconcerned inverse kinematics by the Levenberg-Marquardt method[J]. IEEE Transactions on Robotics,2011,27(5):984-991.

[88] MILENKOVIC P. Continuous path control for optimal wrist singularity avoidance in a serial robot[J]. Mechanism and Machine Theory,2019,140(10):809-824.

[89] CHIAVERINI S, SICILIANO B, EGELAND O. Review of the damped least-squares inverse kinematics with experiments on an industrial robot manipulator[J]. IEEE Transactions on Control Systems Technology, 1994, 2(2): 123-134.

[90] CACCAVALE F, CHIAVERINI S, SICILIANO B. Second-order kinematic control of robot manipulators with Jacobian damped least-squares inverse: theory and experiments[J]. IEEE/ASME Transactions on Mechatronics, 1997, 2(3): 188-194.

[91] KIRĆANSKI M V, BORIĆ M D. Symbolic singular value decomposition for a puma robot and its application to a robot operation near singularities[J]. The International Journal of Robotic Research, 1993(12): 460-472.

[92] KIRĆANSKI M. Inverse kinematic problem near singularities for simple manipulators: symbolical damped least-squares solution[C]. IEEE International Conference on Robotics and Automation, Atlanta, 1993: 974-979.

[93] CHIAVERINI S. Singularity-robust task-priority redundancy resolution for real-time kinematic control of robot manipulators[J]. IEEE Transactions on Robotics and Automation, 1997, 13(3): 398-410.

[94] XU W, LIANG B, XU Y. Practical approaches to handle the singularities of a type of space robotic system[J]. Acta Astronautica, 2011, 68(1-2): 269-300.

[95] 徐文福,梁斌,刘宇. 一种新的PUMA类型机器人奇异回避算法[J]. 自动化学报,2008,34(6):670-675.

[96] 刘延柱,潘振宽,戈新生. 多体系统动力学[M]. 2版. 北京:高等教育出版社,2014.

[97] 刘延柱. 基于高斯原理的多体系统动力学建模[J]. 力学学报,2014,46(6):940-945.

[98] KANE T R, LEVINSON D A. The use of Kane's dynamical equations in robotics[J]. The International Journal of Robotics Research, 1983, 2(3): 3-21.

[99] SARIYILDIZ E, SEKIGUCHI H, NOZAKI T, et al. A stability analysis for the acceleration-based robust position control of robot manipulators via disturbance observer[J]. IEEE/ASME Transactions on Mechatronics, 2018, 23(5): 2369-2378.

[100] KINGSLEY C, POURSINA M, SABET S, et al. Logarithmic complexity dynamics formulation for computed torque control of articulated multibody systems[J]. Mechanism and Machine Theory, 2017, 116(10): 481-500.

[101] YANG C, JIANG Y, HE W, et al. Adaptive parameter estimation and control design for robot manipulators with finite-time convergence[J]. IEEE Transactions on Industrial Electronics, 2018, 65(10): 8112-8123.

[102] DUAN J, GAN Y, CHEN M, et al. Adaptive variable impedance control for dynamic contact force tracking in uncertain environment[J]. Robotics and Autonomous Systems, 2018, 102(4): 54-65.

[103] 胡寿松. 自动控制原理[M]. 5版. 北京:科学出版社,2007.

[104] WHITNEY D E. Historical perspective and state of the art in robot force control[J]. The International Journal of Robotics Research, 1987, 6(1): 3-14.

[105] XIE Y, SUN D, LIU C, et al. A force control approach to a robot-assisted cell

microinjection system[J]. The International Journal of Robotics Research,2010,29(9):1222-1232.

[106] RAIBERT M H,CRAIG J J. Hybrid position/force control of manipulators[J]. Journal of Dynamic Systems,Measurement,and Control,1981,103(2):126-133.

[107] 徐文福,周瑞兴,孟得山.空间机器人在轨更换 ORU 的力/位混合控制方法[J].宇航学报,2013,34(10):1353-1361.

[108] XU W,LIANG B,LI C,et al. Autonomous target capturing of free-floating space robot:theory and experiments[J]. Robotica,2009,27(2):425-445.

[109] HUTCHINSON S,HAGER G D,CORKE P. A tutorial on visual servo control[J]. IEEE Transactions on Robotics and Automation,1996,12(5):651-670.

[110] WILSON W J,HULLS C C W,BELL G S. Relative end-effector control using Cartesian position based visual servoing[J]. IEEE Transactions on Robotics and Automation,1996,12(5):684-696.

[111] DEGUCHI K. Optimal motion control for image-based visual servoing by decoupling translation and rotation[C]. IEEE/RSJ International Conference on Intelligent Robots and Systems,Victoria,Canada,1998:705-711.

[112] ALLIBERT G,COURTIAL E,CHAUMETTE F. Predictive control for constrained image-based visual servoing[J]. IEEE Transactions on Robotics,2010,26(5):933-939.

[113] MALIS E,CHAUMETTE F,BOUDET S. 2 1/2 D visual servoing[J]. IEEE Transactions on Robotics and Automation,1999,15(2):238-250.

[114] HU Z Y,WU F C. A note on the number of solutions of the noncoplanar P4P problem[J]. IEEE Transactions on Pattern Analysis and Machine Intelligence,2002,24(4):550-555.

[115] ZHOU X,ZHU F. A note on unique solution conditions of the P3P problem[J]. Chinese Journal of Computers (in Chinese),2003,26(12):1696-1701.

[116] TSAI D,DANSEREAU D G,PEVNOT T,et al. Image-Based Visual Servoing With Light Field Cameras[J]. IEEE Robotics and Automation Letters,2017,2(2):912-919.